ilitary Dictionary English-Italian Italian-English

Military Dictionary
English-Italian
Italian-English

GOVERNMENT REPRINTS PRESS
Washington, D.C.

© Ross & Perry, Inc. 2001 All rights reserved.

No claim to U.S. government work contained throughout this book.

Protected under the Berne Convention. Published 2001

Printed in The United States of America
Ross & Perry, Inc. Publishers
717 Second St., N.E., Suite 200
Washington, D.C. 20002
Telephone (202) 675-8300
Facsimile (202) 675-8400
info@RossPerry.com

SAN 253-8555

Government Reprints Press Edition 2001

Government Reprints Press is an Imprint of Ross & Perry, Inc.

Library of Congress Control Number: 2001093140

http://www.GPOreprints.com

ISBN 1-931641-39-0

∞ The paper used in this publication meets the requirements for permanence established by the American National Standard for Information Sciences "Permanence of Paper for Printed Library Materials" (ANSI Z39.48-1984).

All rights reserved. No copyrighted part of this publication may be reproduced, stored in a retrieval system, or transmitted, in any form or by any means, electronic, photocopying, recording, or otherwise, without the prior written permission of the publisher.

TABLE OF CONTENTS

	Page
Grammatical abbreviations	IV
Authorized military abbreviations	V
English-Italian Vocabulary	1
Italian-English Vocabulary	177
APPENDIX I. Cardinal numbers	353
II. Ordinal numbers	354
III. Weights and measures	355
IV. Thermometric scales and formulas	357

GRAMMATICAL ABBREVIATIONS

Adjective	*adj*	Aggettivo
Adverb	*adv*	Avverbio
Feminine	*f*	Femminile
Feminine plural	*fpl*	Femminile plurale
Masculine	*m*	Maschile
Masculine plural	*mpl*	Maschile plurale
Noun	*n*	Nome
Plural	*pl*	Plurale
Singular	*sing*	Singolare
Verb	*v*	Verbo

BRIDGE—Continued.
  military bridge, ponte militare.
  on-pile bridge, ponte su palafitte.
  ponton bridge, ponte di chiatte.
  portable bridge, ponte portatile.
  railroad bridge, ponte ferroviario.
  rolling bridge, ponte scorrevole; ponte trasbordatore.
  small bridge, ponticello, m.
  suspension bridge, ponte sospeso.
  swing bridge, ponte girevole.
  trestle bridge, ponte di cavalletti.
  wooden bridge, ponte di legno.
BRIDGEHEAD. Testa di ponte.
BRIDGE TRAIN. Compagnia pontieri; genio pontieri.
BRIDLE. Briglia, f.
  to bridle, imbrigliare.
BRIG. Brigantino, m (Ship); prigione di bordo (Punishment).
BRIGADE. Brigata, f.
  separate brigade, brigata autonoma.
BRIGADIER GENERAL. Generale di Brigata.
BRIGANTINE. Brigantino-goletta; brigoletta, f.
BRITISH. Britannico.
BRITTLENESS. Fragilità, f.
BROACH. Trapano, m.
BROADCAST. Radiodiffusione, f (Rad); trasmissione radiofonica; radiotrasmissione, f.
  to broadcast, diffondere a mezzo della radiofonia; disseminare; diffondere.
BROADCAST, adj. Trasmesso a mezzo della radiofonia; diffuso.
BROADSIDE. Bordata f; fiancata, f.
BROMACETONE. Bromoacetone, m.
BROMIDE. Bromuro, m.
  cyanogen bromide, bromuro di cianogeno.
  xylyl bromide, bromuro di xilile.
BROMIDE PAPER. Carta sensibile al bromuro.
BROMINE. Bromo, m.
BROMOBENZYL. Bromobenzile, m.
BRONZE. Bronzo, m.
BRONZE POWDER. Polvere di bronzo.
BROOK. Ruscello, m.
BROOM. Scopa, f; granata, f; ramazza, f (Mil. slang).
BRUISE. Contusione, f.
  to bruise, ammaccare.

BRUN SPIRAL. Reticolato a fisarmonica.
BRUSH. Scaramuccia, f (Mil); spazzola, f; bosco ceduo.
  wire brush, spazzola metallica.
BRUSHWOOD. Frasche, fpl; ramoscelli, mpl.
  brushwood bundle, fascina, f.
BUBBLE. Bolla, f.
  air bubble, bolla d'aria.
BUCKET. Secchio, m; secchia, f; bugliuolo, m (Nav).
  canvas bucket, secchio di tela.
  fire bucket, secchia a mantice da incendio.
  water bucket, secchio per l'acqua.
  watering bucket, secchio da acqua; secchio per abbeverare.
BUCKLE. Fibbia, f.
  to buckle, affibbiare.
BUCKSAW. Sega intelaiata.
BUCKSHOT. Goccioloni, mpl; veccioni, mpl.
BUDGET. Bilancio.
BUFFER. Respingitore, m (Ord); repulsore, m; ammortizzatore, m; moderatore, m.
BUFFER STATE. Stato cuscinetto.
BUGLE. Tromba, f (Instr).
BUGLE CALL. Segnale di tromba.
BUGLER. Trombettiere, m.
BUGLE SIGNAL. Segnale di tromba.
BULB. Lampadina, f; bulbo, m (Botany); glomo, m (H).
  electric bulb, lampadina elettrica.
BULGE. Controcarena, f (Nav).
BULK. Massa, f; volume, m; grosso, m.
  laden in bulk, caricato alla rinfusa.
BULKHEAD. Paratia, f.
  collision bulkhead, paratia di collisione.
  longitudinal bulkhead, paratia longitudinale.
  watertight bulkhead, paratia stagna.
BULKY. Voluminoso; massiccio.
BULLET. Pallottola, f (Firearms).
  armor-piercing bullet, pallottola perforante.
  dumdum bullet, palla dum-dum.
  explosive bullet, pallottola esplodente.
  pointed bullet, pallottola acuminata.
  steel-core bullet, pallottola a nocciolo d'acciaio.

BRAKE LINING. Ceppo del freno.
BRAKE LINKAGE. Comandi del freno.
BRAKEMAN. Frenatore, m (RR).
BRANCH. Ramo, m; succursale, f (Fin).
to branch, ramificarsi.
to branch off, diramarsi.
BRAND. Marca, f; marchio, m.
to brand, marcare; marchiare.
BRANDING. Marchiatura, f.
BRASS. Ottone, m.
BRASSARD. Bracciale, m (Insignia).
BRAVE. Valoroso; prode.
BRAVE, v. Affrontare con coraggio; sfidare.
BRAVERY. Valore, m; prodezza, f.
BRAZE, v. Saldare.
BREACH. Breccia, f; rottura, f; violazione, f.
to breach, aprire una breccia.
breach of duty, mancanza al dovere.
breach of peace, rottura di rapporti.
BREADTH. Larghezza, f; latitudine, f; ampiezza, f.
BREAK. Rottura, f; pausa, f; interruzione, f; irruzione, f.
to break, rompere; frangere; interrompere.
to break down, abbattere; demolire.
to break in, sfondare; domare (H); scozzonare (H).
to break in a horse, scozzonare un cavallo.
to break through, sfondare.
to break up, disperdere; porre fine.
BREAKDOWN. Incaglio, m (Mech); guasto, m (Mech); collasso, m; panna, f.
BREAKER. Ruttore, m; interruttore, m (Elec); frangente, m (of sea waves); caratello da acqua (Container).
BREAKER POINT. Puntina platinata del ruttore.
BREAK-THROUGH. Sfondamento, m.
BREAKWATER. Frangionde, m; frangiflutti, m; molo, m.
BREASTWORK. Parapetto, m.
BREATHING APPARATUS. Apparecchio respiratore; respiratore, m.
BREECH, Culatta, f (Firearm).

BREECHBLOCK. Otturatore, m (G).
breechblock lever release pin, piolo di sicurezza della leva di maneggio dell'otturatore.
drop block sliding-wedge breechblock, otturatore a cuneo a scorrimento orizzontale.
interrupted screw breechblock, otturatore a vite interrotta.
sliding-wedge breechblock, otturatore a cuneo scorrevole.
slotted-screw breechblock, otturatore a vite segmentata.
vertical sliding-wedge breechblock, otturatore a cuneo a scorrimento verticale.
wedge type breechblock, otturatore a cuneo.
BREECHBLOCK LEVER. Leva di maneggio dell'otturatore.
BREECHES. Calzoni.
riding breeches, calzoni da cavallo.
BREECHING. Braca, f (H).
BREECH-LOADING. A retrocarica.
BREECH-LOADING SYSTEM. Retrocarica, f.
BREECH RECESS. Alloggiamento dell' otturatore.
BRIBE. Subornazione, f; corruzione, f.
to bribe, subornare; prezzolare; corrompere.
BRIDGE. Ponte, m.
to bridge, allacciare con ponte.
to bridge over, gettare un ponte.
arch bridge, ponte ad arco.
bascule bridge, ponte a bilico; ponte a basculla.
boat bridge, ponte di barche.
cantilever bridge, ponte a mensola.
collapsible bridge, ponte scomponibile.
draw bridge, ponte levatoio; ponte ribaltabile.
ferry bridge, ponte mobile; traghetto trasporto treni.
floating bridge, ponte galleggiante.
flying bridge, ponte volante.
foot bridge, passerella, f; ponte pedonale.
lampert bridge, passerella di capoc su galleggianti.
lift bridge, ponte issabile; ponte sollevabile.

BOOTY. Bottino, *m;* preda bellica.
BORAX. Borace, *m.*
powdered borax, borace in polvere.
BORDER. Margine, *m;* orlo, *m;* confine, *m;* frontiera, *f.*
to border, confinare; fiancheggiare.
BORE. Anima, *f* (Firearm); calibro, *m;* foro, *m.*
to bore, forare (Mech); traforare (Mech); annoiare.
heavy bore, grosso calibro.
main bore, anima, *f.*
rifled bore, anima rigata.
small bore, di piccolo calibro.
smooth bore, anima liscia (Firearms).
BORIC. Borico.
BOROUGH. Sobborgo, *m.*
BOS'N. Nostromo, *m.*
BOTTLE. Bottiglia, *f.*
skin bottle, otre, *m.*
BOTTOM. Fondo, *m.*
double bottom, doppio fondo; compartimento stagno (Nav).
BOTULISM. Botulismo, *m.*
BOUGH. Ramo maestro; ramo, *m.*
BOUGIE. Candeletta, *f* (Surg).
illiform bougie, candeletta filiforme.
BOUILLON. Brodo digrassato.
BOULDER. Masso, *m;* macigno, *m;* roccione, *m.*
BOUND. Sbalzo, *m;* salto, *m.*
to bound, saltare; balzare; rimbalzare.
by bounds, a sbalzi.
BOUNDARY. Limite, *m;* frontiera, *f;* confine, *m.*
international boundary, confine internazionale.
BOUNDARY IDENTIFICATION. Identificazione di confine.
BOUNDARY LIGHT. Fanale di confine.
BOUNDARY MARKER. Pettine di pericolo (Airport).
BOUNTY. Premio di rafferma.
BOURRELET. Fascia di isolamento; corona di centramento.
BOW (bō). Arcione, *m* (Saddle); arco, *m* (Weapon).
to bow, curvare ad arco.
BOW (bou). Prua, *f* (Nav); prora, *f* (Nav).
to bow, cedere; piegarsi; sottomettersi; inchinare; inchinarsi.
BOW-HEAVY. Appruato.

BOWL. Scodella, *f;* ciotola, *f;* gamella, *f.*
BOWLINE. Bolina, *f.*
BOWSPRIT. Bompresso, *m.*
BOX. Scatola, *f;* cassetta, *f;* cassa, *f.*
to box, mettere in una cassa; incassare; lottare a pugni (Sport).
BOXCAR. Vagone merci chiuso; carro merci chiuso.
BOXING MATCH. Gara di pugilato.
BOY. Ragazzo, *m;* mozzo, *m* (Nav).
BOYCOTT, *n.* Boicottaggio, *m.*
to boycott, boicottare.
BRACE. Traversina di rinforzo (Engr); tirante, *m* (Engr); cignone, *m* (Harness); manovella del trapano (Tool); braccio, *m* (Nav).
back brace, tirante posteriore.
BRACKET. Forcella, *f* (Ballistics); mensola, *f.*
to bracket, fare forcella (Arty).
percussion bracket, aggiustamento della forcella col tiro a percussione; aggiustamento a percussione.
time bracket, aggiustamento della forcella col tiro a tempo; aggiustamento a tempo.
BRAID. Treccia, *f.*
to braid, intrecciare; fare a treccia; adornare con treccia.
BRAKE. Freno, *m.*
to brake, frenare.
to jam the brakes, bloccare i freni.
to tighten the brakes, stringere i freni.
air brake, freno ad aria compressa.
band brake, freno a nastro.
carriage brake, freno d'affusto.
expanding brake, freno a espansione.
foot brake, freno a pedale.
four-wheel brakes, freni su quattro ruote.
hand brake, freno a mano.
internal expanding shoe brake, freno a espansione.
recoil brake, freno del rinculo.
road brake, freno di via.
shoe brake, freno a ceppo.
tire brake, freno alle ruote; freno a scarpa.
wheel brake, freno alle ruote.
BRAKE BAND. Suola frenante; ceppo, *m.*
BRAKE LEVER. Leva del freno.

BOILING. Bollente.
BOILING POINT. Punto di ebollizione.
BOLD. Ardito; coraggioso.
BOLT. Otturatore, *m* (R); bullone, *m* (Hardware); chiavistello, *m;* chiavarda, *f;* fulmine, *f* (Met).
  to bolt, otturare; serrare a chiavistello; connettere con bulloni.
  body bolt, bullone da carrozzeria.
  hexagon-headed bolt, bullone a testa esagonale.
  key bolt, bullone a copiglia.
  safety bolt, chiavistello di sicurezza.
  shackle bolt, perno di maniglia.
  square-headed bolt, bullone a testa quadrata.
BOLT HANDLE. Manubrio, *m* (Firearm).
BOLT LOCK. Appoggio dell'otturatore.
BOLTHEAD. Testa di bullone.
BOMB. Bomba, *f.*
  to bomb, bombardare; lanciare bombe; scagliare bombe.
  armor-piercing bomb, bomba perforante.
  bomb splinter, scheggia di bomba.
  chemical bomb, bomba a gas; bomba ad azione tossica.
  demolition bomb, granata bomba; bomba di demolizione.
  depth bomb, bomba di profondità; bomba antisommergibili.
  drop bomb, bomba d'aeroplano.
  flash bomb, bomba luminosa.
  fragmentation bomb, bomba dirompente; granata dirompente.
  gas bomb, bomba a gas.
  heavy bomb, bomba pesante.
  incendiary bomb, bomba incendiaria.
  light bomb, bomba leggera.
  phosphorous bomb, bomba fosforosa.
  practice bomb, bomba da esercitazione.
  smoke bomb, bomba fumogena.
BOMBARD. Bombarda, *f.*
  to bombard, bombardare.
BOMBARDIER. Bombardiere, *m.*
BOMBARDMENT. Bombardamento, *m.*

BOMBER. Aeroplano da bombardamento.
  day bomber, aeroplano da bombardamento diurno.
  dive bomber, picchiatello, *m.*
  heavy bomber, apparecchio pesante da bombardamento.
  light bomber, apparecchio leggero da bombardamento.
  long-range bomber, apparecchio da bombardamento a grande autonomia.
  night bomber, apparecchio da bombardamento notturno.
  transport bomber, apparecchio da bombardamento e trasporto.
BOMBING. Bombardamento, *m.*
  dive bombing, bombardamento in picchiata.
  high-altitude bombing, bombardamento da alta quota.
  low-altitude bombing, bombardamento da bassa quota.
BOMBING POST. Fosso per il lancio delle bombe a mano.
BOMBPROOF. A prova di bomba.
BOMB RACK. Portabombe, *m.*
BOMB THROWER. Lanciabombe, *m.*
BOND. Cauzione, *f* (Fin); malleveria, *f* (Fin); garanzia, *f* (Fin); titolo, *m* (Fin); legame, *m;* vincolo, *m.*
  to bond, mettere sotto cauzione.
BONE. Osso, *m.*
BONNET. Berretta, *f.* (Ft).
BONUS. Gratificazione, *f.*
  war bonus, polizza di guerra.
BOOBY TRAP. Trappola esplosiva; torpedine terrestre.
BOOK. Libro, *m;* registro, *m.*
  signal book, cifrario delle segnalazioni.
BOOM. Barra, *f;* barriera, *f.*
BOOMERANG. Boomerang, *m.*
BOOSTER. Esplosivo d'innescamento; carica di rinforzo.
BOOT. Stivaletto, *m;* stivale, *m.*
  flying boot, stivale da aviatore.
  hip boot, stivalone di gomma.
  leather boot, stivale di pelle.
  riding boot, stivalone, *m.*
  rubber boot, stivale di gomma.
BOOTS & SADDLES. Buttasella, *m.*

BLINKER. Semaforo a lampi (Sig); paraocchi, *m* (H).
BLISTER. Flittene, *f;* vescichetta, *f;* vescica, *f;* bolla, *f* (Med).
to blister, formare vesciche.
BLIZZARD. Tempesta di neve; tormenta, *f.*
BLOCK. Blocco, *m;* ostacolo, *m;* bozzello, *m* (Mech).
to block, bloccare; ostruire; ingombrare.
chain block, paranco a catena.
concrete block, blocco di cemento.
differential chain block, paranco differenziale.
road block, blocco stradale.
snatch block, bozzello separabile.
BLOCKADE. Blocco, *m* (Nav).
to blockade, porre il blocco.
breach of blockade, violazione di blocco.
de facto blockade, blocco de facto.
effective blockade, blocco effettivo.
notification of blockade, notificazione di blocco.
pacific blockade, blocco pacifico.
paper blockade, blocco sulla carta.
BLOCK AND TACKLE. Paranco, *m.*
BLOCKHOUSE. Fortino, *m.*
BLOCK SYSTEM. Sistema a blocco (RR).
BLOOD. Sangue, *m.*
BLOODHOUND. Bracco, *m;* segugio, *m.*
BLOOD PRESSURE. Pressione del sangue; pressione arteriosa.
BLOODSTAIN. Macchia di sangue.
BLOOD TRANSFUSION. Trasfusione del sangue.
BLOOD TYPE. Gruppo sanguigno.
BLOOD VESSEL. Vaso sanguigno.
BLOODY. Sanguinoso; insanguinato.
BLOUSE. Tunica, *f* (Mil); blusa, *f.*
BLOW. Colpo, *m;* soffio, *m.*
to blow, soffiare.
to blow up a bridge, far saltare in aria un ponte.
to blow up a tire, gonfiare una gomma.
sledge-hammer blow, colpo di mazza.
BLOWER. Mantice, *m;* soffietto, *m.*
hand-operated blower, soffietto a mano.
BLOWHOLE. Bolla, *f* (Metallurgy); sfiatatoio, *m.*

BLOWPIPE. Cannello ferruminatorio.
BLOWTORCH. Cannello ossidrico.
BLÜCHER. Stivaletto, *m;* mezzo stivale.
BLUE PETER. Bandiera P. Azzurra; bandiera di partenza.
BLUE PRINT. Cianotipia, *f.*
BLUE RIBBON. Nastro Azzurro.
BLUFF. Promontorio a picco; banco a picco; bluff, *m;* rodomontata, *f.*
to bluff, millantare; ingannare.
BLUNT. Spuntato; poco tagliente; smussato.
BOARD. Comitato, *m;* commissione, *f;* consiglio, *m;* tavola, *f* (Lumber); bordo, *m* (Nav); pensione, *f* (Boardinghouse).
to board, montare a bordo; stare a dozzina (Boardinghouse).
classification board, commissione delle classifiche.
investigating board, commissione d'inchiesta.
medical board, commissione medica.
military board, consiglio militare.
BOAT. Barca, *f;* battello, *m;* imbarcazione, *f.*
canvas boat, battello di tela.
rubber boat, battello di caucciù; battello di gomma.
submersible boat, battello sottomarino; sommergibile.
BOATSWAIN. Nostromo, *m.*
BOATSWAIN'S CHAIR. Balzo, *m* (Nav).
BOAT-TAILED. Rastremato (Projectile).
BOBBIN. Rocchetto, *m;* bobina, *f.*
BOBTAIL (Slang). Espulsione dall'esercito, in tempo di pace, per motivi disonorevoli.
BODY. Corpo, *m;* carrozzeria, *f* (Vehicle).
main body, il grosso.
BODYGUARD. Guardia del corpo.
BOG. Pantano, *m.*
to bog, impantanarsi.
BOGGY. Paludoso.
BOGIE. Carrello, *m.*
BOIL. Bollitura, *f;* bollita, *f;* ebollizione, *f;* foruncolo, *m* (Med).
BOIL, *v.* Bollire.
BOILER. Caldaia a vapore.
marine boiler, caldaia marina.

BICONCAVE. Biconcavo.
BICONVEX. Biconvesso.
BICUSPID. Bicuspide, *m.*
BICYCLE. Bicicletta, *f.*
　folding bicycle, bicicletta pieghevole.
BIFURCATION. Biforcazione, *f.*
BIGHT. Ansa, *f* (Top); insenatura, *f* (Top); doppino, *m* (Rope).
BILATERAL. Bilaterale.
BILGE. Sentina, *f* (Nav).
BILGE PUMP. Pompa di sentina.
BILGE WATER. Acqua di sentina.
BILL. Fattura, *f* (Fin); cambiale, *f* (Fin); dente, *m* (of an anchor); unghia, *f* (of an anchor).
BILLET. Alloggio militare; biglietto d'alloggio.
　to billet, alloggiare; accantonare.
BILLETING PARTY. Furieri di alloggiamento.
BILLHOOK. Roncola, *f.*
BILL OF CREDIT. Lettera di credito.
BILL OF EXCHANGE. Lettera di cambio; cambiale, *f.*
BILL OF FARE. Lista delle vivande.
BILL OF HEALTH. Patente sanitaria.
BIMOTOR. Bimotore, *m*, *n* & *adj.*
BINAURAL. Biauricolare.
BIND, *v.* Legare; vincolare.
BINDING, *adj.* Obbligatorio; impegnativo.
BINNACLE. Chiesuola, *f* (Instr).
BINOCULAR. Binocolo, *m.*
　prism binocular, binocolo prismatico.
BINOCULAR, *adj.* Binoculare.
BIPHASE. Bifase.
BIPLANE. Biplano, *m.*
BIPOD. Supporto a due piedi.
BIPOLAR. Bipolare.
BISECTOR. Bisecante, *f;* bisettrice, *f.*
BISECTRIX. Bisettrice, *f;* bisecante, *f.*
BISMUTH. Bismuto, *m.*
BIT. Morso, *m* (H); freno, *m* (H); filetto, *m* (H); punta da trapano (Tool); saetta, *f* (Tool).
　bar bit, freno, *m.*
　center bit, punta da trapano a centro.
　curb bit, morso, *m.*
　snaffle bit, filetto, *m.*
　spiral bit, punta da trapano a spirale.
　twist bit, punta da trapano elicoidale.
BIT AND BRIDOON. Morso e filetto.

BITE. Morso, *m;* morsicatura, *f;* puntura, *f* (Insect).
　to bite, mordere.
　snake bite, morso di serpente.
BITT. Bitta, *f* (Nav).
BITUMINOUS. Bituminoso.
BIVOUAC. Addiaccio, *m;* bivacco, *m.*
　to bivouac, bivaccare.
BIZERTE. Biserta, *f.*
BLACK DAMP. Metano, *m;* grisù, *m.*
BLACKEN, *v.* Annerire; abbrunire (Am).
BLACKMAIL. Estorsione, *f;* ricatto, *m.*
　to blackmail, ricattare; estorcere.
BLACKMAILER. Ricattatore, *m.*
BLACK OUT. Oscuramento di allarme.
BLACKSMITH. Fabbro, *m;* fabbro ferraio, *m.*
BLADE. Lama, *f* (as of a sword or razor); pala, *f* (as of a propeller).
BLADE SECTION. Sezione della pala d'elica (Drawing).
BLAND. Blando.
BLANKET. Coperta, *f.*
　horse blanket, coperta da cavallo.
BLANKET ROLL. Coperta da campo; fardello da campo.
BLAST. Esplosione, *f;* scoppio, *m;* detonazione, *f.*
　to blast, far scoppiare; demolire; fare esplodere; distruggere.
BLEACH, *v.* Candeggiare; imbiancare.
BLEED, *v.* Sanguinare; dissanguare; salassare.
　to bleed to death, sanguinare a morte.
BLEEDING. Emorragia, *f;* salasso, *m.*
BLEMISH. Difetto, *m;* imperfezione, *f;* macchia, *f.*
　to blemish, danneggiare; deformare; sporcare.
BLEND. Mescolanza, *f.*
　to blend, mescolare; mischiare; fondere.
BLIND. Gelosia di feritoia (Ft).
BLIND, *adj.* Cieco.
BLINDAGE. Blindamento, *m.*
BLINDING. Accecamento, *m;* oscuramento, *m.*
BLINDNESS. Cecità, *f.*
　color blindness, daltonismo, *m.*
　day blindness, emeralopia, *f.*
　night blindness, nictalopia, *f.*
BLINK. Lampo, *m* (Sig).
　to blink, lampeggiare (Sig).

BEAT—Continued.
to beat, battere; tamburare; picchiare; pulsare.
to beat off, respingere.
BEATEN ZONE. Zona battuta; spazio battuto.
BEDBUG. Cimice, *f* (Insect).
BEDDING. Lettiera, *f*.
BEER. Birra, *f*.
BEETLE. Mazzuola, *f*; mazza di legno; pestello, *m*; scarafaggio, *m* (Insect).
BEFOREHAND. Anticipatamente; in anticipo.
to be beforehand with, precorrere; prevenire; precludere.
BEHAVE, *v*. Comportarsi bene.
BEHAVIOR. Comportamento, *m*; condotta, *f*; contegno, *m*.
disrespectful behavior, contegno irrispettoso.
good behavior, buona condotta; buon comportamento.
insubordinate behavior, comportamento insubordinato; contegno insubordinato.
BELEAGUER, *v*. Accerchiare; cingere di assedio.
BELL. Campana, *f*; campanello, *m*; soneria, *f* (Tp).
fog bell, campana da nebbia.
BELLIGERENCE. Belliganza, *f*.
BELLIGERENCY. Stato di belligeranza.
BELLIGERENT. Belligerante, *m*, *n* & *adj*.
BELL MARE. Guidaiuola, *f*.
BELLOWS. Soffietto, *m*.
BELLYBAND. Sottopancia, *m* & *f*.
BELT. Cinturino, *m*; cinturone, *m*; cintura, *f*; cinghia, *f*; nastro, *m*; cintola, *f*; cinta, *f*; zona, *f*.
driving belt, cinghia di trasmissione.
fan belt, cinghia di ventilatore.
feed belt, nastro di alimentazione (Automatic firearms).
garrison belt, cinturone da guarnigione.
leather belt, cinghia di cuoio.
life belt, cintura di salvataggio.
lineman's belt, cintura del guardafili.
link belt, nastro metallico (Mg).
shoulder belt, bandoliera, *f*; tracolla, *f*.
web belt, fascia a maglia; cintura a maglia.

BELT-FED. Ad alimentazione a nastro.
BELT-FILLING MACHINE. Macchina per caricare nastri (Automatic firearms).
BELT-LOADING MACHINE. Macchina per caricare i caricatori a nastro.
BENCH MARK. Caposaldo di riferimento.
BENCH WARRANT. Mandato di cattura; mandato di arresto.
BEND. Curvatura, *f*; gomito, *m* (Top); ansa, *f* (River).
to bend, curvare; inarcare; piegare.
BENEFICIARY. Beneficiario, *m*.
BENEFIT. Beneficio, *m*; vantaggio, *m*; utile, *m*; profitto, *m*.
to benefit, beneficare; trarre vantaggio.
BENGAZI. Bengasi, *f*.
BENZINE. Benzina, *f*.
BENZOIN. Benzoino, *m*; benzoè, *m*.
BENZOL. Benzolo, *m*.
BENZYL. Benzile, *m*.
benzyl bromide, bromobenzile, *m*.
benzyl iodide, ioduro di benzile.
BERLIN. Berlino, *f*.
BERM. Risega, *f*. (Ft).
BERNE. Berna, *f*.
BERSAGLIERI. Bersaglieri, *mpl*.
BERTH. Ancoraggio, *m* (For ships); posto d'ormeggio (For ships); cuccetta, *f* (Bunk); alloggio, *m*.
open berth, ancoraggio scoperto; ancoraggio indifeso.
protected berth, ancoraggio protetto.
BERTHA (Slang). Supercannone, *m*; cannonissimo, *m*.
BERYLLIUM. Berillio, *m*.
BESIEGE, *v*. Assediare.
BESIEGER. Assediante, *m*.
BETRAY, *v*. Tradire.
BETRAYAL, Tradimento, *m*.
BEVEL. Ugnatura, *f*; falsa squadra (Instr); squadra ad articolazione (Instr).
to bevel, ugnare; tagliare in sbieco.
BEWILDER, *v*. Sgomentare; confondere.
BEWILDERMENT. Sgomento, *m*.
BIAS. Preconcetto, *m*; pregiudizio, *m*; parzialità, *f*.
BICEPS. Bicipite, *m*.

BATTERY—Continued.
  howitzer battery, batteria di obici.
  lead battery, batteria elettrica a lastre di piombo.
  local battery, batteria elettrica locale; accumulatore locale.
  main battery, batteria principale (Arty).
  mortar battery, batteria di mortai.
  portable battery, batteria elettrica trasportabile.
  secondary battery, batteria secondaria (Arty).
  service battery, batteria rifornimenti e trasporti.
  siege battery, batteria d'assedio.
  stationary battery, batteria elettrica stazionaria.
  storage battery, batteria di accumulatori.
BATTERY CHARGER. Caricatore di batteria elettrica.
BATTERY CHART. Piano quadrettato di batteria; carta di batteria.
BATTERY COMPARTMENT. Compartimento di batteria elettrica.
BATTERY PLATE. Placca di accumulatore.
BATTERY READING. Stato di carica della batteria elettrica.
BATTERY TEST. Saggio della batteria elettrica.
BATTLE. Battaglia, *f*.
  to begin battle, cominciare la battaglia; cominciare il combattimento.
  drawn battle, battaglia indecisa.
  pitched battle, battaglia campale.
  sham battle, finta battaglia.
BATTLE CRUISER. Incrociatore di battaglia.
BATTLEFIELD. Campo di battaglia.
BATTLEMENT. Parapetto merlato.
BATTLESHIP. Corazzata, *f*; nave da battaglia.
BATTLESHIP FORCE. Forza navale di navi da battaglia.
BAUXITE. Bauxite, *f*; baussite, *f*.
BAY. Baia, *f*.
BAYONET. Baionetta, *f*.
  bayonet stud, fermo di baionetta.
  fixed bayonet, baionetta inastata; baionetta in canna.
  sword bayonet, sciabola-baionetta, *f*.

BAYONET EXERCISE. Scherma di baionetta.
BEACH. Spiaggia, *f*.
  to beach arrenare; dare in secco; tirare a secco.
BEACHHEAD. Testa di sbarco.
BEACHING GEAR. Carrello di atterraggio per idroplani.
BEACH MASTER. Comandante di sbarco.
BEACH PARTY. Distaccamento da sbarco.
BEACON. Faro, *m*.
  aerial beacon, aerofaro, *m*.
  airdrome beacon, aerofuoco, *m*.
  airport beacon, faro d'aeroporto.
  airway beacon, fanale di rotta.
  equisignal beacon, radiofaro, *m*.
  flashing beacon, faro a luce intermittente.
  radio beacon, radiofaro, *m*.
  radio-range beacon, radiofaro, *m*.
BEAM. Raggio, *m*; fascio di raggi; trave, *f*; baglio, *m* (Nav).
  diffusion beam, fascio di diffusione.
  I beam, trave ad 1.
  light beam, fascio di luce; fascio di raggi luminosi.
BEARER. Latore, *m*.
  standard bearer, alfiere, *m*.
  stretcher bearer, portaferiti, *m*.
BEARING. Portamento, *m* (Mil); rilevamento, *m* (Surv); supporto, *m* (Mech).
  to take bearings, orientarsi.
  ball bearing, cuscinetto a sfere.
  compass bearing, rilevamento colla bussola.
  line of bearing, linea di rilevamento.
  magnetic bearing, rilevamento magnetico.
  military bearing, portamento militare.
  pivot bearing, cuscinetto cilindrico (Mech); cuscinetto a pernio (Mech).
  reciprocal bearing, rilevamento reciproco.
  roller bearing, cuscinetto a sfere.
  thrust bearing, supporto di spinta.
  true bearing, rilevamento vero.
BEARING INDICATOR. Indicatore di rilevamento.
BEAT. Percorso della ronda; battuta, *f*; battito, *m*; pulsazione, *f*.

BASE. Base, *f;* sostegno, *m.*
  to base, basare; basarsi; fondare; fondarsi; formare una base.
  air base, base aerea.
  auxiliary base, base ausiliaria (Surv).
  base of fire, base dell' artiglieria di appoggio.
  fleet base, base della flotta; base navale.
  land base, base terrestre.
  naval base, base navale.
  stereo base, base stereoscopica.
  tapered base, base rastremata.
BASE COVER. Fondello, *m.*
BASE DIRECTION. Direzione-base.
BASE LINE. Direzione-base, *f;* pianobase, *m;* direzione di sorveglianza
BASEMENT. Piano sotterraneo; basamento, *m* (Engr).
BASE PLATE. Piastra d'appoggio.
BASE POINT. Punto di riferimento.
BASE RING. Cerchio di collegamento (G); piattaforma circolare (Emplacement).
BASE SECTION. Base della zona delle comunicazioni.
BASIC. Basilare; di base; fondamentale; iniziale; basico (Cml).
BASIN. Bacino, *m.*
  river basin, bacino fluviale; bacino idrografico.
  tidal basin, bacino di marea.
BASIS. Base, *f.*
BASKET. Cesta, *f;* paniere, *m;* navicella, *f* (Avn); cuscinetto, *m* (Fencing).
  ammunition basket, cofano (cassa) da munizioni.
  rattan basket, cesta di canna d'India.
BASKETBALL. Pallacanestro, *f.*
BASKET SUSPENSION. Sospensione della navicella (Avn).
BASKETWORK. Ingraticciata, *f;* ingraticolato, *m;* viminata, *f.*
BASTION. Bastione, *m.*
BATH. Bagno, *m.*
  shower bath, doccia *f.*
BATHHOUSE. Stabilimento balneare; cabina da bagno.
BATH TUB. Vasca da bagno.
BATHYMETER. Batometro, *m.*
BATHYSPHERE. Batisferio, *m.*
BATON. Bastone del comando.
BATTALION. Battaglione, *m.*

BATTALION—Continued.
  army topographic battalion, battaglione topografi.
  battalion in column, battaglione in linea di fianco.
  battalion in column of close lines, battaglione in colonna.
  battalion in line of close lines, battaglione in linea di colonne.
  chemical battalion, battaglione truppe chimiche.
  collecting battalion, sezione di sanità.
  composite battalion battaglione misto.
  depot battalion, battaglione di deposito.
  detached battalion, battaglione distaccato.
  engineer camouflage battalion, battaglione genio mascheratori.
  engineer ponton battalion, battaglione genio pontieri.
  hospital battalion, battaglione sanità.
  infantry battalion, battaglione di fanteria.
  railway battalion, battaglione ferrovieri.
  rifle battalion, battaglione fucilieri.
  water supply battalion, battaglione servizio idrico.
BATTER, *v.* Battere in breccia.
BATTERY. Batteria, *f* (Mil & Elec); vie di fatto (Law); percosse, *fpl* (Law); atti violenti (Law).
  accompanying battery, batteria d'accompagnamento.
  armor-plated battery, batteria blindata.
  barbette battery, batteria in barbetta.
  battery front, fronte della batteria.
  casemate battery, batteria casamattata.
  coast battery, batteria costiera.
  dry battery, batteria elettrica di pile a secco.
  dummy battery, batteria simulata.
  electric battery, batteria elettrica.
  fixed-gun battery, batteria di pezzi fissi.
  floating battery, batteria galleggiante (Nav).
  gun battery, batteria, *f* (Arty); postazione, *f.*
  headquarters battery, batteria comando.

BANDAGE. Benda, *f;* fascia, *f;* bendatura, *f.*
to bandage, bendare; fasciare.
first-aid bandage, fascia da pronto soccorso.
BAND CONCERT. Concerto della banda militare.
BAND LEADER. Capomusica, *m* (Mil); capobanda, *m;* direttore di banda.
BANDMASTER. Capomusica, *m;* capobanda, *m.*
BANDOLEER. Bandoliera, *f;* tracolla, *f.*
BANDSMAN. Musicante, *m;* bandista, *m.*
BANK. Sbandamento, *m* (Avn); banco, *m* (Fin & Top); sponda, *f* (River); banca, *f* (Fin).
to bank, sbandare (Avn); inclinare (Avn); sopraelevare (as a road).
to bank up, arginare.
river bank, sponda del fiume.
steep bank, rupe, *f;* dirupo, *m.*
BANK INDICATOR. Indicatore di sban-damento.
BANNER. Insegna, *f;* gagliardetto, *m;* bandiera, *f.*
BANQUETTE. Banchina, *f* (Ft).
BANQUETTE TREAD. Banchina, *f* (Ft).
BAPTISM OF BLOOD. Battesimo di sangue.
BAPTISM OF FIRE. Battesimo del fuoco.
BAR. Sbarra, *f;* verga, *f;* barra, *f* (Tool & Top); corno, *m* (Horse's hoof); bar, *m.*
to bar, sbarrare; impedire; ostacolare.
guide bar, chiavistello; *m;* asta di biella.
handle bar, manubrio, *m.*
iron bar, palo di ferro.
tommy bar, aspe, *m;* aspa, *f.*
towing bar, timone di traino.
BARBED. Spinato.
BARBETTE. Barbetta, *f.* (Ft.)
BARBICAN. Barbacane, *m* (Ft).
BARCELONA. Barcellona, *f.*
BAREFOOT. Scalzo.
BARGE. Barcone, *m.*
coal barge, carboniera, *f.*
BARIUM. Bario, *m.*
BARLEY. Orzo, *m.*
BARN. Stalla, *f;* granaio, *m.*

BARNACLE. Torcinaso, *m* (H); ostrica di carena (Nav).
BAROCYCLONOMETER. Barociclonometro, *m.*
BAROGRAM. Barogramma, *m.*
BAROGRAPH. Barografo, *m.*
BAROGRAPHIC. Barografico.
BAROMETER. Barometro, *m.*
aneroid barometer, barometro aneroide.
holosteric barometer, barometro olosterico.
mercurial barometer, barometro a mercurio.
siphon barometer, barometro a sifone.
Torricellian barometer, barometro di Torricelli.
BARRACK. Caserma, *f;* baracca, *f.*
BARRAGE. Sbarramento, *m.*
artillery barrage, sbarramento di artiglieria.
balloon barrage, sbarramento di palloni.
box barrage, ingabbiamento, *m.*
contingent barrage, sbarramento eventuale.
creeping barrage, sbarramento progressivo.
emergency barrage, sbarramento di circostanza.
gas barrage, sbarramento di gas.
machine-gun barrage, sbarramento di mitragliatrici.
normal barrage, sbarramento normale.
standing barrage, repressione, *f* (Ballistics).
BARREL. Canna, *f* (Firearm); bocca da fuoco (Arty); barile, *m* (Container).
BARREL EXTENSION. Ingrossamento, *m* (Mg).
BARRICADE. Barricata, *f.*
to barricade, barricare.
BARRIER. Barriera, *f;* barricata, *f.*
tank barrier, barriera contro i carri armati.
vesicant barrier, barriera di aggressivi vescicanti.
BARROW. Carriola, *f.*
BARTENDER. Barista, *m.*
BARTER. Baratto, *m.*
BARYCENTER. Baricentro, *m.*

BACKPLATE. Schienale, *m* (Armor); schiena di corazza.
BACTERIA. Batteri, *mpl;* batteridi, *mpl.*
BACTERIAL. Batterico.
BADGE. Placca, *f;* piastrina, *f;* distintivo, *m.*
 badge of rank, distintivo di grado.
BAFFLE BOARD. Cateratta, *f.*
BAG. Sacco, *m.*
 gunny bag, sacco di tela di iuta.
 watering bag, secchio di tela per abbeverare.
BAGGAGE. Bagaglio, *m.*
 heavy baggage, bagaglio grosso.
 light baggage, bagaglio piccolo.
BAGGAGE WAGON. Bagagliaio, *m* (RR).
BAIL. Maniglia, *f* (Ord); cauzione, *f* (Law).
 to bail, rilasciare sotto cauzione (Law); aggottare (Nav); sgottare (Nav).
 to bail out, lanciarsi col paracadute.
BAILER. Gottazza, *f* (Nav); sassola, *f* (Nav).
BAKELITE. Bachelite, *f.*
BAKER. Panettiere, *m;* fornaio, *m.*
BAKERY. Panetteria, *f.*
 field bakery, panetteria da campo.
BALANCE. Bilancio, *m* (Fin); bilancia, *f* (Instr); differenza, *f.*
 to balance, bilanciare; pesare con la bilancia.
 to balance accounts, chiudere un conto; accertare il saldo di un conto; bilanciare i conti; saldare i conti.
 electric balance, bilancia elettrica.
 hydrostatic balance, bilancia idrostatica.
 induction balance, bilancia di induzione.
 torsion balance, bilancia di torsione.
BALD. Sfrondato (Top); calvo.
BALE. Balla, *f.*
 to bale, imballare (of goods).
BALEARIC ISLANDS. Isole Baleari.
BALER. Imballatore, *m* (Man); imballatrice, *f* (Machine); macchina per imballare.
BALKAN MOUNTAINS. Balcani, *mpl.*
BALKAN PENINSULA. Penisola Balcanica.

BALL. Palla, *f;* sfera, *f* (Mech); sferetta, *f* (Mech).
BALLAST. Zavorra, *f;* letto di ghiaia (RR); ballast, *m* (RR); massicciata, *f* (Rd).
 to ballast, zavorrare.
BALLISTIC. Balistico.
BALLISTIC CAP. Tagliavento, *m.*
BALLISTIC MACHINE. Macchina da guerra.
BALLISTIC PENDULUM. Pendolo balistico.
BALLISTICS.. Balistica, *f.*
 ballistics of bombs, balistica dei proietti di caduta; balistica aerea.
 exterior ballistics, balistica esterna.
 interior ballistics, balistica interna.
BALLISTIC TASK. Compito balistico.
BALLISTITE. Balistite, *f.*
BALLONET. Pallonetto, *m;* palloncino di compensazione; ballonet, *m.*
BALLOON. Pallone, *m;* pallone aerostatico.
 barrage balloon, pallone da sbarramento.
 captive balloon, pallone frenato.
 ceiling balloon, pallone di quota.
 free balloon, pallone libero.
 hydrogen balloon, pallone a idrogeno.
 kite balloon, pallone drago; drago, *m;* salsicciotto, *m.*
 observation balloon, pallone osservatorio.
 pilot balloon, pallone pilota.
 sausage balloon (Slang), salsicciotto, *m;* pallone drago.
 sounding balloon, pallone sonda.
BALLOON BASKET. Navicella del pallone.
BALLOON BED. Ancoraggio per palloni frenati.
BALLOONIST. Aerostiere, *m.*
BALLOON SHED. Capannone per palloni.
BAN. Bando, *m.*
BANANA OIL. Acetato di amile.
BAND. Corona, *f* (Projectile); fascia, *f;* fascetta, *f;* benda, *f;* nastro, *m;* striscia, *f;* banda, *f* (Radio & Music).
 lower band, fascetta posteriore (R).
 mourning arm band, fascia di lutto da braccio.
 upper band, fascetta anteriore (R)

AUTHORITY—Continued.
  staff authority, autorità esercitata da un ufficiale di stato maggiore.
AUTHORIZATION. Autorizzazione, *f.*
AUTHORIZE, *v.* Autorizzare.
AUTO. Auto, *m;* automobile, *m* & *f.*
AUTOBUS. Autobus, *m.*
AUTOCLAVE. Autoclave, *f.*
AUTOFRETTAGE. Autoforzamento, *m;* autocerchiatura, *f.*
AUTOGIRO. Autogiro, *m.*
AUTOGRAPH. Autografo, *m* (Photo).
AUTOIGNITION. Autoaccensione, *f.*
AUTOINTOXICATION. Autointossicazione, *f.*
AUTOMATIC. Automatico.
AUTOMOBILE. Automobile, *m* & *f.*
  private automobile, automobile privata.
AUTOMOBILE BODY. Carrozzeria, *f.*
AUTOMOTIVE. Automobile.
AUTOPSY. Autopsia, *f.*
AUXILIARY. Ausiliare; ausiliario; sussidiario.
AVAILABLE. Ottenibile; disponibile.
AVALANCHE. Valanga, *f.*
AVERAGE. Media, *f;* avaria, *f* (Nav).
  general average, avaria generale; avaria comune; avaria grossa.
  particular average, avaria particolare; avaria semplice.
AVIATION. Aviazione, *f;* arma aerea; arma azzurra.
  attack aviation, aviazione d'assalto.
  bombardment aviation, aviazione da bombardamento.
  combat aviation, aviazione da combattimento.
  G. H. Q. aviation, aviazione del Gran Quartiere Generale.
  land-based aviation, aviazione a base terrestre.
  liaison aviation, aviazione da collegamento.
  naval aviation, aviazione navale.
  naval-based aviation, aviazione a base navale.
  observation aviation, aviazione da osservazione.
  photographic aviation, aviazione per aerofotogrammetria.
  pursuit aviation, aviazione da caccia.
  reconnaissance aviation, aviazione da ricognizione.

AVIATION—Continued.
  training aviation, aviazione da scuole di pilotaggio.
  transport aviation, aviazione da trasporto.
AVIATOR. Aviatore, *m.*
AWARD. Aggiudicazione *f* (Law); ricompensa, *f;* premio, *m.*
  to award, aggiudicare; ricompensare.
AX. Ascia, *f;* scure, *f.*
  camp ax, scure militare; piccozza, *f.*
  double-bitted ax, scure a doppio taglio.
  fire ax, piccozza da pompiere.
AXIAL. Assiale.
AXIS. Asse, *m.*
  axis of signal communication, asse dei collegamenti.
  axis of symmetry, asse di simmetria.
  lateral axis, asse laterale.
  longitudinal axis, asse longitudinale.
  vertical axis, asse verticale.
AXLE. Sala, *f* (Vehicle); assale, *m;* asse di ruota.
  axle spindle, fuso dell'assale.
  bogie axle, assale di carrello.
  driving axle, assale di ruota motrice.
  front axle, assale anteriore; asse anteriore.
  rear axle, assale posteriore; asse posteriore.
AZIDE. Azotidrato, *m.*
AZIMUTH. Azimut, *m;* angolo azimutale; angolo di direzione.
  azimuth difference, parallasse, *f.*
  back azimuth, angolo azimutale opposto.
  compass azimuth, azimut di bussola.
  grid azimuth, azimut di carta quadrettata.
  magnetic azimuth, azimut magnetico.
AZIMUTHAL. Azimutale.
AZIMUTH CIRCLE. Cerchio azimutale (Instr); circolo verticale (Astronomy).
AZORES. Isole Azzorre.

B

BABBITT. Metallo antifrizione.
BACKFIRE. Ritorno di fiamma (Mtr).
BACKGROUND. Terreno retrostante.
BACKLASH. Giuoco eccessivo (Mech).

ASTRONOMY. Astronomia, *f.*
ASYLUM. Asilo, *m.*
ASYMPTOTE. Asintote, *f.*
"AS YOU WERE!" "Al tempo!"
"AT EASE!" "Riposo!"
ATHENS. Atene, *f.*
ATLANTIC OCEAN. Oceano Atlantico.
ATLAS. Atlante, *m.*
ATMOSPHERE. Atmosfera, *f.*
  standard atmosphere, atmosfera tipo.
ATMOSPHERIC. Atmosferico.
  atmospheric condition, condizione atmosferica.
ATMOSPHERIC PRESSURE. Pressione atmosferica.
ATOM. Atomo, *m.*
ATOMIC. Atomico.
ATOMIZE, *v.* Polverizzare (of liquids).
ATOMIZER. Vaporizzatore, *m;* polverizzatore, *m.*
ATTACHÉ. Addetto, *m.*
  commercial attaché, addetto commerciale.
  military attaché, addetto militare.
  naval attaché, addetto navale.
ATTACHMENT. Sequestro, *m* (Law).
ATTACK. Attacco, *m.*
  to attack, attaccare.
  to launch an attack, lanciare un attacco.
  air attack, attacco aereo.
  attack from above, attacco dall'alto.
  attack from below, attacco dal basso.
  beginning of the attack, inizio dell'attacco.
  cloud attack, attacco con nube (Gas).
  converging attack, attacco convergente.
  coordination of attack, coordinazione d'attacco.
  decisive attack, attacco decisivo; attacco a fondo.
  direction of attack, direzione dell'attacco.
  enveloping attack, attacco avvolgente.
  false attack, attacco simulato.
  flank attack, attacco sul fianco.
  frontal attack, attacco frontale.
  gas attack, attacco con gas.
  holding attack, attácco secondario.
  landing attack, attacco di sbarco.

ATTACK—Continued.
  line of attack, linea di attacco.
  main attack, attacco principale.
  mass attack, attacco in massa.
  night attack, attacco notturno.
  organization of the attack, organizzazione dell'attacco.
  point of attack, punto d'attacco.
  preliminary attack, attacco preliminare.
  principal attack, attacco principale.
  secondary attack, attacco sussidiario.
  spray attack, attacco con irrorazione aerochimica.
  sudden attack, attacco improvviso.
  surprise attack, attacco di sorpresa.
  tank attack, attacco di carri armati.
  time of attack, ora dell'inizio dell'attacco.
  unexpected attack, attacco di sorpresa.
ATTENTION. Attenzione, *f.*
  at attention, sull'attenti.
  attention to duty, attenzione al proprio dovere.
"ATTENTION!" "Attenti!"
ATTITUDE. Attitudine, *f;* atteggiamento, *m;* assetto, *m* (Ap).
ATTRACTION. Attrazione, *f;* attrattiva, *f.*
  magnetic attraction, attrazione magnetica.
ATTRITION. Logoramento, *m.*
AUDITORY. Uditivo.
AUGMENT, *v.* Accrescere.
AURORA. Aurora, *f.*
  aurora australis, aurora australe.
  aurora borealis, aurora boreale.
  aurora polaris, aurora polare.
AUSCULTATE, *v.* Auscultare.
AUSCULTATION. Auscultazione, *f;* ascoltazione, *f.*
AUSTRIA.* Austria, *f*
AUSTRIAN. Austriaco, *m.*
AUTHORITIES. Autorità, *fpl.*
  civil authorities, autorità civili.
  military aid to civil authorities, aiuto militare alle autorità civili.
  military authorities, autorità militari.
AUTHORITY. Autorità, *f;* autorizzazione, *f.*
  procurement authority, autorizzazione per la compera di forniture.

ARTILLERY—Continued.
G. H. Q. reserve artillery, artiglieria a disposizione del Comando Supremo.
heavy artillery, artiglieria pesante; artiglieria di grosso calibro.
heavy field artillery, artiglieria pesante campale; artiglieria di corpo d'armata.
horse artillery, artiglieria a cavallo.
horse-drawn artillery, artiglieria ippotrainata; artiglieria a traino animale.
light artillery, artiglieria leggera; artiglieria di piccolo calibro.
medium artillery, artiglieria di medio calibro.
mobile artillery, artiglieria mobile.
motorized artillery, artiglieria motorizzata.
mountain artillery, artiglieria da montagna.
outpost artillery, artiglieria di posto avanzato; artiglieria di avamposto.
pack artillery, artiglieria someggiata.
portée artillery, artiglieria autoportata.
railway artillery, artiglieria su installazione ferroviaria.
rear guard artillery, artiglieria della retroguardia.
regimental artillery, artiglieria reggimentale.
reinforcing artillery, artiglieria di rinforzo.
seacoast artillery, artiglieria da costa.
self-propelled artillery, artiglieria autoportata; artiglieria automobile; artiglieria semovente.
siege artillery, artiglieria d'assedio.
support artillery, artiglieria di appoggio.
trench artillery, artiglieria da trincea.
truck-drawn artillery, artiglieria autotrainata.
ASBESTOS. Asbesto, *m;* amianto, *m.*
ASCEND, *v.* Ascendere.
ASCENSION. Ascensione, *f;* ascesa, *f.*
right ascension, ascensione retta (Astronomy).
ASCENT. Ascesa, *f;* ascensione, *f;* salita, *f.*
balloon ascent, ascensione del pallone.
ASH. Cenere, *f.*
soda ash, carbonato di sodio anidro.
ASHORE. A terra.
ASPECT RATIO. Allungamento dell'ala (Ap).
ASPHALT. Asfalto, *m.*
ASPHYXIA. Asfissia, *f.*
ASPIRATE, *v.* Aspirare.
ASPIRATION. Aspirazione, *f.*
ASSAIL, *v.* Assalire.
ASSAULT. Assalto, *m;* aggressione, *f.*
to assault, assalire; assaltare.
to beat off an assault, respingere un assalto.
to carry by assault, prendere d'assalto.
to launch an assault, sferrare un assalto.
assault on officer, aggressione contro un ufficiale.
assault with felonious intent, aggressione con intento delittuoso.
assault with intent to commit a felony, aggressione con intenzione di commettere un delitto.
assaulting a noncommissioned officer, aggredire un sottufficiale.
bayonet assault, assalto alla baionetta; attacco alla baionetta.
general assault, attacco generale; assalto generale.
local assault, assalto locale; azione isolata.
unjustified assault, aggressione ingiustificata.
ASSAULT AND BATTERY. Aggressione e vie di fatto.
ASSEMBLE, *v.* Adunare; radunare; riunirsi; montare (Mech).
to assemble a rifle, ricomporre un fucile.
ASSEMBLY. Adunata, *f* (Mil); assemblea, *f.*
ASSIGN, *v.* Assegnare.
ASSIGNMENT. Assegnamento, *m;* assegnazione, *f;* assegno, *m;* incarico, *m;* compito, *m;* nomina, *f;* dotazione, *f.*
ASTERN. Verso poppa.
ASTIGMATISM. Astigmatismo, *m.*
ASTIGMATIZER. Astigmatizzatore, *m.*
ASTRIDE. A cavallo.
ASTRINGENT. Astringente.
ASTRONOMICAL. Astronomico.

ARMY NURSE. Infermiera militare.
ARMY NURSE CORPS. Corpo delle Infermiere Militari.
ARMY OF THE UNITED STATES. Esercito degli Stati Uniti d'America.
ARMY ORDERS. Ordine del giorno.
citation in Army Orders, citazione all'ordine del giorno.
ARMY REGISTER. Annuario militare.
ARMY REGULATIONS. Regolamenti militari.
ARMY SERIAL NUMBER. Numero di matricola.
ARRAIGNMENT. Interrogatorio, m (Law).
ARRAY. Ordinanza, f (Mil).
ARREARS. Arretrati, mpl (Fin).
ARREST. Carcerazione, f; arresto, m; arresti, mpl (Mil).
to arrest, arrestare.
to place under arrest, porre agli arresti.
arrest by civil authorities, arresto da parte delle autorità civili.
arrest in quarters, arresti semplici (Officers); consegna, f (Soldiers).
arrest of deserter, arresto del disertore.
arrest without confinement, arresto senza incarcerazione.
breach of arrest, violazione degli arresti.
close arrest, arresti di rigore.
deferring arrest, differire l'arresto.
duration of arrest, durata degli arresti.
immunity from arrest, immunità dall'arresto.
open arrest, arresti semplici.
under arrest, agli arresti.
ARSENIC. Arsenico. m.
arsenic trichloride, tricloruro di arsenico.
ARSENICAL. Arsenicale.
ARSINE. Arsina, f.
beta-chlorvinyldichlorarsine, betaclorovinildicloroarsina, f.
chlorvinyldichlorarsine, clorovinildicloroarsina, f.
dichlordivinylchlorarsine, diclorodivinilcloroarsina, f.
dimethylarsine, dimetilarsina, f.

ARSINE—Continued.
diphenylaminechlorarsine, difenilaminicloroarsina, f.
diphenylchlorarsine, difenilcloroarsina, f.
ethyldichlorarsine, etildicloroarsina, f.
trichlortrivinylarsine, triclorotrivinilarsina, f.
ARSON. Incendio doloso.
ARSONIST. Incendiario, m.
ART. Arte, f.
art of war, arte militare.
ARTERIAL. Arteriale; arterioso.
ARTERY. Arteria, f.
ARTICLE. Articolo, m; capo, m (Law).
ARTICLES OF WAR. Codice Penale Militare; Leggi di Guerra.
ARTIFICIAL HORIZON. Orizzonte artificiale (Instr.).
ARTILLERY. Artiglieria, f; artiglierie, fpl.
accompanying artillery, artiglieria d'accompagnamento.
advance guard artillery, artiglieria d'avanguardia.
antiaircraft artillery, artiglieria controaerei.
antitank artillery, artiglieria anticarro.
army artillery, artiglieria di armata.
artillery in general support, artiglieria in appoggio generale.
artillery of position, artiglieria da posizione.
attached artillery, artiglieria aggregata.
brigade artillery, artiglieria di brigata.
coast artillery, artiglieria da costa.
corps artillery, artiglieria di corpo d'armata.
direct support artillery, artiglieria di appoggio diretto.
division artillery, artiglieria di divisione.
field artillery, artiglieria da campagna.
fixed artillery, artiglieria in postazione fissa; artiglieria ad installazione fissa: artiglieria da posizione.
foot artillery, artiglieria appiedata.
garrison artillery, artiglieria da fortezza; artiglieria da posizione.
G. H. Q. artillery, artiglieria del comando supremo.

AREA—Continued.
defensive coastal area, area della difesa costiera.
defiladed area, zona defilata.
final assembly area, base di partenza.
fortified area, area fortificata.
landing area, zona di atterraggio.
occupied area, zona occupata; zona d'occupazione.
outpost area, zona di sicurezza; zona degli avamposti.
platoon defense area, area di difesa di plotone.
position area, area della posizione.
quartering area, zona di alloggiamento.
staging area, luogo di concentramento di truppe destinate oltremare.
target area, zona degli obiettivi.
wind-swept area, area battuta dal vento.
AREOTECTONICS. Areotectonica, *f.*
ARGON. Argon, *m;* argo, *m.*
ARM. Arma, *f* (Corps & Weapon); arme, *f* (Weapon); braccio, *m* (Anatomy); ramo, *m.*
to arm, armare; armarsi.
to present arms, presentare le armi.
air arm, arma aerea; arma dell'aria.
auxiliary arm, truppe ausiliarie.
basic arm, arma fondamentale.
fourth arm, arma aerea.
ARMAMENT. Armamento, *m.*
air armament, armamento aereo.
fixed armament, armamento ad installazione fissa; artiglierie da costa ad installazione fissa.
mobile armament, armamento ad installazione mobile; artiglierie da costa ad installazione mobile.
ARMAMENT INDUSTRY. Industria degli armamenti.
ARMED. Armato.
ARMED FORCES. Forze armate.
combatants in armed forces, combattenti nelle forze armate.
hostility restricted to armed forces, ostilità limitata alle forze armate.
noncombatants in armed forces, non combattenti nelle forze armate.
ARMED PROWLERS. Predoni armati; predatori armati.

ARMISTICE. Armistizio, *m.*
commencement of armistice, inizio dell'armistizio.
general armistice, armistizio generale.
local armistice, armistizio locale.
termination of armistice, fine dell'armistizio.
violations of armistice, violazioni dell'armistizio.
ARMOR. Corazza, *f;* blindamento, *m;* armatura, *f.*
to armor, corazzare; blindare.
ARMORED CAR. Autoblindata, *f;* carro blindato.
ARMORER. Armiere (Mil); armaiuolo, *m.*
ARMOR-PIERCING. Perforante.
ARMORY. Armeria, *f;* arsenale, *m.*
ARMRACK. Fuciliera, *f;* rastrelliera, *f* (Mil).
ARMS. Armi, *fpl;* forze, *fpl;* corpi di milizia.
casting away arms, gettare via le armi.
combatant arms, armi combattenti.
prevention of illegal export of arms, prevenzione di esportazione illegale di armi.
right to keep and bear arms, diritto di possedere e portare armi.
suspension of arms, sospensione d'armi.
under arms, sotto le armi.
unlawfully disposing of arms, disporre illecitamente di armi.
ARMY. Esercito, *m;* armata, *f* (Mil).
army of occupation, esercito d'occupazione.
field army, armata, *f.*
foreign armies, eserciti stranieri.
invading army, esercito invasore.
mercenary army, esercito mercenario.
mobilization of the army, mobilitazione dell'esercito.
operations of the army, operazioni militari.
regular army, esercito regolare.
territorial army, esercito territoriale.
United States Army, Esercito degli Stati Uniti d'America.
ARMY BAND. Musica militare.
ARMY CORPS. Corpo d'armata.
ARMY CORPS COMMANDER. Comandante di Corpo d'Armata.

ANODE. Ànodo, *m.*
auxiliary anode, ànodo ausiliare.
ANOPHELES. Anofele, *f.*
ANTENNA. Antenna, *f* (Rad).
ANTHEM. Inno, *m.*
National Anthem, Inno Nazionale.
ANTIAIRCRAFT. Antiaereo; controaereo; controaerei.
ANTICYCLONE. Anticiclone, *m.*
ANTIDOTE. Antidoto, *m.*
ANTIFREEZE. Miscela anticongelante.
ANTIFREEZING. Anticongelante.
ANTIGAS. Antigas.
ANTIKNOCK. Antidetonante, *m.*
ANTILOGARITHM. Antilogaritmo, *m.*
ANTIMECHANIZATION. Antimeccanizzazione, *f.*
ANTIMONY. Antimonio, *m.*
ANTIROLLING. Antirollante.
ANTIROLLING TANK. Cassa antirollante.
ANTISEPTIC. Antisettico, *m, n* & *adj.*
ANTITANK. Anticarro; antitank.
ANTITETANIC. Antitetanico.
ANTITRADES. Controalisei, *mpl.*
ANVIL. Incudine, *f;* incudinetta, *f* (Cartridge).
blacksmith's anvil, incudine da fabbro ferraio.
horseshoer's anvil, incudine da maniscalco.
riveting anvil, incudine per ribadire.
two-horned anvil, bicornia, *f.*
APERIODIC. Aperiodico.
APOSTOLIC DELEGATE. Delegato Apostolico.
APOTHEM. Apotema, *m.*
APPARATUS. Apparato, *m;* apparecchio, *m;* congegno, *m.*
filtering apparatus, apparecchio per filtrare; filtro, *m.*
APPEAL. Appello, *m* (Law).
to appeal, appellarsi.
right of appeal, diritto di appello.
APPEARANCE. Comparizione, *f* (Law); comparsa, *f;* apparenza, *f.*
APPENDICITIS. Appendicite, *f.*
APPENDIX. Appendice, *f.*
APPENDIX RING. Cerchio della manica d'appendice principale (Balloon).
APPLICATION. Domanda, *f;* richiesta, *f;* applicazione, *f.*
APPOINT, *v.* Nominare.

APPOINTMENT. Nomina, *f;* carica, *f;* ufficio, *m;* appuntamento, *m.*
acceptance of appointment, accettazione della nomina.
APPORTIONMENT. Ripartizione, *f.*
APPREHEND, *v.* Trarre in arresto; arrestare.
APPREHENSION. Arresto, *m* (Law).
apprehension of deserter, arresto del disertore.
apprehension of offenders for civil authorities, arresto di trasgressori per conto delle autorità civili.
APPROACH. Approccio, *m* (Ft.); avvicinamento, *m* (Phase).
to approach, approcciarsi; avvicinarsi; appressarsi.
defiladed approach, approccio defilato.
zigzag approach, approccio a zigzag.
APPROPRIATE, *v.* Appropriarsi; stanziare (Fin).
APPROPRIATION. Stanziamento di fondi; somma stanziata; fondi stanziati; appropriazione, *f.*
appropriation of supplies in enemy country, appropriazione di approvvigionamenti in paese nemico.
APPROVAL. Approvazione, *f;* ratificazione, *f;* ratifica, *f;* sanzione, *f.*
approval of contracts, ratifica di contratti.
approval of findings, ratifica delle decisioni.
approval of sentence, ratifica della sentenza.
APPROXIMATION. Approssimazione, *f.*
APRON. Piano di lancio (Avn).
ARABIAN SEA. Mar Arabico.
ARACHNOID. Aracnoide, *f.*
ARC. Arco, *m.*
electric arc, arco voltaico.
graduated arc, settore graduato (Instr).
AREA. Area, *f;* zona, *f;* superficie, *f.*
air area, area di ricognizione aerea.
army area, zona di armata.
assembly area, zona di radunata.
battle area, zona di battaglia.
concentration area, zona di concentramento.
congested area, area congestionata.
defense area, zona di difesa.

ANGLE—Continued.
angle of opening, angolo di semiapertura (Shrapnel).
angle of pitch of a propeller, angolo del passo d'elica.
angle of position, angolo di sito.
angle of quadrant elevation, angolo di tiro; angolo di proiezione.
angle of refraction, angolo di rifrazione.
angle of ricochet, angolo di rimbalzo.
angle of safety, angolo di sicurezza.
angle of shift, angolo di trasporto.
angle of sighting, angolo di mira.
angle of site, angolo di sito.
angle of slope, angolo di pendenza.
angle of the flank, angolo fiancheggiato (Ft.).
angle of the polygon, angolo del poligono (Ft).
angle of vision, angolo visivo.
apex angle, angolo di semiapertura (Ballistics).
base angle, angolo di orientamento.
battery angle of concentration, angolo di concentramento; angolo di convergenza piccola.
battery angle of convergence, angolo di convergenza grande.
battery angle of parallax, angolo di parallelismo.
blade angle, angolo del passo d'elica.
complementary angle, angolo complementare.
complementary angle of site, complemento dell'elevazione per l'angolo di sito.
critical angle, angolo critico.
curtain angle, angolo di cortina (Ft).
dead angle, angolo morto.
dihedral angle, angolo diedro.
direction angle, angolo di direzione.
drift angle, angolo di deriva.
dropping angle, angolo di puntamento (Bombing).
elevator angle, angolo di barra (Ap).
exterior angle, angolo esterno.
firing angle, angolo di tiro.
horizontal angle, angolo orizzontale.
hour angle, angolo orario.
induced angle of attack, angolo di incidenza indotto (Ap); angolo indotto (Ap).
inscribed angle, angolo inscritto.

ANGLE—Continued.
interior angle, angolo interno.
landing angle, angolo di atterraggio.
minimum angle of quadrant elevation, angolo di tiro minimo.
negative angle, angolo negativo.
obliquity angle, angolo di obliquità; obliquità, *f* (Ballistics).
observation angle, angolo di osservazione.
obtuse angle, angolo ottuso.
polyhedral angle, angolo poliedro; angolo solido.
positive angle, angolo positivo.
quadrant angle of departure, angolo di proiezione.
quadrant angle of elevation, angolo di tiro.
range angle, angolo di puntamento (Bombing).
re-entrant angle, angolo rientrante.
right angle, angolo retto.
safety angle, angolo di sicurezza.
salient angle, angolo di saliente.
shoulder angle, angolo di spalla (Ft).
sighting angle, angolo di puntamento (Bombing).
solid angle, angolo solido; angolo poliedro.
spherical angle, angolo sferico.
straight angle, angolo piatto.
supplementary angle, angolo supplementare.
trihedral angle, angolo triedro.
vertical angle, angolo verticale.
visual angle, angolo visivo.
ANGULAR. Angolare.
ANHYDROUS. Anidro.
ANIMAL. Animale, *m;* bestia, *f.*
draft animal, bestia da tiro.
pack animal, bestia da soma; quadrupede da salma.
ANIMAL-DRAWN. A trazione animale.
ANION. Anione, *m.*
ANKARA. Ankara, *f;* Angora, *f.*
ANNEAL, *v.* Cotticciare; ricuocere (Metallurgy).
ANNEALING. Ricottura, *f* (Metallurgy).
full annealing, ricottura totale (Metallurgy).
ANNIHILATE, *v.* Annichilare; annientare.
ANNIHILATION. Annichilazione, *f.*

AMMUNITION—Continued.
live ammunition, proietti vivi.
round of ammunition, colpo, m.
semi-fixed ammunition, munizioni con cartoccio a bossolo.
separate-loading ammunition, munizioni con cartoccio a sacchetto.
small-arms ammunition, munizioni da armi portatili.
AMMUNITION BASKET. Cofano (cassa) da munizioni.
AMMUNITION CARRIER. Porta munizioni.
AMMUNITION CHEST. Cofano (cassa) da munizioni.
AMMUNITION DISTRIBUTING POINT. Posto di distribuzione ed avviamento munizioni.
AMMUNITION POINT. Posto munizioni.
AMMUNITION SECTION. Sezione munizioni.
AMNESIA. Amnesia, f.
AMNESTY. Amnistia, f.
AMOUNT. Quantità, f; importo, m; somma, f; ammontare, m.
to amount, ammontare.
AMOUNT GROSS. Ammontare lordo.
AMOUNT NET. Ammontare netto.
AMPERE. Ampère, m.
AMPHIBIAN. Anfibio, m.
AMPLIFIER. Amplificatore, m.
AMPLIFY, v. Amplificare.
AMPOULE. Fiala, f; fialetta, f.
AMPUTATE, v. Amputare.
AMPUTATION. Amputazione, f.
AMYL. Amile, m.
ANALYSIS. Analisi, f; prospetto, m.
chemical analysis, analisi chimica.
gravimetric analysis, analisi gravimetrica.
volumetric analysis, analisi volumetrica.
ANALYTICAL. Analitico.
ANALYZE, v. Analizzare.
ANCHOR. Àncora, f.
to anchor, ancorare; ancorarsi.
to cast anchor, gettar l'àncora.
to weigh anchor, salpare.
ANCHORAGE. Ancoraggio, m (Place & Toll); diritto di ancoraggio (Toll); ancoratico, m (Toll).
naval anchorage, ancoraggio navale.
ANEMOGRAPH. Anemografo, m.

ANEMOMETER. Anemometro, m.
cup anemometer, anemometro a coppe emisferiche; anemometro Robinson.
ANEMOSCOPE. Anemoscopio, m.
ANEROID. Aneroide.
ANESTHESIA. Anestesia, f.
ANESTHETIC. Anestetico, m, n & adj.
ANEURYSM. Aneurisma, m.
ANGARY. Angheria, f; angaria, f.
ANGLE. Angolo, m.
acute angle, angolo acuto.
adjacent angle, angolo adiacente.
alternate angle, angolo alterno.
angle at the pole, angolo al polo.
angle at the target, angolo di osservazione.
angle of attack, angolo di incidenza (Ap).
angle of balance, angolo di assetto (Ap).
angle of climb, angolo di salita.
angle of concentration, angolo di concentramento; angolo di convergenza piccola.
angle of convergence, angolo di convergenza.
angle of departure, angolo di partenza.
angle of depression, angolo di depressione; angolo di tiro negativo.
angle of depth, angolo di profondità.
angle of descent, angolo di discesa (Avn).
angle of direction, angolo di direzione; angolo azimutale; azimut, m.
angle of distribution, angolo di divergenza.
angle of divergence, angolo di divergenza.
angle of downwash, angolo di influsso (Aerodynamics).
angle of drift, angolo di deriva.
angle of elevation, angolo di elevazione.
angle of fall, angolo di caduta.
angle of impact, angolo di arrivo.
angle of incidence, angolo di incidenza; inclinazione di traiettoria (Ballistics).
angle of inclination, angolo di inclinazione.
angle of inflexion, angolo d'inflessione.
angle of jump, angolo di rilevamento.

ALPHABET. Alfabeto, *m.*
  Morse alphabet, alfabeto Morse.
  telegraphic alphabet, alfabeto telegrafico.
ALPS. Alpi, *fpl.*
ALTER, *v.* Alterare.
  to alter the course, cambiare rotta.
ALTERATION. Alterazione, *f.*
ALTERNATE. Alterno; alternato.
  to alternate, alternare.
ALTERNATIVE. Alternativa, *f.*
ALTERNATIVE, *adj.* Alternativo.
ALTERNATOR. Alternatore, *m.*
ALTIGRAPH. Barografo, *m.*
ALTIMETER. Altimetro, *m.*
  absolute altimeter, altimetro assoluto.
  aneroid altimeter, altimetro aneroide.
  electrostatic altimeter, altimetro elettrostatico.
  optical altimeter, altimetro ottico.
  sound-ranging altimeter, altimetro acustico.
ALTIMETER FATIGUE. Isteresi dell'altimetro.
ALTITUDE. Altitudine, *f;* altezza, *f* (Avn); quota, *f* (Avn).
  absolute altitude, altezza assoluta.
  altitude above the terrain, altezza dal suolo (Photo).
  altitude of points, quota dei punti d'appoggio (Surv).
  astronomical altitude, altezza astronomica.
  circle of altitude, circolo d'altezza.
  critical altitude, altitudine critica; altezza critica.
  flight altitude, altezza di volo; quota di volo.
  high altitude, alta quota; grande altezza.
  low altitude, bassa quota; piccola altezza.
ALTO-CUMULUS. Altocumulo, *m.*
ALTO-STRATUS. Altostrato, *m.*
ALUM. Allume, *m.*
ALUMINA. Allumina, *f.*
ALUMINUM. Alluminio, *m.*
  aluminum sulphate, solfato di alluminio.
AMALGAM. Amalgama, *m.*
AMATOL. Amatolo, *m.*

AMBASSADOR. Ambasciatore, *m.*
  to recall the ambassador, richiamare l'ambasciatore.
  ambassador extraordinary, ambasciatore straordinario.
  ambassador ordinary, ambasciatore ordinario.
AMBULANCE. Ambulanza, *f.*
  ambulance station, centro ambulanze.
  automobile ambulance, autoambulanza, *f;* autolettiga, *f.*
  motor ambulance, autoambulanza, *f.*
  pack ambulance, ambulanza someggiata.
AMBUSH. Imboscata, *f;* agguato, *m.*
  to ambush, tendere un agguato; fare un'imboscata.
AMEND. Ammenda, *f.*
AMERICA. America, *f.*
AMERICAN. Americano, *m, n* & *adj.*
AMERICAN CITIZEN. Cittadino americano.
AMERICAN LEGION. Legione Americana. (Associazione Nazionale ex-combattenti degli Stati Uniti).
AMINE. Amina, *f.*
  diphenylamine, difenilamina, *f.*
  diphenylaminehydrochloride, cloridrato di difenilamina.
AMMETER. Amperometro, *m.*
AMMONAL. Ammonal, *m.*
AMMONIA. Ammoniaca, *f.*
  anhydrous ammonia, ammoniaca anidra.
  aromatic spirits of ammonia, sali aromatici d'ammoniaca.
AMMONIUM. Ammonio, *m.*
AMMUNITION. Munizione, *f;* munizioni, *fpl;* proietti, *mpl.*
  armor-piercing ammunition, proietti perforanti; proietti ad azione perforante.
  casting away ammunition, gettar via munizioni.
  expenditure of ammunition, consumo di munizioni.
  extra ammunition, munizioni supplementari.
  fixed ammunition, munizioni con cartoccio a proietto.
  high-explosive ammunition, munizioni ad alto esplosivo.

AIRWAY. Aviolinea, *f.*
AJACCIO. Ajaccio, *f.*
ALARM. Allarme. *m.*
to alarm, dare l'allarme; allarmare.
to sound the alarm, suonare l'allarme.
false alarm, falso allarme.
fire alarm, allarme d'incendio (Sig).
gas alarm, allarme antigas.
ALBANIA. Albania, *f.*
ALBANIAN. Albanese, *m.*
ALCOHOL. Alcool, *m;* spirito, *m.*
amyl alcohol, alcool amilico.
denatured alcool, alcool denaturato.
ethyl alcohol, alcool etilico.
grain alcohol, alcool vegetale; alcool etilico.
methyl alcohol, alcool metilico; spirito di legno.
wood alcohol, alcool metilico; spirito di legno.
ALCOHOLIC. Alcoolico.
ALDEHYDE. Aldeide, *f.*
ALEE. Sottovento.
ALERT. All'erta, *f;* allarme, *m.*
air-raid alert, allarme di incursione aerea.
"ALERT!" "All'erta!"
ALERT, *adj.* Vigile; all'erta.
ALEXANDRETTA. Alessandretta, *f.*
ALFALFA. Erba medica.
ALGEBRA. Algebra, *f.*
ALGEBRAIC. Algebrico.
ALGERIA. Algeria, *f.*
ALGERINE. Algerino, *m.*
ALGIERS. Algeri, *f.*
ALIDADE. Alidada, *f* (Instr.)
ALIEN. Cittadino di nazione straniera; straniero, *m.*
alien veteran, cittadino straniero excombattente.
enemy alien, cittadino di nazione nemica.
ALIGN, *v.* Allineare; allinearsi.
ALIGNMENT. Allineamento, *m.*
to rectify the alignment, rettificare l'allineamento.
ALIMENTARY. Alimentare.
ALIMENTATION. Alimentazione, *f.*
ALIPHATIC. Alifatico.
ALIQUOT PART. Parte aliquota; aliquota, *f.*
ALKALI. Alcali, *m.*
ALKALINE. Alcalino.

ALKALINITY. Alcalinità, *f.*
ALKALIZE, *v.* Alcalizzare.
ALKALOID. Alcaloide, *m.*
ALLEGATION. Allegazione, *f.*
ALLEGIANCE. Sudditanza, *f* (Citizenship); fedeltà, *f* (Duty); obbedienza, *f.*
ALLIANCE. Alleanza, *f.*
defensive alliance, alleanza difensiva.
offensive alliance, alleanza offensiva.
ALLOCATE, *v.* Assegnare; ripartire.
ALLOCATION. Assegnazione, *f;* ripartizione, *f.*
ALLONGE. Fune da maneggio.
ALLOT, *v.* Dotare (Mil); ripartire; assegnare.
ALLOTMENT. Dotazione, *f* (Mil); assegnazione, *f.*
ALLOWANCE. Indennità, *f;* deduzione, *f;* soprassoldo, *m.*
allowance in kind, indennità corrisposta in natura.
allowance on discharge, indennità di viaggio all'atto del congedo.
clothing allowance, indennità di vestiario.
enlistment allowance, soprassoldo di rafferma.
heat and light allowance, indennità di riscaldamento ed illuminazione.
mileage allowance, indennità di chilometraggio; indennità di percorso in miglia.
monetary allowance, indennità in contanti.
pay and allowances, paga ed indennità.
per diem allowance, indennità giornaliera di viaggio.
quarters allowance, indennità di alloggio.
rental allowance, indennità di pigione.
subsistence allowance, indennità di sussistenza.
travel allowance, indennità di trasferta.
ALLOY. Lega, *f* (Cml).
aluminum alloy, lega a base di alluminio.
aluminum-beryllium alloy, lega a base di alluminio e berillio.
ALLY. Alleato, *m.*
ALPENSTOCK. Bastone alpino.

AHEAD. In testa; avanti; in anticipo.
"AHOY!" "Ohé!"
AID. Soccorso, *m;* aiuto, *m;* assistenza, *f;* aiutante di campo.
to aid, assistere; aiutare; soccorrere.
AIDE-DE-CAMP. Aiutante di campo.
AIDING AND ABETTING. Favoreggiare, *v;* favoreggiamento, *m.* (Law).
aiding and abetting desertion, favoreggiare la diserzione.
aiding and abetting the enemy, favoreggiare il nemico.
AID STATION. Posto di medicazione.
AIDS, The, Gli appoggi (Equitation).
AIGUILLETTE. Cordellina, *f.*
AILE. Ala, *f* (Mil).
AILERON. Alettone, *m;* alerone, *m.*
AIM. Mira, *f;* obiettivo, *m.*
to aim, mirare; puntare.
to aim at forward edge of body, puntare al limite inferiore del bersaglio.
to aim at forward half of body, puntare nel mezzo del tronco.
"AIM!" "Punt!"
AIMING. Puntamento, *m.*
AIMING CIRCLE. Cerchio di puntamento.
AIMING DEVICE. Congegno di puntamento.
AIMING DISK. Scopo di mira mobile.
AIMING MECHANISM. Meccanismo di puntamento.
AIMING POINT. Falso scopo.
AIR. Aria, *f.*
to remain in air, permanere in aria; trattenersi in aria.
air movement, movimento dell'aria.
air resistance, resistenza dell'aria.
by air, per via aerea.
AIR-COOLED. Raffreddato ad aria.
AIR CORPS. Regia Aeronautica; corpo aeronautico.
air corps reserve, ufficiali di complemento della Regia Aeronautica.
AIRCRAFT. Aeromezzo, *m;* aereo, *m;* aeromobile, *m & f.*
AIRCRAFT CARRIER. Nave porta-aerei.
AIRCRAFT TENDER. Nave appoggio aerei.
AIR DENSITY. Densità dell'aria.
AIRDROME. Aerodromo, *m.*
advanced airdrome, aerodromo avanzato.
AIRFIELD. Campo d'aviazione.
AIR FLASK. Serbatoio, *m* (Torpedo).
AIRFOIL. Piano aerodinamico.
AIR GUST. Raffica di vento.
AIR HOLE. Vuoto d'aria (Avn.).
AIR LAYER. Strato d'aria.
AIR LINE. Aviolinea, *f.*
AIR LINER. Aerobus, *m.*
AIRMAN. Aviere, *m.*
AIR MARSHALL. Maresciallo dell'Aria.
AIR-MINDED. Interessato in aviazione.
AIRPLANE. Aeroplano, *m;* apparecchio, *m;* velivolo, *m.*
airplane line, aviolinea, *f.*
Canard airplane, aeroplano tipo Canard.
cargo airplane, aeroplano da trasporto.
civil airplane, aeroplano per uso civile.
first-line airplane, aeroplano di prima linea.
multiengined airplane, aeroplano multimotore.
observation airplane, aeroplano da osservazione; apparecchio da osservazione.
pusher airplane, aeroplano ad elica spingente.
reconnaissance airplane, aeroplano da ricognizione; apparecchio da osservazione.
tailless airplane, aeroplano senza coda; apparecchio senza coda.
tractor airplane, aeroplano ad elica traente.
AIRPLANE DOPE. Emaillite, *f.*
AIR POCKET. Vuoto d'aria.
AIRPORT. Aeroporto, *m.*
airport of entry, aeroporto doganale.
civil airport, aeroporto civile.
public airport, aeroporto pubblico.
AIR RAID. Incursione aerea.
AIRSCREW. Elica d'aeroplano.
AIRSHIP. Aeronave, *f;* dirigibile, *m.*
nonrigid airship, dirigibile flessibile.
rigid airship, dirigibile rigido.
semirigid airship, dirigibile semirigido.
AIRSHIP HULL. Armatura di dirigibile rigido; blindatura di dirigibile.
AIRSHIP KEEL. Chiglia di dirigibile.
AIRSICK. Affetto da mal di volo.
AIRSICKNESS. Mal di volo.
AIR SPEED. Velocità propria (Avn.).

ADVANCE—Continued.
 advance by echelon, avanzata a scaglioni.
 advance by groups, avanzata per gruppi.
 advance by individuals, avanzata a uomini isolati.
 advance by running, avanzata di corsa.
 advance by rushes, avanzata a ondate e a sbalzi; avanzata di corsa.
 advance from cover to cover, avanzata da riparo a riparo.
 advance in column, avanzata in colonna.
 direction of advance, direzione d'avanzata; direttrice d'avanzata.
ADVANCED. Avanzato; progredito.
ADVANCE GUARD. Avanguardia, *f.*
 conduct of the advance guard, contegno dell' avanguardia.
 points of the advance guard, punte di sicurezza.
 strategical advance guard, avanguardia strategica; avanscoperta, *f.*
 support of the advance guard, sostegno dell' avanguardia.
ADVANCEMENT. Avanzamento, *m;* promozione, *f;* avvicinamento, *m.*
 order of advancement, ordine di precedenza nell'avvicinare una sentinella di notte.
ADVANCES. Anticipazioni, *fpl* (Fin).
ADVANTAGE. Vantaggio, *m.*
ADVERSARY. Avversario, *m.*
ADZ. Ascia, *f.*
AEGEAN SEA. Mare Egeo.
AERIAL. Aereo, *m* (Rad); antenna esterna (Rad).
 directional aerial, antenna direzionale.
 receiving aerial, aereo ricevente.
 transmitting aerial, aereo trasmittente.
 umbrella aerial, antenna ad ombrello.
AERIAL, *adj.* Aereo.
AERIAL SPRAY. Spruzzamento di aggressivi chimici; erogazione, *f.*
AEROBATICS. Aerobazia, *f;* acrobazia aerea.
AEROCARTOGRAPH. Aerocartografo, *m.*
AERODYNAMIC. Aerodinamico.
AERODYNAMICS. Aerodinamica, *f.*

AEROLOGY. Aerologia, *f.*
AEROMECHANIC. Meccanico d'aviazione.
AEROMECHANICS. Aeromeccanica, *f.*
AEROMETER. Aerometro, *m.*
AERONAUT. Aeronauta, *m.*
AERONAUTIC. Aeronautico.
AERONAUTICS. Aeronautica, *f.*
AEROSOL. Aerosole, *m* (Physical Chem).
AEROSTAT. Aerostato, *m.*
AEROSTATIC. Aerostatico.
AEROSTATICS. Aerostatica, *f.*
AEROSTATION. Aerostatica, *f.*
AFLOAT. A galla.
A-FRAME. Attrezzatura a forma di A.
AFRICA. Africa, *f.*
AFT. A poppa; a poppavia.
AGENT. Agente, *m;* agente chimico; aggressivo chimico.
 antifreezing agent, elemento anticongelante.
 bleaching agent, agente chimico decolorante; candeggina, *f.*
 casualty agent, aggressivo chimico capace di causare perdite.
 chemical agent, aggressivo chimico; sostanza chimica.
 diplomatic agent, agente diplomatico.
 harassing agent, aggressivo chimico di logoramento.
 incendiary agent, aggressivo chimico incendiario.
 irritating agent, aggressivo chimico irritante.
 lethal agent, aggressivo chimico letale; sostanza letale.
 nonlethal agent, aggressivo chimico senza azione letale.
 nonpersistent agent, aggressivo chimico ad azione fugace.
 persistent agent, aggressivo chimico persistente.
 screening agent, composto chimico per mascheramenti.
 secret agent, agente segreto; spia, *f.*
 smoke agent, sostanza fumogena.
AGGRESSION. Aggressione, *f.*
AGGRESSIVE. Aggressivo.
AGGRESSIVENESS. Aggressività, *f.*
AGROUND. Incagliato; arrenato.
 to run aground, incagliarsi; dare in secco; andare in secco; arrenarsi.

ACTION—Continued.
  out of action, fuori combattimento.
  radius of action, raggio d'azione.
  shock action, combattimento a corpo a corpo.
ACTIVE. Attivo.
ACTIVITY. Attività, f.
  authorized activities, attività autorizzate.
  political activities, attività politiche.
ACT OF GOD. Forza maggiore.
ACTUAL. Attuale; reale.
ACUTE. Acuto; pungente.
ADAMSITE. Adamsite, f.
ADAPTER. Giunto, m; bocchino, m (Projectile).
ADDING MACHINE. Addizionatrice, f
ADDIS ABABA. Addis Abeba.
ADDITION. Addizione, f; aggiunta, f.
ADDITIONAL. Addizionale; supplementare.
ADDRESS. Indirizzo, m (Mail); recapito, m (Mail); conferenza, f.
ADDRESS, v. Indirizzare; tenere una conferenza; parlare a.
ADDRESSEE. Destinatario, m.
ADHESIVE. Adesivo.
ADIABATIC. Adiabatico.
ADJACENT. Adiacente; contiguo.
ADJOURN, v. Aggiornare; differire.
ADJOURNMENT. Aggiornamento, m; proroga, f; rinvio, m; differimento, m.
ADJUST, v. Aggiustare; regolare (Mech).
  to adjust the fire, aggiustare il tiro.
ADJUSTED. Aggiustato; regolato; corretto.
ADJUSTMENT. Aggiustamento, m; regolazione, f.
  bracket adjustment, aggiustamento della forcella.
  bracket method of adjustment, aggiustamento in base al senso delle deviazioni dei colpi.
  coincidence adjustment, rettifica di coincidenza (Instr).
  fine adjustment, aggiustamento di precisione.
  magnitude method of adjustment, aggiustamento in base al senso e alle deviazioni dei colpi.

ADJUTANT. Ufficiale d'ordinanza; aiutante maggiore; aiutante, m.
  battalion adjutant, aiutante maggiore in seconda.
  division adjutant, aiutante di campo di divisione.
  regimental adjutant, aiutante maggiore in prima.
ADJUTANT'S CALL. Segnale di radunata.
ADJUTANT GENERAL. ' Capo dei servizi amministrativi (AUS).
ADJUTANT GENERAL'S DEPARTMENT. Direzione generale dei servizi amministrativi (AUS).
ADMINISTER, v. Amministrare; somministrare.
ADMINISTRATION. Amministrazione, f; gestione, f.
ADMINISTRATIVE. Amministrativo.
ADMINISTRATOR. Amministratore, m
ADMIRAL. Ammiraglio, m.
  rear admiral, ammiraglio di divisione; contrammiraglio, m.
  vice-admiral, ammiraglio di squadra; viceammiraglio, m (Obsolete).
ADMIRALTY. Ammiragliato, m.
ADMISSION. Ammissione, f.
  admission under duress, ammissione forzata.
  voluntary admission, ammissione volontaria.
ADMIT, v. Ammettere.
ADMONISH, v. Richiamare all'ordine (Mil.); ammonire; avvertire; esortare; riprendere; rimproverare.
ADMONITION. Richiamo all'ordine (Mil.); ammonizione, f (Law); ammonimento, m; monito, m.
ADRIATIC SEA. Mare Adriatico.
ADRIFT. Alla deriva.
ADSORPTION. Adsorbimento, m.
ADVANCE. Avanzata, f.
  to advance, avanzare; anticipare; fare un'avanzata.
  to advance across the open, avanzare allo scoperto.
  to advance on, avanzare su.
  to advance the front, portare più avanti la linea.
  advance by bounds, avanzata a sbalzi.

ACCOUNTABLE. Responsabile.
ACCOUTERMENTS. Corredo militare.
ACCUMULATOR. Accumulatore, *m*.
ACCURACY. Accuratezza, *f;* giustezza, *f;* precisione, *f;* diligenza, *f*.
  accuracy of fire, precisione di tiro.
  accuracy of practice, precisione del colpo.
ACCURATE. Accurato; preciso; esatto.
ACCUSATION. Accusa, *f;* imputazione, *f*.
ACCUSE, *v*. Accusare; imputare (Law).
ACCUSED. Accusato, *m;* imputato, *m*.
ACCUSER. Accusatore, *m*.
  commanding officer as accuser, ufficiale anziano quale accusatore.
ACE. Asso, *m* (Avn).
ACETATE. Acetato, *m*.
  amyl acetate, acetato di amile.
  cellulose acetate, acetato di cellulosa.
ACETIC. Acetico.
ACETONE. Acetone, *m*.
ACETYLENE. Acetilene, *m*.
ACHROMATIC. Acromatico.
ACID. Acido, *m*.
  acetic acid, acido acetico.
  boric acid, acido borico.
  carbolic acid, acido fenico; fenolo, *m*.
  chloroacetic acid, acido cloracetico.
  chlorosulfonic acid, acido clorosolfonico.
  chromic acid, acido cromico.
  fulmic acid, acido fulminico.
  hydrochloric acid, acido cloridrico.
  metaphosphoric acid, acido metafosforico.
  monochloracetic acid, acido monocloracetico.
  nitric acid, acido nitrico.
  orthophosphoric acid, acido ortofosforico.
  picric acid, acido picrico.
  salicylic acid, acido salicilico.
  sulphuric acid, acido solforico.
  tannic acid, acido tannico.
ACID, *adj*. Acido; acre.
ACOUSTIC. Acustico.
ACOUSTICS. Acustica, *f*.
ACQUIT, *v*. Assolvere.
ACQUITTAL. Assoluzione, *f*.
ACRID. Acre.
ACROBATIC. Acrobatico.

ACROBATICS. Acrobazia, *f*.
  advanced acrobatics, evoluzioni anormali (Avn).
ACT. Atto, *m;* legge, *f*.
  to act, agire; comportarsi.
  to act as, funzionare da.
  act of government agents, atto di agenti governativi.
  act of hostility, atto di ostilità.
  act of insubordination, atto d'insubordinazione.
  act of self-mutilation, atto di mutilazione volontaria.
  act of war, atto di guerra.
  acts of army personnel, atti del personale dell'esercito.
  acts of civilian employees, atti del personale civile.
  acts of commissioned officers, atti degli ufficiali.
  organic act, legge fondamentale.
  unauthorized act, atto non autorizzato.
ACTING. Supplente; facente funzioni.
ACTINIC. Attinico.
ACTINOMETER. Attinometro, *m*.
ACTION. Azione, *f;* combattimento, *m;* fatto d'armi; funzionamento, *m* (Mech).
  action by reviewing authority, procedimento di revisione.
  brought to action, portato in giudizio.
  cavalry combined action, azione a piedi ed a cavallo.
  containing action, azione contenente.
  corrosive action, azione corrosiva.
  decisive action, azione decisiva.
  defensive action, azione difensiva.
  delaying action, azione di temporeggiamento.
  demonstration action, azione dimostrativa.
  dismounted action, azione di cavalleria appiedata.
  entry into action, entrata in azione.
  fire action, azione di fuoco.
  flanking action, azione di fiancheggiamento.
  fleet action, azione navale.
  immediate action, azione immediata; pronto rimedio; rimedio immediato.
  line of action, piano di azione.
  multiple action, azione multipla.
  offensive action, azione offensiva.

ENGLISH-ITALIAN

A

ABAFT. A poppavia; verso poppa.
ABANDON, *v.* Abbandonare.
ABANDONMENT. Abbandono, *m.*
  abandonment of post to the enemy, abbandono del posto al nemico.
  abandonment of supplies, abbandono di provviste.
ABATIS. Abbattuta, *f* (Ft).
ABBREVIATION. Abbreviatura, *f;* abbreviazione, *f.*
  authorized abbreviation, abbreviatura autorizzata.
ABOARD. A bordo.
"ABOUT FACE!" "Dietro front!"
ABREAST. Affiancato; sulla stessa linea.
ABRI. Ricovero scavato.
ABRUPT. Scosceso.
ABSCISSA. Ascissa, *f.*
ABSENCE. Assenza, *f;* mancanza, *f.*
  absence due to disability, assenza dovuta ad invalidità.
  absence from duty, assenza dal posto di servizio.
  absence of accused, assenza dell' accusato.
  absence of defense personnel, assenza della difesa.
  absence with leave, assenza con autorizzazione.
  absence without leave, assenza senza autorizzazione; assenza abusiva.
  absence without leave deemed desertion, assenza senza autorizzazione considerata come diserzione.
  absence without leave to avoid hazardous duty, assenza senza autorizzazione per evitare un servizio pericoloso.
  absence without leave to shirk important service, assenza senza autorizzazione per sottrarsi a un'importante missione.
ABSENT. Assente.

ABSENTEE. Assente, *m & f.*
ABSORBENT. Assorbente, *m, n & adj.*
ABUTMENT. Spalla, *f* (Engr.).
ABYSSINIA. Abissinia, *f.*
ABYSSINIAN. Abissino, *m.*
ACADEMY. Accademia, *f.*
  military academy, accademia militare.
  naval academy, accademia navale.
ACCELERATE, *v.* Accelerare.
ACCELERATION. Accelerazione, *f.*
  acceleration due to gravity, accelerazione dovuta alla gravità.
  angular acceleration, accelerazione angolare.
ACCELERATOR. Acceleratore, *m.*
  foot accelerator, acceleratore a pedale.
ACCIDENT. Accidente, *m.*
  air accident, accidente aviatorio.
  automobile accident, accidente automobilistico.
ACCOMPANYING. Accompagnante; d'accompagnamento; di scorta.
ACCORDING TO. In conformità con.
ACCOUNT. Relazione, *f;* rendiconto, *m;* conto, *m* (Fin); conteggio, *m* (Fin).
  to account for, rendere conto di.
  proof of accounts, prova dei conti (Fin).
  ration account, conteggio razioni; giustificativo razioni.
ACCOUNTABILITY. Responsabilità amministrativa.
  accountability and responsibility, responsabilità amministrativa e civile.
  accountability for property, responsabilità amministrativa degli oggetti di proprietà.
  accountability for supplies, responsabilità amministrativa dei rifornimenti.
  accountability of funds, responsabilità amministrativa dei fondi di cassa.

3

PART I
English-Italian

Signal	Sig	Segnalazione
Small arms	SA	Armi portatili
Surgical	Surg	Chirurgico
Survey	Surv	Rilievo topografico
Tank	Tk	Carro armato
Telephone	Tp	Telefono
Topographic	Top	Topografico
Veterinary; Veterinarian	Vet	Veterinaria; Veterinario

Army of the United States	AUS	Esercito Americano
United States Army	USA	Esercito Americano
United States of America	USA	Stati Uniti d'America

AUTHORIZED MILITARY ABBREVIATIONS

Ammunition	Am	Munizione
Airplane	Ap	Aeroplano
Antiaircraft	AA	Controaereo (*adj.*)
Artillery	Arty	Artiglieria
Aviation	Avn	Aviazione
Camouflage	Cam	Mascheramento
Cavalry	Cav	Cavalleria
Chemical	Cml	Chimico
Dental	Dent	Odontoiatrico
Electrical; Electrician	Elec	Elettrico; Elettricista
Engineers; Engineering; Architecture	Engr	Genio; Ingegneria; Architettura
Finance; Commercial	Fin	Finanziario; Commerciale
Fort; Fortress; Fortification	Ft	Forte; Fortezza; Fortificazione
Gun	G	Cannone
High explosive	He	Alto esplosivo
Horse	H	Cavallo
Hospital	Hosp	Ospedale
Instrument	Instr	Strumento
Machine gun	Mg	Mitragliatrice
Mechanic; Mechanics; Mechanical; Machinery	Mech	Meccanico; Meccanica; Meccanico (*adj.*); Macchinario
Medical	Med	Medico
Message	Msg	Messaggio
Messenger	Msgr	Portaordini
Meteorological	Met	Meteorologico
Military	Mil	Militare
Motor	Mtr	Motore
Navigation; Naval; Nautical	Nav	Navigazione; Navale; Nautico
Officer; Order; Orders	O	Ufficiale; Ordine; Ordini
Ordnance	Ord	Materiale d'artiglieria
Photograph; Photographic	Photo	Fotografia; Fotografico
Radio	Rad	Radio
Railroad	RR	Ferrovia
Rifle	R	Fucile
Road	Rd	Strada
Searchlight	Slt	Proiettore

METRIC SYSTEM. Sistema metrico decimale.
MICA. Mica, f.
MICROBAROGRAPH. Microbarografo, m.
MICROMETER. Micrometro, m.
MICRON. Micromillimetro, m; micron, m.
MICROPHONE. Microfono, m.
MICROSCOPE. Microscopio, m.
MICROSCOPIC. Microscopico.
MICROTELEPHONE. Microtelefono, m.
MICROWAVE. Microonda, f.
MIDDLE. Parte centrale; mezzo, m.
MIDDLE, adj. Mediano; medio; mezzano.
MIL. Millesimo convenzionale.
MILE. Miglio, m (1.609,3 meters).
  aeronautical mile, miglio aeronautico.
  geographical mile, miglio geografico (1.853,248 meters).
  nautical mile, miglio nautico; miglio marino (1.853,248 meters); nodo, m (Nav).
  sea mile, miglio marino; miglio nautico (1.853,248 meters); nodo, m (Nav).
  statute mile, miglio terrestre; statute mile.
MILEAGE. Indennità chilometrica (Travel allowance); chilometraggio, m; percorso in miglia.
MILITARY. Esercito, m; milizie, fpl.
MILITARY, adj. Militare.
MILITARY ART. Arte militare.
MILITARY ATTACHÉ. Addetto militare.
MILITARY CHANNEL. Via gerarchica militare.
MILITARY CREST. Cresta militare.
MILITARY HIERARCHY. Gerarchia militare.
MILITARY POLICE. Polizia Militare; Reali Carabinieri.
MILITIA. Milizia, f.
  naval militia, milizia navale.
MILLIGRAM. Milligrammo, m; milligramma, m.
MINE. Mina, f; torpedine, f (Nav); miniera, f.
  to mine, minare.
  antitank mine, mina anticarro.

MINE—Continued.
  blockade mine, torpedine da blocco; mina subacquea.
  buoyant mine, torpedine ad ancoramento.
  contact mine, mina a contatto.
  drifting mine, mina vagante; mina alla deriva; torpedine vagante.
  floating mine, mina galleggiante.
  gas mine, mina a gas.
  land mine, mina terrestre.
  land-mine installation, collocazione di mine terrestri.
  full-type mine, bomba a strappo.
  pressure-type mine, bomba a pressione.
  submarine mine, mina subacquea.
  tank mine, mina contro i carri armati.
  torpedo mine, mina subacquea.
  trip-type mine, bomba a strappo.
MINE CHAMBER. Camera della mina.
MINE FIELD. Campo di mine; campo minato.
  antitank mine field, campo di mine anticarro.
MINE FORCE. Forza navale di posamine.
MINE LAYER. Nave posamine.
MINEPLANTER. Posamine, f.
MINERAL. Minerale, m, n & adj.
MINE SWEEPER. Dragamine, f; nave dragamine.
MINE SWEEPING. Draggaggio, m.
MINIMUM. Minimo, m, n & adj.
MINUTE. Minuto, m.
MINUTE OF ARC. Minuto di arco.
MIRAGE. Miraggio, m.
MIRE. Fango, m; melma, f.
  to mire, immelmare; infangare; infangarsi.
MISBEHAVIOR. Contegno biasimevole.
  misbehavior before the enemy, contegno biasimevole in presenza del nemico.
MISCONDUCT. Cattiva condotta.
MISFIRE. Scatto a vuoto (Firearm).
MISREPRESENTATION. Dichiarazione falsa.
MISSING. Disperso (Mil); mancante.

MENISCUS—Continued.
  converging meniscus, menisco convergente (Optics).
  convex meniscus, menisco convesso (Physics).
  diverging meniscus, menisco divergente (Optics).
MENSURATION. Misurazione, *f.*
MERCENARY. Mercenario, *m, n & adj.*
MERCHANTMAN. Nave mercantile.
MERCURIAL. Mercuriale; a mercurio.
MERCURY. Mercurio, *m.*
  fulminate of mercury, fulminato di mercurio.
MERIDIAN. Meridiano, *m, n & adj.*
  celestial meridian, meridiano celeste.
  geographical meridian, meridiano geografico; meridiano terrestre; meridiano vero.
  grid meridian, carta quadrettata.
  magnetic meridian, meridiano magnetico.
  meridian of Greenwich, meridiano di Greenwich.
  prime meridian, primo meridiano, *m.*
  standard meridian, meridiano standard.
  true meridian, meridiano vero; meridiano geografico; meridiano terrestre.
MERIT. Merito, *m*
  to merit, meritare.
  certificate of merit, certificato di merito.
MERLON. Merlone (Ft).
MESA. Altipiano, *m.*
MESS. Mensa, *f.*
  president of the mess, direttore di mensa.
MESSAGE. Messaggio, *m;* comunicazione, *f.*
  cipher message, messaggio cifrato.
  deferred message, messaggio ritardato.
  dropped message, messaggio lanciato dall'aeroplano.
  message book, giornale dei dispacci.
  priority message, messaggio con precedenza.
  routine message, messaggio ordinario.
  urgent message, messaggio urgente.
  verbal message, messaggio verbale; messaggio orale.

MESSAGE CENTER. Centro dei messaggi.
MESSAGE HOLDER. Astuccio per i messaggi (Homing pigeon).
MESSENGER. Staffetta, *f;* portaordini, *m;* messaggiero, *m;* corriere, *m.*
  bicycle messenger, corriere ciclista; portaordini ciclista; staffetta in bicicletta.
  dismounted messenger, staffetta a piedi.
  motorcycle messenger, staffetta in motociclo.
  mounted messenger, staffetta a cavallo.
MESS HALL. Sala mensa.
MESS SERGEANT. Caporale di cucina.
MESS TIN. Gavetta, *f* (Mil); gamellino, *m* (Nav).
METAL. Metallo, *m.*
  babbitt metal, metallo antifrizione.
  base metal, metallo base.
METALLIC. Metallico.
METEOROGRAPH. Meteorografo, *m.*
METEOROLOGICAL. Meteorologico.
METEOROLOGY. Meteorologia, *f.*
METER. Metro, *m;* contatore, *m;* misuratore, *m.*
  cubic meter, metro cubo.
  drift meter, derivometro, *m.*
  frequency meter, frequenziometro, *m.*
  square meter, metro quadrato.
METHANE. Metano, *m.*
  trichlornitromethane, tricloronitrometano, *m.*
METHANOL. . Alcool metilico; carbinolo, *m.*
METHOD. Metodo, *m.*
  alternative method, metodo di alternativa.
  applicatory method, sistema d'istruzione pratica.
  bracketing method, metodo della forcella.
  emergency method, metodo in casi di urgenza.
  five-mil method, metodo dei cinque millesimi.
  rapid method, metodo rapido.
METHODIC. Metodico; sistematico.
METHYL. Metile, *m.*
METHYLIC. Metilico.
METRIC. Metrico.

MASS—Continued.
tank mass, ammassamento di carri armati.
MASSING. Ammassamento, *m;* concentramento, *m.*
MASS OF MANEUVER. Massa di manovra.
MAST. Albero, *m* (Nav); pilone, *m* (Avn); asta, *f;* antenna, *f.*
at half mast, a mezz'asta.
MASTER. Mastro, *m;* maestro, *m;* capo, *m;* padrone, *m* (Nav); capitano, *m* (Nav).
MASTERY. Maestria, *f;* predominio, *m;* superiorità, *f.*
MASTERY OF THE AIR. Predominio dell'aria.
MATCH. Gara, *f* (Sport).
rifle match, gara di tiro al fucile.
MATCHES. (Combustion). Fiammiferi, *mpl.*
MATE. Compagno, *m;* ufficiale di coperta (Merchant Marine); sottufficiale, *m* (Nav).
to mate, accoppiare; appaiare; dare scacco matto (Chess).
first mate, primo ufficiale.
second mate, secondo ufficiale.
third mate, terzo ufficiale.
MATERIAL. Materiale, *m;* materia, *f.*
American material, materiale americano.
bill of material, distinta della merce.
captured war material, preda di guerra.
raw material, materia prima.
strategic raw material, materia prima strategica.
war material, materiale bellico.
MATTER. Materia, *f;* faccenda, *f.*
to matter, importare; avere importanza; denotare; marcire (Med); suppurare (Med).
MAXIMUM. Massimo, *m, n & adj.*
MAXIMUM ORDINATE. Altezza del tiro; altezza della traiettoria.
M-DAY. Giorno della mobilitazione.
MEAL. Pasto, *m.*
MEAN. Media, *f* (Mathematics).
MEASURE. Misura, *f;* provvedimento, *m.*
to measure, misurare.
corrective measure, misura correttiva.

MEASURE—Continued.
degassing measure, misura di risanamento (Gas).
hygienic measure, misura igienica.
remedial measure, misura di rimedio.
security measure, misura di sicurezza.
unit of measure, unità di misura.
MEASURING MACHINE. Macchina per misurare; misuratrice, *f.*
MECHANIC. Meccanico, *m, n & adj.*
MECHANICAL. Meccanico.
MECHANICAL OPERATION. Funzionamento automatico (Firearm).
MECHANICS. Meccanica, *f.*
MECHANISM. Meccanismo, *m;* congegno, *m.*
MECHANIZATION. Meccanizzazione, *f.*
MECHANIZE, *v.* Meccanizzare.
MEDAL. Medaglia, *f.*
campaign medal, medaglia della campagna.
Distinguished Service Medal, Medaglia al Valor Militare.
medal of honor, medaglia d'onore.
service medal, medaglia di servizio in guerra o in campagna.
MEDAL HOLDER. Decorato, *m.*
MEDIAN. Mediano.
MEDICAL. Medicale; medico.
MEDICAL CORPS. Corpo sanitario militare.
MEDICAL DEPARTMENT. Sanità, *f.*
MEDICAL EXAMINATION. Visita militare; visita medica.
MEDICAMENT. Medicamento, *m.*
MEDICATE, *v.* Medicare.
MEDICATION. Medicazione, *f;* medicatura, *f.*
MEDICINAL. Medicinale, *m, n & adj.*
MEDICINE. Medicina, *f.*
MEDITERRANEAN SEA. Mare Mediterraneo.
MEDIUM, *adj.* Medio; mezzano; mediocre.
MEGACYCLE. Megaciclo, *m.*
MELEE. Mischia, *f.*
MELINITE. Melinite, *f.*
MELT, *v.* Fondere; liquefare.
MELTING POINT. Punto di fusione.
MENISCUS. Menisco, *m.*
concave meniscus, menisco concavo (Physics).

MARCH—Continued.
  approach march, marcia d'avvicinamento (Phase).
  cadence march, marcia cadenzata.
  concentration march, marcia di concentramento.
  cross-country march, marcia per i campi.
  day's march, giornata di marcia.
  direction of march, direttrice di marcia.
  flank march, marcia di fianco.
  forced march, marcia forzata.
  gait of march, andatura della marcia.
  length of march, lunghezza della marcia.
  maneuver march, marcia manovra.
  march discipline, disciplina di marcia.
  march formation, formazione di marcia.
  march on the enemy, marcia sul nemico.
  march order, ordine di marcia.
  march security, sicurezza di marcia.
  march table, rolino di marcia.
  night march, marcia notturna.
  night march without lights, marcia notturna a luci spente.
  oblique march, marcia obliqua; marcia in obliquo.
  order of march, ordine di marcia.
  practice march, marcia d'allenamento.
  rate of march, velocità di marcia.
  route march, passo di strada.
  route of march, itinerario di marcia.
"MARCH!" "Marc!"
MARCH DEPTH. Profondità di marcia.
MARCH TECHNIQUE. Tecnica delle marce.
MARCH UNIT. Unità di marcia.
MARE. Cavalla, *f.*
  bell mare, guidaiuola, *f.*
MARGIN. Margine, *m.*
  margin of safety, margine di sicurezza.
MARINE. Soldato di fanteria di marina; fante di marina.
MARINE, *adj.* Marino.
MARINE BELT. Linea di rispetto.
MARINE CORPS. Fanteria di marina; compagnie di sbarco.
MARK. Marca, *f*; segno, *m*; contrassegno, *m.*

MARK—Continued.
  to mark, marcare; contrassegnare.
  distinctive mark, segno distintivo.
MARKET. Mercato, *m.*
MARKING. Graduazione, *f* (Instr); contrassegno, *m.*
MARKSMAN. Tiratore scelto.
MARKSMANSHIP. Maestria di tiro; abilità al tiro.
  machine gun marksmanship, maestria di tiro con la mitragliatrice.
  pistol marksmahship, maestria di tiro con la pistola.
  rifle marksmanship, maestria di tiro col fucile.
"MARK TIME, MARCH!" Segnate il passo!"
MARLINE. Merlino, *m.*
MARLINSPIKE. Caviglia da impiombare.
MARMITE. Marmitta, *f* (Am).
MARMITE CAN. Portavivande, *m.*
MARSEILLE. Marsiglia, *f.*
MARSH. Palude, *f.*
MARSHAL. Maresciallo, *m* (Mil); ufficiale giudiziario (Law).
MARSHAL, *v.* Disporre in ordinanza (Mil); schierare (Mil).
MARTIAL. Marziale; guerresco.
MARTIAL LAW. Legge marziale.
MASH. Beverone, *m* (Feed).
MASK. Ostacolo, *m* (Ballistics); maschera, *f*; mascheramento, *m*; copertura, *f.*
  to clear the mask, superare l'ostacolo.
  to mask, mascherare.
  covering mask, massa coprente.
  gas mask, maschera antigas.
  intervening mask, massa coprente.
  particular mask, maschera particolare; ostacolo particolare.
  site of the mask, angolo di sito dell'ostacolo.
  summit of the mask, ciglio dell'ostacolo; ciglio della massa coprente.
MASON. Muratore, *m*; massone, *m* (Society).
MASONRY. Arte muraria: opera muraria.
MASS. Massa, *f*; ammassamento, *m*; messa, *f* (Religion).
  to mass, ammassare.
  covering mass, massa coprente.

MALTA. Malta, *f.*
MAN. Uomo, *m.*
to man, fornire di uomini; fornire di equipaggio; armare.
MANAGE, *v.* Amministrare; gestire; dirigere; governare (H); maneggiare (H).
MANAGEMENT. Direzione, *f;* gerenza, *f;* amministrazione, *f.*
personnel management, amministrazione del personale.
MANAGER. Amministratore, *m;* direttore, *m;* capo, *m.*
MANEUVER. Manovra, *f.*
to maneuver, manovrare.
continuous maneuver, serie di esercitazioni tattiche.
encircling maneuver, manovra accerchiante.
enveloping maneuver, manovra avviluppante.
fleet maneuvers, esercitazioni navali; manovre navali.
map maneuver, manovra sulla carta.
mass of maneuver, massa di manovra.
rapidity of maneuver, speditezza di manovra.
scheme of maneuver, piano di manovra.
strategic maneuver, manovra strategica.
tactical maneuver, manovra tattica.
tank maneuver, manovre dei carri armati.
MANEUVERABILITY. Manovrabilità, *f;* maneggevolezza (Avn).
MANEUVERING POINT. Punto d'appoggio.
MANGANESE. Manganese, *m.*
MANHANDLE, *v.* Malmenare; muovere a braccia; muovere a forza di braccia.
MANHOLE. Botola d'accesso a sotterraneo.
MANIFOLD, *adj.* Molteplice.
MANIFOLD WRITER. Poligrafo, *m.*
MANILA FIBER. Canapa di Manilla.
MANIPULATE, *v.* Manipolare.
MANIPULATION. Manipolazione, *f.*
MAN-OF-WAR. Nave da guerra.
MANOMETER. Manometro, *m.*
MAN POWER. Risorse di uomini.
MANSLAUGHTER. Omicidio preterintenzionale; omicidio colposo.

MANUAL. Manuale, *m;* maneggio, *m* (Mil).
MANUALLY. Manualmente; a mano; con le mani.
manually-operated, azionato a mano; manovrato a mano.
MANUAL OF ARMS. Maneggio delle armi.
MAP. Carta topografica; carta geografica; mappa, *f;* rilievo, *m;* carta, *f.*
administrative map, carta topografica amministrativa.
aeronautical map, carta aeronautica; carta d'aviazione.
battle map, carta fotogrammetrica per combattimento.
ethnological map, carta etnologica.
flight map, itinerario di volo.
geographic map, carta geografica.
geological map, carta geologica.
hydrographic map, carta idrografica; carta nautica.
intermediate-scale map, carta topografica a scala intermedia.
large-scale map, carta topografica a grande scala.
line-route map, schema della rete telefonica.
medium-scale map, carta topografica a scala media.
military map, carta militare.
operations map, carta delle operazioni.
physical map, carta fisica.
political map, carta politica.
road map, carta stradale.
situation map, mappa della situazione.
small-scale map, carta topografica a piccola scala.
topographical map, carta topografica.
weather map, carta del tempo.
MAPPING. Cartografia, *f.*
MAP READING. Lettura della carta.
MARCH. Marcia, *f;* marzo, *m* (Calendar).
to march, marciare.
to march in review, sfilare nella rivista.
to march on, marciare su (Place).
to march past, sfilare in parata; sfilare (Mil).

MACHINE GUN—Continued.
flexible machine gun, mitragliatrice mobile.
fuselage-mounted machine gun, mitragliatrice fissata alla fusoliera.
heavy machine gun, mitragliatrice pesante.
light machine gun, mitragliatrice leggera.
machine guns mounted in pairs, mitragliatrici abbinate.
tank machine gun, mitragliatrice da carro armato.
wing-mounted machine gun, mitragliatrice fissata all'ala.
MACHINE GUN BELT. Nastro della mitragliatrice.
MACHINE GUN DRUM. Caricatore della mitragliatrice.
MACHINE GUNNER. Mitragliere, m.
MACHINE GUN NEST. Nido di mitragliatrici.
MACHINE GUN SYNCHRONIZER. Congegno di sincronizzazione per mitragliatrici.
MACHINE RIFLE. Fucile mitragliatore.
MACHINERY. Macchinario, m; meccanismo, m.
MACHINE TOOL. Macchina utensile.
MACHINIST. Macchinista, m.
MAGAZINE. Serbatoio, m. (Firearm); caricatore ad astuccio (Firearm); magazzino, m (Storage).
drum magazine, serbatoio a tamburo girevole.
MAGNESIUM. Magnesio, m.
MAGNET. Calamita, f; magnete, m.
artificial magnet, magnete artificiale.
compensating magnet, compensatore, m (Instr).
natural magnet, calamita naturale.
permanent magnet, magnete permanente.
MAGNETIC. Magnetico.
MAGNETIC DECLINATION. Declinazione magnetica.
MAGNETIC DENSITY. Densità magnetica.
MAGNETIC FIELD. Campo magnetico.
MAGNETIC FLUX. Flusso magnetico.
MAGNETIC FORCE. Forza magnetica.

MAGNETISM. Magnetismo, m.
residual magnetism, magnetismo residuo.
MAGNETO. Magnete, m.
booster magneto, magnetino di avviamento.
hand-starting magneto, magnetino di avviamento.
MAGNIFICATION. Ingrandimento, m.
MAGNIFY, v. Ingrandire; amplificare.
MAGNITUDE. Grandezza, f.
MAIL. Posta, f.
to mail, impostare.
air mail, posta aerea.
destruction of mail, distruzione della posta.
foreign mail, posta estera.
franked mail, posta in franchigia.
ordinary mail, posta semplice.
registered mail, posta raccomandata.
MAIM, v. Storpiare; mutilare.
MAIN. Principale.
MAIN BODY. Grosso, m (Mil).
MAIN GUARD. Gran guardia, f; guardia principale.
MAINTAIN, v. Mantenere; conservare; sostentare; propugnare.
MAINTENANCE. Manutenzione, f; mantenimento, m.
first echelon maintenance, manutenzione e riparazioni occasionali di campagna.
fourth echelon maintenance, manutenzione e riparazioni straordinarie da autofficina.
preventive maintenance, manutenzione preventiva.
second echelon maintenance, manutenzione e riparazioni normali di campagna.
tank maintenance, manutenzione del carro armato.
third echelon maintenance, manutenzione e riparazioni straordinarie campali.
MAINTENANCE SECTION. Sezione manutenzioni.
MAJOR. Maggiore, m.
MAJOR, adj. Maggiore; maggiorenne (of age).
MAJOR GENERAL. Maggior Generale, m.
MALLEABILITY. Malleabilità, f.
MALLEABLE. Malleabile.

LOCALIZATION. Localizzazione, *f.*
LOCATE, *v.* Determinare (Plotting); individuare (Surv).
LOCATION. Determinazione, *f* (Plotting); individuazione, *f* (Surv).
  location of a point, individuazione di un punto.
  location of points, individuazione dei punti (Surv).
LOCALIZE, *v.* Circoscrivere; localizzare.
LOCK. Scatto, *m* (Firearm); serratura, *f* (Mech); conca, *f* (Engr).
  to lock, serrare; stringere.
LOCKER. Stipetto, *m;* armadietto, *m.*
  cable locker, stipetto dei cavi.
  officer's locker, armadietto da ufficiale.
LOCOMOTION. Locomozione, *f.*
LOCOMOTIVE. Locomotiva, *f.*
  electric locomotive, locomotiva elettrica; locomotrice, *f.*
  steam locomotive, locomotiva a vapore.
LOCOMOTIVE PILOT. Spazzavia, *m.*
LOCOMOTOR. Locomotore.
LOG. Solcometro, *m* (Surv); giornale di bordo (Nav); tronco d'albero.
LOGBOOK. Giornale di bordo; giornale nautico.
  engine logbook, giornale di macchina.
LOG CHIP. Barchetta del solcometro.
LOGISTIC. Logistico.
LOGISTICS. Logistica, *f.*
LOG LINE. Sagola del solcometro.
LOG REEL. Molinello del solcometro.
LOG SHIP. Barchetta del solcometro.
LONDON. Londra, *f.*
LONG. Colpo lungo.
LONGE. Fune da maneggio.
LONGERON. Longarone, *m.*
LONGITUDE. Longitudine, *f.*
  degree of longitude, grado di longitudine.
LONGITUDINAL. Longarone, *m* (Fuselage).
LONGITUDINAL, *adj.* Longitudinale.
LONGITUDINAL SECTION. Sezione longitudinale (Drawing).
LONGSHOREMAN. Stivatore, *m.*
LOOKOUT. Vedetta, *f* (The individual); vigilanza, *f.*
  air lookout, vedetta antiaerea.

LOOP. Gran volta (Avn); cerchio della morte (Avn); cerchio, *m;* nodo, *m;* anello, *m;* occhiello, *m.*
  to loop, eseguire una gran volta; eseguire il cerchio della morte; formare una gassa.
  ground loop, cavallo di legno (Avn); imbardata (Acrobatics).
  inverted normal loop, gran volta rovescia.
  normal loop, gran volta diritta.
LOSE, *v.* Perdere; smarrire.
LOSS. Perdita, *f.*
LOSSES. Perdite *fpl.*
LOUDSPEAKER. Altoparlante, *m.*
LOUSE. Pidocchio, *m.*
  body louse, pidocchio delle vestimenta.
  crab louse, piattola, *f.*
  head louse, pidocchio, *m.*
LOW, *adj.* Basso.
LOWER, *v.* Abbassare; chinare; umiliare.
LUBBER'S LINE. Linea di fede (Instr).
LUBRICANT. Lubrificante, *m.*
  animal lubricant, olio animale.
  gear lubricant, lubrificante per il cambio di velocità.
LUBRICATE, *v.* Lubrificare.
LUG. Tassello, *m;* sporgenza, *f.*
LUG, *v.* Tirare; trascinare.
LULL. Intervallo di calma.
LUNETTE. Occhione, *m* (Ord); lunetta, *f* (Ft).
LUNG IRRITANT. Gas soffocante; gas asfissiante; gas irritante i polmoni.

M

MACADAM. Macadam, *m.*
MACADAMIZE, *v.* Macadamizzare.
MACHINE. Macchina, *f.*
  to machine, lavorare a macchina.
  belt-loading machine, macchina per caricare i caricatori a nastro.
MACHINE GUN. Mitragliatrice, *f.*
  to machine-gun, mitragliare.
  aircraft machine gun, mitragliatrice per aeroplano.
  belt-fed machine gun, mitragliatrice a nastro.
  camera machine gun, fotomitragliatrice, *f.*
  fixed machine gun, mitragliatrice fissa.

LINE—Continued.
line of skirmishers, linea di cacciatori; catena, *f* (Mil).
line of vision, linea di visione.
line of withdrawal, linea di ripiegamento.
lines of communication, linee di comunicazione.
main line of resistance, linea principale di resistenza.
mooring line, cavo d'ormeggio.
observing line, linea d'osservazione.
orienting line, linea di orientamento.
outpost line of resistance, linea di resistenza di avamposto.
regimental reserve line, linea di riserva del reggimento.
second line, seconda linea.
skirmish line, linea di cacciatori; catena. *f* (Mil).
straggler line, linea di perlustrazione per l'arresto degli sbandati.
straight line, linea retta.
strategic line, linea strategica.
surface line, linea volante (Sig).
X line, parallelo di carta quadrettata.
X-X line, linea limite della missione di fuoco delle artiglierie di divisione e di corpo d'armata.
Y line, meridiano di carta quadrettata.
YY line, linea limite della missione di fuoco delle suddivisioni dell'artiglieria di corpo d'armata.
Z-Z line, linea dell'azione di fuoco delle artiglierie di corpo d'armata e di armata.
LINE OF ACTION. Linea di azione; piano di azione.
LINE OF BATTLE. Linea di battaglia.
LINE OF BEARING. Linea di rilevamento.
LINE OF FORCE. Linea di forza.
magnetic line of force, linea magnetica di forza.
LINEAL. Lineare.
LINEAR. Lineare.
LINER. Tubo d'anima (G); tubo fodera (G); transatlantico, *m* (Nav).
removable liner, tubo d'anima ricambiabile; tubo fodera ricambiabile.
removal of liner, detubatura, *f*.

LINKAGE. Comandi, *mpl* (Mech) concatenazione, *f*.
LIP. Labbro, *m* (Anatomy); orlo, *m;* margine, *m*.
LIQUEFACTION. Liquefazione, *f*.
LIQUEFY, *v.* Liquefare; liquefarsi.
LIQUID. Liquido, *m, n & adj*.
LISBON. Lisbona, *f*.
LIST. Lista, *f;* ruolo, *m;* quadro, *m;* sbandamento, *m* (Nav. & Avn).
to list, elencare; sbandare (Avn & Nav).
active list, ruolo di ufficiali in servizio attivo permanente.
inactive list, ruolo degli ufficiali a riposo.
promotion list, quadro d'avanzamento.
retired list, ruolo degli ufficiali a riposo.
unemployed list, ruolo degli ufficiali in aspettativa.
LISTEN, *v.* Ascoltare.
to listen in, stare in ascolto.
LISTENING DEVICE. Apparecchio di ascolto.
LISTENING POST. Posto di ascolto.
LITER. Litro, *m*.
LITTER. Lettiera, *f* (Stable); barella, *f* (Med); figliata, *f* (Biology).
to litter, fornire di lettiera; mettere in disordine; figliare.
LITTER BEARER. Portaferiti.
LOAD. Carico, *m;* peso, *m*.
to load, caricare.
to load in bulk, caricare alla rinfusa.
dead load, carico morto.
full load, pieno carico.
pay load, carico utile.
safe load, carico di sicurezza.
unit load, carico unitario.
useful load, carico utile.
"LOAD!" "Caricat!"
LOADING. Caricamento, *m* (Firearm); carico, *m* (of goods).
commercial loading, carico commerciale.
density of loading, densità di caricamento (Powder charge).
LOADING TRAY. Cucchiara di caricamento.
LOCAL. Locale.
LOCALITY. Luogo, *m;* sito, *m*.

LIGHT—Continued.
flashing light, fanale a lampi.
floating light, faro galleggiante (Nav); battello faro (Nav).
infrared light, raggio infrarosso.
landing light, fanale di atterraggio.
navigation lights, fanali di via; fanali di navigazione.
running lights, fanali di via; fanali di navigazione.
ultraviolet light, raggio ultravioletto.
LIGHT, *adj.* Leggero.
LIGHTEN, *v.* Alleggerire.
LIGHTER. Alleggio, *m;* chiatta, *f;* maona,*f.*
LIGHTHOUSE. Faro, *m.*
LIGHTNING. Fulmine, *m;* lampo, *m.*
LIGHTNING ARRESTER. Parafulmine.
LIGHTSHIP. Battello faro; faro galleggiante; barca-fanale, *f.*
LIGURIAN SEA. Mar Ligure.
LIMB. Arto, *m;* lembo, *m* (Sextant).
artificial limb, arto artificiale.
LIMBER. Avantreno, *m* (Ord).
to limber up, attaccare l'avantreno.
"LIMBER UP!" "Rimettete gli avantreni!"
LIMBER CHEST. Cofano d'avantreno.
LIME. Calce, *f.*
hydrated lime, calce spenta.
slaked lime, calce spenta.
LIMIT. Limite, *m.*
to limit, limitare.
LINCHPIN. Acciarino, *m* (Vehicle).
LINCHPIN RING. Anello dell'acciarino.
LINE. Linea, *f;* riga, *f* (Formation); fune, *f;* gomena, *f* (Nav); redine, *f* (Harness).
to line, allineare; allinearsi; foderare.
aiming line, linea di mira.
barrier line, limite di circolazione.
base line, direzione-base, *f;* pianobase, *m;* direzione di sorveglianza.
battalion reserve line, linea del rincalzo di battaglione.
battle line, linea di battaglia.
close line, compagnia a plotoni affiancati.
dependent line of sighting, linea di mira ordinaria.
double line, riga doppia.

LINE—Continued.
emplacement line, linea di postazione.
exterior line, linea esterna.
final protective line, linea di arresto.
firing line, linea del fuoco.
first line, prima linea.
flight line, itinerario, *m* (Photo).
geodetic line, linea geodetica.
imaginary line, linea di mira fittizia.
independent line of sighting, linea di mira indipendente.
interior line, linea interna.
isoclinic line, linea isoclinica.
isogonic line, linea isogonica.
jump-off line, linea di partenza nell'attacco.
line of attack, linea di attacco.
line of bearing, linea di rilevamento.
line of circumvallation, circonvallazione, *f* (Ft); linea di investimento.
line of collimation, linea di collimazione.
line of communication, linea di comunicazione.
line of contravallation, contravvallazione, *f.*
line of counterapproach, contrapproccio, *m.*
line of defense, linea di difesa.
line of departure, posizione di partenza; linea di proiezione (Ballistics).
line of elevation, linea di tiro.
line of fall, tangente alla traiettoria nel punto di caduta; linea di caduta.
line of fire, orizzonte del pezzo.
line of local security, linea di sicurezza (Defensive position).
line of march, linea di marcia; itinerario di marcia.
line of metal, linea di mira naturale (Ballistics).
line of observation, linea di sicurezza (Defensive position).
line of operations, linea di operazioni.
line of position, linea di sito (Ballistics); linea di posizione (Nav).
line of resistance, linea di resistenza.
line of retirement, linea di arretramento.
line of retreat, linea di ritirata.
line of sight, linea di mira (Instr).
line of sighting, linea di mira.
line of site, linea di sito.

LEASE. Locazione, *f;* contratto di locazione.
to lease, affittare; prendere in affitto.
LEATHER. Cuoio, *m.*
LEAVE. Licenza, *f;* permesso, *m;* commiato, *m.*
to leave, andarsene; lasciare; abbandonare.
application for leave, domanda di licenza.
on leave, in licenza.
ordinary leave, licenza ordinaria.
sick leave, licenza di convalescenza.
LEAVE OF ABSENCE. Licenza, *f* (O).
LEE. Sottovento.
LEEWAY. Deriva, *f;* angolo di deriva (Avn); scarroccio, *m* (Nav).
LEFT. Sinistra, *f.*
"LEFT DRESS!" "Sinistr riga!"
"LEFT FACE!" "Fianco sinistr!"
LEFT-HANDED. Mancino.
"LEFT TURN!" "Fianco sinistr, sinistr!"
LEGGINGS. Mollettiere, *fpl.*
LEGHORN. Livorno, *f.*
LEGION. Legione, *f.*
American Legion, Legione Americana; (Associazione Nazionale excombattenti degli Stati Uniti.)
LENGTH. Lunghezza, *f;* durata, *f;* distanza, *f.*
cable's length, lunghezza di gomena.
chain's length, lunghezza di catena.
focal length, distanza focale.
LENGTHEN, *v.* Allungare; prolungare.
LENGTHENING OUT. Allungamento, *m* (March).
LENS. Lente, *f;* obiettivo, *m* (Photo).
telephoto lens, teleobiettivo, *m.*
LENS CAP. Coperchio dell'obiettivo.
LESION. Lesione, *f.*
LETHAL. Letale; mortale.
LETHAL ACTION. Azione letale.
LETTER. Lettera, *f.*
letter of instruction, lettera di istruzioni.
LEVEE. Diga, *f;* argine, *m.*
LEVEL. Livella, *f* (Instr); livello, *m.*
to level, livellare.
to level off, raddrizzare (Avn); spianare.
hand level, livella a mano.
slide level, livella scorrevole.

LEVEL—Continued.
spirit level, livella a bolla d'aria.
LEVELLING. Livellazione, *f.*
LEVEL POINT. Punto di caduta.
LEVER. Leva, *f.*
LEVY. Leva, *f* (Mil).
LIAISON. Collegamento, *m.*
combat liaison, collegamento durante il combattimento.
tactical liaison, collegamento tattico.
LIAISON AGENT. Agente di collegamento.
LIBYA. Libia, *f.*
LIBYAN. Libico, *m.*
LICE. Pidocchi, *mpl.*
LICENSE. Permesso, *m;* facoltà, *f;* patente, *f.*
to license, dar permesso; permettere; dar facoltà; autorizzare.
revocable license, patente revocabile; permesso revocabile; licenza revocabile.
LIEUTENANT. Tenente, *m.*
first lieutenant, tenente, *m.*
second lieutenant, sottotenente, *m.*
LIEUTENANT COLONEL. Tenente Colonnello.
LIEUTENANT COMMANDER. Capitano di corvetta.
LIEUTENANT GENERAL. Tenente Generale; Generale di Corpo d'Armata.
LIEUTENANT GOVERNOR. Vicegovernatore.
LIFE BELT. Cintura di salvataggio.
LIFEBOAT. Lancia di salvataggio; imbarcazione di salvataggio.
LIFE PRESERVER. Salvagente, *m.*
LIFESAVING, *adj.* Di salvataggio.
LIFT. Alzata, *f;* alzamento, *m;* carico, *m;* aiuto, *m;* ascensore, *m* (Mech).
to lift, alzare; sollevare; elevare.
LIFT COEFFICIENT. Coefficiente di portanza (Avn).
LIFT WIRES. Diagonali, *fpl* (Ap).
LIGHT. Luce, *f;* fanale, *m.*
to light, illuminare; rischiarare; accendere.
anchor light, fanale di fonda; fanale d'ancoraggio.
bengal light, segnale a bengala.
blinker light, fanale a lampi.
cone of light, cono di luce.
fixed light, fanale a luce fissa.

LANDING AREA. Zona di atterraggio.
LANDING FIELD. Campo d'atterraggio; campo di aviazione.
emergency landing field, campo di fortuna.
LANDING GEAR. Dispositivo di atterraggio; carrello di atterramento; carrello, *m* (Avn).
retractable landing gear, carrello rientrabile.
split axle landing gear, carrello d'atterramento aperto.
tricycle landing gear, carrello d'atterramento a triciclo.
tripod landing gear, carrello d'atterramento aperto.
LANDING STAGE. Pontile, *m*.
LANDING T. T d'atterraggio.
LANDING WIRES. Controdiagonali, *fpl* (Ap).
LANDMARK. Caposaldo, *m;* punto di riferimento.
LANDPLANE. Aeroplano terrestre.
LANDSCAPE. Paesaggio, *m*.
LANE. Sentiero, *m;* viottolo, *m;* rotta, *f* (Nav).
LANGUAGE. Lingua, *f;* linguaggio, *m*.
LANYARD. Funicella da sparo; cordicella da sparo; cordone della pistola.
LANYARD LOOP. Occhiello, *m* (Pistol).
LARCENY. Furto, *m*.
LATCH. Nottolino, *m;* stanghetta, *f*.
LATHE. Tornio, *m*.
LATITUDE. Latitudine, *f*.
degree of latitude, grado di latitudine.
LATRINE. Latrina, *f*.
LAUNCH. Varo, *m* (Shipbuilding); lancia, *f* (Nav).
to launch, lanciare; scagliare; varare (Nav).
LAUNCHING. Varo, *m* (Shipbuilding).
LAUNDRESS. Lavandaia, *f*.
LAUNDRY. Lavanderia, *f*.
LAW. Legge, *f;* diritto, *m*.
civil law, legge civile.
common law, diritto comune.
execution of the laws, esecuzione delle leggi.
ex post facto law, legge retroattiva.
international law, diritto internazionale.
law merchant, diritto commerciale.

LAW—Continued.
maritime law, diritto marittimo.
martial law, legge marziale.
military law, legge militare.
neutrality law, legge sulla neutralità.
persons subject to military law, persone soggette alla legge militare.
workmen's compensation law, legge per gl'infortuni sul lavoro.
LAWFUL. Legittimo; lecito.
LAW OF NATIONS. Diritto delle genti.
LAWS OF WAR. Leggi di guerra.
unwritten laws of war, usi di guerra.
LAY, *v.* Puntare (Ballistics); collocare.
to lay down, deporre.
to lay in bulk, caricare alla rinfusa.
to lay waste, devastare.
LAYER. Strato, *m*.
LAYING. Puntamento, *m* (Ballistics).
direct laying, puntamento diretto.
indirect laying, puntamento indiretto.
laying for elevation, puntamento in elevazione.
laying for direction, puntamento in direzione.
proper laying, puntamento esatto.
LEAD (lĕd). Piombo, *m*.
to lead, coprire di piombo; impiombare.
red lead, minio, *m*.
white lead, cerussa, *f;* biacca, *f*.
LEAD (lēd). Primo posto; direzione, *f;* guida, *f;* conduttore isolato (Elec).
to lead, capitanare; comandare; guidare; menare a mano (H).
LEAD AND LINE. Scandaglio comune; scandaglio a sagola.
LEADER. Capo, *m;* comandante, *m*.
platoon leader, comandante del plotone.
squad leader, comandante della squadra; caposquadra.
LEADER OF THE ARMY BAND. Direttore della banda militare.
LEAF. Ritto, *m* (Ord); lamina, *f* (as of a spring); foglia, *f* (Botany).
LEAK. Falla, *f;* via d'acqua (Nav).
LEAPFROG. Scavalcamento, *m* (Mil).
to leapfrog, scavalcare (Mil).
LEAPFROGGING. Scavalcamento, *m* (Mil).

KITCHEN POLICE. Servizio di cucina.
KITE. Cervo volante; pallone drago.
camera kite, cervo volante per macchina fotografica.
KNAPSACK. Zaino, m.
KNIFE. Coltello, m.
to knife, accoltellare.
trench knife, daghetta da trincea.
KNOLL. Poggio, m; collinetta isolata.
KNOT. Nodo, m; miglio marino (Nav); miglio nautico (Nav).
to knot, annodare; far nodi; annodarsi.
bowline knot with a bight, gassa di amante doppia.
builder's knot, nodo parlato.
figure-of-eight knot, nodo di Savoia; nodo a otto; figura di otto.
running bowline knot, gassa di amante scorsoia.
running knot, nodo scorsoio.
sheepshank knot, nodo a margherita; margherita, f.
square knot, nodo piano.
KNOWLEDGE. Cognizione, f; conoscenza, f.
KNUCKLE. Snodo, m (Mech); nocca, f (Anatomy).
KNUCKLE PIN. Perno verticale dello snodo.

L

LABEL. Cartellino, m; etichetta, f.
to label, contrassegnare con cartellino.
LABOR. Lavoro, m; fatica, f.
to labor, lavorare; faticare.
hard labor, lavori forzati.
hours of labor, ore di lavoro.
LABORATORY. laboratorio, m; gabinetto, m.
chemical field laboratory, laboratorio chimico da campo.
field laboratory, laboratorio da campo.
medical laboratory, laboratorio chimico-batteriologico.
mobile photographic laboratory, laboratorio fotografico autocarreggiato.
photographic laboratory, laboratorio fotografico.
LABORER. Bracciante, m.
LACE. Stringa, f; aghetto, m.
to lace, allacciare.

LACING. Laccio, m; allacciamento, m; allacciatura, f; cima, f (Nav).
LACQUER. Lacca, f.
to lacquer, laccare.
LACHRYMATOR. Gas lacrimogeno; lacrimogeno, m.
LADDER. Scala, f.
accommodation ladder, scala di fuori banda; scala reale; scala dei barcarizzi.
Jacob's ladder, biscaglina, f.
LADING. Caricamento, m; carico, m.
LAKE. Lago, m.
LAMINAR. Laminare.
LAMINATE, v. Laminare.
LAMINATION. Laminazione, f; laminatura, f; lamina, f.
LAMP. Lampada, f; fanale, m; luce, f.
alcohol lamp, lampada ad alcool.
electric lamp, lampada elettrica.
head lamp, fanale anteriore; fanale di testa.
mercury-vapor lamp, lampada a vapore di mercurio.
signal lamp, fanale da segnali.
tail lamp, fanale posteriore; fanale di coda.
LAMPEDUSA. Lampedusa, f.
LANCE. Lancia, f (Weapon); lanciere, m (Soldier).
LANCE CORPORAL. Allievo caporale; appuntato, m (Carabiniere).
LAND. Terra, f; paese, m; suolo, m.
to land, sbarcare (Nav); atterrare (Landplane); ammarare (Seaplane).
by land, per terra.
govermènt land, terreno demaniale.
on land, a terra; terrestre.
LANDING. Sbarco, m (Nav); atterraggio, m (Landplane); ammaraggio, m (Seaplane); sbarcatoio, m; banchina, f; scalo, m.
blind landing, atterraggio senza visibilità, atterraggio alla cieca.
crosswind landing, atterraggio con vento laterale.
emergency landing, atterraggio forzato; atterraggio di fortuna.
forced landing, sbarco di viva forza (Nav); atterraggio di fortuna (Avn); atterraggio forzato (Avn).
glide landing, atterraggio a volo planato.
normal landing, atterraggio normale.

JEOPARDIZE, *v.* Mettere a repentaglio.
JEOPARDY. Repentaglio, *m.*
JERUSALEM. Gerusalemme, *f.*
JETSAM. Getto, *m* (Nav); gettito, *m* (Nav).
JETTISON. Getto, *m* (Nav); gettito, *m* (Nav).
  to jettison, far getto (Nav); gettare (Nav).
JETTISONED. Gettato (Nav).
JETTY. Gettata, *f.*
JOINT. Giunto, *m* (Mech); giuntura, *f* (Anatomy).
  to joint, raccordare; articolare.
JOY STICK (Colloquial). Leva di comando.
JUDGE. Giudice, *m.*
  to judge, giudicare.
JUDGE ADVOCATE. Avvocato militare.
JUDGE ADVOCATE GENERAL. Avvocato generale militare.
JUDGMENT. Giudizio, *m;* sentenza, *f;* criterio, *m.*
JUGOSLAVIA. Iugoslavia, *f.*
JUMP. Impennata, *f* (Ballistics); salto, *m.*
  vertical jump, angolo di rilevamento.
JUMP OF THE GUN. Impennata del pezzo.
JUMP-OFF. Inizio dell'attacco.
JUNIOR. Ufficiale inferiore; il giovine.
JUNKER. Junker, *m.*
JURISDICTION. Giurisdizione, *m;* competenza, *f* (Law).
  court of inquiry jurisdiction, giurisdizione della commissione d'inchiesta.
  Court-martial jurisdiction, giurisdizione del tribunale militare.
  military jurisdiction, giurisdizione militare.
  military jurisdiction in foreign country, giurisdizione militare in paese straniero.
  territorial jurisdiction, giurisdizione territoriale.
JURY, *adj.* Di fortuna (Nav).
JUSTICE. Giustizia, *f;* giudice, *m.*
  justice of the peace, giudice conciliatore.
  military justice, giustizia militare.
JUSTIFICATION. Giustificazione, *f.*

JUSTIFY, *v.* Giustificare.
JUTE. Iuta, *f.*

K

KEEL. Chiglia, *f.*
  bilge keel, chiglia di rollio.
  false keel, chiglia di deriva.
KEEL LINE. Linea della chiglia.
KEELSON. Paramezzale, *m.*
KEEN. Penetrante; acuto; tagliente; pungente.
KEPI. Chepí, *m.*
KEROSENE. Petrolio purificato per illuminazione.
KETTLE. Paiuolo, *m;* caldaio, *m.*
KEY. Chiave, *f;* tasto, *m* (Instr).
  to key, chiudere a chiave; chiudere con chiave; inchiavare; fissare con cunei (Mech); accordare (Musical).
  ringing key, chiave per la chiamata (Tp).
  talking key, chiave per l'ascolto (Tp).
KEY PHRASE. Frase-chiave, *f;* chiave di cifrario.
KHAKI. Cachi, *m.*
  khaki uniform, divisa cachi.
KICK. Respinta, *f* (Firearm).
KILL, *v.* Uccidere; ammazzare.
KILN. Fornace, *f.*
KILO. Chilo, *m;* chilogramma, *m;* chilogrammo, *m.*
KILOCYCLE. Chilociclo, *m.*
KILOGRAM. Chilogramma, *m;* chilogrammo, *m;* chilo, *m.*
KILOMETER. Chilometro, *m.*
KILOWATT. Chilowatt, *m.*
KING. Re, *m.*
KINGPIN. Pernio verticale dello snodo (Automobile).
KINK. Cocca, *f.*
KIT. Corredo, *m;* utensili, *mpl;* cassetta per utensili; borsa degli utensili.
  repair kit, attrezzi per riparazioni; cassetta di attrezzi per riparazioni.
  spare parts kit, cassetta per parti di ricambio.
KITCHEN. Cucina, *f.*
  field kitchen, cucina da campo.
  gasoline kitchen, cucina a benzina.
  rolling kitchen, cucina rotabile da campo; cucina mobile.

INTERSECTION. Intersezione, *f;* intersecazione, *f.*
  street intersection, crocicchio, *m;* incrocio, *m;* intersecazione stradale.
INTERVAL. Intervallo, *m.*
  burst interval, intervallo di scoppio.
  predicting interval, tempo di fuoco.
  time interval, intervallo di tempo (Observation); intervallo di scatto (Photo).
  vertical interval, quota, *f* (Surv).
INTERVENE, *v.* Intervenire.
INTERVENTION. Intervento, *m.*
INTERVENTIONIST. Interventista, *m.*
INTERVIEW. Intervista, *f.*
  to interview, intervistare.
INTERVIEWER. Intervistatore, *m.*
INTIMIDATION. Minaccia, *f;* intimidazione, *f.*
INTOLERABLE. Intollerabile; insopportabile.
INTOXICANTS. Bevande inebrianti.
  possession of intoxicants, possesso di bevande inebrianti.
  sale of intoxicants, vendita di bevande inebrianti.
INTOXICATE, *v.* Ubbriacare; inebriare.
INTOXICATION. Ubbriacatura, *f;* intossicazione, *f.*
INTRENCH, *v.* Trincerare; trincerarsi.
INTRINSIC. Intrinseco.
INUNDATION. Allagamento, *m;* inondazione, *f.*
INVADE, *v.* Invadere.
INVADER. Invasore, *m.*
INVADING. Invasore.
INVASION. Invasione, *f.*
INVENTORY. Inventario, *m.*
INVERSE. Inverso.
INVERSION. Inversione, *f.*
INVERSION LAYER. Strato d'inversione (Met).
INVERT, *v.* Invertire.
INVEST, *v.* Investire.
INVESTMENT. Investimento, *m* (Mil & Fin).
INVOICE. Fattura, *f* (Fin).
  to invoice, fatturare.
INWORKS. Opere interne (Ft).
IODINE. Iodio, *m.*
IONIAN SEA. Mare Ionio.

IRON. Ferro, *m.*
  cast iron, ghisa, *f.*
  galvanized iron, ferro galvanizzato; ferro zincato.
IRONMAN. Giropilota, *m.*
IRON MIKE (Slang). Giropilota, *m.*
IRRADIATE, *v.* Irradiare.
IRRADIATION. Irradiazione, *f.*
IRREVERSIBLE. Irreversibile.
IRRIGATION DITCH. Canale d'irrigazione.
IRRITANT. Aggressivo irritante; irritante, *m.*
ISINGLASS. Mica trasparente; colla di pesce.
ISLAND. Isola, *f.*
  floating island, isola natante; isola galleggiante.
ISLET. Isolotto, *m.*
ISOBAR. Linea isobarica; isobara, *f.*
ISOBARIC. Isobaro; isobarico.
ISOCLINIC. Isoclinico; isoclino.
ISOGONIC. Isogonico.
ISOGONIC LINE. Curva isogonica.
ISOLATE, *v.* Isolare; segregare.
ISOMER. Isomero, *m.*
ISOMETRIC. Isometrico.
ISOSCELES. Isoscele.
ISOTHERM. Linea isotermica.
ISOTHERMAL LINE. Linea isotermica.
ISTHMUS. Istmo, *m.*
ISTHMUS OF CORINTH. Istmo di Corinto.
ISTRIA. Istria, *f.*
ITALIAN. Italiano, *m.*
ITALY. Italia, *f.*

J

JAB. Baionettata, *f.*
JACK. Martinello, *m;* binda, *f;* cricco, *m.*
  hydraulic jack, martinello idraulico.
JACKET. Manicotto, *m* (G); giacca, *f;* giacchetta, *f* (G & Clothing); incamiciatura, *f* (Bullet); rivestimento, *m* (Bullet).
  life jacket, cintura di salvataggio.
  strait jacket, camicia di forza.
JACKSTAY. Straglio, *m;* strallo, *m.*
JACOB'S LADDER. Biscaglina, *f.*
JAM. Inceppamento (Mech).
  to jam, inceppare (Mech).

INK—Continued.
India ink, inchiostro di China.
lithographic ink, inchiostro litografico.
printing ink, inchiostro tipografico.
sympathetic ink, inchiostro simpatico.
INLET. Insenatura, *f* (Top).
IN-LINE. In linea (Mtr).
INNER TUBE. Camera d'aria.
INQUEST. Inchiesta, *f* (Law).
INSECT. Insetto, *m*.
INSERT, *v*. Inserire.
INSERTION. Inserzione, *f*.
INSIDIOUS. Insidioso.
INSIGNIA. Distintivi, *mpl*.
collar insignia, fiamme, *fpl;* mostrine, *fpl*.
divisional insignia, distintivi divisionali.
insignia of office, distintivi di carica.
insignia of merit, distintivi di merito.
insignia of rank, distintivi di grado.
INSOLUBLE. Insolubile.
INSPECT, *v*. Ispezionare; esaminare; verificare.
INSPECTION. Ispezione, *f;* esame, *m;* verifica, *f*.
"INSPECTION ARMS!" "Ispezionarm!"
INSPECTOR. Ispettore, *m*.
INSTALL, *v*. Installare; insediare; impiantare.
INSTALLATION. Collocazione, *f;* impianto, *m;* installazione, *f*.
dummy installation, lavori e opere belliche fittizie.
INSTALLMENT. Rata, *f* (of payment); insediamento, *m* (of office).
INSTRUCT, *v*. Istruire; informare; dare istruzioni.
INSTRUCTION. Istruzione, *f*.
detailed instructions, istruzioni dettagliate; disposizioni dettagliate.
letter of instruction, lettera di istruzioni.
tactical instruction, istruzione tattica.
INSTRUCTOR. Istruttore, *m*.
INSTRUMENT. Strumento, *m*.
fire-control instrument, apparecchio di puntamento.
INSUBORDINATION. Insubordinazione, *f*.
INSUFFICIENCY. Insufficienza, *f*.
INSUFFICIENT. Insufficiente; deficiente.

INSULATE, *v*. Isolare.
INSULATION. Isolamento, *m*.
INSURANCE. Assicurazione, *f*.
war risk insurance, assicurazione contro i rischi di guerra.
INSURGENT. Insorto, *m*.
INSURRECTION. Insurrezione, *f*.
INTELLIGENCE. Intelligenza, *f;* servizio informazioni (Mil).
antiaircraft artillery intelligence service, servizio informazioni artiglieria contraerei.
combat intelligence, servizio campale informazioni.
military intelligence, servizio informazioni militari.
War Department intelligence, servizio informazioni del Ministero della Guerra.
INTERCEPT. Intercezione, *f;* intercettazione, *f*.
INTERCEPT, *v*. Intercettare.
radio intercept, radiointercettazione, *f;* intercettazione radio.
INTERCEPTION. Intercettazione, *f*.
INTERCEPTOR. Caccia, *m* (Ap); apparecchio da caccia (Ap).
INTERFERE, *v*. Interporsi; immischiarsi; interferire.
INTERFERENCE. Interferenza, *f*.
INTERIOR. Interno.
INTERIOR DEPARTMENT. Ministero degli Interni.
INTERMEDIATE SECTION. Sezione intermedia della zona delle comunicazioni.
INTERMITTENT. Intermittente.
INTERN, *v*. Internare.
INTERNAL. Interno.
INTERNATIONAL. Internazionale.
INTERNED PERSON. Persona internata.
INTERNMENT. Internamento, *m*.
INTERPHONE. Telefono interno.
INTERPOLATE, *v*. Interpolare.
INTERPOLATION. Interpolazione, *f;* interpolamento, *m*.
INTERPRETER. Interprete, *m*.
INTERROGATE, *v*. Interrogare.
INTERROGATION. Interrogazione, *f*.
INTERROGATORY. Interrogatorio, *m*.
INTERRUPTION. Interruzione, *f*.
INTERSECT, *v*. Intersecare.

INCREMENT OF VELOCITY. Incremento di velocità.
INCURSION. Incursione, *f.*
INDEBTEDNESS. Stato di indebitamento; debiti, *mpl.*
   stoppage of pay for indebtedness, sospensione della paga per debiti.
INDEMNIFICATION. Indennità, *f;* indennizzo, *m;* risarcimento di danni.
INDEMNIFY, *v.* Indennizzare.
INDEMNITY. Indennità, *f.*
INDENT, *v.* Intaccare.
INDENTATION. Intaccatura, *f.*
INDEPENDENCE. Indipendenza, *f;* autonomia, *f.*
INDEPENDENT. Indipendente; autonomo.
INDICATOR. Indicatore, *m.*
   air-speed indicator, indicatore di velocità propria.
   bank indicator, indicatore di sbandamento (Avn).
   rate-of-climb indicator, indicatore della velocità di salita.
   terrain-clearance indicator, indicatore di quota sul terreno.
   turn indicator, indicatore di virata (Avn).
INDICTMENT. Atto d'accusa; accusa, *f.*
   bill of indictment, atto d'accusa.
INDUCT, *v.* Incorporare (Mil).
INDUCTANCE. Induttanza, *f.*
INDUCTION. Incorporamento, *m* (Mil); induzione, *f* (Elec).
INDUCTION COIL. Rocchetto d'induzione.
INERT. Inerte.
INERTIA. Inerzia, *f.*
INFANTRY. Fanteria, *f.*
   light infantry, fanteria leggera.
INFANTRY WEAPONS. Armi della fanteria.
INFECT, *v.* Infettare.
INFECTION. Infezione, *f.*
INFECTIOUS. Infettivo.
INFERIOR. Inferiore.
INFERIORITY. Inferiorità, *f.*
INFEST, *v.* Infestare.
INFILTRATE, *v.* Infiltrare; infiltrarsi.
INFILTRATION. Infiltrazione, *f;* infiltramento, *m.*
INFIRMARY. Infermeria, *f.*

INFLATE, *v.* Gonfiare.
INFLATION Gonfiatura, *f;* enfiagione, *f* (Med); inflazione, *f* (Fin).
INFLICT, *v.* Infliggere.
INFORM, *v.* Informare.
INFORMANT. Informatore, *m;* denunziatore, *m.*
INFORMATION. Informazione, *f.*
   advance information, informazione anticipata.
   essential elements of information, elementi essenziali dell'informazione.
   furnishing information, fornire informazioni.
   interpretation of information, interpretazione delle informazioni.
   military information, informazione di carattere militare.
   negative information, informazione negativa.
   positive information, informazione positiva.
INFORMATION SERVICE. Servizio informazioni.
   artillery information service, servizio informazioni di artiglieria.
INFRACTION. Infrazione, *f.*
INGOT. Lingotto, *m.*
INITIAL. Iniziale.
INITIAL POINT. Punto d'incolonnamento.
INITIATE, *v.* Iniziare.
INITIATIVE. Iniziativa, *f.*
   to hold the initiative, avere l'iniziativa.
   to wrest the initiative from the enemy, strappare l'iniziativa al nemico.
   individual initiative, iniziativa individuale.
INJECT, *v.* Iniettare.
INJECTION. Iniezione, *f.*
INJECTOR. Iniettore, *m* (Mech); iniettatore, *m* (Med).
INJUNCTION. Divieto, *m;* ingiunzione, *f.*
INJURE, *v.* Danneggiare; causar danno; nuocere; far torto; ledere; ingiuriare.
INJURIOUS. Nocivo.
   non injurious, innocuo.
INJURY. Danno, *m;* ingiuria, *f.*
INK. Inchiostro, *m.*
   copying ink, inchiostro copiativo.
   indelible ink, inchiostro indelebile.

I

IBERIAN PENINSULA. Penisola Iberica.
ICE. Ghiaccio, m.
ICE DANGER. Pericolo di gelo; pericolo di congelamento.
ICE NEEDLES. Ghiacciuoli, mpl.
IDENTIFICATION. Identificazione, f; identità, f; riconoscimento, m.
IDENTIFICATION GROUP. Segnalatori da terra.
IDENTIFICATION MARK. Contrassegno d'aeroplano.
IDENTIFICATION PAPER. Carta d'identità.
IDENTIFICATION TAG. Piastrina di riconoscimento.
IDENTIFY, v. Identificare; riconoscere.
IGNITE, v. Accendere.
IGNITER. Cannello fulminante.
pull igniter, cannello fulminante a strappo.
push igniter, cannello fulminante a pressione.
IGNITION. Accensione, f; ignizione, f (Cml).
to turn off ignition, togliere l'accensione; interrompere l'accensione.
to turn on ignition, aprire l'accensione.
advanced ignition, accensione anticipata.
IGNITION DELAY. Ritardo d'accensione.
IGNITION LAG. Ritardo d'accensione.
IGNITION QUALITY. Qualità d'accensione.
IGNITION SYSTEM. Sistema d'accensione (Automobile).
IGNITION TIMING. Messa in fase dell'accensione.
IGNITION WIRING. Conduttura dell'accensione.
ILL. Ammalato.
IMMEDIATE. Immediato.
IMMERSE, v. Immergere.
IMMERSION. Immersione, f.
IMMOBILIZATION. Immobilizzazione, f.
IMMOBILIZE, v. Immobilitare; immobilizzare.
IMMUNE. Immune.

IMMUNITY. Immunità, f.
acquired immunity, immunità acquisita.
active immunity, immunità attiva.
passive immunity, immunità passiva.
IMMUNIZATION. Immunizzazione, f.
IMMUNIZE, v. Immunizzare.
IMPACT. Cozzo, m; collisione, f; urto, m.
center of impact, centro della rosa di tiro; centro dei tiri.
point of impact, punto di arrivo.
IMPEACHMENT. Messa in stato di accusa.
IMPEDE, v. Impedire; ostruire.
IMPEDIMENTA. Impedimenti, mpl.
IMPERMEABLE. Impermeabile.
IMPETUS. Impeto, m.
IMPRESS, v. Coscrivere (Mil); requisire (Mil); imprimere; inculcare.
IMPRESSMENT. Requisizione, f; arrolamento forzato.
IMPRISONMENT. Imprigionamento, m; carcerazione, f; prigionia, f.
IMPULSE. Impulso, m.
INACTIVATE, v. Rendere inattivo.
INACTIVE. Inattivo; inerte.
INCANDESCENCE. Incandescenza, f.
INCANDESCENT. Incandescente.
INCENDIARY. Incendiario, m, n & adj.
INCH. Pollice, m (Measure).
INCIDENCE. Incidenza, f.
INCIDENT. Incidente, m.
INCIDENTAL. Incidentale; secondario.
INCINERATE, v. Incenerire; cremare.
INCINERATOR. Inceneratore, m.
INCISION. Incisione, f.
INCLINATION. Inclinazione, f; tendenza, f.
INCLINE. Movimento obliquo (Mil); pendio, m; china, f.
to incline, obliquare (Mil); inclinare.
INCLINED PLANE. Piano inclinato.
INCLINOMETER. Inclinometro, m.
ball inclinometer, inclinometro a sferette.
INCLUSION. Inclusione, f.
INCLUSIVE. Inclusivo; incluso; compreso.
INCOGNITO. Incognito.
INCREMENT. Incremento, m.

HORSE—Continued.
  bat horse, cavallo da basto.
  bell horse, guidaiuolo, *m*.
  draft horse, cavallo da tiro.
  led horse, cavallo condotto a mano.
  pack horse, cavallo da basto; cavallo da soma.
  remount horse, cavallo di rimonta.
  riding horse, cavallo da sella.
  saddle horse, cavallo da sella.
  service horse, cavallo di servizio.
HORSEBACK. dorso di cavallo.
  on horseback, a cavallo.
HORSE-DRAWN. Ippotrainato.
HORSEFLESH. Carne di cavallo.
HORSEFLY. Mosca cavallina.
HORSEMAN. Cavaliere, *m;* soldato a cavallo.
HORSEMANSHIP. Equitazione, *f*.
HORSE MASK. Maschera antigas per quadrupedi.
HORSEPOWER. Cavallo vapore; cavallo dinamico; potenza motrice.
  brake horsepower, potenza effettiva; potenza utile.
  effective horsepower, potenza motrice effettiva.
  indicated horsepower, potenza indicata.
HORSESHOE. Ferro di cavallo.
HORSESHOER. Maniscalco, *m*.
HORSE SLING. Imbracatura per quadrupedi.
HOSE. Tubo di gomma; manichetta, *f*.
HOSPITAL. Ospedale, *m*.
  convalescent hospital, convalescenziario, *m*.
  evacuation hospital, ospedale di smistamento.
  field hospital, ospedale da campo.
  general hospital, ospedale principale.
  isolation hospital, ospedale contumaciale.
  military hospital, ospedale militare.
  mobile hospital, ospedale volante.
  veterinary hospital, ospedale veterinario.
HOSPITALIZATION. Spedalità, *f*.
HOSPITALIZE, *v.* Ricoverare nell'ospedale.
HOSPITAL STATION. Ospedaletto da campo.
HOSTAGE. Ostaggio, *m*.
HOSTILE. Ostile.

HOSTILITIES. Ostilità, *fpl*.
  outbreak of hostilities, apertura delle ostilità.
HOT. Caldo; scottante.
HOUR. Ora, *f*.
HOUR ANGLE. Angolo orario.
HOUR CIRCLE. Circolo orario; circolo di declinazione.
HOUSE. Casa, *f;* dimora, *f*.
  to house, alloggiare; albergare.
  dwelling house, abitazione, *f*.
HOUSING. Alloggiamento, *m* (Mech); alloggio, *m* (Mech).
  latch housing, alloggiamento della stanghetta; alloggiamento del nottolino.
HOVER, *v.* Librarsi.
HOWITZER. Obice, *m;* howitzer. *m*.
  pack howitzer, obice someggiabile.
HUB. Elsa, *f* (Weapon); paletto, *m* (Surv); mozzo di ruota (Vehicle).
  propeller hub, mozzo dell'elica.
HULL. Scafo, *m*.
HUMIDITY. Umidità, *f*.
  absolute humidity, umidità assoluta.
  relative humidity, umidità relativa.
HUMP (Slang). Montagna, *f*.
  over the hump, al di sopra della montagna; la parte più difficile del volo.
HURDLE. Graticcio, *m*.
HURRICANE. Uragano, *m*.
HURTER. Battente, *m* (Ord).
HUT. Baracca, *f;* capanna, *f;* rifugio, *m*.
HUTMENT. Baraccamento, *m*.
HYDRANT. Idrante, *m;* bocca d'acqua.
  fire hydrant, pompa da incendio.
HYDROGRAPHIC. Idrografico.
HYDROGRAPHY. Idrografia, *f*.
HYDROMETER. Idrometro, *m*.
  specific gravity hydrometer, idrometro per misurare la gravità specifica.
HYDROPHONE. Idrofono, *m*.
HYDROPLANE. Idroplano, *m*.
HYDRO-PRESS. Pressa idraulica.
HYGIENE. Igiene, *f*.
  military hygiene, igiene militare.
HYGIENIC. Igienico.
HYDROGRAPH. Idrografo, *m*.
HYGROMETER. Igrometro, *m*.
HYGROMETRY. Igrometria, *f*.
HYPOTENUSE. Ipotenusa, *f*.

HEMISPHERE. Emisfero, *m.*
Eastern Hemisphere, Emisfero Orientale.
Northern Hemisphere, Emisfero Settentrionale.
Southern Hemisphere, Emisfero Australe.
Western Hemisphere, Emisfero Occidentale.
HEMORRHAGE. Emorragia, *f.*
HEPTANE. Ettano, *m.*
HERNIA. Ernia, *f.*
HETERODYNE. Eterodina, *f.*
HEXACHLOROETHANE. Esacloroetano, *m.*
HEXAGON. Esagono, *m.*
HEXAGONAL. Esagonale.
H-HOUR. Ora dell'inizio dell'attacco; ora prestabilita.
HIERARCHY. Gerarchia, *f.*
HIGH. Alto.
HIGH COMMAND. Alto comando.
HIGH SEA. Alto mare; altomare, *m.*
HIGH-SPY (Slang). Pilota osservatore.
HIKE (Slang). Marcia, *f.*
to hike, marciare.
HILL. Collina, *f;* colle, *m.*
HILLY. Collinoso.
HILT. Elsa, *f.*
basket hilt, elsa a graticciata.
HINTERLAND. Retroterra, *f.*
HIT. Colpo, *m;* urto, *m;* colpo felice.
to hit, colpire; far bersaglio; percuotere.
direct hit, colpo in pieno.
HITCH. Attacco, *m* (Vehicle); nodo, *m* (Nav); gassa, *f* (Nav).
to hitch, attaccare (Vehicle).
clove hitch, nodo parlato.
timber hitch, gassa a serraglio (Nav).
HOBBLE. Pastoia, *f;* zoppicamento, *m.*
to hobble, impastoiare; zoppicare.
HOGSHEAD. Botte misura di 238.5 litri.
HOIST. Montacarico, *m* (Mech); guaina, *f* (Flag); inferitura, *f* (Flag).
to hoist, alzare; elevare; issare.
HOLD. Stiva, *f* (Nav); presa, *f;* fortezza, *f;* piazzaforte, *f.*
to hold, tenere; occupare; mantenere; resistere; trattenere; contenere.
HOLE. Buco, *m;* buca, *f;* foro, *m;* vuoto, *m.*
shell hole, buca di granata.

HOLE IN THE AIR (Slang). Vuoto d'aria.
HOLIDAY. Vacanza, *f;* ferie, *fpl;* giorno di riposo.
HOLLANDER. Olandese, *m.*
HOLLOW. Conca, *f* (Top); depressione, *f* (Top).
HOLLOWED. Cavo.
HOLSTER. Fonda, *f* (R); fondina, *f* (Pistol).
HOME. Territorio nazionale; casa, *f* (of institutions); dimora, *f;* focolare, *m.*
national soldier's home, casa nazionale di riposo dei veterani.
HOMICIDE. Omicidio, *m* (the crime); omicida, *m* (the person).
HONEYCOMB. Griglia a nido d'api (Radiator).
HONOR. Onorificenza, *f;* onore, *m.*
to honor, onorare.
HONORABLE. Onorevole.
HONORS. Onoranze, *fpl;* onori, *mpl.*
funeral honors, onori funebri militari.
HONORS OF WAR. Onor delle armi.
HOOD. Cappuccio, *m;* mantice, *m;* coperchio, *m.*
automobile hood, cofano d'automobile.
HOOF. Zoccolo, *m* (Vet).
to hoof, tirar calci; calpestare; andare a piedi.
HOOK. Uncino, *m;* gancio, *m.*
to hook, uncinare; agganciare.
boat hook, gancio d'accosto; gaffa, *f.*
tow hook, gancio di traino.
HOOP. Cerchio, *m;* anello, *m* (G).
HOP (Slang). Decollo, *m* (Avn); volo di breve durata (Avn); salto, *m.*
to hop, decollare; fare un volo di breve durata; saltare.
HORIZON. Orizzonte, *m.*
artificial horizon, orizzonte artificiale.
celestial horizon, orizzonte astronomico; orizzonte vero; orizzonte razionale.
visible horizon, orizzonte visibile.
HORIZONTAL. Orizzontale.
HORN. Tromba, *f;* corno, *m.*
klaxon horn, sirena "klaxon."
HORSE. Cavallo, *m;* cavalleria, *f* (Corps); milizia a cavallo (Corps).
to break in a horse, scozzonare un cavallo.

HANDWHEEL. Volantino, *m.*
  elevating handwheel, volantino del congegno di elevazione.
HANDY. Comodo, maneggevole; a portata di mano; di facile manovra.
HANG, *v.* Appendere; pendere; penzolare; essere sospeso; dipendere; impiccare (Law).
HANGAR. Aviorimessa, *f;* capannone, *m;* hangar, *m.*
  underground hangar, hangar sotterraneo.
HARASS, *v.* Molestare; tormentare.
HARBOR. Porto, *m;* rifugio, *m.*
  to harbor, dare asilo; ricoverare.
  inner harbor, porto interno.
  outer harbor, avamporto, *m;* porto anteriore.
HARBOR MASTER. Capitano del porto.
HARBOR SERVICE. Servizio portuario.
HARD. Duro; difficile.
HARD-BOILED (Slang). Rigoroso.
HARDEN, *v.* Indurire; rassodare.
HARDENING. Indurimento, *m.*
HARDNESS. Durezza, *f.*
HARDWARE. Ferramenta, *fpl.*
HARNESS. Bardatura, *f;* finimento, *m.*
  to harness, bardare.
HARNESS COLLAR. Collare del finimento.
HAT. Cappello, *m.*
HATBAND. Fascia del cappello; nastro del cappello.
HATCH. Serretta di boccaporto; quartiere di boccaporto.
  booby hatch, carrozza, *f* (Nav); tambuggio, *m.*
HATCHET. Accetta, *f.*
HATCHWAY. Boccaporto, *m.*
HATCORD. Cordone distintivo da cappello.
HAVERSACK. Tascapane, *m.*
HAWSE. Cubia, *f;* occhio di cubia; occhio di prora.
HAWSEHOLE. Cubia, *f;* occhio di cubia; occhio di prora.
HAWSER. Gomena, *f.*
  towing hawser, gomenetta di rimorchio.
HAY. Fieno, *m.*
HAYRACK. Rastrelliera, *f* (Stable).

HAZARD. Pericolo, *m;* rischio, *m;* azzardo, *m.*
  to hazard, rischiare; azzardare.
HAZARDOUS. Azzardoso; arrischiato; pericoloso; aleatorio.
HAZE. Caligine, *f.*
HEAD. Testa, *f;* capo, *m.*
HEADER. Sacco di terra collocato verticalmente (Ft).
HEADLIGHT. Faro, *m* (Vehicles).
HEADPHONE. Ricevitore a cuffia.
HEADQUARTERS. Quartiere Generale; sede di comando; comando, *m.*
  battery headquarters, comando di batteria.
  division headquarters, quartiere generale di divisione.
HEADSET. Cuffia, *f* (Rad & Tp); microtelefono a cuffia.
HEALTH OFFICER. Ufficiale sanitario.
HEAT. Caldo, *m;* calore, *m.*
  to heat, riscaldare.
  latent heat, calore latente.
HEATER. Riscaldatore, *m.*
  air heater, riscaldatore dell'aria.
HEATING. Riscaldamento, *m.*
HEAVIER-THAN-AIR. Più pesante dell'aria.
HEDGE. Siepe, *f.*
HEDGEHOG. Riccio, *m* (Ft).
HEDGE HOPPING (Slang). Volo a fior di terra; volo radente.
HEEL. Tallone, *m;* calcagno, *m;* tacco, *m* (of a shoe).
HEELPIECE. Calciolo, *m* (R).
HEELPLATE. Calciolo, *m* (R).
HEIGHT. Altezza, *f;* altura, *f* (Top).
  angular height, altezza angolare.
HELICOIDAL. Elicoidale.
HELICOPTER. Elicottero, *m.*
HELIOGRAPH. Eliografo, *m.*
  to heliograph, comunicare a mezzo di eliografo; segnalare con l'eliografo.
HELIUM. Elio, *m.*
HELIX. Spirale, *f;* elica, *f.*
HELM. Timone, *m.*
HELMET. Elmetto, *m* (Mil); elmo, *m;* casco, *m* (for tankman).
  listener's helmet, elmo d'ascolto.
  steel helmet, elmetto d'acciaio.
HELMSMAN. Timoniere, *m.*

GUN CARRIAGE—Continued.
  hydraulic gun carriage, affusto idropneumatico.
  mobile gun carriage, affusto mobile.
GUN CHAMBER. Camera a polvere.
GUN CHART. Calcolatore di tiro.
GUNCOTTON. Cotone fulminante.
GUNLOCK. Meccanismo di scatto e percussione.
GUN SLING. Braca per artiglieria.
GUNNER. Artigliere, *m* (Mil); cannoniere, *m* (Nav); servente, *m* (Arty).
  expert gunner, puntatore scelto.
  first-class gunner, puntatore di prima classe (Mil); cannoniere di prima classe (Nav).
  master gunner, capopezzo, *m*.
GUNNERY. Tiro d'artiglieria.
  aerial gunnery, tiro di lancio delle armi aeree.
GUN PIT. Riparo per pezzo.
GUN PLATFORM. Piazzuola, *f*.
GUNPOWDER. Polvere da sparo.
GUNSHOT. Cannonata, *f*.
  within gunshot, a portata di cannone.
GUNSMITH. Armaiuolo, *m*.
GUNSTOCK. Cassa, *f* (R); castello, *m* (Mg & Pistol); armatura, *f* (Mg).
GUN TURRET. Torre corazzata.
GUNWALE. Capo di banda (Nav).
GUST. Raffica di vento.
GUTTA-PERCHA. Guttaperca, *f*.
GUY. Cavo di ritegno; ritenuta, *f* (Mech).
GYROCOMPASS. Girobussola, *f*.
GYROMETER. Girometro, *m*.
GYROPILOT. Giropilota, *m*.
GYROPLANE. Autogiro, *m*.
GYROSCOPE. Giroscopio, *m*.
GYROSTABILIZER. Girostabilizzatore, *m*.

H

HABEAS CORPUS. Habeas corpus.
  suspension of writ of habeas corpus, sospensione dell' habeas corpus.
HACHURE. Tratteggio, *m*; ombreggiatura, *f*.
HAIL. Grandine, *f* (Met); saluto ad alta voce (Salutation).
  to hail, grandinare (Met); salutare ad alta voce; salutare alla voce (Italian Navy); chiamare ad alta voce.

HAILSTORM. Tempesta di grandine; grandinata, *f*.
HALF. Metà, *f*.
HALF, *adj.* Mezzo.
HALF-HITCH. Mezzo nodo.
HALF TONE. Mezzo tono (Photo).
HALO. Alone, *m* (Met).
HALT. Fermata, *f*; sosta, *f*; tappa, *f*; alto, *m*.
  to halt, fermarsi; fare alto.
  "**HALT**". "Alt!" "Alto là".
  from the halt position, da fermo.
  short halt, fermata breve (Marching).
  simultaneous halts, fermate contemporanee (Marching).
  successive halts, fermate successive (Marching).
HALTER. Cavezza, *f*.
HALT SITE. Luogo di sosta; tappa, *f*; fermata, *f*.
HALVING LINE. Linea di fede (Instr).
HALYARD. Sagola, *f* (of a flag); drizza, *f* (Nav).
HAMMER. Cane, *m* (Firearm); martello, *m* (Tool); maglio, *m* (Tool).
  drop hammer, maglio a caduta.
  hammer pin, copiglia del cane (Firearm).
  pneumatic hammer, martello pneumatico.
  power hammer, maglio, *m* (Metallurgy).
  steam hammer, maglio a vapore.
HAMMOCK. Branda, *f* (Nav); amaca, *f*.
HAMPER, *v*. Intralciare; impedire.
HAND. Mano, *f*.
  to hand, porgere; ammainare (Nav).
  by hand, a mano.
HANDBARROW. Barella, *f*.
HANDCUFF. Manetta, *f*.
  to handcuff, ammanettare.
HAND GUARD. Copricanna, *m* (R); guardamano, *m* (Sword); guardia, *f* (Sword).
HANDLE. Manico, *m*; maniglia, *f*; manovella, *f*.
  to handle, maneggiare; manovrare; trattare.
HANDRAIL. Corrimano, *m*; appoggiatoio, *m*.
HANDSAW. Sega a mano.
HANDSET. Microtelefono, *m*.

GUARD MOUNT. Cambio della guardia.
formal guard mount, cerimonia formale del cambio della guardia.
informal guard mount, cerimonia ordinaria del cambio della guardia.
GUARD MOUNTING. Cerimonia del cambio della guardia.
GUARD OF HONOR. Guardia d'onore.
GUARDROOM. Corpo di guardia.
GUERRILLA. Guerrigliero, *m* (The individual); guerriglia, *f.*
GUIDE. Guida, *f;* direzione, *f.*
to guide, guidare; pilotare; dirigere.
"GUIDE LEFT!" "Guida a sinistra!"
"GUIDE RIGHT!" "Guida a destra!"
GUIDE ROPE. Guiderope, *m* (Avn).
GUIDON. Insegna, *f;* guidone, *m;* alfiere, *m.*
mounted guidon, alfiere a cavallo.
GUILLOTINE. Ghigliottina, *f.*
to guillotine, ghigliottinare.
GUILT. Colpabilità, *f.*
GUILTY. Colpevole.
finding of guilty, accertamento di colpevolezza.
GUINEA PIG. Porcellino d'India; cavia, *f.*
GULCH. Forra, *f.*
GULF. Golfo, *m.*
GULF STREAM. Corrente del Golfo.
GULLY. Burroncello, *m.*
GUM. Gomma, *f.*
to gum, ingommare; divenire gommoso.
GUM ARABIC. Gomma arabica.
GUN. Cannone, *m;* arme da fuoco; pezzo, *m.*
to disable a gun, rendere inservibile un cannone.
to dismount a gun, scavalcare un cannone.
to mount a gun, incavalcare un cannone.
to spike a gun, inchiodare un cannone.
to train a gun, puntare un cannone.
accompanying gun, cannone d'accompagnamento.
affirming gun, tiro di affermazione; tiro d'assicurazione.
air gun, cannone pneumatico.
alarm gun, cannone d'allarme.
antiaircarft gun, cannone contraerei.

GUN—Continued.
antitank gun, cannone anticarro.
automatic gun, cannone automatico.
barbette gun, cannone in barbetta.
broadside gun, cannone di batteria.
built-up gun, cannone composto.
coast artillery gun, cannone da costa.
compound gun, cannone composto.
directing gun, pezzo base.
drill gun, cannone da esercitazione.
dummy gun, cannone finto.
enfilading gun, cannone da infilata.
field gun, cannone da campagna.
garrison gun, cannone da fortezza.
gun disabled by the enemy, cannone imboccato.
gun shelter, riparo per cannoni.
heavy gun, cannone pesante; cannone di grosso calibro.
lifesaving gun, cannone lanciasagole.
light gun, cannone di piccolo calibro.
line-throwing gun, cannone lanciasagole; lanciasagole, *m.*
mountain gun, cannone da montagna.
muzzle-loading gun, cannone ad avancarica.
out-board gun, cannone fuori bordo (Avn).
position of the gun, posizione del pezzo.
rapid-fire gun, cannone a tiro rapido.
retreat gun, cannone della ritirata.
reveille gun, cannone della diana.
rifled gun, cannone rigato.
semiautomatic gun, cannone semiautomatico.
shielded gun, cannone scudato.
siege gun, cannone da assedio.
six-pounder gun, cannone da proietto di sei libbre.
smooth-bored gun, cannone ad anima liscia.
sub-machine gun, pistola mitragliatrice.
tank gun, cannone da carro armato.
turret gun, cannone di torre corazzata (Nav).
wire-wrapped gun, cannone cerchiato a filo d'acciaio.
GUNBOAT. Cannoniera, *f.*
GUN BREECH. Culatta di cannone.
GUN CARRIAGE. Affusto, *m.*
fixed gun carriage, affusto fisso.

GRIP. Impugnatura, *f;* presa, *f;* stretta, *f;* grippe, *f* (Med).
to grip, afferrare; agguantare; stringere.
GROOM. Palafreniere, *m;* stalliere, *m.*
to groom, governare i cavalli.
GROOMING BRUSH. Brusca, *f.*
GROOVE. Riga, *f* (Firearm); scannellatura, *f;* scanalatura, *f.*
to groove, rigare (Firearm); scanalare; scannellare.
extracting groove, scanalatura anulare (Cartridge).
GROSS. Grossa, *f* (Measure).
great gross, dodici grosse.
GROUND. Suolo, *m;* terreno, *m;* terra,*f.*
to clear the ground, sgomberare il terreno.
to dispute the ground, contendere il terreno.
to gain ground, guadagnare terreno.
to lose ground, perdere terreno.
accessible ground, terreno accessibile.
bare ground, terreno nudo.
broken ground, terreno sconvolto.
commanding ground, terreno dominante.
difficult ground, terreno difficile.
even ground, terreno uniforme.
favorable ground, terreno facile.
features of the ground, caratteristiche del terreno.
fold of the ground, piega del terreno.
high ground, terreno elevato.
hilly ground, terreno collinoso.
knowledge of the ground, conoscenza del terreno.
level ground, terreno piano.
low ground, terreno basso.
lower ground, terreno sottostante.
marshy ground, terreno acquitrinoso; terreno paludoso.
mined ground, terreno minato.
open ground, terreno scoperto; terreno aperto.
organization of the ground, sistemazione del terreno.
proving ground, terreno per esperimenti con aggressivi chimici.
rolling ground, terreno ondulato.
rough ground, terreno difficile.
sloping ground, terreno inclinato; terreno in pendio.

GROUND—Continued.
surrounding ground, terreno circostante.
varied ground, terreno vario.
wooded ground, terreno boschivo.
"GROUND ARMS!" "Armi a terra!"
GROUP. Gruppo, *m;* nucleo, *m.*
to group, aggruppare; aggrupparsi; raggruppare; raggrupparsi.
auxiliary surgical group, nucleo chirurgico.
balloon group, gruppo aerostiero.
command group, nucleo comando.
connecting group, gruppo di collegamento.
fighter group, gruppo di apparecchi da combattimento.
flanking group, colonna fiancheggiante.
group of armies, gruppo di armate.
reconnaissance group, gruppo esplorante.
GROUPING. Raggruppamehto, *m.*
tactical grouping, raggruppamento tattico.
GROUPMENT. Raggruppamento, *m.*
GROUSER. Arpione, *m.*
GROVE. Boschetto, *m.*
GRUBBING. Sterramento, *m.*
GUARD. Guardia, *f.*
to guard, far la guardia.
to mount guard, montare di guardia.
to post a guard, collocare una guardia.
to relieve a guard, rilevare la guardia; dare il cambio alla guardia.
camp guard, guardia al campo.
color guard, guardia d'onore alla bandiera.
frontier guard, guardia alla frontiera.
guard report, rapporto della guardia.
main guard, guardia principale.
National Guard, milizia ·statale (U.S.A.).
on guard, di guardia.
prison guard, guardia alla prigione.
prisoners guard, guardia ai prigionieri sul lavoro.
special guard, piccola guardia.
GUARD DETAIL.˙ Drappello di guardia.
GUARD DUTY. Servizio di guardia.
GUARDHOUSE. Corpo di guardia.

GRACE. Grazia, *f.*
  days of grace, giorni di grazia; giorni di respiro.
GRADE. Grado, *m;* pendenza, *f* (Top).
  to grade, assortire; classificare; graduare; regolare la pendenza (Engr).
  steep grade, forte pendenza.
GRADE CROSSING. Passaggio a livello.
GRADER. Graduatore, *m.*
GRADIENT. Gradiente, *m* (Scientific); pendenza, *f* (Top).
  geothermal gradient, gradiente geotermico.
  pressure gradient, gradiente barico.
  temperature gradient, gradiente termico.
GRADUATE, *v.* Graduare; diplomare (Scholastic); laurearsi (Scholastic).
GRADUATED ARC. Settore graduato (Instr).
GRADUATION. Graduazione, *f.*
GRAIN. Grana, *f* (G u n p o w d e r); granello, *m.*
GRAM. Grammo, *m.*
GRANT. Concessione, *f* (Law).
  to grant, concedere.
GRAPES. Grappa, *f* (Vet).
GRAPESHOT. Mitraglia, *f.*
GRAPH. Grafico, *m;* diagramma, *m;* tracciato, *m.*
GRAPHIC, *adj.* Grafico.
GRAPHITE. Grafite, *f.*
GRAPHOMETER. Grafometro, *m.*
GRAPNEL. Ancorotto, *m* (Nav); grappino, *m.*
GRASP. Impugnatura, *f.*
  to grasp, impugnare; afferrare; agguantare.
GRAVEL. Ghiaia, *f;* rena, *f;* renella, *f* (Med).
GRAVEL PIT. Cava di rena.
GRAVIMETRIC. Gravimetrico.
GRAVIMETRY. Gravimetria, *f.*
GRAVITY. Gravità, *f.*
  low center of gravity, basso centro di gravità.
  specific gravity, gravità specifica.
GRAZE, *v.* Radere; sfiorare; pascolare (H).
  graze above, scoppio a terra oltre il bersaglio.
  graze below, scoppio a terra avanti il bersaglio.

GRAZING POINT. Punto d'impatto.
GREASE. Grasso, *m;* lubrificante, *m.*
  to grease, ingrassare; lubrificare.
  axle grease, lubrificante per assali.
  fiber grease, grafite, *f.*
  seal grease, grasso di foca.
GREASE CUP. Ingrassatrice, *f.*
GREASE GUN. Siringa per grasso.
GREAT CIRCLE. Circolo massimo.
GREAT POWER. Grande potenza.
GREECE. Grecia, *f.*
GREEK. Greco, *m.*
GRENADE. Granata, *f;* bomba a mano; petardo, *m.*
  antitank grenade, bomba a mano contro i carri armati.
  drill grenade, granata da esercitazione.
  fragmentation grenade, bomba a mano dirompente.
  gas grenade, bomba a mano a gas; petardo a gas.
  hand grenade, bomba a mano.
  incendiary grenade, bomba incendiaria.
  inert hand grenade, bomba a mano inerte.
  practice hand grenade, bomba a mano da esercitazione.
  rifle grenade, granata da fucile; bomba da tromboncino.
  tear-gas grenade, bomba a gas lacrimogeno.
  training hand grenade, bomba a mano da esercitazione.
GRENADE LAUNCHER. Tromboncino, *m* (Firearm).
GRENADIER. Granatiere, *m.*
GRID. Griglia, *f;* graticola, *f;* quadrettatura, *f* (Cartography); reticolo, *m* (Cartography).
GRID LINES. Reticolato geografico.
GRID SHEET. Carta quadrettata; piano quadrettato.
GRID SQUARE. Quadretto, *m* (Surv).
GRIEVANCE. Gravame, *m* (Law); lagnanza, *f;* querela, *f.*
GRIND, *v.* Arrotare (as a tool); smerigliare (as a valve); tritare; macinare.
GRINDER. Arrotatrice, *f* (Mech).
GRINDSTONE. Mola, *f.*

GENERALSHIP. Generalato, *m;* attitudine al comando.
GENERAL STAFF. Stato Maggiore Generale.
GENERATOR. Generatore, *m.*
electrical generator, generatore elettrico.
GENERATOR OUTPUT. Rendimento del generatore.
GENEVA. Ginevra, *f.*
GENOA. Genova, *f.*
GENTLE, *v.* Domare (H).
GEODESY. Geodesia, *f.*
GEODETIC. Geodetico.
GEOGRAPHICAL. Geografico.
GEOGRAPHY. Geografia, *f.*
GEOMETRICAL. Geometrico.
GEOMETRY. Geometria, *f.*
GEOPHYSICS. Geofisica, *f.*
GERM. Germe, *m.*
GERMAN. Tedesco, *m.*
GERMAN, *adj.* Tedesco; germanico; germano (Nationality & Kinship).
GERMANY. Germania, *f.*
GESTURE. Gesto, *m.*
provoking gesture, gesto provocante.
reproachful gesture, gesto riprovevole.
G. H. Q. Gran Quartiere Generale.
GIBRALTAR. Gibilterra, *f.*
GIBUTI. Gibuti, *f.*
GIG. Iole, *f* (of a merchant ship); scappavia, *f* (of a merchant ship); baleniera, *f* (of a warship).
the captain's gig, la iole del capitano; la baleniera del capitano.
GIMBAL. Sospensione cardanica; sospensione a bilico.
GIN. Gin, *m* (Liquor); castello, *m* (Mech).
GLACIER. Ghiacciaio, *m.*
GLACIS. Spalto, *m.*
GLAND. Premistoppa, *m* (Mech); premibaderna, *m* (Mech); glandola, *f.*
GLASS. Vetro, *m;* specchio, *m.*
shatterproof glass, vetro infrangibile.
silvered glass, vetro argentato; specchio, *m.*
window glass, vetro da finestra.
GLASSES. Occhiali, *mpl;* binocolo, *m.*
GLIDE. Planata, *f* (Avn).
to glide, planare.

GLIDER. Aliante, *m;* aeroplano senza motore.
primary-type glider, aliante libratore.
GLOBE. Globo, *m;* sfera, *f;* globo terrestre (Geography).
GLOVE. Guanto, *m.*
flying gloves, guanti d'aviatore.
protective gloves, guanti antipritici.
GLYCERIN. Glicerina, *f.*
GLYCOGEN. Glicogeno, *m.*
GLYCOL. Glicole, *m.*
ethylene glycol, alcool etilenico; glicoletilene, *m.*
GNOMONIC. Gnomonico.
GOG. Tendina da feritoia.
GOGGLES. Occhiali di protezione.
snow goggles, occhiali da neve.
GONDOLA. Navicella, *f* (Avn).
gondola car, carro merci scoperto.
GONE WEST (Slang). Morto, o ferito mortalmente.
GONIOMETER. Goniometro, *m.*
GONIOMETRY. Goniometria, *f.*
GONORRHEA. Gonorrea, *f;* blenorragia, *f;* scolo, *m.*
GOOD ORDER. Buon ordine.
maintenance of good order, mantenimento del buon ordine.
GOODS. Merci, *fpl.*
contraband goods, merci di contrabbando.
fancy goods, mercerie, *fpl.*
free goods, merce franca.
receiving stolen goods, ricettazione di roba rubata.
GORE. Spicchio, *m* (of parachute); gherone, *m* (Nav).
GORGE. Forra, *f;* stretta, *f;* burrone, *m;* gola, *f* (Ft).
GOVERN, *v.* Governare; regolare; controllare.
GOVERNMENT. Governo, *m;* regime, *m.*
government de facto, governo di fatto.
government de jure, governo di diritto.
military government, regime militare.
phases of military government, fasi del regime militare.
GOVERNOR. Governatore, *m.*
lieutenant governor, vicegovernatore, *m.*

GAS MASK CHEMICAL FILTER. Filtro chimico della maschera antigas.
GAS MASK EYEPIECE. Occhiali della maschera antigas.
GAS MASK FACEPIECE. Facciale della maschera antigas.
GAS MASK MECHANICAL FILTER. Filtro meccanico della maschera antigas.
GASOLINE. Benzina, *f*; carburante, *m*.
  anti-knock gasoline, carburante antidetonante.
  aviation gasoline, benzina per aviazione.
  ethyl gasoline, carburante etilico.
  high-test gasoline, carburante ad alta gradazione.
GASOLINE LINE. Condotto del carburante.
GASOLINE TANK. Serbatoio del carburante.
  underground gasoline tank, serbatoio sotterraneo di carburante.
GAS-OPERATED. A gas.
GASPROOF. A prova di gas.
GASPROOFING. Misure preventive contro i gas.
GASSED. Gassato.
GAS STORAGE TANK. Cisterna-serbatoio di benzina.
GASTIGHT. A tenuta di gas.
GATEMAN. Guardabarriere, *m* (RR).
GAUGE. Calibro, *m*; misuratore, *m*; manometro, *m* (Instr); misura, *f*; scartamento, *m* (RR).
  to gauge, misurare; calibrare.
  air gauge, manometro per pneumatici.
  crusher gauge, misuratore della compressione.
  fuel gauge, indicatore di benzina.
  fuel level gauge, indicatore del livello di benzina.
  narrow gauge, scartamento ridotto.
  oil gauge, oleometro, *m*; manometro dell'olio.
  pressure gauge, indicatore della pressione.
  rain gauge, pluviometro, *m*.
  snow gauge, misuratore della quantità di neve caduta.
  tire gauge, manometro per pneumatici.

GAUZE. Garza, *f* (Tissue).
GEAR. Ingranaggio, *m*; ruota d'ingranaggio; ruota ingranante; attrezzatura, *f* (Nav).
  to gear, ingranare; attrezzare.
  bevel gear, corona conica.
  chain gear, ruota d'ingranaggio.
  equalizing gear, ingranaggio differenziale; differenziale, *m*.
  first gear, ingranaggio di prima velocità.
  ground gear, equipaggiamento per la manovra a terra (Airship).
  high gear, ingranaggio di grande velocità.
  low gear, ingranaggio di prima velocità.
  oiled gear, ammortizzatore oleopneumatico (Landing gear).
  reverse gear, ingranaggio della retromarcia.
  second gear, ingranaggio di seconda velocità.
  spiral bevel gear, corona conica a dentatura elicoidale.
GEARBOX. Scatola del cambio di velocità.
GEAR IN NEUTRAL. Cambio in folle; posizione in folle.
GEAR LEVER. Leva del cambio di velocità.
GEAR RATIO. Rapporto d'ingranaggio.
GEAR SET. Assieme degl'ingranaggi del cambio; cambio di velocità.
GEARSHIFT. Cambiamento d'innesto degli ingranaggi.
GELATINE. Gelatina, *f*.
  explosive gelatine, gelatina esplosiva.
GELATINIZATION. Gelatinizzazione, *f*.
GELATINIZE, *v*. Gelatinizzare.
GELATINOUS. Gelatinoso.
GENERAL. Generale, *m*.
  brigadier general, generale di brigata.
  lieutenant general, tenente generale; generale di corpo d'armata (USA).
  major general, maggiore generale; generale di divisione (USA).
GENERAL AVERAGE. Avaria generale; avaria comune; avaria grossa.
GENERALISSIMO. Generalissimo.

GALLERY. Galleria, *f.*
   attack gallery, galleria di attacco (Mil).
GALLEY. Cucina, *f* (Cookhouse); galea, *f* (Boat); bozza (Printing).
GALLOP. Galoppo, *m.*
   to gallop, galoppare.
   to gallop past, sfilare al galoppo.
   at a gallop, al galoppo; di galoppo.
GALLOPER. Affusto per batteria a cavallo (Ord).
GALVANIC. Galvanico.
GALVANIZATION. Galvanizzazione, *f*; elettroterapia, *f* (Med).
GALVANIZE, *v.* Galvanizzare.
GALVANOMETER. Galvanometro, *m.*
GALVANOSCOPE. Galvanoscopio, *m.*
GAMBLING. Il giuocare d'azzardo.
GAME. Giuoco, *m* (of sport); selvaggina, *f* (Hunting).
GANG. Squadra di operai, squadra di lavoratori.
   double gang, doppia squadra di lavoratori.
GANGPLANK. Palanca, *f* (Nav); scalandrone, *m* (Nav); plancia di sbarco (Warship).
GANGWAY. Passerella, *f* (between decks); barcarizzo, *m* (of a bulwark).
"GANGWAY!" "Largo!"
GAP. Breccia, *f*; apertura, *f*; vuoto, *m*; varco, *m* (Top).
GARAGE. Autorimessa, *f*; garage, *m.*
GARNET. Granato, *m* (Mineral); piropo, *m* (Mineral); candeletta, *f* (Nav).
GARRISON. Guarnigione, *f* (Mil); presidio, *m.*
   to garrison, presidiare.
GAS. Gas, *m;* aggressivo chimico (Mil).
   to gas, sottoporre all'azione dei gas; attaccare con i gas.
   acetylene gas, gas acetilene.
   artificial gas, gas artificiale.
   asphyxiating gas, gas asfissiante.
   blistering gas, gas vescicatorio.
   diophosgene gas, gas disfogene.
   exhaust gas, gas di scarico.
   exhaust-gas analysis, analisi del gas di scarico.
   greenish-yellow gas, gas giallo verdognolo.

GAS—Continued.
   lethal gas, gas letale.
   liquid blistering gas, gas vescicatorio allo stato liquido.
   mustard gas, iprite, *f.*
   natural gas, gas naturale.
   nonpersistent gas, gas ad azione fugace.
   nontoxic gas, gas non tossico; gas non venefico.
   persistent gas, gas persistente.
   phosgene gas, fosgene, *m.*
   poison gas, gas venefico.
   sewer gas, gas di fogna.
   tear gas, gas lagrimogeno.
   thermit gas, gas di termite.
   toxic gas, gas tossico; gas venefico.
   vesicating gas, gas vescicatorio.
   war gas, gas da combattimento.
GAS ALARM. Segnale d'allarme antigas.
GAS CHAMBER. Camera per provare le maschere antigas.
GAS-CONTAMINATED. Invaso dal gas; contaminato dal gas.
GASEOUS. Gassoso; aeriforme.
GASEOUS FORM. Stato gassoso.
GASKET. Guarnizione, *f*; guarnitura, *f.*
GAS MASK. Maschera antigas.
   gas mask canister, cartuccia della maschera antigas.
   gas mask canister nozzle, imboccatura della cartuccia della maschera antigas.
   gas mask cheek snap, cerniera del facciale della maschera antigas.
   gas mask flap, falda della maschera antigas.
   gas mask flutter valve, valvola pulsante della maschera antigas.
   gas mask head harness, cappuccio della maschera antigas.
   gas mask head harness pad, imbottitura del cappuccio della maschera antigas.
   gas mask hose tube, tubo di gomma della maschera antigas.
   gas mask outlet valve, valvola di espirazione della maschera antigas.
   service gas mask, maschera antigas di prescrizione.
GAS MASK CARRIER. Borsa porta maschera antigas.

FUNERAL HONORS. Onoranze funebri.
FUNK (Colloquial). Fifa, *f* (Mil Slang); spavento, *m;* tremarella, *f;* paura, *f;* pànico, *m.*
to funk, aver paura; provar terrore; svignarsela; tremare.
FUNK HOLE (Slang). Nascondiglio, *m.*
FUNNEL. Imbuto, *m* (Vessel); fumaiolo, *m.*
FURCATION. Biforcazione, *f;* biforcamento, *m.*
FURL, *v.* Avvolgere; arrotolare.
FURLOUGH. Licenza, *f* (Mil); permesso, *m* (Mil).
to furlough, accordare una licenza.
emergency furlough, licenza straordinaria.
on furlough, in licenza.
FURNACE, Fornace, *f.*
blast furnace, alto forno.
FURNITURE. Mobilia, *f.*
FURROW. Solco, *m.*
to furrow, solcare; scanalare.
FUSE, *v.* Fondere; liquefare.
FUSELAGE. Fusoliera. *f.* (Avn).
aluminum alloy tube fuselage, fusoliera a tubi di lega di alluminio.
monocoque fuselage, fusoliera monochiglia.
tube fuselage, fusoliera tubolare.
welded-steel tube fuselage, fusoliera a tubi d'acciaio saldati.
FUSION. Fusione, *f.*
FUTTOCK. Scalmo, *m* (of a ship's frame).
FUZE. Spoletta, *f* (Projectile); miccia, *f* (Mining); valvola, *f* (Elec).
allways fuze, spoletta allways.
arming-pin fuze, spoletta a sicurezza a traversino.
arming-vane fuze, spoletta a sicurezza ad elica (Bomb).
base fuze, spoletta posteriore; spoletta interna.
bore-safe fuze, spoletta con organi di sicurezza.
centrifugal fuze, spoletta ad armamento per forza centrifuga.
combination fuze, spoletta a doppio effetto.
concussion fuze, spoletta a concussione.

FUZE—Continued.
delay-action fuze, spoletta ad azione differita.
delayed-action fuze, spoletta ad azione differita.
double action fuze, spoletta a doppio effetto.
explosive fuze, spoletta esplosiva.
impact fuze, spoletta a percussione.
inertia fuze, spoletta ad armamento per forza di inerzia.
instantaneous fuze, spoletta a funzionamento istantaneo.
lower time-train ring, anello inferiore della spoletta.
mechanical time fuze, spoletta a tempo meccanica.
percussion action, funzionamento a percussione.
percussion fuze, spoletta a percussione.
point fuze, spoletta anteriore.
supersensitive fuze, spoletta ultrasensibile.
time action, funzionamento a tempo.
time fuze, spoletta a tempo.
time train, focone della spoletta.
upper time-train ring, anello superiore della spoletta.
FUZE CAP. Capsula della spoletta.
FUZE SETTER. Graduatore di spoletta.
bracket fuze setter, graduatore di spoletta su forcella.
hand fuze setter, graduatore di spoletta a mano.
FUZE SETTING. Graduazione della spoletta.
FUZE VENT. Sfogatoio della spoletta.

G

GABION. Gabbione, *m.*
GADFLY. Mosca cavallina.
GAFF. Fiocina, *f;* rampone, *m;* pennone, *m* (Nav); picco, *m* (Nav).
GAIT. Andatura, *f.*
to increase the gait, accelerare l'andatura.
GALE. Burrasca, *f* (at sea); temporale, *m* (on land).
GALE WARNING. Avviso di burrasca.

FREEDOM OF ACTION. Libertà d'azione.
FREEDOM OF SEAS. Libertà dei mari.
FREEWHEEL. Ruota libera.
FREEWHEELING. Sistema a ruota libera.
FREEZE, *v.* Gelare; congelare.
FREEZING. Congelamento, *m.*
FREEZING POINT. Punto di congelamento.
FREIGHT. Merci, *fpl;* nolo, *m;* carico, *m.*
to freight, noleggiare; spedire come merce.
FREIGHTER. Spedizioniere, *m;* nave da carico; bastimento da carico.
FRENCH. Francese.
FRENCHMAN. Francese, *m.*
FREQUENCY. Frequenza, *f.*
high frequency, alta frequenza.
low frequency, bassa frequenza.
radio frequency, frequenza delle radioonde.
FREQUENCY METER. Frequenziometro, *m.*
FRETTAGE. Cerchiatura, *f* (G).
FRETTE. Cerchio di forzamento (G).
FRICTION. Attrito, *m;* frizione, *f.*
FRIGATE. Fregata, *f.*
FROG. Alamaro, *m* (Clothing); scambio, *m* (RR); tuello, *m* (Vet); rana, *f* (Zoology); forchetta, *f* (Horse's hoof).
FRONT. Fronte, *m* & *f.*
to contract the front, ridurre il fronte.
to extend the front, allargare il fronte.
to front, fronteggiare; affrontare.
stabilized front, fronte consolidato.
strategic front, fronte strategico.
FRONTAGE. Ampiezza del fronte; fronte, *f* (Mil); facciata, *f* (of a building).
attack frontage, fronte d'attacco.
frontage in attack, fronte d'attacco.
frontage in deployment, fronte di schieramento.
FRONTAL. Frontale; di fronte.
FRONTIER. Frontiera, *f.*
organization of the frontier, organizzazione della frontiera.
FRONT LINE. Linea di fronte; linea di battaglia.

FROST. Gelata, *f.*
FROST, *v.* Gelare; agghiacciare; rendere opaco (of glass).
FROSTBITE. Congelamento, *m* (Med).
FUEL. Combustibile, *m;* carburante, *m.*
FUEL CAPACITY. Capacità del serbatoio di benzina.
FUEL CONSUMPTION. Consumo di carburante; consumo di combustibile.
FUEL DISTANCE. Autonomia di percorso.
FUEL FILTER. Filtro di depurazione.
FUEL PUMP. Pompa di alimentazione (M).
FUEL SYSTEM. Sistema di alimentazione (M).
FUEL TANK. Serbatoio del carburante.
FUGITIVE. Fuggiasco, *m;* fuggitivo, *m.*
FULCRUM. Fulcro, *m.*
FULL. Pieno; completo.
"FULL SPEED AHEAD!" "Avanti a tutta forza!"
FULMINATE. Fulminato, *m*
fulminate of mercury, fulminato di mercurio.
FUME. Fumo, *m;* esalazione, *f;* vapore, *m;* fumata, *f.*
to fume, fumare; vaporare; affumicare.
noxious fume, fumo nocivo; esalazione nociva.
FUNCTION. Funzione, *f.*
to function, funzionare.
FUNCTIONAL. Funzionale.
FUNCTIONARY. Funzionario, *m.*
administrative functionary, funzionario di amministrazione.
FUND. Massa, *f* (Mil); fondo, *m;* fondo di cassa.
allocation of funds, assegnamento di fondi.
company fund, cassa di compagnia.
emergency funds, fondo di riserva.
government fund, fondo governativo.
insufficient funds, fondi insufficienti.
FUNDAMENT. Fondamento, *m;* base, *f.*
FUNDAMENTAL. Fondamentale.
FUNERAL. Funerale, *m.*
military funeral, funerale militare; funerale con onori militari.

FORMAL. Formale; ufficiale.
FORMALDEHYDE. Formaldeide, *f;* formalina, *f;* aldeide formica.
FORMALITY. Formalità, *f.*
FORMATION. Formazione, *f.*
  to break formation, rompere la formazione.
  approach formation, formazione d'avvicinamento.
  attack formation, formazione d'attacco.
  column formation, formazione in colonna.
  combat formation, formazione di combattimento.
  cruising formation, formazione di crociera.
  echeloned formation, formazione a scaglioni.
  formation in depth, formazione in profondità.
  formation in width, formazione frontale.
  march formation, formazione di marcia.
  mass formation, formazione serrata.
  staggered formation, formazione a scacchiere; formazione distesa.
  two-ship formation, formazione per due (Avn).
  vee formation, formazione a V.
  "V" string formation, formazione di volo a V.
  wedge formation, formazione a cuneo.
FOR OFFICIAL USE ONLY. Riservato.
FORSAKE, *v.* Rinunziare; disertare; abbandonare.
FORT. Forte, *m.*
  armored fort, forte corazzato.
  barrier fort, forte di sbarramento.
  chain of forts, catena di forti.
FORTIFICATION. Fortificazione, *f.*
  field fortification, fortificazione campale.
  hasty fortification, fortificazione improvvisata.
  mobile fortification, fortificazione mobile.
  open fortification, fortificazione scoperta.
  permanent fortification, fortificazione permanente.

FORTIFICATION—Continued.
  semipermanent fortification, fortificazione semipermanente; fortificazione mista.
  tactical fortification, fortificazione tattica.
FORTIFIED. Fortificato.
FORTIFY, *v.* Fortificare.
FORTRESS. Fortezza, *f;* piazzaforte, *f.*
FORWARD, *v.* Trasmettere; inviare; far proseguire (of mail); promuovere.
FORWARD, *adj.* Avanzato; anteriore; antistante.
FOUL, *v.* Ingorgare; intasare; insozzare; investire (Nav).
FOULING. Ingorgo, *m;* intasatura, *f.*
FOUNDATION. Fondamento, *m;* fondamenta, *fpl;* fondatezza, *f.*
FOUNDER, *v.* Colare a picco (Nav); mandare a fondo (Nav); affondare.
FOUNTAIN PEN. Penna stilografica.
FOURRAGÈRE. Cordelline, *fpl;* fourragère, *f.*
FOX HOLE. Buca da tiratore; ricovero individuale.
FRACTION. Frazione, *f.*
FRACTIONAL. Frazionario.
FRACTIONATE, *v.* Frazionare.
FRACTIONATION. Frazionamento, *m.*
FRACTURE. Frattura, *f;* rottura, *f.*
FRAGMENT. Frammento, *m;* frantume, *m.*
FRAGMENTATION. Frantumazione, *f.*
FRAME. Cornice, *f;* telaio, *m;* ossatura, *f;* armatura, *f.*
FRAMEWORK. Ossatura, *f;* struttura. *f;* intelaiatura, *f;* armatura, *f.*
FRANCHISE. Franchigia, *f;* privilegio, *m.*
FRANC-TIREUR. Francotiratore, *m.*
FRAUD. Frode, *f;* dolo, *m.*
  fraud against the government, frode contro il governo.
FRAUDULENT. Fraudolento; doloso.
FRAY. Rissa, *f.*
FREE. Libero; franco; gratuito; gratis.
  to free, liberare; rilasciare; mettere in libertà.
FREEBOARD. Bordo libero (Nav).
FREE CORPS. Corpo franco.
FREEDOM. Libertà, *f.*

FOLD. Piega, *f.*
to fold, piegare.
FOLLOW, *v.* Regolarsi nella marcia su chi precede; seguire.
to follow up, sfruttare al massimo un successo iniziale.
"FOLLOW ME!" "Seguitemi!"
FOOD. Viveri, *mpl;* cibo, *m.*
canned food, viveri in scatola.
fresh food, viveri freschi.
FOODSTUFFS. Generi alimentari.
FOOT. Piede, *m* (Anatomy & Measure; 30.4801 cm).
cubic foot, piede cubo.
square foot, piede quadrato.
FOOTBINDINGS. Attacchi, *mpl* (Ski).
FOOTBRIDGE. Passerella, *f.*
FOOTPATH. Sentiero, *m;* viottola, *f.*
FOOTWAY. Sentiero, *m.*
FORAGE. Foraggio, *m.*
to forage, foraggiare.
FORAGER. Foraggiere, *m.*
FORAGING. Foraggiamento, *m.*
FORAY. Scorreria, *f.*
FORCE. Forza, *f;* truppa, *f;* truppe, *fpl.*
to force, forzare.
to force back, ricacciare; respingere.
attached force, forza aggregata di altri corpi.
balanced force, forza bilanciata.
centrifugal force, forza centrifuga.
component force, forza componente.
composition of forces, composizione delle forze.
concentrated force, forza concentrata.
concentric force, forza concentrica.
concurrent force, forza concorrente.
covering force, truppe di copertura.
detached force, forza aggregata ad altri corpi.
direction of a force, direzione di una forza.
expeditionary force, corpo di spedizione.
in force, in forza (Mil); offensivo (Mil); valido; in vigore.
landing force, truppe da sbarco.
nominal force of a class, forza nominale di una classe (Mil).
nominal force of a draft, forza nominale di una classe (Mil).

FORCE—Continued.
resultant force, forza risultante; forza composta.
security force, reparto di sicurezza.
FORCES. Forze, *fpl* (Mil).
employment of forces, impiego di forze.
FORD. Guado, *m.*
to ford, guadare.
FORDABLE. Guadabile.
FORE. Parte anteriore.
FORE, *adj.* Anteriore; frontale; antistante.
FORE AND AFT. Da prua a poppa.
FORECASTLE. Castello di prora.
FOREGROUND. Terreno antistante.
FOREIGN. Straniero (of nationality); estero (of nation); forestiero (of nation); estraneo (of pertinence).
FOREIGNER. Straniero, *m.*
FOREIGN OFFICE. Ministero degli Esteri.
FOREIGN SERVICE. Servizio all'estero.
FOREMAST. Albero di prua; albero di trinchetto.
FORESAIL. Vela di trinchetto.
FOREST. Foresta, *f.*
national forest, foresta demaniale.
FORETOP. Coffa di trinchetto (Nav).
FORFEITURE. Penale, *f;* confisca, *f.*
forfeiture of deposit, penale del deposito.
forfeiture of pay, penale della paga.
FORGE. Fucina, *f;* forgia, *f.*
to forge, fucinare (Metallurgy); foggiare; contraffare; falsificare.
field forge, fucinetta da campo.
FORGER. Fucinatore, *m* (Metallurgy); fabbro, *m* (Metallurgy); contraffattore, *m* (Law); falsario, *m* (Law).
FORGERY. Falso, *m* (Law); falsificazione, *f.*
FORK. Striscia, *f* (Ballistics).
FORM. Forma, *f;* struttura, *f;* modulo, *m;* formato, *m.*
to form, formare; dar forma.
abbreviated form, forma abbreviata.
blank form, modulo, *m;* stampato, *m.*
special form, modulo speciale; forma speciale.
standard form, forma generale; modulo generale.

FLASH RANGING STATION. Stazione osservazione e rilevamento vampa.
FLEA. Pulce, *f.*
FLEE, *v.* Fuggire.
FLEET. Flotta, *f.*
FLEX, *v.* Flettere; piegare.
FLEXIBLE. Flessibile; pieghevole.
FLEXIBILITY. Flessibilità, *f.*
FLIGHT. Volo, *m* (Avn); sezione, *f* (Avn. unit); fuga, *f* (Fleeing).
  aerial flight, fuga con mezzo aereo.
  cross-country flight, volo attraverso la campagna.
  experimental flight, volo sperimentale.
  homing flight, volo guidato in direzione di una stazione trasmittente.
  inverted flight, volo rovesciato.
  level flight, volo orizzontale.
  noiseless flight, volo silenzioso.
  normal flight, volo normale.
  normal horizontal flight, volo normale orizzontale.
  propaganda flight, volo di propaganda.
  reconnaissance flight, volo di ricognizione.
  solo flight, volo isolato.
FLIGHT FORMATION. Formazione di volo.
FLIGHT LEADER. Comandante di sezione (Avn).
FLINCH. Sussulto, *m.*
  to flinch, sussultare; trasalire.
FLINCHING. Sussulto all'atto dello sparo.
FLOAT. Galleggiante, *m;* pontone, *m.*
  to float, galleggiare; ondeggiare; fluttuare.
  outboard stabilizing float, galleggiante all'estremità dell'ala.
  side float, galleggiante laterale.
  single float, galleggiante centrale unico.
  wing-tip float, galleggiante ausiliario.
FLOATING. Galleggiante.
FLOOD. Inondazione, *f;* alluvione, *f;* allagamento, *m;* flusso, *m.*
  to flood, allagare; inondare.
FLOOD COCK. Valvola d'allagamento.
FLOOR BOARD. Tavola del fondo (Vehicle).
FLOTILLA. Flottiglia, *f.*
FLOTILLA LEADER. Capo flottiglia.
FLOTSAM. Relitto, *m.*
FLOW. Flusso, *m;* corso, *m.*
  to flow, scorrere; fluire; circolare.
FLUCTUATE, *v.* Fluttuare; ondeggiare.
FLUID. Fluido, *m, n* & *adj;* liquido, *m, n* & *adj.*
FLUTTER, *v.* Vibrare (Avn); palpitare (Med); aleggiare (of birds); tremolare; essere turbato.
FLUX. Flusso, *m.*
FLY. Lunghezza della bandiera (Flag); mosca, *f* (Insect).
FLY, *v.* Volare.
  to fly from the aircraft carrier, spiccare il volo dalla nave portaerei.
FLYER. Aviatore, *m.*
FLYING. Volo, *m;* il volare.
  blind flying, volo alla cieca.
  inverted flying, volo rovesciato.
  night flying, volo notturno.
FLYING, *adj.* Volante.
FLYING BOAT. Idrovolante, *m.*
FLYING FORTRESS. Fortezza volante.
FLYING WIRES. Diagonali, *fpl* (Ap).
FLY PAPER. Carta moschicida.
FLYWHEEL. Volano, *m.*
  flywheel cover, coperchio del volano.
FLYWHEEL HOUSING. Carter del volano; scatola del volano.
FOAM. Schiuma, *f;* spuma, *f.*
  to foam, spumare; fare schiuma.
FOCAL. Focale.
FOCAL LENGTH. Distanza focale.
FOCAL PLANE. Piano focale.
FOCAL POINT. Punto focale.
FOCOMETER. Focometro, *m.*
FOCUS. Fuoco, *m* (Physics).
  to focus, mettere a fuoco.
FODDER. Foraggio, *m;* mangime, *m.*
FOE. Nemico, *m.*
FOEHN. Föhn, *m.*
FOG. Nebbia, *f.*
  to fog, annebbiare.
  city fog, caligine, *f.*
  combustion fog, caligine, *f.*
  ground fog, nebbia bassa.
  pea-soup fog, nebbione, *m.*
FOG BANK. Banco di nebbia.
FOG BELL. Campana da nebbia.
FOGHORN. Sirena da nebbia.
FOG SIGNAL. Segnale di nebbia.

FIT—Continued.
fit to bear arms, abile al servizio militare.
FITNESS. Idoneità, *f;* convenienza, *f.*
physical fitness, idoneità fisica.
FIX. Punto, *m* (Nav); punto-nave, *m* (Nav).
FIX, *v.* Immobilizzare; fissare; assettare; accomodare (Colloquial).
to fix limits, fissare i limiti.
"FIX BAYONET!" "Baionett-cann!"
FLAG. Bandiera, *f.*
to flag, segnalare con la bandiera.
battle flag, bandiera di combattimento.
flag at half mast, bandiera a mezz'asta.
Flag of the United States, bandiera degli Stati Uniti d'America.
flags captured in war, bandiere catturate in guerra.
flags of demobilized organizations, bandiere delle unità smobilitate.
fly of a flag, coda di bandiera.
hoist of a flag, guaina di bandiera; inferitura di bandiera.
hospital flag, bandiera della Croce Rossa.
house flag, distintivo di società di navigazione.
merchant marine flag, bandiera nazionale mercantile.
National Flag, bandiera nazionale.
pilot flag, bandiera per chiamare il pilota.
quarantine flag, bandiera di quarantena; bandiera di contumacia.
regimental flag, bandiera del reggimento.
semaphore flag, bandiera da semaforo.
signal flag, bandiera da segnale.
The President's Flag, stendardo del Presidente.
The Secretary of The Navy's Flag, distintivo del Ministro della Marina.
The Secretary of War's Flag, distintivo del Ministro della Guerra.
white flag, bandiera per parlamentare; bandiera bianca.
wigwag flag, bandiera da segnalazione a mano.

FLAG—Continued.
yellow flag, bandiera di quarantena; bandiera di contumacia; bandiera gialla.
FLAG KIT. Borsa delle bandiere per segnalazioni con semaforo.
FLAGMAN. Segnalatore con bandiera.
FLAG OF TRUCE. Bandiera bianca; bandiera per parlamentare.
FLAGPOLE. Asta di bandiera.
FLAG SET. Gruppo di bandiere.
FLAGSHIP. Nave Ammiraglia.
FLAGSTAFF. Asta di bandiera.
FLAME. Vampa, *f* (Ballistics); fiamma, *f.*
oxidizing flame, fiamma ossidrica.
FLAME, *v.* Fiammeggiare; ardere; divampare.
FLAMEPROJECTOR. Lanciafiamme, *m.*
FLAMETHROWER. Lanciafiamme, *m.*
FLANK. Fianco, *m* (Side & Mil); ala, *f* (Mil).
to flank, fiancheggiare; aggirare il fianco; minacciare il fianco.
marching flank, ala marciante.
FLANKER. Fiancheggiatore, *m.*
FLANK GUARD. Fiancheggiatori, *mpl.*
FLANNEL. Flanella, *f.*
FLAP. Falda, *f;* aletta, *f;* alettone di curvatura (Ap).
slotted flap, aletta a persiana.
FLARE. Razzo, *m.*
ground flare, razzo illuminante.
parachute flare, razzo a paracadute.
signal flare, razzo da segnalazione.
FLAREBACK. Vampata, *f* (G).
FLASH. Vampa, *f* (Firearm); lampo, *m* (of light); baleno, *m* (of light); bagliore, *m* (of light); istante, *m* (of time).
to flash, vampeggiare; lampeggiare; balenare.
FLASH HIDER. Spegnifiamma, *m* (Mg); parafiamma, *m* (Mg).
FLASHLIGHT. Lampadina elettrica tascabile.
FLASH POINT. Punto d'infiammabilità.
FLASH RANGING. Rilevamento vampa.

FIRE—Continued.
slow fire, tiro lento.
supporting fire, tiro di appoggio.
sweeping fire, tiro falciante.
sweeping volley fire, tiro falciante a raffiche.
tactical employment of fire, impiego tattico del tiro.
tactical fire, tiro tattico.
time fire, tiro a tempo.
transfer of fire, trasporto di tiro.
traversing fire, tiro falciante.
trench mortar fire, tiro dei mortai da trincea.
trial fire, tiro di prova.
unobserved fire, tiro cieco.
vertical field of fire, campo di tiro verticale.
vertical fire, tiro verticale.
volley fire, tiro a raffiche.
volume of fire, volume di fuoco.
zone fire, tiro a zone.
zone of fire, zona dell'azione di fuoco.
"**FIRE!**" "Fuoco!"
FIRE ALARM. Avvisatore d'incendio (Apparatus).
FIRE AND MOVEMENT. Fuoco e movimento.
FIRE APPARATUS. Apparecchi da incendio.
FIREARM. Arma da fuoco.
breech-loading firearm, arma da fuoco a retrocarica.
repeating firearm, arma a ripetizione.
"**FIRE AT WILL!**" "Fuoco a volontà!"
FIREBOAT. Piroscafo-pompa, m.
FIREBOX. Focolare, m (Mech); focolaio, m (Mech); avvisatore d'incendio (Fire alarm).
FIRE CONDUCTOR. Direttore del tiro.
FIRE CREST. Ciglio di fuoco.
FIRE DANGER. Pericolo d'incendio.
FIRE DRILL. Manovra di posto d'incendio.
FIRE ENGINE. Pompa da incendio.
FIRE EQUIPMENT. Apparato da incendio.
FIRE EXTINGUISHER. Apparecchio per estinguere gli incendi; estintore, m.
FIRE HOSE. Manichetta da incendio.
FIREHOUSE. Caserma dei pompieri.

FIREMAN. Pompiere, m (Conflagration); guardia del fuoco (Conflagration); fochista, m.
FIRE POWER. Potenza di fuoco (G); efficacia di tiro (Ballistics).
FIRE PREVENTION. Misure preventive contro gli incendi.
FIRE PROBLEM. Problema di tiro.
FIREPROOF. A prova di fuoco.
to fireproof, rendere a prova di fuoco.
FIRE SHIP. Brulotto, m.
FIRE STEP. Scalino del tiratore.
FIRE UNIT. Unità tattica di fuoco; batteria, f (Arty).
FIREWOOD. Legna da ardere.
FIRING. Sparo, m; fuoco, m; tiro, m.
to begin firing, incominciare a far fuoco; aprire il fuoco.
combat firing, tiro di combattimento.
contact firing, esplosione per effetto di urto (Submarine mine).
field firing, tiro di combattimento.
FIRING DATA. Dati di tiro.
FIRING LINE. Linea del fuoco.
FIRING MECHANISM. Meccanismo di scatto e percussione.
FIRING ORDER. Ordine delle esplosioni (Mtr).
FIRING PIN. Percussore, m.
firing pin stop, dente d'arresto del percussore.
firing table, tavola di tiro.
FIRST AID. Pronto soccorso; soccorso d'urgenza.
FIRST AID PACKET. Pacchetto di medicazione.
FIRST AID POUCH. Cassetta di medicazione.
FIRST LIEUTENANT. Tenente, m.
FISHNET. Rete per mascheramenti (Cam).
FISSURE. Fessura, f.
FIST. Pugno, m.
FIT. Accesso, m (Med); attacco, m.
FIT, v. Adattare; aggiustare; essere conveniente.
to fit in, coincidere; essere d'accordo.
to fit on, indossare.
to fit out, equipaggiare; allestire.
to fit to, adattare; aggiustare.
FIT, *adj.* Abile; idoneo; adatto; conveniente.
fit for service, abile al servizio.

FIRE—Continued.
fire by direct laying, tiro a puntamento diretto.
fire by indirect laying, tiro a puntamento indiretto.
fire concentration, concentramento del fuoco; concentramento del tiro.
fire control, direzione di tiro.
fire data, dati di tiro.
fire discipline, disciplina del fuoco.
fire distribution, distribuzione di fuoco; ripartizione del fuoco.
fire effect, effetto del fuoco.
fire for adjustment, tiro di aggiustamento.
fire for adjustment on auxiliary target, tiro ausiliario.
fire for effect, tiro di efficacia.
fire of greatest range, tiro a massima elevazione; tiro a gittata intera.
fire on target of opportunity, tiro su bersaglio transitorio.
fire superiority, preponderanza di fuoco; superiorità di fuoco.
fixed fire, tiro fisso.
flanking fire, tiro fiancheggiante; tiro di fiancheggiamento.
flat-trajectory fire, tiro teso.
frontal fire, tiro normale; tiro frontale.
grazing fire, tiro radente.
harassing fire, tiro di logoramento.
heavy fire, fuoco fitto.
high-angle fire, tiro curvo.
high rate of fire, grande celerità di tiro.
horizontal field of fire, campo di tiro orizzontale.
horizontal fire, tiro teso.
indirect fire, tiro a puntamento indiretto.
individual fire, tiro individuale.
interdiction fire, tiro di interdizione; interdizione, f (Ballistics).
intermittent fire, fuoco intermittente.
kind of fire, specie di tiro.
line of fire, linea di fuoco.
machine gun fire, tiro delle mitragliatrici; fuoco di mitragliatrice.
magazine fire, fuoco a ripetizione.
marching of fire, fuoco marciando.
narrow field of fire, limitato campo di tiro.

FIRE—Continued.
neutralization fire, tiro di neutralizzazione.
oblique fire, tiro obliquo.
oblique reverse fire, tiro obliquo di rovescio.
observation of fire, osservazione del tiro.
observed fire, tiro aggiustato in base alle osservazioni.
opening of fire, inizio del fuoco; apertura del fuoco.
order of fire, ordine del tiro.
overhead fire, tiro al disopra delle proprie truppe.
percussion fire, tiro a percussione.
plane of fire, piano di tiro.
plunging fire, tiro ficcante; tiro di sfondo.
point-blank fire, tiro di punto in bianco; tiro di livello dell'anima.
possibility of fire, possibilità di tiro
prearranged fire, tiro predisposto.
precision fire, tiro esatto.
precision of fire, precisione del tiro.
preparation fire, spianamento, m.
preparation of fire, preparazione del tiro.
preparatory fire, tiro preparatorio.
probability of fire, probabilità di colpire. '
protective fire, tiro di protezione; protezione, f (Ballistics).
quick fire, tiro accelerato.
ranging fire, tiro di aggiustamento.
rapid fire, tiro rapido.
rapid preparation of fire, preparazione immediata del tiro.
rapidity of fire, celerità di tiro.
rate of fire, celerità di tiro.
record of fire, rapporto dei dati di aggiustamento.
registration of fire, tiro d'inquadramento del terreno.
retaliation fire, fuoco di rappresaglia.
reverse fire, tiro di rovescio.
ricochet fire, tiro di rimbalzo.
salvo fire, tiro a salve.
searching fire, tiro di rastrellamento.
sector of fire, settore di fuoco.
semiautomatic fire, tiro semiautomatico.
sheaf of fire, fascio delle traiettorie.
shift of fire, cambiamento di obiettivo.

FILM. Pellicola, *f;* film, *m.*
  camera film, pellicola per macchina fotografica.
  color film, pellicola a colori.
  motion-picture film, pellicola cinematografica.
  panchromatic film, pellicola pancromatica.
  photographic film, pellicola fotografica.

FILTER. Filtro, *m.*
  to filter, filtrare.
  color filter, filtro di luce (Photo).

FIN. Aletta, *f* (Mech).
  vertical fin, piano di deriva (Ap); chiglia, *f* (Ap).

FINANCE DEPARTMENT. Servizio cassa.

FINDING. Deliberazione, *f;* relazione, *f;* referto, *m.*

FINE. Multa, *f.*
  to fine, multare.

FINGERPRINT. Impronta digitale.
  to fingerprint, prendere le impronte digitali.

FINGERPRINT CHART. Carta delle impronte digitali.

FIRE. Tiro (Ballistics); fuoco, *m* (Arty); incendio, *m* (Conflagration).
  to adjust the fire, aggiustare il tiro.
  to begin fire, cominciare il fuoco.
  to cross fire, incrociare il fuoco.
  to distribute the fire, distribuire il fuoco.
  to fire, far fuoco; sparare; incendiare.
  to hang fire, far cilecca.
  to open fire, aprire il fuoco.
  accuracy of fire, precisione di tiro.
  adjusting fire, tiro di aggiustamento.
  adjustment fire, tiro di aggiustamento.
  aerial fire, tiro di lancio delle armi aeree.
  annihilating fire, fuoco di annientamento.
  antiaircraft fire, tiro controaerei.
  antitank fire, tiro anticarro.
  automatic fire, fuoco automatico.
  barrage fire, tiro di sbarramento; tiro d'interdizione.
  base of fire, base dell'artiglieria di appoggio.
  battery fire, tiro a scariche di batteria.
  belt fire, zona di fuoco.
  blind fire, tiro cieco.

FIRE—Continued.
  burst of fire, raffica di fuoco.
  calibration fire, tiro di taratura.
  class of fire, specie di tiro.
  collective fire, tiro collettivo.
  concentrated fire, fuoco concentrato.
  concentration of fire, concentramento di fuoco; concentramento di tiro.
  conduct of fire, condotta di fuoco; condotta del fuoco.
  cone of fire, cono di dispersione (Trajectory); cono di scoppio (Shrapnel).
  continuous fire, fuoco continuo.
  converging fire, tiro convergente.
  co-ordinated fire, fuoco coordinato.
  co-ordination of fire, coordinazione del fuoco.
  counterbattery fire, tiro di controbatteria.
  counterpreparation fire, tiro di contropreparazione.
  covering fire, tiro di copertura.
  cross fire, tiro incrociato.
  cross-sweeping fire, tiro di rastrellamento incrociato.
  curtain of fire, cortina di fuoco.
  curved fire, tiro curvo.
  deliberate preparation of fire, preparazione del tiro con la carta.
  density of fire, densità di fuoco; intensità di fuoco.
  destruction fire, tiro di distruzione.
  direct fire, tiro a puntamento diretto; tiro diretto.
  direction of fire, direzione di tiro.
  direct overhead fire, tiro a puntamento diretto al di sopra delle proprie truppe.
  distributed fire, tiro distribuito.
  drum fire, fuoco tamburreggiante.
  effective fire, fuoco efficace; tiro efficace.
  effectiveness of fire, efficienza di tiro.
  employment of fire, impiego del fuoco.
  enfilade fire, tiro d'infilata.
  enfilading fire, tiro d'infilata.
  field fire, tiro di combattimento.
  field of fire, campo di tiro; settore di tiro.
  fire action, azione di fuoco.
  fire at random, tiro a caso; tiro disperso.
  fire at will, fuoco a volontà.

FERRET, v. Stanare.
to ferret out, stanare; scacciare; disturbare.
FERRO-CARBON-TITANIUM. Ferro-carboniotitanio, m.
FERRO-CHROME. Ferro-cromo, m.
FERRO-COLUMBIUM. Ferro-colombio, m.
FERROCONCRETE. Cemento armato.
FERROCYANIDE. Ferrocianuro, m.
FERRO-MANGANESE. Ferro-manganese, m.
FERRO-MOLYBDENUM. Ferro-molibdeno, m.
FERRO-PHOSPHORUS. Ferro-fosforo, m.
FERRO-SILICON. Ferro-silicio, m.
FERRO-TUNGSTEN. Ferro-tungsteno, m.
FERROUS. Ferroso.
FERRO-VANADIUM. Ferro-vanadio, m.
FERRULE. Fascetta, f; ghiera, f; puntale, m.
FERRY. Traghetto, m; nave-traghetto, f.
to ferry, tragittare; traghettare.
to ferry across, trasportare all'altra sponda.
FERRYBOAT. Nave-traghetto, f.
FERRY BRIDGE. Ponte mobile (Slip); traghetto trasporto treni (Boat).
FERRY SLIP. Scalo da nave-traghetto.
FETCH, v. Andare a prendere.
to fetch water, attingere acqua.
FETLOCK. Barbetta, f (Horse's hoof).
FETLOCK JOINT. Nodello, m (Horse's hoof).
FETTER. Pastoia, f; manetta, f.
to fetter, impastoiare.
FEVER. Febbre, f.
malarial fever, febbre malarica.
malta fever, febbre maltese.
FIDUCIAL LINE. Linea di fede (Instr).
FIELD. Campo, m; campagna, f.
in the field, in campagna.
plowed field, campo arato.
training field, campo d'allenamento.
FIELD, adj. Campale; da campagna.
FIELD ARTILLERY. Artiglieria da campagna.
FIELD GLASS. Binoccolo da campagna.
FIELD MARSHAL. Maresciallo d'Italia (Italian Army).
FIELD OFFICER. Ufficiale superiore.
FIELD OF FIRE. Campo di tiro.
narrow field of fire, campo di tiro limitato.
to clear the field of fire, sgomberare il campo di tiro.
FIELD OF OPERATIONS. Teatro d'operazioni.
FIELD OF VIEW. Campo di vista.
FIELD PIECE. Pezzo da campagna.
FIELD RANGE. Cassa di cottura; cucina da campo.
FIELDWORK. Opera campale.
FIFTH COLUMN. Quinta colonna.
FIGHT. Combattimento, m; lotta, f.
to fight, combattere; lottare.
fight on foot, combattimento a piedi.
fire fight, lotta per raggiungere la superiorità di fuoco.
running fight, combattimento in ritirata.
FIGHTER. Combattente, m; apparecchio da combattimento (Avn).
interceptor fighter, apparecchio da combattimento e intercezione.
FIGHTING. Combattimento, m.
air fighting, combattimento aereo.
bush fighting, guerriglia, f.
hand-to-hand fighting, combattimento corpo a corpo.
street fighting, combattimento nell'abitato.
FIGHTING, adj. Battagliero; combattivo; combattente.
FILE. Fila, f (Mil); lima, f (Mech); schedario, m (Office equipment).
to break files, rompere le file.
to file, disporsi in fila (Mil); marciare in fila (Mil); limare (Mech); inserire nello schedario (Fin).
communicating files, gruppi di collegamento; soldati di collegamento durante la marcia.
connecting file, elemento di collegamento.
double file, fila per due.
Indian file, fila indiana.
single file, fila per uno; fila indiana.
FILE CLOSER. Serrafila, m; retroguida, m.
FILE LEADER. Capofila, m.
FILL. Colmata, f (Top).

F

FABRIC. Tessuto, *m;* stoffa, *f.*
  airplane fabric, tela per aeroplani; stoffa per aeroplani.
  balloon fabric, stoffa da pallone.
  cotton fabric, tessuto di cotone.
  linen fabric, tessuto di lino.
  mercerized cotton fabric, tessuto di cotone mercerizzato.
  parachute fabric, tessuto da paracadute.
FACE. Faccia, *f.*
  to face, affrontare (Mil); **far fronte** (Mil); tener fronte (Mil); fronteggiare (Mil); costruire una facciata (Engr).
FACEPIECE. Facciale, *m* (Gas mask).
FACINGS. Movimenti eseguiti sui talloni; mostrine, *fpl* (Uniform).
FAHRENHEIT. Scala Fahrenheit.
FAIL, *v.* Fallire; mancare; venir meno.
FAILURE. Insuccesso, *m;* inadempimento, *m;* fallimento, *m* (Fin).
FALL. Caduta, *f;* abbassamento, *m;* tirante, *m* (Mech); autunno, *m.*
  to fall, cadere; cascare.
  to fall back, indietreggiare; arretrarsi; ripiegare; ritirarsi.
  to fall in, mettersi in riga; allinearsi.
  to fall into a spin, precipitare a vite (Avn).
  "FALL IN!" "In riga!"; "Adunata!"
  "FALL OUT!" "Rompete le righe!"
FALSE. Falso; contraffatto (of money).
FAMINE. Carestia, *f;* fame, *f.*
FAN. Ventilatore, *m* (Mech); ventaglio, *m.*
  to fan, ventilare.
  to fan out, aprirsi a ventaglio.
FARE. Prezzo del biglietto; corsa, *f;* viaggiatore, *m.*
FARRIER. Maniscalco, *m.*
FARRIER'S PINCERS. Tanaglie da maniscalco.
FARRIER'S TOOLS. Strumenti da maniscalco.
FASCINE. Fascina, *f.*
FASTEN, *v.* Legare; attaccare; fissare.
FASTENING. Legamento, *m;* legatura, *f.*
FATHOM. Braccio, *m* (Measure).
FATHOM, *v.* Sondare; scandagliare.
FATIGUE. Corvè, *f* (Mil); lavori, *mpl;* fatica, *f.*
  to fatigue, stancare; affaticare.
FAUCET. Chiavetta, *f;* rubinetto, *m;* cannella, *f.*
FAULT. Mancanza, *f;* colpa, *f;* difetto, *m.*
  disciplinary fault, mancanza disciplinare.
FAULTY. Difettoso; imperfetto; erroneo.
FEATURE. Caratteristica, *f.*
  cultural features, colture del suolo.
  tactical features, caratteristiche tattiche.
FEDERAL. Federale.
FEDERATION. Confederazione, *f;* federazione, *f.*
FEED. Foraggio, *m;* becchime, *m;* alimentazione, *f.*
  to feed, alimentare; cibare.
  pigeon feed, becchime per colombi.
FEED BAG. Sacchetta da biada.
FEEDBOX. Mangiatoia, *f.*
FEED CASE. Caricatore a cassetta (Mg).
FEEDING DEVICE. Meccanismo di alimentazione (Firearm).
FEED OPENING. Apertura di caricamento (Mg).
FEED RACK. Greppia, *f;* rastrelliera, *f.*
FEINT. Finta, *f.*
  to feint, fare una finta; fingere.
FELLY. Gavello, *m;* cerchione, *m.*
FELONY. Delitto, *m.*
  assault with intent to commit felony, aggressione con intento di commettere un delitto.
FELT. Feltro, *m.*
  to felt, feltrare.
FEN. Palude, *f.*
FENCE. Siepe, *f.*
  barbed-wire fence, riparo di filo di ferro spinato.
  wire fence, reticolato, *m.*
FENCING. Scherma, *f.*
FENDER. Parafango, *m* (Vehicle); parabordo, *m* (Nav); guardalato, *m* (Nav).
FERMETURE. Meccanismo di chiusura.

EXPENDITURE. Spesa, *f;* sborso, *m;* consumo, *m.*
expenditure of ammunition, consumo di munizioni.
EXPENSE. Spesa, *f;* costo, *m.*
actual expenses, spese effettive.
incidental expense, spesa imprevista.
EXPERIMENT. Esperimento, *m;* prova, *f.*
to experiment, sperimentare.
EXPERIMENTAL. Sperimentale.
EXPERT. Esperto, *m;* perito, *m.*
EXPERT, *adj.* Provetto; scelto; esperto.
EXPIRATION. Espirazione, *f;* scadenza, *f;* termine, *m.*
EXPIRATORY. Espiratorio.
EXPIRE, *v.* Espirare (Physiology); spirare; scadere.
EXPLODE, *v.* Esplodere; scoppiare.
EXPLOIT. Impresa, *f;* azione notevole; gesta, *f.*
EXPLOIT, *v.* Sfruttare; utilizzare.
EXPLOITATION. Sfruttamento, *m.*
EXPLOITATION OF A SUCCESS. Sfruttamento del successo.
EXPLORATION. Esplorazione, *f.*
EXPLORATORY. Esploratorio.
EXPLORE, *v.* Esplorare; indagare.
EXPLOSION. Esplosione, *f;* scoppio, *m.*
EXPLOSIVE. Esplosivo, *m, n* & *adj.*
explosive D, picrato di ammonio.
gaseous explosive, esplosivo gassoso.
high explosive, alto esplosivo.
liquid explosive, esplosivo liquido.
low explosive, basso esplosivo.
military explosives, esplosivi militari.
propellent explosive, esplosivo di lancio.
solid explosive, esplosivo solido.
EXPORT. Esportazione, *f.*
to export, esportare.
export of arms and ammunition, esportazione di armi e munizioni.
EXPOSE, *v.* Esporre; scoprire; smascherare.
to expose the flank, esporre il fianco.
to expose to attack, esporre all'attacco.
to expose to danger, esporre al pericolo.
EXPOSURE. Presa, *f* (Photo).
EXPRESS. Messaggiero espresso; espresso, *m* (Msgr); servizio di trasporti e rimesse.

EXPRESS, *v.* Esprimere; spremere (Physical).
EXPRESS, *adj.* Espresso; esplicito; diretto (RR).
EXPRESS COMPANY. Servizio di trasporti e rimesse.
EXPULSION. Espulsione, *f.*
expulsion of enemy nationals, espulsione di sudditi di nazione nemica.
EXTENSION. Estensione, *f;* prolungamento, *m.*
EXTENSION BAR. Allunga, *f* (Instr).
EXTENSIVE. Esteso; estensivo.
EXTENT. Estensione, *f;* distesa, *f.*
EXTERMINATE, *v.* Sterminare; distruggere; annientare; disperdere.
EXTERMINATION. Sterminio, *m;* distruzione, *f.*
EXTINGUISH, *v.* Estinguere; spegnere.
EXTINGUISHER. Spegnitoio, *m;* estintore, *m.*
fire extinguisher, estintore, *m.*
EXTRACT. Estratto, *m.*
to extract, estrarre.
EXTRACTING AND LOADING MECHANISM. Meccanismo di estrazione e di espulsione del bossolo.
EXTRACTION. Estrazione, *f.*
EXTRACTOR. Estrattore-espulsore, *m;* estrattore, *m.*
broken extractor, estrattore rotto.
hand extractor, estrattore a mano.
ruptured-cartridge extractor, estrattore per bossoli fratturati.
worn extractor, estrattore logoro.
EXTRACTOR MECHANISM. Meccanismo di estrazione.
EXTRACTOR TANG. Gancio dell'estrattore.
EXTRADITE, *v.* Estradare; ottenere l'estradizione.
EXTRADITION. Estradizione, *f.*
EXTRAORDINARY. Straordinario.
EXTRATERRITORIAL. Estraterritoriale.
EXTRATERRITORIALITY. Estraterritorialità, *f.*
EYE. Occhio, *m;* gassa, *f* (of a rope); cruna, *f* (of a needle).
to eye, tener d'occhio.
"EYES FRONT!" "Fissi!"
"EYES LEFT!" "Attenti a sinistr!"
"EYES RIGHT!" "Attenti a destri!"

EVIDENCE—Continued.
sufficiency of evidence, sufficienza della prova.
EXACT. Esatto; preciso; giusto.
EXACT, *v.* Esigere; estorcere.
EXACTNESS. Esattezza, *f;* precisione, *f.*
EXAMINATION. Esame, *m;* ispezione, *f;* visita, *f;* verifica, *f.*
medical examination, visita militare; visita medica.
EXAMINE, *v.* Esaminare; scrutare; verificare; investigare.
EXAMINER. Istruttore, *m* (Law); giudice istruttore (Law); esaminatore, *m.*
EXCAVATE, *v.* Scavare; sterrare.
EXCAVATION. Scavo, *m;* scavamento, *m;* sterramento, *m.*
EXCAVATOR. Escavatore, *m* (Mech).
EXCEED, *v.* Eccedere; superare.
EXCEPTION. Eccezione, *f.*
EXCESS. Eccesso, *m;* superfluità, *f.*
EXCESSIVE. Eccessivo.
EXCHANGE. Scambio, *m;* centrale, *f* (Tp); cambio, *m* (Fin).
to exchange, scambiare.
exchange of prisoners, scambio di prigionieri.
EXECUTE, *v.* Eseguire; giustiziare (Penal).
EXECUTION. Esecuzione, *f;* attuazione, *f.*
summary execution, esecuzione sommaria.
EXECUTION SQUAD. Plotone d'esecuzione.
EXECUTIVE. Capo reparto; capo ufficio.
EXECUTIVE, *adj.* Esecutivo.
EXECUTOR. Esecutore, *m* (Law); esecutore testamentario (Law).
EXECUTRIX. Esecutrice, *f* (Law); esecutrice testamentaria (Law).
EXEMPT. Esente.
to exempt, esentare; dispensare.
EXEMPT FROM SERVICE. Esente dal servizio.
EXEMPTION. Dispensa *f* (Mil); esenzione, *f.*
EXERCISE. Esercizio, *m;* esercitazione, *f;* addestramento, *m;* pratica, *f.*
to exercise, esercitare; addestrare.

EXERCISE—Continued.
bayonet exercise, esercitazione con la baionetta.
body exercises, esercizi ginnastici.
combat exercise, esercitazione di combattimento.
command-post exercise, esercitazione tattica campale con posti dei comandanti e delle comunicazioni.
field exercise, esercitazione campale.
joint army and navy exercises, manovre combinate di terra e di mare.
map exercise, esercitazione sulla carta.
sighting and aiming exercise, scuola di puntamento.
tactical exercise, esercitazione tattica.
terrain exercise, esercitazione sul terreno.
EXHAUST. Scappamento, *m.*
EXHAUST, *v.* Esaurire; estenuare; stancare.
EXHAUST GAS. Gas di scappamento.
EXHAUSTION. Esaurimento, *m.*
nervous exhaustion, esaurimento nervoso.
EXHAUST PIPE. Tubo di scappamento; marmitta, *f* (Automobile).
EXHAUST STROKE. Corsa di scarico.
EXIGENCY. Esigenza, *f.*
public exigency, esigenza pubblica.
EXILE. Esilio, *m.*
to exile, esiliare.
EXIT. Uscita, *f;* egresso, *m.*
EXPAND, *v.* Espandere; spandere; dilatare; distendere; spiegare; sviluppare (Mathematics).
EXPANSION. Espansione, *f;* dilatazione, *f;* estensione, *f;* sviluppo, *m* (Mathematics).
cubical expansion, espansione cubica.
EXPANSION STROKE. Corsa di espansione.
EXPEDIENT. Espediente, *m;* stratagemma, *m;.*
EXPEDITION. Spedizione, *f.*
night expedition, spedizione notturna.
punitive expedition, spedizione punitiva.
EXPEDITIONARY. Di spedizione.
EXPEDITIONARY FORCE. Contingente di spedizione.

EQUIVALENT. Equivalente, *m, n* & *adj.*
decimal equivalent, equivalente decimale.
ERECT. Eretto; diritto; dritto.
ERECT, *v.* Erigere; innalzare (Engr).
ERODE, *v.* Corrodere.
EROSION. Corrosione, *f;* erosione, *f.*
erosion of the bore, corrosione dell'anima (Arty).
ERR, *v.* Errare; sbagliare.
ERRAND. Commissione, *f;* incarico, *m.*
ERROR. Errore, *m;* scarto, *m* (Observation of fire).
closing error, errore di chiusura.
direction error, scarto in direzione.
error in aiming, errore di puntamento.
error in direction, errore di direzione.
pilot error, errore di manovra; errore di pilotaggio.
probable error, deviazione probabile.
range error, scarto in gittata.
ERUPTION. Eruzione, *f* (Geology & Med); irruzione, *f* (Mil).
ESCALADE. Scalata, *f.*
to escalade, dare la scalata.
ESCAPE. Fuga, *f;* evasione, *f;* scampo.
to escape, fuggire; evadere; sfuggire; scampare.
ESCORT. Scorta, *f.*
to escort, scortare.
rifle escort, scorta fucilieri.
under escort, sotto scorta.
ESCORT OF HONOR. Scorta d'onore.
ESPIONAGE. Spionaggio, *m.*
ESPIONAGE ACT. Legge sullo spionaggio.
espionage act violation, violazione della legge sullo spionaggio.
ESPLANADE. Spianata, *f* (Ft).
ESPRIT DE CORPS. Spirito di corpo.
ESSENCE. Benzina, *f;* essenza, *f.*
ESTABLISH, *v.* Stabilire; stabilirsi; prendere posizione; determinare; disporre.
to establish contact with, prendere contatto con.
ESTABLISHMENT. Effettivo, *m;* stabilimento, *m.*
military establishment (the place), stabilimento militare.
peace establishment, effettivo di pace.
war establishment, effettivo di guerra.
ESTAFETTE. Staffetta, *f.*

ESTIMATE. Valutazione, *f;* calcolo, *m;* stima, *f.*
to estimate, valutare; calcolare; stimare.
ESTIMATE OF THE SITUATION. Valutazione della situazione.
ETHANE. Etano, *m.*
tetrachlorethane, tetracloroetano, *m.*
ETHER. Etere, *m.*
acetic ether, etere acetico.
sulphuric ether, etere etilico; etere solforico.
ETHER-ALCOHOL. Alcooletere, *m*
ETHERIZATION. Eterizzazione, *f.*
ETHERIZE, *v.* Eterizzare.
ETHIOPIA. Etiopia, *f.*
ETHIOPIAN. Etiope, *m.*
ETHYL. Etile, *m.*
ETHYLATE. Etiliato, *m.*
sodium ethylate, etiliato di sodio.
ETHYLENE. Etilene, *m.*
EUROPE. Europa, *f.*
EUROPEAN. Europeo, *m.*
EVACUATE, *v.* Evacuare; sgomberare.
"EVACUATE TANK!" "A terra!" (Tk).
EVACUATION. Evacuazione, *f;* sgombero, *m.*
evacuation of civilians, sgombero della popolazione civile.
EVADE, *v.* Evadere; sfuggire.
EVALUATE, *v.* Valutare; vagliare.
EVALUATION. Vaglio, *m;* valutazione, *f.*
EVALUATION OF THE INFORMATION. Vaglio dell'informazione.
EVAPORATE, *v.* Evaporare; far evaporare.
EVAPORATION. Evaporazione, *f;* evaporizzazione, *f.*
EVASION. Evasione, *f.*
EVEN, *v.* Uguagliare; rendere liscio.
EVEN, *adj.* Pari; liscio; piano; uguale.
EVENT. Evento, *m.*
EVIDENCE. Evidenza, *f;* indizio, *m;* prova, *f* (Law).
admissibility of evidence, ammissibilità della prova.
circumstantial evidence, indizio, *m;* prova indiziaria.
documentary evidence, prova documentale.
secondary evidence, prova sussidiaria.

ENGINE REVOLUTION. Ciclo del motore.
ENGINE STARTER. Avviatore, m (Mtr).
ENGINE TEMPERATURE. Temperatura del motore.
ENLARGEMENT. Allargamento, m; dilatamento, m; ingrandimento, m.
enlargement of a drawing, ingrandimento di un disegno.
photographic enlargement, ingrandimento fotografico.
ENLIST, v. Arruolare; arruolarsi; reclutare.
ENLISTED MEN. Uomini di truppa.
ENLISTMENT. Reclutamento, m; arruolamento, m; ferma, f.
enlistment in foreign armies, arruolamento in eserciti stranieri.
expiration of enlistment, scadenza della ferma.
fraudulent enlistment, arruolamento illegale.
prior enlistment, arruolamento precedente.
termination of enlistment, scadenza della ferma.
ENPLANE, v. Montare sull'aeroplano.
ENROLL, v. Arruolare.
ENROLLMENT. Arruolamento, m; registrazione, f; iscrizione, f; arrotolamento, m (Physical).
ENSIGN. Insegna, f; bandiera nazionale (Flag); guardiamarina, m (Rank).
ENSILAGE. Deposito dei foraggi verdi nei sili.
ENTANGLEMENT. Ostacolo, m; avviluppamento, m; aggrovigliamento, m; reticolato, m.
barbed wire entanglement, reticolato di filo spinato.
ENTRAIN, v. Montare sul treno; caricare in ferrovia.
ENTRANCE. Entrata, f; ingresso, m.
ENTRAPMENT. Trappola, f.
ENTRENCH, v. Trincerare; trincerarsi.
ENTRENCHING TOOLS. Attrezzi da zappatore; utensili da zappatore.
ENTRENCHMENT. Trinceramento, m.
hasty entrenchment, trinceramento improvvisato.

ENTRUCK, v. Far montare sull'autocarro; montare sull'autocarro.
ENTRY. Entrata, f.
entry into combat, entrata in combattimento.
ENVELOP, v. Avviluppare.
ENVELOPE. Involucro, m (Avn); busta, f.
pay envelope, busta contenente la paga.
penalty envelope, busta ufficiale senza affrancatura.
ENVELOPMENT. Avviluppamento, m; avvolgimento, m.
double envelopment, avvolgimento di ambedue le ali.
EPAULET. Spallina, f.
EPIDEMIC. Epidemia, f.
mass epidemic, epidemia generale.
web epidemic, epidemia di congiuntivite.
EPIDEMIC, adj. Epidemico.
EQUAL, adj. Uguale; eguale.
to equal, uguagliare; agguagliare.
EQUATION. Equazione, f.
EQUATOR. Equatore, m.
celestial equator, equatore celeste.
magnetic equator, equatore magnetico.
EQUATORIAL. Equatoriale.
EQUILIBRATE, v. Equilibrare.
EQUILIBRATOR. Equilibratore, m.
EQUILIBRIUM. Equilibrio, m.
EQUINOX. Equinozio, m.
autumnal equinox, equinozio di autunno.
vernal equinox, equinozio di primavera.
EQUIP, v. Equipaggiare.
EQUIPMENT. Equipaggiamento, m; arredamento, m; equipaggio, m.
auxiliary equipment, equipaggiamento ausiliario.
chemical protective equipment, arredamento protettivo contro gli aggressivi chimici.
individual equipment, equipaggiamento individuale.
organizational equipment, equipaggiamento generale.
protective equipment, arredamento protettivo.
EQUITATION. Equitazione, f.
EQUIVALENCE. Equivalenza, f.

ENCLOSE, v. Circondare; accerchiare; rinchiudere; allegare (Document).
ENCLOSURE. Allegato, m (Document); recinto, m (of place).
ENCODE, v. Cifrare.
ENCOUNTER. Scontro, m.
to encounter, scontrarsi (Mil); imbattersi.
ENDURANCE. Durata, f; tolleranza, f; resistenza, f.
ENDURANCE LIMIT. Limite di resistenza.
ENDURE, v. Resistere; sopportare; tollerare.
ENEMY. Nemico, m.
to correspond with the enemy, corrispondere col nemico.
correspondence with the enemy, corrispondenza col nemico.
enemy alien, cittadino di nazione nemica; straniero nemico.
ENEMY FORCES. Forze nemiche.
ENERGY. Energia, f.
electric energy, energia elettrica.
kinetic energy, energia cinetica.
potential energy, energia potenziale.
ENFILADE. Infilata, f; tiro d'infilata.
to enfilade, battere d'infilata.
ENFORCE, v. Applicare (Law); far osservare; mettere in vigore; imporre; forzare.
ENGAGE, v. Ingaggiare (Mil); impegnare; innestare (Mech).
ENGAGEMENT. Azione, f (Mil); scontro, m (Mil); impegno, m.
meeting engagement, scontro fortuito.
ENGINE. Macchina, f; motore, m.
barrel engine, motore a revolver.
C. F. R. knock-testing engine, motore monocilindrico a compressione variabile (Octane number).
combustion engine, motore a scoppio.
cylinders-in-line engine, motore a cilindri in linea.
Diesel engine, motore Diesel.
donkey engine, macchina ausiliaria.
double-row engine, motore a stella doppia.
four-cycle engine, motore a quattro tempi; motore a quattro fasi.
fuel-injection engine, motore a iniezione.
gasoline engine, motore a benzina.

ENGINE—Continued.
heat engine, motore termico.
in-line engine, motore a cilindri in linea.
internal-combustion engine, motore a combustione interna.
inverted engine, motore con cilindri capovolti.
multiple engine, motore multiplo.
opposite-piston engine, motore con doppi stantuffi.
radial engine, motore a stella.
rotary engine, motore rotativo.
single-row engine, motore a stella semplice.
steam engine, macchina a vapore.
supercharged engine, motore surcompresso.
two-cycle engine, motore a due tempi; motore a due fasi.
valve-in-head engine, motore a valvole in testa.
vertical engine, motore a cilindri verticali.
V-type engine, motore a V.
W-engine, motore a W.
ENGINEER. Geniere, m (Mil); ingegnere, m (Profession); macchinista, m (Mech).
aeronautical engineer, ingegnere aeronautico.
army engineer, ingegnere militare.
civil engineer, ingegnere civile.
consulting engineer, ingegnere consulente.
electrical engineer, ingegnere elettrotecnico.
hydraulic engineer, ingegnere idraulico.
industrial engineer, ingegnere industriale.
mechanical engineer, ingegnere meccanico.
mining engineer, ingegnere minerario.
naval engineer, ingegnere navale.
radio engineer, ingegnere radiotecnico.
railroad engineer, ingegnere ferroviario.
ENGINEERING. Ingegneria, f.
ENGINEERS. Genieri, mpl; genio, m (Corps).

ELECTROSTATIC. Elettrostatico.
ELECTROSTATICS. Elettrostatica, *f.*
ELEMENT. Elemento, *m;* fattore, *m.*
  decisive element, fattore decisivo; elemento decisivo.
ELEVATE, *v.* Elevare; alzare.
ELEVATING ARC. Arco dentato (Ord).
ELEVATING HANDWHEEL. Volantino del congegno di elevazione.
ELEVATING MECHANISM. Congegno di elevazione.
ELEVATING RACK. Arco dentato (Ord).
ELEVATING SEGMENT. Arco dentato (Ord).
ELEVATING SCREW. Vite del congegno di elevazione.
  elevating screw latch, nottolino della vite del congegno di elevazione.
ELEVATION. Elevazione, *f;* angolo d'inclinazione (Ballistics).
  adjusted elevation, elevazione aggiustata.
  initial elevation, alzo iniziale.
  maximum elevation, angolo massimo di elevazione.
  minimum elevation, alzo minimo; inclinazione minima.
  minimum quadrant elevation, angolo di tiro minimo.
  quadrant elevation, angolo di tiro.
ELEVATION SETTER. Puntatore, *m* (Arty).
ELEVATOR. Elevatore, *m* (Ord); timone di direzione (Avn); ascensore (Mech); timone di profondità (Ap); timone di quota; equilibratore, *m* (Ap).
  back and pinion type elevator, congegno di puntamento in elevazione a dentiera.
  screw type elevator, congegno di puntamento in elevazione a vite.
ELLIPSE. Ellisse, *f.*
ELLIPSIS. Ellissi, *f.*
ELLIPTICAL. Ellittico.
ELONGATE, *v.* Allungare; distendere; stirare.
ELONGATION. Allungamento, *m.* (Physical); prolungamento, *m.*
EMBANK, *v.* Arginare.
EMBANKMENT. Terrapieno, *m.*

EMBARGO. Embargo, *m;* staggimento, *m.*
  to embargo, mettere l'embargo.
EMBARK, *v.* Imbarcare; imbarcarsi.
EMBARKATION. Imbarco, *m.*
  embarkation of troops, imbarco di truppe.
  plan of embarkation, piano d'imbarco.
  point of embarkation, punto d'imbarco.
EMBASSY. Ambasciata, *f.*
EMBATTLE, *v.* Disporre in ordine di battaglia.
EMBEZZLE, *v.* Appropriarsi indebitamente.
EMBEZZLEMENT. Appropriazione indebita.
EMBRASURE. Feritoia, *f;* cannoniera, *f.*
  direct embrasure, cannoniera diretta.
  oblique embrasure, cannoniera obliqua.
EMBUS, *v.* Caricare truppe su autocarri.
EMERGENCY. Emergenza, *f;* congiuntura, *f;* circostanza fortuita.
  minor emergency, emergenza di importanza secondaria.
EMERY. Smeriglio, *m.*
EMOLUMENT. Emolumento, *m.*
EMPENNAGE. Impennaggi, *mpl.*
EMPLACE, *v.* Installare; postare; piazzare.
EMPLACEMENT. Installazione, *f;* postazione, *f.*
EMPLOY. Impiego, *m.*
  to employ, impiegare; usare.
EMPLOYEE. Impiegato, *m.*
  civilian employee, impiegato civile.
  temporary employee, impiegato provvisorio.
EMPLOYMENT. Impiego, *m;* uso, *m.*
  civil employment, impiego civile.
ENAMEL. Smalto, *m.*
  to enamel, smaltare.
ENCAMP, *v.* Accampare.
ENCAMPMENT. Accampamento, *m.*
ENCEINT. Cinta, *f* (Ft).
ENCIPHER, *v.* Cifrare.
ENCIRCLE, *v.* Accerchiare.
ENCIRCLEMENT. Accerchiamento, *m.*
ENCIRCLING FORCE. Forze accerchianti; truppe accerchianti.

EAST. Est, m; levante, m; oriente, m.
EASTERLY. Dell'est; dall'est.
EASTERN. Orientale; dell'est; di levante.
EBB. Riflusso, m (of waters); decadenza, f.
to ebb, rifluire; declinare; scemare.
EBB TIDE. Bassa marea; mare di riflusso; riflusso, m.
ECCENTRIC. Eccentrico, m, n & adj.
ECHELON. Scaglione, m.
to echelon, scaglionare; disporre a scaglioni.
assault echelon, scaglione d'assalto.
attacking echelon, scaglione d'attacco.
first echelon, primo scaglione.
forward echelon, scaglione avanzato.
in echelon, a scaglioni.
security echelon, scaglione di sicurezza.
support echelon, scaglione di rincalzo.
ECHELONED. Scaglionato.
ECHELONMENT. Scaglionamento, m.
echelonment in depth, scaglionamento in profondità.
echelonment of supplies, scaglionamento dei rifornimenti.
ECLIPTIC. Eclittica, f.
ECLIPTIC, adj. Eclittico.
ECONOMY. Economia, f.
economy of force, economia di forze.
EDDY. Rigurgito, m (of water); vortice di vento (Met).
EDGE. Orlo, m; bordo, m; margine, m; filo, m; taglio, m.
following edge, bordo d'uscita (Avn).
leading edge, bordo d'attacco (Avn).
trailing edge, orlo d'uscita (Avn).
EFFECTIVE. Effettivo; efficiente.
EFFECTIVENESS. Efficacia, f.
EFFECTIVES. Effettivo, m; effettivi, mpl.
EFFECTS. Effetti, mpl; effetti personali.
deceased effects, effetti personali dei soldati morti.
EFFICIENCY. Efficienza, f; efficacia, f; capacità, f; idoneità, f; rendimento, m (Mech).
propeller efficiency, rendimento del propulsore; rendimento dell'elica.
volumetric efficiency, rendimento volumetrico.

EFFORT. Sforzo, m.
main effort, sforzo principale.
secondary effort, sforzo secondario.
unity of effort, unità di sforzi.
EGYPT. Egitto, m.
EGYPTIAN. Egiziano, m.
EJECT, v. Espellere; scacciare; sfrattare (Law).
EJECTOR. Espulsore, m (Firearm); estrattore-espulsore, m (Firearm); eiettore, m (Mech).
cartridge ejector, espulsore, m (Firearm); estrattore-espulsore, m.
EJECTOR PIN. Perno dell'espulsore.
EJECTOR ROD. Bacchetta della pistola.
ELASTIC. Elastico.
ELASTIC LIMIT. Limite d'elasticità.
ELASTICITY. Elasticità, f.
ELBA. Elba, f.
ELBOW. Gomito, m.
ELECTRIC. Elettrico.
ELECTRICAL. Elettrico.
ELECTRICAL SYSTEM. Sistema di impianto elettrico.
ELECTRIC ARC. Arco voltaico.
ELECTRIC CORD. Cordone elettrico.
ELECTRICIAN. Elettricista, m.
master electrician, capo-elettricista, m.
ELECTRICITY. Elettricità, f.
dynamical electricity, elettricità dinamica.
negative electricity, elettricità negativa.
positive electricity, elettricità positiva.
statical electricity, elettricità statica.
ELECTRIC POWER. Energia elettrica.
ELECTRODE. Elettrodo, m.
ELECTRODYNAMICS. Elettrodinamica, f.
ELECTROLYSIS. Elettrolisi, f.
ELECTROLYTE. Elettrolito, m.
ELECTROLYTIC. Elettrolitico.
ELECTROMAGNET. Elettrocalamita, f; elettromagnete, m.
ELECTROMAGNETIC. Elettromagnetico.
ELECTROMAGNETISM. Elettromagnetismo, m.
ELECTRON. Elettrone, m.
ELECTRON TUBE. Valvola termoionica.

DRILL—Continued.
  drill with arms, istruzione con le armi.
  drill without arms, istruzione senz'armi.
  extended order drill, esercitazione in ordine sparso.
  tactical drill, addestramento tattico.
  twist drill, trapano a punta elicoidale.
DRILL GROUNDS. Piazza d'armi.
DRIVE. Offensiva su larga scala (Mil); guida, *f* (Automobile).
  to drive, spingere con forza; guidare.
  to drive at, aver di mira.
  to drive back, respingere.
  to drive off, ricacciare.
DRIVER. Conduttore, *m;* conducente, *m;* pilota, *m* (Tk); automobilista, *m;* conducente di automobile.
  assistant driver, assistente pilota (Tk); assistente automobilista.
  automobile driver, conducente di automobile.
  tank driver, pilota di carro armato.
  truck driver, conducente di autocarro.
DRIVER'S LICENSE. Patente di guida.
DROP. Altezza della traiettoria (Ballistics); abbassamento, *m* (Met); goccia, *f* (of liquids).
  to drop, radiare dal ruolo (Mil); gocciolare (of liquids); lasciar cadere; abbassare; smettere.
  to drop out, uscire dalle righe (Mil).
DROP MESSAGE. Messaggio lanciato dall'aeroplano.
DROPPINGS. Sterco, *m.*
DRUM. Tamburo, *m.*
  to beat a drum, suonare il tamburo.
  to drum, tamburare; tambureggiare.
DRUM-FIRING. Fuoco tambureggiante.
DRUM MAJOR. Tamburo maggiore; capotamburo, *m.*
DRUMMER. Tamburino, *m.*
DRUMSTICK. Bacchetta da tamburo.
DRUNKENNESS. Ubriachezza, *f.*
  drunkenness in quarters, ubriachezza in quartiere.
  drunkenness on duty, ubriachezza in servizio.
DRY DOCK. Bacino di carenaggio; bacino di raddobbo.

DUAL. Duale; doppio.
  dual control, doppio comando (Avn).
DUCK. Olona, *f* (Cloth); tela greggia (Cloth).
DUCKBOARD. Passerella da trincea.
DUCT. Dótto, *m;* canale, *m;* condotto, *m.*
DUD. Proietto inesploso.
DUEL. Duello, *m.*
  artillery duel, duello d'artiglieria.
DUGOUT. Ricovero sotterraneo.
DUMMY. Fantoccio, *m.*
DUMP. Riservetta, *f;* deposito a terra, luogo di scarico.
  ammunition dump, deposito munizioni.
  engineer dump, deposito materiali del genio; riservetta del genio.
  fuel dump, deposito benzina.
DUNE. Duna, *f.*
DUPLICATE. Duplicato, *m;* copia, *f.*
DURALUMIN. Duralluminio, *m.*
DURATION. Durata, *f.*
DUST. Polvere di strada; polvere, *f.*
DUST STORM. Tempesta di polvere.
DUTY. Servizio, *m* (Mil); dovere, *m;* dazio, *m* (Fin).
  active duty, servizio attivo.
  duty with troops, servizio con le truppe.
  field duty, servizio in guerra.
  guard duty, servizio di guardia.
  neglect of duty, inadempimento del proprio dovere.
  off duty, fuori servizio.
  on duty, di servizio.
  recruiting duty, servizio di reclutamento.
  special duty, servizio speciale.
  stable duty, servizio di scuderia.
  strike duty, servizio di sciopero.
  tour of duty, turno di servizio.
DUTY ROSTER. Turno di servizio.
DYNAMETER. Dinametro, *m.*
DYNAMITE. Dinamite, *f.*
DYNAMO. Dinamo, *f.*
DYNAMOMETER. Dinamometro, *m.*

E

EARPHONE. Ricevitore a cuffia (Tp).
EARTH. Terra, *f;* terreno, *m;* suolo, *m.*
EARTHWORK. Opera in terra.

DOCTOR. Medico, *m;* dottore, *m.*
DOCUMENT. Documento, *m.*
confidential document, documento confidenziale.
official document, documento ufficiale.
secret document, documento segreto.
DOCUMENT FILE. Schedario, *m.*
DODECANESE. Dodecanneso, *m.*
DOG. Nottolino, *m;* dente d'arresto; arpione, *m;* cane, *m.*
DOG ROBBER (Slang). Attendente, *m.*
DOG TENT (Slang). Tenda per due.
DOGWATCH. Gaettone, *m* (Nav).
DOLPHINS. Bitte d'ormeggio; pali d'ormeggio.
DOOR. Porta, *f.*
watertight door, porta stagna.
DOPE. Emaillite, *f* (vernice per le stoffe di aeroplano); (Slang) informazione, *f.*
DORMITORY. Dormitorio, *m.*
DOUBLE-EDGED. A doppio taglio.
DOUBLE-QUICK. Passo accelerato; passo di corsa.
"DOUBLE TIME, MARCH!" "Di corsa, marc!" (while standing); "Di corsa" (while marching).
DOVECOT. Colombaia, *f.*
DOWNHILL. In discesa; in pendenza.
DOWN-WASH. Influsso aerodinamico (Aerodynamics).
DRAFT. Leva, *f* (Mil); tratta, *f* (Fin); corrente d'aria; disegno, *m;* pianta, *f; bozza, f;* prima stesura.
DRAFT ANIMAL. Bestia da tiro.
DRAFTEE. Recluta, *m.*
DRAFT HORSE. Cavallo da tiro.
DRAG. Draga, *f* (Nav); scarpa, *f* (Vehicle); impedimento, *m;* resistenza, *f.*
drag effect, allungamento della nube chimica.
induced drag, resistenza indotta (Aerodynamics).
parasite drag, resistenza parassita (Aerodynamics).
profile drag, resistenza di profilo (Aerodynamics).
DRAIN. Drenaggio, *m;* scolo, *m;* cunetta, *f;* sfruttamento, *m;* esaurimento, *m.*
to drain, prosciugare; sgrondare; scolare; filtrare.
DRAINAGE. Drenaggio, *m.*

DRAUGHT. Pescagione, *f* (Nav); pescaggio, *m* (Nav).
DRAW, *v.* Sguainare; prelevare; tirare; trainare; attrarre; disegnare.
to draw up in formation, schierare in formazione; schierarsi in formazione.
DRAWBAR. Tenditore, *m* (RR); gancio di trazione; sbarra da attacco.
DRAWBRIDGE. Ponte levatoio.
balanced drawbridge, ponte apribile.
counterpoised drawbridge, ponte apribile.
DRAWING. Disegno, *m.*
enlargement of a drawing, ingrandimento di un disegno.
free-hand drawing, disegno a mano libera.
DREADNAUGHT. Nave da battaglia monocalibro; dreadnaught, *f.*
DREDGE. Draga, *f;* cavafango, *m.*
to dredge, dragare.
DREDGER. Draga, *f;* cavafango, *m.*
DRENCH, *v.* Inzuppare; saturare; spugnare; purgare (Vet).
DRESS. Allineamento, *m* (Formation); uniforme, *f;* divisa, *f.*
to dress, allineare (Mil); allinearsi (Mil); vestire; vestirsi; medicare (Surg); pavesare (Nav).
to dress a ship, alzare la piccola gala di bandiere.
to dress on the center, allinearsi al centro.
to dress to the left, allinearsi a sinistra.
to dress to the right, allinearsi a destra.
full dress, alta tenuta; tenuta di gala.
DRESSING. Medicazione, *f.*
DRESSING STATION. Posto di medicazione.
"DRESS LEFT!" "Sinistr riga!"
"DRESS RIGHT!" "Destr riga!"
DRIFT. Derivazione, *f* (Ballistics); deriva, *f* (Avn & Nav); tendenza, *f.*
to drift, derivare; andare alla deriva.
DRIFT INDICATOR. Derivometro, *m.*
DRILL. Esercitazione, *f* (Mil); manovra, *f* (Mil); istruzione, *f* (Mil); trapano, *m* (Tool).
to drill, esercitare; trapanare.
close order drill, esercitazione in ordine chiuso.

DISPOSITION—Continued.
 approach disposition, dispositivo di avvicinamento.
 march disposition, dispositivo di marcia.
DISRATING. Rimozione dal grado (Mil); svalutazione, *f;* deprezzamento, *m.*
DISRESPECT. Mancanza di rispetto.
 disrespect to superior officer, mancanza di rispetto verso un superiore.
DISSEMINATE, *v.* Disseminare.
DISSEMINATION. Disseminazione, *f.*
DISTANCE. Distanza, *f;* percorso, *m.*
 angular distance, distanza angolare.
 distance on the ground, distanza sul terreno (Photo).
 estimated distance, distanza stimata.
 estimating distance, stima della distanza.
 focal distance, distanza focale.
 great circle distance, distanza ortodromica.
 supporting distance, distanza di appoggio.
 time distance, distanza nel tempo.
DISTORTION. Distorsione, *f;* storta, *f* (Med).
DISTRESS. Pericolo, *m;* situazione pericolosa; angustia, *f;* afflizione, *f;* sequestro, *m* (Law).
DISTRIBUTE, *v.* Distribuire; ripartire.
 to distribute forces, distribuire le forze.
DISTRIBUTING POINT. Posto di distribuzione.
 class I distributing point, posto di distribuzione viveri, foraggi, ecc.
 class IV distributing point, posto di distribuzione e avviamento materiali del genio.
DISTRIBUTION. Distribuzione, *f.*
 approach march distribution, dispositivo di avvicinamento.
 distribution difference, correzione scalare di divergenza.
 distribution in depth, schieramento in profondità.
 distribution of troops, distribuzione delle truppe; dislocazione delle truppe.
 dump distribution, distribuzione di approvvigionamenti; trasporto di rifornimento alle riservette.

DISTRIBUTION—Continued.
 unit distribution, distribuzione del vettovagliamento per unità.
DISTRIBUTOR. Distributore, *m;* spinterogeno, *m* (Mtr).
DISTRICT. Distretto, *m* (Mil); dipartimento, *m* (Nav); circondario, *m* (Administration) circoscrizione giudiziaria (Law).
 air district, zona aerea territoriale.
 military district, distretto militare.
 naval district, dipartimento militare marittimo.
DITCH. Fossato, *m;* fosso, *m.*
 antitank ditch, fosso anticarro.
DIVALENT. Bivalente.
DIVE. Picchiata, *f* (Avn); tuffo, *m.*
 to dive, picchiare (Avn); tuffarsi.
 vertical dive, picchiata verticale.
DIVER. Palombaro, *m* (Nav); tuffatore, *m.*
DIVERGE, *v.* Divergere.
DIVERGENCE. Divergenza, *f.*
DIVERGENCE DIFFERENCE. Angolo di divergenza.
DIVER'S HELMET. Elmo dello scafandro.
DIVERSION. Diversione, *f.*
 strategic diversion, diversione strategica.
DIVING BELL. Campana da palombaro.
DIVING DRESS. Scafandro, *m.*
DIVING SUIT. Scafandro, *m.*
DIVISION. Divisione, *f.*
 cavalry division, divisione di cavalleria.
 infantry division, divisione di fanteria.
 mechanized division, divisione meccanizzata.
 motorized division, divisione motorizzata.
 square division, divisione quaternaria.
 triangular division, divisione ternaria.
DIVISION STAFF. Stato maggiore di divisione.
DOCK. Darsena, *f;* bacino, *m;* dock, *m.*
 dry dock, bacino di carenaggio; bacino di raddobbo; bacino di riparazione.
 floating dock, bacino galleggiante.
 graving dock, bacino di carenaggio.
DOCKING. Lo scodare (H).
DOCKYARD. Cantiere, *m;* arsenale marittimo.

DISCHARGE—Continued.
  accidental discharge, scarica accidentale.
  careless discharge of firearm, scatto di arme da fuoco dovuto a negligenza.
  dishonorable discharge, congedo disonorevole (AUS).
  honorable discharge, congedo onorevole.
DISCHARGE CERTIFICATE. Foglio di congedo.
DISCIPLINARY. Disciplinare.
DISCIPLINE. Disciplina, *f.*
  camouflage discipline, disciplina di mascheramento.
  military discipline, disciplina militare.
DISCLOSE, *v.* Scoprire; svelare.
DISCONNECT, *v.* Disinserire (Elec); disgiungere; sconnettere; scollegare; interrompere.
DISCONNECTION. Scollegamento, *m;* disgiungimento, *m;* interruzione, *f.*
DISCONTINUE, *v.* Discontinuare; interrompere.
DISCONTINUITY. Discontinuità, *f.*
DISCONTINUOUS. Discontinuo.
DISEASE. Malattia, *f;* male, *m;* vizio, *m.*
  communicable disease, malattia infettiva.
  contagious disease, malattia contagiosa.
  endemic disease, malattia endemica.
  epidemic disease, malattia epidemica.
  infectious disease, malattia infettiva.
  noncommunicable disease, malattia non contagiosa.
  venereal disease, malattia venerea.
DISEMBARK, *v.* Sbarcare.
DISEMBARKATION. Sbarco, *m.*
DISEMBODY, *v.* Congedare temporaneamente.
DISENGAGE, *v.* Disimpegnare (Mil); disimpegnarsi (Mil); disinnestare (Mech).
DISHONOR. Disonore, *m.*
DISHONORABLE. Disonorevole.
DISINFECT, *v.* Disinfettare.
DISINFECTANT. Disinfettante, *m.*
DISINFECTION. Disinfezione, *f.*
DISJOIN, *v.* Disgiungere; disunire.

DISLOCATION. Dislocazione, *f;* dislocamento, *m;* dislogamento, *m* (Med).
DISLODGE, *v.* Sloggiare; snidare.
DISLOYAL. Sleale.
DISMANTLE, *v.* Smantellare; sguarnire.
DISMISS, *v.* Far rompere le righe (Troops); rimuovere; destituire.
DISMISSAL. Destituzione, *f.*
DISMOUNT, *v.* Smontare; scendere da cavallo; appiedare; scavalcare (G).
  to dismount on the off side, smontare a destra.
"DISMOUNT MORTAR!" "Scavalcate il mortaio!"
DISOBEDIENCE. Disobbedienza, *f.*
  disobedience of orders, disobbedienza agli ordini.
  disobedience of orders of an officer, disobbedienza agli ordini di un ufficiale.
DISORDER. Disordine, *m;* confusione, *f.*
  civil disorder, disordine civile.
DISORGANIZATION. Disorganizzazione, *f.*
DISORGANIZE, *v.* Disorganizzare.
DISPENSARY. Dispensario, *m;* ambulatorio, *m.*
DISPERSE, *v.* Disperdere; sbaragliare.
DISPERSION. Dispersione, *f.*
  cone of dispersion, cono di dispersione; fascio di traiettorie.
  dispersion errors, irregolarità del tiro.
  dispersion pattern, rosa di tiro.
  horizontal dispersion, dispersione orizzontale.
  lateral dispersion, dispersione laterale.
  longitudinal dispersion, dispersione longitudinale.
  vertical dispersion, dispersione verticale.
DISPLACE, *v.* Dislocare (Mil & Nav); spostare.
DISPLACEMENT. Dislocamento, *m* (Mil & Nav); spostamento, *m.*
  observer displacement, angolo di osservazione.
DISPOSAL. Collocazione, *f;* disposizione, *f.*
  at disposal, a disposizione.
DISPOSE, *v.* Disporre; collocare.
DISPOSITION. Disposizione, *f;* dispositivo.

DIAGRAM—Continued.
  schematic diagram, diagramma schematico.
  traffic diagram, diagramma della circolazione stradale.
DIAL. Quadrante, *m.*
DIAMAGNETISM. Diamagnetismo, *m.*
DIAMETER. Diametro, *m.*
DIAPHRAGM. Diaframma, *m.*
DIAPHRAGMATIC. Diaframmatico.
DIAPHRAGM MARKINGS. Graduazioni del diaframma (Photo).
DIARY. Diario, *m.*
  military diary, diario militare.
  war diary, diario di guerra.
DICTAPHONE. Dettafono, *m.*
DIE. Dado, *m.*
  bolt die, filiera per viti.
  pipe die, filiera per tubi.
  screw die, madrevite, *f.*
  threading die, madrevite per filettare.
DIESEL ENGINE. Motore Diesel.
DIET. Dieta, *f.*
DIFFERENCE. Differenza, *f.*
  angular difference, differenza angolare.
  difference in latitude, differenza di latitudine.
  difference in longitude, differenza di longitudine.
DIFFERENTIAL. Differenziale, *m* (Automobile).
DIFFERENTIAL, *adj.* Differenziale.
DIG, *v.* Scavare.
  dig in, trincerarsi.
DIHEDRAL. Diedro.
DIKE. Diga, *f;* argine, *m.*
DILATATION. Dilatazione, *f.*
DILATOMETER. Dilatometro, *m.*
DILUTE, *v.* Diluire.
DILUTION. Diluzione, *f.*
DIMENSION. Dimensione, *f.*
DIM-OUT. Oscuramento.
DINITROTOLUENE. Binitrotoluene, *m.*
DIOPTER. Diottra, *f* (Instr).
DIOPTRIC. Diottrico.
DIP. Inclinazione magnetica; tuffo, *m.*
  to dip, inclinare; tuffare; immergere; salutare (of a flag).
DIPHENYLAMINE. Difenilamina, *f.*
DIPHOSGENE. Difosgene, *m.*
DIPLOMACY. Diplomazia, *f.* ·
DIPLOMAT. Diplomatico, *m.*
DIPLOMATIC. Diplomatico.

DIPLOMATIC BODY. Corpo diplomatico.
DIPLOMATIC CORPS. Corpo diplomatico.
DIPLOMATIC SERVICE. Servizio diplomatico.
DIP OF COMPASS NEEDLE. Inclinazione magnetica dell'ago della bussola.
DIRECTION. Direzione,*f;* istruzione,*f.*
  centralized direction, direzione accentrata.
  direction of movement, direzione di movimento.
  direction finder, radiogoniometro, *m;* radiobussola, *f.*
  directional gyro, indicatore giroscopico di direzione.
  exact direction, direzione esatta.
DIRECTOR. Direttore, *m.*
  technical director, direttore tecnico.
DIRECTRIX. Direttrice, *f* (Mathematics).
DIRIGIBLE. Dirigibile, *m.*
DIRK. Spadino, *m;* pugnale,*m.*
DIRT. Terriccio, *m.*
DISABILITY. Invalidità, *f.*
  certificate of disability, certificato d'invalidità.
  partial disability, invalidità parziale.
  permanent disability, invalidità permanente.
  temporary disability, invalidità temporanea.
  total disability, invalidità totale.
DISABLE, *v.* Rendere inabile; inabilitare; dichiarare incapace (Law).
DISABLED. Inabilitato; mutilato; messo fuori combattimento.
DISARM, *v.* Disarmare.
DISARMAMENT. Disarmo, *m.*
DISASTER. Disastro, *m;* sinistro, *m.*
  marine disaster, sinistro marittimo.
  public disaster, disastro pubblico.
DISBAND, *v.* Sbandare; congedare; licenziare.
DISC. Disco, *m.*
DISCARD, *v.* Scartare.
DISCHARGE. Congedo, *m* (Mil); liberazione, *f* (Law); esonero, *m* (Law); scarica, *f* (Firearm); evacuazione, *f* (Med).
  to discharge, congedare; scaricare (Firearm).

DERATIZATION. Derattizzazione, f.
DERRICK. Albero da carico; falconetto, m (Arty).
DESCENT. Calata, f (Mil); invasione, f.
DESERT. Deserto, m.
DESERT, v. Disertare.
DESERTER. Disertore, m.
apprehension of deserter, arresto di disertore.
DESERTION. Diserzione, f.
advising desertion, consigliare la diserzione.
assisting desertion, favoreggiare la diserzione.
DESIGN. Progetto, m; piano, m; disegno, m.
to design, designare; disegnare; assegnare.
DESIGNATE, v. Designare; indicare; nominare.
DESIGNATION. Designazione, f; nomina, f.
official designation, designazione ufficiale; nomina ufficiale.
DESTINATION. Destinazione, f.
DESTINE, v. Destinare; designare.
DESTROY, v. Distruggere.
DESTROYER. Cacciatorpediniere, m (Nav); destroyer, m (Nav); caccia, m (Nav); distruttore, m.
DESTRUCTION. Distruzione, f.
destruction of enemy property, distruzione di proprietà appartenente al nemico.
destruction of government property, distruzione di proprietà demaniale.
destruction of mail, distruzione della posta.
DETACH, v. Distaccare.
DETACHED. Distaccato; separato.
DETACHMENT. Distaccamento, m.
covering detachment, distaccamento di copertura.
security detachment, distaccamento di sicurezza.
DETAIL. Drappello, (Mil) m; reparto, (Mil) m; dettaglio, m.
to detail, dettagliare; distaccare.
telephone detail, reparto telefonisti.
DETAILED. Assegnato; dettagliato.
DETECTIVE. Agente investigativo.

DETECTOR. Detettore, m; detector m; rivelatore, m (Rad).
circuit detector, rivelatore di circuito.
DETENTION. Detenzione, f.
DETONATE, v. Detonare.
DETONATING CORD. Miccia detonante.
DETONATION. Detonazione, f.
DETONATOR. Detonante, m; capsula detonante.
DETOUR. Detour, m; svolta, f; giro, m; deviazione, f.
to detour, fare un detour; fare una deviazione.
DETRAIN, v. Scendere dal treno; sbarcare truppe dal treno.
DETRUCK, v. Far smontare dall'autocarro; smontare dall'autocarro.
DEVASTATE, v. Devastare; distruggere; depredare.
DEVASTATION. Devastazione, f.
devastation in enemy territory, devastazione in territorio nemico.
DEVELOP, v. Sviluppare; svolgere.
DEVELOPER. Rivelatore, m (Photo); sviluppatore, m.
DEVELOPING TANK. Vasca di sviluppo (Photo).
DEVELOPING TRAY. Bacinella, f (Photo).
DEVELOPMENT. Sviluppo dell'azione, (Mil); sviluppo, m; svolgimento, m.
DEVIATE, v. Deviare; sviare.
DEVIATION. Deviazione, f.
conjugate deviation, deviazione coniugata.
deviation of a burst, scarto in altezza di scoppio.
magnetic deviation, deviazione magnetica.
magnitude of the deviation, grandezza della deviazione.
DEVICE. Congegno, m; espediente, m.
DEW POINT. Temperatura di condensazione.
DJIBOUTI. Gibuti, f.
DIAGONAL. Diagonale, f, n & adj.
DIAGRAM. Diagramma, m.
circuit diagram, diagramma del circuito.
force diagram, diagramma delle forze.

DEGREE. Grado, *m.*
DEHYDRATE, *v.* Disidratare.
DEHYDRATION. Disidratazione, *f.*
DELAY. Ritardo, *m.*
  to delay, ritardare; temporeggiare; dilazionare.
  unnecessary delay, ritardo ingiustificato.
DELINQUENT. Trasgressore, *m.*
  draft delinquent, renitente alla leva.
DELIVER, *v.* Lanciare; sferrare; liberare; consegnare.
DELIVERY. Liberazione, *f;* recapito, *m;* consegna, *f;* distribuzione, *f* (Msg).
  local delivery, distribuzione locale (Msg).
DELIVERY LIST. Foglio per ricevute di recapito.
DELOUSE, *v.* Spidocchiare.
DELUDE, *v.* Ingannare; indurre in inganno.
DEMARCATE, *v.* Demarcare; limitare.
DEMARCATION. Demarcazione, *f.*
DEMEANOR. Comportamento, *m;* condotta, *f;* contegno, *m.*
DEMILITARIZE, *v.* Sguarnire (Mil).
DEMILUNE. Mezzaluna, *f* (Ft).
DEMOBILIZATION. Smobilitazione, *f.*
DEMOBILIZE, *v.* Smobilitare.
DEMOLISH, *v.* Demolire; abbattere; smantellare; distruggere.
DEMOLITION. Demolizione, *f;* distruzione, *f.*
DEMONSTRATION. Dimostrazione, *f.*
  naval demonstration, dimostrazione navale.
DEMURRAGE. Controstallia, *f;* soprastallia, *f.*
DENT, *v.* Intaccare.
DENTIFRICE. Dentifricio, *m.*
DENTIST. Dentista, *m.*
DENTURE. Dentatura, *f;* dentiera, *f.*
  artificial denture, dentatura artificiale; dentiera, *f.*
DEPARTMENT. Dipartimento, *m;* ispettorato, *m;* ministero, *m.*
  Navy Department, Ministero della Marina.
  War Department, Ministero della Guerra.
DEPARTMENT OF AGRICULTURE. Ministero dell'Agricoltura.
DEPARTMENT OF COMMERCE. Ministero dell'Industria e Commercio.
DEPARTMENT OF FOREIGN AFFAIRS. Ministero degli Esteri.
DEPARTMENT OF JUSTICE. Ministero di Grazia e Giustizia.
DEPARTMENT OF LABOR. Ministero delle Corporazioni; Ministero del lavoro.
DEPARTMENT OF THE INTERIOR. Ministero degli Interni.
DEPLOY, *v.* Spiegare (Mil); spiegarsi (Mil).
DEPLOYMENT. Spiegamento, *m;* schieramento, *m.*
  deployment for action, spiegamento per l'azione.
  deployment in depth, spiegamento in profondità.
  strategical deployment, spiegamento strategico.
DEPOSITION. Deposizione, *f;* testimonianza, *f.*
DEPOT. Deposito, *m;* magazzino, *m.*
  advance depot, magazzino avanzato.
  ammunition depot, deposito munizioni.
  army depot, deposito di armata.
  branch depot, deposito di corpo.
  general depot, magazzino territoriale.
  mobile depot, magazzino mobile.
  supply depot, magazzino rifornimenti.
DEPREDATE, *v.* Depredare; saccheggiare.
DEPREDATION. Depredazione, *f;* saccheggio, *m.*
  committing depredation, commettere saccheggio.
DEPREDATOR. Depredatore, *m;* saccheggiatore, *m.*
DEPRESSION. Depressione, *f;* avvallamento, *m.*
  maximum depression, angolo massimo di depressione.
DEPTH. Profondità, *f.*
DEPTH CHARGE. Bomba antisommergibili.
DEPUTY CHIEF OF STAFF. Sottocapo di Stato Maggiore.
DERAIL, *m.* Deragliare; deviare.
DERAILMENT. Deragliamento, *m;* deviamento, *m.*
DERAT, *v.* Derattizzare.

DECORATE, v. Decorare.
DECORATION. Decorazione, f.
Distinguished Service Cross, Croce di Guerra.
Distinguished Service Medal, Medaglia al Valore Militare.
foreign decoration, decorazione estera.
Medal of Honor, Medaglia d'Onore (USA).
DECREE. Decreto, m; editto, m.
to decree, decretare; determinare; stabilire.
DECRYPTOGRAPH. Apparecchio per decifrare crittogrammi; apparecchio decifratore.
to decryptograph, decifrare crittogrammi.
DEED. Istrumento, m (Law); atto pubblico (Law); gesta, f (Mil).
DEEP. Profondo.
DEEPEN, v. Approfondire; intensificare.
DEFAULT, v. Venir meno ad obblighi; essere in contumacia.
DEFEAT. Sconfitta, f.
to defeat, sconfiggere.
DEFEATISM. Disfattismo, m.
DEFEATIST. Disfattista, m.
DEFECTION. Defezione, f.
DEFECTIVE. Difettoso.
DEFEND, v. Difendere.
DEFENDER. Difensore, m.
DEFENSE. Difesa, f.
active defense, difesa attiva.
antiaircraft defense, difesa controaerei.
antimechanized defense, difesa contro le unità meccanizzate.
beach defense, difesa della spiaggia.
close defense, difesa ravvicinata; difesa vicina.
coastal defense, difesa costiera.
defense against chemical warfare, difesa contro la guerra chimica.
deployed defense, difesa schierata.
distant defense, difesa lontana.
gun defense, difesa di cannoni.
harbor defense, difesa portuaria.
limited defense, difesa limitata.
national defense, difesa nazionale.
passive defense, difesa passiva.
position defense, difesa in posto.
zone defense, difesa schierata in profondità.

DEFENSES. Opere di difesa.
inner defenses, opere interne (Ft).
land defenses, fortificazioni terrestri.
DEFENSIVE. Difensiva, f.
retrograde defensive, manovra in ritirata.
DEFENSIVE, adj. Difensivo.
DEFENSIVE-OFFENSIVE. Difensiva-offensiva, f.
DEFENSIVE SYSTEM. Sistema difensivo.
DEFER, v. Differire; rimandare; rinviare; prorogare.
DEFERMENT. Differimento, m.
DEFERRED. Rimandato; differito; rinviato; ritardato.
DEFICIENCY. Deficienza, f; insufficienza, f; frenastenia, f (Med).
DEFICIENT. Deficiente.
DEFILADE. Defilamento, m.
to defilade, defilare.
dismounted defilade, defilamento dell'uomo a piedi.
flash defilade, posizione defilata alla vampa.
measure of defilade, altezza di defilamento.
mounted defilade, defilamento dell'uomo a cavallo.
plane of defilade, piano di defilamento
position defilade, defilamento alla vista.
sight defilade, defilamento alla vista.
smoke defilade, posizione defilata al fumo.
DEFILE. Stretta, f; varco angusto; passaggio angusto; sfilata, f (Mil).
DEFILE, v. Sfilare (Mil); insozzare.
DEFLAGRATION. Deflagrazione, f.
DEFLATE, v. Sgonfiare.
DEFLATION. Sgonfiamento, m; sgonfiatura, f; deflazione, f (Fin).
DEFLECTION. Scostamento, m; deviazione laterale.
vertical deflection, spostamento verticale.
DEGAS, v. Eliminare i gas; risanare locali o aree affette dai gas.
DEGASSING. Bonifica chimica.
DEGRADATION. Retrocessione dal grado.
DEGRADE, v. Degradare; retrocedere.
DEGREASE, v. Sgrassare; digrassare.
DEGREASER. Digrassatore, m.

DASH. Impeto, *m;* slancio, *m;* sbalzo, *m;* lineetta, *f* (Printing); linea dell'alfabeto telegrafico.
to dash, irrompere.
DASHBOARD. Cruscotto, *m.*
DATA. Dati, *mpl.*
  accurate firing data, dati di efficacia.
  basic data, dati iniziali di tiro.
  firing data, dati di tiro.
  first fire data, primi dati di tiro.
  initial firing data, dati iniziali di tiro.
  shore line data, dati della costa.
  weather data, dati meteorologici.
DATE. Data, *f* (Calendar); dattero, *m* (Fruit).
to date, datare.
DATE LINE. Linea del cambio di data (Nav).
DATUM LEVEL. Livello di riferimento (Surv).
DATUM PLANE. Piano di riferimento (Surv).
DATUM POINT. Punto di riferimento (Surv).
DAVIT. Gru delle imbarcazioni di salvataggio.
DAY. Giorno, *m;* giornata, *f.*
  civil day, giorno civile.
  day of fire, giornata di fuoco.
  day of supply, rifornimenti per un giorno.
  mean solar day, giorno solare medio.
  sidereal day, giorno sidereo.
DAYBREAK. Spuntare del giorno; alba, *f.*
DAYLIGHT. Luce del giorno; luce solare.
DAZZLE. Abbaglio, *m.*
to dazzle, abbagliare; abbarbagliare.
DAZZLING. Abbagliante.
DEAD. Morto.
DEAD CENTER. Punto morto (Mech).
  bottom dead center, punto morto inferiore.
  top dead center, punto morto superiore.
DEADEYE. Bigotta, *f* (Nav).
DEADMAN. Trave incastrata nel terreno per servire da ormeggio.
DEAD SPACE. Spazio in angolo morto.
DEADWOODS. Quinti, *mpl* (Nav).
DEATH. Morte, *f.*
DEBARK, *v.* Sbarcare.

DEBARKATION. Sbarco, *m.*
DEBIT. Dare, *m* (Bookkeeping).
to debit, addebitare.
DEBOUCH, *v.* Sboccare; irrompere.
DEBOUCHEMENT. Sbocco, *m.*
DECAMP, *v.* Decampare.
DECARBURIZATION. Decarburazione, *f.*
DECAY. Deperimento, *m.*
to decay, deperire.
DECEIVE, *v.* Ingannare.
DECENTRALIZATION. Decentramento, *m.*
DECENTRALIZE, *v.* Decentrare.
DECEPTION. Inganno, *m.*
DECIMAL. Decimale.
DECIMETER. Decimetro, *m.*
DECIPHER, *v.* Decifrare.
DECK. Ponte, *m* (Nav).
  armored deck, ponte corazzato.
  bridge deck, ponte di comando.
  cambered deck, ponte inarcato.
  flight deck, ponte di volo.
  flying deck, ponte volante; balzo, *m* (Nav).
  main deck, ponte principale.
  orlop deck, primo ponte.
  promenade deck, ponte di passeggiata; ponte di passeggio.
  upper deck, ponte superiore.
DECLARATION. Dichiarazione, *f.*
DECLARATION OF WAR. Dichiarazione di guerra.
DECLARE, *v.* Dichiarare.
DECLINATION. Declinazione, *f.*
  grid declination, declinazione della càrta quadrettata.
  magnetic declination, declinazione magnetica.
DECLINATOR. Declinatore, *m.*
DECLINE. Declivio, *m* (Top); peggioramento, *m* (Med); decadenza, *f.*
DECLIVITY. Declività, *f;* declivio, *m;* pendio, *m.*
DECODE, *v.* Decifrare.
DECOMPOSE, *v.* Scomporre; decomporre.
DECOMPOSITION. Decomposizione, *f.*
DECONTAMINATE, *v.* Risanare; disinfettare.
DECONTAMINATION. Disinfezione, *f;* risanamento, *m;* sterilizzazione, *f.*
DECOPPERING. Deramatura, *f.*

CURRENCY. Moneta circolante.
fractional currency, moneta spicciola; moneta spezzata.
metallic currency, moneta metallica; specie, *f* (Fin).
CURRENT. Corrente, *f.*
alternating current, corrente alternata.
convection current, corrente di convezione.
direct current, corrente diretta.
electric current, corrente elettrica.
feeble current, corrente debole.
high current, corrente ad alta tensione.
low current, corrente a bassa tensione.
normal current, corrente a tensione normale.
ocean current, corrente marina.
tidal current, corrente di marea.
CURRENT METER. Correntometro, *m.*
CURRY, *v.* Strigliare (Grooming).
CURRYCOMB. Striglia, *f.*
to currycomb, strigliare.
CURTAIN. Cortina, *f.*
curtain of fire, cortina di fuoco.
CURVATURE. Curvatura, *f;* curvamento, *m.*
CURVE. Curva, *f.*
to curve, curvare.
banked curve, curva inclinata.
blind curve, curva cieca.
catenary curve, curva catenaria.
dangerous curve, curva pericolosa.
expansion curve, curva d'espansione.
CURVE OF SECURITY. Parabola di sicurezza (Ballistics).
CUSHION. Cuscino, *m;* cuscinetto, *m* (Mech).
CUSTODIAN. Custode giudiziario (Law); custode, *m,*
alien propriety custodian, custode dei beni dei cittadini di nazione nemica.
CUSTODY. Custodia, *f.*
to take into custody, arrestare.
CUSTOMHOUSE. Dogana, *f.*
CUSTOMS. Dazi doganali.
CUSTOMS DECLARATION. Dichiarazione doganale.
CUSTOMS OFFICER. Impiegato di dogana.

CUT. Taglio, *m;* crinatura, *f.*
to cut, tagliare.
to cut communications, interrompere i collegamenti.
to cut off, impedire; tagliare.
to cut off food supplies, tagliare i viveri.
CUTANEOUS. Cutaneo.
CUTLASS. Sciabola di marina.
CUTOUT. Interruttore, *m.*
CUTTER. Piccolo veliero; lancia, *f;* cutter, *m.*
revenue cutter, nave guardacosta.
CUTWATER. Tagliamare, *m* (Nav).
CYANIDE. Cianuro, *m.*
bromobenzyl cyanide, cianuro di bromo-benzile.
sodium cyanide, cianuro di sodio.
CYCLE. Ciclo, *m.*
Diesel cycle, ciclo Diesel.
CYCLONE. Ciclone, *m.*
CYLINDER. Cilindro, *m;* tamburo, *m* (of a firearm); bombola, *f* (Container).
CYLINDRICAL. Cilindrico.
CYPHER. Cifrario, *m.*
CYPRUS. Cipro, *f.*
CYRENAICA. Cirenaica, *f.*

D

DAGGER. Pugnale, *m;* stiletto, *m;* daga, *f.*
DALE. Valle, *f.*
DAM. Diga di sbarramento.
to dam, porre dighe, ostruire.
DAMAGE. Danno, *m;* guasto, *m.*
to damage, danneggiare; guastare.
actual damage, danno reale.
fire damage, danno dell'incendio.
liquidated damages, danni liquidati.
property damage, danno alla proprietà.
DAMP. Umido; madido.
to damp, smorzare (Elec).
DAMPER. Registro, *m* (Mtr).
DANDY BRUSH. Brusca, *f.*
DANGER. Pericolo, *m.*
DANGEROUS. Pericoloso.
DARE, *v.* Osare; ardire; sfidare.
DARING. Ardimento, *m.*
DARKROOM. Camera oscura.

CREVICE. Crepaccio, m.
CREW. Equipaggio, m (Nav); ciurma, f (Nav; obsolete); serventi, mpl (Arty).
 ground crew, equipaggio per la manovra di terra.
 gun crew, serventi del pezzo.
 tank crew, equipaggio del carro armato.
 vessel crew, equipaggio, m (Nav).
CRIME. Crimine, m; delitto, m.
CRITICAL POINT. Punto critico; punto di fusione (Top).
CROATIA. Croazia, f.
CROATIAN. Croato, m.
CROOKED. Storto.
CROSS. Croce, f; incrocio, m.
 to cross, incrociare; attraversare.
 Distinguished Service Cross, Croce di Guerra.
CROSSBELT. Bandoliera, f; tracolla, f.
CROSS-COUNTRY. Attraverso i campi; fuori strada.
CROSS-EXAMINATION. Interrogatorio in contraddittorio (of defendant); esame in contraddittorio (of witness).
CROSS-EXAMINE, v. Interrogare in contraddittorio (of defendant); esaminare in contraddittorio (of witness).
CROSS FIRE. Fuoco incrociato.
CROSS HAIR. Filo del reticolo; incrocio di fili.
CROSSHATCHING. Controtaglio, m.
CROSSHEAD. Testa a croce.
CROSSING. Traversata, f; passaggio, m; incrocio, m.
 level crossing, passaggio a livello.
CROSSPIECE. Crociera, f.
CROSSROAD, m. Strada trasversale; crocicchio, m; crocevia, m.
CROSS SECTION. Sezione verticale; spaccato, m; taglio trasversale.
CROSSTIE. Traversa, f; traversina, f.
CROSS WIRE. Filo del reticolo.
CROTCH. Forca, f.
CROWBAR. Leva ferrata.
CROWNPIECE. Testiera, f (H).
CROWSFEET. Triboli, mpl.
CROW'S NEST. Coffa, f (Nav); gabbia, f (Nav).
CRUCIBLE. Crogiuolo, m.

CRUISE. Crociera, f; volo di crociera.
 to cruise, andare in crociera.
CRUISER. Incrociatore, m.
 armored cruiser, incrociatore protetto; incrociatore corazzato.
 auxiliary cruiser, incrociatore ausiliario.
 battle cruiser, incrociatore da battaglia.
 converted cruiser, incrociatore ausiliario.
 heavy cruiser, incrociatore corazzato.
 light cruiser, incrociatore leggero.
 protected cruiser, incrociatore protetto.
 scout cruiser, esploratore, m (Nav).
CRUPPER. Groppiera, f; sottocoda, m.
CRUSH, v. Schiacciare; disfare.
CRUSHING. Schiacciamento, m.
CRUTCH. Gruccia, f; stampella, f; forchetta, f (Nav).
CRYPTANALYSIS. Crittanalisi, f.
CRYPTOGRAM. Crittogramma, m.
CRYPTOGRAPHIC SECURITY. Sicurezza dei sistemi di crittografia.
CRYPTOGRAM. Crittogramma, m.
CRYPTOGRAPHY. Crittografia, f.
CRYSTALLINE. Cristallino.
CRYSTALLIZE, v. Cristallizzare.
CRYSTALLOID. Cristalloide, m.
CUARTEL. Caserme, fpl.
CUBE. Cubo, m.
CUBE ROOT. Radice cubica.
CUBIC. Cubo; cubico.
CULEX. Culice, m.
CULMINATING POINT. Vertice della traiettoria; punto culminante.
CULVERT. Condotto d'acqua.
CUMULO-NIMBUS. Cumulonembo, m.
CUMULUS. Cumulo, m (Met).
CUNETTE. Cunetta, f.
CUP. Coppa, f; tazza, f.
CUPOLA. Fortino della torretta (Tk); cupola, f.
CUPPED. Cavo.
CUPRO-NICKEL. Rame-nichel, m.
CURB. Morso, m (H); freno, m.
 to curb, frenare; reprimere.
 curb of the street, margine della strada.
CURBING. Materiale da cordone stradale.
CURFEW. Coprifuoco, m.

COUNTRY—Continued.
foreign country, paese straniero.
low country, bassopiano.
open country, terreno aperto.
wooded country, terreno boscoso.
COUP D'ASSURANCE. Tiro di affermazione; tiro di assicurazione.
COUP D'ETAT. Colpo di stato.
COUPLE. Coppia, *f.*
to couple, agganciare (Mech); accoppiare.
"COUPLE!" "Agganciate!"
COUPLER. Agganciatore, *m;* agganciatoio, *m.*
COUPLING. Agganciamento, *m;* giunto, *m.*
box coupling, manicotto, *m* (Mech).
COUPON. Tagliando, *m.*
COURAGE. Coraggio, *m.*
COURIER. Corriere, *m;* portaordini, *m;* staffetta, *f.*
COURSE. Corso, *m;* rotta, *f* (Nav).
to alter course, cambiar rotta.
compass course, rotta alla bussola (Nav).
magnetic course, rotta magnetica (Nav).
qualification course, corso di qualifica.
true course, rotta vera (Nav).
COURT-MARTIAL. Tribunale di Guerra; Corte Marziale.
jurisdiction of a Court-martial, giurisdizione di un Tribunale di Guerra.
Regimental Court-martial, consiglio di disciplina.
COVER. Riparo, *m;* copertura, *f;* sportello, *m* (Mg).
to cover, coprire; proteggere; riparare.
to take cover, mettersi al riparo, defilarsi.
breech cover, copriculatta, *m.*
gasproof cover, riparo antigas ermetico; riparo a tenuta di gas.
head cover, tettuccio, *m.*
overhead cover, riparo a tettoia.
COVERAGE. Copertura, *f* (Photo).
ground coverage, campo abbracciato (Photo).
COVERING. Copertura, *f* (Mil); rivestimento, *m.*
fabric covering, rivestimento di stoffa.
metal covering, rivestimento metallico.

COWARD. Codardo, *m.*
COWARDICE. Codardia, *f.*
COWCATCHER. Cacciapietre, *m* (RR).
COWLING. Cappottatura, *f.*
COXSWAIN. Timoniere, *m.*
CRACK. Fenditura, *f;* schianto, *m.*
CRACKING. Piroscissione, *f* (Gasoline).
CRADLE. Culla, *f;* balzo, *m* (Nav).
CRAFT. Aereo, *m* (Avn); apparecchio, *m* (Avn); nave, *f* (Nav).
CRANE. Gru, *f.*
wrecking crane, gru per sgomberi.
CRANK. Manovella, *f.*
to crank, avviare con la manovella.
CRANKCASE. Carter, *m.*
CRANK HANDLE. Manovella di messa in marcia (Mtr); manovella di avviamento (Mtr).
CRANKSHAFT. Albero a collo d'oca.
CRASH. Atterraggio con avaria (Avn); sfasciamento, *m;* disastro, *m.*
to crash, atterrare con avaria (Avn); abbattere (Avn); sfasciare; sfasciarsi.
CRATE. Gabbia da imballaggio; cesta, *f.*
to crate, imballare in una gabbia.
CRATER. Imbuto, *m* (Arty); cratere, *m.*
mine crater, imbuto di mina.
road crater, cratere stradale.
CRAWL, *v.* Strisciare; andar carponi.
CREDENTIALS. Credenziali, *fpl.*
CREDIT. Credito, *m.*
to credit, accreditare.
budget credit, credito di preventivo.
CREDITOR. Creditore, *m.*
CREEK. Piccola ansa; cala, *f;* ruscello, *m.*
CREEP, *v.* Strisciare.
CREMATE, *v.* Cremare.
CREMATION. Cremazione, *f.*
CREMATORY. Crematoio, *m;* forno crematorio.
CRENEL. Cannoniera, *f* (Ft); feritoia, *f.*
CRENELLATED. Munito di feritoie.
CREOSOTE. Creosoto, *m.*
CREPITATION. Crepitio, *m.*
CREPITUS. Crepito, *m.*
CREST. Cresta, *f;* ciglio, *m;* cimiero, *m.*
fire crest, ciglio di fuoco.
topographical crest, cresta geografica.
CRETE. Creta, *f;* Candia, *f.*

CORRECTION—Continued.
map-data correction, correzione in base ai dati della carta.
weather correction, correzione in base alle condizioni atmosferiche.
CORRECTOR. Correttore, *m.*
CORRUGATED. Corrugato; ondulato.
COSINE. Coseno, *m.*
COSMOLINE. Petrolato "Cosmoline."
COTANGENT. Cotangente, *f.*
COTTER PIN. Copiglia, *f.*
COTTON. Cotone, *m.*
absorbent cotton, cotone assorbente; cotone idrofilo; ovatta, *f.*
gun cotton, fulmicotone, *m.*
mercerized cotton, cotone mercerizzato.
raw cotton, bambagia, *f.*
COUCH. Sofà, *m;* letto, *m.*
COUGH. Tosse, *f.*
to cough, tossire.
COUNCIL. Consiglio, *m;* concilio, *m* (Ecclesiastic).
COUNCIL OF NATIONAL DEFENSE. Consiglio della Difesa Nazionale.
COUNCIL OF WAR. Consiglio di Guerra.
COUNT, *v.* Contare.
to count off by four, contare per quattro.
COUNTERAPPROACH. Contrapproccio, *m.*
COUNTERATTACK. Contrattacco, *m.*
to counterattack, contrattaccare.
COUNTERBALANCE. Contrappeso, *m.*
to counterbalance, controbilanciare; contrappesare.
COUNTERBARRAGE. Controsbarramento, *m.*
COUNTERBATTERY. Controbatteria, *f.*
COUNTERCLOCKWISE. Nel senso opposto a quello delle lancette dell'orologio; nel senso inverso (of angles).
COUNTERESPIONAGE. Controspionaggio, *m.*
COUNTERFORT. Contrafforte, *m.*
COUNTERGUARD. Controguardia, *f;* coprifaccia, *m* (Ft).
COUNTERINFORMATION. Controinformazione, *f.*
COUNTERINTELLIGENCE. Controinformazione, *f.*
COUNTERIRRITANT. Revulsivo, *m.*
COUNTERMAND, *v.* Revocare un ordine.
COUNTERMANEUVER. Contromanovra, *f.*
COUNTERMARCH. Contromarcia, *f.*
to countermarch, eseguire una contromarcia; contromarciare.
COUNTERMARK. Contromarca, *f.*
COUNTERMEASURE. Contromisura, *f.*
COUNTERMINE. Contromina, *f.*
to countermine, controminare.
COUNTERMURE. Contrammuro, *m.*
COUNTERNUT. Controdado, *m.*
COUNTEROFFENSIVE. Controffensiva, *f.*
COUNTERORDER. Contrordine, *m.*
COUNTERPAROLE. Controparola, *f.*
COUNTERPOISE. Contrappeso, *m.*
COUNTERPREPARATION. Contropreparazione, *f.*
battery counterpreparation, contropreparazione di batteria.
emergency counterpreparation, contropreparazione di contingenza.
general counterpreparation, contropreparazione generale.
local counterpreparation, contropreparazione locale.
COUNTERRECOIL. Controrinculo, *m.*
counterrecoil buffer, freno di controrinculo.
COUNTERRECOIL MECHANISM. Meccanismo di controrinculo; ricuperatore, *m.*
spring counterrecoil mechanism, ricuperatore a molla.
COUNTERRECONNAISSANCE. Controricognizione, *f.*
COUNTERREVOLUTION. Controrivoluzione, *f.*
COUNTERSCARP. Controscarpa, *f.*
COUNTERSIGN. Contrassegno, *m;* controparola, *f;* parola di riconoscimento.
COUNTERSLOPE. Contropendenza, *f.*
COUNTERWEIGHT. Contrappeso, *m.*
COUNTRY. Campagna, *f;* paese, *m;* Stato, *m;* nazione, *f;* patria, *f.*
enemy country, territorio nemico.
flat country, campagna rasa.

CONTROL SURFACE. Superficie di comando (Avn).
CONTUSION. Contusione, *f.*
CONVALESCENCE. Convalescenza, *f.*
CONVALESCENT. Convalescente, *m, n & adj..*
CONVENTIONAL SIGN. Segno convenzionale (Top).
CONVERSION. Conversione, *f* (Mil & Law).
fixed-pivot conversion, conversione a perno fisso (Mil).
fraudulent conversion, appropriazione indebita (Law).
moving-pivot conversion, conversione a perno mobile (Mil).
CONVEX. Convesso.
CONVEY, *v.* Trasmettere; comunicare; trasferire (Law).
CONVEYANCE. Mezzo di trasporto; veicolo, *m;* cessione, *f* (Law).
CONVICT. Condannato, *m.*
to convict, condannare.
CONVOLUTION. Circonvoluzione, *f.*
CONVOY. Convoglio, *m;* scorta armata; traino, *m.*
to convoy, convogliare; scortare.
motor convoy, convoglio motorizzato.
naval convoy, convoglio marittimo.
supply convoy, convoglio rifornimenti.
troop convoy, convoglio truppe.
COOKER. Cassa di cottura.
pressure cooker, digestore, *m.*
COOL. Fresco; freddo.
to cool, raffreddare.
COOLANT. Refrigerante, *m.*
COOLING. Raffreddamento, *m.*
adiabatic cooling, raffreddamento adiabatico.
air cooling, raffreddamento ad aria.
liquid cooling, raffreddamento a liquido.
water cooling, raffreddamento ad acqua.
COOLING SYSTEM. Sistema di raffreddamento.
CO-ORDINATE. Coordinata, *f.*
to co-ordinate, coordinare.
CO-ORDINATION. Coordinazione, *f;* coordinamento, *m.*
CO-ORDINATOR. Coordinatore, *m.*
CO-PILOT. Assistente pilota.
COPPER. Rame, *m.*
COPPERING. Ramatura, *f.*
COPPER WIRE. Filo di rame.
CORD. Corda, *f;* cordone, *m;* stero, *m* (Measure).
CORDAGE. Cordame, *m.*
CORDEAU. Miccia detonante.
CORDITE. Cordite, *f.*
CORDON. Cordone, *m.*
CORNER. Canto, *m;* cantone, *m.*
street corner, angolo della strada; angolo di strada.
three-way corner, trivio.
CORNERSTONE. Pietra angolare.
CORNET. Cornetta, *f.*
CORONARY. Coronario.
CORPORAL. Caporale, *m.*
ammunition corporal, caporale comandante nucleo munizioni.
corporal of the guard, caporale della guardia.
corporal of the relief, caporale di muta.
farrier corporal, caporale maniscalco.
lance corporal, allievo caporale; appuntato, *m.*
mortar corporal, capomortaio, *m.*
scout corporal, capo pattuglia esploratori.
CORPS. Corpo, *m* (Mil); corpo d'armata.
CORPSE. Cadavere, *m.*
CORPS OF CADETS. Corpo dei cadetti; corpo degli allievi di scuola militare.
CORPS OF ENGINEERS. Genio Militare; Corpo del Genio.
CORPUSCLE. Corpuscolo, *m;* globulo, *m.*
red blood corpuscle, globulo rosso; emazia, *f.*
white blood corpuscle, globulo bianco; leucocite, *m.*
CORRAL. Parco bestiame; addiaccio, *m.*
to corral, parcare il bestiame.
CORRECT, *v.* Correggere; rettificare.
CORRECT, *adj.* Giusto; esatto.
CORRECTION. Correzione, *f.*
acoustic corrections, correzioni acustiche.
ballistic corrections, correzioni balistiche.
drift correction, correzione in base alle deviazioni.

CONSCIOUSNESS. Coscienza, *f;* consapevolezza, *f.*
CONSCRIPT. Coscritto, *m.*
CONSCRIPTION. Coscrizione, *f;* leva, *f.*
CONSENT. Consentimento, *m;* consenso, *m.*
  mutual consent, consenso reciproco.
CONSIGN, *v.* Consegnare.
CONSIGNEE. Destinatario, *m;* consegnatario, *m.*
CONSIGNMENT. Consegna in deposito.
CONSIGNOR. Mittente, *m.*
CONSOLIDATE, *v.* Consolidare; rafforzare.
CONSOLIDATION. Consolidamento, *m.*
CONSPIRACY. Cospirazione, *f;* congiura, *f.*
CONSPIRATOR. Cospiratore, *m.*
CONSPIRE, *v.* Cospirare; congiurare.
CONSTANT. Costante, *f, n* & *adj.*
  declination constant, costante di declinazione.
CONSTIPATION. Stitichezza, *f;* coprostasi, *f;* costipazione intestinale; costipazione, *f* (Med).
CONSUMABLE. Consumabile.
CONSUME, *v.* Consumare.
CONSUMPTION. Consumo, *m;* consunzione, *f.*
CONTACT. Contatto, *m.*
  to break contact, rompere il contatto.
  to contact, venire a contatto; stabilire contatto; toccare.
  "CONTACT!" "Contatto!"
CONTACT BREAKER. Interruttore, *m.*
CONTAGION. Contagio, *m.*
CONTAGIOUS. Contagioso.
CONTAIN, *v.* Contenere; tenere in scacco; reprimere.
CONTAINER. Recipiente, *m;* contenente, *m.*
CONTAMINATE, *v.* Contaminare.
CONTAMINATION. Contaminazione, *f.*
CONTINGENT. Contingente, *m.*
CONTINGENT, *adj.* Contingente; eventuale.
CONTINUANCE. Durata, *f;* rinvio, *m* (Law); proroga, *f* (Law).

CONTOUR. Contorno, *m;* curva di livello.
CONTRABAND. Contrabbando, *m.*
  absolute contraband, contrabbando di guerra assoluto.
  conditional contraband, contrabbando di guerra condizionale; contrabbando di guerra relativo.
  occasional contraband, contrabbando di guerra relativo; contrabbando di guerra condizionale.
CONTRABAND, *adj.* Di contrabbando.
CONTRABAND GOODS. Merci di contrabbando.
CONTRABAND OF WAR. Contrabbando di guerra.
CONTRACT. Contratto, *m.*
  formal contract, contratto formale.
  performance of contract, esecuzione del contratto.
CONTRACTION. Contrazione, *f.*
CONTRACTOR. Appaltatore, *m.*
CONTRIBUTE, *v.* Contribuire.
CONTRIBUTION. Contribuzione, *f;* contribuzione di guerra.
  contributions from occupied territory, contribuzioni dal territorio occupato.
CONTROL. Controllo, *m;* direzione, *f;* comando, *m* (Mech).
  to control, controllare; dirigere.
  administrative control, controllo amministrativo.
  area control, controllo della zona.
  control station, manipolatore per comando a distanza (Slt); stazione di controllo.
  distant control, telecomando, *m.*
  dual control, doppio comando (Ap).
  fire control, condotta del fuoco (Arty).
  radio control, radiocomando, *m;* radiotelecomando, *m.*
  traffic control, controllo del traffico.
  wheel control, volante di comando (Ap).
CONTROL POINT. Punto di riferimento.
CONTROL POST. Posto di controllo.
  traffic control post, posto di controllo del traffico.
CONTROL STICK. Leva di comando (Avn).

CONCEALMENT. Mascheramento, *m;* defilamento, *m.*
CONCENTRATE. Concentrato, *m.*
to concentrate, concentrare.
CONCENTRATION. Concentramento, *m* (Mil); concentrazione, *f* (Cml).
harassing concentration, concentrazione molestatrice (Cml).
intolerable concentration, concentrazione insopportabile (Cml).
irritating concentration, concentrazione irritante (Cml).
lethal concentration, concentrazione letale (Cml),
CONCENTRATION AREA. Zona di concentramento,
CONCENTRIC. Concentrico.
CONCERT. Accordo, *m;* concerto, *m.*
to concert, concertare; accordarsi; tramare.
CONCESSION. Concessione, *f;* privilegio, *m.*
CONCRETE. Calcestruzzo, *m.*
reinforced concrete, cemento armato.
CONCRETE, *adj.* Concreto.
CONCRETE MIXER. Betoniera, *f.*
CONCRETION. Concrezione, *f.*
CONCURRENT. Concorrente.
CONCUSSION. Scossa, *f;* urto, *m.*
concussion of the brain, commozione cerebrale.
CONDEMNATION. Condanna, *f;* biasimo, *m;* censura, *f;* radiazione, *f* (Nav).
CONDENSATION. Condensazione, *f;* condensamento, *m.*
CONDENSE, *v.* Condensare.
CONDENSER. Condensatore, *m.*
CONDIMENT. Condimento, *m.*
CONDITION. Condizione, *f;* stato, *m*
conditions not standard, condizioni del momento (Arty).
standard conditions, condizioni tabulari (Arty).
CONDITIONAL. Condizionale.
CONDONATION. Condono, *m;* remissione, *f.*
CONDUCT. Condotta, *f;* contegno, *m;* direzione, *f.*
CONDUCT, *v.* Condurre; dirigere; amministrare.
conduct prejudicial to good order, condotta nociva al buon ordine.

CONDUCT—Continued.
conduct unbecoming an officer and a gentleman, condotta indegna di un ufficiale e di un gentiluomo.
disorderly conduct, condotta riprovevole; condotta turbolenta.
insubordinate conduct, condotta insubordinata.
prejudicial conduct, condotta pregiudizievole.
CONDUCTION. Conduzione, *f.*
CONDUCTIVITY. Conduttività, *f.*
CONDUCTOR. Conduttore, *m;* filo conduttore.
CONDUIT. Condotto, *m;* canale, *m.*
CONE. Cono, *m.*
cone of burst, cono di scoppio.
cone of fire, cono di dispersione (Trajectory); cono di scoppio (Shrapnel).
cone of spread, cono di dispersione; fascio di traiettorie.
CONFIDENTIAL. Confidenziale; riservato (Mil).
CONFINEMENT. Consegna, *f* (Mil); reclusione militare.
confinement to barracks, consegna in caserma.
CONFIRM, *v.* Confermare.
CONFISCATE, *v.* Confiscare.
CONFISCATION. Confisca, *f.*
confiscation of enemy property, confisca di proprietà del nemico.
CONFLAGRATION. Conflagrazione, *f.*
CONFLICT. Conflitto, *m;* contrasto, *m.*
to conflict, essere in conflitto.
CONGEAL. Congelare.
CONGEST, *v.* Congestionare.
CONGESTION. Congestione, *f.*
traffic congestion, congestione del traffico.
CONIC. Conico.
CONIC SECTION. Sezione conica.
CONJUNCTIVA. Congiuntiva, *f.*
CONJUNCTIVITIS. Congiuntivite, *f.*
CONNECT, *v.* Connettere; congiungere; collegare.
CONNECTING ROD. Biella, *f.*
CONNECTION. Connessione, *f.*
CONNING TOWER. Torretta del sommergibile; torre di comando.
CONQUER, *v.* Conquistare.
CONSCIOUS. Consapevole; cosciente.

COMPANY—Continued.
  ordnance maintenance company, compagnia manutenzione materiali di artiglieria.
  photographic company, compagnia fotografi.
  pigeon company, compagnia colombofili.
  ponton company, compagnia pontieri.
  prisoners of war company, compagnia prigionieri di guerra.
  regimental service company, compagnia servizi del reggimento.
  rifle company, compagnia fucilieri.
  supply company, compagnia di sussistenza.
  tank company, compagnia carri armati.
COMPARTMENT. Compartimento, *m*.
COMPASS. Bussola, *f* (Orientation); compasso, *m* (Drafting).
  to compensate the compass, compensare la bussola.
  airplane magnetic compass, bussola aeronautica.
  aperiodic compass, bussola aperiodica.
  azimuth compass, bussola azimutale; radiogoniometro, *m*.
  bow compass, compasso a molla.
  elliptic compass, compasso da ellissi.
  gyroscopic compass, bussola giroscopica; bussola girostatica; girobussola, *f*.
  magnetic compass, bussola magnetica.
  mariner's compass, bussola di bordo.
  oval compass, compasso da ellissi.
  points of the compass, punte della rosa della bussola.
  prismatic compass, bussola prismatica.
  proportional compass, compasso di proporzione.
  radio compass, radiobussola, *f*.
  solar compass, bussola solare.
  telltale compass, bussola ripetitrice.
  triangular compass, compasso a tre punte.
COMPASS BEARING. Orientamento, *m*.
COMPASS COMPENSATION. Compensazione della bussola.
COMPASS NEEDLE. Ago della bussola.
  dip of compass needle, inclinazione magnetica dell'ago della bussola.
COMPASS VARIATION. Variazione della bussola.
COMPENSATE, *v.* Compensare; remunerare; risarcire.
COMPENSATION. Compenso, *m;* indennità, *f;* risarcimento, *m*.
  dual compensation, doppio compenso.
COMPLEMENT. Complemento, *m*.
COMPLEMENTARY. Complementare.
COMPLICITY. Complicità, *f*.
COMPONENT, *n.* Componente, *m;* componente, *f* (Mech).
COMPONENT, *adj.* Componente.
COMPONENT FORCES. Forze componenti.
COMPOSITE. Composito; composto; combinato; misto.
COMPOSITION. Composizione, *f;* costituzione, *f* (Mil).
COMPOST. Composto, *m;* composta, *f* (Fruit preserve).
COMPOUND. Composto, *m;* campo di concentramento provvisorio (Mil).
  to compound, combinare (Cml); comporre.
  organic compound, composto organico.
  unstable compound, composto instabile.
COMPOUND-WOUND. Ad eccitazione composta (Elec).
COMPRESS. Compressa, *f* (Med).
COMPRESS, *v.* Comprimere.
COMPRESSED-AIR. Ad aria compressa.
COMPRESSOR. Compressore, *m*.
COMPTROLLER GENERAL. Economo Generale.
COMPULSORY. Obbligatorio.
COMPUTATION. Computazione, *f;* computo, *m;* conto, *m;* calcolo, *m*.
COMPUTE, *v.* Computare; calcolare.
COMRADE. Camerata, *m;* commilitone, *m;* compagno d'armi.
COMRADESHIP. Cameratismo, *m*.
CONCAVE. Concavo; cavo.
CONCEAL, *v.* Nascondere; mascherare; defilare.

COMMANDER—Continued.
territorial commander, comandante territoriale.
troop commander, comandante di squadrone (Cav).
COMMANDER IN CHIEF. Capo supremo; comandante in capo.
"COMMENCE FIRING." "Iniziate il fuoco!"; "Cominciate il fuoco!"
COMMEND, *v.* Lodare; encomiare; affidare.
COMMENDATION. Encomio, *m.*
letter of commendation, lettera di encomio.
COMMERCE. Commercio, *m.*
COMMERCE DESTROYER. Nave corsara.
COMMERCE RAIDER. Nave corsara.
COMMISSARIAT. Commissariato, *m.*
COMMISSION. Commissione, *f;* armamento, *m* (Nav); nomina, *f;* brevetto, *m.*
military commission, commissione militare.
out of commission, disarmato (Nav); fuori uso.
COMMUNICABLE. Comunicabile; contagioso (Med).
COMMUNICATE, *v.* Comunicare.
COMMUNICATION. Comunicazione, *f;* collegamento, *m.*
basic communication, scritto principale.
channel of communication, via gerarchica per le comunicazioni ufficiali.
line of communication, linea di comunicazione.
messenger communication, collegamento a mezzo di staffette.
pigeon communication, collegamento colombofilo.
routes of communication, vie di comunicazione.
sound communication, collegamento acustico.
visual communication, collegamento ottico.
wire communication, collegamento elettrico.
COMMUNICATIONS NET. Rete dei collegamenti.
COMMUNIQUÉ. Comunicato, *m.*

COMMUTATION. Commutamento, *m* (Law); indennità, *f.*
commutation of baggage transportation, indennità trasporto bagagli.
commutation of quarters, indennità di alloggio.
commutation of rations, indennità di rancio.
commutation of storage charges, indennità spese di magazzinaggio.
commutation of telegrams, indennità spese telegrafiche.
commutation of telephone messages, indennità messaggi telefonici.
COMMUTATOR. Commutatore, *m.*
COMMUTE, *v.* Commutare.
COMPANY. Compagnia, *f.*
balloon company, compagnia aerostieri.
cannon company, sezione cannoni per fanteria.
chemical company, compagnia truppe chimiche.
chemical maintenance company, compagnia manutenzione servizio chimico.
color company, compagnia bandiera.
company in line, compagnia in linea di fronte.
construction company, compagnia costruzioni.
decontamination company, sezione disinfezione.
headquarters and service company, compagnia comando e servizi.
headquarters company, compagnia comando.
howitzer company, compagnia cannoni d'accompagnamento; sezione cannoni per fanteria.
leading company, compagnia di testa.
machine gun company, compagnia mitraglieri.
meteorological company, compagnia meteorologisti.
motorcycle company, compagnia motociclisti.
operations company, compagnia operazioni.
ordnance depot company, compagnia deposito della Direzione del Materiale di Guerra.

COLLIER. Nave carboniera; carboniera, *f.*
COLLIMATE, *v.* Collimare.
COLLIMATION. Collimazione, *f.*
COLLIMATOR. Collimatore, *m.*
COLLISION. Collisione, *f;* abbordo, *m* (Nav).
COLONEL. Colonnello, *m.*
  Lieutenant Colonel, Tenente Colonnello.
COLONGITUDE. Colongitudine, *f.*
COLONY. Colonia, *f.*
  penal colony, colonia penale; colonia penitenziaria.
COLOR. Colore, *m;* bandiera, *f.*
COLOR BEARER. Portabandiera, *m.*
COLORS. Colori nazionali; bandiera, *f.*
  to dip the colors, salutare colla bandiera.
  flying colors, bandiere spiegate.
COLT. Puledro, *m.*
COLUMN. Colonna, *f.*
  attack column, colonna d'attacco.
  column of fours, colonna di cavalleria per quattro.
  column of march, colonna di via.
  column of route, colonna di via.
  column of troopers, cavalleria in fila.
  double-staggered column, autocarri in colonna doppia alternata.
  head of column, testa della colonna; testa di colonna.
  motor column, autocolonna, *f.*
  open column, colonna aperta.
  route column, colonna di via.
  section column, squadra di fianco per due.
  supply column, colonna rifornimenti.
  tail of column, coda della colonna.
COMB. Pettine, *m;* striglia, *f* (for currying); cresta, *f* (of a fowl).
  to comb, pettinare; strigliare.
COMBAT. Combattimento, *m.*
  to combat, combattere.
  dismounted combat, combattimento a piedi.
  hand-to-hand combat, combattimento corpo a corpo.
  mounted combat, combattimento a cavallo.
  organization for combat, schieramento per la battaglia.
COMBATANT. Combattente, *m.*
  fellow combatant, compagno d'arme.

COMBAT CAR. Carro armato.
COMBAT TEAM. Gruppo di combattimento.
COMBAT TROOPS. Truppe di combattimento.
COMBINE, *v.* Combinare; unire.
COMBINED. Combinato; misto.
COMBUSTIBLE. Combustibile.
COMBUSTION. Combustione, *f.*
  spontaneous combustion, combustione spontanea.
COME. Venire.
  to come alongside, accostare (Nav).
  to come up into line, portarsi in linea.
COMMAND. Comando, *m.*
  to command, comandare; dominare (Top).
  air defense command, comando della difesa antiaerea.
  chain of command, gerarchia militare.
  command of the air, predominio dell'aria.
  high command, alto comando.
  higher command, comando superiore.
  preparatory command, comando d'avvertimento.
  supreme command, comando supremo.
  temporary command, comando interinale.
COMMANDANT. Comandante, *m.*
COMMANDEER, *v.* Requisire.
COMMANDER. Comandante, *m;* Capitano di fregata (Nav).
  battery commander, comandante di batteria.
  camp commander, comandante del campo.
  commander of a guard, capoposto, *m.*
  company commander, comandante di compagnia.
  corps commander, generale di corpo d'armata; tenente generale (USA).
  district commander, comandante del distretto militare.
  division commander, generale di divisione; maggiore generale (USA).
  fort commander, comandante del forte.
  gun commander, capopezzo, *m.*
  regimental commander, comandante di reggimento.
  subordinate commander, comandante in sottordine.
  tank commander, capocarro, *m* (Tk).

CLUTCH—Continued.
 steering clutch, freno di direzione (Tk).
CLUTCH HOUSING. Campana della frizione.
CLUTCH LEVER. Leva della frizione.
CLUTCH PEDAL. Pedale della frizione.
COACH. Istruttore, *m;* allenatore, *m;* corriera, *f* (Vehicle); vettura, *f;* vagone, *m* (RR).
 to coach, allenare; istruire.
COAGULANT. Coagulo, *m.*
COAGULATE, *v.* Coagulare; coagularsi.
COAL. Carbone, *m.*
 to coal, far carbone (Nav).
 anthracite coal, antracite, *f.*
 bituminous coal, carbone bituminoso.
 mineral coal, carbon fossile.
COALING STATION. Stazione carboniera.
COALITION. Coalizione, *f.*
COAL MINE. Miniera di carbone.
COAL TAR. Catrame, *m.*
COAMING. Battente, *m* (Nav); mastra di boccaporto.
COAST. Costa, *f* (Top).
 to coast, costeggiare.
COASTAL. Costiero.
COASTAL WATERS. Acque costiere.
COAST ARTILLERY CORPS. Artiglieria da costa.
COAST DEFENSE. Difesa costiera.
COAST GUARD. Guardacoste, *m.*
COAT. Giacca, *f;* giacchetta, *f;* mano, *f* (Painting).
COATING. Rivestimento, *m;* strato, *m.*
COBALT. Cobalto, *m.*
COBBLER. Ciabattino, *m;* calzolaio, *m.*
COBELLIGERENT. Cobelligerante, *m.*
COCK. Cane, *m* (Firearm); rubinetto, *m* (Mech).
 to cock, armare (Firearm).
 to cock by hand, armare a mano.
 half cock, cane in posizione di sicurezza.
COCKPIT. Carlinga, *f.*
COCKROACH. Blatta, *f;* scarafaggio, *m.*

CODE. Codice, *m;* cifrario, *m.*
 code of laws, codice di leggi.
 criminal code, codice penale.
 international code of signals, codice internazionale dei segnali.
 Morse code, alfabeto Morse.
 penal code, codice penale.
COEFFICIENT. Coefficiente, *m.*
 ballistic coefficient, coefficiente balistico.
 coefficient of form, coefficiente di forma.
 drag coefficient, coefficiente di resistenza (Avn).
 lift coefficient, coefficiente di portanza (Avn).
 moment coefficient, coefficiente adimensionale del momento (Avn).
COFFERDAM. Cassone, *m* (Engr).
COFFIN. Bara, *f.*
COG. Dente, *m* (Mech); camma, *f.*
COGWAY. Ferrovia a cremagliera; ferrovia a dentiera.
COGWHEEL. Ruota dentata; ruota d'ingranaggio.
COIL. Rocchetto, *m* (Elec); avvolgimento, *m* (Elec); bobina, *f.*
 to coil, avvolgere.
 induction coil, rocchetto d'induzione.
COLATITUDE. Colatitudine, *f.*
COLD. Freddo, *m* (Met); raffreddore, *m* (Med).
COLD, *adj.* Freddo.
COLD WAVE. Ondata di freddo.
COLIC. Colica, *f.*
COLLAPSE. Collasso, *m* (Med); crollo, *m;* rovina, *f.*
 to collapse, crollare; cadere in rovina; soffrire un collasso.
COLLAPSIBLE. Ribaltabile.
COLLAR. Collare, *m;* bavero, *m;* colletto, *m.*
 to collar, munire di collare; afferrare.
COLLAR PATCH. Mostrina, *f;* fiamma, *f.*
COLLATE, *v.* Collazionare.
COLLATION. Collazione, *m;* riscontro, *m.*
COLLECTING POINT. Posto raccolta feriti.
COLLECTING STATION. Centro di raccolta.

CLEAR—Continued.
to clear for action, prepararsi all'attacco.
to clear the field of fire, sgombrare il campo di tiro.
to clear up, rischiararsi (Met).
CLEAR, *adj.* Chiaro; netto; pulito; libero; sgombro.
in the clear, in chiaro.
CLEARANCE. Margine, *m;* giuoco, *m* (Mech).
minimum clearance, traiettoria di sicurezza.
safety clearance, margine di sicurezza.
CLEARING. Radura, *f* (Top).
CLEARING STATION. Centro di smistamento.
CLEARNESS. Chiarezza di stile dei messaggi e rapporti.
CLEAT. Galloccia, *f* (Nav); calzatoia, *f.*
CLEMENCY. Clemenza, *f.*
reason for clemency, motivo di clemenza.
CLERK. Scritturale, *m;* impiegato, *m.*
code clerk, scritturale addetto al cifrario.
engrossing clerk, copista di documenti legali.
pay clerk, impiegato pagatore.
CLEVIS. Arridatoio, *m.*
CLIFF. Precipizio, *m;* dirupo, *m.*
CLIMB. Ascesa, *f;* salita, *f;* cabrata, *f* (Avn).
to climb, salire; arrampicarsi; cabrare (Avn).
rate of climb, velocità di salita (Avn).
CLIMB INDICATOR. Indicatore della velocità di salita.
CLIMBING POWER. Capacità ascensionale.
CLINIC. Clinica, *f.*
CLINICAL. Clinico.
CLINOMETER. Clinometro, *m;* eclimetro, *m.*
CLIP. Caricatore, *m* (Firearms).
CLIPPING. Ritaglio, *m* (Newspaper); tosatura, *f* (Vet).
CLOAK. Mantello, *m.*
CLOCK. Orologio, *m.*
time interval clock, orologio che segna gl'intervalli di tempo.

CLOCKWISE. Nel senso delle lancette dell'orologio; nel senso diretto (of angles).
CLOG. Intasamento, *m.*
to clog, intasare; ostruire.
CLOSE, *v.* Chiudere; serrare.
CLOSE, *adj.* Serrato (Mil); dappresso; vicino.
"CLOSE FILES!" "Serrate le file!"
CLOT. Grumo, *m;* coagulo, *m;* embolo, *m.*
CLOTH. Stoffa, *f;* tessuto, *m.*
waterproof cloth, tela impermeabile.
CLOTHES. Vestiti, *mpl;* abiti, *mpl;* indumenti, *mpl.*
civilian clothes, abito civile; abito borghese.
fatigue clothes, tenuta di fatica.
CLOTHING. Vestiario, *m;* effetti di vestiario.
protective clothing, vestiario protettivo antipritico.
CLOUD. Nube, *f;* nuvola, *f.*
to cloud, oscurare; annuvolare.
alto-cumulus cloud, altocumulo, *m.*
alto-stratus cloud, altostrato, *m.*
cirro-stratus cloud, cirrostrato, *m.*
cirrus cloud, cirro, *m.*
cumulo-nimbus cloud, cumulonembo, *m.*
cumulus cloud, cumulo, *m* (Met).
nimbus cloud, nembo, *m.*
strato-cumulus cloud, stratocumulo, *m.*
stratus cloud, strato, *m* (Met).
CLOUD ATTACK. Attacco con nube (Gas).
CLOUD FORM. Forma di nuvola.
CLOUD FORMATION. Formazione delle nuvole; formazione di nuvole.
CLOUDINESS. Nuvolosità.
CLOUDY. Nuvoloso; rannuvolato.
CLUB. Circolo, *m* (Social & Political); randello, *m* (Weapon).
CLUTCH. Frizione, *f* (Mech); presa, *f.*
to clutch, aggrappare; afferrare; impugnare.
to engage the clutch, innestare la frizione.
cone clutch, frizione conica; innesto a frizione conica.
disk clutch, frizione a dischi.
dry clutch, frizione a secco.
friction clutch, innesto a frizione.

CHORD. Corda, *f;* cordone, *m.*
CHROMIC. Cromico.
CHROMIUM. Cromo, *m.*
CHRONIC. Cronico.
CHRONOGRAPH. Cronografo, *m.*
CHRONOMETER. Cronometro, *m.*
  box chronometer, cronometro marino.
  marine chronometer, cronometro marino.
CHUTE. Canale di scolo (of water); gora, *f;* paracadute, *m* (Colloquial).
CICATRIX. Cicatrice, *f.*
CICATRIZE, *v.* Cicatrizzare; cicatrizzarsi.
CINCHA. Sottopancia, *m & f.*
CINCHONA. Cincona, *f.*
CINEMATOGRAPHY. Cinematografia, *f.*
CIPHER. Sistema di cifratura (Sig); cifratura, *f* (Sig); zero, *m* (Mathematics).
  to cipher, cifrare.
  cipher group, gruppo cifrante.
  cipher indicator, sigla del sistema di cifratura.
  cipher key, chiave di cifratura; controcifra, *f.*
  combined cipher, sistema di cifratura misto.
  substitution cipher, sistema di cifratura a sostituzione.
  ♦ **transposition cipher,** sistema di cifratura a trasposizione.
CIPHER BOOK. Cifrario, *m.*
CIPHER DEVICE. Congegno per cifrare e decifrare.
CIRCLE. Circolo, *m;* cerchio, *m.*
  to circle, circondare; muoversi in giro.
  to describe a circle, descrivere un circolo.
  great circle, circolo massimo.
CIRCLING. Accerchiante.
CIRCUIT. Circuito, *m.*
  closed circuit, circuito chiuso.
  composite circuit, circuito composito.
  direct circuit, circuito diretto.
  electric circuit, circuito elettrico.
  magnetic circuit, circuito magnetico.
  open circuit, circuito aperto.
  short circuit, corto circuito.
  trunk circuit, circuito di tronco.

CIRCUIT—Continued.
  wire circuit, circuito di conduttore elettrico.
CIRCUIT BREAKER. Interruttore, *m.*
CIRCUIT DIAGRAM. Diagramma del circuito.
CIRCULAR. Circolare, *f, n & adj.*
CIRCULATE, *v.* Circolare.
CIRCULATION. Circolazione, *f.*
  road circulation, circolazione stradale.
  traffic circulation, movimento del traffico.
CIRCUMSTANCE. Circostanza, *f;* caso, *m.*
  circumstance unknown, circostanza ignota (Law).
  extenuating circumstances, circostanze attenuanti.
CIRRUS. Cirro, *m.*
CISTERN. Cisterna, *f;* vasca, *f.*
CITADEL. Cittadella, *f;* roccaforte, *f.*
CITATION. Menzione onorevole (Mil); citazione, *f* (Law).
CITE, *v.* Citare.
CITRATE. Citrato, *m.*
CIVIL, *adj.* Civile.
CIVILIAN. Borghese, *m.*
CIVILIAN, *adj.* Civile; borghese.
CIVILIAN CLOTHES. Abiti borghesi.
CLAIM, *v.* Reclamare.
CLAPPER. Martelletto, *m* (Tp); battaglio, *m.*
CLASP. Gancio, *m;* fibbia, *f.*
  to clasp, agganciare; affibbiare.
CLASS. Classe, *f.*
  to class, classificare.
CLASSIFICATION. Classificazione, *f;* classifica, *f.*
CLASSIFY, *v.* Classificare.
CLAUSTROPHOBIA. Claustrofobia, *f.*
CLAY. Argilla, *f;* creta, *f.*
  china clay, caolino, *m.*
  fire clay, argilla refrattaria.
CLAY PIGEON. Piattello, *m.*
CLEANING ROD. Bacchetta per fucile.
CLEANING UP. Rastrellamento (of enemy's troops and matériel), *m.*
CLEAR, *v.* Chiarire; sgombrare; spazzare; liberare; oltrepassare; superare.
  to clear a point, oltrepassare un punto.

CHART—Continued.
 lead chart, tabella degli anticipi di puntamento.
 Mercator's chart, carta di Mercatore; carta ridotta.
 night-flying chart, carta aeronautica per voli notturni.
 star chart, carta delle stelle.
 visibility chart, carta delle visibilità.
 weather chart, carta meteorologica.
CHARTER. Strumento, *m* (Law); privilegio, *m;* franchigia, *f;* noleggio, *m*.
 to charter, noleggiare; conferire una franchigia.
CHARTERED. Noleggiato.
CHARTHOUSE. Sala nautica; casotto di rotta.
CHASE. Caccia, *f;* inseguimento, *m;* volata, *f* (G).
 to chase, inseguire.
CHASSIS. Telaio, *m;* chassis, *m*.
 automobile chassis, telaio d'automobile; chassis, *m*.
CHAUFFEUR. Autista, *m;* conduttore d'automobili; chauffeur, *m*.
CHECK. Scacco, *m;* (Mil); freno, *m;* esame, *m;* verifica, *f;* marca, *f;* assegno, *m* (Fin); controllo, *m* (Mech).
 to check, tenere in scacco (Mil); reprimere; verificare; controllare (Mech).
 to check the roll, fare il contrappello.
CHECKBOOK. Libretto di assegni.
CHECK POINT. Obiettivo ausiliario.
CHEMICAL. Sostanza chimica; prodotto chimico.
 developing chemical, reagente rivelatore.
 neutralizing chemical, sostanza chimica neutralizzante.
CHEMICAL, *adj*. Chimico.
CHEMICAL AGENT. Agente chimico; aggressivo chimico.
 lethal chemical agent, aggressivo chimico letale.
 nonlethal chemical agent, aggressivo chimico non letale.
CHEMICAL CYLINDER. Bombola di gas aggressivo.
CHEMIST. Chimico, *m*.
CHEMISTRY. Chimica, *f*.
CHESS. Impalcata, *f* (Floating bridge).

CHEST. Cofano, *m;* petto, *m* (Anatomy).
CHEVAL-DE-FRISE. Cavallo di Frisia.
CHEVRON. Gallone, *m* (Insignia).
CHIEF. Capo, *m;* comandante, *m*.
 section chief, caposquadra, *m*.
CHIEF, *adj*. Principale.
CHIEF OF STAFF. Capo di Stato Maggiore Generale.
CHILBLAIN. Gelone, *m*.
CHILL. Brivido di freddo.
 to chill, raffreddare; intepidire.
CHILL AND FEVER. Malaria, *f*.
CHIMNEY. Ciminiera *f;* camino, *m;* fumaiolo, *m*.
CHINK. Crepa, *f*.
 to chink, turare una crepa.
CHIN STRAP. Sottogola, *m;* soggolo, *m*.
CHIP. Ritaglio, *m;* truciolo, *m*.
CHISEL. Scalpello, *m*.
 to chisel, scalpellare.
 blacksmith's chisel, cesello, *m*.
 blacksmith's cold chisel, tagliaferro, *m*.
 box chisel, calcagnuolo, *m*.
 stonecutter's chisel, scalpello da tagliapietre; subbia, *f*.
CHLORACETIC. Cloracetico.
CHLORAL. Cloralio, *m*.
CHLORIDE. Cloruro, *m*.
 aluminum chloride, cloruro di alluminio.
 carbonyl chloride, cloruro di carbonile.
 potassium chloride, cloruro di potassio.
 sodium chloride, cloruro di sodio.
 stannic chloride, cloruro stannico.
CHLORINATION. Clorurazione, *f*.
CHLORINE. Cloro, *m*.
 liquefied chlorine, cloro liquefatto.
CHLOROFORM. Cloroformio, *m*.
CHLOROFORMATE. Cloroformiato, *m*.
 phenyl chloroformate, cloroformiato di fenile.
 trichlor-methyl chloroformate, cloroformiato di metile triclorurato.
CHOCK. Tacco, *m* (Nav); zeppa, *f*.
CHOKE, *v*. Soffocare; ostruire.
CHOLERA. Colera, *m*.
 asiatic cholera, colera asiatico.
 cholera morbus, colera, *m;* colerina, *f*.

CENTER OF IMPACT. Centro della rosa di tiro. .
CENTER OF RESISTANCE. Centro di resistenza; centro di fuoco.
CENTIGRADE. Centigrado.
CENTIMETER. Centimetro, m.
CENTRAL. Centrale.
CENTRALIZATION. Accentramento, m; centralizzazione, f.
CENTRALIZE, v. Accentrare.
CENTRIFUGAL. Centrifugo.
CENTRIPETAL. Centripeto.
CEREMONY. Cerimonia, f; funzione, f.
CERTIFICATE. Certificato, m; fede, f; atto, m.
to certificate, attestare con certificato; fornire di certificato.
discharge certificate, foglio di congedo.
CERTIFICATE OF CAPACITY. Certificato di idoneità.
CERTIFICATE OF NATIONALITY. Atto di nazionalità.
CERTIFY, v. Certificare; attestare; vidimare; autenticare.
CERUSE. Cerussa, f; biacca, f; bianco di piombo.
CESSATION OF ARMS. Sospensione di ostilità.
CESSPOOL. Pozzo nero.
CHAIN. Catena, f.
to chain, incatenare.
endless chain, catena continua.
skid chain, catena contro lo slittamento.
tire chain, catena da pneumatici.
tow chain, catena da rimorchio.
CHAIN LENGTH. Lunghezza di catena.
CHALLENGE. Il chi va là (Mil.); ricusazione, f (Law); sfida, f; intimazione, f.
to challenge, dare il chi va là; ricusare; sfidare.
CHAMBER. Camera a polvere (Firearm); fornello, m (Mine); camera, f.
CHANDELLE. Picchiata in candela (Avn).
CHANGE. Cambiamento, m; cambio, m.
to change, cambiare.
to change speed, cambiar marcia (Auto).

CHANNEL. Canale, m.
military channels, vie gerarchiche.
CHAPEL. Cappella, f.
CHAPLAIN. Cappellano militare.
Chief of Chaplains, Vescovo Castrense; Ordinario Militare.
CHARACTERISTIC, adj. Caratteristico.
CHARCOAL. Carbone di legna.
bone charcoal, carbone animale.
CHARGE. Carica, f (Mil & Ballistics); attacco, m (Mil); addebito, m (Fin); capo d'accusa (Law); capo d'imputazione (Law).
to charge, caricare; attaccare; addebitare (Fin); imputare; accusare (Law).
base charge, carica posteriore.
battering charge, carica massima.
bayonet charge, attacco alla baionetta; carica alla baionetta.
black powder charge, carica a polvere nera: carica di polvere nera.
blasting charge, carica di mina.
booster charge, carica di rinforzo.
bursting charge, carica di scoppio.
cavalry charge, carica di cavalleria.
explosive charge, carica esplosiva.
full charge, carica massima.
igniting charge, carica di innescamento; carica di infiammazione.
in charge of, alla direzione di; incaricato di.
mounted charge, carica a cavallo.
multisection charge, carica multipla.
normal charge, carica normale.
powder charge, carica di polvere.
propelling charge, carica di lancio.
reduced charge, carica ridotta (Firearm).
single-section charge, carica unica.
CHARGER. Cavallo di battaglia; cavallo di parata; destriero, m.
CHART. Mappa, f; carta, f (Top).
aeronautical chart, carta aeronautica. '
astrographic chart, carta celeste; carta uranografica.
azimuth difference chart, carta delle parallassi.
firing chart, pianta di batteria.
gun chart, calcolatore di tiro.
hydrographic chart, carta idrografica.

CARTRIDGE—Continued.
  center-fire cartridge, cartuccia a percussione centrale.
  drill cartridge, cartuccia da esercitazione.
  dummy cartridge, cartuccia da esercitazione.
  propellant cartridge, cartuccia di lancio.
  rim-fire cartridge, cartuccia a percussione periferica.
  tracer cartridge, cartuccia a pallottola tracciante.
CARTRIDGE BAG. Cartoccio, *m*.
CARTRIDGE BELT. Cartucciera, *f*; fascia per cartucce; nastro, *m* (Mg).
CARTRIDGE BOX. Giberna, *f*.
CARTRIDGE CASE. Bossolo, *m*; bicchiere, *m*.
CARTRIDGE CONTAINER. Codolo porta-cartuccia.
CARTRIDGE EJECTOR. Espulsore, *m*.
CARTRIDGE EXTRACTOR. Estrattore, *m*.
CASE. Cassa, *f*; astuccio, *m*; scatola, *f*; caso, *m*.
CASE HARDEN, *v*. Temprare.
CASEMATE. Casamatta, *f*.
CASEMATED. Casamattato.
CASE SHOT. Scatola a mitraglia.
CASH. Cassa, *f*; danaro, *m*; contante, *m*.
  petty cash, fondo di cassa per spese minute.
CASHBOOK. Libro di cassa.
CASHIER. Cassiere, *m*.
CASHIER, *v*. Radiare dai ruoli per infamia.
CASING. Copertura, *f*; involucro, *m*.
CASK. Botte, *f*; fusto, *m*.
CASKET. Cofanetto, *m*; scrigno, *m*; bara, *f*.
CAST, *v*. Gettare; fondere metallo.
  to cast anchor, gettare l'àncora.
CASTING. Fondita, *f*.
CASTOR OIL. Olio di ricino.
CASTRAMETATION. Castrametazione, *f*.
CASUALTY. Perdita, *f*; accidente, *m*.
  gas casualty, perdita dovuta ai gas.
CATAMARAN. Zattera di carenaggio; catamarón, *m* (Indies).

CATAPULT. Catapulta, *f*.
  to catapult, catapultare.
CATARACT. Cateratta, *f*; cataratta, *f*.
CATASTROPHE. Catastrofe, *f*.
CATASTROPHIC. Catastrofico.
CATCH, *n*. Gancio, *m*; nottolino, *m*.
CATCH, *v*. Afferrare.
CATEGORY. Categoria, *f*.
CATOPTRICS. Catottrica, *f*.
CAVALCADE. Cavalcata, *f*.
CAVALRY. Cavalleria, *f*.
  heavy cavalry, cavalleria pesante.
  light cavalry, cavalleria leggera.
  mechanized cavalry, cavalleria meccanizzata.
CAVE. Caverna, *f*.
CAVESSON. Cavezzone, *f*.
CAVITATION. Cavitazione, *f*.
CAVITY. Cavità, *f*.
CAY. Isola scogliosa.
CEASE, *v*. Cessare; sospendere; interrompere.
  to cease firing, cessare il fuoco.
  "CEASE FIRING!" "Cessate il fuoco!"
CEDULA. Cedola, *f*; bolletta, *f*; scontrino, *m*.
CEILING. Quota di tangenza (Avn); soffitto, *m*.
CELL. Cella, *f*; cellula, *f*; pila, *f* (Elec).
  battery cell, pila di batteria elettrica.
  dry cell, pila a secco.
  storage cell, accumulatore, *m*.
CELLOPHANE. Cellofane, *f*.
CELLULOID. Celluloide, *f*.
CELLULOSE. Cellulosa, *f*.
CEMENT. Cemento, *m*.
  to cement, cementare.
CEMENTATION. Cementazione, *f*.
CEMETERY. Cimitero, *m*.
CENSOR. Censore, *m*.
CENSORSHIP. Censura, *f*.
  military censorship, censura militare.
CENSUS. Censimento, *m*.
CENTER. Centro, *m*.
  to center, centrare.
  mobilization center, centro di mobilitazione.
  reception center, centro di presentazione.
CENTER OF GRAVITY. Centro di gravità.
CENTER OF GYRATION. Centro di rotazione.

CAPSTAN. Argano, m (Nav).
CAPSULE. Capsula, f; cassula, f.
CAPTAIN. Capitano, m; capitano di vascello (Nav).
to captain, capitanare.
CAPTIVE. Prigioniero, m.
CAPTURE. Cattura, f.
to capture, catturare; prendere; occupare.
CAR. Carro, m; navicella (Avn); vettura.
armored car, autoblindata, f; carro blindato.
boxcar, carro merci chiuso.
combat car, carro armato.
command car, vettura del comando.
flat car, carro merci matto.
freight car, carro merci.
gondola car, carro merci scoperto.
rail car, carro ferroviario.
refrigerator car, carro refrigerante.
scout car, autovettura da ricognizione; autovetturetta, f.
tank car, vagone cisterna.
CARAVAN. Carovana, f.
CARBIDE. Carburo, m.
calcium carbide, carburo di calcio.
silicon carbide, carburo di silicio; carborundo, m.
CARBINE. Carabina, f.
CARBOLIC ACID. Acido fenico; fenolo, m.
CARBON. Carbone, m (Elec); carbonio, m (Cml).
carbon copy, copia a cartacarbone.
carbon dioxide, biossido di carbonio.
carbon monoxide, monossido di carbonio.
carbon paper, cartacarbone, f.
carbon tetrachloride, tetracloruro di carbonio.
colloidal carbon, carbonio colloidale.
CARBONACEOUS. Carbonaceo.
CARBONATE. Carbonato, m.
phenyl carbonate, carbonato di fenile.
potassium carbonate, carbonato di potassio.
CARBONIZATION. Carbonizzazione, f.
CARBONIZE, v. Carbonizzare.
CARBORUNDUM. Carborundo, m; carburo di silicio.
CARBUNCLE. Carbonchio, m.
CARBURATION. Carburazione, f.

CARBURETOR. Carburatore, m.
CARBURETOR FLOAT. Galleggiante del carburatore.
carburetor float chamber, camera del galleggiante del carburatore.
CARBURIZE, v. Carburare.
CARCASS. Carcassa, f (Arty).
CARDIAC. Cardiaco.
CARDINAL. Cardinale, m, n & adj.
CARDINAL POINT. Punto cardinale.
CARDIOGRAM. Cardiogramma, m.
CARE. Cura, f; attenzione, f; accuratezza, f.
CAREEN, v. Carenare.
CARGO. Carico, m.
CARGO CARRIER. Carro servizio.
CARPENTER. Falegname, m.
CARPENTRY. Opera di falegname; mestiere di falegname.
CARRIAGE. Affusto, m (Ord); carrello, m (Avn); carrozza, f (Vehicle).
barbette carriage, affusto in barbetta.
disappearing carriage, affusto a scomparsa.
field carriage, affusto da campagna.
lower carriage, sottaffusto, m; affustino, m.
seacoast carriage, affusto da costa.
siege carriage, affusto d'assedio.
top carriage, affusto superiore.
upper carriage, affusto superiore.
CARRIER. Vettore, m; portatore, m.
ammunition carrier, porta munizioni.
personnel carrier, automezzo trasporto personale.
CARRY, v. Prendere (Mil); occupare (Mil); portare; trasportare.
to carry on, tirare innanzi; perseverare.
CART. Carretta, f.
to cart, trasportare con carretta.
hand-drawn cart, carretta a mano.
mule cart, carretta a mulo.
CARTE BLANCHE. Carta bianca.
CARTOGRAPHY. Cartografia, f.
CARTRIDGE. Cartuccia, f; carica preparata.
armor-piercing cartridge, cartuccia a pallottola perforante.
ball cartridge, cartuccia a pallottola; cartuccia ordinaria.
blank cartridge, cartuccia a salve.

CAMERA FOCUS. Fuoco della macchina fotografica.
CAMERA MACHINE GUN. Fotomitragliatrice, *f*.
CAMERA MAGAZINE. Serbatoio della macchina fotografica.
CAMERA MOUNT. Cavalletto per macchina fotografica.
CAMERA OBSCURA. Camera oscura.
CAM FOLLOWER. Spingitoio, *m;* puntale, *m*.
CAMOUFLAGE. Mascheramento, *m;* camuffamento, *m;* mimetismo, *m*.
CAMP. Campo, *m;* accampamento, *m;* attendamento, *m*.
  to camp, accampare; accamparsi.
  to pitch camp, porre il campo.
  to strike camp, levare il campo.
  concentration camp, campo di concentramento.
  convalescent camp, campo per convalescenti; deposito di convalescenza.
  entrenched camp, campo trincerato.
  mobilization camp, campo di mobilitazione.
  training camp, campo di addestramento.
CAMPAIGN. Campagna, *f* (Mil).
  to begin a campaign, entrare in campagna.
CAMP FOLLOWERS. Venditori ambulanti al seguito delle truppe.
CAMSHAFT. Albero delle camme.
CAN, *n*. Recipiente di latta; bidone, *m;* latta, *f*.
CANAL. Canale, *m;* condotto, *m*.
CANARD. Canard, *m* (Avn).
CANARY ISLANDS. Isole Canarie.
CANDIA. Candia, *f;* Creta, *f*.
CANDLE. Candela, *f*.
  smoke candle, candela fumogena.
  tear-gas candle, candela lacrimogena.
CANDLE POWER. Candela, *f* (Elec).
CANISTER. Proietto a mitraglia; mitraglia, *f;* scatola a mitraglia; cartuccia, *f*.
CANNED. In latta; in scatola.
CANNON. Cannone, *m*.
  breech-loading cannon, cannone a retrocarica.
  infantry cannon, cannone per fanteria.
  rifled cannon, cannone rigato.

CANNONADE. Cannonata, *f;* cannoneggiamento, *m*.
  to cannonade, cannoneggiare.
CANNON FODDER. Carne da cannone.
CANNULA. Cannula, *f*.
CANOE. Canoa, *f;* canotto, *m*.
CANT. Inclinazione dell'asse degli orecchioni; sbandamento, *m* (G).
CANTEEN. Borraccia, *f* (Vessel); bettolino, *m* (Mil); cantina militare (Mil).
CANTER. Piccolo galoppo.
CANTLE. Arcione posteriore.
CANTONMENT. Accantonamento, *m*.
CANVAS. Olona, *f;* tela greggia.
CANYON. Canalone, *m*.
CAP. Cappuccio, *m* (Projectile); berretto, *m*.
  ballistic cap, tagliavento, *m*.
  barrel's base cap, tappo di culatta.
  field cap, berretto da campagna.
  percussion cap, capsula fulminante.
  snow cap, passamontagne, *m*.
CAPACITY. Capacità, *f*.
  carrying capacity, capacità di carico; portanza, *f*.
  in the capacity of, nella qualità di; a titolo di.
  loading capacity, capacità di carico; portanza, *f*.
  official capacity, forma ufficiale; veste ufficiale.
  road capacity, capacità veicolare della strada.
CAPE. Capo, *m* (Top); mantellina, *f*.
CAPE SAINT VINCENT. Capo San Vincenzo.
CAPE SANTA MARIA DI LEUCA. Capo Santa Maria di Leuca.
CAPE SPARTIVENTO. Capo Spartivento.
CAPIAS. Mandato di cattura.
CAPILLARY. Capillare.
CAPITAL. Linea capitale (Ft); capitale, *f* (City); capitale, *m* (Fin).
CAPITAL, *adj*. Capitale.
CAPITULATE, *v*. Capitolare.
CAPITULATION. Capitolazione, *f*.
CAPONIERE. Caponiera, *f;* capannato, *m*.
CAPSIZE, *v*. Capovolgere; capovolgersi.

C

CABIN. Cabina, *f.*
CABIN BOY. Camerotto, *m.*
CABINET. Gabinetto, *m* (Politics); cassetta, *f;* cofano, *m.*
CABLE. Cavo; canapo, *m;* gomena, *f* (Nav); catena, *f* (of an anchor); cablogramma, *m.*
to cable, cablografare.
control cable, canapo di comando.
main cable, cavo principale.
multiple conductor cable, cavo multiplo (Slt).
shore cable, cavo elettrico per mina subacquea; cavo elettrico per ginnoti.
single conductor cable, cavo unipolare (Slt).
submarine cable, cavo sottomarino.
tow cable, cavo da rimorchio.
towing cable, canapo da rimorchio; rimorchio, *m.*
two conductor cable, cavo binato (Slt).
CABLEGRAM. Cablogramma, *m.*
CABLE LENGTH. Lunghezza di gomena.
CABOOSE. Cambusa, *f* (Nav).
CADAVER. Cadavere, *m.*
CADENCE. Cadenza, *f.*
CADET. Cadetto, *m;* allievo, *m;* allievo di scuola militare.
flying cadet, allievo aviatore.
CADMIUM. Cadmio, *m.*
CADRE. Quadro, *m* (Mil).
CAGE. Gabbia, *f;* carcassa, *f.*
CAISSON. Cassone, *m.*
CAISSON PROP. Supporto di cassone; sostegno di cassone.
CAKE, *v.* Indurirsi; coagularsi; solidificarsi.
CALCAREOUS. Calcareo.
CALCIFICATION. Calcificazione, *f.*
CALCIUM. Calcio, *m* (Cml).
CALCULATE, *v.* Calcolare.
CALCULATION. Calcolo, *m;* computo, *m.*
CALCULUS. Calcolo, *m* (Med & Mathematics).
CALENDAR. Calendario, *m.*
CALENDAR YEAR. Anno civile.
CALIBER. Calibro, *m.*
CALIBRATE, *v.* Calibrare.
CALIPERS. Calibro, *m* (Instr); compasso da tornitore.
CALISTHENICS. Ginnastica, *f.*
mass calisthenics, ginnastica in massa; esercizi ginnastici collettivi.
CALK. Rampone (Horseshoe).
CALK, *v.* Calafatare (Nav); raddobbare (Nav).
CALKING. Calafataggio, *m.*
CALL. Chiamata, *f;* segnale di chiamata.
to call, chiamare.
to call at, far scalo a (Nav).
to call off, richiamare; rimandare; annullare.
to call the roll, far l'appello; far la chiama.
adjutant's call, segnale di radunata.
bugle call, segnale di tromba.
call to quarters, segnale di ritirata.
conference call, comunicazione collettiva (Tp).
fire call, segnale di adunata in caso d'incendio.
officers' call, chiamata a rapporto.
roll call, appello, *m.*
telephone call, chiamata telefonica; telefonata, *f.*
CALM, *n.* Calma, *f;* bonaccia, *f* (Nav).
CALM, *adj.* Calmo.
CALORIE. Caloria, *f.*
CAM. Camma, *f;* eccentrico, *m.*
CAMBER. Curvatura, *f;* inarcamento, *m.*
to camber, curvare; arcuare.
CAMEL. Cammello, *m.*
CAMELEER. Cammelliere, *m.*
CAMERA. Macchina fotografica; apparecchio fotografico.
aerial camera, macchina aerofotografica.
motion-picture camera, macchina da presa; apparecchio da presa.
multi-lens camera, macchina fotografica ad obiettivo multiplo.
multiple-lens camera, macchina fotografica ad obiettivo multiplo.
plate camera, macchina fotografica a lastra.
single-lens camera, macchina fotografica ad obiettivo semplice.
CAMERA CASE. Cassetta per macchina fotografica.

BULLET—Continued.
steel-jacketed bullet, pallottola a rivestimento d'acciaio.
tracer bullet, pallottola tracciante.
BULLET DENSITY. Densità delle pallette (Shrapnel).
BULLETIN. Bollettino, *m;* rapporto, *m.*
BULLET JACKET. Incamiciatura della pallottola; rivestimento della pallottola.
BULLET MOLD. Matrice per pallottole.
BULLETPROOF. A prova di pallottola.
BULLET SPLASH. Frantumazione della pallottola.
BULL'S-EYE. Barilozzo, *m.*
BULWARK. Baluardo, *m;* riparo, *m.*
BUMPER. Paraurti, *m* (Automobile); parabordo, *m* (Nav).
BUNK. Cuccetta, *f.*
BUNKER. Carboniera, *f;* carbonile, *m.*
BUOY. Boa, *f;* gavitello, *m.*
  bell buoy, boa a campana.
  breeches buoy, imbracatura di salvataggio.
  can buoy, boa cilindrica.
  cone buoy, boa conica.
  life buoy, salvagente anulare.
  nun buoy, gavitello di metallo; gavitello a forma di due piramidi; gavitello a forma di due coni.
  whistling buoy, boa sibilante.
BUOYANCY. Spinta di galleggiamento; galleggiabilità, *f.*
BUREAU. Ufficio, *m;* dicastero, *m* (Government).
  Militia Bureau, Ufficio della Guardia Nazionale.
BUREAU OF INSULAR AFFAIRS. Dicastero degli affari insulari.
BUREAU OF MINES. Ufficio delle Miniere.
BUREAU OF PENSIONS. Ufficio pensioni di guerra.
BUREAU OF STANDARDS. Ufficio pesi e misure.
BURGEE. Gagliardetto, *m;* pennello, *m.*
BURIAL. Sepoltura, *f.*
BURLAP. Tela di iuta, *f.*
BURN. Scottatura, *f;* ustione, *f.*
  to burn, ardere; ustionare; scottare; bruciare.

BURN—Continued.
  to burn down, bruciare completamente.
BURNER. Beccuccio, *m* (Fixture); inceneratore, *m.*
BURNISH, *v.* Brunire.
BURST. Scoppio, *m;* raffica di fuoco.
  to burst, esplodere; scoppiare.
  adjusted burst, scoppio regolato; scoppio aggiustato.
  air burst, scoppio in aria.
  graze burst, scoppio a terra.
  height of burst, altezza di scoppio.
  high burst, scoppio alto.
  invisible burst, scoppio invisibile.
  mean height of burst, altezza media di scoppio.
  normal height of burst, altezza normale di scoppio.
  percussion burst, scoppio all' urto.
  point of burst, punto di scoppio.
  premature burst, scoppio prematuro.
  retarded burst, scoppio ritardato.
  unobserved burst, scoppio inosservato.
  visible burst, scoppio visibile.
  zero height of burst, altezza zero di scoppio.
BURST CENTER. Centro degli scoppi.
BURST EFFECT. Effetto dello scoppio.
BURST INTERVAL. Intervallo di scoppio.
BURY, *v.* Sotterrare; interrare; seppellire.
BUS. Autobus, *m.*
BUSBY. Colbacco, *m.*
BUSH. Cespuglio, *m.*
BUSHING. Boccola, *f;* bronzina, *f.*
BUTT. Calcio, *m* (Firearm); parapalle, *m.*
BUTT END. Sottocalcio, *m.*
BUTTOCK. Anca, *f* (Nav); giardinetto, *m* (Nav); natica, *f* (Anatomy).
BUTT PLATE. Calciolo, *m.*
  hinged butt plate, calciolo a cerniera.
BUTTRESS. Contrafforte, *m;* barbacane, *m.*
BUTTS. Parapalle, *m.*
BUTTSTOCK. Impugnatura, *f* (SA).
BUZZERPHONE. Cicalino, *m.*
"BY THE NUMBERS!" "Per tempi!"

OPERATOR. Conducente, *m;* automobilista, *m;* operatore, *m.*
OPINION. Opinione, *f;* giudizio, *m;* parere, *m.*
   expert opinion, parere d'esperto.
   opinion of Judge Advocate General, opinione dell'avvocato militare generale.
OPTIC. Ottico.
OPTICAL. Ottico.
OPTICAL CENTER. Centro ottico (Instr).
OPTICS. Ottica, *f.*
OPTION. Opzione, *f;* diritto di scelta.
   to option, accordare un'opzione.
OPTOMETER. Optometro, *m.*
ORAL. Orale; verbale.
ORAN, Orano.
ORBIT. Orbita, *f.*
ORDER. Ordine, *m;* comando, *m.*
   to order, ordinare; comandare.
   to transmit an order, trasmettere un ordine.
   administrative order, ordine di soggetto amministrativo.
   attack order, ordine d'attacco.
   close order, ordine chiuso.
   combat orders, ordini per il combattimento.
   court-martial order, ordine del tribunale militare.
   dictated order, ordine dettato.
   executive order, ordine esecutivo.
   extended order, ordine sparso.
   field order, ordine emanato sul campo.
   fire order, ordine di far fuoco.
   formal fire order, ordine formale di fuoco.
   fragmentary order, ordine frammentario.
   general order, ordine generale.
   march order, ordine della marcia (Instructions for a march).
   oral fire order, ordine verbale di fuoco.
   oral order, ordine verbale.
   order of march, ordine di marcia (Disposition of troops).
   order of precedence, ordine di precedenza.
   order of the day, ordine del giorno.
   original fire order, ordine originale di fuoco.

ORDER—Continued.
   special order, ordine speciale; consegna, *f* (Sentinel).
   standing order, ordine permanente.
   subsequent order, ordine susseguente.
   under orders, agli ordini.
   warning order, ordine preliminare.
   written order, ordine scritto.
   "ORDER ARMS!" "Pied'arm!"; "Fianc'arm!"
ORDERLY. Attendente, *m* (Mil); ordinanza, *f* (Mil); infermiere, *m* (Hosp).
ORDER OF BATTLE. Ordine di battaglia.
   concave order of battle, ordine di battaglia concavo.
   converging order of battle, ordine di battaglia convergente.
   convex order of battle, ordine di battaglia convesso.
   echelon-on-both-wings order of battle, ordine di battaglia a scaglioni delle ali verso il centro.
   echelon-on-the-center order of battle, ordine di battaglia a scaglioni dal centro verso le ali.
   oblique order of battle, ordine di battaglia obliquo.
   parallel order of battle, ordine di battaglia parallelo.
   perpendicular-on-both-wings order of battle, ordine di battaglia perpendicolare su due ali.
   perpendicular-on-one-wing order of battle, ordine di battaglia perpendicolare sopra un'ala.
   perpendicular order of battle, ordine di battaglia perpendicolare.
   simple-parallel order of battle, ordine di battaglia parallelo semplice.
ORDINANCE. Ordinanza, *f.*
   city ordinance, ordinanza municipale; ordinanza della città.
ORDINATE. Ordinata, *f.*
   maximum ordinate, altezza del tiro; ordinata massima.
ORGANIZATION. Organizzazione, *f.*
   organization of defense, organizzazione della difesa.
   organization of fires, organizzazione dei tiri.
   organization of the ground, organizzazione del terreno.

OFFICER—Continued.
regulating officer, comandante della stazione movimento truppe e materiali.
reserve officer, ufficiale della riserva; ufficiale di complemento.
responsible officer, ufficiale consegnatario rifornimenti.
retired officer, ufficiale a riposo.
reviewing officer, ufficiale revisore.
senior officer, ufficiale anziano.
staff officer, ufficiale di Stato Maggiore.
subaltern officer, ufficiale subalterno.
subordinate officer, ufficiale in sottordine.
supply officer, ufficiale ai rifornimenti.
temporary officer, ufficiale temporaneo.
unattached officer, ufficiale in disponibilità.
warrant officer, maresciallo maggiore, *m*.
OFFICIAL. Ufficiale, *m, n & adj.*
OGIVAL. Ogivale.
OGIVE. Ogiva, *f.*
false ogive, falsa ogiva; tagliavento, *m.*
OHM. Ohm, *m.*
OHMMETER. Ohmmetro, *m.*
OIL. Olio, *m;* petrolio, *m.*
to oil, ungere d'olio; spalmare d'olio.
bone oil, olio di osso.
castor oil, olio di ricino.
Chinese wood oil, olio di legno cinese; olio di aleurites.
crude oil, petrolio greggio.
Diesel oil, olio per motore Diesel.
essential oil, olio essenziale.
fish oil, olio di pesce.
floor oil, olio da pavimento.
hydrogenated oil, olio idrogenato.
linseed oil, olio di lino.
lubricating oil, olio lubrificante.
mineral oil, olio minerale.
neatsfoot oil, olio di piede di bue.
oil temperature regulator, regolatore della temperatura dell'olio.
olive oil, olio d'oliva.
raw linseed oil, olio di lino greggio.
soy bean oil, olio di soia.
OIL CAN. Oliatore, *m.*
OIL CONTROL RING. Anello elastico (of piston).
OIL FIELD. Campo petrolifero.

OIL GAUGE. Oleometro, *m.*
OIL PAN. Carter del motore.
drip oil pan, sgocciolatoio, *m;* carter per lubrificazione a goccie.
splash oil pan, carter per lubrificazione a sbattimento.
OIL PIPE LINE. Oleodotto, *m.*
OIL PRESSURE. Pressione dell'olio.
OIL PUMP. Pompa dell'olio (Mtr).
OIL TANK. Serbatoio dell'olio.
OIL TANKER. Nave petroliera; petroliera, *f.*
OIL WELL. Pozzo petrolifero.
OLEO GEAR. Ammortizzatore oleopneumatico (Landing gear).
OLEO STRUT. Ammortizzatore idraulico (Avn).
"ONE PACE BACKWARD, MARCH!" "Un passo indietro, marc!"
"ONE PACE FORWARD, MARCH!" "Un passo avanti, marc!"
OPACITY. Opacità, *f.*
OPAQUE. Opaco.
OPEN. Aperto; scoperto.
to open, aprire.
in the open, all'aperto.
OPENING. Apertura, *f.*
OPERATE, *v.* Operare; agire; funzionare.
OPERATION. Operazione, *f.*
base of operations, base di operazioni.
combined operations, operazioni combinate; grande tattica.
field of operations, teatro d'operazioni.
joint operations, operazioni combinate; grande tattica.
landing operations, operazioni di sbarco.
line of operations, linea di operazioni.
mechanical operation, operazione meccanica.
night operation, operazione notturna.
oversea operations, operazioni di oltremare.
plan of operations, piano d'operazioni.
special operations, operazioni speciali.
theater of operations, teatro di operazioni.
zone of operations, zona di operazioni.
OPERATIONS. Ufficio operazioni (General Staff).
OPERATIONS ORDERS. Ordini di operazione.

OBSTACLE—Continued.
portable obstacle, ostacolo mobile.
protective obstacle, ostacolo di protezione.
tactical obstacle, ostacolo tattico.
tank obstacle, ostacolo contro i carri armati.
OBSTRUCT, *v.* Ostruire.
OBSTRUCTION. Ostruzione, *f.*
OBTURATE, *v.* Chiudere ermeticamente; otturare.
OBTURATOR. Congegno di chiusura ermetica (G); anello plastico (G).
OCCUPATION. Occupazione, *f.*
military occupation, occupazione militare.
night occupation, occupazione notturna.
occupation of enemy's territory, occupazione di territorio nemico.
occupation of position, presa di posizione; occupazione della posizione.
OCCUPY, *v.* Occupare.
OCEAN. Oceano, *m.*
OCTANE. Ottano, *m.*
OCTANT. Ottante, *m.*
OCULAR. Oculare, *m, n & adj.*
ODD. Dispari (Mathematics); strano.
ODOMETER. Odometro, *m.*
ODOR. Odore, *m.*
ODORLESS. Inodoro.
OFFEND, *v.* Offendere.
OFFENDER. Trasgressore, *m* (Law); offensore, *m.*
delivery of offender, consegna del trasgressore.
joint offender, correo, *m.*
OFFENSE. Offesa, *f* (Mil); offensiva, *f* (Mil); trasgressione, *f* (Law); reato, *m* (Law).
civil offense, reato civile.
continuing offense, reato continuato.
OFFENSIVE. Offensiva, *f.*
strategical offensive, offensiva strategica.
OFFENSIVE, *adj.* Offensivo.
OFFICER. Ufficiale, *m.*
to officer, fornire di ufficiali; funzionare da ufficiale.
administrative officer, ufficiale di amministrazione.
airfield officer, comandante del campo d'aviazione.

OFFICER—Continued.
brother officers, ufficiali di una medesima unità; colleghi, *mpl.*
chemical war staff officer, ufficiale di stato maggiore dell'arma chimica.
classification of officers, classificazione degli ufficiali.
commanding officer, comandante, *m.*
commissioned officer, ufficiale, *m.*
de facto officer, ufficiale di fatto.
detached officer, ufficiale distaccato.
disbursing officer, ufficiale pagatore.
executive officer, comandante in seconda.
field officer, ufficiale superiore.
field officer of the day, ufficiale superiore di giornata.
flying officer, ufficiale aviatore.
gas noncommissioned officer, sottufficiale istruttore protezione attacchi con i gas.
gas officer, ufficiale servizio chimico di guerra.
general officer, ufficiale generale.
investigating officer, ufficiale istruttore.
liaison officer, ufficiale di collegamento.
line officer, ufficiale di linea.
maintenance officer, ufficiale manutenzione materiali.
mess officer, ufficiale addetto al rancio.
noncommissioned officer, sottufficiale, *m.*
offering violence to superior officer, usare violenza contro un superiore.
officer commanding for the time being, ufficiale in comando interinale.
officer of the day, ufficiale di giornata.
officer of the guard, ufficiale di guardia; ufficiale di picchetto.
officer preferring charges, pubblico ministero; avvocato militare.
operations officer, ufficiale di operazioni.
petty officer, sott'ufficiale, *m* (Nav).
provisional officer, ufficiale provvisorio.
public relations officer, ufficiale di collegamento col pubblico (USA).
recreation officer, ufficiale addetto alle ricreazioni.

NOTIFY, v. Notificare.
NOVICE. Novizio, m.
NUCLEUS. Nucleo, m.
NUMBER. Numero, m.
  to number, numerare.
  cardinal number, numero cardinale.
  even number, numero pari.
  fixed number, numero costante (Mathematics); base, f (Logarithm).
  given number, numero proposto (Mathematics).
  identification number, numero d'identificazione.
  odd number, numero dispari.
  ordinal number, numero ordinale.
  prime number, numero primo.
NUMERAL. Numero, m; cifra, f.
  arabic numeral, cifra arabica.
  roman numeral, numero romano.
NUMERICAL. Numerico.
NUNCIO. Nunzio, m; nunzio apostolico.
NURSE. Infermiere, m; infermiera, f.
  to nurse, assistere; allevare.
  army nurse, infermiera militare.
  Red Cross nurse, dama della Croce Rossa; crocerossina, f.
NUT. Dado, m (Mech).
  lock nut, controdado, m.
  stop nut, controdado, m; controvite, f.

O

OAKUM. Stoppa, f; stoppa da calafatame; stoppa da calafato.
OAR. Remo, m.
  to feather an oar, spalare un remo.
  to oar, remare; vogare.
  blade of oar, pala di remo.
OARSMAN. Vogatore, m; rematore, m.
OASIS. Oasi, f.
OAT. Avena, f.
OATH. Giuramento, m.
  false oath, giuramento falso.
  oath of allegiance, giuramento di fedeltà.
  oath of office, giuramento prestato nell'assumere la carica.
  power to administer oath, facoltà di far prestare il giuramento.
OBEY, v. Ubbidire.
  failure to obey, disubbidienza.
OBJECTIVE. Obiettivo, m.
  final objective, obiettivo d'attacco; obiettivo finale.

OBJECTIVE—Continued.
  intermediate objective, obiettivo intermedio.
OBLIGATION. Obbligazione, f; obbligo, m.
OBLIQUE. Obliquo.
OBLIQUITY. Obliquità, f.
OBLITERATE, v. Obliterare; cancellare.
OBLITERATION. Obliterazione, f; cancellatura, f.
OBSERVATION. Osservazione, f.
  aerial observation, osservazione aerea.
  air observation, osservazione aerea.
  axial observation, osservazione assiale.
  bilateral observation, osservazione bilaterale; osservazione coniugata.
  flank observation, osservazione trasversale.
  ground observation, osservazione terrestre.
  lateral observation, osservazione laterale.
  phonometric observation, osservazione fonotelemetrica.
  terrestrial observation, osservazione terrestre.
  unilateral observation, osservazione unilaterale; osservazione semplice.
  weather observation, osservazione meteorologica.
OBSERVATION POST. Osservatorio, m (Mil); posto d'osservazione.
  battery observation post, posto d'osservazione di batteria.
OBSERVE, v. Osservare.
OBSERVER. Osservatore, m.
  military observer, osservatore militare.
OBSERVER DISPLACEMENT. Angolo d'osservazione.
OBSERVER-GUNNER. Mitragliere osservatore (Avn).
OBSERVING POINT. Punto d'osservazione.
OBSERVING SECTOR. Fronte d'osservazione.
OBSTACLE. Ostacolo, m.
  artificial obstacle, ostacolo artificiale.
  barbed-wire obstacle, barriera di filo spinato; ostacolo di filo spinato.
  fixed obstacle, ostacolo fisso.
  natural obstacle, ostacolo naturale.

NAVIGATION—Continued.
 hazard of navigation, pericoli di mare.
 inland navigation, navigazione interna.
 obstructions to navigation, ostruzioni alla navigazione.
 radio navigation, navigazione radiogoniometrica.
NAVIGATOR. Ufficiale di rotta; navigatore, *m*.
NAVY. Marina, *f*; flotta, *f*.
NAVY DEPARTMENT. Ministero della Marina.
NAVY YARD. Cantiere navale; arsenale marittimo.
NECK. Lingua di terra (Top); collo, *m* (Anatomy).
NEEDLE. Ago, *m*.
NEGATIVE. Negativo.
NEGLIGENCE. Negligenza, *f*.
 contributory negligence, negligenza colpevole; concorso di negligenza.
NEGOTIATE, *v*. Negoziare; trattare.
NEGOTIATION. Negoziazione, *f*; trattativa, *f*.
NEPHOSCOPE. Nefoscopio, *m*.
NEST. Nido, *m*.
 machine gun nest, nido di mitragliatrici.
NET. Rete, *f*; trappola, *f*.
 to net, irretire.
 camouflage net, rete per mascheramenti.
NETCUTTER. Tagliarete, *m* (Nav).
NEUTRAL. Neutrale.
 in neutral, in folle (Automobile).
NEUTRALITY. Neutralità, *f*.
 armed neutrality, neutralità armata.
 enforcement of neutrality, applicazione della neutralità.
 permanent neutrality, neutralità perpetua.
NEUTRALIZATION. Neutralizzazione, *f*.
NEUTRALIZE, *v*. Neutralizzare.
NEUTRAL RIGHTS. Diritto dei neutri.
NEWS. Notizia, *f*; notizie, *fpl*.
NEWSPAPER. Giornale, *m*.
NEWSPAPERMAN. Giornalista, *m*.
NICKEL. Nichelio, *m*; nichel, *m*.
 to nickel, nichelare.
NILE. Nilo, *m*.
NITER. Nitro, *m*.

NITRATE. Nitrato, *m*.
 ammonium nitrate, nitrato d'ammonio.
 potassium nitrate, nitrato di potassa.
 silver nitrate, nitrato d'argento.
NITRATION. Nitrazione, *f*.
NITROCELLULOSE. Nitrocellulosa, *f*.
NITROCOTTON. Nitrocotone, *m*.
NITROGEN. Nitrogeno, *m*; azoto, *m*.
NITROGLYCERIN. Nitroglicerina, *f*.
NITROMETER. Nitrometro, *m*.
NO MAN'S LAND. Zona neutra.
NOMENCLATURE. Nomenclatura, *f*.
NOMINAL. Nominale.
NONCOMBATANT. Non combattente.
NONFEASANCE. Inosservanza, *f*; inadempimento, *m*.
NONINTERVENTION. Non intervento.
NONTOXIC. Non tossico.
NONVOLATILE. Non volatile.
NONTRANSPORTABLE. Intrasportabile (wounded).
NOON. Mezzogiorno, *m* (Time).
 mean noon, mezzogiorno medio.
 solar noon, mezzogiorno solare.
NORIA. Noria, *f*; bindolo, *m*.
NORMAL. Normale, *f*, *n* & *adj*.
NORMALITY. Normalità, *f*; regolarità, *f*.
NORMALIZE, *v*. Normalizzare.
NORTH. Nord, *m*; settentrione, *m*.
 compass north, nord di bussola.
 geographic north, nord geografico.
 magnetic north, nord magnetico.
 true north, nord vero; nord astronomico.
NORTHEAST. Nord-est, *m*.
NORTHERN. Nordico; settentrionale; boreale.
NORTH STAR. Stella polare.
NORTHWEST. Nord-ovest, *m*.
NOSE. Testata, *f* (Fuselage); naso, *m* (Anatomy).
NOSE BAG. Sacchetta da biada.
NOTARY PUBLIC. Notaio, *m*.
NOTATION. Notazione, *f*.
NOTCH. Tacca, *f*.
NOTEBOOK. Libretto di appunti.
NOTICE. Annunzio, *m*; avviso, *m*.
 to notice, prendere nota; notare; osservare.
NOTIFICATION. Notificazione, *f*.

MOVEMENT—Continued.
   turning movement, movimento aggirante; manovra di aggiramento; aggiramento, *m.*
MUD. Fango, *m.*
MUDBANK. Banco di fango.
MUFFLER. Silenziatore, *m;* smorzatore di scappamento.
   muffler pipe, tubo del silenziatore; tubo dello smorzatore di scappamento.
MUFTI. Abito borghese.
MULE. Mulo, *m.*
   pack mules, muli da salma.
   riding mules, muli da sella.
   sumpter mules, salmerie, *fpl.*
MULE SKINNER (Slang). Mulattiere, *m.*
MULTIPLACE. Multiposto.
MULTIPLANE. Multiplano, *m.*
MULTIPLE. Multiplo.
MULTIPLICATION. Moltiplicazione, *f.*
MURDER. Omicidio, *m.*
MUSHROOM HEAD. Testa a fungo (Ord).
MUSKET. Moschetto, *m.*
MUSTER ROLL. Ruolino nominativo.
MUTILATE, *v.* Mutilare.
MUTILATION. Mutilazione, *f.*
MUTINY. Ammutinamento, *m.*
   to mutiny, ammutinarsi.
   failure to suppress mutiny or sedition, omessa repressione di ammutinamento o sedizione.
MUZZLE. Bocca, *f* (G).
   muzzle cap, cappuccio di volata.
   muzzle hoop, anello di volata (G).
MUZZLE LOADER. Arma ad avancarica.
MUZZLE-LOADING. Ad avancarica.
MUZZLE VELOCITY. Velocità iniziale.
   fixed muzzle velocity, velocità iniziale fissa.

N

NACELLE. Navicella, *f* (Avn).
NADIR. Nadir, *m.*
NAIL. Chiodo, *m;* unghia,*f* (Anatomy).
   to nail, inchiodare.
   headless nail, chiodo senza testa.
   horseshoe nail, chiodo di ferro di cavallo.

NAME. Nome, *m.*
   change of name, cambiamento di nome.
   true name, nome vero.
NAPHTHA. Nafta, *f.*
NAPLES. Napoli, *f.*
NATION. Nazione, *f.*
NATIONAL. Suddito, *m.*
NATIONAL, *adj.* Nazionale.
NATIONAL GUARD. Milizia Statale (USA).
   National Guard called into federal service, milizia statale chiamata a prestare servizio militare federale.
   National Guard drafted into federal service, milizia statale arruolata nel servizio militare federale.
   National Guard in the federal service, milizia statale in servizio federale.
NATIONALITY. Nazionalità, *f.*
   certificate of nationality, atto di nazionalità.
NATURALIZATION. Naturalizzazione, *f.*
NAUTICAL. Nautico.
NAUTICAL STARS. Stelle nautiche.
NAUTICS. Nautica, *f.*
NAVAL. Navale; marittimo.
NAVAL ATTACHÉ. Addetto navale.
NAVAL POWER. Potenza Navale.
NAVAL STATION. Stazione navale.
NAVAL WAR COLLEGE. Accademia navale.
NAVEL. Ombelico, *m.*
NAVIGABILITY. Navigabilità, *f.*
NAVIGABLE. Navigabile.
NAVIGATE, *v.* Navigare; governare (Nav).
NAVIGATION. Navigazione, *f.*
   aerial navigation, aeronavigazione, *f;* navigazione aerea; aeronautica, *f.*
   air navigation, aeronavigazione, *f;* navigazione aerea, *f.*
   astronomical navigation, navigazione astronomica.
   celestial navigation, navigazione astronomica.
   dead-reckoning navigation, navigazione stimata.
   deep-sea navigation, navigazione alturiera; navigazione di altura; navigazione di lungo corso.

MOOR, v. Ormeggiare.
MOORING. Ancoraggio, m; ormeggio, m.
MOORING LINE. Cavo d'ormeggio.
main mooring line, cavo principale d'ormeggio.
main mooring-mast line, cavo principale del pilone d'ormeggio.
MOORING MAST. Pilone d'ormeggio.
MOORING TOWER. Torre d'ormeggio; pilone d'ormeggio.
MOPPING UP. Rastrellamento, m (Mil).
MORALE. Morale, m.
MORNING REPORT. Rapporto giornaliero; rapporto giornaliero sui turni di servizio.
MOROCCAN. Marocchino, m.
MOROCCO. Marocco, m.
MORTAL. Mortale.
MORTALITY. Mortalità, f.
MORTAR. Mortaio, m; calcina, f (Masonry); malta, f (Masonry).
chemical mortar, mortaio per bombe a gas; lanciabombe, m.
lifesaving mortar, mortaio lancia sagole.
seacoast mortar, mortaio da costa.
siege mortar, mortaio d'assedio.
trench mortar, mortaio da trincea.
MOSAIC. Fotomosaico, m (Photo); mosaico, m.
controlled mosaic, mosaico con elementi di orientamento.
photographic mosaic, fotomosaico, m.
strip mosaic, mosaico di strisciata.
uncontrolled mosaic, mosaico senza elementi di orientamento.
MOSQUITO. Moscerino, m; zanzara, f.
MOSQUITO NET. Zanzariera, f.
MOTION. Moto, m; richiesta, f (Law); giuoco, m (Mech).
atmospheric motion, moto atmosferico.
free motion, giuoco libero.
MOTION PICTURES. Cinematografo, m.
MOTOR. Motore, m.
to clean the motor, pulire il motore.
Diesel motor, motore Diesel.
MOTOR, adj. Motorio; motore.
MOTORBOAT. Motoscafo, m; motobarca, f; autoscafo, m.

MOTORCAR. Automezzo, m; autoveicolo, m.
MOTORCYCLE. Motocicletta, f; motociclo, m.
MOTORCYCLE COMPANY. Compagnia motociclisti.
MOTOR-DRIVEN. Azionato da motore; a motore.
MOTORIZATION. Motorizzazione, f.
MOTORIZED. Motorizzato.
MOUND. Rialzo di terra (Top).
MOUNT. Affusto, m (Ord); sostegno, m (Mg); cavalcatura, f (H); monte, f (Top); cavalletto, m.
to mount, incavalcare (G); montare.
fixed mount, sostegno fisso (Mg).
mount in traveling position, affusto disposto per la marcia.
pedestal mount, affusto a piedistallo.
railway mount, affusto ferroviario.
self-propelled mount, autoaffusto; affusto semovente (Mil).
MOUNTAIN. Montagna, f.
MOUNTAIN PASS. Passo di montagna; valico, m.
MOUNTAIN RANGE. Catena di montagne.
"MOUNT MORTAR!" "Incavalcate il mortaio!"
MOURNING ARM BAND. Fascia di lutto da braccio.
MOVE. Mossa, f.
to move, muovere; spostare; spostarsi.
on the move, in marcia.
MOVEMENT. Movimento, m.
angular movement, movimento angolare.
flank movement, movimento di fianco.
retrograde movement, movimento retrogrado.
troop movement by air, movimento di truppe per via aerea.
troop movement by motor, movimento di truppe a mezzo di autocarri.
troop movement by rail, movimento di truppe per ferrovia.
troop movement by water, movimento di truppe per via acquea.

MISSION. Missione, *f.*
  fundamental mission, missione fondamentale.
  given mission, missione affidata.
  mission of delay, missione ritardatrice.
  photographic mission; missione fotografica.
  smoke mission, missione per nubi di fumo.
  tactical mission, missione tattica.
MIST. Nebbia chiara.
MISTAKE. Sbaglio, *m;* errore, *m.*
  to mistake, commettere un errore; prendere per.
MISTAKEN. Sbagliato; erroneo.
MIX, *v.* Mescolare; mischiare.
MIXTURE. Miscela, *f;* mescolanza, *f;* mistura, *f;* miscuglio, *m.*
  explosive mixture, miscuglio esplosivo.
  gasoline mixture, miscela carburante.
  H C mixture, esacloroetano, *m.*
  lean mixture, miscela povera (Carburetor).
  rich mixture, miscela ricca (Carburetor).
MOBILITY. Mobilità, *f.*
  strategic mobility, mobilità strategica.
  tactical mobility, mobilità tattica.
MOBILIZATION. Mobilitazione, *f.*
  civilian mobilization, mobilitazione civile.
  cycle of mobilization, ciclo di mobilitazione.
  first day of mobilization, primo giorno di mobilitazione.
  general mobilization, mobilitazione generale.
  partial mobilization, mobilitazione parziale.
MOBILIZATION CENTER. Centro di mobilitazione.
MOBILIZATION OF A UNIT. Mobilitazione di una unità.
MOBILIZATION OPERATIONS. Operazioni di mobilitazione.
MOBILIZATION ORDER. Ordine di mobilitazione.
MOBILIZATION PLAN. Piano di mobilitazione.
MOBILIZATION PROCLAMATION. Manifesto di mobilitazione.
MOBILIZE, *v.* Mobilitare.
MODULUS. Modulo, *m.*
MODULUS OF ELASTICITY. Coefficiente di elasticità.
MODULUS OF RUPTURE. Coefficiente di rottura.
MOGADISCIO. Mogadiscio, *f.*
MOISTURE. Umidità, *f.*
MOLD. Matrice, *f;* modanatura, *f* (Engr); forma, *f;* muffa, *f.*
MOLTEN. Fuso.
MOLYBDENUM. Molibdeno, *m;* moliddeno, *m.*
MOMENT. Momento, *m.*
MOMENT COEFFICIENT. Coefficiente adimensionale del momento (Avn).
MOMENT OF FORCE. Momento statico della forza.
MOMENT OF INERTIA. Momento di inerzia.
MONETARY. Monetario.
MONEY. Danaro, *m;* denaro, *m*; moneta, *f.*
  paper money, cartamoneta, *f.*
  public money, tesoro pubblico; erario, *m.*
MONEY ORDER. Vaglia, *m.*
  postal money order, vaglia postale.
MONITOR. Monitore, *m* (Nav).
MONOCOQUE. Monochiglia, *m.*
MONONITROTOLUENE. Mononitrotoluene, *m.*
MONOPHONE. Microtelefono, *m.*
MONOPLANE. Monoplano, *m.*
  cantilever monoplane, monoplano con ala a sbalzo; monoplano con ala a cantilever.
  double monoplane, monoplano in coppia.
  fighter monoplane, monoplano da combattimento.
  low-wing monoplane, monoplano ad ala bassa.
  parasol monoplane, monoplano tipo parasole.
  semicantilever monoplane, monoplano a tiranti; monoplano a semicantilever.
MONUMENT. Monumento, *m.*
  national monument, monumento nazionale.
MOON. Luna, *f.*
MOONSET. Tramonto della luna.

ORGANIZATION—Continued.
  patriotic organization, organizzazione patriottica.
ORGANIZE, *v.* Organizzare.
ORGANIZING AND TRAINING. Ufficio addestramento (General Staff).
ORIENT. Oriente, *m.*
  to orient, orientare; orientarsi.
  to orient on magnetic north, orientare al nord magnetico.
ORIENTAL. Orientale.
ORIENTATION. Orientamento, *m.*
  absolute orientation, orientamento assoluto.
  relative orientation, orientamento relativo.
ORIENTING LINE. Linea di orientamento.
ORIENTING POINT. Punto di orientamento.
ORIGIN. Origine, *f.*
ORIGINAL. Originale, *m, n* & *adj.*
OROGRAPHY. Orografia, *f.*
ORTHOCHROMATIC, Ortocromatico.
ORTHODROMY. Ortodromia, *f.*
ORTHOPTER. Ortottero, *m.*
OSCILLATE, *v.* Oscillare.
OSCILLATION. Oscillazione, *f.*
OSCILLATOR. Oscillatore, *m.*
OSCILLOGRAPH. Oscillografo, *m.*
OTOSCOPE. Otoscopio, *m.*
OUNCE. Oncia, *f.*
OUTBOARD. Fuoribordo.
OUTBOARD MOTOR. Motore fuoribordo.
OUTER. Esterno; esteriore.
OUTFIT. Equipaggiamento, *m;* l'unità tattica cui uno appartiene.
  to outfit, equipaggiare.
OUTFLANK, *v.* Aggirar il fianco.
OUTGUARD. Guardia avanzata.
OUTPOST. Avamposto, *m.*
  combat outpost, avamposto di combattimento.
  cordon system of outposts, sistema di avamposti a cordone.
  march outpost, avamposto di tappa.
  support of the outpost, gran guardia, *f.*
OUTPUT. Produzione, *f;* rendimento, *m.*
OUTWORKS. Opere esteriori.
OVEN. Forno, *m.*
  baking oven, forno da panettiere.
  field oven, forno da campo.

OVEN—Continued.
  permanent oven, forno in muratura.
  portable oven, forno carreggiabile.
OVER. Colpo lungo (Ballistics).
OVERALLS. Tuta, *f.*
OVERBOARD. A mare.
  man overboard, uomo in mare.
OVERCAST. Coperto (Met); nuvoloso; annuvolato; offuscato.
OVERHAUL. Revisionamento, *m* (Mech).
  to overhaul, revisionare (Mech); raggiungere (Nav).
  complete overhaul, revisionamento generale (Mech).
OVERPOWER, *v.* Debellare; superare; soggiogare.
OVERSEA, *adv.* & *adj.* Oltremare; d'oltremare.
OVERSEAS, *adv.* & *adj.* Oltremare; d'oltremare.
OVERSEE, *v.* Sorvegliare; soprintendere; ispezionare.
OVERSEER. Sorvegliante, *m;* soprintendente, *m;* ispettore, *m.*
  fuel overseer, soprintendente al combustibile.
OVERSWING. Oscillazione eccessiva.
  overswing of a compass needle, oscillazione eccessiva dell'ago della bussola.
OVERTIME. Lavoro straordinario; straordinario, *m.*
OVERWHELM, *v.* Sopraffare; opprimere.
OXIDATION. Ossidazione, *f.*
  anodic oxidation, ossidazione anodica.
OXIDE. Ossido, *m.*
  lead oxide, azotidrato di piombo.
  oxide of zinc, ossido di zinco.
OXIDIZE, *v.* Ossidare.
OXYGEN. Ossigeno, *m.*
OXYGENATE, *v.* Ossigenare.
OXYGENATION. Ossigenazione, *f.*

P

PACE. Passo, *m.*
  to pace, misurare i passi; misurare a passi; andare al passo (H).
PACIFICATION. Pacificazione, *f.*
PACIFISM. Pacifismo, *m.*
PACIFIST. Pacifista, *m.*
PACIFY, *v.* Pacificare.

PACK. Bagaglio, *m* (Mil); zaino, *m* (Mil); basto, *m* (Harness); fardello, *m;* pacco, *m;* impacco, *m* (Med).
   to pack, impaccare; applicare impacchi (Med).
   full pack, zaino affardellato.
PACKER. Conducente, *m* (Mil).
PACKET. Pacchetto, *m;* battello postale (Nav); pacchebotto, *m* (Nav).
PACKSADDLE. Basto, *m*.
PAD. Cuscinetto, *m;* imbottitura, *f;* tampone, *m* (for ink).
   to pad imbottire; ovattare.
PADDING. Imbottitura, *f.*
PADDLE. Pagaia, *f;* remo alla battana.
   to paddle, remare con la pagaia; pagaiare.
PAINT. Pittura, *f;* vernice, *f.*
   to paint, pitturare; dipingere; verniciare.
   anticorrosion paint, pittura anticorrosiva.
   antifouling paint, pittura antivegetativa; pittura sottomarina.
   luminous paint, pittura luminosa.
   war paint, colore di guerra.
PAINTING. Pittura, *f.*
   dazzle painting, pittura abbagliante.
PALERMO. Palermo, *f.*
PALM. Palmo, *m* (Anatomy & Measure); palma, *f* (Anatomy & Botany).
PALMAR. Palmare.
PANCHROMATIC. Pancromatico.
PANDEMIC. Pandemico.
PANEL. Telo-cifra, *m* (Sig); riquadro, *m* (Engr); pannello, *m* (Engr).
   control panel, quadro di comando per l'esplosione delle mine subacquee.
   identification panel, telo-cifra di riconoscimento.
PANEL NUMERAL. Telone-cifra, *m* (Sig).
PANORAMA. Panorama, *m.*
PANT, *v.* Ansare; ansimare; palpitare.
PANTELLERIA. Pantelleria, *f.*
PANTING. Ansamento, *m.*
PANTOGRAPH. Pantografo, *m.*
PAPER. Carta, *f;* documento, *m;* scritto, *m.*
   bromide paper, carta sensibile al bromuro.
   carbon paper, carta carbone.

PAPER—Continued.
   photographic paper, carta sensibile.
   tracing paper carta da ricalco.
PARABOLA. Parabola, *f.*
PARACHUTE. Paracadute, *m.*
   to open parachute, aprire il paracadute.
   to parachute, lanciarsi col paracadute.
   back type parachute, paracadute tipo dorsale; paracadute tipo a schienale.
   chest type parachute, paracadute tipo sul ventre.
   gore of a parachute, spicchio di un paracadute.
   parachute panel sections, riquadri, *mpl.*
   parachute section, riquadro, *m.*
   pilot parachute, paracadute pilota.
   seat type parachute, paracadute tipo a cuscino; paracadute a sedile.
   service parachute, paracadute regolamentare.
PARACHUTE CANOPY. Calotta del paracadute.
PARACHUTE FOLDING. Ripiegamento del paracadute.
PARACHUTE HARNESS. Imbracatura del paracadute.
PARACHUTE PACK. Custodia del paracadute.
PARACHUTE RIGGER. Attrezzatore di paracadute.
PARACHUTE SUSPENSION LINES. Corde di sospensione del paracadute.
PARACHUTE TROOPS. Reparti paracadutisti.
PARACHUTE VENT. Foro di Lalande.
PARACHUTIST. Paracadutista, *m.*
PARADE. Parata, *f* (Mil).
PARADOS. Paraspalle, *m* (Ft).
PARAFFIN. Paraffina, *f.*
PARALLAX. Parallasse, *f.*
PARALLEL. Parallela, *f* (Mathematics); parallelo, *m* (Astronomy); circolo, *m* (Astronomy).
   grid parallel, parallelo di carta quadrettata.
PARALLEL, *adj.* Parallelo.
PARALLEL OF DECLINATION. Circolo di declinazione.
PARALLEL OF LATITUDE. Circolo di latitudine.
PARALLELOGRAM. Parallelogrammo, *m.*

PARALLELOGRAM OF FORCES. Parallelogrammo delle forze.
PARAMETER. Parametro, m.
PARAPET. Parapetto, m.
  crest of the parapet, ciglio del parapetto.
PARASITE. Parassita, m.
PARASITIC. Parassitico.
PARAVANE. Paramina, m.
PARCEL. Pacco, m; collo, m.
PARCEL POST. Pacco postale.
PARDON. Perdono, m; condono, m (Law).
PARIS. Parigi, f.
PARISIAN. Parigino, m.
PARK. Parco, m.
PARK, v. Parcare; posteggiare (of automobiles).
  ammunition park, parco munizioni.
  corps park, parco rifornimenti di corpo d'armata.
  tank park, parco di carri armati.
PARKING LOT. Autoparco, m.
PAROLE. Parola d'ordine (Mil); parola d'onore; parola, f.
  to parole, liberare un prigioniero sulla parola.
  breach of parole, violazione di parola.
PARRY. Parata, f (Fencing).
  to parry, parare.
PART. Parte, f; pezzo, m.
  to part, dividere in parti; disunire; separare; ripartire.
  spare part, pezzo di ricambio; pezzo di riserva (Nav).
  worn part, pezzo consumato; pezzo logorato.
PARTICULAR. Particolare, m, n & adj.
PARTICULAR AVERAGE. Avaria particolare; avaria semplice.
PARTY. Drappello, m (Mil); reparto, m (Mil); partito, m (Politics); parte, f (Law).
  beach party, distaccamento da sbarco.
  carrying party, reparto porta rifornimenti.
  fatigue party, drappello di corvè.
  flanking party, colonna fiancheggiante.
  landing party, compagnia da sbarco.
  storming party, reparto d'assalto.
  wire-cutting party, reparto tagliafili.
PASS. Lasciapassare, m; passo, m (Top).
  to pass, passare; lasciar passare.

PASSAGE. Passaggio, m.
PASSAGE OF LINES. Sostituzione delle linee.
PASSENGER. Passeggiero, m; viaggiatore.
PASSIVE. Passivo.
PASSPORT. Passaporto, m.
PASSWORD. Parola d'ordine.
PASTE. Pasta, f; colla di farina.
  to paste, incollare.
PASTERN. Pasturale, m.
PASTEURIZATION. Pastorizzazione, f.
PASTEURIZE, v. Pastorizzare.
PATCH. Incamiciatura, f (Bullet); rivestimento, m (Bullet); mostrina, f (Insignia); toppa, f; rattoppo, m; rattoppatura, f; appezzamento, m (Top).
  to patch, rivestire (Bullet); rappezzare; rattoppare.
PATIENT. Malato, m; paziente, m.
PATROL. Pattuglia, f; perlustrazione, f.
  to patrol, pattugliare; perlustrare.
  combat patrol, pattuglia di combattimento.
  connecting patrol, pattuglia di collegamento.
  dismounted patrol, pattuglia a piedi.
  fighting patrol, pattuglia di combattimento.
  flank patrol, pattuglia fiancheggiante.
  information patrol, pattuglia di esplorazione.
  line patrol, perlustrazione della linea.
  mounted patrol, pattuglia a cavallo.
  reconnaissance patrol, pattuglia di ricognizione; pattuglia esplorante.
  reconnoitering patrol, pattuglia di ricognizione del terreno.
  security patrol, pattuglia di sicurezza.
  traffic patrol, pattuglia di circolazione.
  visiting patrol, pattuglia di collegamento.
PATROL LEADER. Capo pattuglia.
PATROLLING. Perlustrazione, f.
PATROL VESSEL. Cannoniera, f; nave di pattuglia; nave vedetta.
PAULIN. Copertone impermeabile.
PAUSE. Pausa, f.
  to pause, pausare; esitare.
PAVE, v. Pavimentare; lastricare.
  to pave the way, spianare la via.

PAY. Soldo, *m;* paga, *f;* stipendio, *m* (O).
  to draw pay, riscuotere la paga.
  to pay, pagare.
  to pay out, mollare (Nav).
  active duty pay, paga di servizio attivo.
  additional pay, soprassoldo, *m.*
  aviation pay, soprassoldo di volo.
  basic pay, paga originaria.
  computation of pay, computazione della paga.
  detention of pay, ritenzione della paga.
  extra-duty pay, soprassoldo per servizio speciale.
  failure to pay, mancanza di pagamento.
  forfeiture of pay, perdita della paga.
  flying pay, soprassoldo di volo.
  full pay, paga intera.
  half pay, mezza paga.
  maximum pay and allowance, massimo di paga e indennità.
  pay and allowances, paga e indennità.
  stoppage of pay, sospensione della paga.
  travel pay, trasferta, *f.*
PAYABLE. Pagabile.
PAYLOAD. Carico utile; peso utile.
PAYMASTER. Ufficiale pagatore.
PAYMASTER GENERAL. Ufficiale pagatore generale.
PAYMENT. Pagamento, *m.*
  advanced payment, pagamento anticipato.
  restriction on payment, restrizione di pagamento.
PAY ROLL. Foglio paga.
PEACE. Pace, *f.*
  to dictate peace, dettare la pace.
  to negotiate peace, negoziare la pace.
  armed peace, pace armata.
  public peace, pace pubblica.
  separate peace, pace separata.
  time of peace, tempo di pace.
PEACE CONFERENCE. Conferenza della pace.
PEACE FOOTING. Assetto di pace; piede di pace.
PEACETIME. Tempo di pace.
PEAK. Picco, *m* (Top).

PEA SHOOTER (Avn. slang). Aeroplano da caccia; pilota di aeroplano da caccia.
PECULIAR. Peculiare; strano; particolare; proprio; caratteristico.
PECULIARITY. Peculiarità, *f.*
PEDAL. Pedale, *m.*
  to pedal, pedalare.
PEDESTRIAN. Pedone, *m.*
PEDOMETER. Podometro, *m;* contapassi, *m.*
PEEN. Penna, *f* (Tool).
PEG. Caviglia, *f;* cavicchio, *m.*
  to peg, incavicchiare; incavigliare.
  wooden peg, caviglia di legno; cavicchio, *m.*
PEIRAEUS. Pireo, *m.*
PELLET. Pallottola, *f* (Firearm); pillola, *f* (Med).
PEN. Penna, *f* (Instr).
  fountain pen, penna stilografica.
PEN (Slang). Penitenziario, *m.*
PENAL. Penale.
PENAL COLONY. Colonia penale; colonia penitenziaria.
PENAL INSTITUTION. Bagno penale.
PENALTY. Pena, *f;* penalità, *f.*
  death penalty, pena di morte.
PENCIL. Matita, *f.*
PENDULUM. Pendolo, *m.*
  gun pendulum, pendolo balistico.
  pendulum bob, lente del pendolo.
PENETRATE, *v.* Penetrare.
PENETRATION. Penetrazione, *f.*
PENINSULA. Penisola, *f.*
PENINSULAR. Peninsulare.
PENITENTIARY. Penitenziario.
PENKNIFE. Temperino, *m.*
PENNANT. Pennello, *m* (Sig); insegna, *f;* gagliardetto, *m.*
  answering pennant, intelligenza, *f* (Sig).
PENSION. Pensione, *f.*
  war pension, pensione di guerra.
PENTAGON. Pentagono, *m.*
PENTAHEDRON. Pentaedro, *m.*
PENTODE. Pentodo, *m.*
PENTOXIDE. Pentossido, *m.*
  phosphorus pentoxide, pentossido di fosforo.
PENUMBRA. Penombra, *f.*

PEOPLE. Popolo, *m.*
  to people, popolare.
PERCEIVE, *v.* Percepire.
PER CENT. Per cento.
PERCENTAGE. Percentuale, *f.*
PERCEPTION. Percezione, *f.*
PERCUSS, *v.* Percuotere; picchiare.
PERCUSSION. Percussione, *f.*
PERCUSSION, *adj.* A percussione.
PERCUSSION LOCK. Percussore, *m* (Ord); percotitoio, *m* (Ord).
PERCUSSION MECHANISM. Meccanismo di percussione.
PEREMPTORY. Perentorio.
PERFORATE, *v.* Perforare.
PERFORATION. Perforazione, *f.*
PERIMETER. Perimetro, *m.*
PERIPHERY. Periferia, *f.*
PERISCOPE. Periscopio, *m.*
  panoramic periscope, periscopio panoramico.
PERISCOPIC. Periscopico.
PERJURY. Falsa testimonianza; spergiuro, *m.*
PERMISSION. Consenso, *m;* autorizzazione, *f;* permesso, *m.*
  permission to land, permesso di atterrare.
  permission to take off, permesso di decollare.
PERMIT. Permesso, *m;* licenza, *f;* patente, *f.*
  to permit, permettere.
  operator's permit, patente di guida.
PERPENDICULAR. Perpendicolare, *f; n & adj.*
PERSON. Persona, *f.*
  neutral person, persona neutrale.
PERSONAL. Personale; individuale.
PERSONNEL. Personale, *m.*
  air force personnel, personale d'aviazione.
PERSULPHATE. Persolfato, *m.*
PERTAIN, *v.* Spettare; competere.
PEST. Peste, *f.*
PESTHOUSE. Lazzaretto, *m.*
PESTILENCE. Pestilenza, *f.*
PESTILENTIAL. Pestilenziale.
PESTLE. Pestello, *m;* maglio, *m.*
PETITION. Petizione, *f;* istanza, *f.*
PETROLATUM. Petrolato, *m.*
PETROLEUM. Petrolio, *m.*

PETTY OFFICER. Sottufficiale, *m* (Nav).
PHALANX. Falange, *f.*
PHARMACIST. Farmacista, *m.*
PHARMACOLOGY. Farmacologia, *f.*
PHARMACOPEIA. Farmacopea, *f.*
PHARMACY. Farmacia, *f.*
PHASE. Fase, *f.*
PHASE LINE. Linea di fase.
PHASEMETER. Fasometro, *m* (Elec).
PHASE OF THE ATTACK. Fase dell'attacco.
PHASE OF THE DEFENSE. Fase della difesa.
PHENOL. Fenolo, *m;* acido fenico.
  trinitrophenol, trinitrofenolo, *m.*
PHENOMENA. Fenomeni, *mpl.*
PHENOMENON. Fenomeno, *m.*
PHONE (Colloquial). Telefono, *m.*
PHONENDOSCOPE. Fonendoscopio, *m.*
PHOSGENE. Fosgene, *m.*
PHOSPHATE. Fosfato, *m.*
PHOSPHORESCE, *v.* Fosforeggiare.
PHOSPHORESCENCE. Fosforescenza, *f.*
PHOSPHORESCENT. Fosforescente.
PHOSPHORIC. Fosforico.
PHOSPHOROUS. Fosforoso.
PHOSPHORUS. Fosforo, *m.*
  white phosphorus, fosforo bianco.
PHOTOCHRONOGRAPH. Fotocronografo, *m.*
PHOTOELECTRIC. Fotoelettrico.
PHOTOELECTRIC CELL. Cellula fotoelettrica.
PHOTOELECTRICITY. Fotoelettricità, *f.*
PHOTOGRAMMETRY. Fotogrammetria, *f.*
PHOTOGRAPH. Fotografia, *f.*
  to photograph, fotografare.
  aerial photograph, fotografia aerea.
  composite photograph, fotografia composita.
  high oblique photograph, fotografia aerea inclinata verso l'alto.
  low oblique photograph, fotografia aerea inclinata sotto l'orizzonte.
  oblique aerial photograph, fotografia aerea presa con l'asse-camera obliquo; fotografia aerea obliqua.

PHOTOGRAPH—Continued.
  oblique photograph, fotografia aero-obliqua; fotografia ad asse obliquo.
  vertical aerial photograph, fotografia aerea presa con l'asse-camera verticale; fotografia aerea verticale.
  wide-angle photograph, fotografia aerea panoramica.
PHOTOGRAPHIC. Fotografico.
PHOTOGRAPHIC ENLARGEMENT. Ingrandimento fotografico.
PHOTOGRAPHY. Fotografia, *f*.
  aerial photography, fotografia aerea.
  military photography, fotografia militare.
  motion picture photography, fotografia cinematografica; cinematografia, *f*.
  news photography, fotografia di avvenimenti.
  oblique photography, fotografia obliqua.
  stereoscopic photography, stereofotografia, *f*.
  still photography, fotografia a posa.
  vertical photography, fotografia verticale.
PHOTOLITHOGRAPHY. Fotolitografia, *f*.
PHOTOMAP. Carta fotogrammetrica.
PHOTOMETER. Fotometro, *m* (Photo & Optics).
PHOTOMONTAGE. Fotomosaico, *m*.
PHOTON. Fotone, *m*.
PHOTOPHONY. Fototelefonia, *f*.
PHOTOSPHERE. Fotosfera, *f*.
PHOTOTELEGRAPHY. Fototelegrafia, *f*.
PHOTOTHEODOLITE. Fototeodolite, *m*.
PHOTOTOPOGRAPHY. Fototopografia, *f*.
PHOTOZINCOGRAPHY. Fotozincografia, *f*.
PHYSICAL EXAMINATION. Visita medica.
PHYSICIAN. Medico, *m*.
PHYSICS. Fisica, *f*.
PHYSIOLOGICAL. Fisiologico.
PHYSIOLOGICAL EFFECT. Effetto fisiologico.
PHYSIQUE. Fisico, *m*.
PICK. Piccone, *m*.
PICKAX. Piccozza, *f*.

PICKET. Picchetto, *m* (Mil); palina, *f* (Surv); paletto, *m*.
  iron picket, paletto di ferro.
PICKET GUARD. Picchetto, *m*.
PICK MATTOCK. Gravina, *f*.
PICKUP. Ripresa, *f* (Mtr).
PICRATE. Picrato, *m*.
  ammonium picrate, picrato di ammonio.
  iron picrate, picrato di ferro.
PICRIC. Picrico.
PIECE. Pezzo, *m*.
  base piece, pezzo di base.
  field piece, pezzo da campagna.
  life of a piece, vita di un pezzo.
  service of the piece, servizio del pezzo.
PIER. Pila da ponte (Engr); pilone, *m* (Engr); pilastro, *m* (Engr); molo, *m* (Nav); banchina, *f* (Nav); calata, *f* (Nav).
PIERCE, *v*. Penetrare; sfondare; perforare.
PIEZOELECTRIC. Piezoelettrico.
PIEZOELECTRICITY. Piezoelettricità, *f*.
PIGEON. Colombo, *m;* piccione, *m*.
  breeding pigeon, colombo da allevamento.
  carrier pigeon, colombo viaggiatore.
  homing pigeon, colombo viaggiatore.
PIGEON BASKET. Cesta da colombi.
PIGEON CAPSULE. Astuccio per i messaggi colombofili.
PIGEON LEG. Gamba del colombo.
PIGEON LOFT. Colombaia militare; piccionaia militare.
PIGEON NEST. Nido di colombi.
PIGMENT. Pigmento, *m*.
  paint pigment, pigmento da pittura; sostanza colorante da pittura.
PIKE. Picca, *f* (Mil).
PILE. Mucchio, *m;* catasta, *f;* palo, *m* (Civil Engineering); pila, *f* (Elec); emorroide, *f* (Med).
  to pile, ammucchiare; accatastare; palare (Civil Engineering).
PILE DRIVER. Battipalo, *m;* berta, *f*.
PILLAGE. Saccheggio, *m*.
  to pillage, saccheggiare.
PILLAR. Pilastro, *m*.
PILLBOX (Slang). Appostamento in calcestruzzo per mitragliatrice.

PILOT. Pilota, *m;* spazzavia, *m* (RR).
  to pilot, pilotare.
  automatic pilot, giropilota, *m.*
  chief pilot, capo pilota.
  fighter pilot, pilota di apparecchio da combattimento.
  first pilot, capo pilota, *m.*
  mechanical pilot, giropilota, *m.*
  military pilot, pilota militare.
  robot pilot, giropilota, *m.*
  student pilot, allievo pilota.
  test pilot, pilota addetto ai collaudi.
PILOTAGE. Pilotaggio, *m.*
  compulsory pilotage, pilotaggio obbligatorio.
PILOT BOAT. Bastimento-pilota, *m;* battello-pilota, *m.*
PILOT CHARGES. Diritto di pilotaggio.
PILOT ENGINE. Macchina staffetta.
PILOTHOUSE. Timoniera, *f.*
PIN. Pernio; *m;* perno, *m;* spillo, *m.*
  to pin, incavigliare; fermare con spillo.
PINCERS. Tenaglie, *fpl.*
PINEAPPLE (Slang). Bomba di dinamite.
PINHOLE. Forellino, *m;* buco di spillo.
PINION. Pignone, *m.*
  bevel pinion, pignone conico.
PINION GEAR. Pignone, *m.*
PIN POINT. Punta di spillo (Photo).
PINT. Pinta, *f.*
PINTLE. Chiavarda, *f;* agugliotto, *m* (Nav).
PIONEER. Zappatore, *m* (Mil); artiere, *m* (Mil); pioniere, *m.*
PIONEER TOOLS. Attrezzi da zappatore.
PIPE. Tubo, *m;* canna, *f;* tubatura, *f;* pipa, *f* (for smoking).
  to pipe, distribuire a mezzo di tubatura; fornire di tubatura.
  cast-iron pipe, tuba di ghisa.
  overflow pipe, tubo di scarico d'eccesso d'acqua.
PIPE LINE. Condotto, *m;* tubatura, *f.*
  oil pipe line, oleodotto, *m.*
PIPETTE. Provetta, *f.*
PIRACY. Pirateria, *f.*
PIRATE. Pirata, *m;* nave pirata.
PIRATES OF WAR. Pirati di guerra.

PISTOL. Pistola, *f.*
  automatic pistol, pistola automatica.
  flare pistol, pistola da segnalazioni.
  pyrotechnic pistol, pistola pirotecnica.
  Very pistol, pistola Very.
PISTON. Stantuffo, *m;* pistone, *m.*
  floating piston, stantuffo mobile.
PISTON CROSSHEAD. Testa a croce dello stantuffo.
PISTON RINK. Anello a segmento dello stantuffo; anello elastico dello stantuffo; fascia elastica dello stantuffo.
PISTON STROKE. Corsa del pistone.
PIT. Fosso, *m;* buca, *f.*
  military pit, bocca da lupo.
  rifle pit, buca da tiratore.
  shelter pit, buca da tiratore.
PITCH. Passo, *m* (Mech); beccheggio, *m* (Nav); pece, *f* (Substance); pendenza, *f;* declivio, *m;* pendio, *m.*
  to pitch, impeciare; piantar tenda (Mil); beccheggiare (Nav).
  to pitch camp, porre il campo; attendarsi; accamparsi.
PIVOT. Perno, *m;* cardine, *m.*
  to pivot, imperniare.
  fixed pivot, perno fisso (Mil); guida nei cambiamenti di formazione.
  moving pivot, perno mobile (Mil).
PIVOT OF MANEUVER. Perno della manovra.
PLACE. Luogo, *m.*
  to place, collocare; riporre.
PLAGUE. Peste, *f.*
  bubonic plague, peste bubbonica.
  pneumonic plague, peste polmonare.
PLAIN. Pianura, *f.*
PLAN. Piano, *m;* pianta, *f;* disegno, *m.*
  to plan, far piani; progettare.
  joint plan, piano di guerra combinato per l'Esercito e la Marina.
  operation plan, progetto operativo.
  plan of action, piano d'azione.
  plan of attack, piano di attacco.
  plan of campaign, piano di campagna.
  plan of defense, piano di difesa.
  plan of maneuver, piano di manovra.
  plan of movement, piano di movimento.
  strategic plan, piano strategico.
  unit mobilization plan, piano di mobilitazione di unità tattica.
  war plan, piano di guerra.

PLANE. Aeroplano, *m;* apparecchio, *m;* pialla, *f* (Tool); piano, *m* (Geometry).
  attack plane, apparecchio da offesa.
  bombing plane, aeroplano da bombardamento.
  cabin plane, aeroplano a cabina.
  combat plane, apparecchio da combattimento.
  contact plane, aeroplano da collegamento.
  experimental plane, aeroplano da esperimenti.
  fighter plane, apparecchio da caccia; caccia, *m* (Avn).
  horizontal plane, piano dell'orizzonte.
  inclined plane, piano inclinato.
  interceptor plane, apparecchio da intercettamento.
  observation plane, apparecchio da osservazione.
  passenger plane, aeroplano da passeggieri.
  plane of position, piano di direzione.
  plane of sighting, piano di mira.
  pursuit plane, apparecchio da inseguimento; apparecchio da caccia; caccia, *m* (Avn).
  reconnaissance plane, aeroplano da ricognizione.
  scout plane, apparecchio da esplorazione.
  vertical plane, piano di proiezione (Ballistics); piano verticale.
PLANE, *v.* Spianare; piallare.
PLANE IRON. Ferro da pialla.
PLANE OF DEPARTURE. Piano di proiezione.
PLANE OF FIRE. Piano di tiro.
PLANE OF SITE. Piano di sito.
PLANE OF SYMMETRY. Piano di simmetria.
PLANET. Pianeta, *m.*
PLANE TABLE. Tavoletta, *f* (Surv).
PLANETARY. Planetario, *m, n* & *adj.*
PLANIMETER. Planimetro, *m.*
PLANIMETRIC. Planimetrico.
PLANIMETRY. Planimetria, *f.*
PLANISPHERE. Planisfero, *m.*
PLANK. Tavolone, *m.*
PLANT. Officina, *f;* opificio, *m;* stabilimento industriale; pianta, *f* (Botany).
  to plant, piantare; conficcare.

PLANT—Continued.
  government plant, stabilimento governativo.
  power plant, impianto per la produzione di energia; officina elettrica.
  refrigeration plant, impianto frigorifero.
PLANTAR. Plantare.
PLAQUE. Placca, *f.*
PLATE. Piastra, *f;* piatto, *m;* piattello, *m.*
  to plate, corazzare, placcare.
  armor plate, piastra di corazza.
PLATEAU. Altipiano, *m.*
PLATFORM. Piattaforma, *f;* piazzuola, *f* (G).
  demountable military loading platform, piano caricatore militare scomponibile.
  gun platform, piattaforma da cannone; piazzuola, *f.*
  loading platform, piano caricatore.
PLATING. Placcatura, *f.*
PLATINUM. Platino, *m.*
PLATOON. Plotone, *m.*
  base platoon, plotone di direzione.
  chemical platoon, plotone aggressivi chimici.
  machine-gun platoon, plotone mitraglieri.
  platoon in column, plotone di fianco.
  platoon in column of twos, plotone di fianco per due.
  platoon in line, plotone di fronte.
  rifle platoon, plotone fucilieri.
  tank platoon, plotone carri armati.
  1st rifle platoon, plotone fucilieri avanzato.
  2d rifle platoon, plotone fucilieri primo rincalzo.
  3d rifle platoon, plotone fucilieri secondo rincalzo.
PLEA. Allegazione, *f;* dichiarazione, *f.* difesa, *f.*
  plea of guilty, dichiarazione di colpabilità.
  plea of not guilty, dichiarazione di innocenza; protestarsi innocente.
PLEBISCITE. Plebiscito, *m.*
PLEDGE. Pegno, *m;* promessa, *f;* impegno, *m.*
PLENIPOTENTIARY. Plenipotenziario, *m.*

PLIERS. Pinza, *f;* pinzetta, *f;* pinzette, *f pl.*
PLOT. Complotto, *m;* macchinazione, *f;* appezzamento, *m* (Top).
  to plot, complottare; macchinare; fare il rilievo topografico.
PLOTTING. Rilievo topografico.
PLOTTING BOARD. Tavoletta pretoriana.
PLOTTING ROOM. Camera dei rilievi.
PLUG. Tappo, *m;* spina, *f* (Elec).
  to plug, tappare; turare.
  to plug in, inserire (Elec).
  telegraph plug, spina telegrafica.
PLUMB. Piombino, *m* (Engr).
  to plumb, piombare (Engr); scandagliare sul piombo (Nav); sigillare con piombo.
PLUNDER. Depredamento, *m.*
  to plunder, depredare.
PLUVIOGRAPH. Pluviografo, *m.*
PLUVIOMETER. Pluviometro, *m.*
PLYWOOD. Legno compensato.
PNEUMATIC. Pneumatico.
POCKET. Sacca, *f* (Mil); vuoto d'aria (Avn); tasca, *f;* bilia, *f* (Billiards).
  to pocket, intascare; involare; far bilia (Billiards).
POCKETKNIFE. Temperino, *m.*
POINT. Punta, *f* (Mil & Tapering end); punto, *m* (of place); posto, *m* (Locality); quarta, *f* (Mariner's compass); rhumb.
  to point, puntare (Firearm).
  to point in direction, puntare in direzione.
  to point out, additare.
  strategic point, punto strategico.
POINT BLANK. Punto in bianco; a bruciapelo.
POINT D'APPUI. Punto d'appoggio.
POINTED. Acuminato.
POINTER. Puntatore in elevazione (Nav).
POINTING. Puntamento, *m.*
  direct pointing, puntamento diretto.
POINT OF FALL. Punto di caduta.
POISON. Veleno, *m.*
  to poison, avvelenare.
  potent poison, veleno potente.
POISONOUS. Venefico; velenoso.
POLA. Pola, *f.*
POLAR. Polare.

POLARIMETER. Polarimetro, *m.*
POLARITY. Polarità, *f.*
POLARIZATION. Polarizzazione, *f.*
POLARIZE, *v.* Polarizzare.
POLE. Polo, *m* (Astronomical; Geographical; Elec); palo, *m.*
  celestial pole, polo celeste.
  geographical pole, polo geografico.
  magnetic pole, polo magnetico.
  negative pole, polo negativo.
  north pole, polo nord; polo artico; polo boreale.
  positive pole, polo positivo.
  south pole, polo sud; polo antartico; polo australe.
POLICE. Polizia, *f.*
  to police, mantenere l'ordine pubblico; perlustrare.
  military police, polizia militare; Reali Carabinieri (Italian Army).
  secret police, polizia segreta.
POLICE BLOTTER. Registro degli uffici di pubblica sicurezza; libro nero.
POLICEMAN. Agente di polizia; guardia di pubblica sicurezza; poliziotto, *m.*
POLICE OF BATTLEFIELD. Servizio di polizia per la ricerca e la protezione dei feriti sul campo di battaglia.
POLICY. Politica, *f;* polizza, *f* (Fin).
  fire policy, polizza di assicurazione contro gli incendi.
  foreign policy, politica estera.
  insurance policy, polizza di assicurazione.
POLISH. Pulitura, *f;* lucido, *m;* lucidatura, *f.*
  to polish, lustrare; lucidare.
POLITICAL. Politico.
POLITICAL ACTIVITY. Attività politica.
POLITICAL CONTRIBUTIONS. Contribuzioni politiche.
POLITICS. Politica, *f.*
POLLUTE, *v.* Contaminare; inquinare; bruttare.
POLLUTION. Inquinamento, *m.*
POLYGON. Poligono, *m.*
  exterior polygon, poligono esterno (Ft).
  force polygon, poligono delle forze.

POLYGON—Continued.
  interior polygon, poligono interno (Ft).
POLYGONAL. Poligonale.
POLYGONAL SYSTEM. Sistema poligonale (Ft).
POMMEL. Pomo, *m;* pomo della sella; pomo della sciabola.
PONTON. Pontone, *m;* **barca da ponte.**
PONTONIER. Pontiere, *m;* pontoniere, *m.*
PONTOON. Galleggiante, *m* (Avn).
POOP. Poppa, *f;* cassero di poppa.
POPE. Papa, *m.*
POPULATION. Popolazione, *f.*
  belligerent populations, popolazioni belligeranti.
  peaceful population, popolazione pacifica.
PORT. Porto, *m;* feritoia, *f* (for firearm); foro, *m* (Mech); portello, *m* (Ship); sinistra, *f* (Left side of ship).
  free port, porto franco.
  home port, porto capolinea.
  port of call, porto di scalo.
PORT CAPTAIN. Capitano d'armamento.
PORTHOLE. Portellino di murata (Nav); oblò, *m* (Nav); feritoia, *f* (Ft); cannoniera, *f* (Ft).
PORT OF DEBARKATION. Porto di sbarco.
PORT OF EMBARKATION. Porto d'imbarco.
PORT SAID. Port Said.
PORTSIDE. Sinistra, *f* (Nav).
PORT STEWARD. Soprintendente di porto.
PORTUGAL. Portogallo, *m.*
PORTUGUESE. Portoghese, *m.*
POSITION. Posizione, *f.*
  to change position, cambiare posizione.
  to consolidate a position, consolidare una posizione.
  advance position, posizione avanzata
  alternate firing position, posizione di alternativa per lo sparo.
  alternate position, posizione di alternativa.
  assembly position, posizione di raccolta; posizione di radunata.
  battery position, posizione di batteria.

POSITION—Continued.
  change of position, cambiamento di posizione.
  concealed position, posizione mascherata; posizione defilata.
  consolidation of position, consolidamento della posizione.
  crest position, postazione in prossimità del ciglio.
  defensive position, posizione difensiva; posizione di battaglia.
  delaying position, posizione di temporeggiamento.
  departure position, posizione di partenza.
  dummy position, posizione simulata.
  firing position, posizione per lo sparo; posizione di punt.
  forming-up position, posto di adunata delle piccole unità.
  future position, punto futuro (AA).
  gun fixed position, posizione fissa del pezzo.
  gunner's position, posizione del cannoniere.
  in position, in posizione.
  kneeling position, posizione in ginocchio.
  mortar fixed position, posizione fissa del mortaio.
  mortar position, posizione del mortaio.
  open position, posizione scoperta.
  organized position, posizione organizzata.
  position defilade, posizione defilata.
  position for defense, posizione organizzata a difesa.
  position in readiness, posizione di attesa.
  position of attention, posizione di attenti.
  position of rest, posizione di riposo.
  position of the gun, posizione del pezzo.
  position of the soldier, posizione di attenti.
  prone position, posizione a terra.
  protected position, posizione protetta.
  regimental reserve position, posizione in riserva del reggimento.
  retired position, posizione arretrata.
  safety position, posizione di sicurezza (Firearm).

POSITION—Continued.
sitting position, posizione di seduti.
standing position, posizione in piedi.
strategic position, posizione strategica.
switch position, posizione difensiva obliqua alle altre.
tactical position, posizione tattica.
traveling position, posizione di traino.
unprotected position, posizione scoperta.
POSITIVE. Positivo.
POSSESS, *v.* Possedere.
POSSESSION. Possesso, *m* (Law); occupazione, *f* (International law); possedimento, *m* (Colony).
insular possession, possedimento insulare.
possession of drugs, possesso di narcotici.
unlawful possession, possesso illecito.
POST. Posta, *f;* posto, *m;* palo, *m.*
to post, postare; affiggere; impostare (Mail).
advanced post, posto avanzato; avamposto, *m.*
alarm post, posto di radunata in caso d'allarme.
ambulance loading post, posto di caricamento sulle ambulanze.
army post, stazione militare; sede militare.
blinker post, posto di segnalazione a lampi.
command post, posto del comandante.
cossack post, piccolo posto.
detached post, posto distaccato.
leaving post before being relieved, abbandono del posto prima di essere rilevato.
listening post, posto di ascolto.
observation post, posto di osservazione; osservatorio, *m.*
permanent post, posto di servizio permanente.
post regulations, regolamenti dei posti militari.
post restaurants, trattorie del posto militare.
relay post, stazione intermedia per il proseguimento dei messaggi.
rocket post, posto segnalazione con razzi.

POST—Continued.
sentinel post, posto della sentinella.
sleeping on post, addormentato sul posto.
traffic-control post, posto di vigilanza della circolazione.
POSTAL. Postale.
POSTAL SERVICE. Servizio postale.
POSTDATE, *v.* Munire di data posteriore.
POSTED. Postato; collocato.
POSTER. Cartello, *m;* cartellone, *m.*
POSTERIOR. Posteriore.
POSTERN. Pusterla, *f.*
POST EXCHANGE. Spaccio militare.
POSTMERIDIAN. Pomeridiano.
POST OFFICE. Posta, *f;* ufficio postale.
POST OFFICE DEPARTMENT. Ministero delle Comunicazioni.
POSTPONEMENT. Ritardo, *m* (Mil); differimento, *m.*
POSTURE. Postura, *f;* posizione, *f.*
POTABLE. Potabile.
POTENCY. Potenza, *f.*
POTENT. Potente.
POTENTIAL. Potenziale, *m; n & adj.*
POTENTIOMETER. Potenziometro, *m.*
POUCH. Sacchetto, *m;* sacchettino, *m.*
POUND. Libbra, *f* (453,5 grams); lira sterlina.
POWDER. Polvere, *f.*
black powder, polvere nera.
blasting powder, polvere da mina.
flashless powder, polvere senza fiamma.
fulminating powder, polvere fulminante.
nitrocellulose powder, polvere nitrocellulosa.
prismatic powder, polvere prismatica.
smokeless powder, polvere senza fumo; polvere infume.
POWDER CHAMBER. Camera a polvere.
POWDER FACTORY. Polverificio, *m.*
POWDERGRAIN. Grano di polvere.
POWDER MAGAZINE. Polveriera, *f.*
POWDER TEMPERATURE. Temperatura della polvere.

POWER. Potenza, *f;* forza, *f;* autorità, *f;* potere, *m.*
  adjutant's legal powers to act as notary public, poteri legali dell'aiutante maggiore di funzionare da notaio.
  adjutant's legal powers to administer oaths, poteri legali dell'aiutante maggiore di ricevere i giuramenti.
  belligerent powers, potenze belligeranti.
  crushing power, potenza schiacciante (Tk).
  delegation of powers, delegazione di poteri.
  great power, grande potenza.
  power available, potenza disponibile.
  power required, potenza necessaria.
  without power, a motore spento (Engine).
POWER OF ATTORNEY. Procura, *f.*
PRACTICE. Pratica, *f.*
  to practice, praticare; mettere in pratica; far la pratica.
  individual practice, tiro individuale.
PRATIQUE. Libera pratica; pratica, *f* (Nav).
PRECAUTION. Precauzione, *f.*
  air raid precautions, precauzioni contro le incursioni aeree.
  safety precautions, precauzioni di sicurezza.
PRECEDE, *v.* Precedere.
PRECEDENCE. Precedenza, *f;* priorità, *f;* preminenza, *f.*
PRECEDENT. Precedente, *m.*
PRECIPITANT. Precipitante, *m.*
PRECIPITATE. Precipitato, *m;* precipitoso, *adj.*
  to precipitate, precipitare.
PRECIPITATION. Precipitazione, *f.*
PRECISION. Precisione, *f.*
PREFERENCE. Preferenza, *f.*
PREFOCUSED. Messo a fuoco in precedenza.
PREMATURE. Prematuro.
PREMEDITATE, *v.* Premeditare.
PREMEDITATION. Premeditazione, *f.*
PREPARATION. Preparazione, *f;* preparativo, *m.*
PREPARATORY. Preparatorio; preliminare.

PREPARE, *v.* Preparare; allestire.
"PREPARE TO DISMOUNT!" "Pronti a smontare!"
PREPAREDNESS. Stato di preparazione militare.
PRESCRIBE, *v.* Prescrivere.
PRESCRIBED. Prescritto.
PRESCRIPTION. Prescrizione, *f;* ricetta, *f* (Med).
PRESENT. Presente, *m;* dono, *m;* regalo, *m.*
PRESENT, *adj.* Presente.
"PRESENT ARM!" "Presentat arm!"
  to present arms, presentare le armi.
PRESENTATION. Presentazione, *f.*
PRESERVATION. Preservazione, *f;* preservamento, *m.*
PRESIDENT OF THE UNITED STATES. Presidente degli Stati Uniti d'America.
PRESS. Torchio, *m* (Mech); pressa, *f* (Mech); strettoio, *m* (Mech); stampa, *f* (Newspapers).
  copying press, macchina copialettere.
  hydraulic press, pressa idraulica.
PRESS RELEASE. Comunicato alla stampa.
PRESS REPORT. Comunicato della stampa.
PRESSURE. Pressione, *f;* pressura, *f.*
  center of pressure, centro di pressione.
  high pressure, alta pressione.
  low pressure, bassa pressione.
PRESSURE GUN. Siringa per grasso a compressione.
PRETENSE. Pretesa, *f;* pretesto, *m.*
  false pretenses, false pretese.
PREVENT, *v.* Prevenire; sventare.
PREVENTIVE. Preventivo, *m, n* & *adj.*
PRICE. Prezzo, *m;* costo, *m.*
PRICE CURRENT. Listino dei prezzi.
PRICE LIST. Listino dei prezzi.
PRIMA FACIE. A prima vista.
PRIMARY. Primario.
PRIME. Alba, *f;* primavera, *f;* fiore, *m;* minuto primo; numero primo.
  to prime, innescare.
PRIME MOVER. Carro generatore.
PRIMER. Innesco, *m* (Fuze); capsula, *f.*
  cannon primer, cannello, *m.*

PRIMER—Continued.
combination percussion-electric primer, cannello elettrico ed a percussione.
electric primer, cannello elettrico.
friction primer, cannello a frizione.
percussion primer, cannello a percussione.
PRIMER CUP. Porta capsula.
PRINCIPAL. Capo, *m;* principale, *m*.
PRINCIPAL, *adj.* Principale; precipuo.
PRINCIPLE. Principio, *m;* criterio, *m*.
principle of chivalry, regola cavalleresca.
principle of humanity, principio umanitario.
principle of military necessity, principio della necessità militare.
PRINCIPLES OF WAR. Principi di Arte Militare.
PRINTING OFFICE. Stamperia, *f;* tipografia, *f*.
Government Printing Office, Istituto Poligrafico dello Stato.
PRINTING PRESS. Macchina da stampa.
PRINTING PROOF. Prova di stampa; bozza, *f*.
PRIORITY. Priorità, *f;* precedenza, *f*.
priorities, regole di precedenza nel soddisfare le richieste.
priority on roads, ordine di precedenza sulle strade.
priority of traffic, precedenza di traffico.
PRISM. Prisma, *m*.
deflecting prism, prisma deflettore, (Instr).
erecting prism, prisma raddrizzatore.
objective prism, prisma obiettivo.
reflecting prism, prisma riflettore.
refracting prism, prisma rifrangente.
rotating prism, prisma girevole.
PRISMATIC. Prismatico.
PRISON. Prigione, *f;* carcere, *m;* arresto, *m* (Mil).
PRISON BREACH. Evasione, *f*.
PRISONER. Prigioniero, *m*.
to take prisoner, far prigioniero.
batch of prisoners, gruppo di prigionieri.
exchange of prisoners, scambio di prigionieri.

PRISONER—Continued.
military prisoner, prigioniero militare.
prisoner of war, prigioniero di guerra.
releasing prisoner without proper authority, liberazione abusiva di un prigioniero.
PRIVATE. Soldato semplice.
first class private, appuntato, *m;* soldato scelto.
reduction to the grade of private, retrocessione al grado di soldato semplice.
PRIVATE, *adj.* Privato.
PRIVATE AUTOMOBILE. Automobile privata.
PRIVATEER. Nave corsara.
PRIVY. Latrina, *f*.
PRIZE. Preda, *f* (Nav); bottino di guerra; premio, *m*.
PRIZE, *v.* Apprezzare; stimare; valutare.
PRIZE COURT. Tribunale delle prede.
PROBABILITY. Probabilità, *f*.
PROBABILITY CURVE. Curva delle probabilità.
PROBABILITY FACTOR. Fattore di probabilità.
PROBABILITY TABLE. Tabella dei fattori di probabilità.
PROBABLE. Probabile.
PROCEDURE. Procedimento, *m;* procedura, *f* (Law).
standing operating procedure, procedimento regolare.
PROCESS. Processo, *m;* procedimento, *m*.
to process, processare.
PROCUREMENT. Fornitura, *f*.
PROFILE. Profilo, *m*.
to profile, profilare.
PROGRAM. Programma, *m*.
radio program, programma radiofonico.
transcribed program, programma trascritto (Rad); programma riprodotto (Rad).
PROHIBIT, *v.* Proibire.
PROHIBITION. Proibizione, *f;* divieto, *m;* proibizionismo, *m* (Alcoholic beverages).

PROJECT. Progetto, *m.*
to project, progettare; proiettare (Geometry).
PROJECTED. Progettato; proiettato (Geometry).
PROJECTILE. Proietto, *m;* proiettile, *m.*
  artillery projectile, proietto d'artiglieria.
  chilled projectile, proietto indurito.
  fixed projectile, cartoccio a proietto.
  inert projectile, proietto inerte.
  large-caliber projectile, proietto di grosso calibro.
  medium-caliber projectile, proietto di calibro medio.
  remaining projectile velocity, velocità residua del proietto.
  solid projectile, proiettile pieno.
  studded projectile, proietto ad alette.
  travel of the projectile, tragitto del proietto.
  wooden projectile, proietto di legno.
PROJECTION. Proiezione, *f;* sporgenza, *f.*
  conic projection, proiezione conica.
  cylindric projection, proiezione cilindrica.
  gnomonic projection, proiezione gnomonica; carta gnomonica; carta ortodromica.
  horizontal projection, proiezione orizzontale.
  Mercator's projection, proiezione di Mercatore; carta di Mercatore; carta ridotta.
  orthogonal projection, proiezione ortogonale.
  orthographic projection, proiezione ortografica.
  plane of projection, piano di proiezione.
  polar projection, proiezione polare.
  polyconic projection, proiezione policonica.
  stereographic projection, proiezione stereografica.
PROJECTION SYSTEM. Sistema di proiezione.
PROJECTOR, Riflettore, *m;* proiettore, *m;* lanciagas, *m;* lanciafiamme, *m.*
  flame projector, lanciafiamme, *m.*
  gas projector, lanciagas, *m.*

PROJECTOR—Continued.
  ground signal projector, proiettore per segnalazioni da terra.
  Liven's projector, lanciagas Liven.
PROLONGE. Prolunga, *f;* grosso canapo.
PROMOTE, *v.* Promuovere.
PROMOTION. Promozione, *f;* avanzamento, *m.*
  loss of promotion, perdita del diritto alla promozione.
  promotion board, commissione d'avanzamento.
  promotion by selection, avanzamento per merito; avanzamento a scelta.
  promotion by seniority, promozione per anzianità.
  temporary promotion, promozione temporanea.
PROMOTION LIST. Quadro d'avanzamento.
PROMULGATE, *v.* Promulgare.
PROMULGATION. Promulgazione, *f.*
PRONE. Prono; ventre a terra.
PROOF. Prova, *f;* dimostrazione, *f.*
  burden of proof, onere della prova.
  proof by preponderance of the evidence, prova stabilita dalla preponderanza dell'indizio.
PROP. Puntello, *m;* sostegno, *m;* supporto, *m.*
  to prop, puntellare.
PROPAGANDA, *f.* Propaganda, *f.*
  aeronautical propaganda, propaganda aviatoria.
PROPAGANDIZE, *v.* Propagandare; far propaganda.
PROPEL, *v.* Spingere avanti.
PROPELLANT. Esplosivo di lancio.
PROPELLANT CONTAINER. Cartoccio, *m.*
PROPELLER. Propulsore, *m;* elica di propulsione.
  amputated propeller, elica a pala singola.
  controllable-pitch propeller, elica a passo variabile.
  fixed-pitch propeller, elica a passo costante.
  pusher propeller, elica spingente.
  reversible propeller, elica a pale riversibili.
  single-bladed propeller, elica a pala unica.

PROPELLER—Continued.
tractor propeller, elica traente.
variable-pitch propeller, elica a passo crescente.
PROPELLER BLADES. Pale dell'elica di propulsione.
PROPELLER DISK. Disco dell'elica.
propeller disk area, area del disco dell'elica.
PROPELLER EFFICIENCY. Rendimento dell'elica.
PROPELLER NOISE. Rombo dell'elica.
PROPELLER PITCH. Passo d'elica.
PROPERTY. Proprietà, *f;* qualità, *f;* caratteristica, *f.*
abandoned property, proprietà abbandonata.
appropriating captured property, appropriazione indebita di preda di guerra.
captured property, preda di guerra.
commission on taking private property for public use, commissione per l'acquisto di proprietà privata per uso pubblico.
condemnation of lands, espropriazione di terre.
condemned property, proprietà espropriata.
destruction of property, distruzione di proprietà.
government property, proprietà governativa.
injury to property, danno alla proprietà.
inventory of property, inventario della proprietà.
military property, proprietà dell'amministrazione militare.
personal property, proprietà personale.
private property, proprietà privata.
public property, proprietà pubblica.
real property, beni immobili.
receiving stolen goods, ricettazione di cose rubate.
salvaged property, proprietà ricuperata.
selling military property, vendita di proprietà dell'amministrazione militare.
stolen goods, cose rubate; merce rubata.

PROPERTY—Continued.
unserviceable property, proprietà fuori uso.
wrongful conversion of government property, illecita conversione della proprietà dello Stato.
wrongful conversion or disposition of the property of another, illecita conversione o alienazione dell'altrui proprietà.
PROPHYLACTIC. Profilattico.
PROPHYLAXIS. Profilassi, *f.*
PROTECT, *v.* Proteggere.
PROTECTION. Protezione, *f.*
antiaircraft protection, protezione antiaerea.
collective protection, protezione collettiva.
individual protection, protezione individuale.
protection against gas, protezione contro i gas.
tactical protection, protezione tattica.
PROTECTIVE. Protettivo.
PROTECTIVE CLOTHING. Vestiario protettivo antipritico.
PROTEST. Protesto, *m* (Law); protesto di fortuna (Maritime law); protesta, *f.*
PROTOCOL. Protocollo, *m.*
PROTRACT, *v.* Rapportare (Surv); protrarre.
PROTRACTOR. Rapportatore, *m.*
PROVING GROUND. Terreno per esperimenti con aggressivi chimici.
PROVISIONAL. Provvisorio; provisionale (Law).
PROVOST. Addetto alla polizia militare.
PROVOST COURT. Tribunale di Polizia Militare.
PROVOST MARSHAL. Capo della Polizia Militare.
PUBLIC. Pubblico, *m, n & adj.*
PUBLICATION. Pubblicazione, *f.*
government publications, pubblicazioni dello Stato.
PUBLIC BUILDING. Edificio pubblico.
PUBLIC DOMAIN. Proprietà pubblica.
PUBLIC EXIGENCY. Esigenza pubblica.

PUBLIC HEALTH. Sanità pubblica; salute pubblica.
PUBLIC HEALTH SERVICE. Servizio della sanità pubblica.
PUBLIC INTEREST. Interesse pubblico.
PUBLIC LANDS. Terre demaniali.
PUBLIC OFFICERS. Funzionari pubblici.
PUBLIC PARKS. Parchi pubblici.
PUBLIC USE. Uso pubblico.
PUBLIC WORKS. Lavori pubblici.
PUFF. Fumata, *f;* soffio, *m.*
  puff-producing material, sostanza per fumata.
PULLEY. Puleggia, *f.*
PULL OUT. Ripresa, *f* (Avn).
PULVERIZATION. Polverizzazione, *f.*
PULVERIZE, *v.* Polverizzare.
PUMP. Pompa, *f.*
  to pump, pompare.
  ballast pump, pompa di zavorra.
  bilge pump, pompa di sentina.
  centrifugal pump, pompa centrifuga.
  feed pump, pompa di alimentazione.
  force pump, pompa premente.
  fuel-injection pump, pompa d'iniezione.
  fuel pump, pompa del carburante.
  hand pump, pompa di alimentazione a mano.
  oil pump, pompa dell'olio.
  piston pump, pompa a stantuffo.
  rotary pump, pompa rotativa.
  suction pump, pompa aspirante.
  tire pump, pompa per pneumatici.
  water pump, pompa dell'acqua.
  wobble pump, pompa di alimentazione a mano.
PUNISH, *v.* Punire.
PUNISHMENT. Punizione, *f;* pena, *f.*
  collective punishment, punizione collettiva.
  disciplinary punishment, pena disciplinare; punizione disciplinare.
  limit of punishment, limite di pena.
  maximum punishment, pena massima.
  mitigation of punishment, mitigazione della pena.
  prohibited punishment, pena proibita.
  punishment by admonition, pena dell'ammonizione.

PUNISHMENT—Continued.
  punishment by dishonorable discharge, pena della degradazione militare.
  punishment by fine, pena di multa.
  punishment by loss of promotion, pena della perdita del diritto di promozione.
  punishment by reprimand, punizione del rimprovero solenne.
  punishment by suspension of rank, command or duty, punizione della sospensione dall'impiego, dal comando, o dal servizio.
  punishment of loss of rank, punizione della rimozione dal grado.
  substitution of punishment, sostituzione di pena.
  summary punishment, pena sommaria.
  voting on punishment, votazione della pena.
PUP TENT (Slang). Tenda per due.
PURCHASE. Compera, *f;* acquisto, *m.*
  open market purchase, compera al mercato pubblico.
PURSER. Commissario di bordo,
PURSUIT. Inseguimento, *m;* caccia, *f.*
  direct pursuit, inseguimento diretto.
PURVEYOR. Fornitore, *m.*
PUSH. Offensiva su larga scala (Mil); spinta, *f.*
  to push, spingere; premere; incalzare.
PUTTY. Mastice, *m* (Carpentry); stucco, *m* (Plastering).
PYLON. Pilone, *m.*
PYROCOTTON. Pirossilina, *f.*
PYROTECNIC. Pirotecnico.
PYROTECHNICS. Artifizi da guerra; pirotecnica, *f.*

Q

Q-BOAT. Nave civetta; nave tranello.
Q-SHIP. Nave civetta; nave tranello.
QUADRANGLE. Quadrangolo, *m.*
QUADRANT. Quadrante, *m;* quadrante a livello (Instr).
  gunner's quadrant, quadrante a livello.
QUADRILATERAL. Quadrilatero, *m.*
QUADRUPLE. Quadruplo.
QUALIFICATION. Qualifica, *f;* titolo, *m;* classificazione, *f;* classifica, *f;* abilitazione, *f.*

QUALIFY, *v.* Qualificare; rendere idoneo; abilitare; essere idoneo.
QUARANTINE. Quarantena, *f.*
  to quarantine, mettere in quarantena.
  working quarantine, isolamento del personale infetto e contumaciato.
QUARRY. Cava, *f.*
QUARTER. Quartiere, *m.*
  to give no quarter, non dar quartiere.
  to give quarter, dar quartiere.
  to quarter, acquartierare; accantonare.
  winter quarters, quartieri d'inverno.
QUARTERING. Acquartieramento, *m.*
QUARTERING PARTY. Furieri di alloggiamento.
QUARTERMASTER. Ufficiale d'amministrazione e commissariato; maresciallo d'alloggio.
QUARTERMASTER CORPS. Intendenza militare.
QUARTERMASTER GENERAL. Intendente Generale.
QUARTERS. Quartiere, *m;* quartieri, *mpl;* alloggio, *m.*
  admiral's quarters, alloggio dell'ammiraglio.
  captain's quarters, alloggio del capitano.
  crew quarters, alloggio equipaggio; locale marinai.
  temporary quarters, quartiere temporaneo.
QUAY. Banchina, *f;* calata, *f.*
QUESTION. Questione, *f;* interrogazione, *f;* domanda, *f.*
  to question, interrogare.
  ambiguous question, domanda ambigua.
  improper question, domanda impropria.
  interlocutory question, questione interlocutoria.
  leading question, domanda che suggerisce la risposta.
  misleading question, domanda che induce in errore.
  proper question, domanda appropriata.
  refusal to answer question, rifiuto di rispondere a una domanda.
QUICK. Rapido; affrettato.
QUICKLIME. Calce viva.
QUICKSAND. Sabbia mobile.
QUICK TIME. Passo accelerato.
QUININE. Chinina, *f* (Cml); chinino, *m* (Pharmaceutical).
QUIT, *v.* Smettere; andarsene; abbandonare.
QUITTING POST. Abbandono del posto.
QUOTA. Quota, *f.*

R

RACE. Razza, *f* (Biology); corsa, *f* (Sport).
  to race, correre; fare una corsa; imballare (Mtr).
RACK. Rastrelliera, *f;* cremagliera, *f.*
RADIAL. Radiale; a raggio; a stella.
RADIANT. Radiante.
RADIATE, *v.* Irradiare; irraggiare; raggiare; radiare (Physics).
RADIATION. Radiazione, *f;* irradiazione, *f.*
RADIATOR. Radiatore, *m.*
  honeycomb radiator, radiatore a nido d'api.
RADIATOR CAP. Tappo del radiatore.
RADIATOR HOSE. Tubo di gomma del radiatore.
RADIO. Radio, *f.*
  to radio, comunicare a mezzo di radio; trasmettere a mezzo di radio.
  fixed frequency radio, apparecchio radiotrasmittente a frequenza singola.
RADIOACTIVITY. Radioattività, *f.*
RADIO FREQUENCY. Frequenza delle radioonde.
RADIOGONIOMETER. Radiogoniometro, *m.*
RADIOGRAM. Marconigramma, *m;* radiogramma, *m;* radiotelegramma, *m.*
RADIO INTERCEPT. Intercettazione radio.
RADIO NET. Rete radio.
  battalion radio net, rete radio di battaglione.
RADIO OPERATOR. Radiotelegrafista, *m.*
RADIO RECEIVER. Radioricevitore, *m.*
RADIO SET. Stazione radiocampale.
  vehicular radio set, stazione radiocampale carreggiata.

RADIOSONDE. Pallone sonda con radio.
RADIO STATION. Stazione radio; radiotrasmittente, *f.*
RADIOTELEGRAPH. Radiotelegrafo, *m;* telegrafo senza fili.
RADIOTELEGRAPHY. Radiotelegrafia, *f.*
RADIOTELEPHONE. Radiotelefono, *m;* telefono senza fili.
RADIOTELEPHONY. Radiotelefonia, *f.*
RADIO TUBE. Valvola termoionica.
RADIUM. Radio, *m* (Cml).
RADIUS. Raggio, *m;* area, *f;* radio, *m* (Anatomy).
  cruising radius, raggio di crociera.
RADIUS OF ACTION. Raggio di azione.
RAFT. Zattera, *f.*
RAID. Incursione, *f* (Mil); retata, *f* (Police).
  to raid, fare un'incursione; fare una retata.
  air raid, incursione aerea; raid aereo.
RAIL. Sbarra, *f;* cancello, *m;* listone, *m* (Nav); guida, *f* (RR); ferrovia, *f.*
  to rail, sbarrare; munire di cancello.
  by rail, per ferrovia.
  third rail, terza rotaia.
RAIL CENTER. Centro ferroviario.
RAILHEAD. Stazione ferroviaria di smistamento; stazione ferroviaria capolinea.
RAILROAD. Ferrovia, *f.*
  branch line, linea di diramazione.
RAILROAD ACCIDENT. Accidente ferroviario.
RAILROAD CROSSING. Passaggio a livello.
RAILROAD SEMAPHORE. Semaforo ferroviario.
RAILWAY. Ferrovia, *f;* strada ferrata.
  aerial railway, teleferica, *f.*
  branch railway, tronco ferroviario.
  funicular railway, funicolare, *f.*
  rack railway, ferrovia a cremagliera; ferrovia a dentiera.
  street railway, tranvia, *f.*
RAIN. Pioggia, *f.*
  to rain, piovere.
RAINBOW. Arcobaleno, *m.*
RAINCOAT. Impermeabile, *m.*
RAINFALL. Quantità di pioggia caduta.

RALLYING POINT. Zona di raccolta (Tk).
RAM. Ariete, *m;* montone, *m* (Zoology).
  to ram, spingere col calcatoio (G); speronare (Nav).
  battering ram, ariete, *m.*
RAMMER. Calcatoio, *m.*
RAMP. Rampa, *f.*
  loading ramp, rampa di caricamento.
RAMPART. Bastione, *m.*
RANGE. Portata, *f;* gittata, *f;* distanza, *f;* campo di tiro; fornello, *m* (Cooking).
  to range, calcolare la distanza; misurare la distanza.
  adjusted range, portata aggiustata; gittata aggiustata; distanza aggiustata.
  ballistic range, portata balistica.
  burst range, distanza di scoppio.
  class A range, poligono di classe A (Nota: per tiri a distanze note).
  class B range, poligono di classe B (Nota: per tiri di combattimento).
  corrected range, distanza corretta.
  distance range, portata di circuito.
  effective range, portata efficace di tiro.
  extreme range, gittata massima.
  in range with, in linea con.
  least range, distanza minima.
  long range, lunga portata.
  map range, distanza topografica.
  maximum range, gittata massima.
  medium range, portata media; distanza media.
  minimum range, distanza minima.
  out of range, fuori portata.
  piece-mask range, distanza pezzo ostacolo.
  range error, errore di distanza.
  range of the mask, distanza dell'ostacolo.
  short range, corta portata.
  target range, poligono di tiro.
  within range, a portata.
RANGE CHANGE. Modificazione di gittata.
RANGE CLOCK. Cronoindicatore meccanico (Nav. gunnery).
RANGE ESTIMATION. Stima delle distanze.

RANGE FINDER. Distanziometro, *m;* telemetro, *m;* telemetro monostatico.
horizontal-base range finder, telemetro a base orizzontale.
vertical-base range finder, telemetro a base verticale.
RANGE SETTER. Puntatore, *m* (Arty).
RANGING. Stima della distanza (Ballistics); calcolo della distanza (Ballistics); misura della distanza (Ballistics).
flash ranging, aggiustamento del tiro in base alle vampe; calcolo della posizione delle artiglierie nemiche in base alle vampe.
high-burst ranging, aggiustamento del tiro in base agli scoppi in aria.
sound and flash ranging, fonotelemetria, *f.*
RANK. Riga, *f* (Formation); grado, *m.*
to break ranks, rompere le righe; rompere le file.
to close rank, serrare le righe.
to open ranks, aprire le righe.
to rank, superare di grado; aver precedenza.
brevet rank, grado onorario.
close ranks, righe serrate.
double rank, riga doppia.
front rank, prima riga.
honorary rank, grado onorario.
open ranks, righe aperte.
permanent rank, grado permanente.
provisional rank, grado provvisorio.
rear rank, ultima riga.
relative rank, grado relativo; grado corrispondente.
temporary rank, grado temporaneo.
RANK AND FILE. Graduati e truppa.
RANSOM. Riscatto, *m;* taglia, *f.*
to ransom, riscattare.
RAPID. Rapido.
RAPID-FIRE. A tiro rapido.
RAPIDITY. Rapidità, *f.*
RAREFACTION. Rarefazione, *f.*
RAREFY, *v.* Rarefare; rarefarsi.
RASP. Raspa, *f.*
to rasp, raspare.
RATE. Rata, *f;* ritmo, *m.*
cyclic rate, ritmo di sparo.
RATE-OF-CLIMB INDICATOR. Indicatore della velocità di salita.

RATIFICATION. Ratificazione, *f* (of treaties); ratifica, *f;* convalidazione, *f* (Law).
RATIFY, *v.* Ratificare.
RATING. Classificazione, *f;* classifica, *f.*
specialist rating, classificazione di specialista.
RATIO. Proporzione, *f;* rapporto, *m.*
RATION. Razione, *f.*
to ration, fornire le razioni; razionare.
balanced ration, razione bilanciata.
emergency rations, razioni di riserva.
field ration, razione di campagna.
food ration, razione viveri.
garrison ration, razione di guarnigione.
grain ration, razione di biada.
hay ration, razione di fieno.
iron ration (Slang), razione di riserva.
reserve ration, razione viveri di riserva.
short ration, razione ridotta.
RATION PARTY. Reparto fornitori.
RATION COMPONENTS. Viveri da razione.
RATION CYCLE. Ciclo dei pasti.
RATIONING. Razionamento, *m.*
RATION SAVING FUND. Massa dei risparmi sul fondo indennità razioni.
RATION SAVINGS. Risparmi sul fondo indennità razioni.
RATLINE. Griselle, *fpl* (Nav).
RATTAN. Canna d'India.
RATTLE. Raganella, *f* (Instr); strepito, *m;* fragore, *m;* sonaglio, *m* (of a snake).
RAVELIN. Rivellino, *m.*
RAVINE. Burrone, *m.*
RAY. Raggio, *m.*
actinic ray, raggio attinico.
alpha ray, raggio alfa.
beta ray, raggio beta.
gamma ray, raggio gamma.
infrared ray, raggio infrarosso.
Roentgen ray, raggio Roentgen.
ultraviolet ray, raggio ultravioletto.
X-ray, raggio X.
RAZE, *v.* Demolire; smantellare.
RAZED. Demolito; smantellato.

RAZOR. Rasoio, *m.*
safety razor, rasoio di sicurezza.
RAZOR BLADE. Lama di rasoio.
RAZOR STROP. Coramella, *f.*
REACT, *v.* Reagire.
REACTION. Reazione, *f.*
REACTIVE. Reattivo.
READABILITY. Leggibilità, *f.*
READINESS. Prontezza, *f.*
in readiness, in attesa.
READY. Pronto; apprestato.
"READY!" "Pronti!"
"READY FRONT!" "Fissi!"
REAGENT. Reagente, *m.*
REAR. Coda, *f* (Mil & Nav); navi di coda (Nav); tergo, *m;* rovescio, *m.*
REAR, *v.* Innalzare; erigere; allevare; impennarsi (H).
REAR ADMIRAL. Contrammiraglio, *m.*
REAR END. Differenziale, *m* (Automobile); estremità posteriore.
REAR GUARD. Retroguardia, *f.*
support of the rear guard, sostegno della retroguardia.
REARING. Impennata, *f* (H).
REAR PARTY. Reparto di coda.
REAR SIGHT. Alzo, *m,*
REARWARD. Coda, *f* (Mil & Nav); navi di coda (Nav).
REARWARD, *adv.* Indietro; addietro; all'indietro.
REBEL. Ribelle, *m;* insorto, *m, n* & *adj.*
to rebel, ribellarsi; insorgere.
war rebels, ribelli di guerra.
REBELLION. Ribellione, *f;* insurrezione, *f.*
REBUILD, *v.* Ricostruire.
RECAPTURE, *v.* Riconquistare.
RECEIPT. Ricevuta, *f;* quietanza, *f.*
RECEIPT BOOK. Libro delle ricevute.
RECEIVE, *v.* Ricevere.
RECEIVER. Ricevitore, *m;* curatore di fallimento (Law).
RECEIVING SET. Apparecchio radioricevente.
RECIPROCAL. Reciproco.
RECIPROCATE, *v.* Reciprocare; alternare; avvicendare.
RECIPROCATION. Reciprocazione, *f;* avvicendamento, *m.*
RECIPROCITY. Reciprocità, *f;* reciprocanza, *f.*
RECKON, *v.* Calcolare; stimare.

RECLAMATION. Bonifica, *f.*
RECLAMATION SERVICE. Servizio delle bonifiche.
RECOIL. Rinculo, *m.*
to recoil, rinculare; indietreggiare; ritirarsi.
constant recoil, rinculo costante.
hydraulic recoil brake, freno idraulico di rinculo.
length of recoil, lunghezza del rinculo.
orifices of hydraulic recoil brake, luci d'efflusso del freno idraulico di rinculo.
variable recoil, rinculo variabile.
RECOIL BRAKE. Freno del rinculo.
RECOIL BUFFER. Ammortizzatore del rinculo.
RECOIL CYLINDER. Cilindro del freno di rinculo.
RECOIL MECHANISM. Sistema per limitare il rinculo.
RECOIL OIL. Liquido dei freni idraulici di rinculo.
RECOIL-OPERATED. Azionato dai gas di rinculo.
RECOIL SYSTEM. Sistema per limitare il rinculo.
RECONNAISSANCE. Ricognizione, *f;* esplorazione, *f.*
air reconnaissance, ricognizione aerea.
chemical distant reconnaissance, ricognizione chimica lontana.
chemical reconnaissance, ricognizione chimica.
close reconnaissance, ricognizione vicina.
constant reconnaissance, esplorazione continuata, esplorazione ininterrotta.
detailed reconnaissance, ricognizione dettagliata.
distant reconnaissance, ricognizione lontana; esplorazione avanzata.
photographic reconnaissance, ricognizione aerofotografica.
ground reconnaissance, ricognizione del terreno.
naval reconnaissance, ricognizione navale.
preliminary reconnaissance, ricognizione preliminare.
road reconnaissance, ricognizione stradale.

RECONNAISSANCE—Continued.
  strategical reconnaissance, esplorazione strategica.
  tactical reconnaissance, esplorazione tattica.
  topographical reconnaissance, ricognizione topografica.
  visual reconnaissance, ricognizione a vista.
RECONNAISSANCE GROUP. Gruppo di ricognizione; gruppo esplorante.
RECONNAISSANCE IN FORCE. Ricognizione in forze; ricognizione offensiva.
RECONNAISSANCE STRIP. Fotogrammi di volo di ricognizione.
RECONNOITER, *v.* Fare una ricognizione; riconoscere (Mil).
RECORD. Registro, *m;* primato, *m* (Sport).
  to record, registrare.
  air record, primato aviatorio.
  service record, stato di servizio.
RECORDER. Archivista, *m;* magistrato penale.
RECRUIT. Recluta, *f;* coscritto, *m.*
  to recruit, reclutare.
RECRUITMENT. Reclutamento, *m.*
RECTANGLE. Rettangolo, *m.*
RECTANGLE OF DISPERSION. Rettangolo di dispersione.
RECTANGULAR. Rettangolare.
RECTIFICATION. Rettificazione, *f;* rettifica, *f.*
RECTIFY, *v.* Rettificare; correggere; regolare.
RECUPERATOR. Ricuperatore, *m.*
  pneumatic recuperator, ricuperatore ad aria compressa.
  spring recuperator, ricuperatore a molla.
RED CHAIN. Catena rossa (Sig).
RED CROSS. Croce Rossa.
RED CROSS NURSE. Dama della Croce Rossa; crocerossina, *f.*
REDAN. Dente, *m* (Ft).
  double redan, dente doppio (Ft).
REDISTRIBUTION. Ridistribuzione, *f.*
REDOUBT. Ridotta, *f;* fortino a ridotta.
RED STAR. Stella rossa (Sig).

REDUCE, *v.* Ridurre; costringere alla resa.
  to reduce to the ranks, rimuovere dal grado.
REDUCTION. Retrocessione, *f* (Mil); riduzione, *f.*
REEF. Scoglio, *m* (Top); scogliera, *f* (Top); terzarolo, *m* (of a sail).
  to reef, terzarolare (of a sail).
  coral reef, banco di corallo.
REEL. Naspo, *m;* aspo, *m;* rullo, *m;* rocchetto, *m;* bobina, *f.*
  to reel, avvolgere; vacillare.
RE-ENLIST, *v.* Raffermare (Mil).
REENLISTMENT. Rafferma, *f* (Mil).
RE-ENTERING. Rientrante.
RE-ENTRANT. Rientrante.
REFACE, *v.* Smerigliare (Mech); rimettere a nuovo la facciata.
  to reface a valve, smerigliare una valvola.
REFERENCE. Riferimento, *m;* informazione, *f;* referenza, *f.*
REFERENCE POINT. Caposaldo, *m;* punto di riferimento.
REFILL, *v.* Riempire.
REFILLING POINT. Posto di rifornimento.
REFRIGERATE, *v.* Refrigerare.
REFRIGERATION. Refrigerazione, *f.*
REFRIGERATIVE. Refrigerativo; refrigerante.
REFRIGERATOR. Refrigeratore, *m;* frigorifero, *m;* ghiacciaia, *f.*
REFUEL, *v.* Rifornire di combustibile; rifornirsi di combustibile.
REFUGEE. Rifugiato, *m.*
  political refugee, rifugiato politico.
REFUND. Rimborso, *m.*
  to refund, rimborsare.
REFUSAL. Rifiuto, *m;* ricusazione, *f* (Law).
  refusal to plead, rifiuto di dichiararsi colpevole o innocente.
  refusal to receive prisoner, rifiuto di ricevere un prigioniero.
  refusal to work, rifiuto di lavoro.
  refusing medical treatment, rifiuto di cura medica.
REFUSE, *v.* Rifiutare.
REGAIN, *v.* Riguadagnare.
REGIMENT. Reggimento, *m.*
  to regiment, irreggimentare.

REGIMENT—Continued.
  alpine regiment, reggimento alpini.
  chemical regiment, reggimento aggressivi chimici.
  tank regiment, reggimento carri armati.
REGIMENTAL. Reggimentale; di reggimento; del reggimento.
REGION. Regione, *f*.
  fortified region, regione fortificata.
REGIONAL. Regionale.
REGISTRATION POINT. Punto di riferimento.
REGULAR ARMY. Esercito permanente; esercito regolare.
REGULAR TROOPS. Truppe regolari.
REGULATE, *v*. Regolare.
REGULATING POINT. Posto di smistamento trasporti motorizzati.
REGULATION. Regolazione, *f*; regolamento, *m*.
  army regulations, regolamenti militari.
  field service regulation, regolamento per il servizio in guerra.
  infantry drill regulations, regolamenti per l'addestramento della fanteria.
REGULATION, *adj*. Regolamentare; d'ordinanza; di prescrizione.
REGULATOR. Regolatore, *m*.
  oil temperature regulator, regolatore della temperatura dell'olio.
REHEARING. Seconda udienza.
REIMBURSE, *v*. Rimborsare.
REIMBURSEMENT. Rimborso, *m*.
REIN. Redine, *f* (Harness); freno, *m*.
  to rein, frenare.
REINFORCE, *v*. Rinforzare; rafforzare; mandare rinforzi.
REINFORCEMENTS. Rinforzi, *mpl*.
REJECT, *v*. Riformare (Mil); rigettare; declinare.
  rejected, riformato (Mil); scartato (Mil).
REJECTION. Riforma, *f*; rigetto, *m*.
RELATION. Relazione, *f*; rapporto, *m*; riferimento, *m*; parentela, *f*.
RELATIONSHIP. Attinenza, *f*; affinità, *f*; parentela, *f*.
RELATIVE. Parente, *m*; congiunto, *m*.
  nearest relative, parente più stretto.

RELAXATION. Rilassamento, *m*; attenuazione, *f*; ricreazione, *f*.
RELAY. Raddrizzatore, *m* (Elec); relais, *m*.
  to relay, trasmettere a mezzo di stazione intermedia; far proseguire un messaggio.
RELAY POINT. Posto di trasbordo rifornimenti.
  litter relay point, posto di cambio dei portaferiti.
RELEASE. Liberazione, *f*; comunicato, *m*; rinunzia, *f*.
  to release, rilasciare; liberare; mettere in libertà; rinunziare (Law).
  release from arrest, liberazione dagli arresti.
  release from confinement, liberazione dalla consegna.
RELIEF. Sollievo, *m*; alleviamento, *m*; soccorso, *m*; aiuto, *m*; assistenza, *f*.
RELIEF ASSOCIATION. Associazione opere assistenziali.
RELIEF SOCIETY. Società opere assistenziali.
RELIEVE, *v*. Sostituire (Mil); dare il cambio (Mil); alleviare; sollevare; assistere; soccorrere.
RELIEVING THE ENEMY. Assistere il nemico.
RELOAD, *v*. Ricaricare.
REMAIN, *v*. Rimanere.
  to remain in air, permanere in aria; trattenersi in aria.
REMAINDER. Rimanente, *m*; rimanenza, *f*; resto, *m*.
REMAINS. Resti mortali.
REMITTANCE. Rimessa, *f* (Fin).
REMOUNT. Rimonta, *f*.
REMOUNT, *v*. Rimontare.
REMOUNT DEPOT. Deposito di allevamento.
REMOVAL. Rimozione, *f*; remissione, *f* (Law).
RENEGADE. Rinnegato, *m*.
RENT. Affitto, *m*; canone di affitto.
  to rent, affittare; prendere a pigione.
REOCCUPATION. Rioccupazione, *f*.
REOCCUPY, *v*. Rioccupare.
REORGANIZATION. Riorganizzazione, *f*.
REORGANIZE, *v*. Riorganizzare; riordinare.

REPAIR. Riparazione, *f*.
to repair, riparare; raccomodare.
emergency repair, riparazione di ripiego.
minor repair, riparazione di poca entità.
roadside repair, riparazione sulla strada.
REPARATION. Risarcimento, *m* (Legal); riparazione, *f*; ristabilimento, *m*.
REPATRIATE. Rimpatriato, *m*.
to repatriate, rimpatriare.
REPATRIATION. Rimpatrio, *m*.
REPATRIATION OF PRISONERS. Rimpatrio di prigionieri.
REPEATER. Arma a ripetizione.
REPLACE, *v*. Sostituire (Mil); rimpiazzare.
REPLACEMENT. Ricambio, *m*; sostituto, *m* (the individual); sostituzione, *f* (the act).
loss replacement, sostituzione di perdite.
REPLENISH, *v*. Reintegrare; rifornire.
REPLENISHMENT. Rifornimento, *m*; reintegro, *m*.
REPORT. Rapporto, *m*; relazione, *f*; comunicato, *m*; notizia, *f*; colpo, *m* (Firearm).
to report, rapportare; riportare.
false official report, falso rapporto ufficiale.
flight report, rapporto del volo.
guard report, rapporto del comandante di guardia.
march report, rapporto della marcia.
REPORTER. Cronista, *m*; reporter, *m*.
REPOSITORY. Ripostiglio, *m*; magazzino, *m*.
REPRESENTATIVE. Rappresentante, *m*, *n* & *adj*.
legal representative, rappresentante legale.
REPRESS, *v*. Reprimere.
REPRESSION. Repressione, *f*.
REPRIMAND. Rimprovero solenne.
to reprimand, censurare ufficialmente.
REPRISAL. Rappresaglia, *f*.
REPROACH. Biasimo, *m*.
to reproach, biasimare; rimproverare.
reproachful gesture, gesto riprovevole.

REPROACH—Continued.
reproachful speech, discorso riprovevole.
REQUIRE, *v*. Esigere; richiedere; abbisognare.
REQUIREMENT, Esigenza, *f*; fabbisogno, *m*; requisito, *m*.
educational requirements, requisiti scolastici.
individual requirements, fabbisogno individuale.
initial requirements, esigenze iniziali.
maintenance requirements, fabbisogno di manutenzione e reintegro.
reserve requirements, fabbisogno di riserva.
REQUISITION. Richiesta, *f*; requisizione, *f*.
to requisition, richiedere; requisire.
RESECTION. Rilievo di posizione per intersezione (Surv).
one-point resection, intersezione inversa.
three-point resection, vertice di piramide (Surv); auto-determinazione, *f* (Surv).
two-point resection, intersezione diretta (Surv).
RESERVATION. Riserva, *f*; restrizione, *f*.
mental reservation, restrizione mentale.
reservation to treaty, clausola di riserva in un trattato.
RESERVE. Riserva, *f*.
to reserve, riservare.
battle reserves, provviste campali di riserva.
beach reserves, provviste di riserva lungo la spiaggia.
covering reserve, riserva di copertura.
individual reserves, provviste personali di riserva.
mobile reserves, rifornimenti di riserva mobili.
National Guard reserve, riserva della milizia statale (U S A).
naval reserve, riserva navale.
oil reserve, riserva di olio.
organized reserves, riserve dell'esercito.
regimental reserve, riserva di reggimento.

RESERVE—Continued.
  reserve of the outpost, riserva d'avamposto.
  reserves, riserve (Mil); provviste di riserva; scorta, *f*.
  reserves in attack, truppe di rincalzo.
  strategical reserve, riserva strategica.
  supply reserves, rifornimenti di riserva.
  tactical reserve, riserva tattica.
  unit reserves, rifornimenti di riserva di reparto.
RESERVIST. Riservista, *m*.
RESERVOIR. Cisterna, *f*; serbatoio, *m*; riserva di approvvigionamenti.
RESIGNATION. Dimissioni, *fpl*.
RESILIENCE. Elasticità, *f*.
RESILIENT. Elastico.
RESIN. Resina, *f*.
RESIST, *v*. Resistere.
RESISTANCE. Resistenza, *f*.
  center of resistance, centro di resistenza.
  effective resistance, valida resistenza.
  electric resistance, resistenza elettrica.
  lateral resistance, resistenza laterale.
  longitudinal resistance, resistenza longitudinale.
  ohm resistance, resistenza specifica (Elec).
  principal resistance, resistenza principale.
RESOURCE. Risorsa, *f*.
  local resources, risorse locali.
RESPIRATION. Respirazione, *f*.
  artificial respiration, respirazione artificiale.
RESPIRATOR. Respiratore, *m* (Gas).
RESPIRATORY. Respiratorio.
REST. Riposo, *m*; sopporto, *m*.
  to rest, riposarsi.
RESTRICT, *v*. Restringere; limitare.
RESTRICTION. Restrizione, *f*.
  flying restriction, restrizione di volo.
RESTRICTIVE. Restrittivo.
RESULT. Risultato, *m*; esito, *m*.
  to result, risultare; avere per risultato; dare per risultato.
RESULTANT. Risultante, *f*.
RESUME, *v*. Riprendere; ricominciare; ripigliare.
"RESUME FIRING!" "Riprendete il fuoco!"

RESUMPTION. Ripresa, *f*.
RETAINER. Assimilato, *m* (Mil).
RETAINER TO THE CAMP. Assimilato per lavori al campo.
RETALIATE, *v*. Far rappresaglie.
RETALIATION. Rappresaglia, *f*.
RETICULE. Reticolo, *m*; retino, *m* (Instr).
RETIRE, *v*. Arretrare (Mil); arretrarsi (Mil); ritirarsi.
RETIRED. A riposo.
RETIREMENT. Arretramento, *m* (Maneuver); ritiro, *m* (Service); riposo, *m* (Service).
  retired civilian employee, impiegato civile a riposo.
  retired commissioned officer, ufficiale a riposo.
  retired personnel, personale civile a riposo.
  retired warrant officer, maresciallo maggiore a riposo.
  wholly retired, in congedo assoluto.
RETREAT. Ritirata, *f*.
  to begin the retreat, cominciare la ritirata.
  to cover the retreat, coprire la ritirata.
  to cut off the retreat, tagliare la ritirata.
  to retreat, ripiegare; battere in ritirata.
  full retreat, ritirata su tutta la linea.
  in full retreat, in piena ritirata.
  line of retreat, linea di ritirata.
  strategical retreat, ritirata strategica.
  tactical retreat, ritirata tattica.
RETRENCH, *v*. Trincerare.
RETRENCHMENT. Trinceramento *m*.
RETROACTIVE. Retroattivo.
RETROACTIVE ORDER. Ordine retroattivo.
RETROACTIVE ORDINANCE. Ordinanza retroattiva.
RETROACTIVE STATUTE. Atto legislativo retroattivo.
RETURN. Ritorno, *m*; restituzione, *f*; rendiconto, *m* (Fin); resoconto, *m* (Fin); profitto, *m* (Fin).
  to return, ritornare; restituire; ringuainare (of weapon); rimettere (of weapon).
REVEILLE. Sveglia, *f*; diana, *f*.
  to sound reveille, suonare la sveglia.
REVEILLE GUN. Cannone della diana.

REVENGE. Rivincita, *f;* riscatto, *m;* rappresaglia, *f;* vendetta, *f.*
to revenge, prendere la rivincita.
REVENUE CUTTER, Nave guardacosta.
REVERSE. Rovescio, *m;* insuccesso, *m.*
to reverse, rovesciare; invertire.
REVERSE GEAR. Ingranaggio della retromarcia (Automobile).
REVERSIBLE. Riversibile; reversibile.
REVET, *v.* Rivestire; incamiciare.
REVETMENT. Rivestimento, *m;* incamiciatura, *f.*
  brush revetment, rivestimento di frasche; frascata, *f.*
  fascine revetment, rivestimento di fascine.
  gabion revetment, rivestimento di gabbioni.
  hurdle revetment, rivestimento di graticci.
  sandbag revetment, rivestimento di sacchi di terra.
  sod revetment, rivestimento di piote.
REVIEW. Rivista, *f* (Mil); revisione, *f* (Law).
  to review, passare in rivista (Mil); recensire (Literature); rivedere.
REVOCATION. Revocazione, *f;* revoca, *f;* deroga, *f.*
REVOKE. Revoca, *f.*
  to revoke, revocare; annullare; abrogare.
REVOLVER. Revolver, *m;* rivoltella, *f.*
REWARD. Ricompensa, *f.*
  to reward, ricompensare.
RHEOSTAT. Reostato, *m.*
RHODES. Rodi, *f.*
RHOMBUS. Rombo, *m* (Geometry).
RHUMB. Rombo, *m* (Instr).
RHUMB LINE. Lossodromia, *f* (Nav).
RIB. Centina, *f* (Avn); costola, *f* (Anatomy).
  compression rib, rompitratta, *m* (Ap).
  false rib, falsa centina.
  former rib, falsa centina.
RIBBON. Nastro, *m;* nastrino, *m.*
  campaign ribbon, nastrino della campagna.
RICOCHET. Rimbalzo, *m.*
  to ricochet, rimbalzare.

RIFLE. Fucile, *m.*
  antitank rifle, fucile anticarro.
  automatic rifle, fucile mitragliatore; fucile automatico.
  machine rifle, fucile automatico a sopporto.
  military rifle, fucile militare.
  national rifle association, associazione nazionale del tiro a segno.
  repeating rifle, fucile a ripetizione ordinaria.
  semiautomatic rifle, fucile semiautomatico.
RIFLE, *v.* Rigare (Firearms).
RIFLE BULLET. Pallottola, *f.*
RIFLE GRENADE. Granata da fucile; bomba da tromboncino.
RIFLE GRENADE DISCHARGER. Tromboncino, *m.*
RIFLEMAN. Fuciliere.
  expert rifleman, tiratore scelto.
RIFLE PIT. Buca da tiratore.
RIFLE PRACTICE. Esercitazioni di tiro col fucile.
RIFLE RANGE. Tiro a segno.
RIFLE REST. Cavalletto, *m* (Aiming exercise).
RIFLE ROD. Bacchetta del fucile.
RIFLESHOT. Fucilata, *f.*
RIFLING. Rigatura, *f* (Firearms).
RIG. Attrezzatura, *f.*
  to rig, attrezzare; armare.
RIGGER. Attrezzatore, *m.*
RIGGING. Attrezzatura, *f* (Nav); sartiame, *m;* arte di attrezzare la nave.
RIGHT. Destra, *f;* fianco destro; ala destra; diritto, *m.*
  to right, raddrizzare.
RIGHT, *adj.* Destro (of side); diritto; proprio; acconcio; giusto.
"RIGHT FACE!" "Fianco destr!"
RIGHTING COUPLE. Coppia di stabilità (Nav).
RIGHT OF ASYLUM. Diritto d'asilo.
RIGHT OF SEARCH. Diritto di visita.
RIGHT OF WAY. Diritto di precedenza stradale.
"RIGHT TURN!" "Fianco destr, destr!"
RIGID. Rigido.
RIGIDITY. Rigidità, *f;* rigidezza, *f.*

RIM. Orlo sporgente (Cartridge); cerchione, *m* (Wheel).
RING. Anello, *m;* cerchio, *m;* recinto, *m;* arena, *f;* suonata di campanello.
  compression ring, anello elastico.
  split ring, segmento tagliato (Piston).
RIOT. Disordine pubblico; tumulto, *m.*
  to riot, tumultuare.
  riot duty, servizio d'ordine pubblico.
  riotous conduct, condotta tumultuosa.
RIOTERS. Tumultuanti, *mpl.*
RIP CORD. Cordone di strappo.
RISE. Sollevamento, *m;* ascensione, *f;* sollevazione, *f;* salita, *f;* rialzo, *m;* altura, *f* (Top).
  to rise, sollevarsi; alzarsi; levarsi.
  vertical rise, ascensione verticale.
RIVER. Fiume, *m.*
  fordable river, fiume guadabile.
  navigable river, fiume navigabile.
  tributary river, fiume tributario.
RIVER, *adj.* Fluviale.
RIVERBANK. Riva del fiume; sponda del fiume.
RIVER CRAFT. Nave fluviale.
RIVER CROSSING. Traversata del fiume.
RIVERHEAD. Sorgente del fiume.
RIVER LINE. Linea fluviale.
RIVERS AND HARBORS. Fiumi e porti.
  river and harbor lands, terreni lungo i fiumi e i porti.
  river and harbor works, lavori portuali e fluviali.
RIVET. Perniotto, *m;* chiodo da ribadire.
  to rivet, ribadire.
RIVET GUN. Ribaditoio, *m.*
RIVETING. Ribaditura, *f;* chiodatura, *f.*
  chain riveting, chiodatura a catena.
  cold riveting, ribaditura a freddo.
  double riveting, chiodatura doppia.
  single riveting, chiodatura semplice.
  triple riveting, chiodatura tripla.
  zigzag riveting, chiodatura a zigzag.
RIVETING MACHINE. Macchina per ribadire; ribaditoio, *m.*
ROAD. Strada, *f;* via, *f;* cammino, *m.*
  to cut a road, tagliare una strada.
  to leave the road, uscire dalla strada.
  axial road, strada principale di rifornimento.

ROAD—Continued.
  barred road, strada sbarrata.
  camel road, strada carovaniera.
  clear road, strada libera.
  congested road, strada congestionata.
  corduroy road, strada di palancole.
  dirt road, strada carreggiabile.
  gravel road, strada agghiaiata.
  macadamized road, strada macadamizzata.
  main road, strada maestra; strada principale.
  metaled road, strada di brecciame.
  military road, strada militare.
  motor road, autostrada, *f.*
  mountain road, strada di montagna.
  mule road, strada mulattiera; mulattiera, *f.*
  pack road, strada mulattiera; mulattiera, *f.*
  paved road, strada lastricata.
  plank road, strada di tavolato.
  side road, strada laterale.
  sunken road, strada incassata.
ROADBED. Letto di ghiaia.
ROAD BLOCK. Sbarramento stradale.
ROAD CAPACITY. Capacità logistica della strada.
ROAD COMMISSION. Commissione per i lavori stradali.
ROAD CONDITION. Viabilità; condizione della strada; condizione stradale.
ROAD CROSSING. Crocicchio, *m;* incrocio di strade.
ROAD MACHINERY. Macchinario da strada.
ROAD METAL. Brecciame, *m.*
ROAD NET. Rete stradale; nodo stradale.
ROAD ROLLER. Compressore stradale.
ROAD SPACE. Profondità di una colonna.
ROADSTEAD. Rada, *f.*
ROCK. Roccia, *f.*
ROCKET. Razzo, *m;* proietto-razzo, *m.*
  incendiary rocket, razzo incendiario.
  life rocket, razzo di salvataggio.
  parachute rocket, razzo a paracadute.
  signal rocket, razzo da segnali.
ROCKET APPARATUS. Apparecchio per razzi di salvataggio.

ROD. Asta, *f;* bacchetta, *f.*
ROLL. Telo da tenda arrotolato (Equipment); rollio, *m* (Nav); rullio, *m* (Nav); mulinello, *m* (Aerobatics).
   to roll, arrotolare; rollare (Nav); rullare (Nav).
   bedding roll, rotolo da campo.
ROLL CALL. Chiama, *f;* appello, *m* (Mil).
ROLLER. Sfera, *f* (Mech); rullo, *m;* cavallone, *m* (of sea waves); spianatore, *m* (Rd).
ROLLING STOCK. Materiale rotante.
ROLL OF HONOR. Albo di onore.
ROME. Roma, *f.*
ROOKIE (Slang). Cappellone, *m.*
ROOT. Radice, *f.*
   cube root, radice cubica.
   square root, radice quadrata.
ROPE. Corda, *f;* cavo, *m.*
   guy rope, corda di ritenuta; ritenuta, *f.*
   mooring rope, cavo d'ormeggio; ormeggio, *m.*
   wire rope, fune metallica.
ROSTER. Ruolo, *m;* turno, *m;* lista, *f;* elenco, *m.*
   duty roster, turno di servizio.
   guard roster, ruolo di turno della guardia; specchietto di servizio della guardia.
   service roster, turno di servizio.
ROTATING BAND. Corona di forzamento.
ROTOR SHIP. Rotonave, *f.*
ROUND. Ronda, *f* (Inspection); colpo, *m* (Ammunition).
   to round up, rastrellare.
ROUNDHOUSE. Officina riparazioni locomotive (RR); deposito delle locomotive.
ROUNDUP. Rastrellamento, *m;* retata, *f* (Police).
ROUTE. Itinerario, *m.*
ROUTINE. Routine, *f;* procedura abituale.
ROW. Fila, *f.*
   to row, vogare; remare.
ROWEL. Spronella *f.*
ROWLOCK. Scalmiera, *f.*
RUBBER. Gomma elastica; cauccíù, *m.*
   vulcanized rubber, gomma elastica vulcanizzata; cauccíù vulcanizzato.
RUBBLE. Brecciame, *m.*

RUCKSACK. Sacco da montagna.
RUDDER. Timone, *m;* timone di direzione (Ap).
   balance rudder, timone compensato.
   equipoise rudder, timone compensato.
   horizontal rudder, timone orizzontale.
   jury rudder, timone di fortuna.
RUDDER BAR. Pedaliera, *f* (Ap).
RUDDER BLADE. Pala del timone.
RULE. Regola, *f;* regolamento, *m;* norma, *f;* governo, *m;* dominio, *m;* riga, *f* (Instr); regolo, *m* (Instr).
   to rule, regolare; decidere; dirigere; governare; dominare.
   international steering and sailing rules, regolamento internazionale per prevenire gli abbordi in mare.
   safety rule, regola di sicurezza.
   sliding rule, regolo calcolatore.
RULE OF CONDUCT. Norma di condotta.
RULE OF THUMB. Regola arbitraria.
RULES OF LAND WARFARE. Norme della guerra terrestre.
RUN. Corsa, *f;* percorso, *m.*
   to run, correre.
   at a run, di corsa.
   endurance run, corsa di resistenza.
   landing run, corsa di atterraggio.
RUNNER. Portaordini, *m* (Mil); corridore, *m* (Sport).
RUNNING AWAY. Fuga, *f.*
RUNNING BOARD. Montatoio, *m;* predellino, *m.*
RUNWAY. Pista di lancio (for airplanes); scivolo, *m* (for seaplanes).
RUST. Ruggine, *f.*
   to rust, arrugginire; arrugginirsi.
RUSTY. Arrugginito; rugginoso.

S

SABER. Sciabola, *f.*
   to draw saber, sguainare la sciabola.
   to return saber, rimettere la sciabola.
   to saber, sciabolare.
   cavalry saber, sciabola di cavalleria.
SABER CUT. Sciabolata, *f.*
SABER EXERCISE. Scherma di sciabola.
SABER KNOT. Dragona, *f.*
SABER SCABBARD. Fodero della sciabola.

SABOTAGE. Sabotaggio, *m*.
to sabotage, sabotare.
SAC. Sacco, *m*.
SADDLE. Sella, *f*.
to saddle, sellare; mettere addosso; addossare.
to saddle upon, accollare.
cowboy saddle, sella alla buttera; bardella, *f*; sella alla maremmana.
English saddle, sella inglese.
flat saddle, sella ordinaria da ufficiale.
in the saddle, in sella.
SADDLEBAG. Borsa da sella; bisaccia, *f*.
SADDLE BAR. Banda della sella.
SADDLEBOW. Arcione, *m*.
SADDLECLOTH. Gualdrappa, *f*.
SADDLE GIRTH. Sottopancia, *m*.
SADDLER. Sellaio, *m*.
SADDLERY. Selleria, *f*.
SADDLETREE. Fusto della sella.
SAFE. Salvo; fuori pericolo.
SAFE-CONDUCT. Salvacondotto, *m*.
safe-conduct for goods, salvacondotto per merci.
safe-conduct of persons, salvacondotto per persone.
SAFEGUARD. Salvaguardia, *f*.
to safeguard, salvaguardare.
SAFETY. Sicurezza, *f*.
factor of safety, fattore di sicurezza.
public safety, sicurezza pubblica.
SAFETY CLEARANCE. Margine di sicurezza.
SAFETY DEVICE. Congegno di sicurezza.
SAFETY FACTOR. Fattore di sicurezza.
range safety factor, fattore di sicurezza del tiro.
SAFETY LIMITS. Limiti della distanza di sicurezza.
SAFETY LOCK. Congegno di sicurezza (G).
SAFETY MARGIN. Margine di sicurezza.
SAFETY POSITION. Posizione di sicurezza (Firearm).
SAIL. Vela, *f*.
to sail, veleggiare; partire.
SAILING. Partenza, *f*; navigazione, *f*; traversata, *f*.
SAILING VESSEL. Veliero, *m*.

SALE. Vendita, *f*.
forced sale, vendita forzata; vendita coatta.
on sale, in vendita.
proceeds of sales, ricavato delle vendite.
sale by the government, vendita governativa.
sale of intoxicants, vendita di bevande alcooliche.
salvage sale, vendita di materiale ricuperato.
SALIENT. Saliente, *m*.
SALLY. Sortita, *f*.
to sally, fare una sortita; sortire (Mil).
SALLY PORT. Pusterla, *f*; sortita, *f* (Ft).
SALONIKA. Salonicco, *f*.
SALUTE. Saluto, *m* (Mil & Nav); salva, *f* (Nav).
to fire a 21-gun salute, sparare una salva reale.
to return a salute gun for gun, rendere una salva colpo per colpo.
to salute, salutare.
cannon salute, saluto col cannone.
military salute, saluto militare.
SALVAGE, Ricupero, *m* (Mil); salvataggio, *m* (Nav); diritti di salvataggio (Nav).
to salvage, ricuperare.
SALVO. Salva, *f*.
battery salvo, salva di batteria.
SANATORIUM. Sanatorio, *m*.
SAND. Sabbia, *f*.
shifting sand, sabbia mobile.
SANDBAG. Sacco a terra; sacco di terra.
SANDBANK. Banco di sabbia.
SAND BOX. Cassetta della sabbia (Tk).
SANDPAPER. Cartavetrata, *f*.
SANDSTORM. Tempesta di sabbia.
SANITARY CORDON. Cordone sanitario.
SANITARY FORMATION. Formazione sanitaria.
SANITARY SERVICE. Servizio sanitario.
SANITATION. Sanità, *f*; igiene, *f*.
military sanitation, sanità militare.

SAP. Zappa, *f* (Ft); trincea d'approccio.
  to sap, costruire zappe (Ft); zappare; minare; svigorire; sfibrare.
  double sap, zappa doppia (Ft).
SAPHEAD. Testa d'approccio.
SAPPER. Zappatore, *m.*
SARDINIA. Sardegna, *f.*
SASSARI. Sassari, *f.*
SATURATE, *v.* Saturare.
SATURATION. Saturazione, *f.*
  magnetic saturation, saturazione magnetica.
SATURATION POINT. Punto di saturazione.
SAVING CLAUSE. Clausola restrittiva.
SAW. Sega, *f.*
  to saw, segare.
  band saw, sega a nastro.
  circular saw, sega circolare.
  compass saw, gattuccio, *m.*
  hack saw, sega ad archetto; sega per metalli.
  marble saw, sega non dentata.
  metal-cutting band saw, sega a nastro per metalli.
SAWDUST. Segatura, *f.*
SCABBARD. Fodero, *m;* guaina, *f;* calzuolo, *m* (for cavalry rifle).
SCALAR. Scalare.
SCALE. Scala, *f* (Top); scaglia, *f* (Metal & Fish); bilancia, *f* (Instr).
  to scale, dare la scalata (Mil); scalare; squamare; pesare; graduare.
  automatic-indicating scale, bilancia automatica; bilancia a indice.
  beam scale, stadera, *f.*
  diagonal scale, scala ticonica (Top).
  graphic scale, scala grafica.
  linear scale, scala lineare (Top).
  representative scale, rapporto di scala (Top).
  spring scale, bilancia a molla.
  thermometric scale, scala termometrica.
SCALE EFFECT. Effetto di scala (Aerodynamics).
SCALE LINE. Scala di proporzione di una fotografia aerea.
SCALENE. Scaleno.
SCALE OF A MAP. Scala di proporzione.
SCAPHANDER. Scafandro, *m.*

SCAR. Cicatrice, *f;* sfregio, *m.*
  to scar, lasciare una cicatrice; sfregiare.
SCHOOL. Scuola, *f.*
  to school, ammaestrare; addestrare.
  army air force tactical school, scuola di guerra aerea.
  balloon and airship school, scuola di aerostatica.
  cavalry school, scuola di cavalleria.
  chaplains' school, scuola dei cappellani militari.
  chemical warfare school, scuola di guerra chimica.
  coast artillery school, scuola di artiglieria da costa.
  dental school, scuola di odontoiatria.
  engineer school, scuola del genio.
  field artillery school, scuola di artiglieria campale.
  foreign military school, scuola militare estera.
  garrison school, scuola della guarnigione.
  infantry school, scuola di applicazione di fanteria.
  medical field service school, scuola del servizio sanitario da campo.
  medical school, scuola medica.
  military school, scuola militare.
  prisoner school, scuola dei prigionieri.
  school for bakers and cooks, scuola panettieri e cuochi.
  tank school, scuola carri armati.
SCHOONER. Goletta, *f.*
SCISSORS. Forbice, *f;* forbici, *fpl.*
SCISSORS (Slang). Binoccolo con tubi periscopici.
SCOPE. Scopo, *m;* distesa, *f;* portata, *f.*
SCORE. Tacca di contrassegno; punteggio, *m;* ventina, *f* (Unit).
  to score, intaccare; avere la meglio.
SCORIA. Scoria, *f* (Mettallurgy).
SCORING. Punteggio, *m;* punti, *mpl.*
  scoring of test of laying, punteggio della prova di puntamento.
SCOUT. Esploratore, *m* (Mil & Nav).
  to scout, esplorare.
  air scout, vedetta antiaerea.
  ground mounted scout, esploratore terrestre a cavallo.
SCOUT CAR. Autovettura da ricognizione; autovetturetta, *f.*

SCOUT CORPORAL. Capo pattuglia esploratori.
SCOUT CRUISER. Esploratore, m.
SCOUTING. Avanscoperta, f.
SCOUTING FORCE. Forza navale di esploratori.
SCOUT PLANE. Apparecchio da ricognizione.
SCOUT VESSEL. Cannoniera, f; nave vedetta; nave di pattuglia.
SCREEN. Schermo, m; mascheramento, m; cortina, f.
   to screen, mascherare; coprire (Mil); stendere una cortina di fumo.
SCREW. Vite, f (Mech); elica, f (Avn & Nav).
   to screw, avvitare.
   Archimedean screw, vite d'Archimede.
   endless screw, vite senza fine; vite perpetua; vite tangente.
   external screw, vite maschia.
   female screw, vite femmina; madrevite, f.
   internal screw, vite femmina; madrevite, f.
   levelling screw, vite tangente; vite di livello.
   male screw, vite maschia.
   tangent screw, vite tangente; vite perpetua; vite senza fine.
   wood screw, vite da legno; vite mordente.
SCREW DRIVER. Cacciavite, m.
SCREW STOCK. Gira-maschi, m; portafiliere, m.
SCUTARI. Scutari, f.
SCUTTLE. Boccaportella, f (Nav).
   to scuttle, affondare.
SCYTHE. Falce, f.
SEA. Mare, m.
   command of the sea, dominio del mare; padronanza del mare.
   free sea, mare libero.
   freedom of the seas, libertà dei mari.
   heavy sea, mare grosso.
   high seas, alto mare.
   inland sea, mare interno.
   marginal sea, mare adiacente.
   smooth sea, mare calmo.
   territorial sea, mare territoriale.
SEA-BORNE. Per via di mare.
SEACOAST. Costa marina.
SEAGOING. Di altomare.
SEA LANE. Via marittima.
   coastwise sea lane, rotta di navigazione costiera.
SEA LEVEL. Livello del mare.
SEAMAN. Marinaio, m.
SEAPLANE. Idrovolante, m.
   float seaplane, idrovolante a galleggianti.
   racing seaplane, idrocorsa, m.
   single-float seaplane, idrovolante a galleggiante centrale.
   twin-float seaplane, idrovolante a due galleggianti affiancati.
SEAPLANE TENDER. Nave porta-aerei.
SEAR. Scatto, m (Firearm).
SEARCH. Ricerca, f; perquisizione, f; visita, f (Nav).
   to search, ricercare; esplorare; rastrellare (Ballistics).
SEARCH AND SEIZURE. Perquisizione e confisca.
SEARCHLIGHT. Proiettore, m; riflettore, m.
SEASHORE. Spiaggia marina.
SEASICKNESS. Mal di mare.
SEA WALL. Muraglione di porto.
SEAWORTHY. Idoneo alla navigazione; atto alla navigazione.
SECANT. Secante, f, n & adj.
SECOND. Minuto secondo; secondo, m.
SECOND, v. Secondare; appoggiare; sostenere.
SECOND GEAR. Seconda, f (Automobile).
SECOND IN COMMAND. Comandante in seconda.
SECOND LIEUTENANT. Sottotenente, m.
SECOND SPEED. Seconda velocità; seconda, f.
SECRECY. Segretezza, f.
SECRET. Segreto, m, n & adj.
   military secret, segreto militare.
   violation of military secret, violazione di segreto militare.
SECRETARY. Segretario, m.
   flag secretary, segretario dell'ammiraglio; segretario del comandante.
SECRETARY OF WAR. Ministro della Guerra.

SECTION. Sezione, f.
to section, separare in sezioni; dividere in sezioni; rappresentare in sezione (Drawing).
ammunition section, sezione di reparto munizioni.
balloon section, sezione aerostieri.
center section, sezione centrale.
channel section, sezione ad U (Drawing).
maintenance section, sezione manutenzione.
streamline section, forma carenata (Aerodynamics).
telephone and telegraph section, sezione telefonisti e telegrafisti.
visual section, sezione segnalazioni ottiche.
SECTOR. Settore, m.
corps sector, settore di corpo d'armata.
defensive sector, settore difensivo.
local sector, settore locale.
observing sector, zona di osservazione.
regimental sector, settore del reggimento.
SECTOR BOUNDARY. Limite del settore.
SECTOR OF FIRE. Settore di tiro.
SECURE, v. Impadronirsi; impossessarsi; rendere sicuro; mettere al sicuro.
SECURITY. Sicurezza, f.
local security, sicurezza locale.
SECURITY ON THE MARCH. Sicurezza in marcia.
SEDITION. Sedizione, f; rivolta, f.
SEGMENT. Segmento, m.
to segment, dividere in segmenti; dividersi in segmenti.
line segments, segmenti della linea.
SEGREGATE, v. Segregare; isolare.
SEGREGATION. Segregazione, f.
SEIZE, v. Occupare; impadronirsi; afferrare; ingranare (Mech).
SEIZURE. Cattura, f (Nav); sequestro, m (Law); confisca, f (Law); attacco, m (Med); accesso, m (Med).
SEIZURE FOR UNLAWFUL USE. Confisca per uso illegale.
SELF-DEFENSE. Legittima difesa.

SELF-IGNITION. Autoaccensione, f.
SELF-INDUCTION. Autoinduzione, f.
SELF-INJURY. Autolesione, f.
SELF-MUTILATION. Mutilazione volontaria.
SELF-PROPELLED. Semovente; automobile.
SELF-STARTER. Avviatore automatico; avviatore, m (Mtr).
SEMAPHORE. Semaforo, m.
to semaphore, segnalare col semaforo.
SEMAPHORIC. Semaforico.
SEMIAUTOMATIC. Semi automatico.
SEMICIRCLE. Semicircolo, m.
SEMICIRCULAR. Semicircolare.
SEMICONCEALED. Semidefilato.
SEMICYLINDRICAL. Semicilindrico.
SEMIDIAMETER. Semidiametro, m.
SENIOR. Anziano; superiore (Mil).
SENIORITY. Anzianità, f.
SENSING. Determinazione del senso delle deviazioni dei colpi.
SENTENCE. Sentenza, f; condanna, f; pena, f.
to sentence, condannare (Law); sentenziare.
commutation of sentence, sostituzione di pena; commutazione di pena.
confirmation of sentence, pubblicazione della sentenza.
cumulative sentence, sentenza cumulativa.
death sentence, sentenza di morte.
execution of sentence, esecuzione della sentenza.
mitigation of sentence, mitigazione di pena.
remission of sentence, remissione della pena.
suspended sentence, sentenza sospesa.
suspension of sentence, sospensione della sentenza.
under sentence, in attesa della condanna.
SENTINEL. Sentinella, f.
to post a sentinel, collocare una sentinella.
to relieve a sentinel, dare il cambio a una sentinella.
circulation sentinel, sentinella per regolare il movimento.
color sentinel, sentinella alla bandie.

SENTINEL—Continued.
  double sentinel, doppia sentinella.
  gas sentinel, sentinella ai gas.
  piece sentinel, sentinella al pezzo.
  rocket sentinel, sentinella ai razzi.
  security sentinel, sentinella di sicurezza.
  sentinel loitering on post, sentinella pigra.
  sentinel neglecting duty, sentinella che non eseguisce la consegna.
  sentinel sleeping on post, sentinella addormentata sul posto.
SENTRY. Sentinella, *f.*
  to relieve a sentry, dare il cambio ad una sentinella; rilevare una sentinella.
  camouflage sentry, sentinella ai mascheramenti.
  double sentry, sentinella doppia.
  gas sentry, sentinella contro i gas.
SENTRY BOX. Garitta, *f;* garetta, *f;* casotto da sentinella.
SENTRY GO. Servizio di guardia.
SEQUESTER, *v.* Sequestrare; staggire.
SEQUESTRATION. Sequestro, *m.*
SEQUESTRUM. Sequestro, *m.*
SERBIA. Serbia, *f.*
SERBIAN. Serbo, *m.*
SERGEANT. Sergente, *m.*
  color sergeant, maresciallo portabandiera.
  sergeant of the guard, sergente della guardia.
  staff sergeant, maresciallo, *m.*
  technical sergeant, maresciallo capo.
SERGEANT MAJOR. Sergente maggiore.
SERIAL NUMBER. Numero di matricola (Mil); numero di serie.
SERUM. Siero, *m.*
  anticholera serum, siero anticolerico.
  antidiphtheric serum, siero antidifterico.
  antirabic serum, siero antirabbico.
  antitetanic serum, siero antitetanico.
SERVICE. Servizio, *m;* servigio, *m.*
  compulsory service, servizio obbligatorio.
  detached service, servizio distaccato.
  diplomatic service, servizio diplomatico.
  divine service, servizio religioso.

SERVICE—Continued.
  echelonment of services, scaglionamento dei servizi.
  exempt from service, esente dal servizio.
  federal service, servizio nell'esercito nazionale.
  field services, servizi di campagna.
  foreign service, servizio all'estero.
  home service, servizio territoriale.
  honest and faithful service, servizio con fedeltà e onore.
  inactive service, disponibilità, *f* (Mil).
  length of service, durata del servizio militare.
  lighthouse service, servizio fari.
  medical service, servizio di sanità.
  military service, servizio militare.
  personal services, servizi personali.
  recruiting service, servizio di reclutamento.
  submarine mine service, servizio mine subacquee; servizio torpedini da blocco.
  supply service, servizio di commissariato.
  telegraph service, servizio telegrafico.
  temporary service, servizio temporaneo.
  territorial services, servizi territoriali.
  veterinary service, servizio veterinario.
  voluntary service, servizio volontario.
  water-supply service, servizio idrico.
SERVICE, *v.* Revisionare (Mech).
SERVICE COMMAND. Comando territoriale di Corpo d'Armata.
SERVICE MEDALS. Medaglie di servizio in guerra e in campagna.
  army of Cuban occupation medal, medaglia dell'esercito d'occupazione in Cuba.
  army of Cuban pacification medal, medaglia dell'esercito di pacificazione in Cuba.
  China campaign medal, medaglia della campagna cinese.
  Civil war campaign medal, medaglia della campagna della guerra civile.
  Indian campaign medal, medaglia della campagna indiana.
  Mexican Border service medal, medaglia di servizio al confine messicano.

SERVICE MEDALS—Continued.
Mexican service medal, medaglia servizio messicano.
Philippine campaign medal, medaglia della campagna filippina.
Philippine congressional medal, medaglia del parlamento filippino.
Spanish campaign medal, medaglia della campagna spagnola.
Spanish war service medal, medaglia servizio militare nella guerra spagnola.
victory medal, medaglia della vittoria.
SERVICE OF CHARGES. Notificazione della sentenza di accusa.
SERVICE OF PROCESS. Notificazione del mandato di comparizione.
SERVICE OF SUPPLY. Servizio rifornimenti.
SERVICE OF THE PIECE. Servizio del pezzo.
SERVICE RECORD. Stato di servizio.
SERVICE SCHOOL. Scuola militare dell'esercito.
  service school detachment, distaccamento alla scuola militare.
SERVICE STATION. Stazione di servizio.
SERVICING. Revisionamento, *m* (Mech).
SERVING. Notificazione (Law).
SERVING OF PROCESS. Notificazione del mandato di comparizione.
SERVOMOTOR. Servomotore, *m*.
SESQUIPLANE. Sesquiplano, *m*.
SESSION. Sessione, *f;* seduta, *f;* udienza, *f*.
  closed session, udienza a porte chiuse.
SET. Collezione, *f;* gruppo, *m;* servizio, *m;* assortimento, *m;* apparecchio, *m*.
SETTER. Graduatore, *m* (Device).
SEXTANT. Sestante, *m*.
SHACKLE. Maniglia, *f* (Ord).
SHACKLE BOLT. Perno della maniglia.
SHAFT. Albero, *m* (Mech).
  driving shaft, albero motore.
SHARPSHOOTER. Tiratore scelto.
SHATTERPROOF. Infrangibile.
SHEAF. Fascio, *m*.
  to sheaf, formare il fascio (Ballistics); fare a fasci.
  closed sheaf, fascio convergente.

SHEAF—Continued.
  open sheaf, fascio divergente.
  parallel sheaf, fascio parallelo.
SHEARS. Cesoie, *fpl.*
SHEATH. Guaina, *f;* involucro, *m*.
SHEATHE, *v.* Inguainare; infoderare; rivestire.
SHEATHING. Rivestimento, *m;* fodera, *f*.
SHED. Tettoia, *f*.
SHEET. Lenzuolo, *m* (Cloth); specchio, *m* (Water); foglio, *m* (Paper); lamina, *f* (Metal); scotta, (Nav).
SHEET OF WATER. Specchio d'acqua.
SHELL. Proietto d'artiglieria; bossolo, *m;* guscio, *m;* granata, *f;* razzo, *m*.
  to shell, bombardare.
  armor-piercing shell, granata perforante.
  asphyxiating shell, granata asfissiante.
  billy shell, bomba a mano a gas; petardo a gas.
  chemical shell, proietto ad azione speciale.
  diaphragm shell, shrapnel a diaframma.
  explosive shell, proietto esplosivo; granata, *f*.
  gas shell, granata ad azione tossica.
  high-explosive shell, proietto ad alto esplosivo.
  illuminating shell, proietto illuminante.
  incendiary shell, granata incendiaria.
  smoke shell, granata fumogena; proietto fumogeno.
  special shell, proietto ad azione speciale.
  star shell, razzo a stelle.
  tear shell, granata lacrimogena.
  tracer shell, proietto tracciante.
SHELL CASE. Bicchiere, *m* (Am); bossolo, *m*.
SHELL HOLE. Imbuto, *m* (Arty); buca prodotta da proietto.
SHELL ROOM. Deposito delle munizioni; santabarbara, *f*.
SHELTER. Ricovero, *m;* riparo, *m*.
  to shelter, riparare; ricoverare.
  air raid shelter, riparo contro le incursioni aeree.
  cave shelter, ricovero in caverna.

SHELTER—Continued.
  gasproof shelter, ricovero a prova di gas; ricovero ermetico antigas.
  heavy shellproof shelter, riparo a prova di granate di grosso calibro.
  light shellproof shelter, riparo a prova di granate di medio calibro.
  light shelter, riparo a prova di granate di piccolo calibro.
  non-ventilated shelter, ricovero senza ventilatore; ricovero filtrante.
  permanent shelter, ricovero permanente.
  splinter-proof shelter, ricovero a prova di schegge; riparo a prova di schegge.
SHELTER HALF. Telo da tenda.
SHIELD. Scudo, *m;* protezione, *f.*
  to shield, proteggere; riparare; fare scudo.
  gun shield, scudo del cannone.
SHIP. Nave, *f;* aeroplano, *m;* aeronave, *f.*
  to dress a ship, alzare la piccola gala di bandiere.
  to full-dress a ship, alzare la gran gala di bandiere.
  to jump ship, disertare la nave.
  to right a ship, raddrizzare una nave.
  to ship, mettere a bordo; caricare a bordo; imbarcare; spedire.
  cable ship, nave posacavi.
  capital ship, capitale nave.
  cargo ship, nave da carico.
  concrete ship, nave cementizia.
  fire ship, brulotto, *m.*
  fuel ship, nave petroliera.
  hospital ship, nave ospedale.
  leading ship, nave capofila; nave di testa.
  merchant ship, nave mercantile.
  mother ship, nave deposito.
  motor ship, motonave, *f.*
  rear ship, nave serrafila; nave di coda.
  repair ship, nave officina.
  ship next ahead, nave prodiera.
  ship next astern, nave poppiera.
  sister ship, nave gemella.
  surveying ship, nave idrografica.
  training ship, nave scuola.
"SHIP AHOY!" "Ohe del bastimento!"
SHIP BISCUIT. Galletta, *f.*
SHIPBOARD. Bordo, *m* (Nav); nave, *f.*
  on shipboard, a bordo.

SHIPMENT. Spedizione, *f.*
SHIP OF THE LINE. Nave di linea.
SHIPPING. Naviglio, *m;* tonnellaggio globale; spedizioni, *fpl.*
SHIP'S CARPENTER. Mastro d'ascia.
SHIP'S MANIFEST. Manifesto di carico.
SHIP'S PAPERS. Carte di bordo.
SHIP'S PROTEST. Protesto di fortuna; prova di fortuna.
SHIP'S SIDE. Banda, *f.*
SHIP'S STORES. Provviste di bordo.
SHIPWRECK. Nave avariata; naufragio, *m.*
SHIRKER. Imboscato, *m.*
SHOAL. Bassofondo, *m;* secca, *f;* banco di sabbia.
SHOCK. Scossa, *f;* urto, *m;* commozione cerebrale (Med).
SHOCK ABSORBER. Ammortizzatore, *m.*
SHOCK CORD. Corda sandow; molla di caucciù.
SHOE. Scarpa, *f.*
  to shoe, calzare; ferrare (H).
  to shoe in stocks, ferrare col travaglio
SHOOT, *v.* Sparare; scagliare.
SHOOTING GALLERY. Galleria di tiro a segno.
SHOP. Bottega, *f;* officina, *f.*
  emergency shop, officina per riparazioni occasionali.
  mobile shop, officina mobile.
  repair shop, officina da riparazioni.
SHORE. Spiaggia, *f;* costa, *f;* riva, *f;* puntello, *m* (Engr).
SHORT. Colpo corto (Ballistics).
SHORTAGE. Deficienza, *f;* ammanco, *m* (Fin).
SHORT CUT. Scorciatoia, *f.*
SHORTEN, *v.* Accorciare; abbreviare; serrare (of sails).
SHOT. Colpo, *m;* scarica d'arme; proietto, *m;* pallottola, *f;* gittata, *f;* tiratore scelto.
  cannon shot, portata del cannone (Range); cannonata, *f.*
  chain shot, angeli, *mpl* (Ord).
  line shot, colpo diretto.
  sighting shot, colpo di prova; colpo di prova dell'alzo.
  solid shot, palla.
SHOT CHAMBER. Camera del proietto.

SHOT HOIST. Elevatore, *m* (Ord); elevatrice, *f* (Ord).
SHOT TRAY. Cucchiara di caricamento.
SHOULDER. Spalla, *f*.
"SHOULDER ARMS!" "Spall'arm!"
SHOULDER BELT. Bandoliera, *f*.
SHOULDER STRAP. Controspallina, *f*.
SHOVEL. Pala, *f*; badile, *m*.
 to shovel, spalare; rimuovere con la pala.
SHOVEL BLADE. Pala di badile.
SHRAPNEL. Granata a pallette; shrapnel, *m*.
 base-burster shrapnel, shrapnel a carica posteriore; shrapnel a diaframma.
 bursting velocity, velocità di scoppio.
 central tube, tubo di carica; tubo di trasmissione.
 high-explosive shrapnel, shrapnel ad alto esplosivo.
 incendiary shrapnel, shrapnel incendiario.
SHRAPNEL CASE. Bossolo, *m*.
SHRAPNEL CONE. Cono di scoppio.
SHUTTER. Otturatore, *m* (Photo); sportellino, *m* (Tp).
 between-the-lens shutter, otturatore infralenti.
 focal-plane shutter, otturatore di lastra (Photo); otturatore a tendina (Photo).
 shutter at the lens, otturatore d'obbiettivo (Photo); otturatore centrale (Photo).
SHUTTER SPEED. Velocità dell'otturatore.
SICILY. Sicilia, *f*.
SICK BAY. Infermeria di bordo.
SIDE ARMS. Armi bianche.
SIDECAR. Carrozzino della motocicletta; motocarrozzetta, *f*.
SIDETRACK. Binario di raccordo.
 to sidetrack, far passare al binario di raccordo; evadere.
SIDING. Raccordo, *m* (RR); binario di manovra.
SIEGE. Assedio, *m*.
 to lay the siege, porre l'assedio.
 to lay siege to, assediare.
 to raise the siege, togliere l'assedio.
 state of siege, stato d'assedio.

SIEGE WORKS. Lavori da assedio.
SIGHT. Mira, *f* (Ord); alzo, *m* (Ord); vista, *f*.
 to sight, mirare; puntare; avvistare.
 battle sight, alzo di combattimento.
 bomb sight, mirino di lancio (Ap).
 bore sight, alzo rettilineo (G).
 breech bore sight, tacca di mira (G).
 collimator sight, alzo a collimatore.
 foresight, mirino, *m*.
 front sight, mirino, *m*.
 inclined sight, alzo inclinato.
 leaf sight, alzo a quadrante; alzo rettilineo.
 muzzle bore sight, mirino, *m* (G).
 open sight, tacca di mira.
 panoramic sight, alzo a cannocchiale panoramico.
 peep sight, alzo con punto di mira a forellino.
 quadrant sight, alzo quadrante.
 rear sight, alzo, *m*; tacca di mira fissa.
 rear sight notch, tacca di mira.
 rear-sight slide, cursore dell'alzo rettilineo (Mg); cursore di mira (Mg).
 telescopic sight, alzo a cannocchiale.
SIGHT LEAF. Ritto dell'alzo.
SIGHT SETTING. Determinazione dell'alzo.
SIGN. Segno, *m*; segnale, *m*; contrassegno, *f*.
 to sign, segnare; firmare.
 conventional sign, segno convenzionale.
 personal sign, segno personale; segnale personale.
SIGNAL. Segnale, *m*; segnalazione, *f*.
 to signal, segnalare.
 all-clear signal, segnale di cessato allarme (Air raid).
 arm signal, segnalazione col braccio.
 distress signal, segnale di pericolo.
 flag signal, segnalazione con bandiera.
 fog signal, segnale di nebbia.
 ground signal, segnalazione a terra.
 international code of signals, codice internazionale dei segnali.
 panel signal, segnale a mezzo di telo.
 pyrotechnic signal, segnale pirotecnico.
 radio signal, segnalazione con la radio; segnale con la radio.

SIGNAL—Continued.
  red-star signal, segnale a stella rossa.
  semaphore signal, segnalazione semaforica; segnale semaforico.
  telephone signal, segnalazione telefonica; segnale telefonico.
  time signal, segnale a tempo.
  touch signal, segnalazione a tocco (Tk); segnalazione a colpo (Tk).
  visual signal, segnale ottico; segnalazione ottica.
  voice signal, segnalazione a voce; segnale a voce.
  weak signal, segnale debole.
  wigwag signal, segnalazione con una sola bandiera; segnale con una sola bandiera.
SIGNAL COMMUNICATION. Collegamento a trasmissione meccanica ed elettrica.
  agency of signal communication, organo di trasmissione.
  axis of signal communication, asse di collegamento.
  means of signal communication, mezzo di trasmissione.
  signal communication security, sicurezza del segreto delle trasmissioni.
SIGNAL CORPS. Servizio comunicazioni.
SIGNALING. Segnalazione, *f.*
  visual signaling, segnalazione ottica; telegrafia ottica.
SIGNALMAN. Segnalatore, *m.*
SIGNAL SECURITY. Sicurezza del segreto delle trasmissioni.
SIGN POST. Palo indicatore.
SILENCER. Silenziatore, *m* (Firearm).
SILHOUETTE. Sagoma, *f;* bersaglio a silhouette; profilo, *m;* contorno, *m;* silhouette, *f.*
  low silhouette, bersaglio basso a silhouette.
SIMPLEX. Simplex, *m;* sistema di trasmissione singola (Tp).
SINGLE-CYLINDER. Monocilindro, *m.*
SINGLE-SEATER. Monoposto, *m.*
SINGLETREE. Stanga di traino.
SINGLETREE EYE. Occhione, *m* (Gun carriage).
SINK, *v.* Affondare.

SINKING. Affondamento, *m.*
SIREN. Sirena, *f.*
  compressed-air siren, sirena ad aria compressa.
  steam siren, sirena a vapore.
SITE ZERO. Sito a zero.
SITUATION. Situazione, *f.*
  estimate of the situation, valutazione della situazione.
  tactical situation, situazione tattica.
SIZE. Grandezza, *f.*
  to size, disporre in ordine di statura (Mil); classificare per grandezza; formarsi un'opinione.
SKELETONIZE, *v.* Ridurre i quadri; scheletrire.
SKETCH. Schizzo, *m;* abbozzo, *m;* traccia, *f.*
  to sketch, abbozzare; tracciare.
  ground sketch, schizzo del terreno.
  panoramic sketch, schizzo panoramico.
  position sketch, schizzo della posizione; diagramma della posizione; tracciato della posizione.
  rough sketch, schizzo appena abbozzato.
SKETCHING BOARD. Cavalletto e tavoletta da schizzi topografici.
SKI. Sci, *m;* scivolo, *m* (Sport).
  to ski, sciare.
SKID. Freno a scarpa; pattino di coda (Ap); sbandamento, *m* (Avn, Nav, Vehicle); curro, *m* (Mech); rullo, *m* (Mech); slittamento, *m* (Vehicle).
  to skid, slittare; scivolare; sbandare (Avn, Nav, Vehicle).
  tail skid, pattino di coda.
SKIPPER. Padrone, *m* (Nav).
SKIRMISH. Scaramuccia, *f.*
  to skirmish, scaramucciare.
SKIRMISHER. Cacciatore, *m* (Mil).
SKY LINE. Orizzonte visibile.
SLACK. Primo movimento del grilletto (Trigger squeeze).
SLACKER. Imboscato, *m.*
SLAUGHTER. Strage, *f.*
SLED. Slitta, *f* (Vehicle).
  hand sled, slitta a mano.
SLEDGE. Slitta, *f* (Vehicle); mazza di ferro (Tool).
SLEIGH. Slitta, *f* (Ord).

SLIDE. Vetro, *m* (Instr); lastra, *f* (Photo); frana, *f* (Top); sdrucciolamento, *m;* scivolata, *f*.
SLIDING RULE. Regolo calcolatore.
SLING. Cinghia, *f* (R); braca, *f* (Hoisting); fazzoletto al collo (Surg); fionda, *f* (Instr).
 to sling, mettere a tracolla (R); imbracare; scagliare con la fionda.
 gun sling, sopraspalle, *m* (G); cinghia del fucile (R).
"SLING!" "A tracolla!"
"SLING ARMS!" "Bracc'arm!" "Tracoll'arm!"
SLIP. Scalo, *m* (For ships); regresso, *m* (Nav); sdrucciolone, *m;* sbaglio, *m*.
 building slip, scalo di costruzione; scalo da costruzione.
 ferry slip, scalo da nave-traghetto.
SLIPKNOT. Nodo scorsoio.
SLOPE. Pendenza, *f;* pendio, *m;* scarpata, *f;* falda, *f;* versante, *m;* china, *f;* inclinazione, *f;* scarpa, *f* (Ft).
 to slope, essere in pendenza; inclinare; inclinarsi.
 concave slope, scarpata concava.
 convex slope, scarpata convessa.
 effect of slope, effetto della pendenza.
 exterior slope, scarpata esterna.
 forward slope, scarpata anteriore; declivio antistante.
 front slope, scarpata anteriore.
 interior slope, scarpata interna.
 line of greatest slope, linea di massima pendenza.
 negative slope, pendenza negativa; terreno che scende.
 positive slope, pendenza positiva; terreno che sale.
 rear slope, scarpata posteriore.
 reverse slope, controscarpa, *f*.
 uniform slope, pendenza uniforme.
SLOPE OF FALL. Tangente alla traiettoria nel punto di caduta.
SLUICE GATE. Paratoia, *f;* saracinesca, *f*.
SLUICE VALVE. Paratoia, *f;* saracinesca, *f*.
SMALL ARMS. Armi portatili
 small arms firing school, scuola per l'addestramento al tiro delle armi portatili.

SMOKE. Fumo, *m;* cortina di fumo.
 to smoke, fumare; affumicare.
 coal smoke, fumo di carbone.
 corrosive smoke, fumo corrosivo.
 irritant smoke, aggressivo chimico irritante; fumo irritante.
 obscuring smoke, fumo offuscante.
 screening smoke, cortina di nebbia (Nav); cortina di fumo (Mil).
 smoke in attack, cortina di fumo nell'attacco.
 smoke in defense, cortina di fumo nella difesa.
SMOKE BALL. Pennacchio del fumo dello scoppio (Burst).
SMOKE DISCHARGER. Nebbiogeno, *m*.
SMOKE LAYING. Formazione di cortina di fumo.
SMOKE PUFF. Buffata di fumo.
SMOKE SCREEN. Cortina di fumo (Mil); cortina di nebbia (Nav).
SMOKESTACK. Fumaiuolo, *m*.
SMOOTHBORED. Ad anima liscia.
SNAFFLE. Filetto, *m* (Harness).
SNIPE, *v*. Tirare da lontano in agguato.
SNIPER. Tiratore contro nemici isolati; tiratore in agguato; cecchino, *m*.
SNOWSHOE. Racchetta da neve.
 snowshoe harness, attacchi della racchetta da neve.
SOD. Piota, *f*.
SOIL. Terreno, *m;* suolo, *m*.
 clay soil, terreno argillaceo.
SOLDIER. Soldato, *m*.
 discharged soldier, congedato, *m*.
 fellow soldier, commilitone, *m*.
 quartering of soldiers, acquartieramento dei soldati.
 re-enlisted soldier, militare raffermato.
SOLDIER'S HOME. Casa di riposo dei veterani.
SOLID SHOT. Palla, *f*.
SOLO. Volo da solo.
SOLUTION. Soluzione, *f*.
 antifreeze solution, soluzione anticongelante.
SOLVENT RECOVERY. Eliminazione del solvente (Explosives).
SOMAL. Somalo, *m*.
SOMALI. Somalo, *m*.

SOMALILAND. Somalia, *f.*
SORTIE. Sortita, *f.*
   to make a sortie, fare una sortita.
SORTIE IN FORCE. Sortita in forze.
SOUND. Suono, *m.*
   to sound, suonare; sondare; scandagliare.
   to sound off, sonare il cambio della guardia.
SOUNDING. Sondaggio, *m;* scandaglio, *m.*
SOUND LOCATOR. Ascoltatore, *m* (Instr).
SOUTHEAST. Sud-est, *m;* sudest, *m.*
SOUTHERLY. Meridionale; del sud; del mezzogiorno.
SOUTHERN. Meridionale; del sud; del mezzogiorno.
SOUTHWEST. Sud-ovest, *m;* sudovest, *m.*
SOUTHWESTER. Sud-ovest, *m;* cappello cerato; cappello impermeabile.
SPACE. Spazio, *m;* luogo, *m.*
   to space, disporre ad intervalli; spazieggiare; spaziare.
   danger space, spazio battuto.
   dead space, spazio in angolo morto; zona non battuta.
   defensive defiladed space, zona di difesa defilata.
   defiladed space, spazio defilato al tiro.
   open space, luogo aperto.
SPADE. Vomere, *m* (Ord); vanga, *f* (Implement).
SPAIN. Spagna, *f.*
SPAN. Campata, *f* (Engr); spanna, *f* (Measure).
   to span, estendere da un lato all'altro; congiungere; misurare col palmo; misurare con la spanna.
SPANIARD. Spagnolo, *m.*
SPANNER. Chiave a forcella.
SPAR. Trave rotonda; antenna, *f* (Nav).
SPARE PARTS. Pezzi di ricambio.
SPARK. Scintilla, *f;* favilla, *f.*
SPARK PLUG. Candela, *f* (M).
SPECIALIST. Specialista, *m;* specializzato, *m;* esperto, *m.*
   enlisted specialist, soldato specialista.
SPECIAL STAFF. Stato Maggiore di Unità.
SPECIAL TROOPS. Specialità, *fpl.*

SPECTROSCOPE. Spettroscopio, *m.*
SPECTROSCOPIC. Spettroscopico.
SPECTRUM. Spettro, *m* (Physics).
SPEED. Velocità, *f.*
   to speed, andare con velocità.
   to gain speed, guadagnare velocità; acquistare velocità.
   air speed, velocità propria (Ap).
   apparent speed, velocità apparente.
   climbing speed, velocità ascensionale.
   critical speed, velocità critica.
   cruising speed, velocità di crociera.
   economic speed, velocità economica.
   engine cruising speed, velocità di crociera del motore.
   excess speed, velocità eccessiva.
   full speed, velocità massima.
   gliding speed, velocità di volo planato.
   ground speed, velocità effettiva (Ap); velocità assoluta (Ap).
   high speed, grande velocità; alta velocità.
   landing speed, velocità di atterramento.
   level-flight speed, velocità massima orizzontale.
   maximum speed, velocità massima.
   minimum speed, velocità minima.
   real speed of an aircraft, velocità propria effettiva di un aeroplano.
   safe speed, velocità di sicurezza.
   standard speed, velocità normale (Nav).
   take-off speed, velocità di decollo.
   terminal speed, velocità finale.
SPEED LIMIT. Limite di velocità.
SPEEDOMETER. Indicatore di velocità.
SPHERE OF ACTION. Campo d'azione; sfera d'azione.
SPHERE OF INFLUENCE. Campo d'azione; sfera d'azione.
SPHEROMETER. Sferometro, *m.*
SPIGOT. Rubinetto, *m;* chiavetta, *f.*
   tank spigot, rubinetto del serbatoio.
SPIKE. Chiavarda, *f.*
   to spike, inchiodare (G).
SPIN. Avvitamento, *m* (Avn); vite, *f* (Avn).
   to fall into a spin, precipitare a vite.
   to spin, discendere con manovra di avvitamento.
   flat spin, vite piatta (Aerobatics).

SPIN—Continued.
involuntary spin, avvitamento involontario.
normal spin, avvitamento normale.
vertical spin, avvitamento verticale.
SPIRAL. Spirale, *f* (Aerobatics).
to spiral, cadere a spirale; cadere a vite.
to spiral for a landing, discendere a spirale per l'atterramento.
tight spiral, volo librato in curva serrata; spirale strettissima.
SPIRIT. Spirito, *m*.
aggressive spirit, spirito aggressivo.
SPLICE. Impiombatura, *f* (of ropes).
to splice, impiombare.
SPLINTER. Scheggia, *f*.
to splinter, scheggiare; dividere in schegge.
SPLINTERPROOF. A prova di scheggie.
SPONGE. Spugna, *f*; scovolo, *m* (Ord).
to sponge, lavare con la spugna; pulire con la spugna; spugnare; scovolare.
SPONSON. Sporgenza laterale per cannone (Tk).
SPOTTER. Indicatore del bersaglio; osservatore del tiro.
SPOTTING. Osservazione del tiro; osservazione, *f* (Ballistics).
axial spotting, osservazione assiale.
bilateral spotting, osservazione bilaterale; osservazione coniugata.
flank spotting, osservazione trasversale.
unilateral spotting, osservazione unilaterale; osservazione semplice.
SPRAY. Irrorazione, *f* (Cml); spruzzo, *m*; proiezione di schegge (Projectile).
to spray, irrorare; spruzzare.
aerial spray, irrorazione aerochimica; spruzzamento di aggressivi chimici; erogazione, *f* (Avn).
chemical spray, irrorazione chimica.
SPREAD. Estensione, *f*; distesa, *f*.
to spread, spandere; spargere; stendere; spiegare (of sails); diffondere (of news); propagare (of diseases).
lateral spread, spandimento laterale; diffusione laterale; propagazione laterale.

SPRING. Molla, *f*; molla a balestra (Vehicle); balestra, *f* (Vehicle); primavera, *f* (Calendar); sorgente, *f*; salto, *m*.
cantilever spring, molla a mensola.
leaf spring, molla a lamine.
recoil spring, molla ricuperatrice (Firearm).
recoil spring guide, albero della molla recuperatrice (Firearm).
semielliptical spring, molla a balestra.
spiral spring, molla spirale.
volute spring, molla a bovolo; bovolo, *m*.
SPRING CLIP. Staffa della balestra.
SPRING LEAF. Lamina di balestra.
SPRING SEAT. Appoggio della molla a balestra.
SPUR. Sperone, *m*; contrafforte, *m* (Ft).
to spur, spronare.
SPY. Spia, *f*.
to spy, spiare.
SPYING. Spionaggio, *m*.
SQUAD. Squadra, *f*.
ammunition squad, squadra portamunizioni.
bombing squad, squadra bombe a mano.
decontamination squad, squadra risanamento.
firing squad, plotone di esecuzione.
gun squad, serventi del pezzo.
half squad, mezza squadra.
mortar squad, squadra addetta al mortaio; serventi del mortaio.
rifle squad, squadra fucilieri.
sentry squad, squadra di sentinelle.
squad in column, squadra in fila.
squad in line, squadra in riga.
support squad, squadra di rincalzo.
"SQUAD HALT!" "Squadra alt!"
SQUAD LEADER. Caposquadra, *m*.
"SQUAD LEFT!" "Squadra a sinistra!"
"SQUAD RIGHT!" "Squadra a destra!"
SQUADRON. Squadrone (Cav); squadriglia, *f*. (Avn).
air corps squadron, squadriglia dell'arma aeronautica.
battle squadron, squadra navale di guerra.

SQUADRON—Continued.
  contact squadron, gruppo di squadroni in contatto.
SQUARE. Quadrato, *m* (Mil, Mathematics); piazza, *f.*
  to square, quadrare; squadrare; riquadrare.
T SQUARE. Riga a T.
STABILITY. Stabilità, *f;* equilibrio, *m.*
  directional stability, stabilità direzionale.
  dynamic stability, stabilità dinamica; equilibrio dinamico.
  lateral stability, stabilità traversale (Ap); equilibrio laterale (Seaplane).
  longitudinal stability, stabilità longitudinale.
  static stability, stabilità statica; equilibrio statico.
STABILITY TEST. Saggio di stabilità (Explosives).
STABILIZATION. Stabilizzazione, *f.*
STABILIZE, *v.* Stabilizzare; equilibrare; consolidare.
STABILIZED. Stabilizzato; consolidato.
STABILIZER. Stabilizzatore, *m;* piano di coda.
  gyroscopic stabilizer, stabilizzatore giroscopico; girostabilizzatore, *m.*
STABLE. Stalla, *f;* scuderia, *f.*
STABLE POLICE. Servizio di scuderia.
STACK. Fascio, *m* (Mil); mucchio, *m.*
  to stack, ammucchiare.
  to stack arms, disporre le armi a fascio.
STADIA. Cannocchiale a stadia.
STADIA CONSTANT. Rapporto diastimometrico.
STADIA ROD. Stadia, *f.*
STAFF. Stato Maggiore (Mil); asta, *f.*
  to staff, fornire di ufficiali.
  Chief of Staff, Capo di Stato Maggiore.
  Division Staff, Stato Maggiore di divisione.
  General Staff, Stato Maggiore Generale.
  Special Staff, Stato Maggiore di unità.
STAFF OFFICER. Ufficiale di Stato Maggiore.
STAFF SERGEANT. Maresciallo, *m.*

STAGGER. Scalamento, *m.*
  to stagger, distendere (Mil); scaglionare; barcollare.
STAGGERED. Disteso; scaglionato.
STAKE. Picchetto, *m* (Surv); paletto, *m* (Surv); piuolo, *m* (Surv); posta, *f* (Betting).
  to stake, picchettare.
  aiming stake, palina, *f;* paletto, *m.*
  anchored stake, picchetto solidamente assicurato; picchetto ancorato.
STALL. Panna, *f* (Mtr); posta di stalla (Stable); stalla, *f.*
  to stall, causare una panna; subire una panna.
STAMP. Bollo, *m;* marca da bollo; stampo, *m;* maglio, *m.*
  to stamp, bollare; timbrare; stampare.
  postage stamp, francobollo, *m.*
  received stamp, bollo di ricevuta.
  serial-number stamp, numeratore, *m* (Instr).
STAMP DUTY. Tassa di bollo.
STAND. Resistenza, *f* (Mil).
STAND, *v.* Resistere (Mil); stare in piedi; restar fisso.
STANDARD. Stendardo, *m;* tipo, *m;* standard, *m.*
STANDARDIZE, *v.* Standardizzare.
"STAND BY!" "Pronti!"
"STAND BY TO — !" "Pronti a — !"
STAR. Stella, *f.*
  navigation star, stella nautica.
  north star, stella polare.
  red star, stella rossa (Sig).
STARBOARD. Dritta, *f* (Nav); tribordo, *m.*
  starboard side, diritta, (Nav).
STAR SHELL. Razzo a stelle.
START. Inizio, *m;* principio, *m.*
  to start, avviare (Mtr); mettere in moto; iniziare; principiare; cominciare; sussultare; trasalire.
STASIS. Stasi, *f.*
STATE. Stato, *m;* condizione, *f.*
  state laws, leggi statali (USA).
  state officials, funzionari statali (USA).
  state police, polizia statale (USA).
  state sentence, sentenza di corte statale (USA).
  state troops, truppe statali (USA).
STATE CONSTABULARY. Gendarmeria statale (USA).

STATEMENT. Dichiarazione, *f;* estratto di conto (Fin).
STATE OF WAR. Stato di guerra.
STATEROOM. Camerino, *m* (on warship); cabina, *f* (on passenger ship); scompartimento, *m* (R.R.).
STATES. Stati, *mpl* (USA).
  States of the Union. Stati dell'Unione (USA).
  States of the United States, Stati degli Stati Uniti d'America.
STATIC. Disturbo atmosferico (Rad).
STATIC, *adj.* Statico.
STATICS. Statica, *f.*
STATION. Stazione, *f;* stanza, *f* (Mil); residenza, *f* (Mil).
  to station, assegnare ad una stazione; stanziare; collocare.
  airship station, aeroscalo, *m.*
  ambulance station, centro delle ambulanze.
  change of station, cambio di residenza (Mil).
  clearing station, centro di smistamento.
  collecting station, posto di raccolta dei feriti.
  detraining station, stazione ferroviaria di sbarco.
  direction-finding station, radiofaro, *m.*
  dressing station, posto di medicazione.
  goniometric station, stazione goniometrica.
  ground station, posto a terra (Sig).
  home station, stanza, *f* (Mil).
  hospital station, ospedale di smistamento.
  induction station, distretto militare.
  intercept station, stazione intercettatrice.
  linking station, stazione d'allacciamento.
  listening-in station, stazione di ascolto.
  low-power station, stazione a basso potenziale (Rad).
  mobile station, stazione mobile (Rad).
  permanent change of station, cambio permanente di residenza (Mil).
  permanent duty station, residenza di servizio permanente.
  regulating station, stazione movimento truppe e materiali.

STATION—Continued.
  test station, stazione di prova.
  way station, stazione intermedia.
STATIONARY. Stazionario.
STATIONERY. Oggetti di cancelleria.
STATION LOG. Giornale della stazione (Rad).
STATION MASTER. Capostazione, *m.*
STATION POINTER. Staziografo, *m* (Surv & Nav).
STATISTICS. Statistica, *f;* statistiche, *fpl.*
  weather statistics, statistiche meteorologiche.
STATOSCOPE. Statoscopio, *m.*
STATUS. Stato, *m;* condizione, *f.*
  deferred status, esonero, *m.*
STATUS QUO. Statu quo.
STATUTES. Leggi scritte; statuti, *mpl.*
  army promotion act, legge sulle promozioni nell'esercito.
  code of laws of the United States, codice delle leggi degli Stati Uniti d'America.
  National Defense Act, legge sulla difesa nazionale.
  state statutes, statuti statali (USA).
  statutes at large, statuti in forma originale; statuti in extenso.
  statutes of District of Columbia, statuti del Distretto di Columbia.
  statutes of states, statuti dei diversi Stati (USA).
STATUTORY. Statutario.
STATUTORY HOLIDAY. Festa legale.
STAY. Tirante, *m* (Avn); manovra dormiente (Nav); strallo, *m* (Nav); sostegno, *m;* sospensione, *f.*
STEAM. Vapore, *m.*
STEAM, *adj.* A vapore.
STEAMBOAT. Vaporetto, *m.*
STEEL. Acciaio, *m.*
  aluminum steel, acciaio all'alluminio.
  Bessemer steel, acciaio Bessemer.
  carbon steel, ferro acciaiato.
  cast steel, acciaio fuso.
  chrome-molybdenum steel, acciaio al cromo-molibdeno.
  chrome-vanadium steel, acciaio al cromo-vanadio.
  cold-rolled steel, acciaio laminato a freddo.

STEEL—Continued.
  crucible steel, acciaio fuso al crogiuolo.
  electric steel, acciaio fuso al forno elettrico.
  high-speed steel, acciaio rapido.
  mild carbon steel, acciaio dolce al carbonio.
  nickel steel, acciaio al nichelio.
  stainless steel, acciaio inossidabile.
  structural steel, acciaio per costruzioni.
  tool steel, acciaio da utensili.
  vanadium steel, acciaio al vanadio.
STEEL-JACKETED. A rivestimento di acciaio.
STEELYARD. Stadera, *f.*
STEER, *v.* Guidare; dirigere; governare (Nav).
STEERING. Guida, *f;* governo, *m.*
STEERING COLUMN. Colonna di direzione (Automobile); colonna di guida (Automobile).
STEERING GEAR. Sterzo, *m*
STEERING KNUCKLE. Snodo dello sterzo.
STEERING WHEEL. Volante, *m;* volantino di sterzo (Automobile); volante di guida; ruota di governo (Nav).
STEERSMAN. Timoniere, *m.*
STEM. Gambo, *m;* stelo, *m;* dritto di poppa (Nav); telaio di poppa (Nav).
STEP. Passo, *m;* gradino, *m* (Stair); scalino, *m* (Stair).
  to break step, rompere il passo.
  to change step, cambiare il passo.
  to step out, allungare il passo.
  balance step, passo di scuola.
  fire step, scalino del tiratore.
  in step, al passo.
  out of step, fuori passo.
  parade step, passo di parata.
  route step, passo di strada.
  side step, passo laterale.
STEREO BASE. Base stereoscopica.
STEREOCOMPARAGRAPH. Stereocomparatore, *m.*
STEREOGRAM. Stereogramma, *m.*
STEREO-PAIR. Coppia di fotogrammi; coppia stereoscopica.
STEREOPHOTOGRAMMETRY. Stereofotogrammetria, *f.*

STEREOPHOTOGRAPHIC. Stereofotografico.
STEREOPHOTOGRAPHY. Stereofotografia, *f.*
STEREOPLANIGRAPH. Stereoplanigrafo, *m.*
STEREOSCOPE. Stereoscopio, *m.*
  lenticular stereoscope, stereoscopio a rifrazione.
  reflecting stereoscope, stereoscopio a riflessione.
STEREOSCOPY. Stereoscopia, *f.*
STERN. Poppa, *f.*
STERNHEAVY. Appoppato.
STERNUTATOR. Starnutatorio, *m;* gas starnutatorio.
STEVEDORE. Stivatore, *m.*
STICK. Leva di comando (Avn); fuscello, *m;* bastone, *m.*
STOCK. Provviste, *fpl;* scorta, *f;* capitale, *m* (Fin); azioni, *fpl* (Fin).
  balanced stock, provviste adeguate.
STOCKADE. Steccato, *m.*
  to stockade, chiudere con steccato; steccare.
STOCKS. Provviste, *fpl;* travaglio, *m* (Farrier).
STOKE, *v.* Governare le caldaie; governare le fornaci.
STOKER. Fochista, *m;* fuochista, *m.*
STONE. Pietra, *f;* sasso, *m.*
  to stone, murare con sassi; rivestire di sassi; prendere a sassate; impietrire.
STOP. Fermata, *f;* arresto, *m* (Mech); soggiorno, *m.*
  to stop, fermare; fermarsi; arrestare; arrestarsi.
STOPPAGE. Incaglio, *m;* arresto nel funzionamento.
STORAGE. Magazzinaggio, *m;* immagazzinamento, *m.*
STORAGE BATTERY. Batteria di accumulatori.
STORAGE TANK. Serbatoio di riserva.
STORE. Bottega, *f;* negozio, *m;* provvista, *f;* riserva, *f;* magazzino, *m.*
  to store, mettere in riserva; immagazzinare.
  ordnance store, deposito di materiali d'artiglieria.
STOREKEEPER. Magazziniere, *m.*

STORES. Provviste, *fpl;* depositi di rifornimenti.
naval stores, provviste di bordo.
STORM. Assalto, *m* (Mil); tempesta, *f* (Met).
to storm, dare l'assalto.
to take by storm, prendere d'assalto.
STORM SIGNAL. Avviso di tempesta; segnale di presagio metcorologico; segnale di presagio di tempesta: segnale di tempesta.
STOW, *v.* Stipare; stivare (Nav).
STOWAWAY. Passeggiero clandestino.
STRADDLE TRENCH. Latrina a trincea.
STRAGGLE, *v.* Sbandarsi.
STRAGGLER. Sbandato, *m.*
STRAGGLER LINE. Linea di perlustrazione per l'arresto degli sbandati.
STRAGGLING. Sbandamento, *m.*
STRAIT. Stretto, *m;* canale, *m.*
STRAIT OF GIBRALTAR. Stretto di Gibilterra.
STRAIT OF MESSINA. Stretto di Messina.
STRAIT OF OTRANTO. Canale d'Otranto.
STRATAGEM. Stratagemma, *m.*
STRATEGICAL. Strategico.
STRATEGICAL POINT. Punto strategico.
STRATEGIC VICTORY. Vittoria strategica.
STRATEGIST. Stratega, *m.*
STRATEGY. Strategia, *f.*
linear strategy, strategia lineare.
naval strategy, strategia navale.
strategy of position, strategia di posizione.
STRATOSPHERE. Stratosfera, *f.*
STRATUM. Strato, *m.*
STRATUS. Strato, *m.*
STRAW. Paglia, *f.*
STRAW, *adj.* Di paglia.
STREAM. Corrente, *f;* corso d'acqua: fiotto, *m.*
to stream, scorrere a fiotti; versare a fiotti.
left bank of stream, sponda sinistra del corso d'acqua.
right bank of stream, sponda destra del corso d'acqua.

STREAMLINE. Linea di flusso.
to streamline, rendere aerodinamico.
STREAMLINE, *adj.* Aerodinamico.
STREET. Strada, *f;* via, *f.*
dead-end street, strada cieca; via senza uscita; vicolo cieco; ronco, *m.*
STREETCAR. Tramvai, *m;* tramvia, *f;* tram, *m.*
STRENGTH. Forza, *f;* effettivo, *m* (Mil).
actual strength, forza effettiva.
authorized strength, effettivo autorizzato.
maximum peace strength, forza massima di pace.
minimum peace strength, forza minima di pace.
numerical strength, forza numerica.
organizational strength, forza organica (Mil).
peace strength, forza organica di pace; effettivo di pace.
war strength, forza organica di guerra; effettivo di guerra.
STRENGTHEN, *v.* Rafforzare; rinforzare.
STRENGTH RETURN. Rapporto situazione della forza.
STRESS. Tensione, *f.*
initial stress, tensione iniziale.
longitudinal stress, tensione longitudinale, tensione assiale.
radial stress, tensione radiale.
tangential stress, tensione tangenziale.
STRETCHER. Barella, *f;* cataletto, *m;* sacco di terra collocato di lungo.
STRETCHER BEARER. Portaferiti, *m.*
STRIDE. Passo lungo.
to stride, marciare a passo lungo.
STRIKE. Sciopero, *m* (Trade-unionism); rasiera, *f* (Instr).
STRIKER. Percussore, *m* (Firearm), scioperante, *m* (Trade-unionism).
STRIKER (Slang). Attendente, *m.*
STRIKER ROD. Asta del percussore.
STRIKER SPRING. Molla del percussore.
STRING. Spago, *m;* cordicella, *f;* laccio, *m;* corda, *f* (of musical instr); filza, *f* (Series of things).
to string, allacciare; infilzare; tendere (as cables).
STRINGER. Longarina, *f.*

STRIP. Striscia, *f.*
STRIPE. Gallone, *m;* distintivo, *m.*
STRIPER. Gallonato, *m.*
STROBOSCOPE. Stroboscopio, *m.*
STROKE. Corsa, *f* (Mtr); colpo, *m.*
STRONGPOINT. Caposaldo, *m.*
STRONTIUM. Stronzio, *m.*
STRUCTURAL. Di struttura; da struttura; per costruzione; da costruzione.
STRUCTURE. Struttura, *f.*
STRUD, Aletta, *f* (Projectile).
STRUT. Montante, *m* (Avn).
  cabane strut, montantino della capra.
  external strut, saettone, *m* (Monoplane).
  interplane strut, montante, *m.*
  wing strut, montante dell'ala.
STUFFING BOX. Premistoppa, *m.*
SUBALTERN. Subalterno, *m, n & adj.*
SUBCONTRACTOR. Subappaltatore, *m.*
SUBMACHINE GUN. Fucile mitragliatore.
SUBMARINE. Sommergibile, *m;* sottomarino, *m.*
  fleet submarine, sommergibile di grande crociera.
SUBMARINE CHASER. Cacciasommergibili, *m;* motoscafo antisommergibili.
SUBMARINE FORCE. Forza navale di sommergibili.
SUBMARINE SENTRY. Sentinella sottomarina.
SUBMARINE TELEGRAPH. Telegrafo sottomarino.
SUBMARINE TENDER. Nave appoggio sommergibili.
SUBORDINATE. Subordinato, *m.*
to subordinate, subordinare.
SUBORDINATION. Subordinazione, *f.*
SUBSECTION. Sottosezione, *f.*
SUBSECTOR. Sottosettore, *m.*
SUBSISTENCE. Sussistenza, *f;* sostentamento, *m.*
  subsistence in kind, sussistenza in natura.
SUBSTANCE. Sostanza, *f;* materia, *f.*
  explosive substance, sostanza esplosiva.
  incendiary substance, materia incendiaria.

SUBSTITUTE. Sostituto, *m.*
to substitute, sostituire.
SUBSTITUTION. Sostituzione, *f.*
SUBZONE. Sottozona, *f.*
SUCCESS. Successo, *m.*
  tactical success, successo tattico.
SUCCESSION OF COMMAND. Successione nel comando.
SUCTION. Succhiamento, *m;* aspirazione, *f.*
SUCTION STROKE. Corsa di aspirazione.
SUICIDE. Suicidio, *m.*
SUIT. Abito, *m;* vestito, *m;* causa, *f* (Law).
  electrically-heated suit, abito riscaldato elettricamente.
SUMP PIT. Pozzetto da trincea.
SUN. Sole, *m.*
  mean sun, sole medio; sole equatoriale; sole fittizio.
  true sun, sole vero.
SUNSET. Tramonto, *m.*
SUNSHINE. Luce solare.
SUPERCARGO. Sopraccarico, *m.*
SUPERCHARGER. Compressore, *m* (Mtr).
  exhaust-turbine-driven centrifugal supercharger, compressore con turbina a gas di scarico.
  piston-cylinder supercharger, compressore a stantuffo.
SUPERCHARGER DIFFUSER. Diffusore del compressore.
SUPERHETERODYNE. Supereterodina, *f.*
SUPERIOR. Superiore.
SUPERIORITY. Superiorità, *f.*
  to attain superiority, raggiungere la superiorità.
  air superiority, supremazia aerea.
  numerical superiority, superiorità numerica.
  superiority of numbers, superiorità numerica.
SUPERNUMERARY. Soprannumero; *m.*
SUPERNUMERARY, *adj.* Soprannumerario.
SUPERSATURATION. Soprassaturazione, *f.*
SUPERSONIC. Ultrasonoro.
SUPERSTRUCTURE. Soprastruttura, *f;* sovrastruttura, *f.*

SUPERVISE, *v.* Soprintendere; sovrintendere; sorvegliare; vigilare.
SUPERVISION. Soprintendenza, *f;* direzione, *f;* sorveglianza, *f.*
SUPERVISOR. Soprintendente, *m;* sorvegliante, *m.*
SUPPLEMENT. Supplemento, *m.*
SUPPLEMENTARY. Supplementare.
SUPPLIES. Rifornimenti, *mpl;* approvvigionamenti, *mpl;* dotazioni, *fpl;* provviste, *fpl.*
  aircraft supplies, rifornimenti aeronautici.
  class I supplies, viveri e foraggi.
  class II supplies, vestiario ed equipaggiamento.
  class III supplies, benzina e lubrificanti.
  class IV supplies, materiali del genio.
  class V supplies, materiali d'artiglieria.
  medical supplies, dotazioni di materiale sanitario.
  military supplies, dotazioni di armi e munizioni.
SUPPLY. Approvvigionamento, *m;* provvisione, *f;* rifornimento, *m.*
  to supply, approvvigionare; fornire; rifornire.
  ammunition supply, provvista di munizioni.
  automatic supply, rifornimenti prestabiliti.
SUPPLY POINT. Posto di rifornimento.
SUPPORT. Secondo scaglione (Troops); rincalzo, *m* (Troops); appoggio, *m;* sostegno, *m.*
  to support, appoggiare; sostenere; sopportare.
  direct support, appoggio diretto.
  fire support, concorso di fuoco.
  general support, appoggio generale.
  mutual support, appoggio reciproco.
SUPREMACY. Supremazia, *f.*
SUPREME COMMANDER. Capo supremo.
SUPREME COURT. Tribunale Supremo; Corte di Cassazione.
SURF. Frangente, *m.*
SURFACE. Superficie, *f.*
  control surface, piano aerodinamico; timone, *m* (Avn).
SURFACE, *v.* Affiorare (Submarine).

SURGEON. Ufficiale medico; chirurgo, *m.*
  contract surgeon, medico civile in servizio militare temporaneo.
  dental surgeon, dentista militare.
SURPRISE. Sorpresa, *f.*
  to surprise, sorprendere.
SURRENDER. Resa, *f.*
  to refuse to surrender, rifiutarsi di arrendersi.
  to surrender, arrendersi.
  compelling commander to surrender, obbligare il comandante ad arrendersi.
  compelling surrender, obbligare ad arrendersi.
  mass surrender, resa in massa.
  subordinates compelling surrender, subordinati che obbligano ad arrendersi.
  unconditional surrender, resa a discrezione
SURVEILLANCE. Sorveglianza, *f;* vigilanza, *f.*
SURVIVE. Sopravvivere.
SURVIVOR. Superstite, *m.*
"SUSPEND FIRING!" "Sospendete il fuoco!"
SUSPENSION. Sospensione, *f.*
  suspension from command, sospensione dal comando.
  suspension from duty, sospensione dall'impiego.
  suspension from rank, sospensione dal grado.
  suspension of arms, sospensione d'armi; tregua, *f* (Mil).
  suspension of cadet, sospensione di allievo di accademia militare.
  suspension of sentence, sospensione della sentenza.
SUSPENSION BAND. Carlinga sottoequatoriale (Avn).
SUSPENSION LINE. Corda di ritenuta (Avn).
SUTLER. Vivandiere, *m.*
SWAB. Lanata, *f* (Ord); scovolo, *m* (Ord); radazza, *f* (Nav).
  to swab, nettare con la lanata; nettare con lo scovolo; radazzare.
  to swab out the bore, nettare l'anima con lo scovolo; pulire l'anima con lo scovolo.
SWAMP. Acquitrino, *m.*

SWAMPY. Acquitrinoso.
SWEARING. Il giurare; giuramento, *m*.
   false swearing, giurare il falso.
SWISS. Svizzero, *m;* elvetico, *m*.
SWITCH. Interruttore, *m* (Elec); centralino, *m* (Tp); scambio, *m* (RR).
   disconnecting switch, interruttore di corrente.
   telephone switch, commutatore telefonico.
SWITCHBOARD. Tavola di commutazione; commutatore, *m;* centralino, *m*.
   common-battery manual switchboard, commutatore manuale a batteria centrale (Tp.)
   local-battery manual switchboard, commutatore manuale a batteria locale (Tp).
   mechanical switchboard, commutatore automatico.
   monocord switchboard, tavola di commutazione a filo semplice.
   multiple switchboard, commutatore multiplo.
   telephone switchboard, tavola di commutazione; centralino, *m*.
SWITCHMAN. Deviatore, *m* (RR); scambista, *m* (RR).
SWITZERLAND. Svizzera, *f*.
SWIVEL. Maglietta, *f* (R).
SWORD. Spada, *f;* sciabola, *f*.
   to draw one's sword, sfoderare la sciabola.
SWORD BAYONET. Sciabola-baionetta, *f*.
SWORD BELT. Cintura della sciabola.
SWORD CANE. Bastone animato.
SWORD-IN-HAND. Con la sciabola in pugno.
SWORD KNOT. Dragona, *f*.
SYMMETRICAL. Simmetrico.
SYMMETRY. Simmetria, *f*.
   bilateral symmetry, simmetria bilaterale.
   radial symmetry, simmetria raggiata.
SYNCHRONISM. Sincronismo, *m*.
SYNCHRONIZATION. Sincronizzazione, *f*.
SYNCHRONIZE, *v*. Sincronizzare.
SYNCHRONIZER. Sincronizzatore, *m* (Avn).

SYNCHRONIZING MECHANISM. Meccanismo di sincronizzazione (Mg).
SYNCHRONIZING SYSTEM. Sistema di sincronizzazione (Mg).
SYPHON. Sifone, *m*.
   to syphon, sifonare.
SYRIA. Siria, *f*.
SYRIAN. Siriaco, *m;* siriano, *m*.
SYSTEM. Sistema, *m*.
   defensive system, sistema difensivo.

T

TAB. Aletta, *f* (Ap).
   trimming tab, aletta di compensazione (Ap).
TABLE. Tabella, *f;* tavola, *f;* tavolo, *m*.
   ballistic tables, tavole balistiche.
   battery manning table, quadro del personale di batteria.
   conversion table, tavola di conversione.
   fire-control table, tavola di tiro numerica.
   firing table, tavola di tiro.
   graphical firing table, tavola grafica di tiro.
   march table, rolino di marcia.
   probability table, tabella dei fattori di probabilità.
   range table, tavola di tiro numerica.
TABULAR. Tabulare; disposto a tabella.
TACHOMETER. Tachimetro, *m;* contagiri, *m*.
   centrifugal tachometer, tachimetro centrifugo.
   electric tachometer, tachimetro elettrico.
   magnetic tachometer, tachimetro magnetico.
TACHYMETER. Tacheometro, *m*.
TACKLE. Paranco, *m;* puleggia, *f*.
TACTICAL. Tattico.
TACTICAL POINTS. Punti tattici.
TACTICIAN. Tattico, *m*.
TACTICS. Tattica, *f*.
   artillery tactics, tattica dell'artiglieria.
   barrier tactics, tattica di barriere.
   battle tactics, tattica di guerra.
   columnar tactics, ordine di attacco in colonna.
   elementary tactics, tattica semplice.

TACTICS—Continued.
grand tactics, gran tattica.
infantry tactics, tattica della fanteria.
linear tactics, tattica lineare.
maneuver tactics, tattica di manovra.
minor tactics, tattica semplice.
naval tactics, tattica navale.
TAIL. Coda, *f*.
to tail, munire di coda; pedinare (Slang).
TAIL-HEAVY. Appoppato.
TAILPIECE. Coda, *f* (Tk).
TAIL PLANE. Piano di coda; stabilizzatore, *m*.
TAIL SKID. Pattino di coda (Avn).
TAIL SURFACE. Impennaggio, *m* (Ap).
horizontal tail surface, impennaggio orizzontale.
vertical tail surface, impennaggio verticale.
TAKE, *v*. Prendere; occupare.
"TAKE ARMS!" "Ripigliate le armi!"
TAKE-OFF. Decollo, *m*; decollaggio, *m*.
to take off, decollare (Avn).
crosswind take-off, decollo con vento laterale.
TANDEM. Tandem.
in tandem, a tandem.
vehicles in tandem, veicoli a tandem.
TANG. Codolo, *m*; gancio, *m*.
TANGENT. Tangente, *f*.
TANK. Carro armato (Mil); tank, *m* (Mil); serbatoio, *m* (Receptacle); cisterna, *f* (Receptacle); cassa, *f* (Nav).
to drain tank, vuotare il serbatoio.
to flush tank, lavare il serbatoio.
accompanying tanks, carri armati d'accompagnamento.
air tank, serbatoio d'aria.
airplane tank, serbatoio di aeroplano.
allotment of tanks, dotazione di carri armati.
amphibian tank, carro armato anfibio.
climbing ability, possibilità di superare salite.
combat formation of tanks, formazione di combattimento dei carri armati.
command tank, carro del comandante.
deep tank, cassa zavorra (Nav).

TANK—Continued.
employment of tanks, impiego di carri armati.
fast tank, carro armato veloce.
fording ability, possibilità di guado.
gas-storage tank, cisterna-serbatoio di benzina.
ground clearance, altezza del fondo dello scafo da terra.
heavy tank, carro armato pesante.
hostile tank, carro armato nemico.
light tank, carro armato leggiero.
massing of tanks, ammassamento di carri armati.
medium tank, carro armato medio.
night operations tanks, carri armati da azioni notturne.
principles of employment of tanks, principi dell'impiego dei carri armati.
slow tank, carro armato lento.
spanning ability of tanks, possibilità di scavalcamento di carri armati.
storage tank, cisterna serbatoio, *f*.
tank allotment, dotazione di carri armati.
tanks for reconnaissance, carri armati per esplorazione.
tanks in close support, carri armati in appoggio immediato.
tanks in exploitation, carri armati nello sfruttamento del successo.
tanks in pursuit, carri armati nell'inseguimento.
TANK CAR. Vagone cisterna, *m*.
TANK CARRIER. Carro rimorchio, *m*; automezzo per trasporto di carri armati.
TANK DESTROYER VEHICLE. Veicolo anticarro.
TANKER. Nave cisterna, *f*.
TANKETTE. Piccolo carro armato.
TANK FORMATION. Formazione di carri armati.
TANK FUNCTIONS. Funzioni dei carri armati.
TANK GUIDE. Guida del carro armato.
TANKMAN. Carrista, *m*.
TANK MECHANIC. Meccanico di carro armato.
TANK PIT. Fosso contro i carri armati.

TANK SERVICING. Operazioni di manutenzione dei carri armati.
TANK SHOVEL. Pala da carro armato.
TANK TRAP. Trabocchetto contro i carri armati.
TANK TROOPS. Fanteria carrista; unità carriste.
TANK WAVE. Ondata di carri armati.
TAP. Maschio per filettare (Mech); rubinetto, *m* (as for water).
  screw tap, maschio per filettare.
TAPE. Nastro, *m*.
  electric tape, nastro isolante.
  friction tape, nastro isolante.
  rubber tape, nastro di gomma elastica.
TAPER, *v.* Rastremare; affusolare; affusare.
TAPS. Segnale del silenzio.
TAR. Catrame, *m;* marinaio, *m* (Nav).
  to tar, incatramare.
  coal tar, catrame di carbon fossile.
TARANTO. Taranto, *f.*
TARGET. Bersaglio, *m;* obiettivo, *m;* segno, *m;* disco, *m* (RR).
  aerial target, bersaglio aereo.
  auxiliary target, obiettivo ausiliario.
  bobbing target, bersaglio girevole.
  crossing target, bersaglio che si muove di traverso.
  designation of a target, designazione di un obiettivo.
  favorable target, bersaglio favorevole.
  fixed target, bersaglio fisso.
  fleeting target, bersaglio mobile.
  ground target, bersaglio a terra.
  landscape target, bersaglio a paesaggio.
  lateral travel of the target, spostamento laterale del bersaglio.
  location of a target, determinazione di un obiettivo.
  moving target, bersaglio mobile.
  nature of target, specie di bersaglio.
  personal target, bersaglio animato.
  present position of target, punto attuale (AA).
  probability of hitting the target, probabilità di colpire il bersaglio.
  sleeve target, manica, *f* (Avn); sagoma rimorchiata (Avn).
  small-area target, bersaglio ristretto.
  target of opportunity, bersaglio transitorio.

TARGET—Continued.
  towed target, manica, *f* (Avn); sagoma rimorchiata (Avn); rimorchio bersagli (Nav).
  transient target, bersaglio transitorio.
  unsheltered personnel target, bersaglio animato scoperto.
  vertical travel of the target, spostamento longitudinale del bersaglio.
  wide target, bersaglio ampio.
  witness target, obiettivo di fede.
TARGET DESIGNATION. Designazione del bersaglio.
TARGET OFFSET. Angolo di osservazione.
  large target offset, grande angolo di osservazione.
TARPAULIN. Coperta impermeabile; tela incerata; copertone, *m.*
TASK. Compito, *m;* incarico, *m.*
TAXI. Tassì, *m.*
  to taxi, rullare (Avn).
TEAM. Gruppo, *m;* squadra di operai; attacco, *m* (Vehicle); pariglia, *f* (H).
  combat team, gruppo di combattimento.
  lead team, pariglia di testa.
TELAUTOGRAPH. Telautografo, *m.*
TELEBINOCULAR. Telestereoscopio, *m.*
TELEGRAM. Telegramma, *m.*
  daily telegram, telegramma quotidiano di richiesta rifornimenti ordinari.
TELEGRAPH. Telegrafo, *m.*
  to telegraph, telegrafare.
  field telegraph, telegrafo da campo.
  printing telegraph, telegrafo scrivente.
  telegraph printer, telescrittore, *m.*
TELEGRAPHIC. Telegrafico.
TELEGRAPH KEY. Trasmettitore telegrafico; tasto telegrafico; manipolatore telegrafico.
TELEGRAPH OPERATOR. Telegrafista, *m & f.*
TELEGRAPH SET. Apparecchio telegrafico.
TELEMETER. Telemetro, *m.*
TELEMOTOR. Telemotore, *m.*
TELEOBJECTIVE. Teleobiettivo, *m.*
TELEPHONE. Telefono, *m.*
  to telephone, telefonare.
  automatic telephone, telefono automatico.

TELEPHONE—Continued.
  commercial telephone, telefono commerciale.
  common-battery telephone, telefono a batteria centrale.
  dial telephone, telefono automatico.
  field telephone, telefono da campo.
  hand telephone, telefono da tavolo.
  telephone-receiver hook, gancio interruttore.
TELEPHONE EXCHANGE. Centrale telefonica.
TELEPHONE LINE. Linea telefonica.
TELEPHONE NET. Rete telefonica.
TELEPHONE NUMBER. Numero del telefono.
TELEPHONE OPERATOR. Telefonista, *m* & *f*.
TELEPHONE RECEIVER. Ricevitore telefonico.
TELEPHONE RINGER. Suoneria.
TELEPHONE SERVICE. Servizio telefonico.
TELEPHONE SYSTEM. Sistema telefonico.
TELEPHONIC. Telefonico.
TELESCOPE. Telescopio, *m;* cannocchiale, *m*.
  panoramic telescope, cannocchiale panoramico.
  rotating head of the panoramic telescope, testa girevole del cannocchiale panoramico.
TELESCOPIC. Telescopico; a cannocchiale.
TELETYPE. Telescrivente, *m*.
TELETYPEWRITER. Telescrivente, *m*.
TELEVISION. Televisione, *f;* radiovisione, *f*.
TELLTALE. Assiometro, *m* (Nav); segnale di pericolo (RR); portanotizie, *m* (Colloquial).
TEMPERATURE. Temperatura, *f*.
  absolute temperature, temperatura assoluta.
  critical temperature, temperatura critica.
  fall of temperature, abbassamento di temperatura.
  negative temperature, temperatura negativa.
  positive temperature, temperatura positiva.

TENAIL. Forbice, *f* (Ft); tanaglia, *f* (Ft).
TENDER. Tender, *m* (RR); carro di scorta (RR); nave appoggio (Nav); offerta reale (Law).
TENSION. Tensione, *f*.
  high tension, alta tensione.
  low tension, bassa tensione.
TENT. Tenda, *f*.
  to pitch tents, piantare le tende.
  to strike a tent, togliere la tenda.
  bell tent, tenda rotonda; tenda conica.
  common tent, tenda a forma di A.
  conical tent, tenda a forma di cono.
  hospital tent, tenda ospedale.
  pyramidal tent, tenda a piramide.
  shelter tent, tenda a due teli.
TENTAGE. Tendami, *mpl*.
TENT FLY. Telo da tenda.
TENT PEG. Picchetto da tenda.
TENT PIN. Picchetto da tenda.
TENURE OF OFFICE. Periodo di permanenza nella carica.
TERMINAL. Stazione-termine, *f* (RR); portafili, *m* (Elec).
TERRACE. Terrazza, *f* (Top).
TERRAIN. Terreno, *m*.
  compartment of terrain, compartimento di terreno.
  coverless terrain, terreno scoperto.
  details of the terrain, particolari del terreno.
  mountainous terrain, terreno montagnoso.
  natural features of the terrain, caratteristiche naturali del terreno.
TERREPLEIN. Terrapieno, *m*.
TERRITORIAL. Territoriale.
TERRITORIAL JURISDICTION. Giurisdizione territoriale.
TERRITORY. Territorio, *m*.
  occupied territory, territorio occupato.
TERRITORY OF THE ENEMY. Territorio del nemico.
TEST. Prova, *f;* saggio, *m;* esperimento, *m*.
  to test, provare.
  acceptance flying test, prova di collaudo.
  compressive test, prova di compressione.
  current test, saggio della corrente.
  drop test, prova d'urto (Landing gear).

TEST—Continued.
  man test, saggio umano (Gas).
  pour test, prova di fluidità.
  stability test, saggio di stabilità (Explosives).
  suction test, prova di aspirazione (Gas mask).
TESTER. Collaudatore, *m* (Mech).
TEST TUBE. Provetta, *f*.
TETRODE. Tetrodo, *m*.
TEXT. Testo, *m*.
  cipher text, testo cifrato.
  clear text, testo in chiaro; testo in lingua ordinaria.
  plain text, testo in lingua ordinaria; testo in chiaro.
THAW. Disgelo, *m*.
  to thaw, disgelare.
THEATER OF OPERATIONS. Teatro di operazioni.
THEATER OF WAR. Teatro della guerra; teatro di guerra.
THERMAL. Termico; termale.
THERMAL UNIT. Unità di misura del calore.
  British thermal unit, unità di misura termica britannica.
THERMOBAROMETER. Termobarometro, *m*.
THERMOCOUPLE. Coppia termoelettrica.
THERMODYNAMIC. Termodinamico.
THERMODYNAMICS. Termodinamica, *f*.
THERMOELECTRIC. Termoelettrico.
THERMOELECTRICITY. Termoelettricità, *f*.
THERMOGRAPH. Termografo, *m*.
THERMOGRAPHY. Termografia, *f*.
THERMOMETER. Termometro, *m*.
  centigrade thermometer, termometro centigrado.
  clinical thermometer, termometro clinico.
  differential thermometer, termometro differenziale.
  Fahrenheit thermometer, termometro Fahrenheit.
  gas thermometer, termometro a gas.
  maximum thermometer, termometro a massima.
  mercurial thermometer, termometro a mercurio.

THERMOMETER—Continued.
  metallic thermometer, termometro metallico.
  minimum thermometer, termometro a minima.
  Réaumur thermometer, termometro Réaumur.
  spirit thermometer, termometro a liquido.
THERMOMETRIC. Termometrico.
THERMOSTAT. Termostato, *m*.
THIMBLE. Ghiera, *f* (R); radancia, *f* (for a rope); ditale, *m* (Sewing implement).
THOLEPIN. Scalmo, *m* (Rowing).
THREAD. Trefolo, *m;* filo, *m;* capo di filo; passo di vite (Mech).
  to thread, filettare (Mech); infilare (as a needle).
THREAT. Minaccia, *f*.
THREATEN, *v*. Minacciare.
THROTTLE. Valvola a farfalla.
  to open the throttle, aprire la farfalla del carburatore.
  to throttle, azionare la valvola a farfalla; strozzare.
  full throttle, farfalla a massima apertura; motore a massimo regime.
THROTTLE LEVER. Manetta di comando per la valvola d'ammissione.
THRUST. Puntata offensiva (Mil); spinta assiale (Avn); stoccata, *f*.
TIBER. Tevere, *m*.
TIDAL. Di marea; della marea.
TIDE. Marea, *f*.
  ebb tide, marea discendente; marea decrescente; marea calante.
  flood tide, marea montante; marea crescente; marea ascendente.
  height of the tide, altezza della marea.
  high tide, alta marea.
  low tide, bassa marea.
  neap tide, marea alle quadrature.
  slack tide, marea stanca.
  spring tide, marea sigizia; marea sigiziale.
TIDELANDS. Terre soggette alla marea.
TIE ROD. Tirante, *m* (Avn); sbarra del quadrilatero (Automobile).
TIGHT. Ermetico; tirato; serrato; fermo; denso; attillato.

TIGHTEN, *v.* Tendere; stringere; serrare.
TILLER. Barra del timone (Nav).
TILT. Inclinazione, *f.*
TIME. Tempo, *m;* durata, *f;* ora, *f.*
  to mark time, segnare il passo.
  to time, mettere in fase (Mtr).
  apparent time, ora apparente.
  civil time, ora civile.
  conversion of time, trasformazione del tempo.
  double time, passo di corsa.
  equation of time, equazione del tempo.
  exact time, ora precisa.
  flying time, durata del volo; tempo di volo.
  Greenwich time, ora di Greenwich.
  local civil time, ora civile locale.
  mean solar time, ora media solare.
  mean time, tempo medio; ora media.
  quick time, passo accelerato.
  sidereal time, ora siderea.
  solar time, ora solare.
  standard time, ora civile.
  star time, ora siderea.
  sun time, ora solare.
  zone time, ora del fuso orario.
TIME AND SPACE FACTORS. Elementi di tempo e spazio.
TIME AND SURPRISE. Tempo e sorpresa.
TIME ELEMENT. Elemento di tempo; fattore di tempo.
TIME LENGTH. Tempo richiesto da una colonna per passare un dato punto.
TIME OF FLIGHT. Durata della traiettoria (Ballistics).
TIMING. Messa a punto (Mtr); messa in fase (Mtr).
  engine timing, messa in fase del motore.
TIMING CASE. Cassetta della distribuzione.
TIN. Stagno, *m* (Metal); recipiente di latta; latta, *f.*
TIPSTOCK. Fusto, *m* (SA).
TIRANA. Tirana, *f.*
TIRE. Pneumatico, *m;* copertone, *m;* gomma, *f.*
  to inflate a tire, gonfiare una gomma; gonfiare un pneumatico.
  to mount a tire, montare una gomma.

TIRE—Continued.
  balloon tire, pneumatico a bassa pressione.
  pneumatic tire, ruota pneumatica; pneumatico, *m.*
  solid tire, cerchione di gomma piena.
TIRE ALIGNMENT. Allineamento delle gomme; allineamento dei pneumatici.
TIRE IRON. Leva per smontare i pneumatici.
TIRE LUG. Sporgenza del pneumatico.
TIRE TUBE. Camera d'aria del copertone.
TITLE. Titolo, *m.*
  military title, denominazione del grado militare.
TOBRUK. Tobruck, *f.*
TOLUENE. Toluene, *m.*
TON. Tonnellata, *f.*
  long ton, tonnellata inglese di 1.016.05. chilogrammi.
  metric ton, tonnellata metrica.
  register ton, tonnellata di registro; tonnellata di stazza.
  ship ton, tonnellata di ingombro.
  short ton, tonnellata inglese di 907.18. chilogrammi.
TONGUE. Lingua, *f;* linguaggio, *m;* linguetta, *f* (Mech).
TONNAGE. Tonnellaggio, *m;* stazza, *f.*
  deadweight tonnage, portata in peso morto.
  displacement tonnage, tonnellaggio di dislocamento.
  gross registered tonnage, tonnellaggio lordo di registro.
  gross tonnage, tonnellaggio lordo.
  net registered tonnage, tonnellaggio netto di registro.
  net tonnage, tonnellaggio netto.
TONNEAU. Mulinello, *m* (Aerobatics).
TOOL. Arnese, *m;* attrezzo, *m;* utensile, *m.*
  to tool, lavorare con attrezzi.
TOOL BOX. Cassetta degli attrezzi.
TOOL KIT. Borsetta degli attrezzi.
TOOL ROLL. Borsa degli attrezzi; trousse degli attrezzi.
TOP. Sommità, *f;* cima, *f;* apice, *m;* coperchio, *m;* coffa, *f* (Nav).
  to top, eccellere; dominare; superare.
  military top, coffa militare.

TOP CARRIAGE. Affusto superiore.
TOP-HEAVY. Troppo pesante nella parte superiore.
TOPMAST. Albero di gabbia.
TOPOGRAPHICAL. Topografico.
TOPOGRAPHY. Topografia, *f.*
TORCH. Torcia, *f.*
  cutting torch, cannello ossidrico; fiamma ossidrica.
TORPEDO. Siluro, *m.*
  to fire a torpedo, lanciare un siluro.
  aerial torpedo, siluro aereo.
  air flask of the torpedo, serbatoio del siluro.
  bangalore torpedo, spezzone, *m* (Mil).
  buoyancy chamber of the torpedo, compartimento stagno del siluro.
  engine compartment of the torpedo, camera della macchina motrice del siluro.
  immersion chamber of the torpedo, compartimento dei regolatori di immersione del siluro.
  practice head of the torpedo, testa di esercizio del siluro; testa di lamierino del siluro.
  tail of the torpedo, coda del siluro; armatura del siluro.
  torpedo depth regulator, regolatore d'immersione del siluro.
  war head of the torpedo, testa carica del siluro.
TORPEDO BOAT. Torpediniera, *f.*
TORPEDO-BOAT DESTROYER. Cacciatorpediniere, *m.*
TORPEDO NET. Rete parasiluri.
TORPEDOPLANE. Idrosilurante, *m* (Seaplane); aereosilurante, *m* (Airplane).
TORPEDO TUBE. Lanciasiluro, *m.*
  above-water torpedo tube, lanciasiluro sopracqueo.
TOW. Rimorchio, *m.*
  to tow, rimorchiare.
  to tow alongside, rimorchiare di fianco.
  to tow astern, rimorchiare di prua.
TOWAGE. Spese di rimorchio.
TOWBOAT. Rimorchiatore, *m* (Nav).
TOWER. Torretta, *f* (Tk. & Nav); torre, *f.*
TOWING. Rimorchio, *m.*
TOWLINE. Cavo da rimorchio; fune da rimorchio.

TOW-OFF. Lancio, *m* (Glider).
TOWROPE. Rimorchio, *m;* canapo da rimorchio.
TRACE. Traccia, *f;* orma, *f;* vestigio, *m;* tracciato, *m;* tratteggio, *m;* lucido, *m;* tirella, *f* (Harness).
  to trace, tracciare; rintracciare.
TRACER. Tracciante, *m* (Am).
TRACK. Orma, *f;* traccia, *f;* rotta, *f;* binario, *m* (RR); scia, *f* (of a ship); catena a cingoli, *m* (Tk); catena cingolata, *f* (Tk).
  to track, seguire l'aereo. (AA).
  double track, doppio binario.
  emergency tracks, binari di riserva.
TRACK-LAYING. A cingolo.
TRACK REPAIR MATERIAL. Materiale per la riparazione dei binari (RR).
TRACK SPIKE. Chiavarda da rotaia.
TRACTION. Trazione, *f.*
  electric traction, trazione elettrica.
  mechanical traction, trazione meccanica.
  steam traction, trazione a vapore.
TRACTION DEVICE. Congegno di trazione.
TRACTOR. Trattrice, *f;* trattore, *m.*
  caterpillar tractor, trattrice con catena a cingoli.
  track-laying tractor, trattrice con catena a cingoli.
TRACTOR GROUSER. Arpione della trattrice; paletta di aderenza.
TRADING. Traffico, *m;* commercio, *m.*
  trading with the enemy, traffico col nemico.
TRAFFIC. Traffico, *m;* movimento stradale; circolazione stradale.
  to direct traffic, dirigere il traffico.
  to traffic, trafficare.
  cross traffic, traffico trasversale.
  one-way traffic, traffico in senso unico.
  two-way traffic, traffico in doppio senso.
TRAFFIC CONDITIONS. Condizioni del traffico.
TRAFFIC CONTROL. Controllo della circolazione stradale.
TRAFFIC CONTROL POST. Posto di vigilanza.
TRAFFIC MANAGER. Direttore del movimento; capomovimento, *m* (RR).

TRAIL. Coda d'affusto (Ord); posizione di bilanc'arm (Mil); mulattiera, f (Top); cammino, m (Top); pista, f.
  to trail, portare a bilanc'arm (Mil); trascinare; seguire la pista.
  split trail, coda d'affusto divaricabile; affusto a doppia coda.
"TRAIL ARMS!" "Bilanc'arm!"
TRAILER. Retrotreno, m (Ord); rimorchio, m.
  armored trailer, retrotreno blindato.
TRAIL LUNETTE. Occhione della coda d'affusto.
TRAIL REINFORCING PLATE. Piastra di rinforzo della coda d'affusto.
TRAIL SPADE. Vomere, m (Ord).
TRAIL TRANSOM PLATE. Piastrone della coda d'affusto.
TRAIN. Treno, m; carreggio, m; traino, m.
TRAIN, v. Addestrare; allenare; istruire; puntare in elevazione (G).
  ammunition train, convoglio delle munizioni; treno delle munizioni.
  armored train, treno blindato.
  battering train, treno d'assedio.
  bridge train, treno da ponte.
  combat train, carreggio di combattimento.
  company train, carreggio di compagnia.
  daily train, treno giornaliero di rifornimenti.
  field train, salmerie vettovagliamento e materiali di servizio generale; carreggio grosso.
  freight train, treno merci.
  hospital train, treno ospedale.
  mixed train, treno misto.
  pack train, salmeria, f.
  passenger train, treno viaggiatori.
  railroad train, treno ferroviario.
  service train, carreggio, m.
  standard train, treno regolamentare.
  troop train, tradotta, f.
TRAINER. Istruttore, m; allenatore, m; puntatore in direzione, (Nav).
TRAINING. Addestramento, m; allenamento, m.
  advanced training, addestramento complementare.

TRAINING—Continued.
  basic training, addestramento preparatorio.
  field training, addestramento al campo.
  military training, addestramento militare; istruzione militare.
TRAJECTORY. Traiettoria, f.
  ascending branch of the trajectory, ramo ascendente della traiettoria.
  depressed trajectory, traiettoria più bassa.
  descending branch of the trajectory, ramo discendente della traiettoria.
  elements of the trajectory, elementi della traiettoria; parametri della traiettoria.
  elevated trajectory, traiettoria più alta.
  flat trajectory, traiettoria tesa.
  grazing trajectory, traiettoria minima.
  inclination of the trajectory, inclinazione della traiettoria.
  mean trajectory, traiettoria media.
  origin of the trajectory, origine della traiettoria.
  rigidity of the trajectory, rigidità della traiettoria.
  summit of the trajectory, vertice della traiettoria.
TRAJECTORY IN AIR. Traiettoria nell'aria.
TRAJECTORY IN VACUO. Traiettoria nel vuoto.
TRANSFER POINT. Punto di trasferimento del comando del traffico.
TRANSFORMER. Trasformatore, m (Elec).
TRANSIT. Teodolito, m (Instr); teodolite, m (Instr); transito, m.
  damaged in transit, danneggiato in transito.
  in transit, in transito.
  lost in transit, perduto in transito.
TRANSLATE, v. Tradurre.
TRANSMISSION. Trasmissione, f.
  power transmission, trasmissione di energia.
TRANSMISSION GEAR. Cambio di velocità; cambio, m (Automobile).
TRANSMITTER. Trasmettitore, m (Tg); manipolatore, m (Tg); tasto, m (Tg).

TRANSMITTER—Continued.
  high-frequency transmitter, trasmettitore ad alta frequenza.
  low-frequency transmitter, trasmettitore a bassa frequenza.
  radio transmitter, radiodiffusore, *m;* apparecchio radiotrasmittente.
  telephone transmitter, microfono, *m* (Tp).
TRANSOM. Calastrello, *m* (Gun carriage).
TRANSPORT. Trasporto militare; nave trasporto; trasporto, *m.*
  to transport, trasportare.
  motor transport, trasporto automobilistico.
  pack transport, trasporto a dorso di mulo.
TRANSPORTATION. Trasporto, *m;* carriaggio, *m.*
  animal-drawn transportation, trasporto a trazione animale.
  means of transportation, mezzi di trasporto.
  pack transportation, trasporto someggiato.
TRANSPORTATION OF BAGGAGE. Trasporto di bagagli.
TRANSPORTATION OF MOUNTS. Trasporto di cavalcature.
TRANSPORTATION REQUEST. Modulo di richiesta di trasporto.
TRANSSHIPMENT. Trasbordo, *m.*
TRANSVERSE. Trasversale, *f;* traversa, *f.*
TRAP. Trappola, *f;* trabocchetto, *m;* insidia, *f.*
  bomb trap, trappola per bombe.
  tank trap, trabocchetto contro i carri armati.
TRAVEL. Viaggio, *m;* corsa, *f;* percorso, *m.*
  to travel, viaggiare.
  travel by air, viaggio per via aerea.
  travel by private conveyance, viaggio con mezzi privati.
TRAVEL ALLOWANCE. Indennità di trasferta.
TRAVEL EXPENSE. Spese di viaggio.
TRAVELLER. Viaggiatore, *m;* cerchio, *m* (Nav); collare, *m* (Nav).
TRAVERSE. Spostamento, *m* (G); camminamento, *m* (Surv); traversa, *f;* trasversale, *f.*

TRAVERSE—Continued.
  to traverse, spostare (G); puntare in direzione; attraversare; traversare.
  all-around traverse, spostamento illimitato.
  axle traverse, spostamento a perno sulla sala.
  maximum traverse to the left, massimo spostamento a sinistra.
  maximum traverse to the right, massimo spostamento a destra.
  pintle traverse, spostamento a perno sulla culla.
  splinterproof traverse, traversa paraschegge.
TRAVERSE MECHANISM. Congegno di puntamento in direzione.
TRAVERSE METHOD. Metodo per camminamento (Surv).
TRAVERSING DIAL. Settore di falciamento.
TRAVERSING HANDWHEEL. Volantino di direzione (G).
TRAWLER. Nave da pesca d'oltremare.
TREACHERY. Tradimento, *m;* inganno, *m;* slealtà, *f.*
TREAD. Risega, *f* (Ft); scalino del tiratore (Ft); carreggiata, *f* (Vehicle); scartamento, *m* (Vehicle).
TREASON. Tradimento, *m.*
  high treason, alto tradimento.
TREASURY DEPARTMENT. Ministero del Tesoro.
TREATY. Trattato, *m.*
TREATY OF ALLIANCE. Trattato di alleanza.
TREATY OF COMMERCE. Trattato commerciale.
TREATY OF PEACE. Trattato di pace.
TRENCH. Trincea, *f.*
  alternate trench, trincea alternata.
  approach trench, trincea d'approccio.
  communication trench, camminamento, *m.*
  connecting trench, trincea di comunicazione.
  dummy trench, trincea simulata.
  fire trench, trincea di combattimento.
  individual trench, trincea individuale.
  kneeling trench, trincea per tiratori in ginocchio.

TRENCH—Continued.
  lying-down trench, trincea per tiratori a terra.
  prone trench, trincea per tiratori a terra.
  reserve trench, trincea di riserva.
  shelter trench, trincea improvvisata per tiratori a terra.
  squad trench, trincea da squadra.
  standing trench, trincea per tiratori in piedi.
  straddle trench, latrina a trincea.
  support trench, trincea per truppe di rincalzo; trincea di seconda linea.
  zigzag trench, trincea a zigzag; trincea a biscia.
TRENCH PROFILE. Profilo della trincea.
TRENCH SYSTEM. Sistema di trincee.
TRENCH TRACE. Tracciato di trincea.
TRESTLE. Trespolo, *m;* cavalletto, *m;* traliccio, *m* (Engr).
TRIANGLE. Triangolo, *m.*
  acute-angled triangle, triangolo acutangolo.
  astronomical triangle, triangolo di posizione.
  equilateral triangle, triangolo equilatero.
  isosceles triangle, triangolo isoscele.
  navigational triangle, triangolo di posizione.
  obtuse-angled triangle, triangolo ottusangolo.
  right-angled triangle, triangolo rettangolo.
  scalene triangle, triangolo scaleno.
TRIANGLE OF ERROR. Triangolino, *m* (Surv).
TRIANGULAR SYSTEM OF ORGANIZATION. Formazione ternaria.
TRIANGULATE, *v.* Fare la triangolazione.
TRIANGULATION. Triangolazione, *f.*
TRIBUNAL. Tribunale, *m.*
  international tribunal, tribunale internazionale.
  military tribunal, tribunale militare.
TRIESTE. Trieste, *f.*
TRIFASE. Trifasico.

TRIGGER. Grilletto, *m.*
  to squeeze the trigger, far scattare l'arma.
TRIGGER BAR. Leva di sparo (Mg).
TRIGGER PIN. Perno del grilletto.
TRIGGER SQUEEZE. Scatto, *m.*
TRIGONOMETRY. Trigonometria, *f.*
TRIMOTOR. Trimotore, *m.*
TRINITROTOLUENE. Trinitrotoluene, *m;* tritolo, *m.*
TRIODE. Triodo, *m.*
TRIPLANE. Triplano, *m.*
TRIPOD. Treppiede, *m;* treppiedi, *m.*
TRIPOLI. Tripoli, *f.*
TRIPOLITANIA. Tripolitania, *f.*
TROLLEY. Asta di presa; trolley, *m.*
TROLLEY CAR. Tranvai elettrico.
TROLLEY LINE. Linea tranviaria.
TROOP. Squadrone, *m* (Cav).
  headquarters troop, squadrone comando.
  service troop, squadrone rifornimenti e trasporti.
TROOPER. Soldato di cavalleria.
TROOP LEADING. L'arte di condurre le truppe.
TROOP MOVEMENT. Movimento di truppe.
  troop movement by air, movimento di truppe per via aerea.
  troop movement by marching, movimento di truppe a marce.
  troop movement by shuttling, movimento di truppe con trasporto automobilistico a catena.
  troop movement by water, movimento di truppe per via acquea.
TROOPS. Truppa, *f;* truppe, *fpl.*
  air-borne troops, truppe trasportate per via aerea.
  air-landed troops, truppe sbarcate con mezzi aerei.
  alpine troops, truppe alpine; gli alpini.
  antitanks troops, reparti anticarro.
  auxiliary troops, truppe ausiliarie.
  belligerent troops, truppe belligeranti.
  chemical troops, truppe chimiche.
  corps troops, reparti organici di corpo d'armata.
  demonstration troops, truppe impiegate in una dimostrazione.
  enemy troops, truppe nemiche.

TROOPS—Continued.
  engineer troops, genieri, *mpl*.
  friendly troops, truppe amiche.
  irregular troops, milizie irregolari.
  labor troops, zappatori, *mpl*; genieri, *mpl*.
  line troops, truppe di linea.
  mercenary troops, truppe mercenarie.
  parachute troops, truppe sbarcate con i paracadute; reparti paracadutisti.
  reconnaissance troops, nucleo esplorante.
  shock troops, truppe d'assalto; truppe scelte.
  signal troops, segnalatori, *mpl*.
  ski troops, sciatori, *mpl*.
  special troops, truppe speciali.
  supporting troops, truppe di rincalzo.
  topographic troops, sezione topografica.
TROOPSHIP. Trasporto militare.
TROT. Trotto, *m*.
  to trot past, sfilare al trotto.
TROU-DE-LOUP. Bocca da lupo.
TROUGH. Truogolo, *m*.
  watering trough, abbeveratoio, *m*.
TROUSERS. Calzoni, *mpl*; pantaloni, *mpl*.
  duck trousers, pantaloni di tela; calzoni di tela.
TRUCE. Tregua, *f*; sospensione di ostilità.
TRUCK. Autocarro, *m*; carro, *m*; carretta, *f*; formaggetta, *f* (Nav).
  ammunition truck, autocarro munizioni.
  baggage truck, autocarro bagaglio.
  empty truck, autocarro vuoto.
  extra-heavy truck, autocarro pesantissimo.
  fuel truck, autocarro cisterna per carburante.
  half-ton truck, autocarro della portata di mezza tonnellata.
  half-track truck, autocarro portante e rimorchiatore; autocarro a cingoli e a ruote.
  heavy truck, autocarro pesante.
  kitchen truck, autocarro cucina.
  light truck, autocarro leggiero.
  loaded truck, autocarro carico.
  machine-shop truck, autofficina, *f*.
  motor truck, autocarro, *m*.

TRUCK—Continued.
  refrigerator truck, autofrigorifero, *m*.
  tank truck, autocisterna, *f*.
  water truck, autobotte, *f*.
TRUCK-DRAWN. Autotrainato.
TRUCK WHEEL. Ruota portante (RR).
TRUMPET. Tromba, *f*.
  speaking trumpet, megafono, *m*; portavoce, *m* (Obsolete).
TRUMPETER. Trombettiere, *m*.
TRUNK. Tronco, *m*; pozzo, *m* (Nav); condotto, *m*; baule, *m* (Travel).
TRUNK RACK. Portabagagli, *m*.
TRUNNION. Orecchione, *m* (Ord).
  cradle trunnion, orecchione della culla.
  rear trunnions, orecchioni arretrati.
TRUNNION AXIS. Asse degli orecchioni.
  cant of trunnion axis, sbandamento, *m*; inclinazione dell'asse degli orecchioni.
TRUSS. Capriata, *f* (Engr); trozza, *f* (Nav).
T-SECTION. Sezione a T (Drawing).
T SQUARE. Riga a T.
TUBE. Tubo, *m*; tubo d'anima *f* (G); valvola, *f* (Rad); canale, *m* (Anatomy).
  amplifier tube, valvola amplificatrice.
  central tube, tubo di carica (Shrapnel); tubo di trasmissione (Shrapnel).
  electron tube, tubo elettronico; valvola termoionica.
  inner tube, camera d'aria.
  modulator tube, valvola modulatrice.
  oscillator tube, valvola oscillatrice.
  Pitot tube, tubo di Pitot.
  radio tube, valvola termoionica, tubo elettronico.
  steam escape tube, tubo di scarico del vapore. (Mg).
TUBE PATCH. Rappezzo di camera d'aria.
TUBING. Tubatura, *f*; tubiera, *f*.
  capillary tubing, tubatura capillare.
TUBULAR. Tubolare.
TUG. Rimorchiatore, *m* (Nav).
TUGBOAT. Rimorchiatore, *m* (Nav).
TUNE. Tono, *m*.
  to tune up, regolare (Mech).
  to tune up an engine, regolare il motore.

TUNGSTEN. Tungsteno, *m.*
TUNIS. Tunisi, *f.*
TUNISIA. Tunisia, *f.*
TUNISIAN. Tunisino, *m.*
TUNNEL. Traforo, *m;* galleria, *f;* tunnel, *m.*
TURBINE. Turbina, *f.*
  axial-flow turbine, turbina assiale.
  hydraulic turbine, turbina idraulica.
  mixed-flow turbine, turbina a sistema misto.
  radial-flow turbine, turbina radiale.
  steam turbine, turbina a vapore.
TURBOCOMPRESSOR. Turbocompressore, *m.*
TURBOMOTOR. Turbomotore, *m;* turbomotrice, *f.*
TURKEY. Turchia, *f* (Nation); tacchino, *m* (Bird); carne di tacchino (Meat).
TURN. Turno, *m;* virata, *f* (Avn. & Nav); voltata, *f;* svolta, *f.*
  to turn, virare (Avn. & Nav); voltare; svoltare.
  to turn for a landing, virare per l'atterramento.
  gentle turn, virata ad ampio raggio.
  Immelman turn, virata d'Immelman.
  S-turn, virata ad S.
TURN-AND-BAND INDICATOR. Giroscopio ad inclinometro.
TURNBUCKLE. Tenditore, *m* (Mech).
TURN INDICATOR. Indicatore di virata.
TURNING MOVEMENT. Movimento aggirante; aggiramento, *m.*
TURRET. Torre, *f;* torretta, *f.*
  after turret, torre di poppa.
  armored turret, torre corazzata.
  disappearing turret, torretta ad eclissi; torretta a scomparsa.
  forward turret, torre di prora.
  gun turret, torretta del cannone; torre corazzata.
  high-speed turret, torretta d'alta velocità (Ap).
  high turret, torre alta.
  low turret, torre bassa.
TURRET TOWER. Fortino del carro armato.
TWINE. Spago, *m.*
  lacing twine, spago per legature.

TWIST. Inclinazione della rigatura (Rifling); torcitura, *f.*
  to twist, torcere.
  increasing twist, rigatura progressiva.
  uniform twist, rigatura elicoidale.
TWO-SEATER. Biposto, *m.*
TYPEWRITER. Macchina da scrivere; macchina dattilografica.
  foreign language typewriter, macchina da scrivere con caratteri di lingua straniera.
TYRRHENIAN SEA. Mare Tirreno.

U

ULTIMATUM. Ultimatum, *m.*
ULTRAVIOLET. Ultravioletto.
UMPIRE. Giudice di campo (Mil); arbitro, *m.*
  to umpire, arbitrare.
UNBRIDLE, *v.* Togliere la briglia.
UNCLAIMED GOODS. Merce giacente.
UNCONDITIONAL. A discrezione (Mil); incondizionato.
UNDEFENDED. Indifeso.
UNDERCARRIAGE. Carrello d'atterraggio (Avn).
  retractable undercarriage, carrello d'atterraggio rientrabile.
  ski undercarriage, carrello d'atterraggio a pattini.
  tricycle undercarriage, carrello d'atterraggio a tre ruote.
  warning-device undercarriage, carrello d'atterraggio con dispositivo di avvertimento.
UNDERGROWTH. Cespuglio, *m.*
UNDERPASS. Sottopassaggio, *m.*
UNDERTOW. Sottocorrente, *f.*
UNEMPLOYED. In aspettativa (O).
UNEXPLODED. Inesploso.
UNFORDABLE. Non guadabile.
UNIFORM. Divisa, *f;* uniforme, *f;* montura, *f;* tenuta, *f.*
  army uniform, divisa militare; divisa dell'esercito.
  dress uniform, grande uniforme; alta tenuta, *f.*
  khaki uniform, divisa cachi.
  navy uniform, divisa navale; divisa della marina.
  service uniform, divisa d'ordinanza.
  summer uniform, divisa estiva.
  unclean uniform, divisa sudicia.

UNIFORM—Continued.
  uniform of the day divisa giornaliera.
  winter uniform, divisa invernale.
UNIT. Unità, *f;* reparto, *m.*
  assault unit, reparto d'assalto.
  base unit, unità-base, *f.*
  dismounted unit, reparto appiedato.
  field artillery unit, unità tattica di artiglieria da campagna.
  fighter unit, unità di combattimento (Avn); unità di apparecchi da combattimento.
  fire unit, unità tattica di fuoco.
  flying unit, unità organica dell'armata aerea.
  independent unit, unità autonoma.
  large unit, grande unità.
  march unit, unità di marcia.
  mechanized unit, reparto meccanizzato.
  mobile X-ray unit, ambulanza radiologica.
  motorized unit, reparto motorizzato.
  rifle unit, reparto fucilieri.
  service unit, reparto servizi. ·
  strategical unit, unità strategica.
  tactical unit, unità tattica.
  tank unit, reparto carri armati.
  X-ray unit, stazione radiologica.
UNITED STATES. Stati Uniti d'America.
UNITED STATES OF AMERICA. Stati Uniti d'America.
UNIT LOADING. Metodo di imbarco di truppe per facilitarne l'utilizzazione in combattimento allo sbarco.
  combat unit loading, metodo di imbarco di truppe in assetto di combattimento su un singolo trasporto militare.
  convoy unit loading, imbarco di truppe per unità e convoglio.
  organizational unit loading, metodo di imbarco di unità e relativi equipaggiamenti sul medesimo trasporto, ma che non consente sbarco simultaneo.
UNIT OF FIRE. Unità di fuoco (Logistics).
UNIVERSAL JOINT. Giunto cardanico.
UNLIMBER, *v.* Staccare l'avantreno.
UNLOAD, *v.* Scaricare.
"UNLOAD!" "Levate le cartucce!"

UNMILITARY. Non militare; non da militare; indegno di un militare.
UNOFFICIAL. Non ufficiale; ufficioso.
UNPROTECTED. Scoperto; non protetto; esposto.
UNSADDLE, *v.* Togliere la sella.
UNSEAWORTHY. Non idoneo alla navigazione.
UNSERVICEABLE. Inservibile; fuori servizio.
UNSHOT, *v.* Scaricare (Firearm).
UNSYMMETRICAL. Asimmetrico; asimmetro.
UNTENABLE. Non tenibile; intenibile; insostenibile.
UPHILL. In salita.
UPKEEP. Manutenzione, *f.*
URGENT CALL. Chiamata telefonica urgente.
USAGES OF WAR. Usi di guerra.
USE. Uso, *m;* usanza, *f.*
  to use, usare; adoperare; servirsi; solere.
  for official use only, per uso ufficiale solamente.
U-SECTION. Sezione ad U (Drawing).
UTENSIL. Utensile, *m.*
UTILITIES. Servizi pubblici.

V

VACUUM TUBE. Valvola termoionica.
VALENCE. Valenza, *f.*
VALLEY. Valle, *f.*
VALVE. Valvola, *f.*
  to valve, munire di valvola; azionare la valvola.
  to valve off, aprire la valvola di scarico.
  automatic valve, valvola automatica.
  beveled valve, valvola troncoconica.
  butterfly valve, farfalla, *f* (M).
  drain valve, valvola di scolo.
  engine valve, valvola del motore.
  exhaust valve, valvola di scarico.
  flat valve, valvola a piatto.
  intake valve, valvola di aspirazione.
  maneuvering valve, valvola di manovra.
  overhead valve, valvola in testa.
  safety valve, valvola di sicurezza.
  throttle valve, valvola d'ammissione.
  tricuspid valve, valvola tricuspide.

VALVE LIFT. Alzata della valvola.
VALVE LIFTER. Alza valvola.
VALVE SEAT. Sede della valvola.
VALVE SLEEVE. Manicotto della valvola.
VALVE STEM. Stelo della valvola.
VALVE TIMING. Registrazione delle valvole.
VALVULAR. Valvolare.
VAN. Truppe di testa (Mil); avanguardia, *f* (Mil); furgone, *m* (Vehicle).
  box van, furgone, *m*.
  forage van, carro da foraggio.
VANE. Mostravento, *m;* manica a vento.
VAPOR. Vapore, *m*.
  water vapor, vapore acqueo.
VAPOR DENSITY. Densità del vapore.
VAPOR PRESSURE. Pressione del vapore.
VARIATION. Variazione, *f*.
  magnetic variation, declinazione magnetica; variazione dell'ago magnetico.
VECTOR. Vettore, *m*.
VEDETTE. Vedetta, *f*.
VEHICLE. Veicolo, *m*.
  to right an overturned vehicle, raddrizzare un veicolo ribaltato.
  combat vehicle, carro di combattimento.
  communications vehicles, carri di collegamento.
  converted vehicles, carri adattati per altro uso.
  convertible vehicle, veicolo convertibile.
  disabled vehicle, veicolo avariato.
  half-track vehicle, veicolo portante e rimorchiatore; veicolo a cingoli e a ruote.
  motor vehicle, autoveicolo, *m;* automezzo, *m*.
  passenger vehicle, veicolo per passeggeri.
  pooled vehicles, veicoli riuniti per uso collettivo.
  recovery vehicle, veicolo ricupero carri fuori uso.
  tactical vehicles, veicoli tattici.
  track-laying vehicle, veicolo con catena a cingolo.
  transport vehicles, carri trasporto.

VELOCITY. Velocità, *f*.
  angular velocity, velocità angolare.
  increment of velocity, incremento di velocità.
  initial velocity, velocità iniziale.
  muzzle velocity, velocità iniziale.
  remaining velocity, velocità residua (Projectile).
  striking velocity, velocità di urto; velocità di arrivo (Ballistics).
  terminal velocity, velocità di caduta (Ballistics).
  variable velocity, velocità variabile.
VENEER. Impiallacciatura, *f;* impellicciatura, *f*.
VENICE. Venezia, *f*.
VENT. Focone, *m* (G); spiraglio, *m;* foro, *m;* forellino, *m*.
VENTILATION. Ventilazione, *f*.
VENTILATOR. Ventilatore, *m*.
VERIFY, *v*. Verificare.
VERNIER. Verniero, *m* (Instr).
VERTEX. Vertice, *m*.
VERTICAL. Verticale, *f*, *n* & *adj*.
VERTICAL CIRCLE. Circolo verticale.
VERTICAL SECTION. Sezione verticale (Drawing); spaccato, *m* (Drawing).
VESSEL. Bastimento, *m* (Nav); nave, *f* (Nav); vaso, *m*.
  army transport vessel, nave trasporti; trasporto militare.
  auxiliary vessel, nave ausiliaria.
  control of vessels in ports, controllo delle navi nei porti.
  patrol vessel, cannoniera, *f;* nave di pattuglia; nave vedetta.
  scrapped vessel, nave radiata.
  sunken vessel, nave affondata.
VETERAN. Ex-combattente, *m;* reduce, *m;* veterano, *m;* anziano, *m*.
  veterans' relief, assistenza ex-combattenti.
VETERINARIAN. Veterinario, *m*.
VETERINARY, *adj*. Veterinario.
VETERINARY CORPS. Corpo veterinario militare.
VETERINARY CORPS RESERVE. Riserva del corpo veterinario militare.
VETERINARY HOSPITAL. Ospedale veterinario.
VETERINARY SERVICE. Servizio veterinario; infermeria quadrupedi.

VETERINARY SURGEON. Veterinario, *m.*
VIADUCT. Viadotto, *m.*
VIBRATE, *v.* Vibrare; oscillare.
VIBRATION. Vibrazione, *f.*
VICE-ADMIRAL. Viceammiraglio, *m.*
VICE-CONSUL. Viceconsole, *m.*
VICTORY. Vittoria, *f.*
  strategical victory, vittoria strategica.
  tactical victory, vittoria tattica.
VICTUALS. Vettovaglie, *fpl.*
VIEWPOINT. Punto di vista.
VIGILANCE. Vigilanza, *f.*
VIOLATION. Violazione, *f;* infrazione, *f;* trasgressione, *f.*
  violation of regulations, infrazione dei regolamenti.
VIOLENCE. Violenza, *f.*
  offering violence, opporre violenza.
  suppression of violence, repressione di violenza.
VISCOSITY. Viscosità, *f.*
VISCOUS. Viscoso; viscido.
VISE. Morsa, *f.*
VISIBILITY. Visibilità, *f.*
  horizontal visibility, visibilità orizzontale.
  poor visibility, scarsa visibilità.
  vertical visibility, visibilità verticale.
VISION. Visione, *f;* vista, *f.*
VISOR. Visiera, *f.*
VISUAL. Visuale.
VOCATIONAL TRAINING. Educazione professionale.
VOLATILE. Volatile.
VOLATILITY. Volatilità, *f.*
VOLATILIZE, *v.* Volatilizzare.
VOLCANO. Vulcano, *m.*
VOLT. Volta, *m* (Elec); volt, *m.*
VOLTAGE. Voltaggio, *m.*
VOLTMETER. Voltametro, *m.*
VOLUME. Volume, *m.*
  aerodynamic volume, volume aerodinamico.
  air volume, volume d'aria.
  gas volume, volume di gas.
VOLUMETRIC. Volumetrico.
VOLUNTEER. Militare volontario; volontario, *m.*
  national home for disabled volunteer soldiers, casa nazionale per i volontari invalidi.
VOLUNTEER FORCES. Milizie volontarie.
VOMER. Vomere, *m;* vomero, *m.*
VORTEX. Vortice, *m.*
V-SHAPED. A vu.
VULNERABILITY. Vulnerabilità, *f.*
VULNERABLE. Vulnerabile.

W

WAGES. Paghe, *fpl.*
WAGON. Carriaggio, *m* (Vehicle); vagone, *m.*
  battery and store wagon, carriaggio di batteria da campagna.
  combat wagon, carriaggio, *m.*
  escort wagon, prolunga, *f* (Mil).
WAGONER. Conducente, *m.*
WAGONS. Carreggio, *m.*
WAKE. Scia, *f* (of a ship).
WALE. Cinta, *f* (Nav).
WALKIE-TALKIE (Slang). Stazione radio campale individuale.
WALL. Muro, *m;* muraglia, *f;* cinta, *f;* parete, *f.*
  to wall, murare.
  retaining wall, muro di rivestimento.
  sea wall, molo, *m.*
WAR. Guerra, *f.*
  aggressive war, guerra aggressiva.
  civil war, guerra civile.
  conditional declaration of war, dichiarazione di guerra condizionale.
  conduct of war, condotta della guerra.
  conventions of war, convenzioni di guerra.
  council of war, consiglio di guerra.
  declaration of war, dichiarazione di guerra.
  defensive war, guerra difensiva.
  duration of war, durata della guerra.
  economic war, guerra economica.
  end of war, cessazione dello stato di guerra; fine della guerra.
  munitions of war, munizioni di guerra.
  offensive war, guerra offensiva.
  outbreak of war, scoppio della guerra.
  punitive war, guerra punitiva.
  religious war, guerra di religione.
  science of war, arte della guerra.
  solemn war, guerra dichiarata; guerra aperta.
  state of war, stato di guerra.
  usages of war, usi di guerra.
  war at sea, guerra navale; guerra marittima.

WAR—Continued.
  war of attrition, guerra di logoramento.
  war of conquest, guerra di conquista.
  war of independence, guerra d'indipendenza.
  war of movement, guerra manovrata; guerra di movimento.
  war of position, guerra di posizione.
  war of secession, guerra di secessione.
  war on land, guerra terrestre.
WAR BULLETIN. Bollettino di guerra.
WAR COLLEGE. Scuola di Guerra.
WAR CRY. Grido di guerra.
WARD. Sezione, *f* (of a city); padiglione, *m* (Hosp); reparto, *m* (Hosp).
WAR DEPARTMENT. Ministero della Guerra.
WAR DIARY. Diario di guerra.
WARDROOM. Quadrato ufficiali.
WARE. Merci, *fpl;* mercanzia, *f.*
WAREHOUSE. Magazzino, *m.*
WARFARE. Guerra, *f;* stato di guerra; condotta della guerra.
  aerial warfare, guerra aerea.
  bush warfare, guerriglia, *f.*
  chemical warfare, guerra chimica.
  fortress warfare, guerra di fortezza.
  guerrilla warfare, guerriglia, *f;* guerra di partigiani.
  land warfare, guerra terrestre.
  mountain warfare, guerra di montagna.
  mine warfare, guerra di mina; guerra sotterranea.
  open warfare, guerra manovrata.
  psychological warfare, guerra psicologica; guerra di nervi.
  rules of land warfare, norme della guerra terrestre.
  stabilized warfare, guerra di posizione.
  subterranean warfare, guerra sotterranea; guerra di mina.
  trench warfare, guerra di trincea; guerra di posizione.
  underground warfare, guerra sotterranea.
WAR FOOTING. Assetto di guerra; piede di guerra.
WAR GAME. Manovra sulla carta.
WARMONGER. Guerrafondaio, *m.*

WARNING. Avvertimento, *m;* diffida, *f.*
  air raid warning, avvertimento d'incursione aerea.
WAR OF NERVES. Guerra di nervi.
WARP, v. Sbandare (Ap).
WAR PAINT. Colore di guerra.
WARPING. Sbandamento.
WARRANT OFFICER. Maresciallo maggiore.
WAR REBELS. Insorti in tempo di guerra; ribelli di guerra.
WAR REFUGEE. Rifugiato di guerra.
WAR SERVICE CHEVRONS. Distintivi di servizio nella guerra mondiale.
WARSHIP. Nave da guerra.
WAR SUPPLIES. Rifornimenti di guerra.
WARTIME. Tempo di guerra.
WAR TRAITORS. Traditori in tempo di guerra.
WAR ZONE. Zona di guerra.
WASHER. Rosetta, *f* (Mech); raperella, *f* (Mech); rondella, *f* (Mech).
  cupped washer, raperella concava.
  lock washer, raperella elastica d'acciaio; rondella d'acciaio.
  round washer, raperella circolare.
  square washer, raperella quadrata.
WASTAGE. Sciupio, *m;* logorio, *m;* spreco, *m.*
WASTE. Sperpero, *m;* deperimento, *m;* sciupio, *m;* devastazione, *f.*
  to waste, sprecare.
  committing waste, commettere spreco.
  kitchen waste, rifiuti di cucina.
WASTE PAPER. Carta straccia.
WATCH. Guardia, *f.*
  to watch, far la guardia.
WATCHMAN. Guardiano, *m.*
WATCHWORD. Parola d'ordine.
WATER. Acqua, *f.*
  to draw water, attingere acqua.
  to water, abbeverare; innaffiare; annacquare.
  by water, per via acquea.
  dead water, acqua morta; acqua stagnante.
  drinking water, acqua potabile.
  high water, acqua alta.
  inland waterways, corsi d'acqua navigabili interni.

WATER—Continued.
 low water, acqua bassa.
 rain water, acqua piovana.
WATER ANALYSIS. Analisi dell'acqua.
WATER CHEST. Bidone, *m*.
WATER-COOLED. Raffreddato ad acqua.
WATERCOURSE. Corso delle acque.
WATERHEAD. Sorgente, *f*.
WATERING TROUGH. Abbeveratoio, *m*.
WATER JACKET. Camera di rivestimento (Mtr); camicia d'acqua (Mtr); manicotto refrigerante (Mg).
WATER LINE. Linea d'acqua (Engr); linea di galleggiamento; linea di immersione.
 light water line, linea d'acqua naturale.
 load water line, linea di carico; linea di galleggiamento.
WATER MAIN. Condotto principale dell'acqua.
WATER POWER. Forza motrice idraulica.
WATER PRESSURE. Pressione dell'acqua.
WATERS. Acque, *fpl;* mare, *m*.
 navigable waters, acque navigabili.
WATER SPOUT. Tromba marina.
WATERTIGHT. Stagno.
WATER TOWER. Rifornitore, *m* (RR); castello d'acqua.
WATERWAYS. Corsi d'acqua navigabili.
WATT. Watt, *m*.
WATTMETER. Wattometro, *m*.
WAVE. Onda, *f;* ondata, *f;* sventolatina, *f* (Sig).
 to wave, ondeggiare; fluttuare; sventolare.
 ballistic wave, onda balistica.
 bow wave, onda di traslazione; onda generata dal moto di traslazione; onda di prora; onda prodiera.
 damped wave, onda smorzata.
 stern wave, onda di poppa; scia, *f*.
WAVE LENGTH. Lunghezza d'onda.
WAY. Via, *f*.
WAYBILL. Lettera di porto; lettera di vettura.
WAYS. Suole, *fpl* (Nav); vasi dell'invasatura, (Nav).

WEAPON. Arma, *f;* arme, *f*.
 accompanying weapons, armi d'accompagnamento.
 antitank weapon, mezzo di fuoco contro i carri armati.
 assault with dangerous weapon, aggressione con arma pericolosa.
 crew-served weapons, armi collettive.
 cutting weapons, armi da taglio.
 dangerous weapon, arma pericolosa.
 defensive weapon, arma difensiva.
 howitzer company weapons, cannone e mortaio d'accompagnamento; pezzi della sezione cannoni per fanteria.
 individual weapons, armi individuali.
 infantry weapons, armi della fanteria.
 magazine weapon, arma a ripetizione.
 offensive weapon, arma offensiva.
 organic weapons, armi di assegnazione organica.
 repeating weapon, arma a ripetizione.
 thrusting weapons, armi da punta.
WEAPON CARRIER. Porta armi.
WEATHER. Tempo, *m* (Met); condizione dell'atmosfera.
 bad weather, cattivo tempo; maltempo, *m*.
 thick weather, tempo nebbioso.
WEATHER BULLETIN. Bollettino-presagio, *m;* bollettino meteorologico.
WEATHER BUREAU. Ufficio presagi; ufficio meteorologico.
WEATHER FORECAST. Presagio metereologico; previsione del tempo.
WEATHER REPORT. Bollettino-presagio; bollettino meteorologico.
WEDGE. Cuneo, *m;* zeppa, *f;* bietta, *f*.
WEEKLY REPORT. Rapporto settimanale.
WEIGH, *v*. Pesare.
WEIGHT. Peso, *m*.
 atomic weight, peso atomico.
 dead weight, peso morto.
 design weight, peso stimato.
 excess weight, peso eccedente; peso superfluo.
 gross weight, peso lordo; peso totale.
 molecular weight, peso molecolare.
 net weight, peso netto.
 useful weight, peso utile.
WELD. Saldatura, *f*.
 to weld, saldare.

WELD—Continued.
   electric arc weld, saldatura ad arco voltaico.
WELDER. Saldatoio, *m.*
   gas welder, saldatoio a benzina.
WELDING. Saldatura autogena.
   autogenous welding, saldatura autogena.
   electric-arc welding, saldatura ad arco voltaico.
   fusion welding, saldatura per fusione.
   oxygen-acetylene welding, saldatura ossiacetilenica.
WELL. Pozzo, *m.*
   artesian well, pozzo artesiano.
   oil well, pozzo petrolifero.
WEST. Ovest, *m;* ponente, *m;* occidente, *m.*
WESTERLY, *adj.* Di ponente, dell'ovest.
WESTERLY, *adv.* Verso l'ovest; verso l'occidente; verso ponente; dall'ovest; dal ponente.
WESTERN. Occidentale; di occidente.
WHALEBOAT. Baleniera, *f.*
WHALER. Baleniera, *f* (the boat); baleniere, *m* (the person).
WHARF. Calata, *f;* banchina, *f.*
   discharging wharf, calata, *f;* banchina di scarico.
WHARFAGE. Diritto di banchina.
WHEEL. Ruota, *f;* conversione, *f* (Mil).
   to wheel, eseguire una conversione (Mil).
   disk wheel, ruota a disco pieno, ruota a dischi.
   sprocket wheel, ruota d'ingranaggio.
   retractable tail wheel, ruota di coda retrattile.
   tail wheel, ruota di coda (Avn).
   wire wheel, ruota a raggi tangenziali.
WHEEL ALIGNMENT. Allineamento delle ruote.
WHEEL BLOCK. Ceppo del freno a ruota.
WHEEL CONTROL. Volante di comando (Ap).
WHEELHOUSE. Timoniera, *f.*
WHEEL ROPE. Frenello, *m* (Nav).
WHIRLWIND. Turbine, *m;* vortice d'aria.

WHISTLE. Fischio, *m;* fischietto, *m;* sibilo, *m.*
   to whistle, fischiare.
   fog whistle, fischio da nebbia.
   steam whistle, fischio a vapore.
WHITE COAL. Carbone bianco.
"WHO IS THERE!" "Chi va là?"
WIGWAG. Segnalazione con bandiera.
   to wigwag, segnalare con bandiera.
WILLFUL. Ostinato; intenzionale (Law); premeditato (Law).
WINCH. Verricello, *m.*
   balloon winch, verricello da pallone.
WIND. Vento, *m.*
   antitrade wind, vento controaliseo; vento aliseo superiore.
   ballistic wind, vento balistico.
   beam wind, vento al traverso.
   continental wind, vento continentale.
   dead wind, vento di prora; vento in prua.
   deviation of the wind, deviazione del vento.
   flank wind, vento laterale.
   foul wind, vento contrario.
   head wind, vento in prua; vento di prora.
   inclination of the wind, inclinazione del vento.
   prevailing wind, vento prevalente.
   quartering wind, vento di quartiere.
   relative wind, vento relativo.
   tail wind, vento in poppa.
   trade wind, vento aliseo.
WINDAGE. Correzione della derivazione.
WIND COMPONENT. Componente del vento.
WIND CONE. Manica a vento.
WIND DEFLECTION. Deviazione, *f* (Ballistics).
WIND FORCE. Forza del vento.
WINDING. Avvolgimento, *m* (Elec).
WINDMILL. Mulino a vento.
WIND ROSE. Rosa dei venti.
WIND SAIL. Manica a vento di tela.
WINDSHIELD. Tagliavento, *m* (Projectile); parabrezza, *m* (Automobile); falsa ogiva, *f* (Projectile).
WINDSHIELD WIPER. Tergicristallo, *m.*

WIND SOCK. Manica a vento.
WIND-SWEPT. Spazzato dal vento.
WIND TUNNEL. Galleria del vento; tunnel aerodinamico.
WIND VANE. Ventaruola, *f;* banderuola, *f.*
WIND VELOCITY. Velocità del vento.
WING. Ala, *f;* stormo, *m* (Avn).
  attitude of the wing, aspetto dell'ala (Ap).
  balloon wing, gruppo aerostieri.
  cantilever wing, ala a sbalzo, ala a cantilever.
  metal-covered wing, ala rivestita di lamiera metallica.
  plan form of the wing, aspetto dell'ala (Ap.)
  sea wing, pinna, *f* (Flying boat).
  slotted wing, ala a fessura, ala a fenditura.
  stub wing, pinna, *f* (Flying boat).
WING BEAM. Lungherone, *m.*
WING CHORD. Corda dell'ala.
WING SECTION. Sezione dell'ala (Drawing).
WING SPAR. Lungherone, *m.*
WIPER. Nettatoio, *m.*
WIRE. Filo metallico; (Colloquial) telegramma, *m.*
  to wire, attrezzare con filo metallico, (Colloquial) telegrafare.
  aircraft wire, filo di acciaio per aviazione.
  antilift wires, controdiagonali, *fpl* (Ap).
  barbed wire, filo spinato.
  barbed wire roller, cilindro per filo spinato.
  chord wire, corda metallica.
  copper wire, filo di rame.
  drag wire, filo di tensione (Ap).
  ground wire, filo interrato.
  iron wire, filo di ferro.
  steel wire, filo di acciaio.
  streamline wire, filo affusolato (Ap); tirante trafilato (Ap).
WIRE CUTTER. Tagliafili, *m.*

WIRELESS. Telegrafo senza fili.
WIRELESS TELEGRAPH. Telegrafo senza fili.
WIRELESS TELEPHONE. Telefono senza fili.
WIRE LINE. Linea elettrica.
WIRING. Conduttura elettrica.
WITHDRAW, *v.* Ripiegarsi (Mil).
WITHDRAWAL. Ripiegamento, *m* (Mil).
WORD. Parola, *f.*
  key word, parola-chiave, *f* (Sig).
WORK. Opera, *f* (Ft); lavoro, *m.*
  to work, lavorare.
  advanced works, opere avanzate.
  barrier works, opere di sbarramento.
  civil works, opere civili.
  closed work, opera chiusa (Ft).
  detached works, opere distaccate.
  dummy works, opere simulate.
  open work, opera aperta.
  permanent works, opera permanente.
WORKING PARTY. Reparto lavoratori.
WORLD WAR. Guerra mondiale.
WORLD WAR SERVICE. Servizio militare nella guerra mondiale.
WOUND. Ferita, *f.*
  to wound, ferire.
  bullet wound, ferita d'arme da fuoco.
  contused wound, ferita lacerocontusa.
  open wound, ferita aperta.
  punctured wound, ferita di punta.
WOUND CHEVRON. Distintivo di ferita di guerra.
WOUNDED. Ferito.
  mortally wounded, ferito mortalmente.
  severely wounded, ferito gravemente.
  slightly wounded, ferito leggermente.
WRECK. Sfasciamento, *m;* sfascio, *m;* naufragio, *m* (Nav); relitto, *m* (Nav).
  automobile wreck, rottame d'automobile; disastro automobilistico.
  tire wreck, rottura di gomma.
WRECKAGE. Rottame, *m;* macerie, *fpl.*

WRENCH. Chiave da meccanico.
  to wrench, strappare; torcere; storcere.
  box wrench, chiave a tubo.
  double-headed wrench, chiave doppia.
  monkey wrench, chiave inglese.
  open wrench, chiave fissa.
  pipe wrench, chiave a tubo.
  screw wrench, chiave per dado.
  socket wrench, chiave a tubo.

X

X-LINE. Parallelo della carta quadrettata.
X-RAY. Raggio X; raggio catodico; raggio Röntgen.
  mobile x-ray unit, ambulanza radiologica.
  x-ray unit, stazione radiologica.

Y

YACHT. Panfilio, *m;* panfilo, *m;* yacht, *m.*
YARD. Yarda, *f* (Measure; 0.914 meters); yard, *m* (Measure; 0.914 meters); deposito delle locomotive (RR); rimessa dei veicoli (RR); pennone, *m* (for square sails); antenna, *f* (for lateen sails); cortile, *m* (Enclosure).
  classification yard, stazione di smistamento (RR).
YAW. Alambardata, *f* (Avn); imbardata, *f;* guizzata, *f* (Nav).
YAWING. Alambardata, *f* (Avn); imbardata, *f* (Avn); guizzata, *f* (Nav).
Y-LINE. Meridiano della carta quadrettata.
YOKE LINE. Frenello, *m* (Nav).
YUGOSLAVIA. Iugoslavia, *f.*

Y-Y LINE. Linea limite della missione di fuoco delle suddivisioni dell'artiglieria di corpo d'armata.

Z

ZAGREB. Zagabria, *f.*
ZERO. Zero, *m.*
  absolute zero, zero assoluto.
ZERO HOUR. Ora dell'inizio dell'attacco.
ZIGZAG. Zigzag, *m.*
  to zigzag, serpeggiare; andare a zigzag.
ZONE. Zona, *f;* spazio, *m;* area, *f.*
  barrier zone, zona di barriera.
  battle zone, zona di combattimento.
  beaten zone, zona battuta; spazio battuto.
  coastal zone, zona costiera.
  combat zone, zona di guerra.
  communications zone, zona delle comunicazioni; zona delle retrovie.
  contingent zone, zona di fuoco eventuale.
  danger zone, zona pericolosa.
  fortified zone, zona fortificata.
  outpost zone, zona di sicurezza; zona di avamposti.
  Z-mile zone, mare territoriale; acque territoriali.
  50 per cent zone, striscia laterale del 50% dei colpi.
ZONE OF ACTION. Settore d'azione; zona d'azione.
ZONE OF DEPARTURE. Base di partenza.
ZONE OF INVESTMENT. Zona di investimento.
ZONE OF OPERATIONS. Zona di operazioni.
ZONE OF THE INTERIOR. Zona territoriale.

PART II
Italian-English

ITALIAN-ENGLISH

A

ABBAGLIANTE. Dazzling.
ABBAGLIARE. To dazzle.
ABBAGLIO, *m.* Dazzle.
ABBANDONARE. To abandon; to leave.
ABBANDONO, *m.* Abandonment.
  abbandono del posto, abandonment of post; quitting post.
  abbandono del posto al nemico, abandonment of post to the enemy.
  abbandono di provviste, abandonment of supplies.
ABBATTERE. To demolish; to fell; to bring down (Avn); to down; to cast (Nav).
ABBATTUTA, *f.* Abatis (Mil).
ABBEVERARE. To supply with water for drink; to water.
ABBEVERATOIO, *m.* Watering trough.
ABBORDO, *m.* Collision (Nav).
ABBOZZARE. To outline; to sketch.
ABBOZZO, *m.* Outline; draft; sketch.
ABBREVIATURA, *f.* Abbreviation.
  abbreviatura autorizzata, authorized abbreviation.
ABILE. Fit (Mil); able; capable; handy.
  abile al servizio, fit for service.
ABILITÀ, *f.* Ability; skill; dexterity.
  abilità al tiro, marksmanship.
ABILITAZIONE, *f.* Qualification.
ABISSINIA, *f.* Abissinia.
ABISSINO, *m.* Abissinian.
ABITO, *m.* Suit; garment; dress; clothes.
  abito borghese, civilian clothing; mufti (Colloquial).
  abito riscaldato elettricamente, electrically-heated suit.
ACCADEMIA, *f.* Academy.
  accademia militare, military academy.
  accademia navale, naval academy.
ACCAMPAMENTO, *m.* Encampment; camp.
ACCAMPARE. To camp; to encamp; to allege.
ACCAMPARSI. To pitch camp; to encamp.
ACCANTONAMENTO, *m.* Cantonment; earmarking (Fin).
ACCANTONARE. To quarter; to billet; to earmark (Fin).
ACCATASTARE. To stack; to pile.
ACCELERARE. To accelerate; to speed.
  accelerare l'andatura, to increase the gait.
ACCELERATORE, *m.* Accelerator.
  acceleratore a pedale, foot accelerator.
ACCELERAZIONE, *f.* Acceleration.
  accelerazione angolare, angular acceleration.
  accelerazione dovuta alla gravità, acceleration due to gravity.
ACCENDERE. To ignite; to light; to excite; to enter (Bookkeeping).
ACCENSIONE, *f.* Ignition.
  accensione anticipata, advanced ignition.
  aprire l'accensione, to turn on ignition.
  interrompere l'accensione, to turn off ignition.
  sistema di accensione, ignition system.
  togliere l'accensione, to turn off ignition.
ACCENTRAMENTO, *m.* Centralization.
ACCENTRATO. Centralized.
ACCERCHIAMENTO, *m.* Encirclement.
ACCERCHIARE. To encircle; to surround; to besiege; to beleaguer.
ACCESSORIO, *m.* Accessory.
  accessori d'automobile, automobile accessories.
ACCETTA, *f.* Hatchet.

ACCIAIO, *m.* Steel.
  acciaio al cromo-molibdeno, chromo-molybdenum steel.
  acciaio al cromo-vanadio, chrome-vanadium steel.
  acciaio all'alluminio, aluminum steel.
  acciaio al nichelio, nickel steel.
  acciaio al vanadio, vanadium steel.
  acciaio Bessemer, Bessemer steel.
  acciaio da utensili, tool steel.
  acciaio dolce al carbonio, mild carbon steel.
  acciaio fuso, cast steel.
  acciaio fuso al crogiuolo, crucible steel.
  acciaio fuso al forno elettrico, electric steel.
  acciaio inossidabile, stainless steel.
  acciaio laminato a freddo, cold-rolled steel.
  acciaio per costruzione, structural steel.
  acciaio rapido, high-speed steel.
ACCIDENTE, *m.* Accident; casualty; stroke (Med.).
  accidente automobilistico, automobile accident.
  accidente aviatorio, air accident.
  accidente ferroviario, railroad accident.
ACCOLTELLARE. To knife.
ACCOMPAGNAMENTO, *m.* Accompaniment.
  d'accompagnamento, accompanying.
ACCOMPAGNANTE. Accompanying.
ACCOMPAGNARE. To accompany.
ACCOPPIARE. To couple; to mate.
ACCORCIARE. To shorten.
ACCREDITARE. To credit.
ACCUMULATORE, *m.* Accumulator.
  batteria di accumulatori, storage battery.
  batteria di accumulatori stazionaria, stationary storage battery.
  placca di accumulatore, battery plate.
ACCURATEZZA, *f.* Accuracy.
ACCUSA, *f.* Accusation; charge; indictment.
  atto d'accusa, bill of indictment.
  capo d'accusa, charge (Law).
  messa in stato d'accusa, impeachment.

ACCUSA—Continued.
  notificazione della sentenza di accusa, service of charges.
ACCUSARE. To accuse; to charge (Law).
ACCUSATO, *m.* Accused; defendant.
  arresto dell'accusato, arrest of accused.
  assenza dell'accusato, absence of accused.
ACCUSATORE, *m.* Accuser.
ACETATO, *m.* Acetate.
  acetato di amile, amyl acetate; banana oil.
  acetato di cellulosa, cellulose acetate.
ACETICO. Acetic.
ACETILENE, *m.* Acetylene.
ACETONE, *m.* Acetone.
ACIDO, *m.* Acid.
  acido acetico, acetic acid.
  acido borico, boric acid.
  acido cloracetico, chloracetic acid.
  acido cloridrico, hydrochloric acid.
  acido clorosolfonico, chlorosulfonic acid.
  acido cromico, chromic acid.
  acido fenico, carbolic acid; phenol.
  acido fulminico, fulminic acid.
  acido metafosforico, metaphosphoric acid.
  acido monocloroacetico, monochloracetic acid.
  acido nitrico, nitric acid.
  acido ortofosforico, orthophosphoric acid.
  acido picrico, picric acid.
  acido salicilico, salicylic acid.
  acido solforico, sulphuric acid.
  acido tannico, tannic acid.
ACIDO, *adj.* Acid; sour.
ACQUA, *f.* Water.
  acqua alta, high water.
  acqua bassa, low water.
  acqua morta, dead water.
  acqua piovana, rain water.
  acqua potabile, drinking water.
  acqua stagnante, dead water.
  acque navigabili, navigable waters.
  analisi dell'acqua, water analysis.
  attingere acqua, to draw water; to fetch water.
  corso d'acqua, stream.
  corso d'acqua navigable, waterway.

ACQUA—Continued.
  corso delle acque, watercourse.
  via d'acqua, leak.
ACQUARTIERAMENTO, *m.* Quartering.
  acquartieramento dei soldati, quartering of soldiers.
ACQUARTIERARE. To quarter.
ACQUEDOTTO, *m.* Aqueduct.
ACQUE TERRITORIALI. 3-mile zone.
ACQUITRINO, *m.* Swamp.
ACQUITRINOSO. Swampy.
ACRE. Acrid.
ACROBAZIA, *f.* Acrobatics.
  acrobazia aerea, aerobatics.
ACROMATICO. Achromatic.
ACUMINATO. Pointed, acuminate.
ACUSTICA, *f.* Acoustics.
ACUSTICO. Acoustic.
ACUTO. Acute; keen; sharp; pointed.
ADAMSITE, *f.* Adamsite.
ADDEBITARE. To debit; to charge.
ADDESTRAMENTO, *m.* Training.
  addestramento complementare, advanced training.
  addestramento militare, military training.
  addestramento preparatorio, basic training.
  addestramento tattico, tactical drill.
ADDESTRARE. To train; to drill; to school; to exercise.
ADDETTO, *m.* Attaché.
  addetto commerciale, commercial attaché.
  addetto militare, military attaché.
  addetto navale, naval attaché.
ADDIACCIO, *m.* Bivouac; corral.
ADDIS ABEBA, *f.* Addis Ababa.
ADDITARE. To point out.
ADDIZIONATRICE, *f.* Adding machine.
ADESIVO. Adhesive.
ADIABATICO. Adiabatic.
ADIACENTE. Adjacent.
ADITO, *m.* Entrance; admission; access.
ADOPERARE. To employ; to make use of; to use.
ADSORBIMENTO, *m.* Adsorption.
ADUNARE. To assemble.
ADUNATA, *f.* Assembly (Mil).
"ADUNATA!" "Fall in!"

AEREO, *m.* Aerial; antenna; aircraft.
  aereo ricevente, receiving aerial.
AEREO, *adj.* Aerial.
AERIFORME. Aeriform; gaseous.
AEROBAZIA, *f.* Aerobatics.
AEROBUS, *m.* Air liner.
AEROCARTOGRAFO, *m.* Aerocartograph.
AEROCINEMATOGRAFIA, *f.* Aerial cinematography.
AERODINAMICA, *f.* Aerodynamics.
AERODINAMICO. Aerodynamic; streamline.
  rendere aerodinamico, to streamline.
AERODROMO, *m.* Airdrome.
  aerodromo avanzato, advanced airdrome.
AEROFARO, *m.* Aerial beacon.
AEROFUOCO, *m.* Airdrome beacon.
AEROLOGIA, *f.* Aerology.
AEROMECCANICA, *f.* Aeromechanics.
AEROMETRO, *m.* Aerometer.
AEROMEZZO, *m.* Aircraft.
AEROMOBILE, *m.* Aircraft; airplane.
AERONAUTA, *m.* Aeronaut.
AERONAUTICA, *f.* Aeronautics.
  Regia Aeronautica, Royal Air Force.
AERONAUTICO. Aeronautic.
AERONAVE, *f.* Airship; ship (Avn).
AERONAVIGAZIONE, *f.* Air navigation; aerial navigation.
AEROPLANO, *m.* Airplane; plane; aircraft; ship (Avn).
  aeroplano a cabina, cabin plane.
  aeroplano ad elica spingente, pusher airplane.
  aeroplano ad elica trattiva, tractor airplane.
  aeroplano da bombardamento, bombing plane; bomber.
  areoplano da bombardamento a grande autonomia, long range bomber.
  aeroplano da bombardamento diurno, day bomber.
  aeroplano da bombardamento leggiero, light bomber.
  aeroplano da bombardamento pesante, heavy bomber.
  aeroplano da bombardamento e trasporto, transport bomber.
  aeroplano da bombardamento notturno, night bomber.

AEROPLANO—Continued.
  aeroplano da caccia, fighter plane; pursuit plane; pea shooter (Avn. slang).
  aeroplano da collegamento, contact plane.
  aeroplano da combattimento, combat plane; fighter.
  aeroplano da combattimento e intercezione, interceptor fighter.
  aeroplano da corsa, racing airplane.
  aeroplano da esperimenti, experimental plane.
  aeroplano da esplorazione, scout plane.
  aeroplano da intercettazione, interceptor plane.
  aeroplano da offesa, attack plane.
  aeroplano da osservazione, observation plane.
  aeroplano da passeggeri, passenger plane.
  aeroplano da ricognizione, reconnaissance airplane; scout plane.
  aeroplano da trasporti, cargo airplane.
  aeroplano di prima linea, first line airplane.
  aeroplano multimotore, multi-engined airplane.
  aeroplano per uso civile, civil airplane.
  aeroplano senza coda, tailless airplane.
  aeroplano senza motore, glider.
  aeroplano terrestre, landplane.
  aeroplano tipo Canard, Canard airplane.
  montare sull'aeroplano, to enplane.
  smontare dall'aeroplano, to deplane.
  velocità effettiva di un aeroplano, real speed of an aircraft.
AEROPORTO, *m.* Airport.
  aeroporto civile, civil airport.
  aeroporto doganale, customs airport; airport of entry.
  aeroporto militare, military airport.
  aeroporto pubblico, public airport.
AEROSCALO, *m.* Airship station.
AEROSILURANTE, *m.* Torpedoplane (Airplane).
AEROSOLE, *m.* Aerosol.
AEROSTATICA, *f.* Aerostatics; aerostation.
AEROSTATICO. Aerostatic.

AEROSTATO, *m.* Aerostat.
AEROSTIERE, *m.* Balloonist.
AFFATICARE. To fatigue; to weary; to tire; to tire out.
AFFERRARE. To grasp; to seize; to catch; to clutch; to grip.
AFFIANCATO. Abreast; flanked; supported.
AFFIBBIARE. To buckle.
AFFIORARE. To surface (Submarine).
AFFITTARE. To let; to lease.
AFFITTO, *m.* Rent; lease.
AFFLUENTE, *m.* Affluent; tributary; bayou.
AFFONDAMENTO, *m.* Sinking.
AFFONDARE. To sink; to founder.
AFFRETTARE. To speed; to hurry; to make haste; to anticipate.
AFFRONTARE. To engage (Mil); to confront; to face; to meet.
AFFUSTINO, *m.* Lower carriage.
AFFUSTO, *m.* Gun carriage; carriage (Ord); gun mount; mount (Ord).
  affusto a doppia coda, split-trail gun carriage.
  affusto ad eclissi, disappearing gun carriage.
  affusto a piedistallo, pedestal mount.
  affusto a scomparsa, disappearing gun carriage.
  affusto da campagna, field carriage.
  affusto da costa, seacoast gun carriage, seacoast carriage.
  affusto d'assedio, siege carriage.
  affusto disposto per la marcia, mount in traveling position.
  affusto ferroviario, railway mount.
  affusto fisso, fixed gun carriage.
  affusto idropneumatico, hydraulic gun carriage.
  affusto in barbetta, barbette carriage.
  affusto mobile, mobile gun carriage.
  affusto per artiglierie da costa, seacoast gun carriage.
  affusto semovente, self propelled mount.
  affusto superiore, top carriage; upper carriage.
  coda d'affusto, trail (Ord).
  coda d'affusto divaricabile, split trail (Ord).
  piastra di rinforzo della coda d'affusto, trail reinforcing plate.

AFFUSTO—Continued.
  piastrone della coda d'affusto, trail transom plate.
AFRICA, *f.* Africa.
AGENTE, *m.* Agent.
  agente chimico, chemical agent; agent (Cml).
  agente chimico ad azione fugace, nonpersistent agent.
  agente chimico assorbente, absorbent agent.
  agente chimico decolorante, bleaching agent.
  agente chimico incendiario, incendiary agent.
  agente chimico letale, lethal agent.
  agente diplomatico, diplomatic agent.
  agente investigativo, detective.
AGGANCIAMENTO, *m.* Coupling (Mech).
AGGANCIARE. To couple; to hook.
"AGGANCIATE!" "Couple!"
AGGANCIATOIO, *m.* Coupler.
AGGHIACCIARE. To chill; to freeze; to frost.
AGGIORNAMENTO, *m.* Adjournment; postponement.
AGGIORNARE. To adjourn; to postpone; to dawn.
AGGIRAMENTO, *m.* Turning movement.
AGGIRARE. To encircle; to outflank; to whirl.
  aggirare il fianco, outflank.
AGGIUNTA, *f.* Increase; addition.
AGGIUSTAMENTO, *m.* Adjustment.
  aggiustamento a percussione, percussion bracket.
  aggiustamento a tempo, time bracket.
  aggiustamento della distanza, range adjustment.
  aggiustamento della forcella, bracket adjustment.
  aggiustamento di precisione, fine adjustment (Mech).
  aggiustamento in base al senso delle deviazioni dei colpi, bracket method of adjustment.
  aggiustamento in base al senso e alle deviazioni dei colpi, magnitude method of adjustment.
  correzione di aggiustamento del momento, corrections of the moment.

AGGIUSTAMENTO—Continued.
  riporto dei dati di aggiustamento, record of fire.
AGGIUSTARE. To adjust; to arrange; to settle; to fit; to fit to.
  aggiustare il tiro, to adjust the fire.
AGGIUSTATO. Adjusted.
AGGOTTARE. To bail (Nav).
AGGRESSIONE, *f.* Aggression; assault (Law).
AGGRESSIVITÀ, *f.* Aggressiveness.
AGGRESSIVO, *m.* Chemical agent; gas.
  aggressivo ad azione fugace, nonpersistent agent.
  aggressivo di logoramento, harassing agent.
  aggressivo incendiario, incendiary agent.
  aggressivo irritante, irritating agent; irritant smoke.
  aggressivo letale, lethal agent.
  aggressivo molestante, harassing agent.
  aggressivo non persistente, non persistent agent.
  aggressivo persistente, persistent agent.
  aggressivo senza azione letale, nonlethal agent.
  aggressivo soffocante, lung irritant.
  aggressivo vescicante, vesicant agent.
  spruzzamento di aggressivi chimici, aerial spray.
AGGRESSIVO, *adj.* Aggressive.
AGGROVIGLIAMENTO, *m.* Entanglement; ravelment.
AGGRUPPAMENTO, *m.* Grouping.
  aggruppamento tattico, tactical grouping.
AGGRUPPARE. To group.
AGGRUPPARSI. To form a group; to group.
AGGUATO, *m.* Ambush.
  tirare da lontano in agguato, to shoot at long range from an ambush; to snipe.
AGIRE. To act; to operate; to take action; to function (Mech).
AGO, *m.* Needle; compass needle; point (RR).
AGUGLIOTTO, *m.* Pintle (Nav).

AIUTANTE, *m.* Adjutant; aide.
  aiutante di campo, aide-de-camp; aid.
  aiutante di campo di divisione, division adjutant.
  aiutante maggiore, adjutant.
  aiutante maggiore in prima, regimental adjutant.
  aiutante maggiore in seconda, battalion adjutant.
AIUTO, *m.* Help; assistance; support; relief; aid.
AJACCIO, *f.* Ajaccio.
ALA, *f.* Wing; flank (Mil); aile (Mil).
  ala a cantilever, cantilever wing.
  ala a fenditura, slotted wing.
  ala a fessura, slotted wing.
  ala a sbalzo, cantilever wing.
  ala destra, right wing; right (Mil).
  ala marciante, marching flank.
  ala rivestita di lamiera metallica, metal covered wing.
  ala sinistra, left wing; left (Mil).
  ala volante, flying wing.
  allungamento dell'ala, aspect ratio of the wing (Avn).
  aspetto dell'ala, plan form of the wing (Ap).
  corda dell'ala, wing chord (Ap).
  sezione dell'ala, wing section.
ALAMARO, *m.* Frog (Uniform).
ALAMBARDATA, *f.* Yaw (Avn).
ALBANESE, *m.* Albanian.
ALBANIA, *f.* Albania.
ALBERO, *m.* Shaft (Mech); mast (Nav); tree (Plant).
  albero a manovella, crankshaft.
  albero artificiale, made mast.
  albero composto, made mast.
  albero da carico, derrick.
  albero delle camme, camshaft.
  albero di fortuna, jury mast.
  albero di gabbia, topmast.
  albero di maestra, main mast.
  albero di mezzana, mizzenmast.
  albero di prua, foremast.
  albero di trasmissione, propeller shaft.
  albero di trinchetto, foremast.
  albero imbottato, made mast.
  albero motore, driving shaft.
  marcare gli alberi, to blaze the trees.
ALBO D'ONORE. Roll of Honor.
ALCALI, *m.* Alkali.
ALCALINITÀ, *f.* Alkalinity.
ALCALINO. Alkaline.
ALCALIZZARE. To alkalize.
ALCALOIDE, *m.* Alkaloid.
ALCOOL, *m.* Alcohol.
  alcool amilico, amyl alcohol.
  alcool denaturato, denaturated alcohol.
  alcool etilenico, ethylene glycol.
  alcool etilico, ethyl alcohol.
  alcool metilico, methyl alcohol; wood alcohol; methanol.
  alcool vegetale, grain alcohol.
ALCOOLETERE, *m.* Ether-alcohol.
ALCOOLICO. Alcoholic.
ALDEIDE, *f.* Aldehyde.
ALERONE, *m.* Aileron; wing flap.
ALESSANDRETTA, *f.* Alexandretta.
ALETTA, *f.* Stud (Projectile); fin; tab; flap.
  aletta di compensazione, trimming tab (Ap).
ALETTONE, *m.* Aileron; wing flap.
  alettone di curvatura, wing flap.
ALFABETO, *m.* Alphabet.
  alfabeto fonetico, phonetic alphabet (Sig).
  alfabeto Morse, Morse alphabet.
  alfabeto telegrafico, telegraphic alphabet.
ALGEBRA, *f.* Algebra.
ALGEBRICO. Algebraic.
ALGERI, *f.* Algiers.
ALGERIA, *f.* Algeria.
ALGERINO, *m.* Algerine.
ALIANTE, *m.* Glider.
  aliante libratore, primary-type glider.
ALIDADA, *f.* Alidade.
ALIMENTARE, *adj.* Alimentary.
ALIMENTAZIONE, *f.* Feeding; feed (Mech); alimentation.
  ad alimentazione a nastro, belt-fed.
  sistema di alimentazione, fuel system (Mtr).
  meccanismo di alimentazione, feeding device.
ALIQUOTA, *f.* Aliquot part.
ALLACCIAMENTO, *m.* Lacing; siding (RR).
ALLACCIARE. To lace; to string; to knit (Surg).
ALLACCIATURA, *f.* Lacing.
ALLAGAMENTO, *m.* Flood; inundation; overflow.
ALLAGARE. To flood; to inundate.

ALLARME, *m.* Alarm; alert.
  allarme d'incendio, fire alarm (Sig).
  allarme di incursione aerea, air-raid alert.
  allarme notturno, night alarm.
  falso allarme, false alarm.
  ricovero in caso d'allarme, alarm post.
ALLEANZA, *f.* Alliance.
  alleanza difensiva, defensive alliance.
  alleanza offensiva, offensive alliance.
ALLEARSI. To ally.
ALLEATO, *m.* Ally.
ALLEATO, *adj.* Allied; associated.
ALLENAMENTO, *m.* Training.
ALLENARE. To train; to coach.
ALLENATORE, *m.* Trainer; coach.
ALL'ERTA, *f.* Alert; alarm.
"ALL'ERTA!" "Alert!"
ALLESTIRE. To make ready; to fit out; to prepare.
ALLEVAMENTO, *m.* Breeding (Vet); rearing.
  allevamento di cavalli, breeding of horses.
  deposito di allevamento, remount depot.
ALLEVIARE. To alleviate; to relieve; to ease.
ALLIEVO, *m.* Cadet; pupil.
  allievo di scuola militare, cadet.
ALLINEAMENTO, *m.* Alignment; dress (Mil).
  rettificare l'allineamento, to rectify the alignment.
ALLINEARE. To align; to line up; to dress (Mil).
ALLINEARSI. To dress in line; to fall in; to align oneself.
  allinearsi al centro, to dress on the center.
  allinearsi a destra, to dress to the right.
  allinearsi a sinistra, to dress to the left.
ALLOGGIAMENTO, *m.* Billeting; covered work; housing (Mech).
  alloggiamento del nottolino, latch housing.
  alloggiamento della stanghetta, latch housing.
  furieri di alloggiamento, billeting party; quartering party.
ALLOGGIARE. To billet; to quarter; to house; to lodge.
ALLOGGIO, *m.* Billet; quarters; lodging; berth; housing (Mech).
  alloggio equipaggio, crew quarters.
  alloggio militare, billet.
  biglietto di alloggio, billeting paper; billet.
ALLUMINIO, *m.* Aluminum.
  cloruro di alluminio, aluminum chloride.
  solfato di alluminio, aluminum sulphate.
ALLUNGA, *f.* Extension bar (Instr).
ALLUNGAMENTO, *m.* Elongation; lengthening out (March).
ALLUNGARE. To lengthen; to elongate; to prolong; to dilute with water.
ALONE, *m.* Halo (Met).
ALPI, *fpl.* Alps.
"ALT!" "Halt!"
ALTERARE. To alter.
ALTERAZIONE, *f.* Alteration.
ALTERNARE. To alternate; to reciprocate.
ALTERNATIVA, *f.* Alternative; choice.
ALTERNATIVO. Alternative.
ALTERNATO. Alternate.
ALTERNATORE, *m.* Alternator.
ALTERNO. Alternate; altern.
ALTEZZA, *f.* Height; altitude; depth; latitude; stature.
  altezza angolare, angular height.
  altezza assoluta, absolute altitude.
  altezza astronomica, astronomical altitude.
  altezza critica, critical altitude.
  altezza sul suolo, altitude above the terrain (Photo).
  grande altezza, high altitude (Avn).
ALTIMETRO, *m.* Altimeter.
  altimetro acustico, sound-ranging altimeter.
  altimetro aneroide, aneroid altimeter.
  altimetro assoluto, absolute altimeter.
  altimetro elettrostatico, electrostatic altimeter.
  altimetro ottico, optical altimeter.
ALTIPIANO, *m.* Mesa; plateau.
ALTITUDINE, *f.* Altitude; height.
  altitudine critica, critical altitude.

ALTO, *m.* Halt; stop; height.
  dall'alto, from above.
  fare alto, to cause to stop marching; to halt.
  in alto, above (of place).
ALTO, *adj.* High; tall.
ALTOCUMULO, *m.* Alto-cumulus cloud.
"ALTO LÀ!" "Halt!" (Challenge).
ALTOMARE, *m.* High seas.
  di altomare, seagoing.
ALTOPARLANTE, *m.* Loudspeaker.
ALTOSTRATO, *m.* Alto-stratus cloud.
ALTURA, *f.* Height; hill, ridge; high sea.
ALZARE. To raise; to lift; to hoist; to elevate; to heighten.
ALZARSI. To rise; to stand.
ALZO, *m.* Sight (Firearm); rear sight.
  alzo a cannocchiale, telescopic sight.
  alzo a cannocchiale panoramico, panoramic sight.
  alzo a collimatore, collimator sight.
  alzo a quadrante, leaf sight.
  alzo con punto di mira a forellino, peep sight.
  alzo di combattimento, battle sight.
  alzo inclinato, inclined sight.
  alzo iniziale, initial elevation.
  alzo minimo, minimum elevation.
  alzo rettilineo, leaf sight (R. & Mg); bore sight (G).
  cursore dell'alzo rettilineo, rear-sight slide (Mg).
  determinazione dell'alzo, sight setting.
  ritto dell'alzo, sight leaf.
AMACA, *f.* Hammock.
AMBASCIATA, *f.* Embassy.
AMBASCIATORE, *m.* Ambassador.
  ambasciatore ordinario, ambassador ordinary.
  ambasciatore straordinario, ambassador extraordinary.
  richiamare l'ambasciatore, to recall the ambassador.
AMBULANZA, *f.* Ambulance.
  ambulanza radiologica, mobile X-ray unit.
  ambulanza someggiata, pack ambulance.
  centro delle ambulanze, ambulance station.
AMBULATORIO, *m.* Dispensary.

AMERICA, *f.* America.
AMERICANO, *m.* American.
AMIANTO, *m.* Asbestos.
AMILE, *m.* Amyl.
  acetato di amile, amyl acetate.
AMINA, *f.* Amine.
AMMACCARE. To bruise; to dent.
AMMAESTRARE. To school; to train.
AMMAINARE. To hand (Nav); to furl.
AMMANCO, *m.* Shortage (Fin); deficit; deficiency.
AMMANETTARE. To handcuff.
AMMARAGGIO *m.* Landing (Seaplane).
AMMARARE. To land (Seaplane).
AMMASSAMENTO, *m.* Mass; massing.
  ammassamento di carri armati, tank mass; massing of tanks.
AMMASSARE. To mass; to amass.
AMMENDA, *f.* Amend (Law); fine.
AMMINISTRARE. To administer; to manage; to conduct.
AMMINISTRATIVO. Administrative.
AMMINISTRATORE, *m.* Administrator; manager.
AMMINISTRAZIONE, *f.* Administration; management.
  amministrazione del personale, personnel management.
AMMIRAGLIATO, *m.* Admiralty.
AMMIRAGLIO, *m.* Admiral.
  ammiraglio di squadra, vice-admiral.
  segretario dell'ammiraglio, flag secretary.
AMMISSIONE, *f.* Admittance; admission; acknowledgment.
  ammissione forzata, admission under duress (Law).
  ammissione volontaria, voluntary admission (Law).
AMMONAL, *m.* Ammonal.
AMMONIACA, *f.* Ammonia.
  ammoniaca anidra, anhydrous ammonia.
  sali d'ammoniaca, aromatic spirits of ammonia.
AMMONIMENTO, *m.* Admonition.
AMMONIO, *m.* Ammonium.
  nitrato d'ammonio, ammonium nitrate.
AMMONIRE. To admonish; to caution.

AMMONIZIONE, *f.* Admonition.
AMMONTANTE, *m.* Amount.
  ammontante lordo, amount gross.
  ammontante netto, amount net.
AMMONTARE. To amount.
AMMORTIZZATORE, *m.* Shock absorber.
  ammortizzatore del rinculo, recoil buffer.
  ammortizzatore idraulico, oleo strut (Avn).
  ammortizzatore oleopneumatico, oleo gear (Landing gear).
AMMUCCHIARE. To heap; to pile; to stack.
AMMUTINAMENTO, *m.* Mutiny.
  omessa repressione di ammutinamento o rivolta, failure to suppress mutiny or sedition.
AMMUTINARSI. To mutiny.
AMNISTIA, *f.* Amnesty.
AMPÈRE, *m.* Ampere.
AMPEROMETRO, *m.* Ammeter.
AMPLIFICARE. To amplify; to magnify; to exaggerate.
AMPLIFICATORE, *m.* Amplifier.
AMPLIFICAZIONE, *f.* Amplification (Rad).
  amplificazione della frequenza delle onde sonore, audio-frequency amplification.
  amplificazione della frequenza delle radio onde, radio-frequency amplification.
AMPUTARE. To amputate.
AMPUTAZIONE, *f.* Amputation.
ANALISI, *f.* Analysis.
  analisi chimica, chemical analysis.
  analisi gravimetrica, gravimetric analysis.
  analisi volumetrica, volumetric analysis.
ANALITICO. Analytical.
ANALIZZARE. To analyze.
ANCA, *f.* Buttock (Nav); haunch.
ÀNCORA, *f.* Anchor.
  àncora del pallone, balloon anchor.
  gettar l'àncora, to cast anchor.
ANCORAGGIO, *m.* Mooring; berth; anchorage.
  ancoraggio indifeso, open berth.
  ancoraggio navale, naval anchorage.
  ancoraggio per palloni frenati, balloon bed.

ANCORAGGIO—Continued.
  ancoraggio protetto, protected berth.
  ancoraggio scoperto, open berth.
  diritto di ancoraggio, anchorage (Toll).
  luoghi di ancoraggio, anchorage grounds.
ANCORARE. To anchor.
ANCORARSI. To anchor.
ANCORATICO, *m.* Anchorage (Toll).
ANCOROTTO, *m.* Grapnel (Nav).
ANDATURA, *f.* Gait; carriage.
  accelerare l'andatura, to increase the gait.
ANELLO, *m.* Ring; hoop (G).
  anello a segmento. dello stantuffo, piston ring.
  anello elastico, piston ring; compression ring; oil control ring.
  anello elastico dello stantuffo, piston ring.
  anello graduato, time ring.
  anello mobile, time ring.
  anello plastico (G), obturator; plastic pad obturator.
ANELLO DI FORZAMENTO. Hoop (G).
ANELLO GRADUATO. Time ring (fuze).
  porta anello graduato, time ring carrier.
  vite perpetua per l'anello graduato, time ring worm.
ANEMOGRAFO, *m.* Anemograph.
ANEMOMETRO, *m.* Anemometer.
  anemometro a coppe emisferiche, cup anemometer.
  anemometro Robinson, cup anemometer.
ANEMOSCOPIO, *m.* Anemoscope.
ANEROIDE. Aneroid.
ANFIBIO, *m.* Amphibian.
ANGARIA, *f.* Angary; angaria; vexation.
ANGELI, *mpl.* Chain shot (Ord).
ANGOLARE. Angular.
ANGOLO, *m.* Angle; corner; nook.
  angoli complementari, complementary angles.
  angoli supplementari, supplementary angles.
  angolo acuto, acute angle.
  angolo adiacente, adjacent angle.
  angolo al polo, angle at the pole.

ANGOLO—Continued.
- **angolo alterno,** alternate angle.
- **angolo azimutale,** angle of direction; azimuth.
- **angolo azimutale opposto,** back azimuth.
- **angolo critico,** critical angle.
- **angolo del passo d'elica,** angle of pitch of a propeller; blade angle.
- **angolo del poligono,** angle of the polygon (Ft).
- **angolo di arrivo,** angle of impact.
- **angolo di assetto,** angle of balance (Ap).
- **angolo di attacco,** angle of attack. (Airplane wing).
- **angolo di atterraggio,** angle of landing; landing angle.
- **angolo di barra,** elevator angle (Ap).
- **angolo di base,** base angle.
- **angolo di caduta,** angle of descent; angle of fall.
- **angolo di concentramento,** battery angle of concentration; gun angle of concentration.
- **angolo di convergenza,** angle of convergence.
- **angolo di convergenza grande** battery angle of convergence.
- **angolo di convergenza piccola,** angle of convergence; angle of concentration.
- **angolo di cortina,** curtain angle (Ft).
- **angolo di depressione,** angle of depression.
- **angolo di deriva,** angle of drift; drift angle; leeway (Avn).
- **angolo di direzione,** direction angle.
- **angolo di discesa,** angle of descent (Avn).
- **angolo diedro,** dihedral angle.
- **angolo di elevazione,** angle of elevation.
- **angolo di incidenza,** angle of incidence.
- **angolo di incidenza indotto,** induced angle of attack (Ap).
- **angolo di inclinazione,** elevation (Ballistics); angle of inclination.
- **angolo d'inflessione,** angle of inflexion.
- **angolo di influsso,** angle of downwash (Aerodynamics).

ANGOLO—Continued.
- **angolo di mira,** angle of sight; angle of sighting.
- **angolo di obliquità,** obliquity angle.
- **angolo di orientamento,** base angle.
- **angolo di osservazione,** observer displacement; target offset; angle at the target.
- **angolo di parallasse,** angle of parallax.
- **angolo di parallelismo,** battery angle of parallax.
- **angolo di partenza,** angle of departure.
- **angolo di pendenza,** angle of slope.
- **angolo di profondità,** angle of depth.
- **angolo di proiezione,** quadrant angle of elevation; angle of quadrant elevation; quadrant angle of departure.
- **angolo di puntamento,** sighting angle, dropping angle; range angle (Ballistics of bombs).
- **angolo di quadrante,** quadrant angle.
- **angolo di rifrazione,** angle of refraction.
- **angolo di rilevamento,** angle of jump; vertical jump.
- **angolo di rimbalzo,** angle of ricochet.
- **angolo di saliente,** salient angle.
- **angolo di salita,** angle of climb.
- **angolo di semiapertura,** angle of opening; apex angle (Shrapnel).
- **angolo di sicurezza,** angle of safety; safety angle.
- **angolo di sito,** angle of site; angle of position.
- **angolo di sito del bersaglio,** angle of site of the target.
- **angolo di sito del ciglio defilante rispetto alla postazione,** angle of site of the mask from the position.
- **angolo di sito dell'osservatorio rispetto al ciglio defilante,** angle of site of the point seen from the summit of the mask.
- **angolo di sito dell'ostacolo,** angle of site of the mask; site of the mask.
- **angolo di spalla,** shoulder angle (Ft).
- **angolo di tiro,** quadrant angle of elevation; angle of quadrant elevation; firing angle; quadrant elevation.
- **angolo di tiro minimo,** minimum angle of quadrant elevation; safety angle; minimum quadrant elevation.

ANGOLO—Continued.
angolo di tiro negativo, angle of depression.
angolo di trasporto, angle of shift.
angolo esterno, exterior angle.
angolo fiancheggiato, angle of the flank (Ft).
angolo indotto, induced angle of attack (Ap).
angolo inscritto, inscribed angle.
angolo interno, interior angle.
angolo massimo di depressione, maximum depression.
angolo massimo di elevazione, maximum elevation.
angolo morto, dead angle.
angolo negativo, negative angle.
angolo orario, hour angle.
angolo orizzontale, horizontal angle; battery angle of concentration; battery angle of convergence.
angolo ottuso, obtuse angle.
angolo piatto, straight angle.
angolo poliedro, polyhedral angle; solid angle.
angolo positivo, positive angle.
angolo retto, right angle.
angolo rientrante, re-entrant angle.
angolo sferico, spherical angle.
angolo solido, solid angle; polyhedral angle.
angolo triedro, trihedral angle.
angolo verticale vertical angle.
angolo visivo, visual angle; angle of vision.
complemento dell'elevazione per l'angolo di sito, complementary angle of site.
grande angolo di osservazione, large target offset.
ANGORA, *f.* Ankara.
ANIDRO. Anhydrous.
ANIMA, *f.* Gun bore; soul.
ad anima liscia, smoothbored.
anima liscia, smooth bore.
anima rigata, riffled bore.
anima sporca, dirty bore.
ANIMALE, *m.* Animal.
animale da tiro, draft animal.
ANIONE, *m.* Anion.
ANNEBBIARE. To fog; to darken.
ANNICHILARE. To annihilate.
ANNICHILAZIONE, *f.* Annihilation.
ANNIDARE. To nest; to form a nest for.
ANNIENTARE. To annihilate.
ANNUARIO MILITARE. Army register.
ANNUNZIO, *m.* Advertisement; announcement.
ANODO, *m.* Anode.
anodo ausiliare, auxiliary anode.
ANOFELE, *f.* Anopheles.
ANSA, *f.* Bight (Coast & River); bend (River).
ANTENNA, *f.* Aerial; antenna (Rad. & Zoology); yard (for lateen sails); mast.
antenna a canna da pesca, fishpole antenna.
antenna ad ombrello, umbrella aerial.
antenna della radio, radio mast.
antenna direzionale, directional antenna.
antenna di trasmissione, transmitting aerial.
antenna esterna, aerial.
ANTIAEREO. Antiaircraft.
ANTICARRO. Antitank.
ANTICIPO, *m.* Advance (Fin. & Mech).
ANTICIPO DI PUNTAMENTO. Lead (Lĕd) (AA).
ANTIDETONANTE, *m.* Antiknock.
ANTILOGARITMO, *m.* Antilogarithm.
ANTIMECCANIZZAZIONE, *f.* Antimechanization.
ANTIMONIO, *m.* Antimony.
ANTIROLLANTE. Antirolling.
ANTITANK. Antitank.
ANTITETANICO. Antitetanic.
ANTRACITE, *f.* Anthracite coal.
ANZIANITÀ, *f.* Seniority.
avanzamento per anzianità, promotion by seniority.
APERIODICO. Aperiodic.
APERTURA, *f.* Aperture; opening; gap.
APOTEMA, *m.* Apothem.
APPAIARE. To pair; to match; to mate; to couple.
APPALTATORE, *m.* Contractor.
APPALTO, *m.* Contract; bid.
accettazione dell'offerta di appalto, acceptance of bid.
inserzione d'appalto, advertisement for bids.

APPARATO, *m.* Apparatus; equipment.
   apparato da incendio, fire equipment.
APPARECCHIO, *m.* Aircraft; airplane; apparatus; set; device; gear; tackle (Nav). See also **AEROPLANO.**
   apparecchio lampeggiante, blinking apparatus (Sig).
   apparecchio radioricevente, receiving set.
   apparecchio telegrafico, telegraph set.
APPARECCHIO DA PRESA. Motion-picture camera.
   apparecchio da presa a mano, hand-held camera.
APPARECCHIO DI PUNTAMENTO. Fire-control instrument.
APPARECCHIO FOTOGRAFICO. Camera.
APPARECCHIO RADIOTRASMITTENTE. Radio transmitter.
APPELLO, *m.* Roll call; appeal (Law).
   diritto di appello, right of appeal.
   far l'appello, to call off; to call the roll.
APPEZZAMENTO, *m.* Patch (Top); plot (Top).
APPIEDARE. To dismount (Cav).
APPIEDATO. Dismounted (Cav).
APPOGGIARE. To support; to second; to lay on a support.
APPOGGIO, *m.* Support; protection; aid; prop; rest.
   appoggio della balestra, spring seat.
   appoggio della molla a balestra, spring seat.
   appoggio diretto, direct support.
   appoggio generale, general support.
   appoggio reciproco, mutual support.
   distanza di appoggio, supporting distance.
APPOPPATO. Tail-heavy; stern-heavy.
APPROCCIO, *m.* Approach (Fort).
   approccio a zigzag, zigzag approach.
   approccio defilato, defiladed approach.
   testa d'approccio, saphead.
APPROPRIARSI. To take exclusive possession of; to appropriate.
   appropriarsi indebitamente, to embezzle; to appropriate fraudulently.
APPROPRIAZIONE, *f.* Appropriation
   appropriazione indebita, embezzlement.

APPROSSIMAZIONE, *f.* Approximation.
APPROVARE. To approve; to appreciate.
APPROVAZIONE, *f.* Approval; sanction; approbation; commendation.
APPROVVIGIONAMENTO, *m.* Provisions; supply.
   appropriazione di approvvigionamenti in paese nemico, appropriation of supplies in enemy country.
APPROVVIGIONARE. To provision; to supply.
APPRUATO. Bow-heavy.
APPUNTATO, *m.* First class private; lance corporal.
APRIRE. To open; to commence; to inaugurate.
   aprire l'accensione, to turn on the ignition.
   aprire la farfalla del carburatore, to open the throttle.
AQUILONE, *m.* Kite; north wind.
ARCIONE, *m.* Saddlebow.
ARCIPELAGO, *m.* Archipelago.
ARCO, *m.* Arch; arc; bow.
   arco elettrico, electric arc.
   arco in calcestruzzo, concrete arch.
   arco in mattoni, brick arch.
ARCOBALENO, *m.* Rainbow.
ARCO DENTATO. Elevating arc (Ord); elevating rack; elevating segment.
ARCO VOLTAICO. Electric arc; voltaic arc.
ARDIMENTO, *m.* Daring.
AREA, *f.* Area.
   area battuta dal vento, windswept area.
   area congestionata, congested area.
   area contaminata da aggressivi vescicatori, vesicant contaminated area.
   area della difesa costiera, defensive coastal area.
   area della posizione, position area.
   area della pressione, pressure area.
   area di difesa contro i carri armati, antitank fort.
   area di difesa di un plotone, platoon defense area.
   area di recognizione aerea, air area.
   area fortificata, fortified area.
AREA DI CONCENTRAMENTO. Concentration area.

AREOTECTONICA, f. Areotectonics.
ARGANO, m. Capstan; windlass; winch.
  argano di circostanza, gin.
ARGENTO, m. Silver.
  nitrato d'argento, silver nitrate.
ARGILLA, f. Argil; clay.
  argilla refrattaria, fire clay.
ARGINARE. To bank up; to embank; to stem.
ARGINE, m. Levee.
ARGO, m. Argon.
ARIA, f. Air.
  ad aria compressa, compressed air.
  aria tranquilla, calm air.
  corrente d'aria, air current; draft.
  densità dell'aria, air density.
  fare saltare in aria, to blow up.
  movimento dell'aria, air movement.
  permanere in aria, to remain in air.
  resistenza dell'aria, air resistance.
  trattenersi in aria, to remain in air.
  vuoto d'aria, air hole (Avn); air pocket; air pit; pocket (Avn).
ARIETE, m. Battering ram; ram; Aries.
ARMA, f. Corps; arm; branch (Mil); weapon.
  arma ad avancarica, muzzle loader.
  arma aerea, air arm; fourth arm.
  arma a retrocarica, breechloader.
  arma a ripetizione, repeating firearm; repeating weapon; repeater; magazine weapon.
  arma da fuoco, firearm; gun.
  arma difensiva, defensive weapon.
  arma offensiva, offensive weapon.
  arma pericolosa, dangerous weapon.
  armi bianche, side arms.
  armi collettive, crew-served weapons.
  armi combattenti, combatant arms; line of the army.
  armi cooperanti, associated arms.
  armi da punta, thrusting weapons.
  armi da taglio, cutting weapons.
  armi della fanteria, infantry weapons.
  armi di accompagnamento, accompanying weapons.
  armi di assegnazione organica, organic weapons.
  armi individuali, individual weapons.
  armi portatili, small arms.

ARMA—Continued.
  brandire un'arma contro un superiore, drawing a weapon against superior officer.
  diritto di possedere e portare armi, right to keep and bear arms.
  disporre illecitamente di armi, unlawfully disposing of arms.
  gettare via le armi, casting away arms.
  presentare le armi, to present arms.
  scattare l'arma, to squeeze the trigger.
  sospensione d'armi, suspension of arms.
  sotto le armi, under arms.
ARMA AZZURRA. Air corps; military aviation; aviation.
ARMA DA FUOCO A RIPETIZIONE. Repeating firearm.
ARMADIETTO, m. Locker.
  armadietto da ufficiale, officer's locker.
ARMA FONDAMENTALE. Basic arm.
ARMAIUOLO, m. Armorer; gunsmith.
ARMAMENTO, m. Armament.
  armamento ad installazione fissa, fixed armament.
  armamento ad installazione mobile, mobile armament.
  armamento aereo, air armament.
ARMARE. To arm; to cock (Firearm); to man; to fit out.
  armare a mano, to cock by hand.
ARMARSI. To arm oneself.
ARMATA, f. Field army; army; fleet; armada.
ARMATO. Armed.
ARMATURE, f. Stock (Mg); gunstock (Mg); framework; frame; condenser plates; armor.
  armatura di dirigibile rigido, airship hull.
ARME, f. Weapon; arm.
ARMERIA, f. Armory.
ARMIERE, m. Armorer.
ARMIERE ARTIFICIERE. Armorer (Mil).
ARMISTIZIO, m. Armistice.
  armistizio generale, general armistice.
  armistizio locale, local armistice.
  fine dell'armistizio, termination of armistice.

ARMISTIZIO—Continued.
  inizio dell'armistizio, commencement of armistice.
  violazione di armistizio, violation of armistice.
ARNESE, *m.* Tool; implement; utensil.
ARREDAMENTO, *m.* Equipment.
ARRENARE, To beach; to strand.
ARRENATO. Aground (Nav).
ARRENDERSI. To surrender.
  obbligare ad arrendersi, compelling surrender.
  obbligare il comandante ad arrendersi, compelling commander to surrender.
  rifiutare di arrendersi, to refuse to surrender.
  subordinati che obbligano ad arrendersi, subordinates compelling surrender.
ARRESTARE. To apprehend; to arrest; to stop; to stem; to check.
ARRESTATO. Arrested; halted.
ARRESTI, *mpl.* Arrest (Mil).
  arresti di rigore, close arrest.
  arresti in caserma, arrest in quarters.
  arresti semplici, open arrest.
  durata degli arresti, duration of arrest.
  liberazione dagli arresti, release from arrest.
  porre agli arresti, to place under arrest.
  violazione degli arresti, breach of arrest.
ARRESTO, *m.* Arrest; apprehension; stop.
  arresti dello sterzo, steering stops.
  arresto del disertore, apprehension of deserter.
  arresto nel funzionamento, stoppage.
  immunità di arresto, immunity from arrest.
  mandato di arresto, warrant of arrest.
ARRETRAMENTO, *m.* Retirement (Movement).
ARRETRARSI. To fall back; to retire (Mil); to withdraw (Mil).
ARRIDATOIO, *m.* Clevis (for wires).
ARRIVO, *m.* Arrival; advent.
  punto d'arrivo, point of impact; point of arrival.

ARROLAMENTO, *m.* Enlistment; enrollment.
  arrolamento forzato, forced enlistment; impressment.
  arrolamento fraudolento, fraudulent enlistment.
  arrolamento negli eserciti stranieri, enlistment in foreign armies.
  arrolamento precedente, prior enlistment.
ARROLARE. To enlist; to enroll; to draft.
ARROLARSI. To enlist oneself; to enroll oneself.
ARROTARE. To grind (as a tool); to sharpen.
ARROTATRICE, *f.* Grinder (Mech).
ARROTOLARE. To roll up; to roll; to furl.
ARRUGGINIRE. To rust; to make rusty.
ARRUGGINIRSI. To become rusty.
ARRUGGINITO. Rusty.
ARSENALE, *m.* Arsenal; armory; navy yard.
ARTE, *f.* Art.
  arte della guerra, art of war.
ARTE MILITARE. Military art; art of war.
ARTIERE, *m.* Pioneer (Mil).
ARTIFICIERE, *m.* Artificer; mechanic.
ARTIFIZI DA GUERRA. Military pyrotechnics.
ARTIFIZIO, *m.* Artifice; strategem.
ARTIGLIERE, *m.* Artilleryman; gunner.
  artigliere di prima classe, first class gunner.
ARTIGLIERIA, *f.* Artillery.
  artiglieria a cavallo, horse artillery.
  artiglieria ad installazione fissa, fixed artillery.
  artiglieria a disposizione del comando supremo, G. H. Q. reserve artillery.
  artiglieria aggregata, attached artillery.
  artiglieria anticarro, antitank artillery.
  artiglieria appiedata, foot artillery.
  artiglieria a traino animale, horse-drawn artillery.
  artiglieria a traino benzo-elettrico, self-propelled artillery.

ARTIGLIERIA—Continued.
artiglieria automobile, self-propelled artillery.
artiglieria autoportata, portée artillery; self-propelled artillery.
artiglieria autotrainata, truck-drawn artillery.
artiglieria campale, field artillery.
artiglieria controaerei, antiaircraft artillery.
artiglieria contro i carri armati, antitank artillery.
artiglieria da campagna, field artillery.
artiglieria da costa, seacoast artillery; coast artillery.
artiglieria da costa ad installazione mobile, coast artillery with mobile armament; mobile armament.
artiglieria da fortezza, garrison artillery.
artiglieria da montagna, mountain artillery.
artiglieria da posizione, garrison artillery.
artiglieria d'armata, army artillery.
artiglieria d'assedio, siege artillery.
artiglieria da trincea, trench artillery.
artiglieria d'avanguardia, advance guard artillery.
artiglieria del comando supremo, G. H. Q. artillery.
artiglieria della retroguardia, rear guard artillery.
artiglieria di accompagnamento, accompanying artillery.
artiglieria di appoggio, support artillery.
artiglieria di appoggio diretto, direct support artillery.
artiglieria di avamposto, outpost artillery.
artiglieria di brigata, brigade artillery.
artiglieria di corpo d'armata, corps artillery; heavy field artillery.
artiglieria di divisione, division artillery.
artiglieria di grosso calibro, heavy artillery.
artiglieria di medio calibro, medium artillery.
artiglieria di piccolo calibro, light artillery.
artiglieria di posto avanzato, outpost artillery.

ARTIGLIERIA—Continued.
artiglieria di rinforzo, reinforcing artillery.
artiglieria in appoggio generale, artillery in general support.
artiglieria in postazione fissa, fixed artillery.
artiglieria ippotrainata, horse-drawn artillery.
artiglieria leggiera, light artillery.
artiglieria mobile, mobile artillery.
artiglieria motorizzata, motorized artillery.
artiglieria pesante, heavy artillery.
artiglieria pesante campale, heavy field artillery.
artiglieria pesante da campagna, heavy field artillery.
artiglieria reggimentale, regimental artillery.
artiglieria someggiata, pack artillery.
artiglieria su ferrovia, railway artillery.
base dell'artiglieria di appoggio, base of fire.
classificazione delle artiglierie, classification of artillery.
parco d'artiglieria, artillery park.
posizione per l'artiglieria, artillery position.
servizio informazioni dell'artiglieria controaerea, antiaircraft artillery intelligence.
treno d'artiglieria, artillery train.
ARTIGLIERIE, *fpl.* Artillery.
ASBESTO, *m.* Asbestos.
ASCENDERE. To ascend; to climb; to mount.
ASCENSIONE, *f.* Ascension; ascent; climb; rise.
ascensione verticale, vertical rise.
ASCESA, *f.* Ascent; ascension; climb.
ASCIA, *f.* Ax; axe.
mastro d'ascia, ship's carpenter.
ASCISSA, *f.* Abscissa.
ASCOLTARE. To listen; to hearken; to give heed; to auscultate.
ASCOLTATORE, *m.* Sound locator (Instr).
ASCOLTO, *m.* Listening; minding.
apparecchio di ascolto, listening device.
posto di ascolto, listening post.
stare in ascolto, to listen in.

ASFALTO, *m.* Asphalt.
ASFISSIA, *f.* Asphyxia.
ASPIRAZIONE, *f.* Aspiration; inhaling; suction; longing.
   corsa di aspirazione, suction stroke.
   prova di aspirazione, suction test (Gas mask).
ASPO, *m.* Reel.
ASSALE, *m.* Axle; axletree.
   assale anteriore, front axle.
   assale d'acciaio, steel axle.
   assale di carrello, bogie axle.
   assale di ruota motrice, driving axle.
   assale pieno, solid axle.
   assale posteriore, rear axle.
   assale tubolare, tubular axle.
   fuso dell'assale, axle spindle.
ASSALTARE. To assault.
ASSALTO, *m.* Assault; storm (Mil).
   assalto alla baionetta, bayonet assault.
   dare l'assalto, to storm (Mil).
   prendere d'assalto, to take by storm; to carry by storm.
ASSE, *m.* Axis.
   asse aerodinamico, aerodynamic axis.
   asse anteriore, front axle.
   asse di ruota, axle.
   asse dell'anima, axis of the bore.
   asse di simmetria, axis of symmetry.
   asse di un aeromobile, axis of an aircraft.
   asse di un apparecchio, axis of an aircraft.
   asse laterale, lateral axis.
   asse longitudinale, longitudinal axis.
   asse posteriore, rear axle.
   asse verticale, vertical axis.
ASSE, *f.* Plank; board.
ASSEDIANTE, *m.* Besieger.
ASSEDIARE. To lay siege to; to besiege; to beleaguer.
ASSEDIO, *m.* Siege.
   cingere d'assedio, to lay siege to; to beleaguer; to besiege.
   lavori d'assedio, siege works.
   porre l'assedio, to lay the siege.
   stato d'assedio, state of siege.
   togliere l'assedio, to raise the siege.
ASSEGNAMENTO, *m.* Assignment; allocation.
   assegnamento di fondi, allocation of funds.

ASSEGNARE. To assign; to design; to detail; to allot; to allocate; to allow.
ASSEGNATO. Assigned; designed; detailed; allotted; allocated; allowed.
ASSEGNAZIONE, *f.* Assignment; assignation; allotment.
   assegnazione degli ufficiali, assignment of officers.
   assegnazione di frequenza, frequency assignment (Rad).
ASSENTE. Absent; absentee.
   assente con autorizzazione, absent with leave.
   assente senza autorizzazione, absent without leave.
ASSENZA, *f.* Absence.
   assenza abusiva, absence without leave.
   assenza con permesso, absence with leave.
   assenza dal posto di servizio, absence from duty.
   assenza legittima, absence with leave.
   assenza senza autorizzazione, absence without leave.
   assenza senza autorizzazione considerata come diserzione, absence without leave deemed desertion.
   assenza senza autorizzazione per evitare un servizio pericoloso, absence without leave to avoid hazardous duty.
   assenza senza autorizzazione per sottrarsi a un'importante missione, absence without leave to shirk important service.
   assenza senza permesso, absence without leave.
ASSE OTTICO. Optical axis.
ASSETTO, *m.* Attitude (Ap).
   assetto dell'ala, attitude of the wing (Ap).
ASSIALE. Axial.
ASSICURAZIONE, *f.* Insurance; assurance.
   assicurazione contro i rischi di guerra, war risk insurance.
ASSIEPARE. To fence (Enclosure).
ASSIMILATO, *m.* Retainer (Mil).
   assimilato per lavori al campo, retainer to the camp.
ASSIOMETRO, *m.* Telltale (Nav).

ASSO, *m.* Ace (Avn. & playing card); champion.
ASSOLUZIONE, *f.* Acquittal; absolution.
ASSOLVERE. To absolve; to acquit; to clear.
ASSORBENTE, *m, n & adj.* Absorbent.
ASTA, *f.* Rod; pole; staff; stem; boom (Nav); steelyard arm; auction sale; mast.
a mezz'asta, at half mast.
asta di presa, trolley.
ASTRONOMIA, *f.* Astronomy.
astronomia nautica, nautical astronomy.
ATENE, *f.* Athens.
ATMOSFERA, *f.* Atmosphere.
condizione dell'atmosfera, atmospheric condition; weather.
atmosfera tipo, standard atmosphere.
ATMOSFERICO. Atmospheric.
ATOMICO. Atomic.
ATOMO, *m.* Atom.
ATTACCARE. To attack; to assault; to engage; to charge; to hitch; to yoke; to attach.
attaccare con i gas, to attack with gas; to gas.
ATTACCHI, *mpl.* Footbindings (Ski).
ATTACCO, *m.* Attack; assault; charge; seizure (Med); stroke (Med); fit (Med); team (Vehicle).
attacco aereo, air attack; aerial attack.
attacco a fondo, decisive attack.
attacco alla baionetta, bayonet charge; bayonet assault.
attacco avvolgente, enveloping attack.
attacco con gas, gas attack.
attacco con irrorazione aerochimica, spray attack.
attacco con nube, cloud attack (Gas).
attacco convergente, converging attack.
attacco dal basso, attack from below.
attacco dall'alto, attack from above.
attacco decisivo, decisive attack.
attacco di carri armati, tank attack.
attacco di notte, night attack.
attacco di sbarco, landing attack.
attacco di sorpresa, surprise attack.
attacco elastico elastic attack.
attacco frontale, frontal attack.
attacco generale, general attack.

ATTACCO—Continued.
attacco improvviso, sudden attack.
attacco inaspettato, unexpected attack.
attacco in massa, mass attack.
attacco locale, local assault; local attack.
attacco notturno, night attack.
attacco preliminare, preliminary attack.
attacco principale, principal attack; main attack.
attacco sul fianco, flank attack.
attacco sussidiario, secondary attack; holding attack.
attacco su vasta scala, attack on a large scale; drive.
coordinazione d'attacco, coordination of attack.
direzione dell'attacco, direction of attack.
esporre all'attacco, to expose to attack.
falso attacco, false attack.
fase dell'attacco, phase of the attack.
fase di attacco, phase of attack.
fronte d'attacco, frontage in attack.
inizio dell'attacco, beginning of the attack; jump-off.
lanciare un attacco, to launch an attack.
linea d'attacco, line of attack.
obiettivo d'attacco, objective of attack; final objective.
ora dell'inizio dell'attacco, time of attack; zero hour; h-hour.
organizzazione dell'attacco, organization of the attack.
piano d'attacco, plan of attack.
preparazione dell'attacco, preparation fire; artillery preparation.
punto d'attacco, point of attack.
ripresa dell'attacco, resumption of the attack.
ATTENDAMENTO, *m.* Encampment; camp.
ATTENDARSI. To pitch camp; to pitch tents; to encamp.
ATTENDENTE, *m.* Orderly; dog robber (Slang); striker (Slang).
attendente di ufficiale a cavallo, batman.
ATTENTI. At attention (Mil).
sull'attenti, at attention.

"ATTENTI!" "Attention!"
"ATTENTI A DESTR!" "Eyes right!"
"ATTENTI A SINISTR!" "Eyes left!"
ATTENZIONE, *f.* Attention; care.
  attenzione al proprio dovere, attention to duty.
ATTERRAGGIO, *m.* Landing (Avn).
  atterraggio alla cieca, blind landing.
  atterraggio a volo planato, glide landing.
  atterraggio con avaria, crash.
  atterraggio con scivolata d'ala, sideslip landing.
  atterraggio con vento laterale, crosswind landing (Avn).
  atterraggio di fortuna, forced landing.
  atterraggio forzato, forced landing; emergency landing.
  atterraggio normale, normal landing.
  atterraggio senza visibilità, blind landing.
  dispositivo di atterraggio, landing gear.
  T d'atterraggio, landing T.
ATTERRAMENTO, *m.* Landing (Avn).
  carrello di atterramento, landing gear.
  velocità di atterramento, landing speed.
ATTERRARE. To land; to down (Avn).
  permesso di atterrare, permission to land.
ATTESA, *f.* Waiting.
  in attesa, in readiness (Mil).
ATTINICO. Actinic.
ATTINOMETRO, *m.* Actinometer.
ATTO, *m.* Act; action; gesture; certificate; deed (Law).
  atto di ostilità, act of hostility.
  atto d'insubordinazione, act of insubordination.
ATTRAZIONE, *f.* Attraction.
  attrazione magnetica, magnetic attraction.
ATTREZZARE. To rig; to equip; to gear.
ATTREZZATORE, *m.* Rigger.
  attrezzatore di paracadute, parachute rigger.
ATTREZZATURA, *f.* Frame; equipment.
  attrezzatura a forma di A, A-frame.
ATTREZZO, *m.* Tool; implement.

ATTRITO, *m.* Friction.
  superficie di attrito, bearing surface.
AURORA, *f.* Aurora.
  aurora australe, aurora australis; southern lights.
  aurora boreale, aurora borealis; northern lights.
  aurora polare, aurora polaris.
AUSILIARE. Auxiliary.
AUSILIARIO. Auxiliary.
AUSTRIA, *f.* Austria.
AUSTRIACO, *m.* Austrian.
AUTISTA, *m.* Chauffeur; driver (Automobile).
AUTO, *m.* Auto; automobile.
AUTOACCENSIONE, *f.* Autoignition; selfignition.
AUTOAFFUSTO, *m.* Self-propelled mount.
AUTOAMBULANZA, *f.* Motor ambulance; automobile ambulance.
AUTOBLINDATA, *f.* Armored car.
AUTOBOTTE, *f.* Water truck.
AUTOBUS, *m.* Autobus; bus.
AUTOCARRO, *m.* Motor truck; truck; autotruck.
  autocarri in colonna doppia alternata, double-staggered column.
  autocarro bagaglio, baggage truck.
  autocarro botte d'acqua, water truck.
  autocarro carico, loaded truck.
  autocarro con argano, winch truck.
  autocarro cucina, kitchen truck.
  autocarro da bagaglio, baggage truck.
  autocarro da munizioni, ammunition truck.
  autocarro da trasporto fuori strada, cargo carrier.
  autocarro della portata di mezza tonnellata, half-ton truck.
  autocarro di media portata, medium truck.
  autocarro pesante, heavy truck.
  autocarro portante e rimorchiatore, half-track truck.
  autocarro vuoto, empty truck.
  caricare truppe su autocarri, to embus; to entruck.
  montare sull'autocarro, to go aboard a truck; to entruck.
  smontare dall'autocarro, to dismount from a truck; to detruck.
AUTOCERCHIATURA, *f.* Autofrettage; container method (Gun tube).

AUTOCISTERNA, *f.* Tank truck.
autocisterna per carburante, fuel truck; tank truck.
AUTOCLAVE, *f.* Autoclave; pressure cooker.
AUTOCRONOMETRO, *m.* Intervalometer (Photo).
AUTODETERMINAZIONE, *f.* Three-point resection (Surv).
AUTOFFICINA, *f.* Machine-shop truck.
AUTOFORZAMENTO, *m.* Autofrettage; container method (Gun tube).
AUTOFRIGORIFERO, *m.* Refrigerator truck.
AUTOGIRO, *m.* Autogiro; gyroplane.
AUTOGRAFO, *m.* Autograph (Aerophotography).
AUTOINDUZIONE, *f.* Self-induction.
AUTOLESIONE, *f.* Self-injury.
AUTOLETTIGA, *f.* Automobile ambulance.
AUTOMATICO. Automatic.
semi automatico, semiautomatic.
AUTOMEZZO, *m.* Motorcar; motor vehicle.
automezzo per trasporto di carri armati, tank carrier.
automezzo trasporto personale, personnel carrier.
AUTOMOBILE, *m.* & *f.* Auto (Colloquial); automobile.
automobile privata, private automobile.
rottame d'automobile, automobile wreck.
AUTOMOBILE, *adj.* Automotive; automobile; self-propelled.
AUTOMOBILISTA, *m.* Automobilist; driver; operator.
AUTONOMIA, *f.* Autonomy; independence.
AUTOPARCO, *m.* Parking lot.
AUTOPILOTA, *m.* Automatic pilot.
AUTOPSIA, *f.* Autopsy.
AUTORIMESSA, *f.* Garage.
AUTORITÀ, *f, sing* & *pl.* Authority; power; authorities.
autorità civili, civil authorities.
autorità militari, military authorities.
autorità superiore, higher authority.
delegazione di autorità, delegation of authority.
AUTORIZZARE. To authorize; to permit; to license.

AUTORIZZAZIONE, *f.* Authorization; authority; permission.
autorizzazione per la compera di forniture, procurement authority.
autorizzazione scritta, written authority; permit.
AUTOSCAFO, *m.* Motorboat.
AUTOSTRADA, *f.* Motor road.
AUTOTRAINATO. Truck-drawn.
AUTOVEICOLO, *m.* Motor vehicle; motor-car.
AUTOVETTURA DA RICOGNIZIONE. Scout car.
AUTOVETTURETTA, *f.* Scout car.
AVAMPORTO, *m.* Outer harbor.
AVAMPOSTO, *m.* Outpost.
avamposto di combattimento, combat outpost.
avamposto di marcia, march outpost.
linea di resistenza di avamposto, outpost line of resistance.
sistema di avamposti a cordone, cordon system of outposts.
zona di avamposti, outpost zone; outpost area.
AVANCARICA, *f.* Muzzle-loading.
AVANGUARDIA, *f.* Vanguard; van (Mil); advance guard.
avanguardia strategica, strategical advance guard.
sostegno dell'avanguardia, support of the advance guard.
AVANSCOPERTA, *f.* Scouting; strategical advance guard.
AVANTI. Forward; in front; ahead.
"AVANTI A TUTTA FORZA!" "Full speed ahead!"
AVANTRENO, *m.* Limber (Ord).
attaccare l'avantreno, to limber.
cofano d'avantreno, limber chest.
staccare l'avantreno, to unlimber.
AVANZAMENTO, *m.* Advancement; promotion.
avanzamento a scelta, promotion by selection.
avanzamento per anzianità, promotion by seniority.
avanzamento per merito, promotion by selection.
commissione d'avanzamento, promotion board.
quadro d'avanzamento, promotion list.

AVANZARE. To advance; to bring forward; to promote.

AVANZATA, *f.* Advance.
  avanzata a ondate e a sbalzi, advance by rushes.
  avanzata a sbalzi, advance by bounds.
  avanzata a uomini isolati, advance by individuals.
  avanzata da riparo a riparo, advance from cover to cover.
  avanzata di corsa, advance by running; advance by rushes.
  avanzata in colonna, advance in column.
  avanzata per gruppi, advance by groups.
  avanzata per scaglioni, advance by echelon.
  avanzata strategica, strategical advance.
  continuare l'avanzata, to advance on.
  direzione d'avanzata, direction of advance.
  segnale d'avanzata, advance signal.

AVARIA, *f.* Average (Nav); wreck; damage; deterioration.
  avaria comune, particular average; common average; ordinary average.
  avaria generale, general average; gross average.
  avaria grossa, gross average; general average.
  avaria particolare, particular average; common average.
  avaria semplice, particular average; common average; ordinary average.

AVIATORE, *m.* Aviator; flyer.
  allievo aviatore, flying cadet.
  aviatore militare, military aviator.

AVIAZIONE, *f.* Aviation; air corps.
  aviazione a base navale, naval-based aviation.
  aviazione a base terrestre, land-based aviation.
  aviazione da assalto, attack aviation.
  aviazione da bombardamento, bombardment aviation.
  aviazione da caccia, pursuit aviation.
  aviazione da collegamento, liaison aviation.
  aviazione da combattimento, combat aviation.

AVIAZIONE—Continued.
  aviazione da osservazione, observation aviation.
  aviazione da ricognizione, reconnaissance aviation.
  aviazione da scuole di pilotaggio, training aviation.
  aviazione da trasporto, transport aviation.
  aviazione del Gran Quartiere Generale, General Headquarters (GHQ) aviation.
  aviazione militare, military aviation.
  aviazione navale, naval aviation.
  aviazione per aerofotogrammetria, photographic aviation.
  zona aerea territoriale, air district.

AVIERE, *m.* Airman; aviator.
  aviere osservatore, aircraft observer; airplane observer.

AVIOLINEA, *f.* Airway; air line; airplane line.

AVIORIMESSA, *f.* Airplane shed; hangar.

AVVALLAMENTO, *m.* Depression (Top).

AVVERSARIO, *m.* Adversary; opponent; enemy.

AVVERTIMENTO, *m.* Warning.
  avvertimento d'incursione aerea, air-raid warning.

AVVIAMENTO, *m.* Starting (Mtr).

AVVIARE. To start; to set going.
  avviare con la manovella, to crank.

AVVIATORE, *m.* Self-starter; starter (Mtr); engine starter.
  avviatore automatico, self-starter.

AVVICENDAMENTO, *m.* Alternation; reciprocation; succession.

AVVICENDARE. To alternate; to reciprocate.

AVVICINAMENTO, *m.* Approach march (Phase).
  dispositivo di avvicinamento, approach march distribution.
  passaggio alla formazione di avvicinamento, development.

AVVICINARSI. To come near; to approach.

AVVILUPPAMENTO, *m.* Envelopment; entanglement.

AVVILUPPARE. To encircle; to surround; to envelop; to enwrap.

AVVISTARE. To get sight of; to sight.

AVVITAMENTO, *m.* Spin (Avn).
  avvitamento involontario, involuntary spin.
  avvitamento normale, normal spin.
  avvitamento verticale, vertical spin.
  discendere con manovra di avvitamento, to spin (Avn).
  precipitare con avvitamento, to spin (Avn).
AVVITARE. To fasten with a screw; to screw.
AVVITARSI. To spiral (Avn).
AVVOCATO, *m.* Lawyer; attorney at law; counsel; advocate.
  avvocato militare, Judge Advocate; officer preferring charges.
  avvocato militare generale, Judge Advocate General.
AVVOLGIMENTO, *m.* Envelopment; winding (Elec).
  avvolgimento di ambedue le ali, double envelopment.
  avvolgimento primario, primary winding.
  avvolgimento secondario, secondary winding.
AZIMUT, *m.* Azimuth.
  azimut di bussola, compass azimuth.
  azimut di carta quadrettata, grid azimuth.
  azimut magnetico, magnetic azimuth.
AZIMUTALE. Azimuthal; of the azimuth.
AZIONE, *f.* Action; combat; engagement
  azione a piedi ed a cavallo, cavalry combined action.
  azione appiedata, dismounted action.
  azione contenente, containing action.
  azione corrosiva, corrosive action.
  azione decisiva, decisive action.
  azione di fiancheggiamento, flanking action.
  azione difensiva, defensive action.
  azione di temporeggiamento, delaying action.
  azione immediata, immediate action; immediate remedy.
  azione isolata, local assault.
  azione letale, lethal action.
  azione multipla, multiple action.
  azione navale, fleet action.
  azione offensiva, offensive action.

AZIONE—Continued.
  azione punitiva, strafe.
  raggio d'azione radius of action.
  azione tattica, tactical action.
  azione temporeggiatrice, delaying action.
  entrata in azione, entry into action.
  piano di azione, line of action.
  settore di azione, zone of action.
AZIONE DI FUOCO. Fire action.
  linea dell'azione di fuoco delle artiglierie di corpo d'armata e di armata, Z-Z line.
  linea dell'azione di fuoco delle artiglierie di divisione e di corpo d'armata, X-X line.
AZIONE MILITARE. Military operation.
  azione militare in grande stile, major operation.

B

BACCHETTA, *f.* Rod; stick; wand.
  bacchetta della pistola, ejector rod.
  bacchetta per fucile, cleaning rod.
BACINELLA, *f.* Tray (Photo).
BACINO, *m.* Basin; dock.
  bacino di carenaggio, dry dock; graving dock.
  bacino di marea, tidal basin.
  bacino di raddobbo, dry dock.
  bacino di riparazione, dry dock.
  bacino fluviale, river basin.
  bacino galleggiante, floating dock.
  bacino idrografico, river basin.
BADILE, *m.* Shovel.
  pala di badile, shovel blade.
BAGAGLIAIO, *m.* Baggage wagon (RR).
BAGAGLIO, *m.* Baggage; pack (Mil).
  bagaglio grosso, heavy baggage.
  bagaglio leggiero, light baggage.
  trasporto del bagaglio, transportation of baggage.
BAGLIORE, *m.* Glimmer; gleam; flash.
BAGNO, *m.* Bath.
  bagno a doccia, shower bath.
  cabina da bagno, bathing cabin; bathhouse.
  vasca da bagno, bath tub.
BAGNO PENALE. Penal institution.
BAIA, *f.* Bay.

BAIONETTA, *f.* Bayonet.
  assalto alla baionetta, bayonet charge; bayonet assault.
  baionetta inastata, fixed bayonet.
  baionetta in canna, fixed bayonet.
  esercitazione con la baionetta, bayonet exercise.
  fermo di baionetta, bayonet stud.
  fodero della baionetta, bayonet scabbard.
  impugnatura della baionetta, bayonet grip.
  scherma di baionetta, bayonet exercise.
  sciabola-baionetta, sword bayonet.
BAIONETTATA, *f.* Jab; a thrust with the bayonet.
"BAIONETT-CANN!" "Fix bayonets!"
BALCANI, *mpl.* Balkan Mountains.
BALEARI, Isole. Balearic Islands.
BALENIERA, *f.* Whaleboat; whaler.
  baleniera del capitano, captain's gig.
BALENIERE, *m.* Gig (of a warship); whaler (the person).
BALESTRA, *f.* Semielliptical spring; spring (Vehicle); arbalest.
  lamina di balestra, spring leaf.
  staffa della balestra spring clip.
BALISTICA, *f.* Ballistics.
  balistica aerea ballistics of bombs.
  balistica contraerei, antiaircraft ballistics.
  balistica dei proietti di caduta, ballistics of bombs.
  balistica esterna, exterior ballistics.
  balistica interna, interior ballistics.
  elementi balistici, ballistic elements.
BALISTICO. Ballistic.
BALISTITE, *f.* Ballistite.
BALLA, *f.* Bale.
BALLAST, *m.* Ballast (RR).
BALLONET, *m.* Ballonet.
BALUARDO, *m.* Bulwark.
BALZARE. To rebound; to bound; to dart; to spring; to rush forward.
BALZO, *m.* Bound; leap; cradle (Nav); boatswain's chair.
BANCHINA, *f.* Dock; wharf; quay; banquette; landing; pier.
  banchina di sassi, rubblework; rubble.

BANCHINA—Continued.
  banchina di scarico, discharging wharf.
  diritto di banchina, wharfage.
BANCO, *m.* Bank (Fin & Top); bench; counter.
  banco a picco, steep bank; bluff.
BANCO DI NEBBIA. Fog bank.
BANCO DI SABBIA. Sandbank.
BANDA, *f.* Ship's side; band (Musical); gang.
  direttore di banda, band leader.
  strumenti di banda, band instruments.
BANDIERA, *f.* Flag; banner.
  aiutante di bandiera, flag lieutenant.
  asta di bandiera, flag pole; flagstaff.
  bandiera a mezz'asta, flag at half mast.
  bandiera bianca, flag of truce; white flag.
  bandiera da segnalazione, signal flag.
  bandiera da semaforo, semaphore flag.
  bandiera degli Stati Uniti d'America, flag of the United States of America.
  bandiera della croce rossa, red-cross flag; hospital flag.
  bandiera del reggimento, regimental flag.
  bandiera di combattimento, battle flag.
  bandiera di contumacia, quarantine flag; yellow flag.
  bandiera di quarantena, quarantine flag; yellow flag.
  bandiera gialla, yellow flag.
  bandiera nazionale, national flag; ensign.
  bandiera nazionale mercantile, merchant marine flag.
  bandiera P. azzurra, Blue Peter.
  bandiera per chiamare il pilota, pilot flag.
  bandiera per parlamentare, white flag.
  bandiere avvolte e inguainate, cased colors.
  bandiere catturate in guerra, flags captured in war.
  bandiere spiegate, flying colors.
  coda di bandiera, fly of a flag.
  guaina di bandiera, hoist of a flag.

BANDIERA—Continued.
  inferitura di bandiera, hoist of a flag.
  salutare colla bandiera, to dip the colors.
BANDIERE E STENDARDI. Colors and standards.
BANDISTA, *m.* Bandsman.
BANDO, *m.* Ban; proclamation; banishment; advertisement.
BANDOLIERA, *f.* Bandoleer; cross belt; shoulder belt.
BARA, *f.* Coffin; casket.
BARACCA, *f.* Barrack; hut.
BARACCAMENTO, *m.* Hutment.
BARATTERIA, *f.* Barratry.
BARBACANE, *m.* Barbican (Ft).
BARBAZZALE *m.* Curb (Harness).
BARBETTA, *f.* Barbette; fetlock (Horse's hoof).
BARCA, *f.* Boat; barge.
  barca da ponte, pontoon.
BARCA-FANALE, *f.* Lightship.
BARCARIZZO, *m.* Gangway.
BARCELLONA, *f.* Barcelona.
BARCONE, *m.* Barge.
BARDELLA, *f.* Cowboy saddle.
BARELLA, *f.* Litter; stretcher; hand barrow.
BARI, *f.* Bari.
BARICENTRO, *m.* Barycenter.
BARILE, *m.* Barrel; cask.
BARIO, *m.* Barium.
BARISTA, *m.* Bartender.
BAROCICLONOMETRO, *m.* Barocyclonometer.
BAROGRAFICO. Barographic.
BAROGRAFO, *m.* Barograph; altigraph.
BAROGRAMMA, *m.* Barogram.
BAROMETRO, *m.* Barometer.
  barometro a mercurio, mercurial barometer.
  barometro aneroide, aneroid barometer.
  barometro a sifone, siphon barometer.
  barometro di Torricelli, Torricellian barometer.
  barometro olosterico, holosteric barometer.
BARRA, *f.* Bar (Tool & Top); bit (H); buttress (Horse's hoof); dike.
BARRICARE. To barricade.

BARRICATA, *f.* Barricade; barrier.
  barricata di filo di ferro, wire barricade.
BARRIERA, *f.* Barrier; gate.
  barriera contro i carri armati, tank barrier.
  barriera di aggressivi vescicanti, vesicant barrier.
  barriera di filo spinato, barbed-wire barrier; barbed-wire obstacle.
  barriera di mine, mine barrier.
BASAMENTO, *m.* Basement (Engr).
BASE, *f.* Basis; base; foundation; fundament; bed.
  base a terra, land base.
  base aerea, air base.
  base d'appoggio, base line (Surv).
  base dell'artiglieria di appoggio, base of fire.
  base di operazioni, base of operations.
  base di partenza, zone of departure; departure position; final assembly area.
  base di rifornimenti, base of supplies.
  base di vettovagliamento, supply base.
  base navale, naval base; fleet base.
  base rastremata, tapered base.
  base terrestre, land base.
  di base, basic.
  errore di lunghezza della base, error in length of base.
  formare una base, to form a base; to base.
  lunghezza della base, length of base.
BASE AUSILIARIA. Auxiliary base (Surv).
BASE STEREOSCOPICA. Stereo base.
BASICO. Basic (Cml).
BASSOFONDO, *m.* Shoal; shallow.
BASTIMENTO, *m.* Steamer; ship; vessel.
BASTIONE, *m.* Bastion.
  mezzo bastione, demibastion.
BASTO, *m.* Packsaddle; bat.
  cuscino da basto, corona (Harness).
BASTONE, *m.* Baton; staff; cane; walking stick; stick.
  bastone alpino, alpenstock.
  bastone del comando, baton.
BASTONE ANIMATO. Sword cane.
BASTRIGHE, *fpl.* Lash ropes.
BATISFERIO, *m.* Bathysphere.
BATOMETRO, *m.* Bathymeter.

BATTAGLIA, *f.* Battle.
  battaglia campale, pitched battle.
  battaglia indecisa, drawn battle.
  campo di battaglia, battlefield.
  cominciare la battaglia, to begin battle.
  finta battaglia, sham battle.
  linea di battaglia, battle line; front line.
  urto della battaglia, brunt of the battle.
BATTAGLIARE. To battle; to fight.
BATTAGLIERO. Combative; warlike; fighting.
BATTAGLIONE, *m.* Battalion.
  battaglione aggressivi chimici, chemical battalion.
  battaglione di carri armati, tank battalion.
  battaglione di deposito, depot battalion.
  battaglione di fanteria, infantry battalion.
  battaglione di istruzione, depot battalion.
  battaglione distaccato, detached battalion.
  battaglione ferrovieri, railway battalion.
  battaglione fucilieri, rifle battalion.
  battaglione genieri, battalion of engineers.
  battaglione genio ferrovieri, engineer railway battalion.
  battaglione genio idrici, engineer water supply battalion.
  battaglione genio mascheratori, engineer camouflage battalion.
  battaglione genio pontieri, engineer pontoon battalion.
  battaglione in colonna, battalion in column of close lines.
  battaglione in distaccamento, detached battalion.
  battaglione in linea di colonne, battalion in line with companies in line.
  battaglione in linea di fianco, battalion in column.
  battaglione misto, composite battalion.
  battaglione pontieri, engineer ponton battalion.
  battaglione sanità, hospital battalion.

BATTAGLIONE—Continued.
  battaglione topografi, army topographic battalion.
  battaglione truppe chimiche, chemical battalion.
BATTELLO, *m.* Boat.
  battello da traghetto, ferryboat; ferry.
  battello di gomma, rubber boat.
  battello di salvataggio, lifeboat.
  battello di tela, canvas boat.
  battello sottomarino, submarine; submersible boat.
BATTELLO FARO. Lightship; floating light.
BATTELLO-PILOTA, *m.* Pilot boat.
BATTENTE, *m.* Hurter (Arty); fly (Flag).
BATTERE. To beat; to defeat; to overcome; to strike; to pulsate.
BATTERI, *mpl.* Bacteria.
BATTERIA, *f.* Battery; gun battery.
  batteria blindata, armor-plated battery.
  batteria casamattata, casemate battery.
  batteria comando, headquarters battery.
  batteria d'accompagnamento, accompanying battery.
  batteria d'assedio, siege battery.
  batteria del telefono, telephone battery.
  batteria di mortai, mortar battery.
  batteria di obici, howitzer battery.
  batteria di pezzi fissi, fixed gun battery.
  batteria elettrica centrale, central battery.
  batteria in barbetta, barbette battery.
  batteria principale, main battery (Arty).
  batteria rifornimenti e trasporti, service battery.
  batteria secondaria, secondary battery (Arty).
  batteria simulata, dummy battery.
  carta di batteria, battery chart.
  fronte della batteria, battery front.
  piano quadrettato di batteria, battery chart.
BATTERIA COSTIERA. Coast battery.
BATTERIA ELETTRICA. Electric battery.

BATTERIA—Continued.
  batteria elettrica a lastre di piombo, lead battery.
  batteria elettrica di pile a secco, dry battery; dry cell battery.
  batteria elettrica locale, local battery (Elec).
  caricatore di batteria elettrica, battery charger.
  compartimento di batteria elettrica, battery compartment (Elec).
  saggio della batteria elettrica, battery test.
  stato di carica della batteria elettrica, battery reading.
BATTERIA GALLEGGIANTE. Floating battery (Nav).
BATTERIDE, *m.* Bacterium.
BATTESIMO DEL FUOCO. Baptism of fire.
BATTESIMO DI SANGUE. Baptism of blood.
BATTIPALO, *m.* Pile driver.
BATTUTO. Beaten; defeated.
BECCHEGGIO, *m.* Pitch (Nav & Avn).
BELGRADO, *f.* Belgrade.
BELLIGERANTE, *m.* Belligerent; *n* & *adj.*
BELLIGERANZA, *f.* Belligerence.
  stato di belligeranza, state of a belligerent; belligerency.
BENDA, *f.* Bandage.
BENDAGGIO, *m.* Bandage.
BENDARE. To bandage; to blindfold.
BENGASI, *f.* Bengazi.
BENZILE, *m.* Benzyl.
BENZINA, *f.* Benzine; gasoline.
  benzina con antidetonanti, antiknock gasoline.
  benzina per aviazione, aviation gasoline.
  cisterna-serbatoio di benzina, gas storage tank.
BENZINA E LUBRIFICANTI. Class III supplies.
BENZOLO, *m.* Benzol.
BERRETTA, *f.* Bonnet (Ft); cap; headgear.
  berretto da campagna, field cap.
BERSAGLIERI, *mpl.* Bersaglieri.
BERSAGLIO, *m.* Target; towed target (Nav).

BERSAGLIO—Continued.
  bersaglio aereo, aerial target.
  bersaglio ampio, wide target.
  bersaglio animato, personnel target.
  bersaglio animato scoperto, unsheltered personnel target.
  bersaglio a paesaggio landscape target.
  bersaglio a profilo, silhouette.
  bersaglio a silhouette, silhouette.
  bersaglio a terra, ground target.
  bersaglio ausiliare, auxiliary target.
  bersaglio basso a sagoma, low silhouette.
  bersaglio basso a silhouette, low silhouette.
  bersaglio che si muove di traverso, crossing target.
  bersaglio di tela rimorchiato dall'aeroplano, sleeve target.
  bersaglio favorevole, favorable target.
  bersaglio fisso, fixed target.
  bersaglio girevole, bobbing target.
  bersaglio mobile, moving target.
  bersaglio ristretto, small-area target.
  bersaglio transitorio, transient target; target of opportunity.
  determinare il bersaglio, to target.
  designazione del bersaglio, target designation.
  esercitazioni di tiro al bersaglio, rifle practice; target practice.
  far bersaglio, to strike the target; to hit.
  probabilità di colpire il bersaglio, probability of hitting target.
  rimorchio-bersagli, *m.* Towed target (Nav).
  spostamento laterale del bersaglio, lateral travel of the target.
  spostamento longitudinale del bersaglio, vertical travel of target.
BERTA, *f.* Pile driver.
BESTIA, *f.* Beast; animal.
  bestia da tiro, draft animal.
  bestia da soma, pack animal.
BESTIAME, *m.* Cattle; livestock.
  parcare il bestiame, to confine in a corral; to corral.
BETTOLINO, *m.* Canteen (Mil).
BETTONIERA, *f.* Concrete mixer.
BICCHIERE, *m.* Cartridge case (Artillery ammunition); drinking glass.

BICICLETTA, *f.* Bicycle; bike (Colloquial); cycle (Colloquial).
   bicicletta pieghevole, folding bicycle.
BICONCAVO. Biconcave.
BICONVESSO. Biconvex.
BIDONE, *m.* Water chest.
BIELLA, *f.* Connecting rod.
   asta di biella, guide bar (steam engine).
BIFASE. Biphase.
BIFORCAZIONE, *f.* Bifurcation; fork.
   biforcazione di una strada, fork of a road.
BIGLIETTO, *m.* Ticket; note.
   biglietto d'alloggio, billet.
"BILANC'ARM!" "Trail arms!"
   portare a bilanc'arm, to trail (Mil).
BILANCIA, *f.* Balance (Weighing); scales (Weighing); doubletree.
   bilancia a indice, automatic-indicating scale.
   bilancia a molla, spring scale.
   bilancia automatica, automatic-indicating scale.
BIMOTORE, *m.* Bimotor.
BINARIO, *m.* Track (RR).
   binari di riserva, emergency tracks.
   binario di manovra, siding (RR); sidetrack.
   binario di raccordo, siding; sidetrack.
   doppio binario, double track.
   fare passare al binario di raccordo, to transfer to a siding; to sidetrack.
   materiale per la riparazione dei binari, track repair material.
BINDA, *f.* Jack; lifting jack.
BINOCCOLO, *m.* Binoculars; glasses.
   binoccolo da campagna, field glass.
   binoccolo prismatico, prism binocular.
BIPLANO, *m.* Biplane.
BIPOLARE. Bipolar.
BIPOSTO, *m.* Two-seater.
BISACCIA, *f.* Bag; saddle bag.
BISCAGLINA, *f.* Jacob's ladder.
BISCOTTO, *m.* Biscuit; ship biscuit.
BISECANTE, *f.* Bisector; bisectrix.
BISERTA, *f.* Bizerte.
BISETTRICE, *f.* Bisector; bisectrix; bisecting line.
BITTA, *f.* Bitt (Nav); bitts.
   bitte di ormeggio, mooring bitts; dolphins.
BIVACCARE. To bivouac.
BIVACCO, *m.* Bivouac.

BIVALENTE. Bivalent.
BLINDA, *f.* Armor.
BLINDAMENTO, *m.* Armor; blindage.
BLINDARE. To cover with armor plate; to plate; to armor.
BLOCCARE. To block; to blockade.
BLOCCO, *m.* Blockade; block; hindrance; bloc.
   blocco de facto, de facto blockade.
   blocco di cemento, concrete block (Obstacle).
   blocco effettivo, effective blockade.
   blocco pacifico, pacific blockade.
   blocco stradale, road block.
   blocco sulla carta, paper blockade.
   cabina di blocco, block system (RR).
   notificazione di blocco, notification of blockade.
   porre il blocco, to blockade.
   violazione di blocco, breach of blockade.
BOA, *f.* Buoy.
   boa a campana, bell buoy.
   boa cilindrica, can buoy.
   boa conica, cone buoy.
   boa sibilante, whistling buoy.
BOBINA, *f.* Bobbin; spool; reel; coil (Elec).
BOBINA DI INDUZIONE. Induction coil.
BOCCA, *f.* Muzzle (G); mouth.
BOCCA D'ACQUA. Hydrant; water plug.
BOCCA DA FUOCO. Gun barrel; gun; barrel (Arty).
BOCCA DA LUPO. Military pit; trou-de-loup.
BOCCAPORTELLA, *f.* Scuttle (Nav); manhole (Nav).
BOCCAPORTO, *m.* Hatchway.
   mastra di boccaporto, coaming.
   quartiere di boccaporto, hatch.
   serretta di boccaporto, hatch.
BOCCHINO, *m.* Adapter (Projectile).
BOCCOLA, *f.* Bushing (Mech).
BOICOTTAGGIO, *m.* Boycott.
BOICOTTARE. To boycott.
BOLINA, *f.* Bowline.
BOLLETTINO, *m.* Bulletin.
BOLLETTINO DI GUERRA. War bulletin.
BOLLETTINO METEOROLOGICO. Weather bulletin; weather report.

BOLLETTINO-PRESAGIO, *m.* Weather bulletin; weather report.
BOMBA, *f.* Bomb; grenade.
  a prova di bomba, bombproof.
  bomba ad azione chimica aggressiva, chemical bomb.
  bomba a gas, chemical bomb; gas bomb.
  bomba a mano, hand grenade.
  bomba a mano a gas, gas grenade.
  bomba a mano contro i carri armati, anti-tank grenade.
  bomba a mano da esercitazione, practice hand grenade; training hand grenade.
  bomba a mano dirompente, fragmentation grenade.
  bomba a mano inerte, inert hand grenade.
  bomba a pressione, pressure-type mine.
  bomba antisommergibili, depth charge; depth bomb.
  bomba da demolizioni, demolition bomb.
  bomba da esercitazione, practice bomb.
  bomba da getto, depth charge; depth bomb.
  bomba da tromboncino, rifle grenade.
  bomba di profondità, depth bomb; depth charge.
  bomba dirompente, fragmentation bomb.
  bomba fosforosa, phosphorous bomb.
  bomba fumogena, smoke bomb.
  bomba incendiaria, incendiary bomb; incendiary grenade.
  bomba leggiera, light bomb.
  bomba luminosa, flash bomb.
  bomba perforante, armor-piercing bomb.
  bomba torpedine antisommergibili, depth charge; depth bomb.
  bomba pesante, heavy bomb.
  dispositivo per lo sgancio delle bombe, bomb release control.
  fosso per il lancio delle bombe a mano, bombing post.
  granata bomba, demolition bomb.
  lanciare bombe, to throw bombs; to drop bombs; to bomb.

BOMBA—Continued.
  scagliare bombe, to throw bombs; to bomb.
  squadra di specializzati nel lancio di bombe a mano, bombing squad.
BOMBARDA, *f.* Bombard.
BOMBARDAMENTO, *m.* Bombardment.
  bombardamento da alta quota, high-altitude bombing.
  bombardamento da bassa quota, low-altitude bombing.
  bombardamento in picchiata, dive bombing.
  bombardamento preliminare, preliminary bombardment.
BOMBARDARE. To bomb; to bombard; to shell.
BOMBARDIERE, *m.* Bombardier.
BOMBOLA, *f.* Cylinder (Container).
  bombola di gas aggressivo, chemical cylinder.
BOMPRESSO, *m.* Bowsprit.
BONIFACIO, Stretto di. Strait of Bonifacio.
BONIFICA CHIMICA. Degassing.
BORDATA, *f.* Broadside.
BORDO, *m.* Board; edge.
  a bordo, on shipboard; aboard.
  bordo d'attacco, leading edge (Avn).
  bordo d'uscita, trailing edge (Avn).
  bordo libero, freeboard.
  caricare a bordo, to put on board a ship; to ship.
  fuori bordo, outboard.
  mettere a bordo, to put on board a ship; to ship.
BORGHESE, *m.* Civilian.
BORRACCIA, *f.* Canteen (Vessel); flask.
BORSA, *f.* Purse; pouch; bag; stock exchange.
  borsa da messaggi, message bag.
  borsa da sella, saddle bag.
  borsa degli utensili, tool kit; kit.
BORSETTA, *f.* Purse.
  borsetta degli attrezzi, tool kit.
BOSCHETTO, *m.* Grove.
BOSCO, *m.* Wood.
BOSFORO, *m.* Bosporus.
BOSSOLO, *m.* Cartridge case; shell case; shrapnel case.

BOTTE, *f.* Cask; barrel.
  botte da misura di 238.5 litri, hogshead.
BOTTINO, *m.* Booty; plunder.
  bottino di guerra, prize (Mil); booty.
BOZZELLO, *m.* Block (Mech).
  bozzello separabile, snatch block.
BRACA, *f.* Sling (Nav).
"BRACC'ARM!" "Sling arms!"
BRACCIALE, *m.* Brassard.
BRACCIO, *m.* Arm; rod; fathom; brace (Nav).
BRANDA, *f.* Cot; hammock (Nav); folding bed.
BRECCIA, *f.* Breach; gap.
  aprire una breccia, to breach.
  battere in breccia, to batter.
  breccia nel muro, breach in the wall.
BRECCIAME, *m.* Road metal.
BREZZA, *f.* Breeze.
  brezza di mare, sea breeze.
  brezza di terra, land breeze.
BRIGANTINO, *m.* Brig.
BRIGANTINO-GOLETTA, *m.* Brigantine.
BRIGATA, *f.* Brigade.
  brigata aerostieri, balloon brigade.
  brigata autonoma, separate brigade.
BRIGLIA, *f.* Bridle.
  mettere la briglia, to bridle.
  togliere la briglia, to unbridle.
BRIGLIE, *fpl.* Reins.
BRIGOLETTA, *f.* Brigantine.
BRINDISI, *f.* Brindisi.
BRONZINA, *f.* Bushing (Mech).
BRULOTTO, *m.* Fire ship.
BRUNIRE. To burnish.
BRUSCA, *f.* Dandy brush; grooming brush.
BUCA, *f.* Pit; hollow; hole; den.
  buca da tiratore, fox hole.
  buca di granata, shell hole.
  buca di proietto, shell hole.
BUDRIERE, *m.* Sword belt.
BULLONE, *m.* Bolt; rivet.
  bullone a copiglia, key bolt.
  bullone a fungo, mushroom head rivet.
  bullone a testa esagonale, hexagon-headed bolt.
  bullone a testa quadrata, square-headed bolt.
  bullone da carrozzeria, body bolt.

BULLONE—Continued.
  connettere con bulloni, to fasten with bolts; to bolt.
  testa di bullone, bolthead.
BURRONCELLO, *m.* Gully.
BURRONE, *m.* Ravine.
BUSCALINA, *f.* Jacob's ladder; rope ladder.
BUSSOLA, *f.* Compass (Orientation).
  ago della bussola, compass needle.
  bussola aeronautica, airplane magnetic compass.
  bussola aperiodica, aperiodic compass.
  bussola azimutale, azimuth compass.
  bussola di bordo, mariner's compass.
  bussola giroscopica, gyroscopic compass.
  bussola girostatica, gyroscopic compass.
  bussola magnetica, magnetic compass.
  bussóla prismatica, prismatic compass.
  bussola ripetitrice, telltale compass.
  bussola solare, solar compass; sun compass.
  compensare la bussola, to compensate the compass.
  compensazione della bussola, compass compensation.
  punte della rosa della bussola, points of the compass.
  rosa della bussola, compass card.
  variazione della bussola, compass variation.
BUSTA, *f.* Envelope.
  busta contenente la paga, pay envelope.
  busta ufficiale senza affrancatura, penalty envelope.
BUTTASELLA, *m.* Boots & saddles.
BUTTERO, *m.* Cowboy.

C

CABINA, *f.* Cabin (on a passenger ship); stateroom (on a passenger ship); booth (Tp).
CABLOGRAFARE. To cable.
CABLOGRAMMA, *f.* Cablegram; cable.
CACCIA, *m.* Destroyer (Nav); pursuit plane; fighter plane; interceptor.

CACCIASOMMERGIBILI, *m.* Submarine chaser.
CACCIATORE, *m.* Skirmisher; hunter.
CACCIATORPEDINIERE, *m.* Destroyer.
CACCIAVITE, *m.* Screw driver.
CACHI, *m.* Khaki.
  divisa cachi, khaki uniform.
CADAVERE, *m.* Corpse; cadaver; body.
CADERE. To fall.
  cadere a spirale, to spiral (Avn).
  cadere a vite, to spiral (Avn).
CADETTO, *m.* Cadet.
CADICE, *f.* Cádiz.
CADUTA, *f.* Fall; downfall; drop.
  punto di caduta, level point; point of fall.
CAGLIARI, *f.* Cagliari.
CAIRO, *m.* Cairo.
CALAFATAGGIO, *m.* Calking.
CALAFATARE. To calk.
CALAMITA, *f.* Magnet.
  calamita naturale, natural magnet.
CALASTRELLO, *m.* Transom (Gun carriage).
CALATA, *f.* Quay; wharf; discharging wharf; invasion; descent; slope; pier.
CALCATOIO, *m.* Rammer.
  spingere col calcatoio, to ram (G).
CALCIO, *m.* Butt (Firearm); kick; calcium.
CALCIOLO, *m.* Butt plate; heelplate; heelpiece.
  calciolo a cerniera, hinged butt plate.
CALDAIA, *f.* Boiler.
  caldaia a vapore, steam boiler.
  caldaia marina, marine boiler.
CALIBRARE. To calibrate; to gauge.
CALIBRO, *m.* Caliber; gun bore; bore; calipers.
  calibro del cannone, bore of the gun.
  grosso calibro, heavy caliber; heavy bore.
  piccolo calibro, small bore.
CALO, *m.* Ullage.
CALORE ROSSO. Red heat.
CALORIA, *f.* Calorie.
CALZONI, *mpl.* Trousers.
  calzoni da cavallo, riding breeches.
  calzoni di tela, duck trousers.

CAMBIAMENTO DI ANDATURA. Change step (Drill).
CAMBIO, *m.* Guard mount; exchange; change (Fin); transmission gear.
  cambio della guardia, guard mount.
CAMBIO DI VELOCITÀ. Transmission (M); transmission gear; gear set.
  assieme degl'ingranaggi del cambio, gear set.
  cambio in folle, gear in neutral.
  leva del cambio, gear lever.
  leva del cambio di velocità, gear lever.
CAMBUSA, *f.* Caboose (Nav).
CAMERA, *f.* Room; chamber.
  camera aerofotografica stereoscopica, stereoscopic aerial camera.
  camera a polvere, gun chamber; powder chamber; chamber (Firearm).
  camera del proietto, shot chamber.
  camera di combustione, combustion chamber.
  camera di rivestimento, water jacket (Mtr).
  camera di scoppio, combustion chamber (Mtr).
CAMERA D'ARIA. Inner tube; tire tube.
  camera d'aria del copertone, tire tube.
  rappezzo di camera d'aria, tube patch (Automobile).
CAMERATA, *m.* Comrade; companion.
CAMERATA, *f.* Barrack room.
CAMEROTTO, *m.* Cabin boy.
CAMICIA D'ACQUA. Water jacket (Mtr).
CAMION, *m.* Motor truck; truck; camion.
CAMMA, *f.* Cam.
CAMMELLIERE, *m.* Cameleer.
CAMMELLO, *m.* Camel.
CAMMINAMENTO, *m.* Traverse (Surv).
  metodo per camminamento, traverse method (Surv).
CAMMINO COPERTO. Covered way (Ft).
CAMPAGNA, *f.* Campaign; countryside; field.
  da campagna, pertaining to the fields; field.
  in campagna, in the field.

CAMPALE. Field; pitched.
CAMPANA DA NEBBIA. Fog bell.
CAMPATA, *f.* Span (Engr).
CAMPO, *m.* Camp; field.
  attraverso i campi, cross-country.
  campo arato, plowed field.
  campo d'allenamento, training field.
  campo d'atterraggio, landing field.
  campo d'aviazione, air field; landing field.
  campo di battaglia, battlefield.
  campo di concentramento, concentration camp.
  campo di concentramento provvisorio, temporary concentration camp; compound (Mil).
  campo di fortuna, emergency landing field.
  campo di Marte, training field; camp of instruction.
  campo di mine, mine field.
  campo di mine anticarro, antitank mine field.
  campo di mobilitazione, mobilization camp.
  campo d'istruzione, camp of instruction; training field.
  campo magnetico, magnetic field.
  campo trincerato, entrenched camp.
  campo visivo, field of view.
  levare il campo, to break camp.
  porre il campo, to pitch camp.
  sgombrare il campo di tiro, to clear the field of fire.
CAMPO D'AZIONE. Sphere of action; sphere of influence.
CAMPO DI TIRO. Field of fire; rifle range.
  campo di tiro orizzontale, horizontal field of fire.
  campo limitato di tiro, narrow field of fire.
  sgombro del campo di tiro, clearance of the field of fire.
CAMUFFAMENTO, *m.* Camouflage; disguise.
CAMUFFARE. To camouflage; to disguise.
CANALE, *m.* Canal; strait; channel.
  Canale d'Otranto, Strait of Otranto.
CANALE DI SUEZ. Suez Canal.
CANAPA DI MANILLA. Abaca; manila hemp.

CANAPO, *m.* Hemp rope; rope; cable.
  canapo da rimorchio, tow rope.
  canapo di comando, control cable (Avn).
  grosso canapo, prolonge.
CANARD, *m.* Canard (Avn).
CANARIE, Isole. Canary Islands.
CANCELLERIA, *f.* Chancery; chancellery; stationery.
  oggetti di cancelleria, stationery.
CANCELLO, *m.* Railing; rail.
CANDELA, *f.* Chandelle (Aerobatics); candle; candle power; spark plug.
  candela a fumo irritante, irritant candle.
  candela a gas irritante, irritant gas candle.
  candela a bengala, bengal light.
  candela fumogena, smoke candle.
  candela lacrimogena, tear gas candle.
CANDELETTA, *f.* Garnet (Nav); bougie (Surg).
  candeletta filiforme, filiform bougie.
CANDIA, *f.* Candia; Crete.
CANE, *m.* Hammer (R); cock (R); dog.
  cane in posizione di sicurezza, half cock.
  copiglia del cane, hammer pin (Firearm).
CANE DA GUERRA. War dog.
CANESTRELLO, *m.* Grommet.
CANNA, *f.* Barrel (R); pipe; rattan; reed.
  canna di un fucile, barrel of a rifle.
  canna otturata, blocked barrel.
  lunghezza della canna, length of barrel.
CANNELLO, *m.* Cannon primer.
  cannello a frizione, friction primer.
  cannello elettrico, electric primer.
  cannello a percussione, percussion primer.
  cannello elettrico e a percussione, combination percussion - electric primer.
  cannello fulminante, igniter.
  cannello fulminante a strappo, pull igniter.
  cannello fulminante a pressione, push igniter; smooth bore gun.
CANNELLO FERRUMINATORIO. Blowpipe.
CANNELLO OSSIDRICO. Blowtorch.

CANNOCCHIALE, *m.* Telescope.
a cannocchiale, having parts that telescope; telescopic.
cannocchiale panoramico, panoramic telescope.
testa girevole del cannocchiale panoramico, rotating head of the panoramic telescope.
CANNONATA, *f.* Cannon shot; gunshot; cannonade.
CANNONE, *m.* Cannon; gun; piece.
a portata di cannone, within gunshot.
cannone ad anima liscia, smoothbored gun.
cannone ad avancarica, muzzle-loading gun.
cannone antiaereo, antiaircraft gun.
cannone anticarro, antitank gun.
cannone a retrocarica, breech-loading cannon.
cannone a tiro rapido, rapid-fire gun.
cannone automatico, automatic gun.
cannone cerchiato a filo d'acciaio, wire-wrapped gun.
cannone composto, compound gun; built-up gun.
cannone contro i carri armati, antitank gun.
cannone da campagna, field gun; field piece.
cannone da carro armato, tank gun.
cannone da costa, coast artillery gun.
cannone da esercitazione, drill gun.
cannone da fortezza, garrison gun.
cannone d'allarme, alarm gun.
cannone da montagna, mountain gun.
cannone da proietto di sei libbre, six-pounder gun.
cannone d'assedio, siege gun.
cannone della diana, reveille gun.
cannone della ritirata, retreat gun.
cannone di accompagnamento, accompanying gun.
cannone di batteria, broadside gun.
cannone di grosso calibro, heavy gun.
cannone di piccolo calibro, light gun.
cannone di torre corazzata, turret gun.
cannone e mortaio d'accompagnamento, howitzer company weapons.
cannone finto, dummy gun.
cannone fuori bordo, out-board gun (Avn).

CANNONE—Continued.
cannone imboccato, gun disabled by the enemy.
cannone in barbetta, barbette gun.
cannone lanciasagole, lifesaving gun; line-throwing gun.
cannone per fanteria, infantry cannon.
cannone pneumatico, air gun.
cannone rigato, rifled gun.
cannone scudato, shielded gun.
cannone semi automatico, semiautomatic gun.
imbracatura per cannone, gun sling.
incavalcare un cannone, to mount a gun.
inchiodare un cannone, to spike a gun.
puntare un cannone, to train a gun.
rendere inservibile un cannone, to disable a gun.
scavalcare un cannone, to dismount a gun.
sporgenza laterale per cannone, sponson (Tk).
CANNONEGGIARE. To cannonade.
CANNONIERA, *f.* Gunboat; patrol vessel; porthole; embrasure; crenel; loophole.
cannoniera diretta, direct embrasure.
cannoniera obliqua, oblique embrasure.
CANNONIERE, *m.* Gunner (Nav).
cannoniere di prima classe, first class gunner (Nav).
munito di cannoniere, crenellated.
posizione del cannoniere, gunner's position.
CANNONISSIMO, *m.* Bertha; Big Bertha.
CANOA, *f.* Canoe.
CANOTTO, *m.* Canoe; shell (Rowing).
CANTIERE, *m.* Shipyard; drydock.
cantiere navale, navy yard.
CANTINA MILITARE. Canteen; post exchange.
CAPACITÀ, *f.* Capacity; efficiency; capacitance.
capacità combattiva, defensive capacity.
capacità di carico, carrying capacity; loading capacity.
capacità offensiva, offensive capacity.
capacità ufficiale, official capacity.
capacità veicolare della strada, road capacity.

CAPANNONE, m. shed; airship shed; hangar.
   capannone per dirigibili, airship shed.
   capannone per palloni, balloon shed.
CAPILLARE. Capillary.
CAPITALE, f. Capital (Geography).
CAPITALE, adj. Capital.
CAPITANARE. To lead; to head; to captain.
CAPITANO, m. Captain; master.
   alloggio del capitano, captain's quarters.
   capitano di porto, harbor master.
CAPITANO D'ARMAMENTO. Port captain (Nav).
CAPITANO DI CORVETTA. Lieutenant commander. (Nav).
CAPITANO DI FREGATA. Commander (Nav).
CAPITANO DI VASCELLO. Captain (Nav).
CAPITOLARE. To capitulate.
CAPITOLAZIONE, f. Capitulation.
CAPO, m. Warrant officer (Nav); head; chief; master; manager; leader; cape (Top); article (Law).
CAPOBANDA, m. Band leader; bandmaster.
CAPOCARRO, m. Tank commander.
CAPO D'ACCUSA. Charge (Law).
CAPO DI STATO MAGGIORE. Chief of Staff.
CAPO-ELETTRICISTA. Master electrician.
CAPOFILA, m. File leader.
CAPO FLOTTIGLIA. Flotilla leader.
CAPO-GAMELLA, m. President of the mess.
CAPOMORTAIO, m. Mortar corporal.
CAPOMOVIMENTO, m. Traffic manager (RR).
CAPOMUSICA, m. Band leader (Mil).
CAPONIERA, f. Capioniere.
CAPO PATTUGLIA. Patrol leader.
CAPOPEZZO, m. Gun commander.
CAPOPILOTA, m. Chief pilot; first pilot.
CAPOPOSTO, m. Commander of a guard.
CAPORALE, m. Corporal.
   allievo caporale, lance corporal.

CAPORALE—Continued.
   caporale comandante nucleo munizioni, ammunition corporal.
   caporale di guardia, corporal of the guard.
   caporale di muta, corporal of the relief.
   caporale maniscalco, farrier corporal.
CAPORALE DI CUCINA. Mess sergeant.
CAPOSALDO, m. Strong point.
   caposaldo di orientamento, base point.
   caposaldo di riferimento, bench mark.
CAPO S. MARIA DI LEUCA. Cape Santa Maria di Leuca.
CAPO SPARTIVENTO. Cape Spartivento.
CAPOSQUADRA, m. Section chief (Mil); squad leader.
CAPOSQUADRONE, m. Troop commander.
CAPOSTAZIONE, m. Station master.
CAPO SUPREMO. Commander in Chief; Supreme Commander.
CAPO S. VINCENZO. Cape Saint Vincent.
CAPOTAMBURO. Drum major.
CAPO UFFICIO. Bureau chief.
CAPOVOLGERE. To capsize.
CAPOVOLGERSI. To capsize.
CAPPELLA, f. Chapel.
CAPPELLANO, m. Chaplain.
   capo cappellano, chief of chaplains.
CAPPELLO, m. Hat; cap; cover.
   cappello cerato, sou'wester; southwester.
   cappello impermeabile, sou'wester; southwester.
CAPPELLONE, m. Rookie (Slang).
CAPPOTTATURA, f. Cowling.
   cappottatura del motore, engine cowling.
CAPPUCCIO, m. Cap (Projectile); hood.
   cappuccio della maschera antigas, gas mask head harness.
   cappuccio di volata, muzzle cap.
CAPRA, f. Cabane (Ap); goat.
   montantino della capra, cabane strut.
CAPRI, f. Capri.
CAPRIATA, f. Truss (Engr).

CAPSULA, *f.* Capsule; cap.
  capsula detonante, cordeau; detonating cord; detonator.
  porta-capsula, primer cup.
CARATTERISTICA, *f.* Characteristic.
  caratteristiche tattiche, tactical features.
CARBINOLO, *m.* Methanol.
CARBONAIA, *f.* Coal bin.
CARBONARE. To take in coal; to coal.
CARBONE, *m.* Carbon; coal.
  carbone animale, bone charcoal.
  carbone bituminoso, bituminous coal.
  carbon fossile, mineral coal; pit coal.
  carbon fossile distillato, coke.
  disolfare il carbon fossile, to coke.
  far carbone, to take in coal; to coal.
  miniera di carbone, coal mine.
CARBONE BIANCO. Hydroelectric power.
CARBONIERA, *f.* Collier; bunker; coal barge.
CARBONILE, *m.* Bunker.
CARBONIZZARE. To carbonize.
CARBONIZZAZIONE, *f.* Carbonization.
CARBORUNDO, *m.* Carborundum; silicon carbide.
CARBURANTE, *m.* Gasoline; fuel.
  carburante anti-detonante, antiknock gasoline.
  carburante di alta gradazione, high-test gasoline.
  carburante etilico, ethyl gasoline.
CARBURARE. To carburize.
CARBURATORE, *m.* Carburetor
  aprire la farfalla del carburatore, to open the throttle.
  camera del galleggiante del carburatore, carburetor's float chamber.
  galleggiante del carburatore, carburetor float.
CARBURAZIONE, *f.* Carburetion; carburizing.
CARBURO, *m.* Carbide.
  carburo di calcio, calcium carbide.
  carburo di silicio, silicon carbide; carborundum.
CARCERAZIONE, *f.* Imprisonment; arrest; incarceration.
CARCERE, *m.* Jail; prison; imprisonment.

CARDINE, *m.* Hinge; pivot.
CARENA, *f.* Bottom (of a ship).
CARENARE. To careen.
CARENATURA, *f.* Fairing.
CARESTIA, *f.* Famine; dearth.
CARICA, *f.* Charge; assault; office.
  carica a cavallo, mounted charge.
  carica alla baionetta, bayonet charge.
  carica a polvere nera, black powder charge.
  carica di cavalleria, cavalry charge.
  carica di lancio, propelling charge.
  carica d'infiammazione, igniting charge.
  carica d'innescamento, igniting charge.
  carica di polvere, powder charge.
  carica di polvere nera, black powder charge.
  carica di scoppio a diaframma, base burster.
  carica di scoppio posteriore, base burster.
  carica di servizio, service charge.
  carica esplosiva, explosive charge.
  carica massima, battering charge (Ballistics); full charge (Propelling charge).
  carica multipla, multisection charge (Propelling charge).
  carica normale, normal charge.
  carica ridotta, reduced charge (Firearm).
  periodo di permanenza nella carica, tenure of office.
  carica unica, single-section charge (Propelling charge).
CARICA DI RINFORZO. Booster, booster charge.
CARICA DI SCOPPIO. Bursting charge.
CARICAMENTO, *m.* Loading (Firearm & Nav).
  apertura di caricamento, feed opening (Mg).
  cucchiara di caricamento, loading tray.
  densità di caricamento, density of loading (powder charge).
CARICA POSTERIORE. Base charge.

CARICARE. To cock (Firearm); to charge; to load.
  caricare alla rinfusa, to lay in bulk; to load in bulk.
"CARICAT!" "Load!"
CARICATORE, *m.* Magazine; clip.
  caricatore a cassetta, feed case (M).
  caricatore a tamburo girevole, drum magazine.
  caricatore ad astuccio, magazine (Firearm).
  macchina per caricare i caricatori a nastro, belt-loading machine.
  scanalature per il caricatore, clip slots.
CARICAZIONE, *f.* Loading (Nav).
CARICO, *m.* Load; cargo; freight; pack.
  carico di sicurezza, safe load.
  carico morto, dead load.
  carico utile, useful load; pay load.
  pieno carico, full load.
  polizza di carico, bill of lading.
CARICO UNITARIO. Unit load.
CARLINGA, *f.* Cockpit.
CARNE DA CANNONE. Cannon fodder.
CAROVANA, *f.* Caravan.
CARREGGIATA, *f.* Tread (vehicle); gauge (RR); wheel rut; cartway.
CARREGGIO, *m.* Train (Mil).
  carreggio di combattimento, combat train.
  carreggio di compagnia, company train.
  carreggio grosso, field train.
CARRELLO, *m.* Landing gear; undercarriage (Avn); railway truck; handcar (RR).
  carrello d'atterraggio, undercarriage.
  carrello d'atterraggio a tre ruote, tricycle undercarriage.
  carrello d'atterraggio con dispositivo d'avvertimento, warning-device undercarriage.
  carrello d'atterraggio a pattini, ski undercarriage.
  carrello d'atterraggio retrattile, retractable undercarriage.
  carrello d'atterramento, landing gear.
  carrello d'atterramento aperto, split-axle landing gear; tripod landing gear.

CARRELLO—Continued.
  carrello d'atterramento a triciclo, tricycle landing gear.
  carrello d'atterramento per idroplani, beaching gear.
CARRETTA, *f.* Cart.
  carretta a mano, hand-drawn cart.
  carretta a mulo, mule cart.
  trasportare con carretta, to cart.
CARRIAGGIO, *m.* Combat wagon; wagon; wagons; transportation.
  carriaggio di batteria da campagna, battery and store wagon.
CARRIOLA, *f.* Wheelbarrow; barrow.
CARRISTA, *m.* Tankman.
CARRO, *m.* Car.
  carri di collegamento, communications vehicles.
  carri trasporto, transport vehicles.
  carro automobile, automobile car.
  carro blindato, armored car.
  carro da foraggio, forage van.
  carro da ricognizione, scout car.
  carro del comando, command car.
  carro di combattimento, combat vehicle; combat car.
  carro di rottura, heavy tank.
  carro di scorta, tender.
  carro ferroviario, railroad car.
  carro merci, freight car.
  carro merci chiuso, boxcar.
  carro merci matto, flat car.
  carro merci scoperto, gondola car (RR).
  carro refrigerante, refrigerator car.
  carro servizi, cargo carrier.
  carro servizi per trasporto fuori strada, cross-country cargo carrier.
CARRO ARMATO. Tank; combat car.
  altezza del fondo dello scafo da terra, ground clearance.
  carri armati da azioni notturne, night operations tanks.
  carri armati in appoggio immediato, tanks in close support.
  carri armati nell'inseguimento, tanks in pursuit.
  carri armati nello sfruttamento del successo, tanks in exploitation.
  carri armati per esplorazione, tanks for reconnaissance.
  carro armato anfibio, amphibian tank.

CARRO ARMATO—Continued.
  carro armato di accompagnamento, accompanying tank.
  carro armato leggero, light tank.
  carro armato lento, slow tank.
  carro armato medio, medium tank.
  carro armato pesante, heavy tank.
  carro armato veloce, fast tank.
  carro del comandante, command tank.
  frizione del carro armato, master clutch (Tk).
  funzioni dei carri armati, tank functions.
  guida del carro armato, tank guide.
  impiego di carri armati, employment of tanks.
  manutenzione del carro armato, tank maintenance.
  mezzo di fuoco contro i carri armati, antitank weapon.
  operazioni di manutenzione dei carri armati, tank servicing.
  pala da carro armato, tank shovel.
  piccolo carro armato, tankette.
  possibilità di guado, fording ability.
  possibilità di scavalcamento, spanning ability.
  possibilità di superare salite, climbing ability.
CARRO GENERATORE. Prime mover.
CARROZZA, *f.* Booby hatch; carriage.
CARROZZERIA, *f.* Automobile body; body (Vehicle).
CARROZZINO DELLA MOTOCICLETTA. Sidecar.
CARTA, *f.* Paper; map; chart.
  carta abrasiva, abrasive paper.
  carta aeronautica, aeronautical chart; aeronautical map.
  carta aeronautica per volo notturno, night-flying chart.
  carta celeste, astrographic chart.
  carta da ricalco, tracing paper.
  carta d'aviazione, aeronautical map.
  carta del tempo, weather map.
  carta della situazione, situation map.
  carta delle operazioni, operations map.
  carta delle parallassi, azimuth difference chart.
  carta delle stelle, star chart.
  carta delle visibilità, visibility chart.

CARTA—Continued.
  carta del traffico stradale, circulation map.
  carta di batteria, battery chart.
  carta di Mercatore, Mercator's chart.
  carta di tornasole, litmus paper.
  carta etnologica, ethnological map.
  carta fisica, physical map.
  carta fotogrammetrica, photomap.
  carta fotogrammetrica per combattimento, battle map.
  carta geografica, geographical map; map.
  carta geologica, geological map.
  carta gnomonica, gnomonic map; gnomonic projection.
  carta idrografica, hydrographic map; hydrographic chart.
  carta meteorologica, weather chart.
  carta militare, military map.
  carta ortodromica, orthodromic map; gnomonic projection.
  carta politica, political map.
  carta ridotta, Mercator map; Mercator projection.
  carta sensibile, photographic paper.
  carta sensibile al bromuro, bromide paper.
  carta stradale, road map.
  carta tattica, battle map.
  carta topografica, topographical map; map.
  carta topografica a grande scala, large scale map.
  carta topografica amministrativa, administrative map.
  carta topografica a piccola scala, small scale map.
  carta topografica a scala intermedia, intermediate scale map.
  carta topografica a scala media, medium scale map.
  carta trasparente, overlay.
  carta uranografica, astrographic chart.
  correzione in base ai dati della carta, map-data correction.
  lettura della carta, map reading.
CARTA BIANCA. Carte blanche.
CARTACARBONE, *f.* Carbon paper.
CARTA QUADRETTATA. Grid sheet.
CARTAVETRATA, *f.* Sandpaper.
CARTE DI BORDO. Ship's papers.
CARTELLINO, *m.* Label; card; tag.
  contrassegnare con cartellino, to label.

CARTELLO, *m.* Poster; bill.
CARTER, *m.* Crankcase; housing (Mech).
  carter del motore, oil pan.
  carter del volano, flywheel housing.
  carter per lubrificazione a goccie, drip pan.
  carter per lubrificazione a sbattimento, splash pan.
  prosciugamento del carter, crankcase draining.
CARTOCCIO, *m.* Propellant container; cartridge bag; cartouche (Engr).
  cartoccio a proietto, fixed ammunition; fixed projectile.
  cartoccio a sacchetto, cartridge bag.
CARTOGRAFIA, *f.* Cartography; mapping.
CARTUCCIA, *f.* Cartridge; canister.
  cartuccia a capsula centrale, center fire cartridge.
  cartuccia a pallottola, ball cartridge.
  cartuccia a pallottola perforante, armor-piercing cartridge.
  cartuccia a pallottola tracciante, tracer cartridge.
  cartuccia a salve, blank cartridge.
  cartuccia con fondello ad orlo, rim-fire cartridge.
  cartuccia da esercitazione, dummy cartridge; drill cartridge.
  cartuccia di lancio, propellant cartridge.
  cartuccia guasta, bad cartridge.
  cartuccia ordinaria, ball cartridge.
  cartuccia verde, green-colored cartridge.
  fascia per cartucce, cartridge belt.
CARTUCCIERA, *f.* Cartridge belt; cartridge box.
CASA, *f.* House; home; household.
  casa del soldato, service club.
CASABLANCA, *f.* Casablanca.
CASAMATTA, *f.* Casemate.
  in casamatta, casemated.
CASAMATTATO. Casemated.
CASCINA, *f.* Dairy farm; dairy.
CASCO, *m.* Helmet (Tk); casque.
CASELLARIO, *m.* Filing cabinet; file.
  casellario dei documenti, document file.
  depositare nel casellario, to lay away in a file; to file.

CASERMA, *f.* Barrack; cuartel.
  caserma dei pompieri, firehouse.
  consegna in caserma, confinement to barracks.
CASOTTO, *m.* Sentry box.
CASOTTO DI ROTTA. Charthouse.
CASSA, *f.* Stock; gunstock (R); box; case; chest; trunk; cash.
  cassa antirollante, antirolling tank.
CASSA DI COTTURA. Cooker.
CASSA ZAVORRA. Deep tank (nav).
CASSERO, *m.* Deck bridge (of a warship).
  cassero di poppa, poop.
CASTELLO, *m.* Stock (Mg & Pistol); castle; gunstock (Mg & pistol); gin (Mech).
  castello di prora, forecastle.
CASTELLO D'ACQUA. Water tower (RR).
CASTRAMETAZIONE, *f.* Castrametation.
CASUS BELLI. Casus belli.
CASUS FOEDERIS. Casus foederis.
CATAPULTA, *f.* Catapult (Avn).
CATAPULTARE. To catapult.
CATARATTA, *f.* Cataract.
CATASTA, *f.* Heap; pile.
CATASTROFE, *f.* Catastrophe.
CATASTROFICO. Catastrophic.
CATEGORIA, *f.* Category.
CATENA, *f.* Skirmish line; chain.
  catena a cingoli, track (caterpillar).
  catena continua, endless chain.
  catena rossa, red chain (Sig).
  catene contro lo slittamento, skid chains.
  lunghezza di catena, chain's length.
  piattaforme della catena cingolata, caterpillar tracks.
CATENARIA, *f.* Catenary; catenary curve.
CATERATTA, *f.* Weir; baffle board; cataract.
CATODO, *m.* Cathode.
CATRAME, *m.* Tar.
CATTURA, *f.* Capture; seizure (Nav); arrest.
CATTURARE. To capture; to seize; to arrest.
CAUCCIÙ, *m.* Rubber; caoutchouc; India rubber.
  cauccíù vulcanizzato, vulcanized rubber.

CAVA, *f.* Quarry.
CAVA DI RENA. Gravel pit.
CAVAFANGO, *m.* Dredge; dredger.
CAVALIERE, *m.* Horseman; trooper; chevalier.
CAVALLERIA, *f.* Cavalry; horse (collective).
  cavalleria di corpo d'armata, corps cavalry.
  cavalleria in fila, column of troopers.
  cavalleria leggera, light cavalry.
  cavalleria meccanizzata, mechanized cavalry.
  cavalleria pesante, heavy cavalry.
  soldato di cavalleria, cavalry soldier; cavalryman; trooper.
CAVALLETTO, *m.* Trestle; easel; mount; rifle rest (Aiming exercise).
CAVALLO, *m.* Horse.
  a cavallo, on horseback.
  cavallo condotto a mano, led horse.
  cavallo da basto, pack horse.
  cavallo da basto per bagagli, bat horse.
  cavallo da battaglia, charger.
  cavallo da sella, saddle horse; riding horse.
  cavallo da soma, pack horse.
  cavallo da tiro, draft horse; draught horse.
  cavallo di parata, charger.
  cavallo di servizio, service horse.
  dorso di cavallo, horseback.
  ferro di cavallo, horseshoe.
  scendere da cavallo, to alight from a horse; to dismount.
  scozzonare un cavallo, to break in a horse.
CAVALLO DI FRISIA. Cheval-de-frise.
CAVALLO DI LEGNO. Ground loop (Avn).
CAVALLO DINAMICO. Horsepower.
CAVALLONE, *m.* Roller (Nav).
CAVALLO VAPORE. Horsepower.
CAVERNA, *f.* Abri; cavern; cave.
CAVEZZA, *f.* Halter.
CAVEZZONE, *m.* Cavesson.
CAVIGLIA, *f.* Peg; spoke (Nav); ankle.
  caviglia da impiombare, marlinespike.
  caviglia di legno, wooden peg.
CAVO, *m.* Cable; rope.
  cavo binato, two-conductor cable (Slt).

CAVO—Continued.
  cavo d'ormeggio, mooring line.
  cavo multiplo, multiple conductor cable (Slt).
  cavo principale, main cable; main power cable (Slt).
  cavo principale del pilone d'ormeggio, main mooring-mast line.
  cavo principale d'ormeggio, main mooring line.
  cavo sottomarino, submarine cable.
  cavo unipolare, single-conductor cable (Slt).
  stipetto dei cavi, cable locker.
CECCHINO, *m.* Sniper.
CELLULA, *f.* Cell (Ap; Elec; Biology); cellule (Ap).
CELLULA FOTOELETTRICA. Photoelectric cell.
CELLULOIDE, *f.* Celluloid.
CELLULOSA, *f.* Cellulose.
CEMENTARE. To cement.
CEMENTAZIONE, *f.* Cementation.
CEMENTO, *m.* Cement.
  cemento armato, ferroconcrete; reinforced concrete.
CENSORE, *m.* Censor.
CENSURA, *f.* Censure; condemnation; censorship.
  censura militare, military censorship.
CENSURARE. To censure; to reprimand.
  censurare ufficialmente, to censure formally; to reprimand.
CENTIGRADO. Centigrade.
CENTIMETRO, *m.* Centimeter.
CENTINA, *f.* Rib (Avn).
  falsa centina, false rib; former rib.
CENTO, *m.* Hundred; one hundred.
  per cento, by the hundred; per cent.
CENTRALE, *f.* Exchange (Tp); central; center.
  centrale telefonica, telephone exchange.
CENTRARE. To center.
CENTRIFUGO. Centrifugal.
CENTRIPETO. Centripetal.
CENTRO, *m.* Center.
CENTRO CHIMICO MILITARE. Chemical warfare school.
CENTRO DI FUOCO. Center of resistance.
CENTRO DI GRAVITÀ. Center of gravity.

CENTRO DI PRESENTAZIONE. Reception center.
CENTRO DI RACCOLTA. Collecting station.
CENTRO DI RESISTENZA. Center of resistance.
CENTRO DI ROTAZIONE. Center of gyration.
CENTRO DI SMISTAMENTO. Clearing station; hospital station.
CENTRO FERROVIARIO. Rail center.
CENTRO OTTICO. Optical center (Inst).
CEPPO, *m.* Brake band.
CERCHIATURA, *f.* Frettage (G).
CERCHIO, *m.* Hoop; ring; rim; circle; disc; traveller (Nav); loop.
CERCHIO AZIMUTALE. Azimuth circle (Instr).
CERCHIO DELLA MORTE. Loop (Avn).
  eseguire il cerchio della morte, to loop.
CERCHIO DI CARICO. Concentration ring (Balloon).
CERCHIO DI COLLEGAMENTO. Base ring (G).
CERCHIO DI PUNTAMENTO. Aiming circle.
CERCHIONE, *m.* Rim (Vehicle); felly.
  cerchione della gomma, tire rim.
  cerchione della ruota, wheel rim.
  cerchione di gomma piena, solid tire.
CERIMONIA, *f.* Ceremony.
CERNIERA, *f.* Hinge; snap.
CERTIFICATO, *m.* Certificate.
  attestare con certificato, to attest by certificate; to certificate.
  certificato di idoneità, certificate of capacity.
  certificato di merito, certificate of merit.
  certificato d'invalidità, certificate of disability.
CERVO VOLANTE. Kite (Avn); kite balloon.
  cervo volante per macchina fotografica, camera kite.
CESOIE, *fpl.* Shears.
CESPUGLIO, *m.* Undergrowth; bush.
CESSARE. To cease; to terminate.
"CESSATE IL FUOCO!" "Cease firing!"
CESSIONARIO, *m.* Assignee (Law).

CHASSIS, *m.* Automobile chassis.
CHAUFFEUR, *m.* Chauffeur.
CHEPÌ, *m.* Kepi.
CHIAMA, *f.* Roll call; call.
  far la chiama, to call off; to call the roll.
CHIAMARE. To call.
CHIAMATA, *f.* Call.
  chiamata telefonica, telephone call.
  chiamata telefonica urgente, urgent call.
  indicatore di chiamata, drop (Tp).
  segnale di chiamata, call; signal.
CHIATTA, *f.* Lighter (Nav).
CHIAVARDA, *f.* Spike; pintle; bolt.
  chiavarda da rotaia, track spike.
CHIAVE, *f.* Key.
  chiave a tubo, socket wrench; pipe wrench; box wrench.
  chiave da idraulico, pipe wrench.
  chiave da meccanico, wrench.
  chiave doppia, double-headed wrench.
  chiave fissa, open wrench.
  chiave inglese, monkey wrench.
  chiave per dado, screw wrench.
  chiave per la chiamata, ringing key (Tp).
  chiave per l'ascolto, talking key (Tp).
  chiave tattica, tactical key.
  chiudere a chiave, to lock with a key; to key.
CHIAVE A FORCELLA. Spanner.
CHIAVETTA, *f.* Small key; faucet; tap; cock; spigot.
CHIESA, *f.* Church.
CHIESUOLA, *f.* Binnacle (Nav).
CHIGLIA, *f.* Keel; vertical fin (Ap).
  chiglia di deriva, false keel.
  chiglia di dirigibile, airship keel.
  chiglia di rollio, bilge keel.
  falsa chiglia, false keel.
CHILO, *m.* Kilogram; kilo; chyle; siesta.
CHILOCICLO, *m.* Kilocycle.
CHILOGRAMMA, *m.* Kilogram.
CHILOMETRAGGIO, *m.* Mileage.
CHILOMETRO, *m.* Kilometer.
CHILOWATT, *m.* Kilowatt.
CHINA, *f.* Slope; declivity; incline; quina.
  china ripida, steep slope.
CHIODATURA, *f.* Riveting.
  chiodatura a catena, chain riveting.
  chiodatura a zigzag, zigzag riveting.

CHIODATURA—Continued.
chiodatura doppia, double riveting.
chiodatura semplice, single riveting.
chiodatura tripla, triple riveting.
CHIODO, *m.* Nail.
chiodo da ferro di cavallo, horseshoe nail.
chiodo da ribadire, rivet.
chiodo senza testa, headless nail.
grosso chiodo, spike.
CHIUSURA, *f.* Enclosure; pen.
congegno di chiusura ermetica (G), obturator.
"CHI VA LÀ!" "Who comes there!"
dare il chi va là, to challenge (Mil).
il chi va là, challenge (Mil).
CIANOTIPIA, *f.* Blue print.
CIBO, *m.* Food; dish.
CICALINO, *m.* Buzzerphone.
CICATRICE, *f.* Cicatrix; cicatrice; scar.
lasciare una cicatrice, to leave a scar; to scar.
CICATRIZZARE. To cicatrize.
CICATRIZZARSI. To become cicatrized; to cicatrize.
CICLO, *m.* Cycle.
ciclo Diesel, Diesel cycle; compression-ignition cycle.
CICLONE, *m.* Cyclone.
CIFRA, *f.* Cipher; arabic numeral; numeral.
cifra arabica, arabic numeral.
CIFRARE. To encipher; to cipher; to encode.
congegno per cifrare e decifrare, cipher device.
CIFRARIO, *m.* Cipher book; code.
parola di cifrario, cipher group.
sigla del tipo di cifrario, code indicator.
scritturale addetto al cifrario, code clerk.
CIFRATURA, *f.* Cipher (Sig); cipher group.
chiave di cifratura, cipher key.
sigla del sistema di cifratura, cipher indicator.
sistema di cifratura, cipher system; cipher.
sistema di cifratura a sostituzione di lettere, substitution cipher.

CIFRATURA—Continued.
sistema di cifratura misto; combined cipher.
sistema di cifratura a trasposizione di lettere, transposition cipher.
CIGLIO DI FUOCO. Fire crest.
CILINDRICO. Cylindrical.
CILINDRO, *m.* Cylinder; roller.
CIMA, *f.* Crest; brow; top; apex; summit; lacing (Nav).
CIMITERO, *m.* Cemetery.
cimitero militare, military cemetery.
cimitero nazionale, national cemetery.
CINEMATICA, *f.* Kinematics.
CINEMATICO. Kinematic.
CINEMATOGRAFIA, *f.* Motion picture photography; cinematography.
CINEMATOGRAFO, *m.* Motion pictures.
CINETICA, *f.* Kinetics.
CINETICO. Kinetic.
CINGERE. To encircle; to surround; to fence; to belt.
CINGHIA, *f.* Sling (R); belt; strap.
cinghia di cuoio, leather belt.
CINGHIA DI TRASMISSIONE. Driving belt.
CINGOLO, *m.* Track (Tractor).
a cingolo, track-laying.
rullo porta cingolo, track roller (Tk).
CINTA, *f.* Enceinte (Ft); body (Ft); fencing wall; strake (Nav); wale (Nav); belt (Nav).
CIPRO, *f.* Cyprus.
CIRCOLAZIONE, *f.* Circulation.
circolazione stradale, road circulation.
diagramma della circolazione stradale, traffic diagram.
CIRCOLO, *m.* Circle; parallel (Astronomy); club (Social & Political).
CIRCOLO AZIMUTALE. Azimuth circle.
CIRCOLO D'ALTEZZA. Circle of altitude.
CIRCOLO DEGLI UFFICIALI. Officers' club.
CIRCOLO DI DECLINAZIONE. Parallel of declination; hour circle.
CIRCOLO MASSIMO. Great circle.
CIRCOLO ORARIO. Hour circle.
CIRCOLO VERTICALE. Vertical circle; azimuth circle (Astronomy).

CIRCONDARE. To surround; to encircle; to circle; to enclose.
CIRCONDARIO, m. District.
CIRCONFERENZA, f. Circumference.
CIRCONVALLAZIONE, f. Circumvallation; line of circumvallation; line of investment.
CIRCOSCRIZIONE, f. District; circumscription.
CIRCUITO, m. Circuit.
  circuito a cordoncino, cord circuit.
  circuito aperto, open circuit.
  circuito chiuso, closed circuit.
  circuito composito, composite circuit.
  circuito di conduttore elettrico, wire circuit.
  circuito diretto, direct circuit.
  circuito di tronco, trunk circuit.
  circuito elettrico, electric circuit.
  circuito interrotto, broken circuit.
  circuito magnetico, magnetic circuit.
  circuito semplice, simplex circuit.
  circuito telefonico, telephone circuit.
  circuito telegrafico, telephone circuit.
  corto circuito, short circuit.
CIRENAICA, f. Cyrenaica.
CIRRO, m. Cirrus cloud.
CIRROSTRATO, m. Cirro-stratus cloud.
CISTERNA, f. Cistern; tank; reservoir.
CISTERNA-SERBATOIO, f. Storage tank.
  cisterna a serbatoio di benzina, gas storage tank.
CITTADINANZA, f. Citizenship.
CITTADINO, m. Citizen.
  beni dei cittadini di nazione nemica, enemy alien property.
  cittadino americano, American citizen.
  cittadino di nazione nemica, enemy alien.
  cittadino di nazione straniera, alien.
  cittadino indigeno, national.
  cittadino straniero ex combattente, alien veteran.
  custode dei beni dei cittadini di nazione nemica, enemy alien property custodian.
CIURMA, f. Crew (Nav; obsolete).
CIVILE. Civil; civilian.

CLIMA, m. Climate.
  clima continentale, continental climate.
  clima tropicale, tropical climate.
CLINOMETRO, m. Clinometer.
CLOACA, f. Sewer; drain; sink.
COCCA, f. Kink.
CODA, f. Tail; rearward (Formation); rear (Mil); tailpiece (Tk).
  munire di coda, to furnish with a tail; to tail.
  piano di coda, tail plane; stabilizer.
  senza coda, tailless.
  superficie rigida della coda, fixed tail surface (Avn).
CODA DI RONDINE. Dovetail.
CODARDIA, f. Cowardice.
  codardia collettiva, collective cowardice.
CODARDO, m. Coward.
CODICE, m. Code.
  codice internazionale dei segnali, international code of signals.
  codice militare, articles of war; military code.
  codice per collegamento fra terra e aerei, air-ground liaison code.
  persone soggette al codice militare, persons subject to articles of war.
CODOLO, m. Container (Ord).
  codolo porta-cartuccia, cartridge container.
  codolo porta-cartuccia curvato, bent cartridge container.
  codolo porta-cartuccia rotto, burst cartridge container.
  codolo porta-cartuccia storto, crooked cartridge container.
COEFFICIENTE, m. Coefficient.
  coefficiente adimensionale del momento, moment coefficient (Avn).
  coefficiente balistico, ballistic coefficient.
  coefficiente di forma, coefficient of form.
  coefficiente di portanza, lift coefficient (Avn).
  coefficiente di resistenza, drag coefficient (Avn).
  coefficiente di rottura, modulus of rupture.
COFANO, m. Hood (Automobile); box; chest.

COFANO—Continued.
 cofano d'automobile, automobile hood.
 cofano d'avantreno, limber box.
COFFA, *f.* Top (Nav); crow's nest.
 coffa di trinchetto, foretop (Nav).
COINCIDENZA, *f.* Coincidence.
 rettifica di coincidenza, coincidence adjustment; halving and coincidence adjustment.
COKE, *m.* Coke.
 coke incandescente, incandescent coke.
COLATITUDINE, *f.* Colatitude.
COLLA, *f.* Glue; paste.
 colla forte, hide glue.
COLLARE, *m.* Collar; band; ring; traveler (Nav).
COLLASSO, *m.* Breakdown; collapse.
COLLAUDATORE, *m.* Tester (Mech).
COLLEGA, *m.* Colleague; brother officer.
COLLEGAMENTO, *m.* Liaison; junction.
 asse dei collegamenti, axis of signal communications.
 collegamento acustico, sound communication.
 collegamento a mezzo di staffette, messenger communication.
 collegamento a trasmissione meccanica ed elettrica, signal communication.
 collegamento colombofilo, pigeon communication.
 collegamento durante il combattimento, combat liaison.
 collegamento elettrico, wire communication.
 collegamento ottico, visual communication.
 collegamento radiotelefonico, radiotelephone communication.
 collegamento radiotelegrafico, radiotelegraph communication.
 collegamento tattico, tactical liaison.
 collegamento telefonico, telephone communication.
 collegamento telegrafico, telegraph communication.
 elemento di collegamento, connecting file.

COLLEGAMENTO—Continued.
 rete dei collegamenti, communications net.
 sistema di collegamento, communication system.
COLLEGARE. To join; to connect.
COLLIMARE. To Collimate.
COLLIMATORE, *m.* Collimator.
COLLIMAZIONE, *f.* Collimation.
 collimazione reciproca, reciprocal laying.
COLLINETTA, *f.* Knoll; detached hill.
COLLISIONE, *f.* Collision; impact.
COLLOCAZIONE, *f.* Installation; arrangement; placing; disposal.
 collocazione di mine terrestri, land mine installation.
COLMATA, *f.* Fill. (Top).
COLOMBAIA, *f.* Pigeon loft; dovecot.
COLOMBAIA MILITARE. Pigeon loft.
COLOMBO, *m.* Pigeon.
 becchime per colombi, pigeon feed.
 cesta da colombi, pigeon basket.
 colombo da allevamento, breeding pigeon.
 gamba del colombo, pigeon leg.
 nido di colombi, pigeon nest.
COLOMBOFILO, *m.* Pigeoneer.
COLOMBO VIAGGIATORE. Carrier pigeon; homing pigeon.
 astuccio per i messaggi a mezzo colombo viaggiatore, pigeon capsule.
COLONGITUDINE, *f.* Colongitude.
COLONIA, *f.* Colony.
 colonia penale, penal colony.
 colonia penitenziaria, penal colony.
COLONNA, *f.* Column.
 coda della colonna, tail of column.
 colonna aperta, open column.
 colonna d'attacco, attack column.
 colonna di autoveicoli, motor column.
 colonna di cavalleria per quattro, column of fours; column of squads.
 colonna di marcia, column of march.
 colonna di squadre per quattro, column of squads.
 colonna di via, route column.
 colonna motorizzata, motor column.
 colonna per due, column of twos.
 colonna serrata, close column.

COLONNA—Continued.
　lunghezza stradale di una colonna, road space.
　profondità della colonna, depth of a column.
　spiegarsi dalla formazione di colonna, to branch off.
　testa della colonna, head of column.
COLONNA DI DIREZIONE, Steering column (Automobile).
COLONNA DI GUIDA. Steering column (Automobile).
COLONNA FIANCHEGGIANTE. Flanking group; flanking party.
COLONNA RIFORNIMENTI. Supply column.
COLONNELLO, m. Colonel.
　tenente colonnello, lieutenant colonel.
COLORE DI GUERRA. War paint.
COLORI NAZIONALI. National flag; colors.
COLPA, f. Guilt; fault.
COLPEVOLEZZA, f. Guilt; culpability.
　dichiarazione di colpevolezza, plea of guilty.
　motivi della dichiarazione di colpevolezza, explanation of plea of guilty.
COLPIRE. To strike; to hit.
　probabilità di colpire, probability of fire.
COLPO, m. Shot; round; blow; hit; strike; report (Firearm); stroke; touch.
　colpo col calcio del fucile, butt stroke.
　colpo corto, short (Ballistics).
　colpo di mazza, sledge-hammer blow.
　colpo di prova, sighting shot.
　colpo di prova dell'alzo, sighting shot.
　colpo diretto, line shot.
　colpo lungo, long (Ballistics); over (Ballistics).
　precisione del colpo, accuracy of practice; accuracy of the shot.
COLPO DI GRAZIA. Coup de grâce.
COLPO DI MANO. Coup de main.
COLPO DI STATO. Coup d'état.
COLPO D'OCCHIO. Coup d'oeil.
COLPO IN PIENO. Direct hit.
COLTELLO, m. Knife.
COLTURA, f. Culture (Top).

COMANDANTE, m. Commander; commandant; commanding officer; leader; chief.
　comandante del battaglione, battalion commander.
　comandante del campo, camp commander.
　comandante del campo di aviazione, airfield officer.
　comandante del distretto militare, district commander.
　comandante del forte, fort commander.
　comandante della compagnia, company commander.
　comandante della guardia, commander of the guard.
　comandante della squadra, squad leader.
　comandante della stazione movimento truppe e materiali, regulating officer.
　comandante del plotone, platoon leader.
　comandante del reggimento, regimental commander.
　comandante di batteria, battery commander.
　comandante di brigata, brigade commander.
　comandante di corpo d'armata, army corps commander.
　comandante di sbarco, beach master; shore commander.
　comandante di squadriglia, squadron leader (Avn).
　comandante in capo, commander in chief.
　comandante in seconda, second-in-command; executive officer; executive.
　comandante in sottordine, subordinate commander.
　comandante territoriale, territorial commander.
COMANDARE. To command; to order; to lead; to bid.
COMANDO, m. Command; word of command; headquarters; order.
　alto comando, high command.
　arte del comando, leadership.
　comando d'avvertimento, preparatory command.

COMANDO—Continued.
comando del distretto, district board.
comando della difesa antiaerea, air defense command.
comando di batteria, battery command.
comando di difesa costiera, coast defense command.
comando di divisione, division headquarters.
comando di esecuzione, command of execution.
comando di zona aerea territoriale, air service command.
comando per regolare la miscela col variare della quota, altitude-control lever.
comando territoriale di corpo d'armata, corps area; service command.
comando superiore, higher command.
comando supremo, G. H. Q.
doppio comando, dual control (Avn).
elementi del comando, command elements.
COMANDO A DISTANZA. Distant electric control (Slt).
successione nel comando, succession of command.
COMBATTENTE, *m.* Combatant.
ex-combattente, veteran.
non combattente, noncombatant.
COMBATTENTE, *adj.* Combatting; battling; fighting.
COMBATTERE. To combat; to fight.
COMBATTIMENTO, *m.* Combat; fighting; action; fight.
combattimento a cavallo, mounted combat.
combattimento corpo a corpo, hand-to-hand fighting; shock action.
combattimento aereo, air fighting.
combattimento a piedi, fight on foot.
combattimento appiedato, dismounted combat; dismounted action.
combattimento d'incontro, meeting engagement.
combattimento in ritirata, running fight.
combattimento nei boschi, woods fighting.
combattimento nell'abitato, street fighting.
combattimento temporeggiante, delaying action.

COMBATTIMENTO—Continued.
cominciare il combattimento, to begin battle.
entrata in combattimento, entry into combat.
fuori combattimento, out of action; hors de combat.
messo fuori combattimento, disabled.
organizzazione per il combattimento, organization for combat.
COMBUSTIBILE, *m.* Combustible.
rifornire di combustibile, to refuel.
rifornirsi di combustibile, to refuel.
sistema a iniezione dell'immissione del combustibile, fuel-injection system.
soprintendente al combustibile, fuel overseer.
COMBUSTIONE, *f.* Combustion.
combustione a pressione costante, constant-pressure combustion.
combustione a volume costante, constant-volume combustion.
combustione spontanea, spontaneous combustion.
durata della combustione, combustion time.
"COMINCIATE IL FUOCO!" "Commence firing!"
COMMILITONE, *m.* Fellow soldier; comrade.
COMMISSARIATO, *m.* Commissariat; commissionership.
COMMISSARIO, *m.* Commissioner; commissary (Mil); purser.
commissario di bordo, purser.
COMMISSIONE, *f.* Commission; board; errand.
commissione dei Capi di Stato Maggiore dell'Esercito e della Marina, Joint Board.
commissione delle classifiche, classification board.
commissione delle prede, prize court.
Commissione d'inchiesta, Court of inquiry; investigating board.
commissione medica, medical board.
commissione militare, military commission.
commissione per la guerra chimica, chemical warfare board.
COMMUTATORE, *m.* Commutator; switchboard.

COMMUTATORE—Continued.
  commutatore automatico, mechanical switchboard.
  commutatore manuale a batteria centrale, common-battery manual switchboard (Tp).
  commutatore manuale a batteria locale, local-battery manual switchboard (Tp).
  commutatore multiplo, multiple switchboard.
  commutatore telefonico, telephone switch.

COMPAGNIA, *f.* Company.
  compagnia aerostieri, balloon company.
  compagnia aggressivi chimici, chemical company.
  compagnia bandiera, color company.
  compagnia carri armati, tank company.
  compagnia colombofili, pigeon company.
  compagnia comando, headquarters company.
  compagnia comando e servizi, headquarters and service company.
  compagnia comando e servizio rifornimenti e trasporti, headquarters and service company.
  compagnia con plotoni affiancati, company in close line.
  compagnia costruzioni, construction company.
  compagnia da sbarco, landing party.
  compagnia d'assalto, assault company.
  compagnia deposito aggressivi chimici, chemical depot company.
  compagnia deposito della Direzione del Materiale di Guerra, ordnance depot company.
  compagnia di testa, leading company.
  compagnia forestale, engineer forestry company.
  compagnia fotografi, photographic company.
  compagnia fucilieri, rifle company.
  compagnia informazioni radioelettriche, radio intelligence company.
  compagnia informazioni radiofoniche, radio intelligence company.

COMPAGNIA—Continued.
  compagnia in linea di fianco, company in column.
  compagnia in linea di fronte, company front; company in line.
  compagnia manutenzione materiali d'artiglieria, ordnance maintenance company.
  compagnia manutenzione servizio chimico, chemical maintenance company.
  compagnia meteorologisti, meteorological company.
  compagnia mitraglieri, machine gun company.
  compagnia motociclisti, motorcycle company.
  compagnia operazioni, operations company.
  compagnia pontieri, ponton company.
  compagnia prigionieri di guerra, prisoners of war company.
  compagnia rifornimenti e trasporti, service company.
  compagnia servizi, service company.
  compagnia servizi del reggimento, regimental service company.
  compagnia truppe chimiche, chemical company.

COMPAGNO, *m.* Companion; fellow.
  compagno d'armi, fellow combatant; comrade.

COMPARTIMENTO STAGNO. Double bottom (Nav).

COMPASSO, *m.* Compasses (Engr).
  compasso a molla, bow compass.
  compasso a tre punte, triangular compass.
  compasso da ellissi, elliptic compass; oval compass.
  compasso da tornitore, calipers.
  compasso di proporzione, proportional compass.

COMPENSATORE, *m.* Compensating magnet.

COMPITO, *m.* Task; duty; assignment; mission.
  compito balistico, ballistic task.
  compito fotografico, photographic assignment.

COMPLOTTO, *m.* Plot; conspiracy.

COMPONENTE, *f.* Component (Scientific).

COMPORTAMENTO, *m.* Deportment; demeanor; behavior.
comportamento insubordinato, insubordinate behavior.
COMPOSIZIONE DI FORZE. Composition of forces.
COMPOSTO, *m* Compost; compound (Cml).
composto chimico per mascheramenti, screening agent.
COMPRESSIBILE. Compressible.
COMPRESSIBILITÀ, *f.* Compressibility.
COMPRESSIONE, *f.* Compression.
misuratore della compressione, crusher gauge.
prova di compressione, compressive test.
corsa di compressione, compression stroke.
COMPRESSIVO. Compressive.
COMPRESSORE, *m.* Supercharger; compressor.
compressore a stantuffo, piston-cylinder supercharger.
compressore con turbina a gas di scarico, exhaust-turbine-driven centrifugal supercharger.
diffusore del compressore, supercharger diffuser.
COMPRESSORE STRADALE. Road roller.
COMUNE, *m.* Sailor (Nav).
COMUNICARE. To communicate.
COMUNICATO, *m.* Official communication; report; press release; communiqué.
comunicato alla stampa, press release.
comunicato della stampa, press report.
COMUNICAZIONE, *f.* Communication; message.
comunicazione a due sensi, two-way communication.
comunicazione a mezzo colombi, pigeon communication.
comunicazione a segnali, signal communication.
linea di comunicazione, line of communication.
vie di comunicazione, routes of communication.
CONCA, *f.* Lock (Engr); dam.
CONCAVO. Concave.

CONCENTRAMENTO, *m.* Concentration (Mil); massing.
campo di concentramento, concentration camp.
concentramento del fuoco, concentration fire.
concentramento del tiro, concentration fire.
concentramento di truppe, concentration of troops.
concentramento strategico, strategical concentration.
correzione di concentramento, convergence difference.
CONCENTRICO. Concentric.
CONDANNA, *f.* Conviction (Law); sentence (Law); condemnation.
CONDANNARE. To condemn; to convict.
CONDANNATO, *m.* Convict.
CONDENSARE. To condense.
CONDIZIONE, *f.* Condition; state; term.
condizione stradale, road condition.
condizioni del momento, conditions not standard (Adjustment of fire).
condizioni tabulari, standard conditions.
in buone condizioni, in good condition; sound.
senza condizioni, unconditional; unqualified.
CONDIZIONE ATMOSFERICA. Atmospheric condition; weather.
CONDONO, *m.* Condonation.
CONDOTTA, *f.* Conduct; demeanor; behavior.
cattiva condotta, misconduct; misbehavior.
cattiva condotta intenzionale, willful misconduct.
condotta della guerra, conduct of war.
condotta indegna, conduct unbecoming.
condotta indegna di un ufficiale e di un gentiluomo, conduct unbecoming an officer and a gentleman.
condotta insubordinata, insubordinate conduct; insubordinate behavior.
condotta nociva al buon ordine, conduct prejudicial to good order.
condotta pregiudizievole, prejudicial conduct.

CONDOTTA—Continued.
  condotta turbolenta, disorderly conduct.
  norma di condotta, rule of conduct.
CONDOTTA DELLA GUERRA. Conduct of war.
CONDOTTO, *m.* Conduit; pipe; pipe line; canal; vas; duct (Anatomy).
  condotto del carburante, gasoline line.
  condotto principale dell'acqua, water main.
CONDUCENTE, *m.* Wagoner; driver; packer; conductor; operator (Vehicle).
  conducente di autocarro, truck driver.
  conducente di automobile, automobile driver.
CONDUTTIVITÀ, *f.* Conductivity.
CONDUTTORE, *m.* Conductor; driver.
  conduttore d'automobile, automobile driver; chauffeur.
  conduttore isolato, lead (Elec).
  rimuovere il rivestimento del filo conduttore, to skin (Elec).
CONDUTTURA ELETTRICA. Wiring.
CONFEDERAZIONE, *f.* Confederation; federation.
CONFESSIONE, *f.* Confession.
  confessione dell'accusato, confession by accused.
CONFIDENZA, *f.* Confidence; trust.
  abuso di confidenza, breach of trust.
CONFIDENZIALE. Confidential.
CONFINARE. To confine; to relegate; to border; to bound.
CONFINE, *m.* Boundary; border; frontier.
  confine internazionale, international boundary.
  fanale di confine, boundary light.
  identificazione di confine, boundary identification.
CONFISCA, *f.* Confiscation; seizure (Fin); forfeiture; condemnation.
  confisca di proprietà del nemico, confiscation of enemy property.
  confisca per uso illegale, seizure for unlawful use.
CONFISCARE. To confiscate; to forfeit.
CONFLAGRAZIONE, *f.* Conflagration.

CONFLITTO, *m.* Conflict.
  conflitto armato, armed conflict; warfare.
  essere in conflitto, to conflict.
CONFLUENTE, *m.* Confluent; tributary; bayou.
CONGEDARE. To discharge from the service; to disband.
  congedare temporaneamente, to disembody.
CONGEDATO. Discharged (Mil).
CONGEDO, *m.* Discharge (Mil).
  foglio di congedo, discharge certificate; certificate of discharge.
CONGEGNI, *mpl.* Appliances; apparatuses; devices; contrivances.
CONGEGNO, *m.* Device; mechanism; contrivance; apparatus.
  congegno d'allarme, alarm device.
  congegno d'allarme antigas, gas alarm.
  congegno decifratore, cipher device.
  congegno di direzione, traversing mechanism.
CONGEGNO DI CHIUSURA ERMETICA. Obturator (Firearm).
CONGEGNO DI ELEVAZIONE. Elevating mechanism.
  nottolino della vite del congegno di elevazione, elevating screw latch.
  vite del congegno di elevazione, elevating screw.
CONGEGNO DI MIRA. Aiming mechanism.
CONGEGNO DI PUNTAMENTO. Aiming device.
  congegno di puntamento in direzione, traversing mechanism.
  congegno di puntamento in elevazione a dentiera, rack and pinion type elevator.
  congegno di puntamento in elevazione a vite, screw type elevator.
CONGEGNO DI SICUREZZA. Safety lock (G); safety catch (R); safety device.
CONGELAMENTO, *m.* Frostbite; congelation; freezing.
  pericolo di congelamento, ice danger.
  punto di congelamento, freezing point.
CONGELARE. To congeal; to freeze.

CONGIUNTURA, *f.* Emergency; conjuncture; circumstance.
CONGIURA, *f.* Conspiracy; plot.
CONGIURARE. To conspire; to plot.
CONICO. Conic; conical; cone-shaped.
CONO, *m.* Cone.
  a forma di cono, cone-shaped.
  cono di dispersione, cone of dispersion (Trajectory); cone of fire (Trajectory); cone of spread.
  cono di luce, cone of light.
  cono di scoppio, cone of burst; cone of fire (Shrapnel).
CONSEGNA, *f.* Arrest in quarters; general orders (Guard duty); special order (Sentinel); delivery; consignment.
  consegna dei messaggi, message delivery.
  consegna in caserma, arrest in quarters.
  liberazione dalla consegna, release from arrest in quarters.
CONSEGNARE. To impose arrest in quarters; to consign; to deliver (Msg).
CONSEGNATARIO, *m.* Consignee.
CONSIGLIO, *m.* Council; board; counsel; advice.
  Consiglio della Difesa Nazionale, Council of National Defense.
  consiglio di guerra, council of war.
  consiglio militare, military board.
CONSOLE, *m.* Consul.
CONSOLIDARE. To consolidate; to stabilize.
  consolidare una posizione, to consolidate a position.
CONSUETUDINE, *f.* Usage; practice; custom.
  consuetudini del servizio militare, customs of the service.
CONSUMO, *m.* Consumption; wear; expenditure.
  consumo di munizioni, expenditure of ammunition.
CONTAMINARE. To contaminate; to pollute.
CONTAMINATO. Contaminated; infected.
  contaminato dal gas, gas-contaminated.
CONTANTE, *m.* Ready money; cash.

CONTAPASSI, *m.* Pedometer.
CONTARE. To count
  contare per, to count off.
  contare per quattro, to count off by four.
CONTATORE, *m.* Meter (Instr).
CONTATTO, *m.* Contact.
  contatto tattico, tactical contact.
  prendere contatto con, to establish contact with.
  punto di contatto, point of contact.
  rompere il contatto, to break contact.
  stabilire il contatto, to establish contact; to contact.
  venire a contatto, to come into contact; to contact.
CONTEGNO, *m.* Demeanor; behavior; conduct.
  contegno biasimevole, misbehavior.
  contegno biasimevole in presenza del nemico, misbehavior before the enemy.
CONTIGUO. Contiguous; adjoining; adjacent.
CONTINGENTE, *m.* Contingent; quota.
CONTO, *m.* Account; calculation; computation.
  ammanco nei conti, shortage in accounts.
  chiudere un conto, to balance accounts.
  prova dei conti, proof of accounts.
  rendere conto di, to account for.
CONTORNO, *m.* Contour; outline; silhouette.
CONTRABBANDIERE, *m.* Smuggler.
CONTRABBANDO, *m.* Contraband; smuggling.
  contrabbando di guerra, contraband of war.
  contrabbando di guerra assoluto, absolute contraband of war.
  contrabbando di guerra condizionale, conditional contraband of war; occasional contraband of war.
  contrabbando di guerra relativo, conditional contraband; occasional contraband.
  di contrabbando, contraband; illicit.
  merci di contrabbando, contraband goods.
CONTRACCOLPO, *m.* Kick (Firearm).

CONTRAFFATTO. Counterfeit; false; counterfeited.
CONTRAFFATTORE, *m.* Forger; counterfeiter.
CONTRAFFAZIONE, *f.* Counterfeiting; forgery.
CONTRAFFORTE, *m.* Counterfort; buttress.
CONTRAGGUARDIA, *f.* Counterguard (Ft).
CONTRAMMIRAGLIO, *m.* Rear admiral.
CONTRAMMURO, *m.* Countermure.
CONTRAPPESO, *m.* Counterpoise; counterweight; balance weight; counterbalance.
CONTRAPPROCCIO, *m.* Counterapproach; line of counterapproach.
CONTRASSEGNARE. To countermark; to mark; to earmark.
contrassegnare con cartellino, to label.
CONTRASSEGNO, *m.* Countersign (Mil); marking; earmark.
contrassegno distintivo, identification mark; distinctive mark.
CONTRASTO, *m.* Contrast; dispute; altercation; conflict.
CONTRATTACCARE. To counterattack.
CONTRATTACCO, *m.* Counterattack.
contrattacco generale, general counterattack.
CONTRAVVALLAZIONE *f.* Contravallation; line of contravallation.
CONTRIBUZIONE, *f.* Contribution.
contribuzione di guerra, war contribution.
contribuzioni del territorio occupato, contributions from occupied territory.
CONTROAEREO. Antiaircraft.
CONTROBATTERIA, *f.* Counterbattery.
CONTROBILANCIARE. To counterbalance.
CONTROCARENA, *f.* Bulge (Nav).
CONTROCHIGLIA, *f.* False keel.
CONTRODADO, *m.* Counternut; stop nut; lock nut.
CONTRODIAGONALI, *fpl.* Antilift wires (Ap); landing wires (Ap).
CONTROFFENSIVA, *f.* Counteroffensive.

CONTROINFORMAZIONE, *f.* Counterinformation; counterintelligence.
CONTROINTERCETTAZIONE, *f.* Counterinterception.
CONTROLLARE. To control; to direct; to verify; to inspect; to govern.
CONTROLLO, *m.* Control; inspection; audit.
controllo amministrativo, administrative control.
CONTROMANOVRA, *f.* Countermaneuver.
CONTROMARCA, *f.* Countermark.
CONTROMARCIA, *f.* Countermarch.
eseguire una contromarcia, to countermarch.
CONTROMARCIARE. To countermarch.
CONTROMINA, *f.* Countermine.
CONTROMINARE. To countermine.
CONTROMISURA, *f.* Countermeasure.
CONTROPAROLA, *f.* Counterparole; countersign.
uso improprio della controparola, improper use of countersign.
CONTROPENDENZA, *f.* Counterslope.
CONTROPREPARAZIONE, *f* Counterpreparation.
contropreparazione di batteria, battery counterpreparation.
contropreparazione di riserva, emergency counterpreparation.
contropreparazione generale, general counterpreparation.
contropreparazione locale, local counterpreparation.
CONTRORDINE, *m.* Counterorder.
CONTRORICOGNIZIONE, *f.* Counterreconnaissance.
CONTRORINCULO, *m.* Counterrecoil.
freno di controrinculo, counterrecoil buffer.
CONTRORIVOLUZIONE, *f.* Counterrevolution.
CONTROSBARRAMENTO, *m.* Counter-barrage.
CONTROSCARPA, *f.* Reverse slope; counterscarp.
CONTROSPALLINA, *f.* Shoulder strap.

CONTROSPIONAGGIO, *m.* Counterespionage.
CONTROSTALLIA, *f.* Demurrage.
CONTROVERSIA, *f.* Controversy; difference; dispute; litigation.
CONTROVITE, *f.* Stop nut; nut; screw nut.
CONVALESCENTE. Convalescent.
CONVALESCENZA, *f.* Convalescence.
CONVALESCENZIARIO, *m.* Convalescent hospital.
   convalescenziario quadrupedi, veterinary convalescent hospital.
CONVERGENTE. Convergent.
CONVERGENZA, *f.* Convergence.
   correzione di convergenza piccola, convergence difference.
CONVERGERE. To converge.
CONVERSIONE, *f.* Wheel (Mil); conversion.
   conversione a perno fisso, fixed-pivot conversion.
   conversione a perno mobile, moving-pivot conversion.
   eseguire una conversione, to wheel (Mil).
   illecita conversione della proprietà dello Stato, wrongful conversion of government property.
CONVESSO. Convex.
CONVEZIONE, *f.* Convection.
   convezione meccanica, mechanical convection.
CONVOGLIARE. To convoy.
CONVOGLIO, *m.* Convoy.
   convoglio marittimo, naval convoy.
   convoglio motorizzato, motor convoy.
   convoglio rifornimenti, supply convoy.
   convoglio truppe, troop convoy.
COOPERARE. To co-operate.
COOPERAZIONE, *f.* Co-operation.
COORDINAMENTO, *m.* Co-ordination.
COORDINARE. To co-ordinate.
COORDINATA, *f.* Co-ordinate.
   coordinata polare, polar co-ordinate.
   coordinata rettangolare, rectangular co-ordinate.
COORDINAZIONE, *f.* Co-ordination.
COPERCHIO, *m.* Cover; lid; hood; top.
   coperchio del cono anteriore, upper cone cap (Fuze).

COPERTA, *f.* Blanket.
   coperta da campo, blanket roll.
   coperta da cavallo, horse blanket.
   coperta impermeabile, tarpaulin.
COPERTO. Protected; covered; overcast (Met); hidden; secret.
COPERTONE, *m.* Tire (Automobile); tarpaulin.
   copertone impermeabile, paulin; tarpaulin.
COPERTURA, *f.* Covering (Mil); territorial defenses; cover; mask; coverage (Photo).
   truppe di copertura, covering force.
COPIA, *f.* Copy; duplicate.
   copia a cartacarbone, carbon copy.
COPIALETTERE, *m.* Letter book; copying machine.
   macchina copialettere, copying press.
COPIGLIA, *f.* Cotter pin; split pin.
COPISTA, *m.* Engrosser.
COPPIA, *f.* Couple.
COPPIA DI STABILITÀ. Righting couple (Nav).
COPPIA STEREOSCOPICA. Stereopair.
COPPIA TERMOELETTRICA. Thermocouple.
COPRICANNA, *m.* Hand guard (R).
COPRIFACCIA, *m.* Counterguard (Ft).
COPRIFUOCO, *m.* Curfew.
COPRIRE. To cover; to screen.
CORAGGIO, *m.* Courage.
   affrontare con coraggio, to face with courage; to brave.
CORAZZA, *f.* Armor.
   schiena di corazza, backplate.
CORAZZARE. To arm with armor plate; to armor; to plate.
CORAZZATA, *f.* Battleship.
CORDA, *f.* Rope; cord; chord; string (Musical Instr).
   corda di ritenuta, suspension line (Avn); guy rope.
   corda metallica, chord wire.
   corda sandow, shock cord.
CORDAMI, *mpl.* Cordage.
CORDELLINA, *f.* Aiguillette.
CORDELLINE, *fpl.* Fourragère.
CORDICELLA, *f.* String.
CORDICELLA DA SPARO. Lanyard.
CORDITE, *f.* Cordite.
CORDONE, *m.* Cord; braid; cordon.

CORDONE—Continued.
  cordone della pistola, lanyard (Pistol).
  cordone della spina del telefono, plug cord (Tp).
  cordone di strappo, rip cord.
  cordone elettrico, electric cord.
CORDONE SANITARIO. Cordon sanitaire.
CORDONE STRADALE. Street curbing.
CORINTO, Istmo di. Isthmus of Corinth.
CORNETTA, *f.* Cornet.
CORONA, *f.* Crownwork (Ft); band (Projectile); crown; coffin joint; coronet (Horse's hoop).
CORONA CONICA. Bevel gear.
  corona conica a dentatura elicoidale, spiral bevel gear.
CORONA DI CENTRAMENTO. Bourrelet.
CORONA DI FORZAMENTO. Rotating band.
CORPO, *m.* Corps; army corps; branch (Mil); body; corpus; corpse.
  corpo aeronautico, air corps.
  corpo allievi ufficiali, corps of cadets.
  corpo degli ufficiali di complemento, officers' reserve corps.
  corpo dei cadetti, corps of cadets.
  corpo della riserva, Reserve Corps.
  corpo di spedizione, expeditionary force.
  Corpo di Stato Maggiore Generale, General Staff Corps.
  Corpo Sanitario, Medical Corps.
  Corpo Veterinario Militare, Veterinary Corps.
CORPO DEL GENIO. Engineer Corps.
CORPO DEL REATO. Corpus delicti.
CORPO D'ARMATA. Army corps; corps.
CORPO DI GUARDIA. Guardhouse.
CORPO DIPLOMATICO. Diplomatic corps; diplomatic body.
CORPO SANITARIO MILITARE. Medical corps.
CORREDO, *m.* Personal effects; kit.
CORREDO MILITARE. Accouterments.
CORRENTE, *f.* Current; stream; draft.
  corrente a bassa tensione, low tension current; low current.

CORRENTE—Continued.
  corrente ad alta tensione, high current.
  corrente alternata, alternating current.
  corrente a tensione normale, normal current.
  corrente continua, continuous current.
  corrente d'aria, current of air; draft; air current.
  correnti d'aria a vortice, eddying air currents.
  corrente debole, feeble current.
  corrente di convenzione, convection current.
  corrente di marea, tidal current.
  corrente diretta, direct current.
  corrente elettrica, electric current.
  corrente marina, ocean current.
  nel senso della corrente, downstream.
  saggio della corrente, current test.
CORRENTOMETRO, *m.* Current meter.
CORRETTO. Correct; corrected; adjusted.
CORRETTORE, *m.* Corrector.
  correttore acustico, acoustic corrector.
CORREZIONE, *f.* Correction.
  correzione acustica, acoustic correction.
  correzione balistica, ballistic correction.
  correzione in base ai dati della carta, map-data correction.
  correzione in base alle condizioni atmosferiche, weather correction.
  correzione in base alle deviazioni, drift correction.
CORRIDOIO, *m.* Corridor.
CORRIERE, *m.* Courier; messenger.
  corriere ciclista, bicycle messenger.
CORROSIONE, *f.* Erosion; corrosion.
  corrosione dell'anima, erosion of the bore.
CORROSIVO, *m.* Corrosive.
CORRUZIONE, *f.* Corruption; bribery; bribe.
CORSA, *f.* Race; run; stroke (of a piston); fare.
  corsa di atterraggio, landing run.
  corsa di ritorno, back stroke.
  corsa di stantuffo, piston stroke.
  di corsa, at a run.
CORSICA, *f.* Corsica.

CORSO D'ACQUA. Course of water; stream; waterway.
  corsi d'acqua navigabili, waterways.
  corsi d'acqua navigabili interni, inland waterways.
  sponda destra del corso d'acqua, right bank of stream.
  sponda sinistra del corso d'acqua, left bank of stream.
CORSO DI STUDI. Curriculum.
CORTE, *f.* Court.
  Corte di Cassazione, Supreme Court.
  Corte d'Inchiesta, Court of Inquiry.
  Corte Marziale, Court-martial.
  ordine della Corte Marziale, Court-martial order.
CORTILE, *m.* Court; yard; courtyard; barrack yard.
CORTINA, *f.* Curtain; screen.
  cortina di fuoco, curtain of fire; curtain fire.
CORTINA DI FUMO. Smoke screen (Mil); screening smoke (Mil).
  cortina di fumo nella difesa, smoke in defense.
  cortina di fumo nell'attacco, smoke in attack.
  stendere una cortina di fumo, to lay a smoke screen; to screen.
CORTINA DI NEBBIA. Smoke screen (Nav).
CORVÈ, *f.* Fatigue (Mil).
COSCRITTO, *m.* Draftee; recruit; conscript.
COSCRIZIONE, *f.* Conscription; draft.
COSECANTE, *f.* Cosecant.
COSENO, *m.* Cosine.
COSPIRARE. To conspire; to plot.
COSPIRATORE, *m.* Conspirator; plotter.
COSPIRAZIONE, *f.* Conspiracy; plot.
COSTA, *f.* Coast; shore; rib.
  costa marina, seacoast; coast.
COSTANTE, *f.* Constant.
  costante di declinazione, declination constant.
COSTEGGIARE. To follow the coast; to coast.
COSTIERO. Coastal.
COSTITUZIONE *f.* Constitution; composition (Mil).
  costituzione organica, organic composition.
COSTO, *m.* Cost; expense.

COSTRUIRE. To construct; to build; to make.
COSTRUTTORE, *m.* Builder; constructor.
  costruttore navale, naval constructor.
COSTRUZIONE, *f.* Construction; building.
  da costruzione, structural (Engr).
  per costruzione, structural (Engr).
COTANGENTE, *m.* Cotangent.
COTONE, *m.* Cotton.
  cotone fulminante, gun cotton.
COTTICCIARE. To anneal.
COZZO, *m.* Impact; collision; brunt.
CREMAGLIERA, *f.* Rack (Mech).
CREMARE. To cremate; to incinerate.
CREMATOIO, *m.* Crematory.
CREMAZIONE, *f.* Cremation.
CREPA, *f.* Chink; crack; crevice.
  turare una crepa, to chink.
CREPITIO, *m.* Crepitation.
CRESTA, *f.* Crest; ridge; tuft; comb (of a fowl).
  cresta geografica, topographical crest; geographical crest; ridge line.
CRESTA MILITARE. Military crest.
CRETA, Isola di. Crete; Candia.
CRICCO, *m.* Lifting jack; jack.
CRIPTO-ANALISI, *f.* Cryptanalytics.
CRITTOGRAFIA, *f.* Cryptography.
CRITTOGRAMMA, *m.* Cryptogram.
CROATO, *m.* Croatian.
CROAZIA, *f.* Croatia.
CROCE DI GUERRA. Distinguished Service Cross.
CROCE ROSSA. Red Cross; Geneva Cross.
  dama della Croce Rossa, Red Cross nurse.
CROCEROSSINA, *f.* Red Cross nurse.
CROCICCHIO, *m.* Road crossing.
CROCIERA, *f.* Cruise; trip.
  crociere interne, drag wires (Ap).
CROGIUOLO, *m.* Crucible.
CROLLARE. To totter; to fall to pieces; to collapse.
CROLLO, *m.* Downfall; breakdown; collapse.
CRONOGRAFO, *m.* Chronograph.
CRONOINDICATORE MECCANICO. Range clock (Nav. gunnery).
CRONOMETRO, *m.* Chronometer.
CRONOMETRO MARINO. Marine chronometer; box chronometer.

CRUDELTÀ, *f.* Cruelty.
CRUSCOTTO, *m.* Dashboard; instrument board.
CUBIA, *f.* Hawse; hawsehole.
  occhio di cubia, hawsehole.
CUBICO. Cubic.
CUBO, *m.* Cube.
CUCCETTA, *f.* Bunk; berth.
CUCCHIARA DI CARICAMENTO. Loading tray; shot tray.
CUCINA, *f.* Kitchen; cookhouse; galley; cuisine.
  cucina a benzina, gasoline kitchen.
  cucina mobile, rolling kitchen.
  cucina rotabile da campo, rolling kitchen.
CUCINA DA CAMPO. Field kitchen; field range; camp kitchen.
CUFFIA, *f.* Cap (G); headset (Rad. & Tp).
  cuffia di volata, cap (G).
CULATTA, *f.* Breech (Firearm).
  culatta di cannone, gun breech.
  meccanismo della culatta, breech mechanism.
  tappo di culatta, barrel base cap.
CUMULO, *m.* Cumulus cloud; heap.
CUMULONEMBO, *m.* Cumulo-nimbus cloud.
CUNEO, *m.* Wedge; key.
  cuneo scorrevole, sliding wedge.
  fissare con cunei, to secure by keys; to key.
CUNETTA, *f.* Cunette.
CURRO, *m.* Skid; roller.
CURVA, *f.* Curve.
  curva cieca, blind curve.
  curva inclinata, banked curve.
  curva pericolosa, dangerous curve.
CURVA CATENARIA. Catenary curve.
CURVA DELLE PROBABILITÀ. Probability curve.
CURVA DI ESPANSIONE. Expansion curve.
CURVA DI LIVELLO. Contour (Top).
CURVA ISOGONICA. Isogonic line.
CURVARE. To curve; to camber; to bend.
CURVATURA, *f.* Curving; curve; camber; bend.
  curvatura inferiore, lower camber.
  curvatura superiore, upper camber.

CUSCINETTO, *m.* Pad; bearing (Mech).
  cuscinetto a rulli, roller bearing.
  cuscinetto a sfere, ball bearing.
  cuscinetto delle ruote, wheel bearing.
CUTTER, *m.* Cutter.

D

DADO, *m.* Screw nut; die; dado; nut; screw nut.
DAGA, *f.* Dagger.
DAGHETTA, *f.* Small dagger.
  daghetta da trincea, trench knife.
DAKAR, *f.* Dakar.
DALMAZIA, *f.* Dalmatia.
DANARO, *m.* Money; cash.
DANNEGGIARE. To damage; to impair; to blemish; to injure.
DANNO, *m.* Damage; injury; harm.
  causar danno, to cause damage; to injure.
  danni liquidati, liquidated damages.
  danno dell'incendio, fire damage.
  danno reale, actual damage.
DARDANELLI, Stretto dei. The Dardanelles.
DATA, *f.* Date (Calendar).
  linea del cambio di data, date line.
DATI, *mpl.* Data.
  dati della costa, shore line data.
  dati di efficacia, accurate firing data.
  dati di elevazione, elevation data.
  dati di tiro, firing data.
  dati iniziali di tiro, initial firing data.
  primi dati di tiro, firstfire data.
DATO, *m.* Datum.
  dati meteorologici, weather data.
DATTILOGRAFARE. To typewrite; to type.
DATTILOGRAFO, *m.* Typist.
DAZIO, *m.* Duty; customs.
  dazi ad valorem, duties ad valorem.
  dazi doganali, customs.
  dazio di esportazione, export duty.
DÉBÂCLE, *f.* Debacle.
DEBELLARE. To vanquish; to overpower.
DEBILITÀ, *f.* Debility.
  debilità fisica, physical debility.
DÉCALAGE, *m.* Décalage.
DECARBURAZIONE, *f.* Decarburization.

DECEDUTO, *m.* Deceased.
  resti mortali del deceduto, remains of deceased.
DECENTRAMENTO, *m.* Decentralization.
DECENTRARE. To decentralize.
DECIFRARE. To decipher; to decode.
  decifrare crittogrammi, to decryptograph.
DECIMALE, *m.* Decimal.
DECIMETRO, *m.* Decimeter.
DECISIVO. Decisive; final.
DECLINATORE, *m.* Declinator (Instr).
DECLINAZIONE, *f.* Declination.
  costante di declinazione, declination constant.
  declinazione della carta quadrettata, grid declination.
  declinazione magnetica, magnetic declination.
DECLIVIO, *m.* Declivity; slope; decline; pitch.
DECLIVITÀ, *f.* Declivity.
DECOLLAGGIO, *m.* Take-off.
DECOLLARE. To take off (Avn); to hop (Avn. colloquial); to behead.
  permesso di decollare, permission to take off.
DECOLLO, *m.* Take-off; hop (Avn. colloquial).
  decollo con vento laterale, crosswind take-off.
  velocità di decollo, take-off speed.
DECORARE. To decorate.
DECORATO, *m.* Medal holder.
DECORAZIONE, *f.* Decoration.
  decorazione estera, foreign decoration.
DECRETARE. To decree.
DECRETO, *m.* Decree:
DECRITTOGRAFO, *m.* Decryptograph.
DEFEZIONE, *f.* Defection.
DEFICIENZA, *f.* Deficiency; shortage; deficit.
DEFILAMENTO, *m.* Concealment; defilade.
  altezza di defilamento, measure of defilade.
  defilamento alla vista, sight defilade; position defilade.
  defilamento dell'uomo a cavallo, mounted defilade.

DEFILAMENTO—Continued.
  defilamento dell'uomo a piedi, dismounted defilade.
  piano di defilamento, plane of defilade.
DEFILARE. To defilade; to conceal.
DEFLAGRAZIONE, *f.* Deflagration.
DEFLESSIONE, *f.* Deflection.
  deflessione verticale, vertical deflection.
DEFORMAZIONE, *f.* Deformation.
DEGENTE, *m.* Patient (Hosp).
DEGRADARE. To cashier.
DEGRADAZIONE MILITARE. Dismissal with ignominy from the military service.
DELEGATO, *m.* Deputy; delegate.
DELIMITARE. To delimit.
DELIMITATO. Delimited.
DELINEAMENTO, *m.* Delineation.
DELINEARE. To delineate.
DELINEAZIONE, *f.* Delineation.
DELINQUENTE, *m.* Delinquent (Law).
DELITTI E CONTRAVVENZIONI. Crimes and offenses.
DELITTO, *m.* Felony; crime.
DELTA, *m.* Delta.
DEMARCARE. To demarcate; to mark out.
DEMARCAZIONE, *f.* Demarcation.
DEMOLIRE. To demolish; to raze; to blast; to break down.
DEMOLITO. Demolished; razed.
DEMOLIZIONE *f.* Demolition; wreckage.
DEMODULAZIONE, *f.* Demodulation.
DENARO, *m.* Money.
DENSITÀ, *f.* Density; thickness.
  densità balistica, ballistic density.
  densità del campo magnetico, magnetic density.
  densità magnetica, magnetic density.
DENTE, *m.* Redan (Ft); tooth; bill (of an anchor).
  dente doppio, double redan (Ft).
DENTE D'ARRESTO. Detent; dog.
DENTISTA, *m.* Dentist.
DENUNZIA, *f.* Denunciation.
DENUNZIARE. To denounce.
DENUNZIATORE, *m.* Informer; informant.

DEPERIBILE. Perishable.
DEPERIBILITÀ, *f.* Perishability.
DEPERIMENTO, *m.* Decay; deterioration; rot.
DEPERIRE. To deteriorate; to perish; to decay; to rot.
DEPORRE. To depose; to lay down.
DEPORTARE. To deport.
DEPORTAZIONE, *f.* Deportation.
DEPOSITO. Deposit; depot.
  depositi di rifornimenti, stores.
  deposito a terra, dump.
  deposito benzina a terra, fuel dump.
  deposito d'armata, army depot.
  deposito dei foraggi verdi nei sili, ensilage.
  deposito delle munizioni, shell room.
  deposito di corpo, branch depot.
  deposito di materiali d'artiglieria, ordnance store.
  deposito di munizioni, ammunition depot.
  deposito materiali del genio a terra, engineer dump.
  deposito munizioni a terra, ammunition dump.
DEPOSITO DI ALLEVAMENTO. Remount depot.
DEPREDAMENTO, *m.* Depredation; plunder.
DEPREDARE. To depredate; to sack; to plunder; to devastate.
DEPREDATORE, *m.* Depredator; sacker.
DEPREDAZIONE, *f.* Depredation.
DEPRESSIONE, *f.* Depression; valley; hollow; low blood pressure.
  depressione massima, maximum depression.
DERAGLIAMENTO, *m.* Derailment.
DERAGLIARE. To derail.
DERATTIZZARE. To derat.
DERATTIZZAZIONE, *f.* Deratization.
DERIVA, *f.* Drift; leeway.
  alla deriva, adrift.
  andare alla deriva, to drift (Nav).
DERIVAZIONE, *f.* Drift; derivation.
  correzione della derivazione, windage.
DERIVOMETRO, *m.* Drift meter; drift indicator.
DEROGA, *f.* Derogation; revocation.
DESIGNARE. To designate; to appoint; to design.

DESIGNAZIONE, *f.* Designation.
  designazione ufficiale, official designation.
DESTINARE. To destine; to appoint; to assign.
DESTINATARIO, *m.* Addressee; consignee.
DESTINAZIONE, *f.* Destination.
DESTITUIRE. To dismiss; to remove.
DESTITUZIONE, *f.* Dismissal; destitution.
"DESTR RIGA!" "Dress right, dress!"
DETERIORAMENTO, *m.* Deterioration.
DETERMINAZIONE, *f.* Location (Surv); determination.
DETETTORE, *m.* Detector.
DETONANTE, *m.* Detonator.
DETONARE. To detonate.
DETONAZIONE, *f.* Detonation; blast.
DETOUR, *m.* Detour.
  fare un detour, to detour.
DETRIMENTO, *m.* Detriment.
DETTAFONO, *m.* Dictaphone.
DETTAGLIARE. To relate in particulars; to detail.
DETTAGLIATO. Detailed; itemized.
DETTAGLIO, *m.* Detail; particular; retail.
DEVASTARE. To devastate; to lay waste.
DEVASTAZIONE, *f.* Devastation.
  devastazione in territorio nemico, devastation in enemy territory.
DEVIAMENTO, *m.* Deviation; derailment.
DEVIARE. To deviate; to derail.
DEVIATORE, *m.* Switchman (RR); deviator.
DEVIAZIONE, *f.* Wind deflection (Ballistics); deviation; shunt; drift.
  determinazione del senso delle deviazioni dei colpi, sensing.
  deviazione coniugata, conjugate deviation.
  deviazione laterale, lateral deviation; deflection.
  deviazione longitudinale, range error.
  deviazione magnetica, magnetic deviation.
  grandezza della deviazione, magnitude of the deviation.

DIAFRAMMA, *m.* Diaphragm.
  graduazioni del diaframma, diaphragm markings.
DIAFRAMMATICO. Diaphragmatic.
DIAGONALE, *f.* Diagonal.
DIAGONALI, *fpl.* Flying wires (Ap); lift wires (Ap).
DIAGRAMMA, *m.* Diagram; graph.
  diagramma del circuito, circuit diagram.
  diagramma della posizione, position sketch.
  diagramma delle forze, force diagram.
  diagramma del traffico, traffic diagram.
  diagramma schematico, schematic diagram.
DIAMAGNETISMO, *m.* Diamagnetism.
DIAMETRO, *m.* Diameter.
DIANA, *f.* Réveille; morning star.
DIAPOSITIVA, *f.* Diapositive.
DIARIO, *m.* Diary.
  diario di guerra, war diary.
  diario militare, military diary.
DICASTERO, *m.* Government department; bureau.
DICHIARARE. To declare; to state.
DICHIARAZIONE, *f.* Declaration.
  dichiarazione doganale, customs declaration.
  dichiarazione falsa, misrepresentation; false statement.
  dichiarazione giurata, affidavit.
  falsa dichiarazione ufficiale, false official statement.
DIEDRO. Dihedral.
"DIETRO FRONT!" "About face!"
DIFENDERE. To defend.
DIFENSIVA, *f.* Defensive.
DIFENSIVA-OFFENSIVA, *f.* Defensive-offensive.
DIFENSIVO. Defensive.
DIFESA, *f.* Defense.
  area della difesa costiera, defensive coastal area.
  comando della difesa contraerei, air defense command.
  difesa attiva, active defense.
  difesa campale, land defense.
  difesa contro i carri armati, antitank defense.

DIFESA—Continued.
  difesa contro la guerra chimica, defense against chemical warfare.
  difesa contro le unità meccanizzate, antimechanized defense.
  difesa della linea fluviale, defense of river line.
  difesa della spiaggia, beach defense.
  difesa della zona, zone defense.
  difesa di cannoni, gun defense.
  difesa di posizione, position defense.
  difesa in posto, position defense.
  difesa limitata, limited defense.
  difesa lontana, distant defense.
  difesa mobile, mobile defense.
  difesa nazionale, national defense.
  difesa passiva, passive defense.
  difesa portuaria, harbor defense.
  difesa ravvicinata, close defense.
  difesa schierata, deployed defense.
  difesa schierata in profondità, zone defense.
  difesa vicina, close defense.
  fase della difesa, phase of the defense.
  legittima difesa, self-defense (Law).
  organizzazione della difesa, organization of the defense.
  piano di difesa, plan of defense.
DIFESE ACCESSORIE, *fpl.* Accessory defenses.
DIFETTO, *m.* Defect; flaw; blemish; fault.
DIFETTOSO. Defective; faulty; vicious.
DIFFERENZA, *f.* Difference; balance.
  differenza angolare, angular difference.
DIFFERENZIALE, *m.* Differential gear; differential.
DIFFERENZIALE, *adj.* Differential.
DIFFERIMENTO, *m.* Deferment; adjournment; continuance; postponement.
DIFFERIRE. To defer; to postpone; to adjourn.
DIFFIDA, *f.* Intimation; warning.
DIFFIDARE. To intimate; to warn.
DIFFONDERE. To diffuse; to spread; to propagate; to broadcast.
  diffondere a mezzo della radiofonia, to broadcast.
DIFFUSIONE, *f.* Diffusion; dissemination; broadcast.

DIFFUSIONE—Continued.
diffusione laterale, lateral diffusion; lateral spread.
DIFFUSO. Diffused; spread.
DIFFUSORE, *m.* Diffuser.
DIGA, *f.* Dike; levee; breakwater; dam; weir.
DIGA DI SBARRAMENTO. Dam; weir.
DIGESTORE, *m.* Pressure cooker.
DIGRASSARE. To degrease.
DIGRASSATORE, *m.* Degreaser.
DILATARE. To dilate; to expand; to enlarge.
DILATAZIONE, *f.* Dilatation; expansion; enlargement.
DILATOMETRO, *m.* Dilatometer.
DILAZIONARE. To defer; to delay.
DIMENSIONE, *f.* Dimension.
DIMINUIRE. To diminish; to decrease.
DIMINUZIONE, *f.* Reduction; mitigation.
DIMISSIONI, *fpl.* Resignation.
DIMOSTRAZIONE, *f.* Demonstration; proof.
dimostrazione navale, naval demonstration.
DINAMETRO, *m.* Dynameter.
DINAMICA, *f.* Dynamics.
DINAMICO. Dynamic.
DINAMITE, *f.* Dynamite.
DINAMO, *f.* Dynamo.
DINAMOMETRO, *m.* Dynamometer.
dinamometro d'assorbimento, absorption dynamometer.
DIPARTIMENTO, *m.* Department; district.
DIPARTIMENTO MILITARE MARITTIMO. Naval district.
DIPLOMATICO, *m, n & adj.* Diplomat.
DIPLOMAZIA, *f.* Diplomacy.
DIRAMAZIONE, *f.* Ramification; branch.
DIRETTO. Direct; straight; express (RR).
DIRETTORE, *m.* Director; manager.
direttore tecnico, technical director.
DIRETTRICE, *f.* Directrix (Mathematics).
DIREZIONE, *f.* Direction; supervision; management; guide.
alla direzione di, in charge of.
direzione accentrata, centralized direction.

DIREZIONE—Continued.
direzione di orientamento, orienting line.
direzione di sorveglianza, base line.
direzione esatta, exact direction.
errore di direzione, error in direction.
DIREZIONE-BASE, *f.* Base line.
DIREZIONE-ORIGINE, *f.* Orienting line.
DIRIGERE. To direct; to conduct; to guide; to steer; to control; to regulate; to manage; to dispose; to address (Mail).
DIRIGIBILE, *m.* Dirigible; airship.
dirigibile flessibile, nonrigid airship.
dirigibile rigido, rigid airship.
dirigibile semirigido, semirigid airship.
DIRITTO, *m.* Law; legal right; duty (Taxation); face (of coin; of cloth).
diritto d'asilo, right of asylum.
diritto dei neutri, neutral rights.
diritto delle genti, law of nations.
diritto di visita, right of search.
diritto internazionale, international law.
diritto marittimo, maritime law.
DIRUPO, *m.* Precipice; cliff; steep bank.
DISARMARE. To disarm.
DISARMATO. Disarmed; out of commission (Nav).
DISARMO, *m.* Disarmament.
DISASTRO, *m.* Disaster; crash; wreck; debacle.
disastro automobilistico, automobile wreck.
disastro marittimo, marine disaster.
disastro pubblico, public disaster.
DISCESA, *f.* Descent; declivity.
in discesa, downhill.
DISCIPLINA, *f.* Discipline.
disciplina militare, military discipline.
DISCIPLINARE. To discipline.
DISCIPLINARE, *adj.* Disciplinary.
DISCO, *m.* Disk; target (RR).
disco combinatore decimale, calling device (Tp).
DISCREZIONE, *f.* Discretion.
a discrezione, unconditional.
DISEGNARE. To draft; to sketch; to draw; to design.
DISEGNATO. Sketched; drawn.

DISEGNATORE, *m.* Draftsman; designer.
DISEGNO, *m.* Design; drawing; draft; project; plan.
  disegno a contorno, delineation.
  disegno a mano libera, freehand drawing.
  ingrandimento di un disegno, enlargement of a drawing.
  puntina da disegno, drawing pin.
DISERTARE. To desert; to forsake.
  disertare la nave, to jump ship.
DISERTORE, *m.* Deserter.
  arresto di disertori, apprehension of deserters.
DISERZIONE, *f.* Desertion.
  coadiuvare nella diserzione, assisting desertion.
  consigliare la diserzione, advising desertion.
DISFATTISMO, *m.* Defeatism.
DISFATTISTA, *m.* Defeatist.
DISGELARE. To thaw.
DISGELO, *m.* Thaw.
DISIDRATARE. To dehydrate.
DISIDRATAZIONE, *f.* Dehydration.
DISIMPEGNARE. To disengage (Mil).
DISIMPEGNARSI. To disengage (Mil).
DISINFETTANTE, *m.* Disinfectant.
DISINFETTARE. To disinfect; to decontaminate.
DISINFEZIONE, *f.* Disinfection.
DISINNESTARE. To disengage (Mech).
DISINSERIRE. To disconnect (Elec).
DISINTEGRARE. To decompose; to disintegrate.
DISLOCAMENTO, *m.* Displacement; dislocation.
DISLOCAZIONE, *f.* Dislocation; luxation; distribution (Mil).
  dislocazione delle truppe, distribution of troops.
DISOBBEDIENZA, *f.* Disobedience.
  disobbedienza intenzionale, wilful disobedience.
DISONORE, *m.* Dishonor.
DISONOREVOLE. Dishonorable.
DISORDINE, *m.* Disorder.
  disordine pubblico, riot.
DISORGANIZZARE. To disorganize.
DISORGANIZZAZIONE, *f.* Disorganization.

DISPACCIO, *m.* Dispatch; message.
DISPARI. Odd (Mathematics).
DISPENSA, *f.* Exemption (Mil).
DISPENSARIO, *m.* Dispensary.
DISPERDERE. To disperse; to scatter; to break up; to exterminate; to dispel.
DISPERSIONE, *f.* Dispersion.
  dispersione laterale, lateral dispersion.
  dispersione longitudinale, longitudinal dispersion.
  dispersione orizzontale, horizontal dispersion.
  dispersione verticale, vertical dispersion.
  rettangolo di dispersione, rectangle of dispersion.
DISPERSO. Missing (Mil); mislaid.
DISPONIBILITÀ, *f.* Inactive service (Mil); availability.
DISPORRE. To dispose; to prepare; to resolve; to establish.
DISPOSITIVO, *m.* Disposition (Mil); device (Mech).
  dispositivo di avvicinamento, approach disposition.
  dispositivo di marcia, march disposition.
DISPOSIZIONE, *f.* Disposition; disposal; order; command; temper; humor; mind.
  a disposizione, at disposal.
DISTACCABILE. Detachable.
DISTACCAMENTO, *m.* Detachment; party.
  distaccamento alla scuola militare, service school detachment.
  distaccamento da sbarco, landing force; beach party.
  distaccamento di copertura, covering detachment.
  distaccamento di sicurezza, security detachment.
DISTACCARE. To detach; to detail.
DISTACCATO. Detached.
DISTANTE. Distant; far.
DISTANZA, *f.* Distance; range; length.
  calcolare la distanza, to calculate the distance; to range.
  calcolo della distanza, ranging.
  distanza aggiustata, adjusted range.
  distanza angolare, angular distance.
  distanza corretta, corrected range.

DISTANZA—Continued.
 distanza focale, focal distance; focal length.
 distanza nel tempo, time distance.
 distanza ortodromica, great circle distance.
 distanza pezzo ostacolo, piece-mask range.
 distanza stimata, estimated distance.
 distanza sul terreno, distance on the ground (Photo).
 distanza topografica, map range.
 errore di distanza, range error.
 misura della distanza, ranging.
 misurare la distanza, to measure the distance; to range.
 stima della distanza, range estimation.
 stima della distanza a vista, estimating distance by eye.
DISTANZIOMETRO, *m.* Range finder.
DISTINTA, *f.* Bill; list.
 distinta del materiale, bill of material.
DISTINTIVI, *mpl.* Insignia.
 distintivi di carica, insignia of office.
 distintivi di grado, insignia of rank; badges of rank.
 distintivi divisionali, divisional insignia.
DISTINTIVO, *m.* Insignia; chevron; stripe (Nav); badge; flag.
 Distintivo del Ministro della Guerra, The Secretary of War's Flag.
 Distintivo del Ministro della Marina, The Secretary of the Navy's Flag.
 distintivo di ferita di guerra, wound chevron.
 distintivo di merito, insignia of merit.
 distintivo di servizio in guerra, war service chevron.
 distintivo di società di navigazione, house flag.
DISTORSIONE, *f.* Distortion. (Optics).
DISTRETTO, *m.* District.
 distretto di aviazione, air district.
 distretto militare, military district; induction station.
DISTRIBUIRE. To distribute; to allot; to deal out.
 distribuire a mezzo di tubatura, to convey by means of pipes; to pipe.

DISTRIBUIRE—Continued.
 distribuire il fuoco, to distribute the fire.
 distribuire le forze, to distribute forces.
DISTRIBUTORE, *m.* Distributor.
DISTRIBUZIONE, *f.* Distribution; delivery (Mail).
 cassetta della distribuzione, timing case.
 distribuzione dei messaggi, message delivery.
 distribuzione del fuoco, distribution of fire.
 distribuzione delle truppe, distribution of troops.
 distribuzione di approvvigionamenti dai depositi a terra, dump distribution.
 distribuzione in profondità, distribution in depth.
 distribuzione locale, local delivery (Msg).
DISTRUGGERE. To destroy; to demolish; to devastate; to exterminate.
DISTRUTTIVO. Destructive.
DISTRUZIONE, *f.* Destruction; demolition; extermination.
 distruzione della posta, destruction of mail.
 distruzione di proprietà appartenente al nemico, destruction of enemy property.
 distruzione di proprietà demaniale, destruction of government property.
 distruzione intenzionale, willful destruction.
DISTURBARE. To disturb.
DISTURBO, *m.* Disturbance.
 disturbo atmosferico, atmospheric disturbance; static (Rad).
DISUBBIDIENZA, *f.* Disobedience.
 disubbidienza agli ordini, disobedience of orders.
 disubbidienza agli ordini di un ufficiale, disobedience of orders of an officer.
DIVERGENZA, *f.* Divergence.
 correzione scalare di divergenza, distribution difference.

DIVERSIONE, *f.* Diversion.
diversione strategica, strategic diversion.
DIVIDERE. To divide; to split; to separate.
DIVIETO, *m.* Prohibition.
DIVISA, *f.* Uniform; dress; foreign bill; heraldic bearing; motto (Heraldry).
divisa cachi, khaki uniform.
divisa della marina, navy uniform.
divisa dell'esercito, army uniform.
divisa di gala, full dress.
divisa d'ordinanza, service uniform.
divisa estiva, summer uniform.
divisa giornaliera, uniform of the day.
divisa invernale, winter uniform.
divisa militare, army uniform.
divisa navale, navy uniform.
DIVISIONALE, *adj.* Divisional.
DIVISIONE, *f.* Division.
divisione di cavalleria, cavalry division.
divisione di fanteria, infantry division.
divisione meccanizzata, mechanized division.
divisione motorizzata, motorized division.
divisione quaternaria, square division.
divisione ternaria, triangular division.
DOCCIA, *f.* Douche; shower bath.
DOCK, *m.* Dock.
DOCUMENTO, *m.* Document; paper.
documento confidenziale, confidential document.
documento giustificativo, voucher.
documento segreto, secret document.
documento ufficiale, official document.
DODECANNESO, *m.* Dodecanese.
DOGANA, *f.* Customs; customhouse.
DOLCE. Sweet; soft (Metallurgy); mild (of climate).
DOLO, *m.* Fraud.
DOLOSO. Deceitful; fraudulent.
DOMANDA, *f.* Question; demand; application.
domanda di licenza, application for leave.
DOMINANTE, *adj.* Commanding (Top).
DOMINARE. To dominate; to command; to rule; to top.

DOMINIO, *m.* Domain; dominion; rule.
dominio pubblico, public domain.
DOMINIO DEL MARE. Command of the sea.
DOPPIARE. To plate; to double (also in nautical sense).
DOPPINO, *m.* Bight (Rope).
DOPPIO. Double; dual.
DORMITORIO, *m.* Dormitory.
DOSSO, *m.* Shoulder (Rd).
DOTARE. To allocate; to allot; to endow.
DOTAZIONE, *f.* Allotment; assignment.
dotazione di armi e munizioni, military supplies.
dotazione di carri armati, tank allotment; allotment of tanks.
dotazioni di materiale sanitario, medical supplies.
DOTTRINA, *f.* Doctrine.
dottrina della guerra, doctrine of war.
DOVERE, *m.* Duty.
inadempimento del proprio dovere, neglect of duty.
DRAGAGGIO, *m.* Mine sweeping (Nav).
DRAGAMINE, *f.* Mine sweeper.
DRAGARE. To dredge.
DRAGO, *m.* Kite balloon; kite; dragon.
DRAGONA, *f.* Sword knot; saber knot.
DRAPPELLO, *m.* Detail (Mil); party.
drappello di corvè, fatigue party.
DRENAGGIO, *m.* Drainage; drain.
DRITTA, *f.* Starboard side; starboard; right hand.
DUELLO D'ARTIGLIERIA. Artillery duel.
DUNA, *f.* Dune.
DUPLICATO, *adj.* Duplicate; duplicated.
DURALLUMINIO, *m.* Duralumin.
DURATA, *f.* Duration; term; time; length; endurance; continuance.
DURAZZO, *f.* Durazzo.

E

EBOLLIZIONE, *f.* Boiling ebullition; boil.
punto di ebollizione, boiling point.
ECCENTRICO, *m.* Eccentric; cam.

ECCITARE. To excite; to stimulate; to provoke.
 ad eccitazione composta, compound-wound (Elec).
ECLITTICA, *f.* Ecliptic.
ECONOMIA DI FORZE. Economy of force.
ECONOMO GENERALE. Comptroller General.
EDIFICIO, *m.* Building; edifice.
 edificio governativo, government building.
 edificio pubblico, public building.
EDITTO, *m.* Edict; decree.
EFFEMERIDI ASTRONOMICHE. Ephemeris and nautical almanac.
EFFETTI, *mpl.* Effects.
 effetti personali dei soldati morti, deceased effects.
EFFETTIVI, *mpl.* Effectives.
EFFETTIVO, *m.* Establishment (Mil); effectives; strength (Mil).
 effettivo autorizzato, authorized strength.
 effettivo di guerra, war establishment.
 effettivo di pace, peace strength; peace establishment.
EFFETTO, *m.* Effect.
 a doppio effetto, double-action (Fuze).
 doppio effetto, double effect; double action.
 effetto morale, moral effect.
EFFETTO DI SCALA. Scale effect (Aerodynamics).
EFFICACEMENTE. Efficiently; efficaciously; effectively.
EFFICACIA, *m.* Efficiency; effectiveness.
 efficacia balistica, ballistic efficiency.
EFFICIENTE. Efficient; effective.
EFFLUENTE. Effluent.
EGEO, Mare. Aegean Sea.
EGITTO, *m* Egypt.
EGIZIANO, *m.* Egyptian.
EIETTORE, *m.* Ejector (Mech).
ELASTICITÀ, *f.* Resilience; elasticity.
 modulo di elasticità, modulus of elasticity.
ELASTICO. Resilient; elastic; ambiguous.
ELBA, *f.* Elba.
ELEMENTI DI TEMPO E SPAZIO. Time and space factors.

ELEMENTO, *m.* Element.
 elemento decisivo, decisive element.
ELENCARE. To list; to catalogue.
ELENCO, *m.* List; roll; roster; directory; index.
 elenco telefonico, telephone directory.
ELETTRICISTA, *m.* Electrician.
ELETTRICITÀ, *f.* Electricity.
 elettricità dinamica, dynamical electricity.
 elettricità negativa, negative electricity.
 elettricità positiva, positive electricity.
 elettricità statica, static electricity.
ELETTRICO. Electric; electrical.
ELETTROCALAMITA, *f.* Electromagnet.
ELETTROCHIMICA, *f.* Electrochemistry.
ELETTROCHIMICO. Electrochemical.
ELETTRODINAMICA, *f.* Electrodynamics.
ELETTRODO, *m.* Electrode.
ELETTROLISI, *f.* Electrolysis.
ELETTROLITICO. Electrolytic.
ELETTROLITO, *m.* Electrolyte.
ELETTROMAGNETE, *m.* Electromagnet.
ELETTROMAGNETICO. Electromagnetic.
ELETTROMAGNETISMO, *m.* Electromagnetism.
ELETTRONE, *m.* Electron.
ELETTROSTATICA, *f.* Electrostatics.
ELETTROSTATICO. Electrostatic.
ELEVARE. To elevate; to raise; to lift; to hoist.
ELEVATORE, *m.* Elevator; shot hoist; hoist.
ELEVAZIONE, *f.* Elevation.
 elevazione aggiustata, adjusted elevation.
ELICA, *f.* Propeller; screw; helix; spiral.
 area del disco dell'elica, propeller-disk area.
 disco dell'elica, propeller disk.
 elica a pala singola, amputated propeller; single-bladed propeller.
 elica a pala unica, single-bladed propeller; amputated propeller.
 elica a pale riversibili, reversible propeller.

ELICA—Continued.
  elica a passo fisso, fixed-pitch propeller.
  elica a passo variabile, controllable-pitch propeller.
  elica a passo vario, variable-pitch propeller.
  elica d'aeroplano, airscrew; airplane propeller.
  elica d'aeroplano a passo costante, fixed-pitch airscrew.
  elica di propulsione, propeller; screw propeller.
  elica spingente, pusher propeller.
  elica traente, tractor propeller.
  pala di elica, blade of a propeller; propeller blade.
  passo d'elica, propeller pitch.
  rendimento dell'elica, propeller efficiency.
  rombo dell'elica, propeller noise.
  sezione della pala dell'elica, blade section (Drawing).
  superficie dell'elica di propulsione, propeller area.
ELICA DELLA SICUREZZA. Arming vane (Bomb).
ELICOIDALE. Helicoidal.
ELICOTTERO, *m.* Helicopter.
ELIMINARE. To eliminate.
ELIMINAZIONE, *f.* Elimination.
ELIO, *m.* Helium.
ELIOGRAFO, *m.* Heliograph.
ELLISSE, *f.* Ellipse.
ELLISSI, *f.* Ellipsis.
ELLITTICO. Elliptical.
ELMETTO, *m.* Helmet.
  elmetto d'acciaio, steel helmet.
ELMO, *m.* Helmet.
ELMO D'ASCOLTO. Listener's helmet.
ELSA, *f.* Hilt; grip; hub.
  elsa a graticciata, basket hilt.
ELUDERE. To elude; to dodge.
EMAILLITE, *f.* Airplane dope; dope.
EMBARGO, *m.* Embargo.
  mettere l'embargo, to lay the embargo on; to embargo.
EMBOLISMO, *m.* Embolism (Astronomy).
EMERGENZA, *f.* Emergency.
  emergenza di secondaria importanza, minor emergency.
EMETTERE. To emit; to issue.

EMIGRARE. To emigrate; to migrate.
EMIGRAZIONE, *f.* Emigration.
EMISFERO, *m.* Hemisphere.
  Emisfero Australe, *m.* Southern Hemisphere.
  Emisfero Occidentale, Western Hemisphere.
  Emisfero Orientale, Eastern Hemisphere.
  Emisfero Settentrionale, Northern Hemisphere.
EMULARE. To emulate.
EMULAZIONE, *f.* Emulation.
ENCOMIARE. To mention with approbation; to commend.
ENCOMIO, *m.* Citation.
  lettera di encomio, letter of commendation.
ENDEMICO. Endemic.
ENERGIA, *f.* Energy.
  energia cinetica, kinetic energy.
  energia elettrica, electric energy; electric power.
  energia potenziale, potential energy.
  trasmissione d'energia, power transmission.
EPIDEMIA, *f.* Epidemic.
EPIDEMICO. Epidemic.
EQUATORE, *m.* Equator.
  equatore celeste, celestial equator.
  equatore magnetico, magnetic equator.
  passaggio dell'equatore, crossing the line.
EQUATORIALE. Equatorial.
EQUAZIONE, *f.* Equation.
EQUILIBRARE. To balance; to stabilize; to equilibrate.
EQUILIBRATO. Balanced.
EQUILIBRATORE, *m.* Elevator (Ap).
EQUILIBRIO, *m.* Equilibrium; balance.
  equilibrio dinamico, dynamic stability.
  equilibrio laterale, lateral stability (Seaplane).
  equilibrio statico, static stability.
EQUINOZIALE. Equinoctial.
EQUINOZIO, *m.* Equinox.
  equinozio di autunno, autumnal equinox.
  equinozio di primavera, vernal equinox.

EQUIPAGGIAMENTO, *m.* Equipment; outfit.
  equipaggiamento ausiliario, auxiliary equipment.
  equipaggiamento generale, organizational equipment.
  equipaggiamento individuale, individual equipment.
  equipaggiamento per la manovra a terra, ground gear (Airship).
  equipaggiamento personale, individual equipment.
EQUIPAGGIARE. To equip; to fit out; to arm (Nav).
EQUIPAGGIO, *m.* Crew; equipment; equipage.
  alloggio equipaggio, crew quarters.
  compartimento dell'equipaggio, crew's compartment.
  equipaggio da ponte, bridge equipage.
  equipaggio del carro armato, tank crew.
  equipaggio per la manovra di terra, ground crew; landing crew.
EQUITÀ, *f.* Equity; fairness.
EQUIVALENTE, *m, n & adj.* Equivalent.
  equivalente decimale, decimal equivalent.
EQUIVALENZA, *f.* Equivalence.
ERARIO, *m.* Public Treasury.
ERBA, *f.* Grass.
ERBOSO. Grassy.
ERMETICO. Airtight; tight; hermetic.
EROSIONE, *f.* Erosion.
ERRORE, *m.* Error; mistake.
  errore di chiusura, closing error; (Surv).
  errore probabile, probable error.
ERTA, *f.* Acclivity.
  all'erta, on the alert; alert; vigilant.
ERTO. Steep.
ESAGONALE. Hexagonal.
ESAGONO, *m.* Hexagon.
ESALARE. To exhale.
ESALAZIONE, *f.* Exhalation; fume.
  esalazione nociva, noxious exhalation; noxious fume.
ESATTEZZA, *f.* Exactness; accuracy; precision; punctuality.
ESATTO. Exact; accurate; just.
ESAURIENTE. Exhaustive.
ESAURIMENTO, *m.* Exhaustion; drain.

ESAURIRE. To exhaust; to drain.
ESCAVATORE, *m.* Excavator (Mech).
ESECUZIONE, *f.* Execution.
  esecuzione sommaria, summary execution.
  plotone di esecuzione, firing squad.
ESENTARE. To exempt.
ESENTE. Exempt.
ESENZIONE, *f.* Exemption.
ESERCITARE. To exercise; to drill.
ESERCITAZIONE, *f.* Exercise; drill; maneuver.
  esercitazione campale, field exercise.
  esercitazione con la baionetta, bayonet exercise.
  esercitazione di combattimento, combat exercise.
  esercitazione sul terreno, terrain exercise.
  esercitazione tattica, tactical exercise.
  esercitazioni navali, fleet maneuvers.
  serie di esercitazioni tattiche, continuous manoeuver.
ESERCITO, *m.* Army; military.
  eserciti stranieri, foreign armies.
  esercito campale, field army.
  esercito degli Stati Uniti d'America, Army of the United States; United States Army.
  esercito d'occupazione, army of occupation.
  esercito invasore, invading army.
  esercito permanente, permanent army; standing army; regular army.
  esercito regolare, regular army.
  esercito territoriale, territorial army.
  parti componenti l'esercito, components of the army.
ESERCIZIO, *m.* Exercise; drill.
  esercizi ginnastici, body exercises; gymnastics; calisthenics.
  esercizi ginnastici collettivi, mass calisthenics.
  esercizi in ordine chiuso, close order drill.
  esercizi in ordine sparso, extended order drill.
  esercizio di puntamento, aiming drill.
  esercizio nell'uso della maschera antigas, gas mask drill.
ESIGENZA, *f.* Exigency; requirement.
  esigenze di organica, organizational requirements.

ESIGENZA—Continued.
 esigenze iniziali, initial requirements.
 esigenza pubblica, public exigency.
ESILIARE. To exile.
ESITO, *m.* Outcome; result.
ESODO, *m.* Exodus.
ESONERARE. To defer (Mil).
ESONERATO. Deferred (Mil).
ESONERO, *m.* Deferred status; deferment (Mil).
ESPANSIONE, *f.* Expansion.
 espansione cubica, cubical expansion.
 corsa di espansione, expansion stroke.
ESPELLERE. To expel; to eject.
 espellere dal servizio, to dismiss from the service.
ESPERIMENTO, *m.* Experiment; test; trial.
ESPERTO, *m.* Expert; specialist.
ESPERTO, *adj.* Expert; experienced; skilled; skillful; proficient.
ESPLODERE. To explode; to burst.
 fare esplodere, to cause to explode; to blast.
ESPLORARE. To explore; to reconnoiter; to scout; to search.
 esplorare a fondo, to search thoroughly; to comb.
ESPLORATORE, *m.* Explorer; scout; scout cruiser.
 capo pattuglia esploratori, scout corporal.
 esploratore aereo, air scout.
 esploratore a cavallo, ground mounted scout.
ESPLORAZIONE, *f.* Scouting; exploration; reconnaissance.
 esplorazione aerea, aerial reconnaissance.
 esplorazione avanzata, strategical reconnaissance; distant reconnaissance.
 esplorazione ininterrotta, constant reconnaissance.
 esplorazione lontana, distant reconnaissance.
 esplorazione navale, naval reconnaissance.
 esplorazione ravvicinata, close reconnaissance.
 esplorazione strategica, strategical reconnaissance.
 esplorazione tattica, tactical reconnaissance.

ESPLORAZIONE—Continued.
 esplorazione terrestre, terrestrial reconnaissance.
 esplorazione vicina, close reconnaissance.
 nucleo d'esplorazione vicina, cavalry of the advance guard.
ESPLOSIONE, *f.* Explosion; blast; outburst.
 esplosione per effetto di urto, contact firing (Submarine mine).
ESPLOSIVO, *m, n* & *adj.* Explosive.
 alto esplosivo, high explosive.
 basso esplosivo, low explosive.
 esplosivi militari, military explosives.
 esplosivo di lancio, propellent explosive; propellant.
 esplosivo d'innescamento, booster.
 esplosivo gassoso, gaseous explosive.
 esplosivo liquido, liquid explosive.
 esplosivo solido, solid explosive.
ESPONENTE, *m.* Exponent.
ESPORTAZIONE, *f.* Exportation; export.
 esportazione di armi e munizioni, export of arms and ammunition.
ESPOSTO. Exposed; unprotected.
ESPRESSO, *m.* Express (Msg & Msgr); special delivery mail.
ESPULSORE, *m.* Cartridge ejector; ejector.
 perno dell'espulsore, ejector pin.
EST, *m.* East.
 dell'est, eastern; easterly.
ESTENDERE. To extend.
 estendere da un lato all'altro, to extend from one side to the other; to span.
ESTENSIONE, *f.* Extension; extent; spread; stretch.
ESTENSIVO. Extensive.
ESTERO. Foreign.
 all'estero, abroad.
ESTESO. Extensive; extended; wide; broad.
ESTIMO, *m.* Appraisal (Law).
ESTINGUERE. To extinguish.
ESTINTORE, *m.* Extinguisher; fire extinguisher.
ESTRADARE. To extradite.
ESTRADIZIONE, *f.* Extradition.
ESTRATERRITORIALE. Extraterritorial.

ESTRATERRITORIALITÀ, *f.* Extraterritoriality.
ESTRATTO, *m.* Extract; abstract; summary.
ESTRATTORE, *m.* Extractor; cartridge extractor.
   estrattore a mano, hand extractor.
   estrattore logoro, worn extractor.
   estrattore rotto, broken extractor.
ESTRATTORE-ESPULSORE, *m.* Cartridge extractor; cartridge ejector; extractor; ejector.
ESTRAZIONE, *f.* Extraction.
   meccanismo di estrazione, extractor mechanism.
ESTREMITÀ, *f.* Extremity; extreme; utmost point; tip; end.
   estremità posteriore, rear end.
ETÀ, *f.* Age.
   età militare, military age.
   limiti di età, age limits.
ETERODINA, *f.* Heterodyne.
ETICHETTA, *f.* Label; etiquette.
ETIOPE, *m.* Ethiopian.
ETIOPIA, *f.* Ethiopia.
EUROPA, *f.* Europe.
EUROPEO, *m.* European.
EVACUARE. To evacuate.
EVACUAZIONE, *f.* Evacuation.
EVADERE. To evade; to sidetrack; to escape.
EVOLUZIONE, *f.* Evolution.
EXEQUATUR. Exequatur.

F

FABBISOGNO, *m.* Requirement.
   fabbisogno individuale, individual requirements.
FABBRICA, *f.* Plant; factory; works; building.
   fabbrica di aeroplani, aircraft factory.
FABBRO, *m.* Smith; blacksmith; forger.
   fabbro ferraio, blacksmith.
FACCIALE, *m.* Facepiece.
   facciale della maschera antigas, gas mask facepiece.
FACCIALE, *adj.* Facial.
FALCETTO, *m.* Sickle.
FALCONE, *m.* Derrick (Mech).
FALEGNAME, *m.* Carpenter.
FALLA, *f.* Leak.

FALSO SCOPO. Aiming point; initial aiming point.
   falso scopo lontano, distant aiming point.
FANALE, *m.* Lamp; lantern; light; beacon.
   fanale a lampi, flashing light.
   fanale a luce fissa, fixed light.
   fanale a luce intermittente, blinker light.
   fanale anteriore, head lamp; head light.
   fanale d'ancoraggio, anchor light.
   fanale da segnali, signal lamp.
   fanale d'atterraggio, landing light.
   fanale di coda, tail lamp; tail light.
   fanale di fonda, anchor light.
   fanale di navigazione, navigation light.
   fanale di rotta, airway beacon.
   fanale di testa, head lamp; head light.
   fanale di via, navigation light.
   fanale posteriore, tail lamp; tail light.
   fanali di navigazione, navigation lights; running lights.
   fanali di via, running lights; navigation lights.
FANFARA, *f.* Field music.
FANGO, *m.* Mud; mire.
FANTE, *m.* Infantryman.
   fante di marina, marine.
FANTERIA, *f.* Infantry.
   armi della fanteria, infantry weapons.
   fanteria leggiera, light infantry.
FANTERIA DI MARINA. Marine corps.
FANTOCCIO, *m.* Dummy; puppet.
FARDELLO, *m.* Bundle; pack; burden.
   fardello da campo, blanket roll.
FARFALLA, *f.* Butterfly valve; throttle; butterfly.
   farfalla a massima apertura, full throttle.
FARO, *m.* Lighthouse; beacon; headlight.
   faro a luce intermittente, flashing beacon.
   faro d'aeroporto, airport beacon.
   faro galleggiante, floating lighthouse; floating light; lightship.
FASCETTA, *f.* Band (R).
   fascetta anteriore, upper band (R).
   fascetta posteriore, lower band (R).

FASCIA DI ISOLAMENTO. Bourrelet.
FASCIARE. To bandage.
FASCINA, *f.* Fascine; brushwood bundle.
FASCIO, *m.* Sheaf (Ballistics); stack (R); beam (as of rays); bunch.
  disporre i fucili a fascio, to stack arms.
FASCIO CONVERGENTE. Closed sheaf.
FASCIO DI DIFFUSIONE. Diffusion beam.
FASCIO DI LUCE. Light beam.
FASCIO DI RAGGI. Beam of rays; beam.
FASCIO DI RAGGI LUMINOSI. Light beam.
FASCIO DI TRAIETTORIE. Cone of fire; cone of spread; cone of dispersion.
FASCIO DIVERGENTE. Open sheaf.
FASCIO PARALLELO. Parallel sheaf.
FASE, *f.* Phase.
FASOMETRO, *m.* Phasemeter (Elec).
FATTO D'ARME. Engagement; action.
FATTORE BALISTICO. Ballistic element.
FATTORE DECISIVO. Decisive factor; decisive element.
FAVOREGGIARE. Aiding and abetting (Law).
  favoreggiare il nemico, aiding and abetting the enemy.
  favoreggiare la diserzione, aiding and abetting desertion.
  favoreggiare un delinquente, aiding and abetting a criminal.
FEDE, *f.* Certificate; faith.
  in buona fede, in good faith; bona fide.
FEDELTÀ, *f.* Fidelity; fealty; allegiance; loyalty.
FEDERALE. Federal.
FEDERAZIONE, *f.* Federation; confederation.
FERIE, *fpl.* Holiday.
FERIRE. To wound.
FERITA, *f.* Wound.
  ferita aperta, open wound.
  ferita d'arma da fuoco, bullet wound.
  ferita di punta, punctured wound.
  ferita lacera, lacerated wound.
  ferita lacerocontusa, contused wound.

FERITO. Wounded.
  ferito gravemente, severely wounded.
  ferito leggermente, slightly wounded.
  ferito mortalmente, mortally wounded
FERITOIA, *f.* Embrasure; loophole; port; porthole (Ft).
  feritoia da pistola, pistol port.
  gelosia di feritoia, embrasure shutter; blind.
  tendina da feritoia, gog.
FERMA, *f.* Period of enlistment; term of enlistment; hitch (Slang).
  scadenza della ferma, termination of enlistment; expiration of enlistment.
FERMARE. To stop; to arrest; to fasten.
FERMARSI. To halt; to come to a stop; to stop.
FERMATA, *f.* Halt site; halt; stop.
  fermata breve, short halt (Marching).
  fermata lunga, long halt (Marching).
  fermate contemporanee, simultaneous halts (Marching).
  fermate successive, successive halts (Marching).
FERMATO. Halted; stopped.
FERRAMENTA, *fpl.* Hardware.
FERRAMENTO, *m.* Iron tool.
FERRARE. To shoe (H).
FERRO, *m.* Iron.
  ferro acciaiato, carbon steel.
  ferro galvanizzato, galvanized iron.
  ferro zincato, galvanized iron.
FERROVIA, *f.* Railroad; railway; rail (Colloquial).
  caricare in ferrovia, to put aboard a train; to entrain.
  ferrovia a cremagliera, rack railway; cogway.
  per ferrovia, by rail.
FESSURA, *f.* Fissure; cleft; split.
FESTA, *f.* Holiday; feast.
  festa legale, statutory holiday; legal holiday.
FIAMMA, *f.* Flame; collar patch (Uniform); pennant (Nav).
  fiamma ossidrica, oxidizing flame.
  ritorno di fiamma, backfire (Mtr).
  velocità della fiamma, flame velocity.
FIAMME, *fpl.* Collar patches.
FIANCATA, *f.* Broadside.

FIANCHEGGIARE. To guard the flank; to flank.
FIANCHEGGIATORE, *m.* Flanker.
FIANCHEGGIATORI, *mpl.* Flank guard.
FIANCO, *m.* Flank.
  aggirare il fianco, to turn the flank of; to outflank; to flank.
  esporre il fianco, to expose the flank.
  fianco destro, right flank; right-hand side; right (Mil).
  minacciare il fianco, to threaten the flank; to flank.
  sul fianco, on the flank.
"FIANCO DESTR, DESTR!" "Right face!"
"FIANCO SINISTR, SINISTR!" "Left face!"
FIBBIA, *f.* Buckle.
FIENO, *m.* Hay.
  macchina per imballare fieno, machine for baling hay; hay baler.
FIFA, *f* (Mil. slang). Funk (Colloquial).
FILA, *f.* File (Mil); row.
  disporsi in fila, to form in files; to file.
  fila cieca, blank file.
  fila indiana, indian file; single file.
  fila per due, double file.
  fila per uno, single file; Indian file.
  marciare in fila, to march in a file; to file.
  rompere le file, to fall out (Mil); to dismiss (Mil).
FILETTARE. To thread (Mech).
  maschio per filettare, screw tap; tap (Mech).
FILETTO, *m.* Snaffle bit (Harness); thread (Mech).
FILIERA, *f.* Threading die.
  filiera per tubi, pipe die.
  filiera per viti, bolt die.
FILO, *m.* Wire; thread; edge; hair (Reticle).
  filo affusolato, streamline wire (Ap).
  filo di ferro, iron wire.
  filo di tensione, drag wire (Avn).
  filo interrato, ground wire.
FILO CONDUTTORE. Conductor (Elec.).
  filo conduttore isolato, lead wire (Elec); lead.
FILO DI ACCIAIO. Steel wire.
  filo di acciaio per aviazione, aircraft wire.

FILO DI RAME. Copper wire.
FILO METALLICO. Wire; metallic thread.
  attrezzare con filo metallico, to wire.
  rotolo di filo metallico, wire roll.
FILO SPINATO. Barbed wire.
  cilindro per filo spinato, barbed wire roller.
FILTRARE. To filter; to strain; to drain.
  apparecchio per filtrare, filtering apparatus.
FILTRAZIONE, *f.* Filtration.
FILTRO, *m.* Filter; filtering apparatus.
  filtro di depurazione, fuel filter.
  filtro di luce, color filter (Photo).
  filtro per l'aria, air filter.
FINALE. Final; decisive.
FINIMENTO, *m.* Harness.
  collare del finimento, harness collar.
FINTA, *f.* Feint.
  fare una finta, to make a feint; to feint.
FISCHIARE. To whistle.
FISCHIETTO, *m.* Whistle.
FISCHIO, *m.* Whistle.
  fischio a vapore, steam whistle.
  fischio da nebbia, fog whistle.
"FISSI!" "Eyes front!"
FIUME, *f.* Fiume (Geography).
FIUME, *m.* River.
  fiume guadabile, fordable river.
  fiume navigabile, navigable river.
  fiume tributario, tributary river.
  sorgente del fiume, riverhead.
FLESSIBILE. Flexible; nonrigid.
FLESSIBILITÀ, *f.* Flexibility.
FLOTTA, *f.* Fleet (Nav); navy.
  base della flotta, fleet base; naval base.
  flotta da guerra, battle fleet.
FLOTTIGLIA, *f.* Flotilla.
  capo flottiglia, flotilla leader.
FLUIDITÀ, *f.* Fluidity.
  prova di fluidità, pour test.
FLUIDO, *m, n & adj.* Fluid.
FLUSSO, *m.* Flood tide; flow; flux.
FLUSSO MAGNETICO. Magnetic flux.
FLUVIALE. Fluvial.
FOCE, *f.* Mouth (River).
FOCHISTA, *m.* Stoker; fireman; pyrotechnist.

FOCONE, *m.* Vent (G).
FODERO, *m.* Scabbard; sheathe.
  fodero della baionetta, bayonet scabbard.
  fodero della sciabola, saber scabbard.
FOGATA PETRIERA. Fougasse.
FOGLIA CADENTE. Falling leaf (Avn).
FOGLIA MORTA. Falling leaf (Avn).
FOGLIO DI CONGEDO. Certificate of discharge.
FOGNA, *f.* Sewer; sink.
FOLLE. Foolish; insane.
  in folle, in neutral (Automobile).
  posizione in folle, gears in neutral.
FONDAMENTA, *fpl.* Foundation (Engr).
FONDAMENTALE. Fundamental; basic.
FONDELLO, *m.* Base cover.
FONDERE. To fuse; to melt; to smelt; to blend.
FONDERIA, *f.* Foundry.
FONDINA, *f.* Holster.
FONDITORE, *m.* Founder (Metallurgy).
FONDO, *m.* Fund; bottom; sediment; fondus.
  assegnamento di fondi, allocation of funds.
  bassofondo, shallow.
  doppio fondo, double bottom.
  fondi insufficienti, insufficient funds.
  fondo comune, common fund; pool.
  fondo di cassa, cash on hand; fund.
  fondo di cassa per spese minute, petty cash.
  fondo di riserva, emergency funds; reserve funds.
  mandare a fondo, to send to the bottom; to founder.
  responsabilità amministrativa dei fondi di cassa, accountability of funds.
  stanziamento di fondi, appropriation (Fin).
FONOTELEMETRIA, *f.* Sound and flash ranging.
FORAGGIAMENTO, *m.* Foraging.
FORAGGIARE. To forage.
FORAGGIO, *m.* Forage; fodder; feed.
  infossamento dei foraggi, ensilage.
FORBICE, *f.* Scissors; tenail (Ft).
FORBICI, *fpl.* Scissors.

FORCELLA, *f.* Bracket (Ballistics); fork.
  aggiustamento della forcella col tiro a percussione, percussion bracket.
  aggiustamento della forcella col tiro a tempo, time bracket.
FORCHETTA, *f.* Fork; crutch (Nav); frog (Horse's hoof).
FORESTA, *f.* Forest.
FORESTIERO, *m.* Foreigner.
FORMA, *f.* Form; shape; figure; mould.
  forma carenata, streamline section (Aerodynamics).
  coefficiente di forma, coefficient of form.
FORMAZIONE, *f.* Formation.
  formazione a cuneo, wedge formation.
  formazione a scacchiere, staggered formation.
  formazione a scaglioni, echeloned formation.
  formazione a V, "V" formation.
  formazione d'attacco, attack formation.
  formazione d'avvicinamento, approach formation.
  formazione di carri armati, tank formation.
  formazione di combattimento, combat formation.
  formazione di combattimento dei carri armati, tank combat formation.
  formazione di crociera, cruising formation.
  formazione di marcia, march formation.
  formazione distesa, staggered formation.
  formazione di volo, flight formation.
  formazione di volo a V, "V" string formation.
  formazione in colonna column formation.
  formazione iniziale, initial formation.
  formazione in profondità, formation in depth.
  formazione nel senso della fronte, formation in width; linear formation.
  formazione per due, two-ship formation (Avn).

FORMAZIONE—Continued.
  formazione sanitaria, sanitary formation.
  formazione ternaria, triangular system of organization.
  guida nei cambiamenti di formazione, fixed pivot.
  rompere la formazione, to break formation.
FORNACE, *f.* Furnace; kiln.
  fornace da mattoni, brickkiln.
FORNELLO, *m.* Chamber (Mine); kitchen range; stove.
FORNIRE. To furnish; to supply.
  fornire di uomini, to supply with men; to man.
FORNITORE, *m.* Purveyor.
FORNITURA, *f.* Procurement.
FORNO, *m.* Oven.
  alto forno, blast furnace.
  forno carreggiabile, portable oven.
  forno crematorio, crematory.
  forno da campo, field oven.
  forno da panettiere, baking oven.
  forno in muratura, permanent oven.
FORO DI LALANDE. Parachute vent.
FORRA, *f.* Gorge; ravine; gulch.
FORTE, *m.* Fort.
  catena di forti, chain of forts.
  forte corazzato, armored fort.
  forte di cintura, barrier fort.
  forte di sbarramento, barrier fort.
FORTEZZA, *f.* Fortress; stronghold; hold; fortitude.
FORTEZZA GALLEGGIANTE. Floating fortress.
FORTEZZA VOLANTE. Flying fortress.
FORTIFICARE. To fortify; to strengthen.
FORTIFICATO. Fortified; strengthened.
FORTIFICAZIONE, *f.* Fortification; works; defenses.
  fortificazione campale, field fortification.
  fortificazione mista, semipermanent fortification.
  fortificazione mobile, mobile fortification.
  fortificazione improvvisata, hasty fortification.
  fortificazione permanente, permanent fortification.

FORTIFICAZIONE—Continued.
  fortificazione scoperta, open fortification.
  fortificazione semipermanente, semipermanent fortification.
  fortificazione tattica, tactical fortification.
  fortificazioni simulate, dummy works.
  fortificazioni terrestri, land defenses.
FORTINO, *m.* Blockhouse; armored turret.
  fortino a ridotta, redoubt.
  fortino del carro armato, turret tower (Tk).
  fortino della torretta, cupola (Tk).
FORZA, *f.* Force; power; strength.
  direzione di una forza, direction of a force.
  distribuire le forze, to distribute forces.
  forza aggregata ad altri corpi, detached force.
  forza aggregata di altri corpi, attached force.
  forza bilanciata, balanced force.
  forza centrifuga, centrifugal force.
  forza centripeta, centripetal force.
  forza componente, component force.
  forza composta, resultant force.
  forza concentrata, concentrated force.
  forza concentrica, concentric force.
  forza concorrente, concurrent force.
  forza effettiva, actual strength.
  forza massima di pace, maximum peace strength.
  forza minima di pace, minimum peace strength.
  forza nominale di una classe, nominal force of a class; nominal force of a draft (Mil).
  forza numerica, numerical strength.
  forza organica, organizational strength (Mil).
  forza organica di guerra, war strength.
  forza organica di pace, peace strength.
  forza risultante, resultant force.
  impiego di forze, employment of forces.
  in forza, in force.
  rapporto situazione della forza, strength return.
FORZA MAGGIORE. Act of God.
FORZA MAGNETICA. Magnetic force.

FORZA MOTRICE. Mechanical force; power.
   forza motrice idraulica, water power.
FORZA NAVALE. Naval force.
   forza navale di esploratori, scouting force.
   forza navale di navi da battaglia, battleship force.
   forza navale di posamine, mine force.
   forza navale di sommergibili, submarine force.
FORZARE. To force; to compel.
FORZE, *fpl.* Forces; arms.
   forze accerchianti, encircling forces.
   forze nemiche, enemy forces.
FORZE ARMATE. Armed forces.
   combattenti nelle forze armate, combatants in armed forces.
   non combattenti nelle forze armate, noncombatants in armed forces.
FORZE COMPONENTI. Component forces.
FOSFORESCENTE. Phosphorescent.
FOSFORESCENZA, *f.* Phosphorescence.
FOSFORICO. Phosphoric.
FOSFORO, *m.* Phosphorus.
FOSFOROSO. Phosphorous.
FOSSA, *f.* Pit; hole; grave; fossa.
FOSSATO, *m.* Moat; ditch.
FOSSO, *m.* Pit; ditch.
   fosso anticarro, antitank ditch.
   fosso per il lancio delle bombe a mano, bombing post.
FOTOCRONOGRAFO, *m.* Photochronograph.
FOTOELETTRICITÀ, *f.* Photoelectricity.
FOTOELETTRICO. Photoelectric.
FOTOGRAFARE. To photograph.
FOTOGRAFIA, *f.* Photography; photograph.
   apparecchio fotografico, camera.
   fotografia aerea, aerial photograph.
   fotografia aerea inclinata sotto l'orizzonte, low oblique photograph.
   fotografia aerea inclinata verso l'alto, high oblique photograph.
   fotografia aerea obliqua, oblique aerial photograph.
   fotografia aerea panoramica, wide-angle photograph.

FOTOGRAFIA—Continued.
   fotografia aerea presa con l'assecamera obliquo, oblique aerial photograph.
   fotografia aerea presa con l'assecamera verticale, vertical aerial photograph.
   fotografia aerea verticale, vertical aerial photograph.
   fotografia a posa, still photography.
   fotografia cinematografica, motion picture photography.
   fotografia composita, composite photograph.
   fotografia da campo, field photography.
   fotografia di attualità, news photography.
   fotografia di identificazione, identification photograph.
   fotografia di propaganda, propaganda photograph.
   fotografia militare, military photography.
   fotografia multipla, composite photograph.
   fotografia obliqua, oblique photography.
   fotografia verticale, vertical photography.
FOTOGRAFICO. Photographic.
FOTOGRAMMETRIA, *f.* Photogrammetry.
FOTOGRAMMA, *m.* Photogram.
   coppia di fotogrammi, stereo-pair.
   fotogrammi di volo di ricognizione, reconnaissance strip.
FOTOMETRO, *m.* Photometer (Photo & Optics).
FOTOMITRAGLIATRICE, *f.* Camera machine gun.
FOTOMOSAICO, *m.* Photografic mosaic; mosaic (Photo).
FOTONE, *m.* Photon.
FOTOSFERA, *f.* Photosphere.
FOTOTELEFONIA, *f.* Phototelephony.
FOTOTELEGRAFIA, *f.* Phototelegraphy.
FOTOTEODOLITE, *m.* Phototheodolite.
FOTOTOPOGRAFIA, *f.* Phototopography.

FRANA, *f.* Landslide.
FRANCESE, *m* & *f.* Frenchman; Frenchwoman.
FRANCESE, *adj.* French.
FRANCHIGIA, *f.* Franchise; privilege; exemption; indemnity; charter; frank (Mail).
FRANCIA, *f.* France.
FRANCOTIRATORE, *m.* Franc-tireur.
FRANGENTE, *m.* Surf; breaker.
FRANGIFLUTTI, *m.* Breakwater.
FRASCATA, *f.* Brush revetment.
FRASE-CHIAVE, *f.* Key phrase.
FRAZIONAMENTO, *m.* Fractionation.
FRAZIONARE. Fractionate, *v.*
FRAZIONARIO. Fractional.
FRAZIONE, *f.* Fraction.
FRECCIA, *f.* Arrow.
FREGATA, *f.* Frigate.
FRENARE. To brake; to curb; to rein.
FRENATORE, *m.* Brakeman (RR).
FRENELLO, *m.* Yoke line (Nav); wheel rope (Nav).
FRENO, *m.* Brake; check; rein; curb bit (Harness); bar bit (Harness); bit (Harness).
  bloccare i freni, to jam the brakes.
  freni su quattro ruote, four-wheel brakes.
  freno a ceppo, shoe brake.
  freno ad aria compressa, air brake.
  freno a espansione, expanding brake; internal expanding shoe brake.
  freno alle ruote, tire brake; wheel brake.
  freno a mano, hand brake.
  freno a nastro, band brake.
  freno a pedale, foot brake.
  freno a scarpa, wagon brake; tire brake; shoe brake.
  freno di via, road brake.
  freno idraulico, hydraulic brake.
  freno su tamburo, drum brake.
  ispezione dei freni, brake inspection.
  leva del freno, brake lever.
  nastro del freno, brake band.
  regolazione dei freni, brake adjustment.
FRENO DEL RINCULO. Recoil brake
  freno idraulico di rinculo, hydraulic recoil brake.

FRENO DEL RINCULO—Continued.
  luci d'efflusso del freno idraulico di rinculo, orifices of hydraulic recoil brake.
FRENO DI DIREZIONE. Steering clutch (Tk).
FREQUENZA, *f.* Frequency.
  alta frequenza, high frequency.
  bassa frequenza, low frequency.
FREQUENZIOMETRO, *m.* Frequency meter.
FRESA, *f.* Milling cutter.
FRESATRICE, *f.* Milling machine.
FRIGORIFERO, *m.* Refrigerator; icebox.
FRIZIONE, *f.* Friction; clutch (Automobile).
  azionare la frizione, to throw the clutch.
  campana della frizione, clutch housing.
  disinnestare la frizione, to disengage the clutch.
  frizione a dischi, disk clutch.
  frizione a secco, dry clutch.
  frizione conica, cone clutch.
  innestare la frizione, to engage the clutch.
  leva della frizione, clutch lever.
  pedale della frizione, clutch pedal.
FRONTALE, *f.* Browband (Harness).
FRONTE, *m* & *f.* Front; frontage; forehead.
  allargare il fronte, to extend the front.
  ampiezza del fronte, frontage.
  del fronte, frontal.
  di fronte, frontal.
  far fronte, to face; to oppose; to resist.
  fronte consolidato, stabilized front.
  fronte d'attacco, attack frontage.
  fronte stabilizzato, stabilized front.
  fronte strategico, strategic front.
  linea di fronte, front line.
  ridurre il fronte, to contract the front.
  sgombrare la fronte, to clear the decks (Nav).
FRONTE DI OSSERVAZIONE. Observing sector.
FRONTEGGIARE. To confront; to front; to face.
FRONTIERA, *f.* Frontier; border; boundary.
FUCILATA, *f.* Rifleshot.

FUCILE, *m.* Rifle.
  anima del fucile, rifle bore.
  bacchetta del fucile, rifle rod.
  cinghia del fucile, gun sling.
  fucile anticarro, antitank rifle.
  fucile a retrocarica, breech-loading rifle.
  fucile a ripetizione, repeating rifle.
  fucile automatico a supporto, machine rifle.
  fucile militare, military rifle.
  fucile semiautomatico, semiautomatic rifle.
FUCILE MITRAGLIATORE. Submachine gun.
FUCILIERE, *m.* Rifleman.
FUCINA, *f.* Forge.
FUCINETTA DA CAMPO. Field forge.
FUGA, *f.* Escape; flight; running away; fugue.
  fuga con mezzo aereo, aerial flight.
  tentativo di fuga, attempt to escape.
FUGGIASCO, *m.* Fugitive.
FUGGIRE. To flee; to take to flight; to evade; to shun; to escape.
FUGGITIVO, *m.* Fugitive.
FULCRO, *m.* Fulcrum.
FULMICOTONE, *m.* Guncotton.
FULMINATO, *m.* Fulminate.
  fulminato di mercurio, fulminate of mercury.
FULMINE, *m.* Thunderbolt; bolt; lightning.
FUMAIOLO, *m.* Funnel (of a ship); chimney; smokestack.
FUMO, *m.* Smoke; fume.
  cortina di fumo, smoke screen.
  fumo corrosivo, corrosive smoke.
  fumo di carbone, coal smoke.
  fumo irritante, irritant smoke.
  fumo nocivo, noxious smoke; noxious fume.
  fumo offuscante, obscuring smoke.
  fumo oscurante, screening smoke.
  missione delle nubi di fumo, smoke mission.
FUMOGENO. Producing smoke; smoky.
FUNE, *f.* Rope; line.
  fune da rimorchio, towline.
  fune di strappamento, ripping cord (Balloon).
  fune metallica, wire rope.

FUNERALE, *m.* Funeral.
  funerale con onori militari, military funeral.
  funerale militare, military funeral.
FUNICELLA DA SPARO. Lanyard (G).
FUNICOLARE, *f.* Funicular railway.
FUNZIONAMENTO, *m.* Operation (Mech); action (Mech); working.
  a doppio funzionamento, double-action (Firearm).
  arresto nel funzionamento, stoppage (Mech).
  funzionamento automatico, mechanical operation (Firearm).
FUNZIONARE. To function; to operate (Mech).
  funzionare da, to act as.
FUNZIONARI PUBBLICI. Public officers.
FUNZIONARIO, *m.* Functionary; officer.
  funzionario d'amministrazione, administrative functionary.
FUNZIONE, *f.* Function; ceremony.
  facente funzioni, acting; substitute.
FUOCHISTA, *m.* Stoker; fireman.
FUOCO, *m.* Fire; firing; focus.
  apertura del fuoco, opening of fire.
  aprire il fuoco, to open fire.
  a prova di fuoco, fireproof.
  azione di fuoco, fire action.
  base di fuoco, base of fire.
  centro di fuoco, center of resistance.
  cessare il fuoco, to cease firing.
  cominciare il fuoco, to begin fire.
  concentramento di fuoco, fire concentration.
  concorso di fuoco, fire support.
  condotta del fuoco, conduct of fire.
  coordinazione del fuoco, coordination of fire.
  cortina di fuoco, curtain of fire; curtain fire.
  densità di fuoco, density of fire.
  direzione del fuoco, fire direction.
  disciplina del fuoco, fire discipline.
  distribuire il fuoco, to distribute the fire.
  distribuzione del fuoco, fire distribution.
  effetto del fuoco, fire effect.
  fare fuoco, to fire.

FUOCO—Continued.
  fuoco al disopra delle proprie truppe, overhead fire.
  fuoco a ripetizione, magazine fire.
  fuoco automatico, automatic fire.
  fuoco a volontà, fire at will.
  fuoco continuo, continuous fire.
  fuoco coordinato, co-ordinated fire.
  fuoco d'artiglieria, gunfire; artillery fire.
  fuoco di annientamento, annihilating fire.
  fuoco di mitragliatrice, machine-gun fire.
  fuoco di rappresaglia, retaliation fire.
  fuoco efficace, effective fire.
  fuoco fitto, heavy fire.
  fuoco intermittente, intermittent fire.
  fuoco lento, slow fire.
  fuoco tamburegglante, drum fire.
  giornata di fuoco, day of fire.
  impiego del fuoco, employment of fire.
  incominciare a far fuoco, to begin firing.
  incrociare il fuoco, to cross fire.
  iniziare il fuoco, to commence firing; to open fire.
  inizio del fuoco, opening of fire.
  linea di fuoco, firing line.
  lotta di fuoco, fire fight.
  messo a fuoco in precedenza, pre-focused.
  mettere a fuoco, to focus.
  missione del fuoco, fire mission.
  potenza di fuoco, fire power.
  preponderanza di fuoco, fire superiority.
  raffica di fuoco, burst of fire.
  rendere a prova di fuoco, to fireproof.
  settore di fuoco, sector of fire.
  superiorità di fuoco, fire superiority.
  volume di fuoco, volume of fire.
  "FUOCO!" "Fire!"
FUOCO DA SEGNALE. Flare.
FUORIBORDO, *m.* Outboard motor; outboard.
FUORI SERVIZIO. Unserviceable.
FURGONE, *m.* Box van; van (Vehicle).
FURTO, *m.* Larceny; theft.
  furto con scasso, breaking and entering; burglary.
FUSIONE, *f.* Fusion.
  punto di fusione, melting point.

FUSO, *m.* Spindle (Mech); shank (of an anchor).
FUSO, *adj.* Melted; molten; blended.
FUSOLIERA, *f.* Fuselage (Avn).
  fusoliera a tubi di acciaio saldati, welded steel tube fuselage.
  fusoliera a tubi di lega di alluminio, aluminum alloy tube fuselage.
  fusoliera monochiglia, monocoque fuselage.
  fusoliera tubolare, tube fuselage.
FUSTO, *m.* Tipstock (SA); cask (Container).

G

GABBIONE, *m.* Gabion.
GAETTONE, *m.* Dogwatch (Nav).
GAFFA, *f.* Boat hook.
GAGLIARDETTO, *m.* Pennant; burgee; banner.
GALA, *f.* Gala.
  alzare la gran gala di bandiere, to full-dress a ship.
  alzare la piccola gala di bandiere, to dress a ship.
GALLA, *f.* Pimple.
  a galla, afloat.
GALLEGGIABILITÀ, *f.* Buoyancy.
GALLEGGIAMENTO, *m.* Flotage.
  linea di galleggiamento, floating line; water line.
  spinta di galleggiamento, buoyancy.
GALLEGGIANTE, *m.* Float (Avn); pontoon (Avn).
  galleggiante a barile, barrel float.
  galleggiante all'estremità dell'ala, outboard stabilizing float (Avn).
  galleggiante ausiliario, wing-tip float; outboard stabilizing float.
  galleggiante centrale unico, single float (Avn).
  galleggiante laterale, side float (Avn).
  galleggiante metallico, metal float.
GALLEGGIANTE, *adj.* Floating; afloat.
GALLEGGIARE. To float.
GALLERIA, *f.* Gallery; tunnel.
  galleria di attacco, attack gallery (Mil).
GALLERIA AERODINAMICA. Wind tunnel.
GALLERIA DEL VENTO. Wind tunnel.

GALLETTA, *f.* Ship biscuit; truck (Flagstaff; masthead).
GALLOCCIA, *f.* Cleat (Nav).
GALLONE, *m.* Chevron; stripe (Mil); gallon (Measure).
GALVANICO. Galvanic.
GALVANIZZARE. To galvanize.
GALVANIZZAZIONE, *f.* Galvanization.
GALVANOMETRO, *m.* Galvanometer.
GALVANOSCOPIO, *m.* Galvanoscope.
GAMELLINO, *m.* Mess tin (Nav).
GANCIO, *m.* Hook; tang (Firearm).
  gancio d'accosto, boat hook.
  gancio di traino, tow hook.
  gancio di trazione, drawbar; coupler.
GANCIO INTERRUTTORE. Telephone receiver hook.
GARITTA, *f.* Sentry box.
GAS, *m.* Gas.
  a gas, gas-operated.
  analisi del gas di scarico, exhaust-gas analysis.
  a tenuta di gas, gasproof; gastight.
  attaccare con i gas, to attack with gas; to gas.
  attacco con gas, gas attack.
  bombola di gas aggressivo, chemical cylinder.
  eliminare i gas, to degas.
  gas acetilene, acetylene gas.
  gas ad azione fugace, nonpersistent gas.
  gas artificiale, artificial gas.
  gas asfissiante, asphyxiating gas; lung irritant.
  gas da combattimento, war gas.
  gas di carbone monossido, carbon-monoxide gas.
  gas di fogna, sewer gas.
  gas difosgene, diphosgene gas.
  gas di scappamento, exhaust gas.
  gas di scarico, exhaust gas.
  gas di termite, thermit gas.
  gas giallo verdognolo, greenish-yellow gas.
  gas irritante i polmoni, lung irritant.
  gas lacrimogeno, tear gas; lachrymator.
  gas letale, lethal gas.
  gas mortifero, lethal gas.
  gas mostarda, mustard gas; yprite.
  gas naturale, natural gas.
  gas non tossico, nontoxic gas.

GAS—Continued.
  gas persistente, persistent gas.
  gas soffocante, lung irritant; asphyxiating gas.
  gas starnutatorio, sternutator.
  gas tossico, toxic gas.
  gas venefico, toxic gas; poison gas.
  gas vescicatorio, blistering gas; vesicating gas.
  gas vescicatorio allo stato liquido, liquid blistering gas.
  protezione contro i gas, protection against gas.
  risanamento di locali o di aree invase dai gas, degassing.
  risanare locali o aree affette dai gas, to degas.
  sottoporre all'azione del gas, to subject to the action of gas; to gas.
GASSA, *f.* Eye (of a rope); loop.
  formare una gassa, to loop (as a rope).
  gassa a serraglio, timber hitch.
  gassa di amante doppia, bowline knot with a bight.
  gassa di amante scorsoia, running bowline knot.
GASSATO. Gassed.
GASSOSO. Gaseous; aeriform.
GAVELLO, *m.* Felly.
GAVETTA, *f.* Mess tin (Mil).
GAVITELLO, *m.* Buoy.
  gavitello a forma di due coni, nun buoy.
  gavitello a forma di due piramidi, nun buoy.
  gavitello di metallo, metal buoy; nun buoy.
GAZZETTA UFFICIALE MILITARE. Army Orders.
GELARE. To freeze; to frost; to ice.
GELATA, *f.* Frost.
GELATINA, *f.* Gelatine.
  gelatina esplosiva, explosive gelatine.
GELATINIZZARE. To gelatinize.
GELATINOSO. Gelatinous.
GELO, *m.* Frost; ice.
  pericolo di gelo, ice danger.
GENERALE, *m.* General.
  generale di armata, full general.
  generale di brigata, brigadier general.
  generale di corpo d'armata, corps commander; lieutenant general (Italian Army).

GENERALE—Continued.
 generale di divisione, division commander; major general (Italian Army).
 maggiore generale, major general.
 tenente generale, lieutenant general.
GENERALISSIMO, *m.* Generalissimo.
GENERATORE, *m.* Generator.
 generatore elettrico, electrical generator.
 rendimento del generatore, generator output.
GENIERE, *m.* Engineer (Mil).
GENIERI, *mpl.* Engineer troops.
GENIO MILITARE. Corps of engineers.
GENOVA, *f.* Genoa.
GEODESIA, *f.* Geodesy.
GEODETICO. Geodetic.
GEOFISICA, *f.* Geophysics.
GEOGRAFIA, *f.* Geography.
GEOGRAFICO. Geographical.
GEOMETRIA, *f.* Geometry.
GEOMETRICO. Geometrical.
GEOPOLITICA, *f.* Geopolitik.
GERARCHIA, *f.* Hierarchy.
GERARCHIA MILITARE. Military hierarchy.
GERMANIA, *f.* Germany.
GERMANICO. German.
GERUSALEMME, *f.* Jerusalem.
GESTA, *f.* Exploit; feat.
GETTARE. To throw; to jettison.
GETTATA, *f.* Jetty.
GHERONE, *m.* Gore (Nav); gusset.
GHIACCIAIA, *f.* Refrigerator; icebox; icehouse.
GHIACCIAIO, *m.* Glacier.
GHIACCIUOLI, *mpl.* Ice needles.
GHIAIA, *f.* Gravel.
GHIERA, *f.* Ferrule.
GHIRBA, *f.* Watering bag; belly (Military slang).
GHISA, *f.* Cast iron.
GIBERNA, *f.* Cartridge box.
GIBILTERRA, Stretto di. Strait of Gibraltar.
GIBUTI, *m.* Gibuti.
GINNASTICA, *f.* Calisthenics; gymnastics.
 ginnastica in massa, mass calisthenics.
GINNOTO, *m.* Electric submarine mine.
 cavo elettrico per ginnoti, shore cable.

GINOCCHIO, *m.* Knee.
 in ginocchio, kneeling; on the knee.
GIOGO, *m.* Yoke.
GIORNALE, *m.* Newspaper; journal; diary; daybook; ledger (Bookkeeping).
 giornale dei messaggi, message book.
 giornale di bordo, logbook; log.
 giornale di macchina, engine logbook.
 giornale nautico, logbook.
GIORNALE DI GUERRA. War diary.
GIORNALIERO. Daily.
GIRA-MASCHI, *m.* Screw stock.
GIROBUSSOLA, *f.* Gyroscopic compass; gyrocompass.
GIROMETRO, *m.* Gyrometer.
GIROPILOTA, *m.* Mechanical pilot; automatic pilot; robot pilot; gyropilot; ironman (Avn); iron mike (Slang).
GIROSCOPIO, *m.* Gyroscope; gyro.
 giroscopio ad inclinometro, turn-and-bank indicator.
GIROSTABILIZZATORE, *m.* Gyrostabilizer; gyroscopic stabilizer.
GITTATA, *f.* Range (Arty); distance (Arty); shot; jetty; throw; cast; casting (Metallurgy).
 gittata aggiustata, adjusted range.
 gittata massima, maximum range; extreme range.
 gittata minima, least range; minimum range.
 modificazione di gittata, range change.
 scarto in gittata, range bound.
GIUDICARE. To judge; to deem.
GIUDICE, *m.* Judge.
 giudice conciliatore, justice of peace.
GIUDICE DI CAMPO. Umpire (Mil).
GIUDIZIO, *m.* Judgment; discernment; trial; decision (Law); opinion (Law).
 giudizio di Tribunale Militare, Court-martial trial.
GIUNGLA, *f.* Jungle.
GIUNTO, *m.* Joint (Mech); coupling.
 giunto a manicotto, box coupling.
 giunto cardanico, universal joint.
 giunto posteriore, back coupling.
GIUOCO, *m.* Sport; game (Sport); play (Mech); motion (Mech).
GIUOCO ECCESSIVO. Backlash (Mech).

GIURAMENTO, *m.* Oath.
giuramento di fedeltà, oath of allegiance.
GIURARE. To swear.
giurare il falso, false swearing.
GIURISDIZIONE, *f.* Jurisdiction; venue.
giurisdizione del Tribunale Militare, Court-martial jurisdiction.
giurisdizione militare, military jurisdiction.
giurisdizione militare in paese straniero, military jurisdiction in foreign country.
GIUSTIZIA, *f.* Justice.
giustizia militare, military justice.
GIUSTIZIARE. To execute (Penal).
GNOMONICO. Gnomonic.
GOLETTA, *f.* Schooner.
GOLFO, *m.* Gulf.
GOMENA, *f.* Cable; hawser; line (Nav).
lunghezza di gomena, cable's length.
GOMENETTA, *f.* Hawser.
gomenetta da rimorchio, towing hawser.
GOMMA, *f.* Rubber; tire (Automobile); gum; eraser.
allineamento delle gomme, tire alignment.
gomma di ricambio, spare tire.
gomma elastica, rubber; caoutchouc; India rubber.
gomma elastica vulcanizzata, vulcanized rubber.
gomma pneumatica, pneumatic tire.
rottura di gomma, tire wreck.
GOMMARE. To gum; to rubberize.
GONDOLA, *f.* Gondola (Avn).
GONFIARE. To inflate; to swell.
gonfiare una gomma, to inflate a tire.
gonfiare un pneumatico, to inflate a tire.
GONIOMETRIA, *f.* Goniometry.
GONIOMETRO, *m.* Goniometer; radio compass.
GORA, *f.* Sluice.
GOVERNATIVO. Governmental; federal.
GOVERNATORE, *m.* Governor.
GOVERNO, *m.* Government.
governo di diritto, government de jure.
governo di fatto, government de facto.

GRADIENTE, *m.* Gradient.
gradiente barico, pressure gradient.
gradiente della pressione barometrica, barometric pressure gradient.
gradiente geotermico, geothermal gradient.
gradiente termico, temperature gradient.
GRADINO, *m.* Step (of a stair).
gradino per tiratore, fire step.
GRADO, *m.* Grade; degree; rank; dignity; rate.
grado corrispondente, relative rank.
grado di latitudine, degree of latitude.
grado di longitudine, degree of longitude.
retrocessione dal grado, degradation.
rimuovere dal grado, to reduce to the ranks.
superare di grado, to have higher rank; to rank.
GRADUARE. To grade; to gradate; to graduate; to scale.
GRADUATI E TRUPPA. Rank and file.
GRADUATORE, *m.* Grader; setter.
graduatore di spoletta a mano, hand fuze setter.
GRADUAZIONE, *f.* Graduation; grading; marking (Instr).
GRAFICO, *m.* Graph.
GRAFICO, *adj.* Graphic.
GRAFOMETRO, *m.* Graphometer.
GRAMMO, *m.* Gram.
GRANATA, *f.* Explosive shell; shell; grenade; bomb; broom.
granata ad azione eminentemente esplosiva, high-explosive shell.
granata ad azione proiettiva, explosive shell.
granata ad azione tossica, gas shell.
granata a pallette, shrapnel.
granata asfissante, asphyxiating shell.
granata bomba, demolition bomb.
granata da esercitazione, drill grenade.
granata da fucile, rifle grenade.
granata dirompente, fragmentation bomb.
granata fumogena, smoke shell.
granata incendiaria, incendiary shell.
granata lacrimogena, tear shell.
granata perforante, armor-piercing shell.

GRANATIERE, *m.* Grenadier.
GRANDE POTENZA. Great power.
GRAN QUARTIERE GENERALE. General Headquarters (GHQ).
GRANDE UNITÀ. Large unit.
GRANDEZZA, *f.* Size; magnitude; greatness.
   classificare per grandezza, to classify by size; to size.
GRANDINARE. To hail (Met).
GRANDINATA, *f.* Hailstorm.
GRANDINE, *f.* Hail (Met).
GRANGUARDIA, *f.* Support of the outpost; main guard.
GRAN VOLTA. Loop (Avn).
   eseguire una gran volta, to loop.
   gran volta diritta, normal loop.
   gran volta rovescia, inverted normal loop.
GRAPPA, *f.* Clip (Engr); grapes (Vet).
GRAPPINO, *m.* Grapnel.
GRASSO, *m.* Fat; grease.
   siringa per grasso, grease gun.
GRATICCIATA, *f.* Hurdle (Mil).
GRATICCIO, *m.* Hurdle.
GRAVIMETRIA, *f.* Gravimetry.
GRAVIMETRICO. Gravimetric.
GRAVINA, *f.* Pick mattock.
GRAVITÀ, *f.* Gravity.
   basso centro di gravità, low center of gravity.
   gravità specifica, specific gravity.
GRECIA, *f.* Greece.
GRECO, *m.* Greek.
GREGGIO. Raw; crude; unbleached; unrefined.
GREPPIA, *f.* Feedbox rack; feed rack.
GREZZO. Raw; crude; unbleached; unrefined.
GRIDO DI GUERRA. War cry.
GRIGLIA, *f.* Grid (Rad); gridiron.
   griglia a nido d'api, honeycomb (Radiator).
GRILLETTO, *m.* Trigger.
   perno del grilletto, trigger pin.
   primo movimento del grilletto, slack (Trigger squeeze).
GROSSA, *f.* Gross (Measure).
   dodici grosse, great gross.
GROSSO, *m.* Main body (Mil); bulk.
GROTTA, *f.* Grotto; cave; abri.
GRU, *f.* Crane.
   gru delle imbarcazioni di salvataggio, davit.

GRU—Continued.
GRUPPO, *m.* Group; team; set.
   gruppo aerostiero, balloon group.
   gruppo cifrante, cipher group.
   gruppo di apparecchi da combattimento, fighter group (Avn).
   gruppo di armate, group of armies.
   gruppo di bandiere, flag set.
   gruppo di combattimento, combat team.
   gruppo di prigionieri, batch of prisoners.
   gruppo esplorante, reconnaissance group.
GRUPPO DI RETTIFICAZIONE. Improvement fire.
GUADABILE. Fordable.
   non guadabile, unfordable.
GUADARE. To ford.
GUADO, *m.* Ford.
GUAINA, *f.* Scabbard; sheath; hoist (of a flag).
GUANTO, *m.* Glove.
   guanti da aviatore, flying gloves.
   guanti antipritici, protective gloves (Gas).
GUARDABARRIERE, *m.* Gateman (RR).
GUARDACOSTE, *m.* Coast guard.
GUARDAFILI, *m.* Lineman
   cintura del guardafili, lineman's belt.
GUARDALATO, *m.* Fender (Nav); skid (Nav).
GUARDAMANO. *m.* Hand guard (Sword).
GUARDIA, *f.* Guard; watch; sentinel; hand guard (Sword).
   cerimonia della guardia, guard mounting.
   cerimonia formale della guardia, formal guard mount.
   cerimonia ordinaria della guardia, informal guard mount
   collocare una guardia, to post a guard.
   corpo di guardia, guardroom; guardhouse.
   dare il cambio alla guardia, to relieve a guard.
   di guardia, on guard.
   drappello di guardia, guard detail.
   far la guardia, to stand guard; to guard.
   gran guardia, main guard; support of the outpost.

GUARDIA—Continued.
  guardia ai prigionieri sul lavoro, prisoner guard.
  guardia al campo, camp guard.
  guardia alla frontiera, frontier guard.
  guardia alla prigione, prison guard.
  guardia avanzata, outguard.
  guardia di pubblica sicurezza, policeman.
  guardia d'onore della bandiera, color guard.
  montare di guardia, to mount guard.
  piccola guardia, outguard.
  rapporto della guardia, guard report.
  rilevare la guardia, to relieve a guard.
  ruolo di turno della guardia, guard roster.
  suonare il cambio della guardia, to sound off.
  specchietto di servizio della guardia, guard roster.
GUARDIA D'ONORE. Guard of honor.
GUARDIAMARINA, *m.* Ensign (Rank).
GUARDIANO, *m.* Watchman; guardian.
GUARDIA PRINCIPALE. Main guard.
GUARNIGIONE, *f.* Garrison (Mil).
GUARNIZIONE, *f.* Gasket (Mech); fittings.
GUASTO, *m.* Breakdown (Mech); damage (Mech).
GUERRA, *f.* War; warfare.
  arte della guerra, art of war.
  assetto di guerra, war footing.
  atto di guerra, act of war.
  cessazione dello stato di guerra, end of state of war; end of war.
  condotta della guerra, conduct of war.
  consiglio di guerra, council of war.
  contrabbando di guerra, contraband of war.
  contrabbando di guerra condizionale, conditional contraband of war; occasional contraband of war.
  contrabbando di guerra relativo, occasional contraband of war; conditional contraband of war.
  convenzioni di guerra, conventions of war.
  diario di guerra, war diary.

GUERRA—Continued.
  dichiarazione di guerra, declaration of war.
  dichiarazione di guerra condizionale, conditional declaration of war.
  durata della guerra, duration of war.
  fine della guerra, end of war.
  guerra aerea, aerial warfare.
  guerra aggressiva, aggressive war.
  guerra chimica, chemical warfare.
  guerra civile, civil war.
  guerra dichiarata, solemn war.
  guerra di conquista, war of conquest.
  guerra difensiva, defensive war.
  guerra di fortezza, fortress warfare.
  guerra di logoramento, war of attrition.
  guerra di mina, mine warfare; subterranean warfare.
  guerra di montagna, mountain warfare.
  guerra d'indipendenza, war of independence.
  guerra di nervi, war of nerves.
  guerra di partigiani, guerrilla warfare.
  guerra di posizione, war of position; stabilized warfare; trench warfare.
  guerra di trincea, trench warfare.
  guerra economica, economic war.
  guerra manovrata, open warfare; warfare of maneuver; war of movement.
  guerra marittima, war at sea.
  guerra mondiale, world war.
  guerra navale, war at sea.
  guerra offensiva, offensive war.
  guerra punitiva, punitive war.
  guerra sotterranea, underground warfare; mine warfare.
  guerra terrestre, war on land; land warfare.
  leggi di guerra, articles of the war.
  nave da guerra, battleship, man-of-war.
  norme della guerra terrestre, rules of land warfare.
  piede di guerra, war footing.
  preda di guerra, captured war material; booty.
  scienza della guerra, science of war.
  scoppio della guerra, outbreak of war.
  scuola di guerra, war college; officers' training school.

GUERRA—Continued.
stato di guerra, state of war.
teatro della guerra, theater of war.
tempo di guerra, wartime.
usi di guerra, usages of war; customs of war.
zona di guerra, war zone.
GUERRAFONDAIO, *m.* Warmonger.
GUERRESCO. Pertaining to war; martial.
GUERRIGLIA, *f.* Guerrilla warfare; bush fighting; guerrilla.
GUERRIGLIERO, *m.* Guerrilla (the individual).
GUIDA, *f.* Guide; leader; pivot (Mil); rein (Harness); rail (RR); drive (Automobile); directory.
guida destra (sinistra), half face right (left).
guida telefonica, telephone directory.
"GUIDA A DESTRA!" "Guide right!"
"GUIDA A SINISTRA!" "Guide left!"
GUIDAIUOLA, *f.* Bell mare.
GUIDAIUOLO, *m.* Bell horse.
GUIDARE. To guide; to lead; to conduct; to steer; to drive (Automobile).
GUIDONE, *m.* Guidon.
GUIZZATA, *f.* Yawing (Nav); yaw (Nav).
GUTTAPERCA, *f.* Gutta-percha.

H

HABEAS CORPUS. Habeas corpus.
mandato di habeas corpus, writ of habeas corpus.
sospensione del mandato di habeas corpus, suspension of writ of habeas corpus.
HANGAR, *m.* Hangar.
hangar sotterraneo, underground hangar.

I

IDENTIFICARE. To identify.
IDENTIFICAZIONE, *f.* Identification.
IDENTITÀ, *f.* Identity.
carta d'identità, identification paper.
identità personale, personal identity.
IDONEITÀ, *f.* Fitness; efficiency.
idoneità fisica, physical fitness.
IDRANTE, *f.* Fire hydrant.

IDRATAZIONE, *f.* Hydration.
IDRAULICA, *f.* Hydraulics.
IDRAULICO. Hydraulic.
IDRICO. Hydrous; water.
IDROCORSA, *m.* Racing seaplane.
IDRODINAMICA, *f.* Hydrodynamics.
IDRODINAMICO. Hydrodynamic.
IDROELETTRICITÀ, *f.* Hydroelectricity.
IDROELETTRICO. Hydroelectric.
IDROFONO, *m.* Hydrophone.
IDROGRAFIA, *f.* Hydrography.
IDROGRAFICO. Hydrographic.
IDROMETRIA, *f.* Hydrometry.
IDROMETRO, *m.* Hydrometer.
idrometro per misurare la gravità specifica, specific gravity hydrometer.
IDROPLANO, *m.* Hydroplane; seaplane.
IDROSILURANTE, *m.* Torpedoplane (Seaplane).
IDROSTATICA, *f.* Hydrostatics.
IDROSTATICO. Hydrostatic.
IDROVOLANTE, *m.* Flying boat; seaplane; hydroplane.
idrovolante a due galleggianti affiancati, twin-float seaplane.
idrovolante a galleggiante centrale, single-float seaplane.
idrovolante a galleggianti, float seaplane.
idrovolante a scafo, flying boat.
IGIENE, *f.* Hygiene; sanitation.
IGIENE MILITARE. Military hygiene.
IGIENICO. Hygienic.
IGNIZIONE, *f.* Ignition.
ritardo d'ignizione, ignition delay; ignition lag.
IGROGRAFO, *m.* Hygrograph.
IGROMETRIA, *f.* Hygrometry.
IGROMETRO, *m.* Hygrometer.
IGROSCOPICO. Hygroscopic.
IGROSCOPIO, *m.* Hygroscope.
IMBALLAGGIO, *m.* Packing; baling.
gabbia da imballaggio, packing crate; shipping crate; crate.
IMBALLARE. To bale; to pack; to race (Mtr).
imballare in una gabbia, to pack in a crate; to crate.
macchina per imballare, baling machine; baler.

IMBALLATORE, *m.* Baler (the individual).
IMBALLATRICE, *f.* Baling machine; baler.
   imballatrice di fieno, hay baler (Machine).
IMBARCARE. To embark; to ship.
IMBARCARSI. To go on shipboard; to embark.
IMBARCATOIO, *m.* Pier (Nav).
IMBARCAZIONE, *f.* Embarking; boat.
   imbarcazione di salvataggio, lifeboat.
IMBARCO, *m.* Embarkation; embarking; point of embarkation; boat.
   imbarco di truppe, embarkation of troops.
   imbarco di truppe per unità e convoglio, convoy unit loading.
   metodo di imbarco di organizzazioni e relativi equipaggiamenti sul medesimo trasporto, ma che non consente sbarco simultaneo, organizational unit loading.
   metodo di imbarco di truppe facilitantene l'utilizzazione in combattimento allo sbarco, unit loading.
   metodo di imbarco di truppe in assetto di combattimento su un singolo trasporto militare, combat unit loading.
   piano d'imbarco, plan of embarkation.
   punto d'imbarco, point of embarkation.
IMBARDATA, *f.* Ground loop.
IMBOSCATA, *f.* Ambush.
   fare un'imboscata, to ambush.
IMBOSCATO, *m.* Shirker; slacker; embusqué.
IMBRACA, *f.* Sling (Nav).
IMBRACARE. To place in a sling; to sling.
IMBRACATURA, *f.* Sling (Arty. & Nav).
   imbracatura di salvataggio, breeches buoy.
   imbracatura per quadrupedi, horse sling.
IMBRIGLIARE. To bridle.
IMBUTO, *m.* Shell crater; shell hole; funnel.
   diametro dell'imbuto di esplosione, crater diameter (Mining).

IMMAGAZZINAGGIO, *m.* Storing; storage.
IMMAGAZZINARE. To deposit in a warehouse; to store.
IMMELMARE. To sink in mire; to mire.
IMMERGERE. To immerse; to dip; to duck.
IMMERGERSI. To submerge oneself; to plunge; to duck.
IMMERSIONE, *f.* Immersion.
IMMOBILIZZARE. To immobilize; to fix.
IMMOBILIZZAZIONE, *f.* Immobilization.
IMMONDIZIA, *f.* Waste, rubbish.
   immondizie di cucina, kitchen waste.
IMPADRONIRSI. To take possession of; to seize; to secure.
IMPALCATA, *f.* Chess (Floating bridge).
IMPANTANARSI. To bog.
IMPECIARE. To cover with pitch; to pitch.
IMPEDIMENTI, *mpl.* Impedimenta.
IMPEDIMENTO, *m.* Hindrance; drag.
IMPEDIRE. To impede; to obstruct; to bar; to prevent; to hinder; to hamper; to stem.
IMPEGNARE. To engage (Mil); to bind.
IMPELLICCIATURA, *f.* Veneer.
IMPENETRABILE. Impenetrable; impervious.
IMPENNAGGIO, *m.* Tail plane; tail surface (Ap).
   impennaggio orizzontale, horizontal tail surface.
   impennaggio verticale, vertical tail surface.
IMPENNARSI. To rear (H); to grow angry.
IMPENNATA, *f.* Jump (Ballistics); rearing (H).
   impennata del pezzo, jump of the gun.
IMPERMEABILE, *m.* Raincoat.
IMPERMEABILE, *adj.* Impermeable; waterproof.
   impermeabile ai gas, gasproof; gastight.
IMPERNIARE. To pivot.
IMPERVIO. Impervious.
IMPETO, *m.* Impetus; dash; impulse.

IMPIALLACCIATURA, *f.* Veneer.
IMPIANTARE. To implant; to install.
IMPIANTO, *m.* Plant (Industry); establishment; installation.
  impianto frigorifero, refrigerating plant.
  impianto per filtrazione, filtration plant.
  impianto per la produzione di energia, power plant.
IMPICCARE. To hang (Law).
IMPIEGARE. To employ; to use.
IMPIEGATO, *m.* Employee; clerk.
  impiegato avventizio, temporary employee.
  impiegato civile, civilian employee.
  impiegato civile a riposo, retired civilian employee.
  impiegato di dogana, customs officer.
IMPIEGO, *m.* Employment; employ; use.
  impiego civile, civilian employment.
IMPORRE. To impose; to enforce.
IMPOSSESSARSI. To take possession of; to seize; to secure.
IMPRONTE DIGITALI. Fingerprints.
  carta delle impronte digitali, fingerprint chart.
  prendere le impronte digitali, to fingerprint.
IMPROVVISATO. Expeditious; hasty.
IMPROVVISO. Sudden.
IMPUGNARE. To impugn; to grasp; to grip; to clutch.
IMPUGNATURA, *f.* Grip; hilt; buttstock (SA).
  impugnatura della baionetta, bayonet grip.
IMPUTATO, *m.* Defendant; accused.
IMPUTAZIONE, *f.* Incrimination; accusation.
INABILE. Unfit (Mil); unable; incompetent.
INABILITÀ, *f.* Inability; unfitness; incompetence.
INABILITARE. To disable; to declare incompetent.
INABILITATO. Disabled.
INACCESSIBILE. Inaccessible; impervious.
INADEMPIMENTO, *m.* Omission to perform; nonfeasance; failure.

INASTARE. To fix (as a bayonet); to hoist (as a flag).
INCAGLIAMENTO, *m.* Jam (Mech); stranding (Nav).
INCAGLIARE. To strand (Nav); to freeze up (Mech); to jam (Mech).
INCAGLIARSI. To run aground; to become jammed (Mech).
INCAGLIATO. A g r o u n d (Nav); stranded (Nav); jammed (Mech).
INCAGLIO, *m.* Jam (Mech); breakdown (Mech); stoppage (Mech); stranding (Nautical); obstacle.
INCALZARE. To pursue hotly; to press; to push.
INCAMICIARE. To revet.
INCAMICIATURA, *f.* Revetment; jacket.
INCARICO, *m.* Charge; task; assignment; errand.
INCASSARE. To incase; to box; to obtain payment; to cash in.
INCATENARE. To chain.
INCATRAMARE. To tar.
INCAVALCARE. To mount (G).
"INCAVALCATE IL MORTAIO!" "Mount mortar!"
INCAVICCHIARE. To keep fixed with pegs; to peg.
INCAVIGLIARE. To fasten with pegs; to peg; to pin.
INCENDIARE. To set on fire; to fire; to inflame.
INCENDIARIO, *m.* Incendiary; arsonist.
INCENDIARIO, *adj.* Incendiary.
INCENDIO, *m.* Destructive burning; fire.
  apparecchio da incendio, fire apparatus.
  apparecchio per estinguere gli incendi, fire extinguisher.
  avvisatore d'incendio, fire alarm (Apparatus).
  esercitazioni di posto d'incendio, fire drill.
  estintore d'incendio, fire extinguisher.
  incendio doloso, malicious burning; arson.
  polizza di assicurazione contro gli incendi, fire insurance policy; fire policy.
  pompa da incendio, fire hydrant.

INCENDIO—Continued.
rischio d'incendio, fire hazard.
secchia a mantice da incendio, fire bucket.
segnale d'adunata in caso d'incendio, fire call.
INCENERATORE, m. Incinerator; burner.
INCENERIRE. To incinerate; to cremate.
INCEPPAMENTO, m. Jam (Mech).
INCERARE. To wax.
INCHIAVARE. To lock with a key; to key.
INCHIESTA, f. Inquest; inquiry; investigation.
commissione d'inchiesta, investigating board; investigation committee; Court of Inquiry.
INCHIODARE. To spike (G); to nail; to pin in place; to fix.
INCHIOSTRO, m. Ink.
inchiostro copiativo, copying ink.
inchiostro di China, India ink.
inchiostro indelebile, indelible ink.
inchiostro litografico, lithographic ink.
inchiostro simpatico, sympathetic ink.
inchiostro tipografico, printing ink.
INCIDENTALE. Incidental; secondary; casual.
INCIDENTE, m. Incident.
INCIDENZA, f. Incidence.
angolo di incidenza, angle of incidence.
INCLINARE. To incline; to slope; to bank (Avn); to dip (Magnetism).
INCLINAZIONE, f. Inclination; tilt; tendency.
inclinazione della traiettoria, inclination of the trajectory.
inclinazione del vento, inclination of the wind.
inclinazione di traiettoria, angle of incidence (Ballistics).
inclinazione magnetica, magnetic dip; dip (Magnetism).
inclinazione magnetica dell'ago della bussola, dip of compass needle.
inclinazione minima, minimum elevation.
INCLINOMETRO, m. Inclinometer.
inclinometro a sferette, ball-inclinometer.
INCOGNITO. Incognito.

INCOLLARE. To glue; to paste; to stick.
INCONDIZIONATO. Unconditional.
INCONGELABILE. Antifreezing.
INCONTRARE. To encounter; to meet.
INCROCIARE. To cross; to traverse; to cruise.
INCROCIATORE, m. Cruiser.
incrociatore ausiliario, auxiliary cruiser.
incrociatore corazzato, armored cruiser.
incrociatore da battaglia, battle cruiser.
incrociatore leggero, light cruiser.
incrociatore protetto, protected cruiser; armored cruiser.
incrociatore torpediniere, torpedo-boat destroyer.
INCROCIO, m. Crossing; intersection; point of intersection; cross; crossbreeding.
incrocio di strade, road crossing.
INCUDINE, f. Anvil.
incudine da fabbro ferraio, blacksmith's anvil.
incudine da maniscalco, horseshoer's anvil.
incudine per ribadire, riveting anvil.
INCURSIONE, f. Incursion; descent (Mil); raid.
fare un'incursione, to make a raid (Mil); to raid (Mil).
INCURSIONE AEREA. Air raid.
allarme di incursione aerea, air-raid alert.
precauzione contro le incursioni aeree, air raid precaution.
segnale di incursione aerea, alert.
INDAGARE. To investigate; to inquire; to scrutinize; to search; to explore.
INDEGNO. Unworthy.
indegno di un militare, unworthy of a soldier; unmilitary.
INDENNITÀ, f. Indemnity; indemnification; compensation; allowance.
indennità corrisposta in natura, allowances in kind.
indennità d'alloggio, quarters allowances; commutation of quarters; commutation of lodging.

INDENNITÀ—Continued.
indennità di chilometraggio, mileage allowances.
indennità di imballaggio, crating allowance.
indennità di percorso in miglia, mileage allowances.
indennità di pigione, rental allowances.
indennità di rafferma, enlistment allowances.
indennità di rancio, commutation of rations.
indennità di sussistenza, subsistence allowance.
indennità di trasferta, travel allowance.
indennità di vestiario, clothing allowances.
indennità di viaggio, travel allowances.
indennità di viaggio all'atto del cóngedo, allowances on discharge.
indennità di vitto, commutation of meal.
indennità giornaliera di viaggio, per diem allowances.
indennità in contanti, monetary allowance.
indennità messaggi telefonici, commutation of telephone messages.
indennità spese di magazzinaggio, commutation of storage charges.
indennità spese telegrafiche, commutation of telegrams.
indennità trasporto bagagli, commutation of baggage transportation.
INDENNIZZARE. To indemnify.
INDENNIZZO, *m.* Indemnification.
INDICARE. To indicate; to denote; to point; to point out; to designate; to read (Instr).
INDICATORE, *m.* Indicator.
indicatore della pressione, pressure gauge.
indicatore della velocità di salita, climb indicator.
indicatore del livello di benzina, fuel level gauge.
indicatore di chiamata, drop (Tp).
indicatore di combustibile, fuel gauge.
indicatore di quota sul terreno, terrain-clearance indicator.
indicatore di rilevamento, bearing indicator.

INDICATORE—Continued.
indicatore di velocità, speedometer; tachometer.
indicatore giroscopico di direzione, directional gyro.
INDIETREGGIAMENTO, *m.* Falling back; recoiling; recoil.
INDIETREGGIARE. To fall back; to recoil.
INDIETRO. In the rear.
all'indietro, rearward; backward.
INDIFENDIBILE. Indefensible; untenable.
INDIFESO. Undefended.
INDIVIDUARE. To locate (Surv).
INDIVIDUAZIONE, *f.* Location (Surv).
INDIVIDUAZIONE DEI PUNTI. Location of points (Surv).
INDUTTANZA, *f.* Inductance.
INDUZIONE, *f.* Induction.
INESPLOSO. Unexploded.
INFANGARSI. To sink in mire; to mire.
INFERMERIA, *f.* Infirmary.
infermeria di bordo, sick bay.
infermeria quadrupedi, veterinary hospital.
infermeria temporanea di sgombro, evacuation hospital.
INFERMIERA, *f.* Nurse.
INFERMIERE, *m.* Orderly (Hosp); male nurse.
INFIAMMABILE. Inflammable.
INFIAMMABILITÀ, *f.* Inflammability.
punto d'infiammabilità, flash point.
INFILATA, *f.* Enfilade.
battere d'infilata, to enfilade.
INFILTRAMENTO, *m.* Infiltration.
INFILTRARE. To infiltrate.
INFILTRARSI. To infiltrate.
INFILTRAZIONE, *f.* Infiltration.
INFLUSSO AERODINAMICO. Downwash (Avn).
INFORMARE. To inform; to instruct.
INFORMATORE, *m.* Informant; informer.
INFORMAZIONE, *f.* Intelligence (Mil); information; reference; dope (Slang).
elementi essenziali dell' informazione, essential elements of information.
fornire informazioni, furnishing information.

INFORMAZIONE—Continued.
  informazione anticipata, advance information.
  informazione di carattere militare, military information.
  informazione negativa, negative information.
  informazione positiva, positive information.
INFORMAZIONI MILITARI. Military intelligence.
  interpretazione delle informazioni, interpretation of information.
  vaglio dell'informazione, evaluation of the information.
INFRANGIBILE. Shatterproof.
INFRAZIONE, *f.* Infraction.
  infrazione dei regolamenti, violation of regulations.
INFUSIONE, *f.* Infusion.
INGABBIAMENTO, *m.* Box barrage.
INGAGGIARE. To engage.
INGANNARE. To deceive; to delude; to bluff.
INGANNO, *m.* Deception; mistake.
  indurre in inganno, to lead into error; to delude.
INGEGNERE, *m.* Engineer (Profession).
  ingegnere aeronautico, aeronautical engineer.
  ingegnere civile, civil engineer.
  ingegnere consulente, consulting engineer.
  ingegnere elettrotecnico, electrical engineer.
  ingegnere ferroviario, railroad engineer.
  ingegnere idraulico, hydraulic engineer.
  ingegnere industriale, industrial engineer.
  ingegnere meccanico, mechanical engineer.
  ingegnere militare, army engineer.
  ingegnere minerario, mining engineer.
  ingegnere navale, naval engineer.
  ingegnere radiotecnico, radio engineer.
INGEGNERIA, *f.* Engineering.
INGHILTERRA, *f.* England.
INGLESE, *m* & *f.* Englishman; Englishwoman.

INGOMBRARE. To obstruct; to encumber; to block.
INGRANAGGIO, *m.* Gearing; gears; gear.
  ingranaggio della retromarcia, reverse gear.
  ingranaggio dello sterzo, steering gear.
  ingranaggio differenziale, differential gear; equalizing gear.
  ingranaggio di grande velocità, high gear.
  ingranaggio di prima velocità, low gear.
  ingranaggio di seconda velocità, second gear.
  rapporto d'ingranaggio, gear ratio.
INGRANARE. To gear; to tooth; to engage; to size (Tanning).
INGRANDIMENTO, *m.* Enlargement; magnification.
  ingrandimento di un disegno, enlargement of a drawing.
  ingrandimento fotografico, photographic enlargement.
INGRANDIRE. To enlarge; to magnify; to amplify.
INGRASSARE. To grease; to lubricate; to fatten.
INGRASSATRICE, *f.* Grease cup.
INGRATICCIATA, *f.* Basketwork (Fort).
INGRATICOLATO, *m.* Basketwork (Fort).
INGROSSAMENTO, *m.* Barrel extension (Mg).
INGUAINARE. To sheathe.
INIBIZIONE, *f.* Inhibition.
INIETTARE. To inject.
INIETTORE, *m.* Injector.
INIEZIONE, *f.* Injection.
  iniezione diretta, solid injection (Mtr).
"INIZIATE IL FUOCO!" "Commence firing!"
INIZIATIVA, *f.* Initiative.
  avere l'iniziativa, to hold the initiative.
  iniziativa individuale, individual initiative.
  strappare l'iniziativa al nemico, to wrest the initiative from the enemy.
INNESCO, *m.* Primer.

INNESTARE. To engage (Mech); to inoculate; to graft.
INNESTO, *m.* Clutch (Mech); inoculation; grafting.
innesto a frizione, friction clutch.
innesto a frizione conica, cone clutch.
INNO, *m.* Anthem.
inno nazionale, national anthem.
INONDARE. To inundate; to flood.
INONDAZIONE, *f.* Flood; inundation.
INOSSERVANZA, *f.* Neglect; neglect of duty.
INOSSERVATO. Unobserved.
INQUINARE. To pollute; to contaminate; to defile; to infect; to corrupt.
"IN RIGA!" "Fall in!"
INSEDIAMENTO, *m.* Installation; installment (of office); instalment (of office).
INSEDIARE. To install.
INSEGNA, *f.* Pennant; guidon; banner.
INSEGUIMENTO, *m.* Pursuit; chase.
inseguimento diretto, direct pursuit.
INSENATURA, *f.* Bright (Top); bay.
INSERIRE. To insert; to enclose; to plug in (Elec); to connect (Elec).
INSIDIA, *f.* Ambush; snare; trap.
INSIDIOSO. Insidious.
INSORGERE. To rebel.
INSORTO, *m.* Insurgent.
INSOSTENIBILE. Untenable; indefensible.
INSTALLARE. To install.
INSTALLAZIONE, *f.* Installation; emplacement.
INSUBORDINATO. Insubordinate.
INSUBORDINAZIONE, *f.* Insubordination.
INSUCCESSO, *m.* Unsuccess; failure.
INSULARE. Insular.
INSURREZIONE, *f.* Insurrection; rebellion.
INTACCARE. To notch; to indent; to score.
INTACCATURA, *f.* Indentation.
INTASAMENTO, *m.* Fouling; stoppage; clog.
INTASARE. To clog; to foul; to incrust.
INTASATURA, *f.* Fouling; stoppage.
INTELAIATURA, *f.* Framework.

INTELLIGENZA, *f.* Intelligence; answering pennant.
INTENDENTE GENERALE. Quartermaster General.
INTENDENZA MILITARE. Quartermaster corps.
INTENIBILE. Untenable.
INTENSIFICARE. To intensify; to deepen.
INTERCETTARE. To intercept.
INTERCETTAZIONE, *f.* Interception.
intercettazione radio, radio intercept.
INTERDIRE. To interdict.
INTERDIZIONE, *f.* Interdiction fire; interdiction.
INTERESSE, *m.* Interest; concern.
interesse pubblico, public interest.
INTERFERENZA, *f.* Interference.
INTERFERIRE. To interfere.
INTERMEDIO. Intermediate.
INTERMITTENTE. Intermittent.
INTERNAMENTO, *m.* Internment.
INTERNAZIONALE. International.
INTERPRETE, *m.* Interpreter.
INTERROGATORIO, *m.* Arraignment (Law); examination (of accused).
INTERROMPERE. To interrupt; to disconnect; to break; to cease.
INTERRUTTORE, *m.* Switch (Elec); circuit breaker; breaker (Elec).
interruttore d'accensione, ignition switch.
interruttore di corrente, disconnecting switch.
INTERRUZIONE, *f.* Interruption; disconnection; break.
INTERSECARE. To intersect.
INTERSECAZIONE, *f.* Intersection.
intersecazione stradale, street intersection.
INTERSEZIONE, *f.* Intersection.
intersezione diretta, two-point resection.
intersezione inversa, one-point resection (Surv).
INTERVALLO, *m.* Interval.
disporre ad intervalli, to place at intervals; to space.
intervallo di calma, lull.
intervallo di scatto, time interval (Photo).
intervallo di scatto di prese successive, time interval between exposures (Photo).

INTERVALLO—Continued.
   intervallo di scoppio, burst interval.
   intervallo di tempo, time interval.
INTERVENTISTA, *m.* Interventionist.
INTERVENTO, *m.* Intervention.
   non intervento, nonintervention.
INTERVISTA, *f.* Interview.
INTERVISTARE. To interview.
INTERVISTATORE, *m.* Interviewer.
INTESA, *f.* Entente; understanding; agreement; accord.
INTRADOSSO, *m.* Intrados.
INTRALCIARE. To hamper.
INTRAPRENDERE. To undertake.
INTRASPORTABILE. Nontransportable (Wounded).
INTREPIDEZZA, *f.* Fearlessness; firmness.
INVADERE. To invade.
INVALIDITÀ, *f.* Disability; invalidity.
   invalidità parziale, partial disability.
   invalidità permanente, permanent disability.
   invalidità temporanea, temporary disability.
   invalidità totale, total disability.
INVALIDO, *m.* Invalid.
INVASIONE, *f.* Invasion; descent.
INVASORE, *m.* Invader.
INVASORE, *adj.* Invading.
INVENTARIO, *m.* Inventory.
   inventario della proprietà, inventory of property.
INVERSIONE, *f.* Inversion.
   strato d'inversione, inversion layer (Met).
INVERTIRE. To invert; to reverse.
INVESTIGARE. To investigate; to examine.
INVESTIMENTO, *m.* Investment (Mil. & Fin).
INVESTIRE. To invest; to collide; to foul (Nav).
INVIARE. To dispatch; to send; to forward.
INVIATO, *m.* Envoy; deputy.
INVILUPPO, *m.* Curve of security.
INVISIBILE. Invisible.
INVOLTO, *m.* Bundle.
INVOLUCRO, *m.* Envelope (Avn); sheath.
INVOLUTA, *f.* Involute.

IOLE, *f.* Gig (of a merchant ship).
   iole del capitano, the captain's gig.
IONIO, Mare. Ionian Sea.
IPOTENUSA, *f.* Hypotenuse.
IPPOTRAINATO. Horse-drawn.
IPRITE, *f.* Mustard gas.
IRRADIAMENTO, *m.* Radiation (Surv).
IRRADIARE. To irradiate; to radiate.
IRRADIAZIONE, *f.* Radiation; irradiation.
IRREGGIMENTARE. To regiment.
IRREVERSIBILE. Irreversible.
IRRIGAZIONE, *f.* Irrigation.
   canale d'irrigazione, irrigation ditch.
IRRIGIDIRE. To stiffen.
IRROMPERE. To burst forth; to rush in; to dash; to advance violently; to debouch.
IRRORARE. To sprinkle; to spray.
IRRORAZIONE, *f.* Spray; spraying; sprinkling.
   irrorazione chimica, chemical spray.
   irrorazione aerochimica, aerial spray.
IRRUZIONE, *f.* Descent (Mil); irruption; break.
ISOBARA, *f.* Isobar.
ISOBARICO. Isobaric.
ISOBARO. Isobaric.
ISOCLINICO. Isoclinic.
ISOCLINO. Isoclinic.
ISOGONICO. Isogonic.
ISOLA, *f.* Island.
   isola scogliosa, cay; key (Top).
   Isole Azzorre, Azores.
   Isole Baleari, Balearic Islands.
   Isole Canarie, Canary Islands.
ISOLA GALLEGGIANTE. Floating island.
ISOLAMENTO, *m.* Insulation; isolation; segregation.
   isolamento del personale infetto e contumaciato, working quarantine.
ISOLA NATANTE. Floating island.
ISOLARE. To insulate; to isolate; to segregate; to separate.
ISOLATORE, *m.* Insulator.
ISOLOTTO, *m.* Islet.
ISOMERO, *m.* Isomer.
ISOMETRICO. Isometric.
ISOSCELE. Isosceles.
ISOTTANO, *m.* Iso-octane.
ISPETTORE, *m.* Inspector; overseer.

ISPEZIONARE. To inspect.
"ISPEZION-ARM!" "Inspection Arms!"
ISPEZIONE, *f.* Inspection; examination.
ISSARE. To hoist (Flag; Sail).
ISTERESI, *f.* Hysteresis.
   isteresi dell'altimetro, altimeter fatigue.
ISTITUTO, *m.* Institution; institute.
   Istituto Poligrafico dello Stato, government printing office.
ISTMO, *m.* Isthmus.
   Istmo di Corinto, Isthmus of Corinth.
ISTRIA, *f.* Istria.
ISTRUTTORE, *m.* Instructor; trainer; coach; examiner (Law).
ISTRUZIONE, *f.* Instruction; drill.
   dare istruzioni, to give instructions; to instruct; to direct.
   istruzione con le armi, drill with arms.
   istruzione senz'armi, drill without arms.
   istruzione tattica, tactical instruction.
   istruzioni dettagliate, detailed instructions.
   lettera di istruzioni, letter of instruction.
   sistema d'istruzione pratica, applicatory method.
ISTRUZIONE MILITARE. Military training.
ISTRUZIONI, *fpl.* Instructions; directions.
ITALIA, *f.* Italy.
ITALIANO, *m.* Italian.
ITINERARIO, *m.* Route; itinerary.
   itinerario di marcia, route of march.
ITINERARIO FOTOGRAFICO. Flight map.
IUGOSLAVIA, *f.* Jugoslavia.
IUTA, *f.* Jute.

L

LABORATORIO, *m.* Laboratory.
   laboratorio chimico da campo, chemical field laboratory.
   laboratorio chimico-batteriologico, medical laboratory.
   laboratorio da campo, field laboratory.
   laboratorio fotografico, photographic laboratory.
   laboratorio fotografico autocarreggiato, mobile photographic laboratory.
LAGO, *m.* Lake.
LAMA, *f.* Blade (of weapon or tool); water jacket (Mtr).
LAMINA, *f.* Lamina; lamination.
   lamina di balestra, spring leaf.
   lamina di molla a balestra, spring leaf.
LAMINARE. To laminate.
LAMINARE, *adj.* Laminar.
LAMINATURA, *f.* Lamination.
LAMINAZIONE, *f.* Lamination.
LAMPADA, *f.* Lamp.
   lampada ad alcool, alcohol lamp.
   lampada a vapore di mercurio, mercury-vapor lamp.
   lampada elettrica, electric lamp.
   lampada elettrica tascabile, flashlight.
LAMPADINA, *f.* Electric bulb; bulb.
LAMPEDUSA, *f.* Lampedusa.
LAMPEGGIARE. To lighten (Met); to blink (Sig); to flash.
LAMPO, *m.* Lightning; flash.
LANCIA, *f.* Lance; launch (Nav); cutter.
LANCIABOMBE, *m.* Bomb thrower; chemical mortar.
LANCIA DI SALVATAGGIO. Lifeboat.
LANCIAFIAMME, *m.* Flame thrower; projector; flame projector.
LANCIAGAS, *m.* Gas projector; projector.
   lanciagas Livens, Livens gas projector; Livens projector.
LANCIARE. To throw; to cast; to hurl; to toss; to deliver; to spring; to launch; to project (as a torpedo).
LANCIARSI. To fling oneself; to hurl oneself; to spring at.
   lanciarsi col paracadute, to parachute; to bail out.
LANCIASAGOLE, *m.* Line-throwing gun; lifesaving gun.
LANCIASILURI, *m.* Torpedo tube.
   lanciasiluri sopracqueo, above-water torpedo tube.
LANCIERE, *m.* Lancer; lance.
LANCIO, *m.* Tow-off (Glider).
LANCIO DI BOMBE. Bomb release.
   lancio a proietti isolati, individual release.
   lancio a salva, salvo release.
   lancio in serie, train release.
LARGHEZZA, *f.* Width; breadth.
"LARGO!" "Gangway!"

LASCIAPASSARE, *m.* Safe-conduct; pass.
LASTRA, *f.* Sheet glass; glass; plate (Photo).
LASTRICARE. To pave.
LATITUDINE, *f.* Latitude; breadth.
  circolo di latitudine, parallel of latitude.
  differenza di latitudine, difference in latitude.
LATO, *m.* Side; aspect.
LATORE, *m.* Bearer.
LATRINA, *f.* Latrine; privy.
  latrina a trincea, straddle trench.
LAVORI PUBBLICI. Public works.
LAVORO, *m.* Work.
  lavori forzati, hard labor.
  lavoro straordinario, overtime.
  ore di lavoro, hours of labor.
LAVORI E OPERE BELLICHE FITTIZIE. Dummy installations.
LAZZARETTO, *m.* Pesthouse; lazaret; lazaretto.
LEGA, *f.* Alloy; league.
  lega difensiva, defensive league.
  lega offensiva, offensive league.
LEGGE, *f.* Law; act.
  legge fondamentale, organic act; organic law.
  legge marziale, martial law.
  legge militare, military law.
  legge retroattiva, ex post facto law; retroactive law.
  legge sulla Difesa Nazionale, National Defense Act.
  legge sulla neutralità, neutrality law.
  legge sullo spionaggio, espionage act.
  leggi di guerra, laws of war.
  persone soggette al codice penale militare, persons subject to military law.
LEGGERE. To read.
LEGGIBILITÀ, *f.* Readability.
LEGIONE, *f.* Legion.
LEGITTIMO. Legitimate; lawful.
LEGNA, *f.* Firewood.
LEGNAME, *m.* Wood; timber; lumber.
  legname da costruzione, timber.
LEGNO, *m.* Wood; ship.
  di legno, wooden.
  legno compensato, plywood.
  legno dolce, soft wood.
  legno duro, hard wood.

LEMBO, *m.* Limb (Sextant).
LEMNO, *f.* Lemnos.
LENTE, *f.* Lens; pendulum bob.
LETALE. Lethal; deadly.
LETTERA DI ISTRUZIONI. Letter of instruction.
LETTERA DI PORTO. Waybill.
LETTERA DI VETTURA. Waybill.
LETTERE CREDENZIALI. Credential letters.
LETTIERA, *f.* Litter (Stable).
  fornire di lettiera, to supply with litter; to litter.
LETTIGA, *f.* Litter (Hosp).
LETTO DI GHIAIA. Ballast (RR); roadbed.
LEVA, *f.* Levy (Mil); draft (Mil); conscription; lever.
LEVA DI COMANDO. Control stick (Avn).
LEVA FERRATA. Crowbar.
LEVANTE, *m.* East; levant.
  di levante, eastern.
LEVARE. To raise; to take away.
  levare il campo, to break camp; to strike camp.
LIBERA PRATICA. Pratique (Nav).
LIBERARE. To liberate; to free; to set free; to release; to deliver; to clear.
LIBERAZIONE, *f.* Liberation; release; deliverance; discharge.
LIBERO. Free; open; clear; independent; available.
LIBERTÀ, *f.* Liberty; freedom.
  mettere in libertà, to dismiss (Troops); to set at liberty; to set free; to free; to release.
LIBERTÀ DEI MARI. Freedom of the seas.
LIBIA, *f.* Libya.
LIBICO, *m.* Libyan.
LIBRARSI. To hover; to balance oneself.
LIBRATORE, *m.* Primary-type glider.
LIBRO NERO. Police blotter.
LICENZA, *f.* Leave of absence (O); furlough (Enlisted men); license; permit.
  accordare una licenza, to grant a furlough; to furlough; to grant a license.
  in licenza, on leave; on furlough.

LICENZA—Continued.
licenza di circolazione, automobile license.
licenza di convalescenza, sick leave.
licenza ordinaria, ordinary leave.
licenza revocabile, revocable license.
licenza straordinaria, emergency furlough.
LICENZIARE. To disband; to dismiss; to discharge.
LIGURE, Mar. Ligurian Sea.
LIMARE. To file (Mech).
LIMATRICE, *f.* Filing machine.
LIMITARE. To limit; to restrict; to demarcate.
LIMITATO. Limited; restricted; delimited.
LIMITE, *m.* Limit; barrier; boundary; extent.
fissare i limiti, to fix limits.
limite d'elasticità, elastic limit.
limite del settore, sector boundary.
limite di circolazione, barrier line.
limite di resistenza, endurance limit.
LINEA, *f.* Line.
continuità della linea difensiva, continuity of defense.
in linea, in-line.
in linea con, in range with.
linea aerea, airline.
linea agonica, agonic line.
linea capitale, capital (Ft).
linea d'acqua, water line.
linea d'acqua naturale, light water line.
linea d'appoggio, support line.
linea d'attacco, line of attack; jump-off line.
linea dei rombi, rhumb line.
linea del fuoco, firing line.
linea del rincalzo di battaglione, battalion reserve line.
linea della chiglia, keel line.
linea dell'alfabeto telegrafico, dash (Tg).
linea dell'azione di fuoco delle artiglierie di corpo d'armata e di armata, Z-Z line.
linea dell'azione di fuoco delle artiglierie di divisione e di corpo d'armata, X-X line.
linea di arresto, final protective line.
linea di arretramento, line of retirement.

LINEA—Continued.
linea di azione, line of action.
linea di azione di una forza, line of action of a force.
linea di battaglia, battle line; front line; line of battle.
linea di cacciatori, line of skirmishers; skirmish line.
linea di caduta, line of fall.
linea di carico, load water line.
linea di circonvallazione, line of circumvallation.
linea di collimazione, line of collimation.
linea di comunicazione, line of communication.
linea di fase, phase line.
linea di fila, column formation (Nav).
linea di forza, line of force.
linea di fronte, front line; line formation (Nav).
linea di galleggiamento, load water line.
linea di groppi, squall line.
linea di immersione, water line.
linea di investimento, line of investment; line of circumvallation.
linea di marcia, line of march.
linea di minore resistenza, line of least resistance (Mining).
linea di mira, line of sighting; optical axis (Instr).
linea di mira fittizia, imaginary line.
linea di mira indipendente, independent line of sighting.
linea di mira naturale, line of metal (Ballistics).
linea di mira ordinaria, dependent line of sighting.
linea di operazioni, line of operations.
linea di orientamento, orienting line.
linea di osservazione, observing line (Observation).
linea di perlustrazione per l'arresto degli sbandati, straggler line.
linea di postazione, emplacement line.
linea di proiezione, line of departure (Ballistics).
linea di resistenza, line of resistance.
linea di resistenza di avamposto, outpost line of resistance.
linea di rilevamento, line of bearing.
linea di ripiegamento, line of withdrawal.

LINEA—Continued.
 linea di riserva del reggimento, regimental reserve line.
 linea di rispetto, marine belt.
 linea di ritirata, line of retreat.
 linea di separazione, halving line (Instr).
 linea di sicurezza, line of local security; line of observation (Defensive position).
 linea di sito, line of site; line of position.
 linea di tiro, line of elevation.
 linea di visione, line of vision.
 linea elettrica, wire line.
 linea fluviale, river line.
 linea geodetica, geodetic line.
 linea isobarica, isobar.
 linea isoclina, isoclinic line.
 linea isogonica, isogonic line.
 linea isotermica, isothermal line; isotherm.
 linea limite della missione di fuoco delle artiglierie di corpo d'armata e di armata, Z–Z line.
 linea limite della missione di fuoco delle artiglierie di divisione e di corpo d'armata, X–X line.
 linea limite della missione di fuoco delle suddivisioni dell'artiglieria di corpo d'armata, Y–Y line.
 linea magnetica di forza, magnetic line of force.
 linea principale di resistenza, main line of resistance.
 linea retta, straight line.
 linea strategica, strategic line.
 linea telefonica, telephone line.
 linea tranviaria, trolley line.
 linea volante, surface line (Sig).
 linee di comunicazione, lines of communication.
 linee esterne, exterior lines.
 linee interne, interior lines.
 prima linea, first line.
 seconda linea, second line.
 sostituzione delle linee, passage of lines.
 sulla stessa linea, abreast.
LINEARE. Linear; lineal.
LINGOTTO, *m.* Ingot.
LINGUA DI TERRA. Neck (Top).
LIQUEFARE. To liquefy; to melt.

LIQUEFARSI. To become liquefied; to liquefy.
LIQUEFATTO. Melted; liquefied.
LIQUEFAZIONE, *f.* Liquefaction.
LIQUIDO, *m, n & adj.* Liquid.
LISBONA, *f.* Lisbon.
LISTA, *f.* List; roll; roster; bill of fare.
LISTONE, *m.* Rail (Nav).
LITRO, *m.* Liter.
LIVELLA, *f.* Level (Instr).
 livella a bolla d'aria, spirit level.
 livella a mano, hand level.
 livella scorrevole, slide level.
LIVELLARE. To level.
LIVELLATO. Level; leveled.
LIVELLAZIONE, *f.* Levelling.
LIVELLO, *m.* Level.
 livello del mare, sea level.
LIVELLO DI RIFERIMENTO. Datum level (Surv).
LIVORNO, *f.* Leghorn.
LOCALE. Local.
 locale marinai, crew quarters.
LOCALIZZARE. To localize.
LOCALIZZAZIONE, *f.* Localization.
LOCOMOTIVA, *f.* Locomotive.
 deposito delle locomotive, roundhouse.
 locomotiva a vapore, steam locomotive.
 locomotiva elettrica, electric locomotive.
 officina riparazioni locomotive, roundhouse.
LOCOMOTORE. Locomotor.
LOCOMOZIONE, *f.* Locomotion.
LOGARITMO, *m.* Logarithm.
 logaritmo naturale, natural logarithm.
 logaritmo volgare, common logarithm.
LOGISTICA, *f.* Logistics.
LOGISTICO. Logistic.
LOGORAMENTO, *m.* Attrition; wear and tear; harassment.
 di logoramento, harassing.
LOGORARE. To harass (Mil); to wear down; to wear out; to gall.
LOMBOLO, *m.* Bilge (Nav).
LONDRA, *f.* London.
LONGARINA, *f.* Stringer; iron girder.
LONGARONE, *m.* Longeron; longitudinal (Fuselage).
LONGITUDINALE. Longitudinal.
LONGITUDINE, *f.* Longitude.
 differenza di longitudine, difference in longitude.

LORDO. Gross (of weight); dirty; foul.
LOSSODROMIA, *f.* Rhumb line; loxodromics.
LOTTA, *f.* Fight; struggle.
LOTTARE. To struggle; to wrestle; to fight.
LUBRIFICANTE, *m.* Lubricant.
   lubrificante per assali, axle grease.
   lubrificante per il cambio di velocità, gear lubricant.
LUBRIFICARE. To grease; to oil; to lubricate.
LUCE, *f.* Light; lamp.
   impenetrabile alla luce, lightproof.
   luce intermittente, flashing light; intermittent light.
   luce solare, sunlight; sunshine.
LUMINOSO. Luminous.
LUNA, *f.* Moon.
LUNETTA, *f.* Lunette.
LUNGA, *f.* Prolonge (Arty).
LUNGHERONE, *m.* Wing beam; wing spar.
LUNGHEZZA, *f.* Length.
   lunghezza di catena, chain's length.
   lunghezza di gomena, cable's length.
   lunghezza d'onda, wave length.
LUOGO, *m.* Place; site; locality; locus.
   luogo aperto, open space.
   luogo di sosta, halt site.
LUTTO, *m.* Mourning.
   fascia di lutto da braccio, mourning arm band.

M

MACADAM, *m.* Macadam.
MACADAMIZZARE. To macadamize.
MACCHINA, *f.* Machine; engine; bicycle; automobile; locomotive.
   lavorare a macchina, to fashion by machine; to machine.
   macchina ausiliaria, donkey engine.
   macchina a vapore, steam engine.
   macchina da presa, motion-picture camera.
   macchina da scrivere, typewriter.
   macchina da scrivere con caratteri di lingua straniera, foreign language typewriter.
   macchina per ribadire, riveting machine.
   macchina volante, flying machine.

MACCHINA AEROFOTOGRAFICA. Aerial camera.
   macchina aerofotografica automatica, fully-automatic aerial camera.
   macchina aerofotografica prospettica, perspective aerial camera.
MACCHINA FOTOGRAFICA. Camera.
   cavalletto per macchina fotografica, camera mount.
   fuoco della macchina fotografica, camera focus.
   macchina fotografica a lastra, plate camera.
   macchina fotografica a magazzino, interchangeable-magazine camera.
   macchina fotografica ad obiettivo multiplo, multilens camera; multiple-lens camera.
   macchina fotografica ad obiettivo semplice, single-lens camera.
   macchina fotografica a pellicola, film camera.
   macchina fotografica con funzionamento a mano, hand-operated camera.
   macchina fotografica da velivolo, aerial camera.
   macchina fotografica semiautomatica, semiautomatic aerial camera.
   magazzino della macchina fotografica, camera magazine.
MACCHINARIO, *m.* Machinery; power plant; equipment.
MACCHINA STAFFETTA. Pilot engine.
MACCHINA UTENSILE. Machine tool.
MACCHINISTA, *m.* Machinist; engineer.
MACERIE, *fpl.* Wreckage.
MADREVITE, *f.* Screw die; female screw; internal screw.
   madrevite per filettare, threading die.
   madrevite per tubi, pipe die.
   madrevite per viti, bolt die.
MAGAZZINAGGIO, *m.* Storage.
MAGAZZINIERE, *m.* Storekeeper.
MAGAZZINO, *m.* Warehouse; storehouse; depot; magazine; store.
   magazzino avanzato, advance depot.
   magazzino mobile, mobile depot.
   magazzino territoriale, general depot.
MAGGIORE, *m.* Major.

MAGGIORE GENERALE. Major General; division commander (Italian army).
MAGLIO, *m.* Power hammer mallet.
maglio a caduta, drop hammer.
maglio a vapore, steam hammer.
MAGNESIO, *m.* Magnesium.
MAGNETE, *m.* Magneto; magnet.
magnete artificiale, artificial magnet.
magnete permanente, permanent magnet.
MAGNETICO. Magnetic.
MAGNETINO, *m.* Magneto.
magnetino di avviamento, hand-starting magneto; booster magneto.
MAGNETISMO, *m.* Magnetism.
magnetismo residuo, residual magnetism.
MAGNETRON, *m.* Magnetron.
MALATO, *m.* Patient.
MALATTIA, *f.* Sickness; illness; disease; malady.
malattia contagiosa, contagious disease.
malattia endemica, endemic disease.
malattia epidemica, epidemic disease.
malattia infettiva, infectious disease.
malattia non contagiosa, noncommunicable disease.
MAL DI MARE. Seasickness.
MAL DI VOLO. Airsickness.
MALLEABILE. Malleable.
MALLEABILITÀ, *f.* Malleability.
MALTA, *f.* Malta.
MALTEMPO, *m.* Bad weather.
MANCANTE. Missing; lacking; short.
MANCANZA, *f.* Want; lack; deficiency; shortage; fault; failing; absence.
mancanza disciplinare, disciplinary fault.
MANCARE. To miss; to fail; to want.
MANDATO, *m.* Mandate; brief; writ; warrant (Law).
mandato di arresto, bench warrant; warrant of arrest.
MANETTA, *f.* Handcuff; manacle; fetter.
MANETTA DI COMANDO. Lever.
MANGIATOIA, *f.* Feedbox.
MANICA, *f.* Sleeve (Garment); towed target (Avn); sleeve target (Avn).
MANICA A VENTO. Wind sock; wind cone; wind sail; vane.

MANICHETTA, *f.* Hose.
manichetta da incendio, fire hose.
MANICO, *m.* Handle.
MANICOTTO, *m.* Jacket (G).
MANICOTTO REFRIGERANTE. Water jacket (Mg).
MANIFESTARE. To manifest.
MANIFESTAZIONE, *f.* Manifestation.
MANIFESTO, *m.* Manifest; manifesto.
manifesto di carico, ship's manifest.
MANIGLIA, *f.* Shackle (Ord); bail (Ord).
perno della maniglia, shackle bolt.
MANILLA, *f.* Manila hemp; manila fiber; abaca; Manila.
MANIPOLATORE, *m.* Transmitter (Tg); manipulator.
manipolatore telegrafico, telegraph key.
MANISCALCO, *m.* Farrier; horseshoer.
strumenti da maniscalco, farrier's tools.
MANO, *f.* Hand (Anatomy); coat (Painting); helping hand.
a mano, by hand; manually.
a portata di mano, ready to the hand; handy.
azionato a mano, manually operated.
MANOMETRO, *m.* Manometer; gauge.
manometro dell'olio, oil gauge.
manometro per pneumatici, tire gauge; air gauge.
MANOVELLA, *f.* Crank; bar; handle.
albero a manovella, crankshaft.
avviare con la manovella, to crank.
manovella di avviamento, crank handle.
manovella di messa in marcia, crank handle.
MANOVRA, *f.* Maneuver; exercise (Mil).
di facile manovra, easily managed; handy.
disegno di manovra, scheme of maneuver.
manovra accerchiante, encircling maneuver.
manovra avviluppante, enveloping maneuver.
manovra dei carri armati, tank maneuver.

MANOVRA—Continued.
 manovra di aggiramento, turning movement.
 manovra in ritirata, retrograde defensive.
 manovra sulla carta, map maneuver; war game.
 manovra tattica, tactical maneuver.
 manovre combinate di terra e di mare, joint army and navy exercises.
 manovre navali, fleet maneuvers.
 manovre strategiche, strategic maneuvers.
 manovre tattiche, tactical maneuvers.
 massa di manovra, mass of maneuver.
 piano di manovra, scheme of maneuver.
 speditezza di manovra, rapidity of maneuver.
MANOVRABILITÀ, *f.* Maneuverability.
MANOVRARE. To maneuver; to handle.
MANTICE, *m.* Hood (Automobile); bellows.
MANUBRIO, *m.* Bolt handle (Firearm); handle; handle bar.
MANUTENZIONE, *f.* Maintenance; upkeep.
 manutenzione e riparazioni normali di campagna, second echelon maintenance.
 manutenzione e riparazioni occasionali di campagna, first echelon maintenance.
 manutenzione e riparazioni straordinarie campali, third echelon maintenance.
 manutenzione e riparazioni straordinarie da autofficina, fourth echelon maintenance.
 manutenzione preventiva, preventive maintenance.
 occorrente di manutenzione e reintegro, maintenance requirements.
MAONA, *f.* Lighter (Nav).
MAPPA, *f.* Map; chart.
MARCA, *f.* Mark; check; brand.
 marca di fabbrica, trade-mark.
"MARC'!" "March!"
MARCIA, *f.* March; hike (Colloquial).
 andatura della marcia, gait of march.
 colonna di marcia, column of march.

MARCIA—Continued.
 direttrice di marcia, direction of march.
 disciplina di marcia, march discipline.
 giornata di marcia, day's march.
 grafico della marcia, march graph.
 in marcia, on the move.
 itinerario di marcia, route of march; line of march.
 lunghezza della marcia, length of march.
 marcia a passo di strada, route march.
 marcia cadenzata, cadence march.
 marcia d'allenamento, practice march.
 marcia d'avvicinamento, approach march.
 marcia di concentramento, concentration march.
 marcia di fianco, flank march.
 marcia forzata, forced march.
 marcia in obliquo, oblique march.
 marcia manovra, maneuver march.
 marcia notturna, night march.
 marcia notturna a luci spente, night march without lights.
 marcia obliqua, oblique march.
 marcia per i campi, cross-country march.
 marcia su strada, route march.
 ordine di marcia, march order; order of march.
 profondità di marcia, march depth.
 rapporto della marcia, march report.
 rappresentazione grafica della marcia, march graph.
 regolarsi nella marcia su chi precede, to follow (Mil).
 tabella di marcia, march table.
 tecnica delle marce, march technique.
 unità di marcia, march unit.
 velocità di marcia, rate of march.
MARCIA SUL NEMICO. March on the enemy; development (Phase).
MARCIARE. To march; to hike (Colloquial).
 marciare a passo di strada, to march at route step.
 marciare a passo lungo, to stride.
 marciare in fila, to march in a file; to file.
 marciare su, to march on (Place).
MARCONIGRAMMA, *m.* Radiogram.

MAR DI MARMARA. Sea of Marmora; Sea of Marmara.
MARE, m. Sea; waters.
  alto mare, high seas.
  a mare, overboard.
  del mare, of the sea; marine; sea.
  dominio del mare, command of the sea.
  il fondo del mare, Davy Jones' locker.
  libertà dei mari, freedom of the seas.
  livello del mare, sea level.
  mal di mare, seasickness.
  mare adiacente, marginal sea.
  mare calmo, smooth sea.
  mare costiero, coastal waters.
  mare di riflusso, ebb tide.
  mare grosso, heavy sea.
  mare interno, inland sea.
  mare libero, free sea.
  mare marginale, marginal sea.
  mare territoriale, territorial sea; territorial waters.
  per via di mare, sea-borne.
  regolamento internazionale per prevenire gli abbordi in mare, international steering and sailing rules; rules of the road.
MAREA, f. Tide.
  alta marea, high tide.
  altezza della marea, height of the tide.
  bassa marea, ebb tide; low tide.
  di marea, tidal.
  marea alle quadrature, neap tide.
  marea ascendente, flood tide.
  marea calante, ebb tide.
  marea crescente, flood tide.
  marea decrescente, ebb tide.
  marea discendente, ebb tide.
  marea giusante, ebb tide.
  marea montante, flood tide.
  marea sigizia, spring tide.
  marea sigiziale, spring tide.
  marea stanca, slack tide.
MARE ADRIATICO. Adriatic Sea.
MARE EGEO. Aegean Sea.
MARE IONIO. Ionian Sea.
MARE MEDITERRANEO. Mediterranean Sea.
MARESCIALLO, m. Staff sergeant.
  maresciallo portabandiera, color sergeant.
MARESCIALLO CAPO. Technical sergeant.

MARESCIALLO DELL'ARIA. Air Marshall (Italian Air Force).
MARESCIALLO D'ITALIA. Field Marshall (Italian Army).
MARE TIRRENO. Tyrrhenian Sea.
MARGINE, m. Margin; border; lip; edge; clearance.
  margine di sicurezza, safety clearance.
MARINA, f. Navy.
MARINAIO, m. Seaman; sailor; tar.
  locale marinai, crew quarters.
  marinaio d'acqua dolce, lubber (Nav).
MARITTIMO. Maritime; naval.
MAR LIGURE. Ligurian Sea.
MARMITTA, f. Exhaust pipe (Automobile); soup kettle; marmite.
MAROCCHINO, m. Moroccan.
MAROCCO, m. Morocco.
MARSIGLIA, f. Marseille; Marseilles.
MARTELLARE. To hammer.
MARTELLETTO, m. Clapper (Telephone ringer).
MARTELLO, m. Hammer.
  martello pneumatico, pneumatic hammer; rivet gun.
MARTINELLO, m. Lifting jack; jack.
  martinello idraulico, hydraulic jack.
MARZIALE. Martial.
MAS (MOTOSCAFO ANTISOMMERGIBILI), m. Submarine chaser.
MASCHERA, f. Mask; disguise.
  sommità della maschera, summit of the mask.
"MASCHERA!" "Mask!"
MASCHERA ANTIGAS. Gas mask.
  borsa porta maschera antigas, gas mask carrier.
  cartuccia della maschera antigas, gas mask canister.
  cerniera del facciale della maschera antigas, gas mask cheek snap.
  falda della maschera antigas, gas mask flap.
  filtro chimico della maschera antigas, gas mask chemical filter.
  filtro meccanico della maschera antigas, gas mask mechanical filter.
  imboccatura della cartuccia della maschera antigas, gas mask canister nozzle.

MASCHERA ANTIGAS—Continued.
  imbottitura del cappuccio della maschera antigas, gas mask head harness pad.
  maschera antigas a diaframma, diaphragm gas mask.
  maschera antigas di prescrizione, service gas mask.
  maschera antigas per quadrupedi, horse mask.
  tubo di gomma della maschera antigas, gas mask hose tube.
MASCHERAMENTO, *m.* Camouflage; concealment; masking; disguise; screen; mask.
  disciplina di mascheramento, camouflage discipline.
MASCHERARE. To mask; tó disguise; to screen; to camouflage.
MASSA, *f.* Mass; bulk; fund.
  in massa, en masse.
  massa d'aria, air mass.
  massa di manovra, mass of maneuver.
MASSA COPRENTE. Covering mass; covering mask; intervening mask; mask (Ballistics).
  sommità della massa coprente, summit of the mask.
MASSIMO, *m.* Maximum.
MÁSTICE, *m.* Mastic; putty.
MASTRA DI BOCCAPORTO. Coaming.
MASTRO, *m.* Master; ledger.
  mastro d'ascia, ship's carpenter.
MATERIA, *f.* Matter; substance; material; subject matter; pus.
  materia incendiaria, incendiary substance.
  materia prima, raw material.
  materia prima strategica, strategic raw material.
  materia tessile, textile.
  materie abrasive, abrasives.
MATERIALE, *m.* Material; matériel.
  materiale da costruzione, building material.
MATERIALE BELLICO. War materials.
MATERIALE ROTANTE. Rolling stock.
MATERIALI D'ARTIGLIERIA. Class V supplies.
MATERIALI DEL GENIO. Class IV supplies.

MATRICE, *f.* Matrix; mold.
  matrice per pallottole, bullet mold.
MATTONE, *m.* Brick.
  lavoro a mattoni, brickwork.
  mattone per pavimentazione, paving brick.
  opera in mattoni, brickwork.
MATTONELLA, *f.* Tile.
  coprire con mattonelle, to tile.
MAZZA, *f.* Sledge (Tool); club; mace.
  mazza di legno, beetle (Tool).
  mazza ferrata, poleax; battle-ax.
MAZZA IN FERRO. Sledge (Tool).
MAZZUOLA, *f.* Beetle (Tool).
MECCANICA, *f.* Mechanics.
MECCANICO, *m.* Mechanic.
  meccanico d'aviazione, aeromechanic.
  meccanico di automobile, automobile mechanic.
  meccanico di carro armato, tank mechanic.
MECCANICO, *adj.* Mechanic; mechanical.
MECCANISMO, *m.* Mechanism; machinery.
MECCANISMO DI ALIMENTAZIONE. Feeding device (Firearm).
MECCANISMO DI CHIUSURA. Fermeture.
MECCANISMO DI CONTRORINCULO. Counterrecoil mechanism.
MECCANISMO DI ESTRAZIONE. Extractor mechanism.
MECCANISMO DI ESTRAZIONE E DI ESPULSIONE DEL BOSSOLO. Extracting and loading mechanism.
MECCANISMO DI PERCUSSIONE. Percussion mechanism.
MECCANISMO DI PUNTAMENTO. Aiming mechanism.
MECCANISMO DI SCATTO. Firing mechanism.
MECCANISMO DI SCATTO E PERCUSSIONE. Firing mechanism; gunlock.
MECCANIZZARE. To mechanize.
MECCANIZZAZIONE, *f.* Mechanization.
MEDAGLIA, *f.* Medal.
  Medaglia al Valor Militare, Distinguished Service Medal.
  medaglia della campagna, campaign medal.

MEDAGLIA—Continued.
Medaglia d'Onore, Medal of Honor (USA).
medaglia di servizio militare in guerra o in campagna, service medal.
MEDIA, *f.* Mean (Mathematics); average.
MEDICAZIONE, *f.* Medication; dressing.
pacchetto di medicazione, first-aid packet.
posto di medicazione, dressing station; aid station.
MEGACICLO, *m.* Megacycle.
MEGAFONO, *m.* Megaphone; speaking trumpet.
MELINITE, *f.* Melinite.
MELMA, *f.* Mire.
MENISCO, *m.* Meniscus.
menisco concavo, concave meniscus (Physics).
menisco convergente, converging meniscus (Optics).
menisco convesso, convex meniscus (Physics).
menisco divergente, diverging meniscus (Optics).
MENSA, *f.* Mess.
direttore di mensa, president of the mess.
sala di mensa, mess hall.
MERCI, *fpl.* Goods; freight.
merci di contrabbando, contraband goods.
MERCURIALE. Mercurial.
MERCURIO, *m.* Mercury.
a mercurio, mercurial.
MERIDIANO, *m, n & adj.* Meridian.
meridiano celeste, celestial meridian.
meridiano di carta quadrettata, grid meridian; Y line.
meridiano di Greenwich, meridian of Greenwich.
meridiano geografico, geographical meridian; true meridian.
meridiano magnetico, magnetic meridian.
meridiano standard, standard meridian.
meridiano terrestre, true meridian; geographical meridian.

MERIDIANO—Continued.
meridiano vero, true meridian; geographical meridian.
primo meridiano, prime meridian.
MERIDIONALE. Southern; southerly; south.
MERITARE. To merit; to deserve.
MERITO, *m.* Merit.
certificato di merito, certificate of merit.
MERLINO, *m.* Marline.
MERLONE, *m.* Merlon (Ft).
MESSAGGIERO, *m.* Messenger.
messaggiero espresso, special messenger; express.
messaggiero motociclista, motorcycle messenger.
MESSAGGIO, *m.* Message.
astuccio per i messaggi, message holder (Homing pigeon).
far proseguire un messaggio, to relay a message.
messaggio a lampi, blinker message.
messaggio cifrato, cipher message.
messaggio confidenziale, confidential message.
messaggio con precedenza, priority message.
messaggio in lingua ordinaria, clear message.
messaggio lanciato dall'aeroplano, dropped message.
messaggio orale, oral message; verbal message.
messaggio ordinario, routine message.
messaggio ritardato, deferred message.
messaggio telefonico, telephone message.
messaggio telegrafico, telegraph message.
messaggio urgente, urgent message.
messaggio verbale, verbal message.
stendere un messaggio, to draft a message.
trasmissione di messaggi, message transmission.
MESSA IN FASE. Timing (Mtr).
messa in fase dell'accensione, ignition timing.
messa in fase del motore, engine timing.

MESSINA, Stretto di. Strait of Messina.
META, *f.* Goal; aim.
METACENTRO, *m.* Metacenter.
METALLICO. Metallic.
METALLIZZARE. To metallize.
METALLO, *m.* Metal.
  metallo antifrizione, babbitt metal.
  metallo base, base metal.
  metallo da cannone, gun metal.
  metallo per artiglieria, gun metal.
  metallo prezioso, precious metal.
  metallo prezioso in verghe, bullion.
  metallo resistente, resistant metal.
METANO, *m.* Black damp; methane.
METEOROGRAFO, *m.* Meteorograph; aerograph.
METEOROLOGIA, *f.* Meteorology.
METEOROLOGICO. Meteorologic.
METILE, *m.* Methyl.
  cloroformiato di metile triclorurato, trichlor-methyl chloroformate.
METILICO. Methylic.
METRICO. Metric.
METRO, *m.* Meter; measure.
  metro cubo, cubic meter.
  metro quadrato, square meter.
MEZZALUNA, *f.* Demilune (Ft).
MEZZOGIORNO, *m.* Noon; midday; south.
  del mezzogiorno, southern; southerly.
  mezzogiorno medio, mean noon.
  mezzogiorno solare, solar noon.
MICA, *f.* Mica.
  mica trasparente, isinglass.
MICCIA, *f.* Detonating cord.
  miccia detonante, detonating cord; cordeau.
MICROBAROGRAFO, *m.* Microbarograph.
MICROFONO, *m.* Microphone (Tp); telephone transmitter.
MICROMETRO, *m.* Micrometer.
MICROMILLIMETRO, *m.* Micron; micromillimeter.
MICRON, *m.* Micron.
MICROONDA, *f.* Microwave.
MICROSCOPICO. Microscopic.
MICROSCOPIO, *m.* Microscope.
MICROTELEFONO, *m.* Handset; microtelephone; microphone.
  microtelefono a cuffia, headset.

MIGLIO, *m.* Mile (1,609.347 meters).
  miglio aeronautico, aeronautical mile (1,853.248 meters).
  miglio geografico, geographical mile (1,853.248 meters).
  miglio marino, sea mile; nautical mile; knot (Nav) (1,853.248 meters).
  miglio nautico, nautical mile; sea mile; knot (Nav) (1,853.248 meters).
  miglio terrestre, statute mile (1,609.347 meters).
MILITARE, *m.* Militiaman; soldier.
  militare raffermato, re-enlisted soldier.
  militare volontario, volunteer.
  militari congedati, discharged soldiers.
MILITARE, *adj.* Military.
  non militare, unmilitary.
MILIZIA, *f.* Militia; soldiery; army.
  milizia a cavallo, mounted soldiery; mounted troops; horse (Collective).
  milizia navale, naval militia.
  milizie irregolari, irregular troops.
  milizie volontarie, volunteer forces.
MILLESIMO CONVENZIONALE. Mil.
MILLIGRAMMO, *m.* Milligram.
MIMETISMO, *m.* Camouflage (Mil).
MINA, *f.* Mine.
  camera da mina, mine chamber.
  camera della mina, mine chamber.
  campo di mine, mine field.
  campo di mine anticarro, antitank mine field.
  cavo elettrico per mina subacquea, shore cable.
  foro di mina, bore hole (Mining).
  mina a contatto, contact mine.
  mina a gas, gas mine.
  mina alla deriva, drifting mine.
  mina anticarro, antitank mine.
  mina contro bersagli animati, antipersonnel mine.
  mina contro i carri armati, tank mine.
  mina ordinaria, common mine.
  mina subacquea, blockade mine; torpedo mine; submarine mine.
  mina terrestre, land mine.
  mina vagante, drifting mine.
  quadro di comando per l'esplosione delle mine subacquee, control panel.
MINACCIA, *f.* Menace; threat; intimidation.

MINARE. To mine; to undermine; to sap.
MINERALE, *m, n & adj.* Mineral.
MINERALIZZAZIONE, *f.* Mineralization.
MINERALOGIA, *f.* Mineralogy.
MINIMO, *m.* Minimum.
  ridurre al minimo, to reduce to a minimum; to minimize.
MINIMO, *adj.* Minimum; least.
MINIO, *m.* Minium; red lead.
MINISTERO, *m.* Ministry; department.
MINISTERO DEGLI ESTERI. Department of State.
MINISTERO DEGLI INTERNI. Department of the Interior.
MINISTERO DELL'AGRICOLTURA. Department of Agriculture.
MINISTERO DELLA GUERRA. War Department.
MINISTERO DELLA MARINA. Navy Department.
MINISTERO DELLE COMUNICAZIONI. Post Office Department.
MINISTERO DELLE CORPORAZIONI. Department of Labor.
MINISTERO DELL'INDUSTRIA E COMMERCIO. Department of Commerce.
MINISTERO DEL TESORO. Treasury Department.
MINISTERO DI GRAZIA E GIUSTIZIA. Department of Justice.
MINISTRO, *m.* Minister; secretary (Government).
  Ministro della Guerra, Secretary of War.
  Ministro della Marina, Secretary of the Navy.
MINUTO DI ARCO. Minute of arc.
MIRA, *f.* Aim; goal; foresight.
  aver di mira, to drive at.
  cursore di mira, rear-sight slide (Mg).
  linea di mira, line of sighting.
  tacca di mira, open sight.
  tacca di mira fissa, rear sight.
MIRAGGIO, *m.* Mirage.
MIRARE. To aim.
MIRARE A UN PUNTO. Lining in.
MIRINO, *m.* Foresight; front sight; muzzle sight (G).
MIRINO DI LANCIO, *m.* Bomb sight.

MISCELA, *f.* Mixture; blend.
  miscela carburante, gasoline mixture.
  miscela esplosiva, explosive mixture.
  miscela povera, lean mixture.
  miscela ricca, rich mixture.
MISCELA ANTICONGELANTE. Anti-freeze.
  elemento della miscela anticongelante, antifreezing agent.
MISCHIA, *f.* Melee.
MISCUGLIO, *m.* Mixture; medley.
MISSIONE, *f.* Mission.
  missione aerofotografica, photographic mission.
  missione ritardatrice, mission of delay.
  missione tattica, tactical mission.
MISTO. Combined.
MISTURA, *f.* Mixture.
MISURA, *f.* Measure; measurement; gauge.
  misura correttiva, corrective measure.
  misura di rimedio, remedial measure.
  misura di risanamento, degassing measure (Gas).
  misura igienica, hygienic measure.
  misure di sicurezza, security measures.
  misure preventive contro gl'incendi, fire prevention.
  unità di misura, unit of measure.
MISURARE. To measure; gauge.
MISURATORE, *m.* Gauge; meter.
  misuratore della quantità di neve caduta, snow gauge.
MISURATRICE, *f.* Measuring machine.
MISURAZIONE, *f.* Measuration; measurement.
MITRAGLIATRICE, *f.* Machine gun.
  caricatore della mitragliatrice, machine gun drum.
  congegno di sincronizzazione per mitragliatrici, machine gun synchronizer.
  mitragliatrice a nastro, belt-fed machine gun.
  mitragliatrice da aeroplano, aircraft machine gun.
  mitragliatrice da carro armato, tank machine gun.
  mitragliatrice fissa, fixed machine gun.
  mitragliatrice fissata all'ala, wing-mounted machine gun.

MITRAGLIATRICE—Continued.
  mitragliatrice fissata alla fusoliera, fuselage-mounted machine gun.
  mitragliatrice leggiera, light machine gun.
  mitragliatrice mobile, flexible machine gun.
  mitragliatrice per aeroplano, aircraft machine gun.
  mitragliatrici abbinate, machine guns mounted in pairs.
  nastro della mitragliatrice, machine gun belt.
  nido di mitragliatrici, machine gun nest.
MITRAGLIERE, *m.* Machine gunner.
  mitragliere osservatore, observer-gunner.
MOBILITÀ, *f.* Mobility.
  mobilità strategica, strategic mobility.
  mobilità tattica, tactical mobility.
MOBILITARE. To mobilize.
MOBILITAZIONE, *f.* Mobilization.
  carico di mobilitazione, mobilization load.
  centro di mobilitazione, mobilization center.
  ciclo di mobilitazione, cycle of mobilization.
  giorno della mobilitazione, M-day.
  manifesto di mobilitazione, mobilization proclamation.
  mobilitazione civile, civilian mobilization.
  mobilitazione dell'esercito, mobilization of the army.
  mobilitazione di una unità, mobilization of a unit.
  mobilitazione generale, general mobilization.
  mobilitazione parziale, partial mobilization.
  operazioni di mobilitazione, mobilization operations.
  ordine di mobilitazione, mobilization order.
  piano di mobilitazione, mobilization plan.
  primo giorno di mobilitazione, first day of mobilization.
  progetto di mobilitazione, mobilization plan.
MODULAZIONE, *f.* Modulation (Rad).

MODULO, *m.* Blank form; form; modulus.
  modulo generale, standard form.
  modulo per messaggio, message blank.
  modulo speciale, special form.
MODULO DI ELASTICITÀ. Modulus of elasticity.
MOGADISCIO, *f.* Mogadiscio.
MOLA, *f.* Grindstone.
MOLESTARE. To disturb; to harass.
MOLESTATO. Molested.
  non molestato, unmolested.
MOLIBDENO, *m.* Molybdenum.
MOLLA, *f.* Spring.
  albero della molla ricuperatrice, recoil-spring guide (Firearm).
  molla a balestra, semielliptical spring.
  molla a bovolo, volute spring.
  molla a lamine, leaf spring.
  molla a mensola, cantilever spring.
  molla ricuperatrice, recoil spring (Firearm).
  molla spirale, spiral spring.
  molle impulsi, impulse springs (Telephone dial).
MOLLA DI CAUCCIÙ. Shock cord.
MOLLARE. To pay out (Nav); to slacken; to slack.
MOLLETTIERE, *fpl.* Leggings.
MOLO, *m.* Mole; breakwater; sea wall; quay; pier.
MOLTIPLICAZIONE, *f.* Multiplication.
MOMENTO, *m.* Moment.
  momento della forza, moment of force.
  momento di inerzia, moment of inertia.
MONETA, *f.* Coin; money.
  moneta circolante, currency.
  moneta legale, legal tender.
  moneta metallica, specie.
  moneta spezzata, fractional currency; small coin.
  moneta spicciola, fractional currency; small change.
MONETARIO. Monetary.
MONITO, *m.* Admonition.
MONITORE, *m.* Monitor (Nav).
MONOCHIGLIA, *m.* Monocoque.
  a monochiglia, monocoque.
MONOCILINDRICO. Single-cylinder.
MONONITROTOLUENE, *m.* Mononitrotoluene.

MONOPLANO, m. Monoplane.
monoplano a semicantilever, semicantilever monoplane.
monoplano a tiranti, semicantilever monoplane.
monoplano ad ala bassa, low-wing monoplane.
monoplano ad ala sopraelevata, highwing monoplane; parasol monoplane.
monoplano con ala a cantilever, cantilever monoplane.
monoplano con ala a sbalzo, cantilever monoplane.
monoplano in coppia, double monoplane.
monoplano tipo parasole, parasol monoplane; high-wing monoplane.
MONOPOSTO, m. Single-seater.
MONTACARICO, m. Hoist; elevator.
MONTAGGIO, m. Assembly (Mech).
MONTAGNA, f. Mountain; hump (Avn. slang).
catena di montagne, mountain range.
mal di montagna, mountain sickness.
MONTANTE, m. Interplane strut (Avn).
MONTARE. To mount; to assemble (Mech).
far montare sull'autocarro, to put aboard a truck; to entruck.
montare sull'aeroplano, to enplane.
montare sull'autocarro, to go aboard a truck; to entruck.
montare una gomma, to mount a tire; to tire.
MONTATOIO, m. Footboard; running board.
MONTATURA, f. Assembly (Mech).
MONTE, m. Mount (Top); mountain.
MONTURA, f. Uniform.
MONUMENTO, m. Monument.
monumento nazionale, national monument.
MORALE, m. Morale.
MORSA, f. Vise.
MORSO, m. Bite; curb bit; harness curb (Harness); bit (Harness).
MORSO E FILETTO. Bit and bridoon; bridoon.
MORTAIO, m. Mortar.
mortaio da costa, seacoast mortar.
mortaio d'assedio, siege mortar.

MORTAIO—Continued.
mortaio da trincea, trench mortar.
mortaio incavalcato, mounted mortar.
mortaio lancia sagole, lifesaving mortar.
mortaio per bombe a gas, chemical mortar.
posizione fissa del mortaio, mortar fixed position.
MORTALE. Mortal; deadly; lethal.
MORTALITÀ, f. Mortality.
MOSAICO, m. Mosaic.
mosaico con elementi di orientamento, controlled mosaic.
mosaico di strisciata, strip mosaic.
mosaico senza elementi di orientamento, uncontrolled mosaic.
MOSCA CAVALLINA. Horsefly; gadfly.
MOSCHETTO, m. Musket.
moschetto automatico, automatic rifle.
MOSTRAVENTO, m. Vane.
MOSTREGGIATURE, fpl. Facings (Uniform).
MOSTRINA, f. Collar patch (Insignia).
MOSTRINE, fpl. Collar insignia.
MOTO, m. Motion.
mettere in moto, to set going; to start.
moto atmosferico, atmospheric motion.
MOTOBARCA, f. Motorboat.
MOTOCICLETTA, f. Motorcycle.
MOTOCICLO, m. Motorcycle.
MOTONAVE, f. Motor ship.
MOTORE, m, n & adj. Motor; engine.
a motore spento, without power (Engine).
ciclo del motore, engine revolution.
messa in fase del motore, engine timing.
motore a benzina, gasoline engine.
motore a cilindri in linea, cylinders-in-line engine; in-line engine.
motore a cilindri verticali, vertical engine.
motore a combustione interna, internal-combustion engine.
motore a due fasi, two-cycle engine.
motore a due tempi, two-cycle engine.
motore a iniezione, fuel-injection engine.
motore a massimo regime, full throttle.

MOTORE—Continued.
  motore a quattro fasi, four-cycle engine.
  motore a quattro tempi, four-cycle engine.
  motore a revolver, barrel engine.
  motore a scoppio, combustion engine.
  motore a stella doppia, double-row engine.
  motore a stella semplice, single-row engine.
  motore a V, V-type engine.
  motore a valvole in testa, valve-in-head engine.
  motore a W, W, engine.
  motore con cilindri capovolti, inverted engine.
  motore con doppi stantuffi, opposite-piston engine.
  motore d'aviazione, aero-engine.
  motore Diesel, Diesel motor; Diesel engine.
  motore fuoribordo, outboard motor.
  motore monocilindrico a compressione variabile C. F. R., knock-testing engine (Octane number).
  motore multiplo, multiple engine.
  motore rotativo, rotary engine.
  motore surcompresso, supercharged engine.
  motore termico, heat engine.
  pulire il motore, to clean the motor.
  regolare il motore, to tune up the engine.
  temperatura del motore, engine temperature.
  velocità di crociera del motore, engine cruising speed.
MOTORINO, *m.* Small motor.
  motorino d'avviamento, starter (Automobile).
MOTORIO, *adj.* Motor.
MOTORIZZATO. Motorized.
MOTORIZZAZIONE, *f.* Motorization.
MOTOSCAFO, *m.* Motorboat.
MOTOSCAFO ANTISOMMERGIBILI (MAS). Submarine chaser.
MOVIMENTI ELEMENTARI. Elementary tactics.
MOVIMENTO, *m.* Movement; motion; traffic.
  direttore del movimento, traffic manager.

MOVIMENTO—Continued.
  direzione di movimento, direction of movement.
  movimenti eseguiti sui talloni, facings.
  movimento aggirante, turning movement.
  movimento angolare, angular movement.
  movimento dell'aria, air movement.
  movimento di aggiramento, turning movement.
  movimento di fianco, flank movement.
  movimento obliquo, oblique movement; incline (Mil).
  movimento retrogrado, retrograde movement.
  movimento stradale, road traffic; traffic.
  unità direzione del movimento, base unit.
MOVIMENTO DI TRUPPE. Troop movement.
  movimento di truppe con trasporto automobilistico a catena, troop movement by shuttling.
  movimento di truppe per via acquea, troop movement by water.
  movimento di truppe per via aerea, troop movement by air.
  movimento di truppe per ferrovia, troop movement by rail.
MOZZO, *m.* Hub.
  mozzo dell'elica, propeller hub.
MULATTIERE, *m.* Mule skinner (Slang); muleteer.
MULINELLO, *m.* Roll (Aerobatics); tonneau (Aerobatics).
MULINO, *m.* Grinding mill.
MULINO A VENTO. Windmill.
MULO, *m.* Mule.
  muli da salma, pack mules; sumpter mules.
  muli da sella, riding mules.
MULTARE. To fine; to mult.
MULTIPLANO, *m.* Multiplane.
MULTIPLO. Multiple.
MULTIPOSTO, *m.* Multiplace.
MUNIZIONI, *fpl.* Ammunition.
  cofano da munizioni, ammunition box.
  deposito delle munizioni, shell room.
  deposito munizioni a terra, ammunition dump.

MUNIZIONE—Continued.
  gettar via munizioni, casting away ammunition.
  munizioni ad alto esplosivo, high-explosive ammunition.
  munizioni con cartoccio a bossolo, semi-fixed ammunition.
  munizioni con cartoccio a proietto, fixed ammunition.
  munizioni con cartoccio a sacchetto, separate-loading ammunition.
  munizioni da armi portatili, small arms ammunition.
  munizioni d'artiglieria, artillery ammunition.
  munizioni di guerra, munitions of war.
  munizioni supplementari, extra ammunition.
  porta munizioni, ammunition carrier.
  posto di distribuzione ed avviamento munizioni, ammunition distributing point.
  spreco di munizioni, wasting ammunition.
MURAGLIA, *f.* Wall.
MURAGLIONE, *m.* High wall; sea wall; breakwater.
  muraglione di porto, sea wall.
MURARE. To wall.
MURATA, *f.* Side (of a ship).
MURATORE, *m.* Bricklayer; mason.
MURICCIA, *f.* Rubblework; rubble.
MURO, *m.* Wall.
MURO DI RIVESTIMENTO. Retaining wall.
MUSICA, *f.* Music; band (Mil).
MUSICA MILITARE. Army band.
  direttore della musica militare, leader of the army band.
MUSICANTE, *m.* Bandsman.
MUTILARE. To mutilate; to maim.
MUTILAZIONE, *f.* Mutilation.
  atto di mutilazione volontaria, act of self-mutilation.
  mutilazione volontaria, self-mutilation.

N

NADIR, *m.* Nadir.
NAFTA, *f.* Naphtha.
NAPOLI, *f.* Naples.
NASTRINO, *m.* Bar ribbon (Mil); ribbon.
  nastrino della campagna, campaign ribbon.
NASTRO, *m.* Belt (Automatic firearms); ribbon; tape; band.
  nastro di alimentazione, feed belt.
  nastro di gomma elastica, rubber tape.
  nastro isolante, electrician tape; friction tape.
NASTRO AZZURRO. Blue Ribbon.
NATURALIZZAZIONE, *f.* Naturalization.
NAUFRAGIO, *m.* Shipwreck.
NAUTICA, *f.* Nautics.
NAUTICO. Nautical.
NAVALE. Naval.
NAVE, *f.* Ship; vessel; nave (Engr).
  capitale nave, capital ship.
  controllo delle navi nei porti, control of vessels in ports.
  disertare la nave, to jump ship.
  nave affondata, sunken vessel.
  nave appoggio aerei, aircraft tender.
  nave appoggio sommergibili, submarine tender.
  nave ausiliaria, auxiliary vessel.
  nave avariata, damaged ship; shipwreck.
  nave capofila, leading ship.
  nave carboniera, collier.
  nave cementizia, concrete ship.
  nave civetta, Q-ship; Q-boat.
  nave corsara, commerce raider; commerce destroyer; privateer.
  nave da battaglia, battleship.
  nave da battaglia monocalibro, dreadnaught.
  nave da carico, cargo ship.
  nave da fiume, river craft.
  nave da guerra, warship; battleship; man-of-war.
  nave da pesca d'altomare, trawler.
  nave deposito, tender (Nav).
  nave di coda, rear ship.
  nave di linea, ship of the line.
  nave di pattuglia, patrol vessel; scout vessel.
  nave di testa, leading ship.
  nave dragamine, mine sweeper.
  nave gemella, sister ship.
  nave guardacoste, revenue cutter.
  nave idrografica, surveying ship.

NAVE—Continued.
nave mercantile, merchant ship; merchantman.
nave officina, repair ship.
nave ospedale, hospital ship.
nave petroliera, oil tanker; fuel ship.
nave poppiera, ship next astern.
nave portaaerei, aircraft carrier.
nave posacavi, cable ship.
nave posamine, mine layer.
nave prodiera, ship next ahead.
nave radiata, scrapped vessel.
nave rompighiaccio, icebreaker.
nave scuola, training ship.
nave serrafila, rear ship.
nave tranello, Q-ship; Q-boat.
nave trasporti, army transport vessel.
nave trasporto aerei, seaplane tender.
nave vedetta, scout vessel; patrol vessel.
nave di coda, rearward (Nav); rear (Nav).
raddrizzare una nave, to right a ship.
spiccare il volo dalla nave portaaerei, to hop from a carrier.
NAVE-TRAGHETTO, *f.* Ferryboat.
scalo da nave-traghetto, ferry slip.
NAVICELLA, *f.* Nacelle; car (Balloon); basket (Balloon); gondola (Airship).
navicella del pallone, balloon basket.
sospensione della navicella, basket suspension.
NAVIGABILE. Navigable.
NAVIGABILITÀ, *f.* Navigability.
NAVIGARE. To navigate.
NAVIGATORE, *m.* Navigator.
NAVIGAZIONE, *f.* Navigation; sailing.
idoneo alla navigazione, seaworthy.
navigazione aerea, air navigation; aerial navigation.
navigazione alturiera, deep-sea navigation.
navigazione astronomica, astronomical navigation; celestial navigation.
navigazione di lungo corso, deep-sea navigation.
navigazione interna, inland navigation.
navigazione ortodromica, great-circle sailing.
navigazione osservata, terrain flying (Avn).

NAVIGAZIONE—Continued.
navigazione per circolo massimo, great-circle sailing.
navigazione radiogoniometrica, radio navigation.
navigazione stimata, dead-reckoning navigation.
non idoneo alla navigazione, unseaworthy.
ostruzioni alla navigazione, obstructions to navigation.
NAVIGLIO, *m.* Vessels; shipping.
NAZIONALE. National.
NAZIONE, *f.* Nation; country.
NEBBIA, *f.* Fog.
campana da nebbia, fog bell.
cortina di nebbia, screening smoke.
fischio da nebbia, fog whistle.
segnale di nebbia, fog signal.
NEBBIA CHIARA. Mist.
NEBBIOGENO, *m.* Smoke discharger.
NEBBIONE, *m.* Pea-soup fog.
NEFOSCOPIO, *m.* Nephoscope.
NEGATIVO. Negative.
NEGLIGENZA, *f.* Negligence.
concorso di negligenza, contributory negligence.
negligenza colpevole, contributory negligence.
NEMBO, *m.* Nimbus cloud.
NEMICO, *m.* Enemy; foe; adversary.
assistere il nemico, relieving the enemy.
corrispondenza col nemico, correspondence with the enemy.
corrispondere col nemico, to correspond with the enemy.
NEMICO, *adj.* Inimical; hostile; adverse.
NETTARE. To clean; to cleanse.
nettare l'anima con lo scovolo, to swab out the bore.
NEUTRALE. Neutral.
NEUTRALISTA, *m.* Isolationist.
NEUTRALITÀ, *f.* Neutrality.
applicazione della neutralità, enforcement of neutrality.
neutralità armata, armed neutrality.
neutralità perpetua, permanent neutrality.
NEUTRALIZZARE. To neutralize.
NEUTRALIZZAZIONE, *f.* Neutralization.

NEUTRO, *m.* Neutral.
NEVE, *f.* Snow.
   neve granulare, granular snow.
   raffica di neve, snowdrift.
NIDO, *m.* Nest.
   nido di mitragliatrici, machine gun nest.
NILO, *m.* Nile.
NITRATO, *m.* Nitrate.
   nitrato di potassa, potassium nitrate.
   nitrato sodico, sodium nitrate.
NITRAZIONE, *f.* Nitration.
NITRICO. Nitric.
NITRO, *m.* Niter.
NITROAMIDO, *m.* Nitrostarch.
NITROCELLULOSA, *f.* Nitrocellulose.
NITROCOTONE, *m.* Nitrocotton.
NITROGENO, *m.* Nitrogen.
NITROGLICERINA, *f.* Nitroglycerine
NITROMETRO, *m.* Nitrometer.
NOCCIOLO, *m.* Core (Projectile); stone (Fruit); gist.
   nocciolo d'acciaio, steel core.
NODO, *m.* Knot; hitch; loop.
   far nodi, to knot; to form into knots.
   formare un nodo, to loop.
   mezzo nodo, half-hitch.
   nodo a margherita, sheepshank knot.
   nodo a otto, figure-of-eight knot.
   nodo di Savoia, figure-of-eight knot.
   nodo parlato, clove hitch; builder's hitch.
   nodo piano, square knot.
   nodo scorsoio, slipknot; running knot.
NODO DI VENTO. Whirlwind.
NODO STRADALE. Point of junction of several roads.
NOLEGGIARE. To charter; to hire.
NOLEGGIATO. Chartered; hired.
NOLEGGIO, *m.* Mercantile lease; charter.
   contratto di noleggio, charter party.
NOLO, *m.* Hire; freight.
NOME, *m.* Name.
   cambiamento di nome, change of name.
   nome vero, true name.
NOMINA, *f.* Nomination; appointment; designation; assignment.
   nomina ufficiale, official appointment; official designation.
   ordini di nomina, appointing orders.

NOMINARE. To name; to nominate; to appoint; to designate.
NORD, *m.* North.
   nord astronomico, true north.
   nord di bussola, compass north.
   nord geografico, geographic north.
   nord magnetico, magnetic north.
   nord vero, true north.
NORD-EST, *m.* Northeast.
NORDICO. Northern.
NORD-OVEST, *m.* Northwest.
NORIA, *f.* Noria.
NORMALE, *f.* Normal (Geometry).
NORMALITÀ, *f.* Normality.
NORMALIZZARE. To normalize.
NOSTROMO, *m.* Boatswain; bos'n.
NOTA, *f.* Note; notice; invoice; bill.
NOTAIO, *m.* Notary; Notary Public.
   poteri legali dell'aiutante maggiore di funzionare da notaio, adjutant's legal powers to act as notary public.
NOTIFICA, *f.* Notification.
NOTIFICARE. To notify; to inform.
NOTIFICAZIONE, *f.* Notification.
NOTIZIA, *f.* News; report.
NOTIZIE, *fpl.* News.
NOTTOLINO, *m.* Dog (Firearm); latch.
   alloggiamento del nottolino, latch housing.
   nottolino della vite del congegno di elevazione, elevating screw latch.
NUBE, *f.* Cloud.
NUCLEO, *m.* Nucleus; batch.
   nucleo chirurgico, auxiliary surgical group.
NUCLEO COMANDO. Command group.
NUCLEO ESPLORANTE. Reconnaissance troops; reconnaissance group.
NUMERARE. To number; to enumerate.
NUMERATORE, *m.* Numerator; serial-number stamp; numbering-stamp.
NUMERICO. Numerical.
NUMERO, *m.* Number; numeral.
   numero costante, fixed number (Mathematics); base (Logarithm).
   numero del telefono, telephone number.
   numero d'identificazione, identification number.
   numero di serie, serial number.

NUMERO—Continued.
numero dispari, odd number.
numero pari, even number.
numero primo, prime number; prime.
numero proposto, given number (Mathematics); antilogarithm.
numero romano, roman numeral.
NUMERO DI MATRICOLA. Army serial number.
NUVOLA, *f.* Cloud.
forma di nuvola, cloud form.
NUVOLOSITÀ, *f.* Cloudiness.
NUVOLOSO. Cloudy; overcast.

O

OASI, *f.* Oasis.
OBBEDIENZA, *f.* Obedience; compliance; allegiance.
OBBLIGATORIO. Obligatory; compulsory; binding.
OBBLIGAZIONE, *f.* Obligation.
OBBLIGO, *m.* Obligation; engagement.
venir meno ad obblighi, to default.
OBICE, *m.* Howitzer.
obice someggiabile, pack howitzer.
OBIETTIVO, *m.* Objective; aim; target; field lens; camera lens; lens.
cambiamento di obiettivo, shift of fire.
coperchio dell'obiettivo, lens cap (Photo).
designazione di un obiettivo, designation of a target.
determinazione di un obiettivo, location of a target.
obiettivo ausiliario, check point; auxiliary target.
obiettivo di fede, witness target.
obiettivo intermedio, intermediate objective.
OBLIQUARE. To incline (Mil).
OBLIQUITÀ, *f.* Obliquity; obliquity angle.
OBLIQUO. Oblique.
OBLÒ, *m.* Porthole.
OCCHIALI, *mpl.* Eyeglasses; spectacles; glasses.
occhiali da neve, snow goggles.
occhiali della maschera antigas, gas mask eye piece.
occhiali di protezione, goggles.
OCCHIELLO, *m.* Lanyard loop (Pistol); buttonhole; loop.

OCCHIO DI PRORA. Hawsehole.
OCCHIONE, *m.* Lunette (Trail); singletree eye (Gun carriage).
occhione della coda d'affusto, trail lunette.
OCCIDENTALE. Western; occidental.
OCCIDENTE, *m.* West; occident.
di occidente, western.
verso l'occidente, toward the west; westerly.
OCCULTAMENTO, *m.* Concealment.
OCCULTARE. To conceal.
OCCUPARE. To occupy; to carry (Mil); to capture; to seize; to take; to hold.
OCCUPAZIONE, *f.* Occupation; possession.
occupazione bellica, military occupation.
occupazione della posizione, occupation of position.
occupazione di territorio nemico, occupation of enemy's territory.
occupazione militare, military occupation.
occupazione notturna, night occupation.
OCULARE, *m.* Eyepiece; ocular.
ODOMETRO, *m.* Odometer.
OFFENSIVA, *f.* Offensive.
offensiva strategica, strategical offensive.
offensiva su larga scala, offensive on a large scale; push; drive.
OFFICINA, *f.* Plant; workshop; shop.
officina mobile, mobile shop.
officina per riparazioni, repair shop.
officina per riparazioni occasionali, emergency shop.
OFFICINA ELETTRICA. Power plant.
OFFUSCARE. To darken; to obscure; to obfuscate.
OFFUSCATO. Darkened; obscured; overcast.
"OHE!" "Ahoy!"
"OHE DEL BASTIMENTO!" "Ship ahoy!"
OHM, *m.* Ohm.
OHMMETRO, *m.* Ohmmeter.
OLEODOTTO, *m.* Oil pipe line.
OLEOMETRO, *m.* Oil gauge.
OLIATORE, *m.* Oil can.
OLIO, *m.* Oil.
olio animale, animal lubricant.

OLIO—Continued.
olio da combustione, fuel oil.
olio d'aleurites, Chinese wood oil.
olio di lino, linseed oil.
olio di lino greggio, raw linseed oil.
olio d'oliva, olive oil.
olio di osso, bone oil.
olio di pesce, fish oil.
olio di piede di bue, neatsfoot oil.
olio di ricino, castor oil.
olio di soia, soy bean oil.
olio essenziale, essential oil.
olio idrogenato, hydrogenated oil.
olio lubrificante, lubricating oil.
olio minerale, mineral oil.
olio per motore Diesel, Diesel oil.
pompa dell'olio, oil pump (Mtr).
pressione dell'olio, oil pressure.
regolatore della temperatura dell'olio, oil temperature regulator.
serbatoio dell'olio, oil tank.
spalmare d'olio, to smear with oil; to oil.
ungere d'olio, to lubricate with oil; to oil.
OLONA, *f.* Canvas; duck cloth.
OLTRANZA, Ad. To death.
OLTREMARE, *adv.* Oversea; overseas.
d'oltremare, oversea; overseas.
OLTREPASSARE. To pass over; to clear; to exceed.
OMBRA, *f.* Shadow; shade.
OMBREGGIARE. To shade; to shadow; to hachure.
OMBREGGIATURA, *f.* Shading; hachure.
OMICIDA, *m.* Homicide (The person).
OMICIDIO, *m.* Homicide (The crime); murder.
ONCIA, *f.* Ounce.
ONDA, *f.* Wave.
lunghezza d'onda, wave length.
onda balistica, ballistic wave.
onda di poppa, stern wave.
onda di prora, bow wave.
onda di traslazione, bow wave.
onda generata dal moto di traslazione, bow wave.
onda prodiera, bow wave.
onda smorzata, damped wave.
ONDATA, *f.* Surge; breaker; wave.
ondata d'assalto, assault wave.
ondata di carri armati, tank wave.
ondata di freddo, cold wave.

ONDEGGIAMENTO, *m.* Swell; swaying; waving; undulating.
ONDEGGIARE. To float (Mil); to undulate; to fluctuate; to wave; to waver.
ONDULANTE. Undulant.
ONORANZE, *fpl.* Ceremonial honors; honors.
ONORARE. To honor.
ONOR DELLE ARMI. Honors of war.
ONORI, *mpl.* Honors.
onori funebri militari, funeral honors.
onori prescritti, compliment.
ONORI DI GUERRA. Honors of war.
ONORIFICENZA, *f.* Decoration; honor.
OPACITÀ, *f.* Opacity.
OPACO. Opaque.
OPERA, *f.* Work (Fort); agency; means; artistic work; opera.
opera aperta, open work.
opera campale, fieldwork.
opera chiusa, closed work (Ft).
opera in terra, earthwork.
opera muraria, masonry work; masonry.
opera permanente, permanent works.
opere avanzate, advanced works.
opere campali, field works; trench system.
opere civili, civil works.
opere di difesa, defenses.
opere di sbarramento, barrier works.
opere esteriori, outworks.
opere interne, inner defenses (Ft); inworks.
opere simulate, dummy works.
opere staccate, detached works.
OPERAIO, *m.* Workman.
OPERARE. To operate.
OPERATORE, *m.* Operator; driver (Vehicle).
OPERA VIVA. Bottom (of a ship).
OPERAZIONE, *f.* Operation.
base di operazioni, base of operations.
operazione meccanica, mechanical operation.
operazione notturna, night operation.
operazioni campali, field operations.
operazioni combinate, combined operations; grand tactics; joint operations.
operazioni di oltremare, oversea operations.

OPERAZIONE—Continued.
operazioni di sbarco, landing operations.
operazioni militari, operations of the army.
operazioni speciali, special operations.
ordini di operazione, operations orders.
piano d'operazioni, plan of operations.
teatro d'operazioni, theater of operations; field of operations.
OPERE ASSISTENZIALI. Relief work.
OPIFICIO, *m.* Plant.
ORA, *f.* Hour; time.
ora ampère, ampere-hour.
ora apparente, apparent time.
ora civile, civil time.
ora civile di Greenwich, Greenwich civil time.
ora civile locale, local civil time.
ora del fuso orario, zone time.
ora dell'attacco, time of attack.
ora del sole medio, mean solar time.
ora legale, daylight saving time.
ora media, mean time.
ora media solare, mean solar time.
ora precisa, exact time.
ora prestabilita, H-hour.
ora siderea, sidereal time; star time.
ora solare, solar time; sun time.
ora solare media, standard time; mean solar time.
ORANO, *f.* Oran.
ORBITA, *f.* Orbit.
ORDIGNO, *m.* Contrivance; gin.
ORDINANZA, *f.* Formation; ordinance; orderly.
d'ordinanza, prescribed by regulations; regulation.
ordinanza municipale, municipal ordinance; city ordinance.
ordinanza retroattiva, retroactive ordinance.
ORDINARE. To order; to command; to put in order; to arrange.
ORDINARIO MILITARE. Chief of Chaplains.
ORDINATA, *f.* Ordinate.
ordinata massima, maximum ordinate.
ORDINE, *m.* Order; arrangement; command.
agli ordini, under orders.
buon ordine, good order.

ORDINE—Continued.
mantenimento del buon ordine, maintenance of good order.
ordine chiuso, close order.
ordine convergente di battaglia, converging order of battle.
ordine d'attacco, attack order.
ordine del giorno, order of the day.
ordine della marcia, order of march.
ordine dettato, dictated order.
ordine di far fuoco, fire order.
ordine di marcia, march order.
ordine di massima, standing order.
ordine di precedenza, order of precedence; priority.
ordine di precedenza sulle strade, priority on roads.
ordine di soggetto amministrativo, administrative order.
ordine emanato sul campo, field order.
ordine esecutivo, executive order.
ordine formale di fuoco, formal fire order.
ordine frammentario, fragmentary order.
ordine originale di fuoco, original fire order.
ordine per l'attacco, attack order.
ordine preliminare, warning order.
ordine retroattivo, retroactive order.
ordine scritto, written order.
ordine sparso, extended order.
ordine susseguente, subsequent order.
ordine tipico di fuoco, typical fire order.
ordine verbale, oral order.
ordine verbale di fuoco, oral fire order.
ordini generali, general orders.
ordini per il combattimento, combat orders.
ordini speciali, special orders.
trasmettere un ordine, to transmit an order.
ORDINE DI BATTAGLIA. Order of battle.
ordine di attacco in colonna, columnar tactics.
ordine di battaglia a scaglioni dal centro verso le ali, echelon-on-the-center order of battle.
ordine di battaglia a scaglioni delle ali verso il centro, echelon-on-both-wings order of battle.

ORDINE DI BATTAGLIA—Continued.
  ordine di battaglia concavo, concave order of battle.
  ordine di battaglia convergente, converging order of battle.
  ordine di battaglia convesso, convex order of battle.
  ordine di battaglia obliquo, oblique order of battle.
  ordine di battaglia parallelo, parallel order of battle.
  ordine di battaglia parallelo semplice, simple-parallel order of battle.
  ordine di battaglia perpendicolare, perpendicular order of battle.
  ordine di battaglia perpendicolare sopra un'ala, perpendicular-on-one-wing order of battle.
  ordine di battaglia perpendicolare su due ali, perpendicular-on-both-wings order of battle.
ORDINE PUBBLICO. Public order.
  mantenere l'ordine pubblico, to maintain public quiet; to police.
ORECCHIONE, *m.* Trunnion; orillion (Ft).
  asse degli orecchioni, trunnion axis.
  inclinazione dell'asse degli orecchioni, cant of trunnion axis.
  orecchione della culla, cradle trunnion.
  orecchioni arretrati, rear trunnions.
ORGANICA, *f.* Organization (Mil).
ORGANIZZARE. To organize.
ORGANIZZAZIONE, *f.* Organization.
  organizzazione della difesa, organization of defense.
  organizzazione del terreno, organization of the ground.
ORGANIZZAZIONE DEI FUOCHI. Organization of fires.
ORGANO, *m.* Organ; agency.
  organi di comando, controls (Avn).
ORIENTALE. Oriental; eastern; easterly.
ORIENTAMENTO, *m.* Orientation; orienting; bearing (Surv).
  linea di orientamento, orienting line.
  orientamento assoluto, absolute orientation.
  orientamento relativo, relative orientation.
  punto di orientamento, orienting point.

ORIENTARE. To orient.
  orientare al nord magnetico, to orient on magnetic north.
ORIENTARSI. To find one's bearing; to orient oneself.
ORIENTAZIONE, *f.* Orientation.
ORIENTE, *m.* East; orient.
ORIZZONTE, *m.* Horizon.
  orizzonte artificiale, artificial horizon (Instr. Astronomy).
  orizzonte astronomico, celestial horizon.
  orizzonte del pezzo, line of fire.
  orizzonte razionale, celestial horizon.
  orizzonte vero, true horizon; celestial horizon.
  orizzonte visibile, visible horizon; apparent horizon; local horizon; sky line.
  piano dell'orizzonte, horizontal plane.
ORLO, *m.* Edge; border; margin; lip.
  orlo d'attacco, entering wedge (Ap).
  orlo d'uscita, trailing edge (Ap).
ORLO SPORGENTE. Rim (Cartridge).
ORMA, *f.* Track; trace; vestige; trail.
ORMEGGIARE. To moor.
ORMEGGIO, *m.* Mooring; mooring rope.
  cavo d'ormeggio, mooring rope.
  pilone d'ormeggio, mooring mast, mooring tower.
  posto d'ormeggio, berth; dock.
ORNITOTTERO, *m.* Ornithopter.
OROGRAFIA, *f.* Orography.
OROLOGIO, *m.* Watch; clock; timepiece.
  errore dell'orologio, watch error.
  nel senso delle lancette dell'orologio, clockwise.
  nel senso opposto a quello delle lancette dell'orologio, counterclockwise.
  orologio che segna gli intervalli di tempo, time interval clock.
ORTOCROMATICO. Orthochromatic.
ORTODROMIA, *f.* Orthodromy.
ORTOTTERO, *m.* Orthopter.
OSCILLARE. To swing; to oscillate; to vibrate.
OSCILLATORE, *m.* Oscillator.
OSCILLAZIONE, *f.* Oscillation.
  oscillazione eccessiva, overswing.

OSCILLAZIONE—Continued.
oscillazione eccessiva dell'ago della bussola, overswing of a compass needle.
OSCILLOGRAFO, m. Oscillograph.
OSCURAMENTO, m. Black-out; dimout; blinding.
oscuramento dell'osservazione avversaria, blinding of hostile observation.
oscuramento totale, black-out.
OSCURARE. To black out; to darken; to obscure; to cloud; to shadow.
OSCURITÀ, f. Darkness, obscurity.
OSCURO. Obscure; dark.
OSPEDALE, m. Hospital.
ospedale contumaciale, isolation hospital.
ospedale da campo, field hospital; hospital station.
ospedale della seconda zona delle retrovie, base hospital.
ospedale di base, base hospital.
ospedale militare, military hospital.
ospedale principale, general hospital.
ospedale veterinario, veterinary hospital.
ospedale volante, mobile hospital.
ricoverare nell'ospedale, to hospitalize.
OSSATURA, f. Framework; ribwork; frame; skeleton.
OSSERVARE. To observe.
OSSERVATORE, m. Observer.
osservatore del tiro, spotter.
osservatore militare, military observer.
OSSERVATORIO, m. Observation post; observation station; observatory.
osservatorio meteorologico, meteorologic observatory; weather bureau.
OSSERVAZIONE, f. Observation; spotting.
fronte di osservazione, observing sector.
oscuramento dell'osservazione avversaria, blinding of hostile observation.
osservazione aerea, aerial observation.
osservazione assiale, axial observation.

OSSERVAZIONE—Continued.
osservazione bilaterale, bilateral spotting; bilateral observation.
osservazione coniugata, bilateral observation; bilateral spotting.
osservazione del tiro, observation of fire.
osservazione fonotelemetrica, phonometric observation.
osservazione laterale, lateral observation.
osservazione meteorologica, weather observation.
osservazione terrestre, terrestrial observation; ground observation.
osservazione trasversale, flank observation; flank spotting.
osservazione unilaterale, unilateral observation.
punto di osservazione, observing point.
OSSIDARE. To oxidize.
OSSIDAZIONE, f. Oxidation.
ossidazione anodica, anodic oxidation.
OSSIDO, m. Oxide.
OSTACOLARE. To obstruct; to hinder; to bar.
OSTACOLO, m. Mask (Ballistics); obstacle; entanglement.
ciglio dell'ostacolo, summit of the mask.
distanza dell'ostacolo, range of the mask.
ostacoli mobili, portable obstacles.
ostacolo artificiale, artificial obstacle.
ostacolo contro i carri armati, tank obstacle.
ostacolo di filo spinato, barbed-wire obstacle.
ostacolo di protezione, protection obstacle.
ostacolo fisso, fixed obstacle.
ostacolo naturale, natural obstacle.
ostacolo particolare, particular obstacle; particular mask.
ostacolo tattico, tactical obstacle.
sommità dell'ostacolo, summit of the mask.
superare l'ostacolo, to clear the mask.
OSTAGGIO, m. Hostage.
OSTILE. Hostile.

OSTILITÀ, *f.* Hostility; hostilities.
  apertura delle ostilità, outbreak of hostilities.
  sospensione di ostilità, cessation of arms.
OSTRICHE DI CARENA. Barnacles (Nav).
OSTRUIRE. To obstruct; to impede; to bloc.
OSTRUZIONE, *f.* Obstruction.
OSTRUZIONE RETALE. Torpedo net.
OTRANTO, Canale d'. Strait of Otranto.
OTRE, *m.* Skin bottle.
  otre da acqua, watering bag.
OTTANO, *m.* Octane.
OTTANTE, *m.* Octant.
OTTICA, *f.* Optics.
OTTICO. Optic; optical.
OTTONE, *m.* Brass.
OTTURARE. To plug; to bolt.
OTTURATORE, *m.* Breechblock; bolt; shutter (Photo).
  alloggiamento dell'otturatore, breech recess.
  appoggio dell'otturatore, bolt lock.
  leva · di maneggio dell'otturatore, breechblock lever.
  otturatore a cuneo, wedge type of breechblock.
  otturatore a cuneo a scorrimento orizzontale, drop block sliding-wedge breechblock.
  otturatore a cuneo a scorrimento verticale, vertical sliding - wedge breechblock.
  otturatore a cuneo scorrevole, sliding-wedge breechblock.
  otturatore a tendina, focal-plane shutter (Photo).
  otturatore a vite interrotta, interrupted-screw breechblock.
  otturatore a vite segmentata, slotted-screw breechblock.
  otturatore centrale, shutter at the lens (Photo).
  otturatore di lastra, focal-plane shutter (Photo).
  otturatore d'obiettivo, shutter at the lens (Photo).
  otturatore infralenti, between-the-lens shutter (Photo).

OTTURATORE—Continued.
  piolo di sicurezza della leva di maneggio dell'otturatore, breechblock lever release pin.
  velocità dell'otturatore, shutter speed (Photo).
OVEST, *m.* West.
  dall'ovest, from the west; westerly.
  verso l'ovest, toward the west; westerly.

P

PACCHEBOTTO, *m.* Packet (Nav).
PACCHETTO, *m.* Packet; parcel.
PACCHETTO DI MEDICAZIONE. First aid packet.
PACCO, *m.* Package; parcel.
PACCO POSTALE. Parcel post.
PACE, *f.* Peace.
  assetto di pace, peace footing.
  conferenza della pace, peace conference.
  dettare la pace, to dictate peace.
  negoziare la pace, to negotiate peace.
  pace armata, armed peace.
  pace pubblica, public peace.
  pace separata, separate peace.
  piede di pace, peace footing.
  tempo di pace, time of peace; peacetime.
PACIFICARE. To pacify.
PACIFICAZIONE, *f.* Pacification.
PACIFISMO, *m.* Pacifism.
PACIFISTA, *m.* Pacifist.
PADIGLIONE, *m.* Ward (Hosp); pavilion.
PAESAGGIO, *m.* Landscape.
PAESE, *m.* Country; land; district; people; nation; fatherland; village.
  paese nemico, enemy country.
  paese straniero, foreign country.
PAGA, *f.* Pay; wages.
  computazione della paga, computation of pay.
  detenzione della paga, detention of pay.
  foglio paga, pay roll.
  mezza paga, half pay.
  paga di servizio attivo, active duty pay.
  paga intera, full pay.
  paga originaria, basic pay.
  perdita della paga, forfeiture of pay.

PAGA—Continued.
riscuotere la paga, to draw pay.
ritenzione della paga, retention of pay.
sospensione della paga, stoppage of pay.
sospensione della paga per debiti, stoppage of pay for indebtedness.
PAGA E INDENNITÀ. Pay and allowances.
massimo di paga e indennità, maximum pay and allowance.
PAGAIA, *f.* Paddle.
remare con la pagaia, to paddle.
PAGAMENTO, *m.* Payment.
PAGARE. To pay.
PAGLIA, *f.* Straw.
PALA, *f.* Shovel; blade.
rimuovere con la pala, to clean out with a shovel; to shovel.
PALANCA, *f.* Gangplank.
PALANCATO, *m.* Stockade; palisade.
PALERMO, *f.* Palermo.
PALETTA, *f.* Blade (Mech).
paletta di aderenza, tractor grouser.
PALETTO, *m.* Stake (Surv); hub (Surv); picket (Surv); iron bar; door latch.
paletto di ferro, iron picket.
paletto di ferro a punta spirale per reticolati, screw picket.
PALINA, *f.* Aiming stake.
palina graduata, level rod.
PALIZZATA, *f.* Palisade; stockade.
PALLA, *f.* Solid shot; ball.
palla dum dum, dumdum bullet.
PALLE, *fpl.* Ball ammunition.
PALLONCINO, *m.* Small balloon.
PALLONCINO DI COMPENSAZIONE. Ballonet.
PALLONE, *m.* Balloon.
ancoraggio per palloni frenati, balloon bed.
ascensione del pallone, balloon ascent.
cerchio della manica d'appendice principale, appendix ring.
cerchio di carico, concentration ring.
fune di strappamento, ripping cord.
pallone aerostatico, aerostat; balloon.
pallone a idrogeno, hydrogen balloon.
pallone da propaganda, propaganda balloon.
pallone da sbarramento, barrage balloon.
pallone di quota, ceiling balloon.

PALLONE—Continued.
pallone dirigibile, dirigible; airship.
pallone drago, kite balloon; sausage balloon; kite (Avn).
pallone frenato, captive balloon.
pallone libero, free balloon.
pallone osservatorio, observation balloon.
pallone pilota, pilot balloon.
pallone sonda, sounding balloon.
pallone sonda con radio, radiosonde.
striscia di strappamento, ripping panel.
PALLONETTO, *m.* Ballonet.
PALLOTTOLA, *f.* Bullet; pellet; shot; rifle bullet.
frantumazione della pallottola, bullet splash.
incamiciatura della pallottola, bullet jacket.
pallottola a rivestimento d'acciaio, steel-jacketed bullet.
pallottola esplodente, explosive bullet; dumdum bullet.
pallottola perforante, armor-piercing bullet.
pallottola rivestita, patched bullet.
pallottola tracciante, tracer bullet.
rivestimento della pallottola, bullet jacket.
scheggiamento di pallottola, bullet splash.
PALMO, *m.* Span (Measure).
misurare a palmi, to measure by the span; to measure by the hand; to span.
PALO, *m.* Pole; post; pile; bar.
palo di ferro, iron bar.
PALO INDICATORE. Signpost.
PALOMBARO, *m.* Diver.
campana da palombaro, diving bell.
PALUDE, *f.* Swamp; fen; morass; marsh.
PALUDOSO. Marshy; boggy.
PANCROMATICO. Panchromatic.
PANETTERIA DA CAMPO. Field bakery.
PANETTIERE, *m.* Baker.
PANFILIO, *m.* Yacht.
PANIERE, *m.* Basket.
PANNA, *f.* Stall (Mtr); cream (of milk); ship's sail.
causare una panna, to stall (Mtr).
panna d'aeroplano, conk (Slang).

PANNELLO, *m.* Panel (Engr).
PANORAMA, *m.* Panorama.
PANTANO, *m.* Bog; puddle; slough.
PANTELLERIA, *f.* Pantelleria.
PANTOGRAFO, *m.* Pantograph.
PAPA, *m.* Pope.
PARABOLA, *f.* Parabola.
PARABOLA DI SICUREZZA. Curve of security (Ballistics).
PARABOLICO. Parabolic.
PARABORDO, *m.* Fender (Nav); bumper (Nav).
PARABREZZA, *f.* Windshield (Vehicle).
PARACADUTE, *m.* Parachute; chute (Colloquial).
  aprire il paracadute, to open parachute.
  calotta del paracadute, parachute canopy.
  corde di sospensione del paracadute, parachute suspension lines.
  custodia del paracadute, parachute pack.
  foro di Lalande, parachute vent.
  imbracatura del paracadute, parachute harness.
  lanciarsi col paracadute, to parachute.
  paracadute a sedile, seat type parachute.
  paracadute pilota, pilot parachute.
  paracadute regolamentare, service parachute.
  paracadute tipo a cuscino, seat type parachute.
  paracadute tipo a schienale, back type parachute.
  paracadute tipo dorsale, back type parachute.
  paracadute tipo sul ventre, chest type parachute.
  reparti paracadutisti, parachute troops.
  ripiegamento del paracadute, parachute folding.
  riquadri, *mpl.* panel sections.
  sezione di paracadute, parachute section.
  spicchio del paracadute, parachute gore; parachute panel.
  tessuto da paracadute, parachute fabric.
PARACADUTISTA, *m.* Parachutist.
PARAFANGO, *m.* Mudguard; fender.
PARAFFINA, *f.* Paraffin.
PARAFIAMME, *m.* Flash hider (Mg).
PARALLASSE, *f.* Parallax; azimuth difference.
PARALLELA, *f.* Parallel (Geometry).
PARALLELISMO, *m.* Parallelism.
  correzione scalare di parallelismo, convergence difference.
PARALLELO, *m.* Parallel (Astronomy).
  parallelo di carta quadrettata, grid parallel, X line.
PARALLELO, *adj.* Parallel.
PARALLELOGRAMMO, *m.* Parallelogram.
PARALLELOGRAMMO DELLE FORZE. Parallelogram of forces.
PARAMETRO, *m.* Parameter.
PARAMEZZALE, *m.* Keelson (Nav).
PARAMINA, *m.* Paravane.
PARANCO, *m.* Tackle; block and tackle.
  paranco a catena, chain block.
  paranco differenziale, differential chain block.
PARAPALLE, *m.* Butt (Target range).
PARAPETTO, *m.* Parapet; breastwork.
  ciglio del parapetto, crest of the parapet.
  parapetto merlato, battlement.
PARASPALLE, *m.* Parados (Ft).
PARATA, *f.* Parade; parry.
PARATIA, *f.* Bulkhead.
  paratia di collisione, collision bulkhead.
  paratia longitudinale, longitudinal bulkhead.
  paratia stagna, watertight bulkhead.
PARATOIA, *f.* Sluice gate; sluice valve.
PARAURTI, *m.* Bumper (Automobile).
PARCARE. To park.
PARCO, *m.* Park.
  parco bestiame, corral.
  parco di artiglieria, artillery park.
  parco di carri armati, tank park.
  parco munizioni, ammunition park.
  parco rifornimenti di corpo d'armata, corps park.
PARENTE, *m.* Relative; relation.
  parente più stretto, nearest relative.
PARENTELA, *f.* Relationship; kinship.
PARI. Equal; even.

PARIGI, *f.* Paris.
PARIGINO, *m.* Parisian.
PARIGLIA, *f.* Team (H).
  pariglia di testa, lead team.
PAROLA, *f.* Word; parole.
PAROLA-CHIAVE, *f.* Key word (Sig).
PAROLA DI RICONOSCIMENTO. Countersign; password.
PAROLA D'ONORE. Word of honor; parole.
PAROLA D'ORDINE. Watchword; password; parole (Mil).
PARTE, *f.* Part; spare piece; share; side; party (Law).
  dividere in parti, to divide into parts; to part.
  maggior parte, major portion; bulk.
  parte aliquota, aliquot part.
  parte anteriore, forward part; fore.
  prendere le parti, to take sides; to side.
PARTEGGIARE. To take sides; to side.
PARTENZA, *f.* Departure; sailing.
  base di partenza, zone of departure.
PARTICOLARE, *m, n & adj.* Particular; peculiar.
PARTI DI RICAMBIO. Spare parts.
PARTIRE. To depart; to leave; to sail.
PARZIALE. Partial; sectional.
PASCOLARE. To graze (H).
PASSAGGIO, *m.* Passage; fare; crossing.
  passaggio angusto, narrow passage; defile.
PASSAGGIO A LIVELLO. Grade crossing; level crossing.
PASSAMONTAGNE, *m.* Snow cap.
PASSAPORTO, *m.* Passport.
PASSARE. To pass; to go through; to elapse; to putrefy.
  lasciar passare, to let pass; to let go past; to pass.
PASSEGGIATA MILITARE. Route march.
PASSEGGIERO, *m.* Passenger.
  passeggiero clandestino, stowaway.
PASSERELLA, *f.* Foot bridge; gangway.
  passerella a galleggianti di capoc, Lampert bridge.
  passerella da trincea, duckboard.
PASSIVO. Passive.

PASSO, *m.* Step; pace; pass (Top); pitch (Mech); thread (Mech); walk (H).
  allungare il passo, to step out.
  al passo, in step.
  andare a passo, to move at a pace; to pace (H).
  cambiare il passo, to change step.
  fuori passo, out of step.
  menare al passo, to walk (H).
  misurare a passi, to measure by paces; to pace.
  misurare i passi, to move with slow steps; to pace.
  passo accelerato, double time; double-quick; quick time.
  passo di corsa, double time; double-quick.
  passo di parata, parade step.
  passo di scuola, balance step.
  passo di strada, route step.
  passo laterale, side step.
  passo lungo, long step; stride.
  rompere il passo, to break step.
  segnare il passo, to mark time.
PASSO DI MONTAGNA. Mountain pass.
PASTA, *f.* Paste; dough.
PASTO, *m.* Meal.
  ciclo dei pasti, ration cycle.
PASTOIA, *f.* Hobble; fetter.
PASTORIZZARE. To pasteurize.
PASTORIZZAZIONE, *f.* Pasteurization.
PATENTE, *f.* License; certificate; permit; patent; letters patent; brevet.
  patente di guida, driver's license; operator's permit.
  patente revocabile, revocable license.
  patente sanitaria, bill of health.
PATRIA, *f.* Fatherland; country.
PATTINO, *m.* Skid (Avn); skate.
  pattino di coda, tail skid (Avn).
PATTO, *m.* Pact; agreement.
PATTO DI RESA. Capitulation; accord (Mil).
PATTUGLIA, *f.* Patrol.
  capo pattuglia, patrol leader.
  pattuglia a cavallo, mounted patrol.
  pattuglia a piedi, dismounted patrol.
  pattuglia di circolazione, traffic patrol.
  pattuglia di collegamento, connecting patrol.

PATTUGLIA—Continued.
pattuglia di combattimento, fighting patrol; combat patrol.
pattuglia di esplorazione, information patrol.
pattuglia di ricognizione del terreno, reconnoitering patrol.
pattuglia di ronda, visiting patrol.
pattuglia di sicurezza, security patrol.
pattuglia fiancheggiante, flank patrol.
PATTUGLIARE. To patrol.
PAUSA, *f.* Pause; rest; stop; break.
PAVESARE. To dress (Nav).
PECE, *f.* Pitch (Substance).
PEDALARE. To pedal.
PEDALE, *m.* Pedal.
PEDALIERA, *f.* Rudder bar (Ap).
PEDINARE. To follow secretly; to shadow.
PEDONE, *m.* Pedestrian.
PELLICOLA, *f.* Pellicle; film.
magazzino delle pellicole, film magazine.
pellicola a colori, color film.
pellicola cinematografica, motion picture film.
pellicola fotografica, photographic film.
pellicola pancromatica, panchromatic film.
pellicola per macchina fotografica, camera film.
piastra reggi-pellicola, film pressure plate.
PENA, *f.* Punishment; penalty; sentence.
commutazione di pena, commutation of sentence.
limite di pena, limit of punishment.
mitigazione di pena, mitigation of sentence.
pena dell'ammonizione, punishment by admonition.
pena della perdita del diritto alla promozione, punishment by loss of promotion.
pena della rimozione dal grado, punishment by loss of rank.
pena della sospensione dall'impiego, dal comando, o dal servizio, punishment by suspension of rank, command, or duty.
pena di morte, death penalty.
pena della multa, punishment by fine.

PENA—Continued.
pena disciplinare, disciplinary punishment.
pena massima, maximum punishment.
remissione della pena, remission of sentence.
sostituzione di pena, substitution of punishment; commutation of sentence.
PENALE, *f.* Forfeiture.
penale del deposito, forfeiture of deposit.
penale della paga, forfeiture of pay.
PENALE, *adj.* Penal.
PENALITÀ, *f.* Penalty.
PENDENZA, *f.* Slope; declivity; grade; gradient; pitch.
effetto della pendenza, effect of slope.
essere in pendenza, to slope.
forte pendenza, steep grade.
linea di massima pendenza, line of greatest slope.
pendenza negativa, negative slope.
pendenza positiva, positive slope.
pendenza uniforme, uniform slope.
regolare la pendenza, to grade (Engr).
PENDERE. To slope; to lean; to hang; to dangle; to pend.
PENDIO, *m.* Declivity; incline; slope; pitch.
PENDOLO, *m.* Pendulum.
lente del pendolo, pendulum bob.
PENDOLO BALISTICO. Ballistic pendulum; gun pendulum.
PENETRANTE. Penetrating; piercing; sharp; keen.
PENETRARE. To penetrate; to pierce.
PENETRAZIONE, *f.* Penetration.
PENINSULARE. Peninsular.
PENISOLA, *f.* Peninsula.
PENISOLA BALCANICA. Balkan Peninsula.
PENISOLA IBERICA. Iberian Peninsula.
PENITENZIARIO, *m.* Penitentiary; pen (Slang).
PENNA, *f.* Pen; feather; plume; peen.
penna stilografica, fountain pen.
PENNONE, *m.* Pennon; yard (for square sails).
PENOMBRA, *f.* Penumbra.
PENSIONE, *f.* Pension; boardinghouse.

PENSIONE DI GUERRA. War pension.
Ufficio Pensioni di Guerra, Bureau of Pensions.
PENTAEDRO, *m.* Pentahedron.
PENTAGONO, *m.* Pentagon.
PENTODO, *m.* Pentode.
PERCENTO, *m.* Percent.
PER CENTO. By the hundred; per cent.
PERCENTUALE, *f.* Percentage.
PERCORSO, *m.* Distance covered; run; travel (Mech).
percorso in miglia, run in miles; mileage.
PERCOTITOIO, *m.* Percussion lock (Ord).
PERCUSSIONE, *f.* Percussion.
a percussione, by percussion; percussion.
meccanismo di percussione, percussion mechanism.
PERCUSSORE, *m.* Firing pin; striker.
asta del percussore, striker rod.
collare del percussore, striker collar.
dente d'arresto del percussore, firing-pin stop.
molla del percussore, striker spring.
PERDERE. To lose.
PERDERSI. To become lost.
PERDITA, *f.* Casualty; loss; waste; leak.
classificazione delle perdite, classification of casualties.
PERDITE, *fpl.* Casualties.
PERDONO, *m.* Pardon.
PERENTORIO. Peremptory.
PERFORANTE. Armor-piercing; perforating.
PERFORARE. To perforate; to pierce.
PERFORAZIONE, *f.* Perforation.
PERICOLO, *m.* Peril; danger; hazard; distress.
esporre a pericolo, to expose to danger.
fuori pericolo, out of danger; safe.
pericolo dei gas, gas danger.
pericolo di mare, hazard of navigation.
pericolo d'incendio, fire danger.
pericolo d'incursione aerea, air raid danger.
segnale di pericolo, distress signal; telltale (RR).

PERICOLOSO. Dangerous; hazardous.
PERIFERIA, *f.* Periphery.
PERIMETRO, *m.* Perimeter.
PERIODICO, *m.* Periodical.
PERIODICO, *adj.* Periodic; periodical.
PERIODO, *m.* Period (Time); sentence (Grammar).
periodo critico, critical period.
PERIODO DI PROVA. Probation period; probation.
PERISCOPIO, *m.* Periscope.
periscopio panoramico, panoramic periscope.
PERITO, *m.* Expert; expert witness.
PERIZIA, *f.* Expertness; practice; skill; survey; appraisement.
PERLUSTRARE. To patrol; to police.
PERLUSTRAZIONE, *f.* Patrolling; patrol; search.
linea di perlustrazione per l'arresto degli sbandati, straggler line.
perlustrazione della linea, line patrol.
PERMEABILE. Permeable.
PERMEABILITÀ, *f.* Permeability.
PERMEANZA, *f.* Permeance.
PERMEARE. To permeate.
PERMESSO, *m.* Permit; permission; license; leave of absence; furlough.
dar permesso, to give permission; to permit; to license.
permesso revocabile, revocable permit; revocable license.
PERMETTERE. To permit; to let; to allow.
PERNIO, *m.* Pivot; pin.
pernio della gamba anteriore, front leg pin (Tripod).
PERNO, *m.* Pivot; pin.
perno del grilletto, trigger pin.
perno della manovra, pivot of maneuver.
perno di maniglia, shackle bolt.
perno fisso, fixed pivot.
perno mobile, moving pivot.
PERPENDICOLARE, *f, n & adj.* Perpendicular.
PERQUISIZIONE, *f.* Search (Law).
PERQUISIZIONE E CONFISCA. Search and seizure.
PERSONALE, *m.* Personnel.
personale civile a riposo, retired personnel.

PERSONALE—Continued.
personale d'aviazione, air force personnel.
PERSONALE, *adj.* Personal; individual.
PERTURBAZIONE, *f.* Perturbation; disturbance.
PESANTE. Heavy.
troppo pesante nella parte superiore, top-heavy.
PESARE. To have weight; to weigh; to scale; to evaluate.
pesare con la bilancia, to weigh in a balance.
PESCAGGIO, *m.* Draught (Nav).
PESCAGIONE, *f.* Draught (Nav).
PESO, *m.* Weight; load; burden; onus.
peso atomico, atomic weight.
peso eccedente, excess weight.
peso molecolare, molecular weight.
peso morto, dead weight.
peso netto, net weight.
peso stimato, design weight.
peso superfluo, excess weight.
peso totale, gross weight.
peso utile, payload; useful weight.
PESTE, *f.* Pest; plague.
PESTELLO, *m.* Pestle; beetle.
PESTILENZA, *f.* Pestilence.
PESTILENZIALE. Pestilential.
PETARDO, *m.* Petard; hand grenade; grenade.
petardo a gas, gas grenade.
PETROLATO, *m.* Petrolatum.
PETROLIERA, *f.* Oil tanker.
PETROLIO, *m.* Petroleum; mineral oil; oil.
petrolio da illuminazione, kerosene.
petrolio greggio, crude oil.
petrolio purificato, kerosene.
petrolio raffinato, gasoline.
PETTINE DI PERICOLO. Boundary marker (Airport).
PEZZO, *m.* Piece; gun; howitzer; spare piece; part.
pezzi della sezione cannoni per fanteria, Howitzer company weapons.
pezzo d'artiglieria, piece of ordnance.
pezzo da campagna, field piece; field gun.
pezzo di base, base piece; directing gun.
pezzo di ricambio, spare part; spare piece.

PEZZO—Continued.
pezzo di riserva, spare part (Nav).
pezzo fisso, fixed gun; fixed piece.
pezzo logorato, worn part.
posizione del pezzo, position of the gun.
serventi del pezzo, gun squad.
servizio del pezzo, service of the piece.
vita di un pezzo, life of a piece.
PIALLA, *f.* Plane (Tool).
ferro da pialla, plane iron.
PIALLARE. To plane (Carpentry).
PIANO, *m.* Plane; plan; design; project; floor; surface.
far piani, to plan; to scheme.
piano d'azione, plan of action; line of action.
piano delle operazioni, plan of operations.
piano di attacco, plan of attack.
piano di campagna, plan of campaign.
piano di difesa, defense plan.
piano di guerra, war plan.
piano di guerra combinato per l'Esercito e la Marina, joint plan for land and sea forces; joint plan.
piano di manovra, plan of manoeuver; scheme of manoeuver.
piano di mira, plane of sighting.
piano di mobilitazione, mobilization plan.
piano di mobilitazione di unità tattica, unit mobilization plan.
piano di movimento, plan of movement.
piano di proiezione, plane of departure.
piano di simmetria, plane of symmetry.
piano di tiro, plane of fire.
piano strategico, strategic plan.
piano verticale, vertical plane.
PIANO AERODINAMICO. Airfoil (Ap).
PIANO-BASE, *m.* Base line.
PIANO CARICATORE. Loading platform.
piano caricatore militare scomponibile, demountable military loading platform.
PIANO DI CODA. Tail plane; horizontal stabilizer; stabilizer.
PIANO DI DERIVA. Vertical fin (Ap).

PIANO DI LANCIO. Apron (Avn).
PIANO DI RIFERIMENTO. Datum level; datum plane (Surv).
PIANO DI TANGENZA. Ceiling (Avn).
PIANO QUADRETTATO. Grid sheet.
PIANO DI SITO. Plane of site.
PIANO DI TIRO. Plane of fire.
PIANO FOCALE. Focal plane.
PIANO INCLINATO. Inclined plane; ramp.
PIANO STABILIZZATORE. Tail surface (Avn).
PIANTA, *f.* Plant (Botany); plan (Architecture); sole (of a foot).
pianta di batteria, firing chart.
PIANTARE. To plant; to pitch (as tents).
PIANTAR LA GRANA (Slang). To raise a controversy; to start a quarrel.
PIASTRA, *f.* Metal plate; plate.
PIASTRA DI CORAZZA. Armor plate.
PIASTRA DI APPOGGIO. Base plate.
fossa per piastra di appoggio, base plate pit.
scavo per piastra di appoggio, base plate pit.
PIASTRINA, *f.* Badge; tag; small plate.
PIASTRINA DI RICONOSCIMENTO. Identification tag.
PIASTRONE, *m.* Heavy metal plate; breastplate; plastron.
PIATTAFORMA, *f.* Platform.
piattaforma circolare, base ring (Emplacement).
piattaforma da cannone, gun platform.
PIATTOLA, *f.* Crab louse; a tiresome person (Slang).
PIAZZA, *f.* Stronghold; open place; market; square.
PIAZZA D'ARMI. Drill grounds.
PIAZZAFORTE, *f.* Stronghold; fortified place; hold.
PIAZZARE. To place; to emplace; to post.
"PIAZZATE I LANCIAGAS!" "Emplace projectors!"
PIAZZUOLA, *f.* Gun platform.
PICCHETTO, *m.* Picket guard; picket (Mil); tent peg; stake (Surv).
picchetto ancorato, anchored stake.

PICCHIARE. To dive (Avn); to nose-dive (Avn); to beat up; to hit.
PICCHIATA, *f.* Dive (Avn); nose dive (Avn).
apparecchio in picchiata, dive bomber.
picchiata in candela, chandelle (Aerobatics).
picchiata verticale, vertical dive (Avn).
PICCHIATELLO, *m.* Dive bomber.
PICCO, *m.* Peak (Top).
PICCONE, *m.* Pick; pickax.
PICCOZZA, *f.* Pickax.
piccozza da pompiere, fire ax.
PICRATO, *m.* Picrate.
picrato di ammonio, ammonium picrate; explosive D.
picrato di ferro, iron picrate.
PICRICO. Picric.
PIDOCCHIO, *m.* Louse; head louse; body louse; pediculus.
"PIED'ARM!" "Order arms!"
PIEDE, *m.* Foot; base.
a piedi, on foot; dismounted.
piede cubico, cubic foot.
piede quadrato, square foot.
stare in piedi, to take an upright position; to stand.
PIEGARE. To fall back (Mil); to withdraw (Mil); to bend; to curve; to fold; to turn.
PIENI, *mpl.* Lands (Rifling).
PIENO, *adj.* Full.
PIEZOELETTRICITÀ, *f.* Piezoelectricity.
PIEZOELETTRICO. Piezoelectric.
PIGNONE, *m.* Pinion gear.
pignone conico, bevel pinion.
PILA, *f.* Cell (Elec); pile (Elec); pier of a bridge.
pila a secco, dry cell.
pila di batteria elettrica, battery cell.
pila di ponte, bridge pier.
PILASTRO, *m.* Pillar; pilaster; pier (Engr).
PILONE, *m.* Pylon; pillar; pier (of a bridge); mast.
PILONE D'ORMEGGIO. Mooring mast; mooring tower.
PILOTA, *m.* Pilot; tank driver.
allievo pilota, student pilot.
assistente pilota, assistant driver (Tk); copilot (Avn).
capo pilota, chief pilot; first pilot.
pilota addetto ai collaudi, test pilot.

PILOTA—Continued.
  pilota d'aviazione, aircraft pilot.
  pilota di aeroplano da caccia, chaser pilot; pea shooter (Avn. slang).
  pilota di apparecchio da combattimento, fighter pilot.
  pilota di carro armato, tank driver.
  pilota militare, military pilot.
  pilota osservatore, observer pilot; high-spy (Avn. slang).
PILOTAGGIO, *m.* Pilotage.
  diritto di pilotaggio, pilot charges.
  pilotaggio obbligatorio, compulsory pilotage.
PILOTARE. To pilot; to guide.
PINNA, *f.* Stub wing (Flying boat); sea wing (Flying boat); fin (Mech).
PINTA, *f.* Pint.
PINZA, *f.* Pliers.
PINZETTA, *f.* Pliers.
PINZETTE, *fpl.* Pliers.
PIOGGIA, *f.* Rain; shower.
  pioggia a rovesci, downpour.
PIOMBARE. To plumb (Engr); to seal with lead; to set upon suddenly.
PIOMBINO, *m.* Plumb (Engr).
PIOMBO, *m.* Lead (Metal).
PIONIERE, *m.* Pioneer; settler.
PIOTA, *f.* Sod.
PIOVERE. To rain.
  piovere a rovescio, to pour (Met); to shower.
PIOVIGGINARE. To sprinkle (Met).
PIRAMIDALE. Pyramidal.
PIRAMIDE, *f.* Pyramid.
PIRATA, *m.* Pirate.
PIRATERIA, *f.* Piracy.
PIRENEI, *mpl.* Pyrenees.
PIREO, *m.* Peiraeus.
PIROMETRO, *m.* Pyrometer.
PIROSSILINA, *f.* Pyrocotton.
PIROTECNICA, *f.* Pyrotechnics.
  pirotecnica militare, military pyrotechnics.
PIROTECNICO. Pyrotechnic.
PISTA, *f.* Footstep; trail; track.
  seguire la pista, to track; to trail.
PISTA DI LANCIO. Runway (for airplanes).
PISTOLA, *f.* Pistol.
  pistola automatica, automatic pistol.
  pistola mitragliatrice, sub-machine gun.

PISTOLA—Continued.
  pistola pirotecnica, pyrotechnic pistol.
  pistola Very, Very pistol.
PISTOLA DA SEGNALAZIONE. Flare pistol.
PISTONE, *m.* Piston.
  corsa del pistone, piston stroke.
PITTURA, *f.* Paint; painting.
  pittura anticorrosiva, anticorrosion paint.
  pittura antivegetativa, antifouling paint.
  pittura luminosa, luminous paint.
  pittura sottomarina, antifouling paint.
PIUOLO, *m.* Stake; picket.
PLACCA, *f.* Plaque; plate; badge.
PLANARE. To glide (Avn).
PLANATA, *f.* Glide (Avn).
PLANETARIO, *adj.* Planetary.
PLANIMETRIA, *f.* Planimetry.
PLANIMETRICO. Planimetric.
PLANIMETRO, *m.* Planimeter.
PLANISFERO, *m.* Planisphere.
PLASTICITÀ, *f.* Plasticity.
PLASTICO. Plastic.
PLATEA STRADALE. Roadway.
PLEBISCITO, *m.* Plebiscite.
PLENIPOTENZIARIO, *m.* Plenipotentiary.
PLOTONE, *m.* Platoon.
  plotone aggressivi chimici, chemical platoon.
  plotone di base, base platoon (Formation).
  plotone di carri armati, tank platoon.
  plotone di direzione, base platoon.
  plotone di esecuzione, execution squad; firing squad.
  plotone di fianco, platoon in column.
  plotone di fronte, platoon in line.
  plotone fucilieri, rifle platoon.
  plotone fucilieri avanzato, 1st rifle platoon.
  plotone fucilieri primo rincalzo, 2d rifle platoon.
  plotone fucilieri secondo rincalzo, 3d rifle platoon.
  plotone mitraglieri, machine-gun platoon.
  plotoni affiancati, close column.
  plotoni in linea di colonne, column of platoons.
PLOTONE DI FIANCO PER DUE, platoon in column of twos.

PLOTONE DI FRONTE PER DUE, platoon in line of twos.
PLUVIOGRAFO, *m.* Pluviograph.
PLUVIOMETRO, *m.* Pluviometer; rain gauge.
PNEUMATICO, *m.* Pneumatic tire; tire.
   allineamento dei pneumatici, tire alignment.
   fornire di pneumatico, to equip with a tire.
   leva per smontare i pneumatici, tire iron.
   parti del pneumatico, tire parts.
   pneumatico a bassa pressione, balloon tire.
   pneumatico di riserva, spare tire.
   sporgenza del pneumatico, tire lug.
PNEUMATICO, *adj.* Pneumatic.
PODERE, *m.* Farm.
PODOMETRO, *m.* Pedometer.
POGGIO, *m.* Knoll; little hill.
POLA, *f.* Pola.
POLARIMETRO, *m.* Polarimeter.
POLARITÀ, *f.* Polarity.
POLARIZZARE. To polarize.
POLARIZZAZIONE, *f.* Polarization.
POLIGONALE. Polygonal.
POLIGONO, *m.* Polygon.
   poligono esterno, exterior polygon (Ft).
   poligono interno, interior polygon (Ft).
   poligono per tiri a distanze note, class A range.
   poligono per tiri di combattimento, class B range.
POLIGONO DELLE FORZE. Force polygon.
POLIGONO DI TIRO. Target range.
POLIGRAFO, *m.* Polygraph; hectograph.
POLIORCETICA, *f.* Poliorcetics.
POLITICA, *f.* Politics; policy.
   politica estera, foreign policy.
POLITICO. Political.
POLIZIA, *f.* Police.
   agente di polizia, policeman.
   polizia segreta, secret police.
POLIZIOTTO, *m.* Policeman.
POLIZZA, *f.* Policy; certificate; ticket; bill.
POLIZZA DI ASSICURAZIONE. Insurance policy.
POLIZZA DI CARICO. Bill of lading.
POLLICE, *m.* Thumb; great toe; pollex; inch (2.54 cm).
POLO, *m.* Pole (Elec. & Geog.)
   polo antartico, south pole.
   polo artico, north pole.
   polo australe, south pole.
   polo boreale, north pole.
   polo celeste, celestial pole.
   polo geografico, geographical pole.
   polo magnetico, magnetic pole.
   polo negativo, negative pole.
   polo nord, north pole.
   polo positivo, positive pole.
   polo sud, south pole.
POLVERE, *f.* Powder; dust.
   forma dei grani di polvere, form of the powder grains.
   grano di polvere, powder grain.
   grossezza dei grani di polvere, size of the powder grains.
   polvere bianca, smokeless powder.
   polvere da mina, blasting powder.
   polvere fulminante, fulminating powder.
   polvere da sparo, gunpowder.
   polvere nera, black powder.
   polvere nitrocellulosa, nitrocellulose powder.
   polvere prismatica, prismatic powder.
   polvere senza fiamma, flashless powder.
   polvere senza fumo, smokeless powder.
   temperatura della polvere, powder temperature.
POLVERIERA, *f.* Powder magazine.
POLVERIFICIO, *m.* Powder factory.
POLVERIZZARE. To pulverize; to atomize.
POLVERIZZATORE, *m.* Atomizer; pulverizer.
POLVERIZZAZIONE, *f.* Pulverization.
POMERIDIANO. Postmeridian.
POMERIGGIO, *m.* Afternoon.
POMICE, *f.* Pumice.
POMO, *m.* Knob; pommel; horn (Saddle).
POMPA, *f.* Pump.
   pompa aspirante, suction pump.
   pompa centrifuga, centrifugal pump.
   pompa da incendio, fire engine.
   pompa del carburante, fuel pump.
   pompa dell'acqua, water pump.

POMPA—Continued.
  pompa dell'olio, oil pump.
  pompa di alimentazione, feed pump.
  pompa di alimentazione a mano, hand pump; wobble pump.
  pompa d'iniezione, fuel-injection pump.
  pompa di sentina, bilge pump.
  pompa di zavorra, ballast pump.
  pompa per pneumatici, tire pump.
  pompa premente, force pump.
POMPARE. To pump.
POMPIERE, *m.* Fireman (Conflagration).
  piccozza da pompiere, fire ax.
PONENTE, *m.* West.
  da ponente, from the west; westerly.
  di ponente, western; westerly.
  verso ponente, toward the west; westerly.
PONTE, *m.* Bridge; deck.
  allacciare con ponte, to connect by a bridge; to bridge.
  costruire un ponte, to build a bridge; to bridge.
  costruzione di ponti, bridge building.
  equipaggio da ponte, bridge equipage.
  far saltare in aria un ponte, to blow up a bridge.
  gettare un ponte, to throw a bridge, to bridge over.
  ponte a cavalletti, trestle bridge.
  ponte ad archi, arch bridge.
  ponte apribile, bascule bridge; counterpoised drawbridge; balanced drawbridge.
  ponte a sospensione, suspension bridge.
  ponte a travata a mensola, cantilever bridge.
  ponte corazzato, armored deck.
  ponte di barche, bridge of boats; ponton bridge.
  ponte di chiatte, ponton bridge.
  ponte di passeggiata, promenade deck.
  ponte di volo, flight deck.
  ponte ferroviario, railroad bridge.
  ponte galleggiante, floating bridge.
  ponte girevole, swing bridge.
  ponte inarcato, cambered deck.
  ponte in legno, wooden bridge.
  ponte Lampert, Lampert bridge.

PONTE—Continued.
  ponte leggiero, light bridge.
  ponte levatoio, drawbridge; bascule bridge.
  ponte militare, military bridge.
  ponte mobile, ferry bridge (Slip).
  ponte pesante, heavy bridge.
  ponte portatile, portable bridge.
  ponte principale, main deck.
  ponte scorrevole, rolling bridge.
  ponte sollevabile, lift bridge.
  ponte sospeso, suspension bridge.
  ponte su palafitte, on-pile bridge.
  ponte superiore, upper deck.
  ponte volante, flying deck.
  primo ponte, orlop deck.
  testa di ponte, bridgehead.
  treno da ponte, bridge train.
PONTICELLO, *m.* Small bridge.
PONTIERE, *m.* Pontonier.
PONTILE, *m.* Landing stage; pier (Nav).
PONTONE, *m.* Ponton; float.
PONTONIERE, *m.* Pontonier.
POPOLAZIONE, *f.* Population.
  popolazione pacifica, peaceful population.
  popolazioni belligeranti, belligerent populations.
POPPA, *f.* Poop; stern.
  a poppa, aft.
  cassero di poppa, poop deck; poop.
  dritto di poppa, stem (Nav).
  telaio di poppa, stem (Nav).
  verso poppa, toward the stern; abaft.
POPPAVIA. Toward the stern.
  a poppavia, aft; abaft.
PORTA, *f.* Door.
  porta stagna, watertight door.
PORTA ARMI. Weapon carrier.
PORTABAGAGLI, *m.* Trunk rack.
PORTABANDIERA, *m.* Color bearer.
PORTABOMBE, *m.* Bomb rack.
PORTA CAPSULA. Primer cup.
PORTAFERITI, *m.* Stretcher bearer; litter bearer.
  posto di cambio dei portaferiti, litter relay point.
PORTAFILI, *m.* Terminal (Elec).
PORTAFILIERE, *m.* Screw stock.
PORTAMENTO, *m.* Bearing; carriage.
  portamento militare, military bearing.

PORTA MUNIZIONI. Ammunition carrier.
PORTAORDINI, *m.* Runner (Mil); courier; messenger.
  portaordini ciclista, bicycle messenger.
PORTATA, *f.* Range; distance; stretch; scope; carrying capacity; tonnage.
  a portata, within range.
  a portata di cannone, within gunshot.
  fuori portata, out of range.
  portata aggiustata, adjusted range.
  portata balistica, ballistic range.
  portata del cannone, cannon shot (Range).
  portata di circuito, distance range (Elec.).
  portata di un cannone, range of a gun; gunshot.
  portata efficace di tiro, effective range.
  portata in peso morto, deadweight tonnage.
PORTAVIVANDE, *m.* Marmite can.
PORTAVOCE, *m.* Speaking tube; voice tube; voice pipe; speaking trumpet (Obsolete); spokesman.
PORTELLO, *m.* Port (Ship); scuttle (Nav); wicket.
PORTO, *m.* Port; harbor.
  capitano di porto, port captain.
  comandante di porto, harbor master.
  porto anteriore, outer harbor.
  porto capolinea, home port.
  porto del carbone, coaling station.
  porto d'imbarco, port of embarkation.
  porto di sbarco, port of debarkation.
  porto di scalo, port of call.
  porto franco, free port.
  porto interno, inner harbor.
  soprintendente di porto, port steward.
PORTOGALLO, *m.* Portugal.
PORTOGHESE, *m.* Portuguese.
PORT SAID, *m.* Port Said.
POSAMINE, *f.* Mineplanter; mine layer.
POSITIVO. Positive.
POSIZIONE, *f.* Position; situation; posture (Med); point.
  cambiamento di posizione, change of position.
  cambiare posizione, to change position.

POSIZIONE—Continued.
  consolidamento della posizione, consolidation of position.
  consolidare una posizione, to consolidate a position.
  in posizione, in position.
  posizione arretrata, retired position.
  posizione a terra, prone position.
  posizione avanzata, advanced position.
  posizione defilata, concealed position; position defilade.
  posizione defilata al fumo, smoke defilade.
  posizione defilata alla vampa, flash defilade.
  posizione del cannoniere, gunner's position.
  posizione del mortaio, mortar position.
  posizione del pezzo, position of the gun.
  posizione di adunata delle piccole unità, forming-up position.
  posizione di alternativa, alternate position.
  posizione di alternativa per lo sparo, alternate firing position.
  posizione di attenti, position of attention; position of the soldier.
  posizione di attesa, position of readiness.
  posizione di battaglia, battle position; defensive position.
  posizione di batteria, battery position.
  posizione difensiva, defensive position; battle position.
  posizione difensiva obliqua alle altre, switch position.
  posizione di partenza, departure position; line of departure.
  posizione di raccolta, assembly position.
  posizione di radunata, assembly position.
  posizione di riposo, position of rest.
  posizione di seduti, sitting position.
  posizione di temporeggiamento, delaying position.
  posizione di tiro, firing position.
  posizione di traino, traveling position.
  posizione fissa del mortaio, mortar fixed position.

POSIZIONE—Continued.
 posizione fissa del pezzo, gun fixed position.
 posizione in ginocchio, kneeling position.
 posizione in piedi, standing position.
 posizione in riserva del reggimento, regimental reserve position.
 posizione mascherata, concealed position.
 posizione organizzata, organized position.
 posizione organizzata a difesa, position for defense.
 posizione per l'artiglieria, artillery position.
 posizione per l'assalto, assault position.
 posizione per lo sparo, firing position.
 posizione protetta, protected position.
 posizione scoperta, open position; unprotected position.
 posizione simulata, dummy position.
 posizione strategica, strategic position.
 posizione tattica, tactical position.
 presa di posizione, occupation of position.
 tracciato della posizione, position sketch.

POSSEDIMENTO, *m.* Possession; dominion.
 possedimento insulare, insular possession.

POSSESSO, *m.* Possession.
 possesso di narcotici, possession of drugs.
 possesso illecito, unlawful possession.

POSTA, *f.* Mail; Post Office.
 distruzione della posta, destruction of mail.
 posta aerea, air mail.
 posta estera, foreign mail.
 posta in franchigia, franked mail.
 posta raccomandata, registered mail.
 posta semplice, ordinary mail.

POSTALE. Postal.

POSTARE. To emplace; to post.

"POSTATE I LANCIAGAS!" "Emplace projectors!"

POSTATO. Posted (Mil).

POSTAZIONE, *f.* Gun emplacement; battery.
 postazione in prossimità del ciglio, crest position.

POSTEGGIARE. To park (Vehicles).

POSTERIORE. Posterior; of the rear.

POSTERLA, *f.* Sally port.

POSTIERLA, *f.* Postern.

POSTO, *m.* Post (Mil); point; spot.
 abbandono di posto, abandonment of post; quitting post.
 addormentato sul posto, sleeping on post.
 piccolo posto, cossack post.
 posto a terra, ground station (Panel).
 posto avanzato, advanced post; outpost.
 posto del comandante, command post.
 posto del comando, command post.
 posto di ascolto, listening post.
 posto di avviamento munizioni, ammunition distributing point.
 posto di caricamento sulle ambulanze, ambulance loading post.
 posto di distribuzione, distributing point.
 posto di distribuzione e avviamento materiali del genio, class IV distributing point.
 posto di distribuzione viveri, foraggi ecc., class I distributing point.
 posto di medicazione, dressing station; aid station.
 posto di medicazione avanzato, advanced dressing station.
 posto di medicazione del battaglione, battalion aid station.
 posto di osservazione, observation post.
 posto di raccolta dei feriti, collecting station.
 posto di radunata in caso d'allarme, alarm post.
 posto di rifornimento, refilling point; supply point.
 posto di segnalazione a lampi, blinker post.
 posto di servizio permanente, permanent post.
 posto di smistamento, regulating point.

TOSTO—Continued.
  posto di smistamento trasporti motorizzati, regulating point.
  posto di vigilanza, traffic control post.
  posto di vigilanza della sentinella, sentinel post.
  posto d'osservazione di batteria, battery observation post.
  posto munizioni, ammunition point.
  posto segnalazione con razzi, rocket post.
  posto distaccato, detached post.
POTABILE. Drinkable; potable.
POTENTE. Potent; powerful.
POTENZA, *f.* Potence; potency; power; might; capacity.
  grande potenza, great power.
  potenza di fuoco, fire power.
  potenza disponibile, power available.
  potenza d'urto, shock power.
  potenza effettiva, brake horsepower.
  potenza indicata, indicated horsepower.
  potenza necessaria, power required.
  potenza schiacciante, crushing power (Tk).
  potenza utile, brake horsepower.
POTENZA BELLIGERANTE. Belligerent power.
POTENZA MILITARE. Military power.
POTENZA MOTRICE. Horsepower.
  potenza motrice effettiva, effective horsepower.
POTENZA NAVALE. Naval Power.
POTENZIALE, *m, n* & *adj.* Potential.
POTENZIOMETRO, *m.* Potentiometer.
POTERE, *m.* Power; authority; government.
  delegazione di poteri, delegation of powers.
POZZA, *f.* Puddle.
POZZO, *m.* Well; trunk (Nav); shaft (Mine).
  pozzo artesiano, artesian well.
  pozzo petrolifero, oil well.
POZZO NERO. Cesspool.
PRATICA, *f.* Practice; pratique; clearance (Nav).
  far la pratica, to practice; to exercise.
  libera pratica, pratique.
  mettere in pratica, to put into practice; to practice.

PRECAUZIONE, *f.* Precaution; caution.
  precauzione di sicurezza, safety precaution.
PRECEDENTE, *adj.* Precedent; preceding.
PRECEDENZA, *f.* Precedence; priority.
  aver precedenza, to have precedence; to rank.
  diritto di precedenza stradale, right of way.
  ordine di precedenza, order of precedence.
  ordine di precedenza sulle strade, priority on roads.
  precedenza di traffico, priority of traffic.
  regole di precedenza, priorities; priority rules.
PRECEDERE. To precede.
PRECIPITARE. To precipitate.
  precipitare a vite, to fall into a spin.
PRECIPITATO, *m.* Precipitate.
PRECIPIZIO, *m.* Precipice; cliff.
PRECISIONE, *f.* Precision; exactness; accuracy.
PRECISO. Precise; exact; accurate; just; fine.
PREDA, *f.* Prey; booty; prize (Mil).
  preda bellica, booty.
  preda marittima, prize.
PREDA DI GUERRA. Prize of war; captured property; capture.
  appropriazione indebita di preda di guerra, appropriating captured property.
PREDARE. To pillage; to sack.
PREDELLINO, *m.* Running board.
PREDIRE. To predict; to foretell; to forecast.
PREDOMINIO, *m.* Predominance; superiority; mastery; command.
  predominio aereo, mastery of the air; command of the air.
  predominio dell'aria, mastery of the air; command of the air.
PRELEVARE. To draw from; to withdraw; to draw.
PRELIMINARE. Preliminary; initial; preparatory.
PREMEDITARE. To premeditate.
PREMEDITATO. Premeditated; wilful; intentional; deliberate.

PREMEDITAZIONE, *f.* Premeditation.
PREMIBADERNA, *m.* Gland (Mech).
PREMIO, *m.* Premium; reward; prize; award.
PREMIO DI RAFFERMA. Bounty (Mil).
PREMISTOPPA, *m.* Stuffing box; gland (Mech).
PRENDERE. To carry (Mil); to take; to capture; to accept.
PREPARAZIONE, *f.* Preparation.
  preparazione militare, preparedness.
  stato di preparazione militare, preparedness.
PREPONDERANZA, *f.* Preponderance; superiority.
  preponderanza di fuoco, fire superiority.
PRESA, *f.* Hold; grip; capture; conquest; socket (Elec); coverage (Photo); exposure (Photo).
PRESAGIO, *m.* Presage; prediction; forecast.
PRESAGIO METEOROLOGICO. Weather forecast.
PRESCRITTO. Prescribed; established; ordered.
PRESCRIVERE. To prescribe.
PRESCRIZIONE, *f.* Prescription; prescript.
  di prescrizione, regulation.
PRESENTARE LE ARMI. To present arms.
PRESENTE, *adj.* Present.
PRESERVAZIONE, *f.* Preservation.
PRESIDENTE, *m.* President; chairman.
  Presidente del Tribunale Militare, President of Court-martial.
  Stendardo del Presidente, The President's Flag.
PRESIDENTE DEGLI STATI UNITI D'AMERICA. President of the United States.
PRESIDIARE. To garrison.
PRESIDIO, *m.* Presidio; garrison.
PRESSA, *f.* Press (Mech).
PRESSA IDRAULICA. Hydraulic press; hydro-press.
PRESSIONE, *f.* Pressure.
  alta pressione, high pressure.
  bassa pressione, low pressure.
  centro di pressione, center of pressure.

PRESSIONE—Continued.
  pressione atmosferica, atmospheric pressure; air pressure.
  pressione barometrica, barometric pressure.
  pressione dell'acqua, water pressure.
  pressione dell'olio, oil pressure.
  pressione del pneumatico, tire pressure.
  pressione del vapore, vapor pressure.
PRIGIONE, *f.* Prison; jail.
PRIGIONE DI BORDO. Brig (Punishment).
PRIGIONIERO, *m.* Prisoner.
  fare prigioniero, to take prisoner.
  liberare un prigioniero sulla parola, to release a prisoner on parole; to parole.
  prigioniero di guerra, prisoner of war.
  prigioniero militare, military prisoner.
  rimpatrio di prigionieri, repatriation of prisoners.
  scambio di prigionieri, exchange of prisoners.
PRIMATO, *m.* Record (Sport); primacy.
  primato aviatorio, air record.
PRINCIPIO, *m.* Principle; beginning; start; concept.
  principi di arte militare, principles of war.
  principi tattici, combat principles.
PRIORITÀ, *f.* Priority; precedence.
PRISMA, *m.* Prism.
  prisma deflettore, deflecting prism.
  prisma girevole, rotating prism.
  prisma obiettivo, objective prism.
  prisma raddrizzatore, erecting prism.
  prisma riflettore, reflecting prism.
  prisma rifrangente, refracting prism.
PRISMATICO. Prismatic.
PROBABILE. Probable.
PROBABILITÀ. *f.* Probability.
  curva delle probabilità, probability curve; curve of accidental errors.
  fattore di probabilità, probability factor.
  probabilità di colpire, probability of fire.
  tabella dei fattori di probabilità, probability table.
PROCESSARE. To process; to prosecute.

PROCESSO, *m.* Trial (Law); process; treatment.
PROCURA, *f.* Power of attorney.
PROCURATORE DEL RE. District attorney.
PRODE. Valiant; gallant; brave.
PRODEZZA, *f.* Prowess; bravery.
PRODUZIONE, *f.* Production; output.
PROFILARE. To profile.
PROFILASSI, *f.* Prophylaxis.
PROFILATTICO. Prophylactic.
PROFILO, *m.* Profile; silhouette.
  profilo bilanciato, balanced profile.
PROFONDITÀ, *f.* Profundity; depth.
  profondità della colonna, depth of column; road space.
PROFONDO. Profound; deep.
PROGETTARE. To project; to plan; to scheme.
PROGETTATO. Projected; planned; schemed.
PROGETTO, *m.* Project; design; plan.
PROGREDIRE. To progress; to advance.
PROGRESSO, *m.* Progress.
PROIBIRE. To prohibit; to forbid.
PROIBITIVO. Prohibitive; prohibitory.
PROIBIZIONE, *f.* Prohibition.
PROIETTARE. To project (Geometry).
PROIETTATO. Projected (Geometry).
PROIETTILE, *m.* Projectile; shell; shot.
PROIETTO, *m.* Projectile; shot.
  buca prodotta da proietto, shell hole; crater (Mil).
  camera del proietto, shot chamber.
  proietti ad azione perforante, armor-piercing ammunition.
  proietti a palla, ball ammunition.
  proietti di caduta, drop bombs.
  proietti vivi, live ammunition.
  proietto perforante, armor-piercing projectile.
  proietto ad alette, studded projectile.
  proietto ad alto esplosivo, high explosive shell.
  proietto ad azione speciale, chemical shell; special shell.
  proietto a gas, gas shell.
  proietto a mitraglia, canister.

PROIETTO—Continued.
  proietto d'artiglieria, shell; artillery projectile.
  proietto di calibro medio, medium caliber projectile.
  proietto di grosso calibro, large caliber projectile.
  proietto di legno, wooden projectile.
  proietto esplosivo, explosive shell.
  proietto illuminante, illuminating shell; tracer shell.
  proietto indurito, chilled projectile.
  proietto inerte, inert projectile.
  proietto inesploso, dud.
  proietto oblungo, elongated projectile.
  proietto pieno, solid projectile.
  proietto rivestito, patched bullet.
  proietto tracciante, tracer shell.
  tragitto del proietto, travel of the projectile.
  velocità residua del proietto, remaining velocity.
PROIETTO-RAZZO, *m.* Rocket.
PROIETTORE, *m.* Searchlight; projector (Optics).
  proiettore Livens, Livens projector.
  proiettore per segnalazioni da terra, ground signal projector.
PROIEZIONE, *f.* Projection.
  durata della proiezione, projection time (Motion Picture).
  piano di proiezione, plane of projection; vertical plane (Ballistics).
  proiezione cilindrica, cylindric projection.
  proiezione conica, conic projection.
  proiezione di Mercatore, Mercator's projection.
  proiezione gnomonica, gnomonic projection.
  proiezione orizzontale, horizontal projection.
  proiezione ortogonale, orthogonal projection.
  proiezione ortografica, orthographic projection.
  proiezione polare, polar projection.
  proiezione policonica, polyconic projection.
  proiezione stereografica, stereographic projection.
  sistema di proiezione, projection system.

PROLUNGA, *f.* Escort wagon; prolonge; rope.
PROLUNGAMENTO, *m.* Extension; prolongation; elongation.
PROLUNGARE. To prolong; to extend; to continue; to lengthen.
PROMONTORIO, *m.* Promontory; headland.
   promontorio a picco, steep headland; bluff.
PROMOZIONE, *f.* Promotion.
   perdita del diritto alla promozione, loss of promotion.
   promozione per anzianità, promotion by seniority.
PROMUOVERE. To promote; to advance; to forward; to further; to foster.
PRONOSTICO, *m.* Prognostic.
PRONTEZZA, *f.* Readiness.
"PRONTI!" "Stand by!"; "Ready!"
"PRONTI A —!" "Stand by to —!"
PRONTO. Ready; prompt; speedy; rapid; quick-witted; eager.
PRONTO SOCCORSO. First aid.
   fascia da pronto soccorso, first aid bandage.
PROPAGANDA, *f.* Propaganda.
   far propaganda, to propagandize.
PROPAGAZIONE, *m.* Propagation; diffusion; spread.
   propagazione laterale, lateral propagation; lateral spread.
PROPORZIONE, *f.* Proportion; ratio.
   in proporzione, in proportion; according as.
PROPRIETÀ, *f.* Property; propriety.
   danno alla proprietà, injury to property; property damage.
   distruzione di proprietà, destruction of property.
   proprietà abbandonata, abandoned property.
   proprietà confiscata, condemned property.
   proprietà governativa, government property.
   proprietà militare, military property.
   proprietà personale, personal property; chattel.
   proprietà privata, private property.
   proprietà pubblica, public property.
   proprietà ricuperata, salvaged property.

PROPRIETÀ—Continued.
   vendita di proprietà dell'amministrazione militare, selling military property.
PROPULSIONE, *f.* Propulsion.
   propulsione anteriore, forward propulsion.
PROPULSIVO. Propulsive; propulsory.
PROPULSORE, *m.* Propeller.
PROPULSORIO. Propulsive; propulsory.
PRORA, *f.* Prow; bow.
   castello di prora, forecastle.
   occhio di prora, hawsehole.
PRO RATA. Pro rata.
PROSCIUGAMENTO, *m.* Draining.
PROSCIUGARE. To drain; to dry; to dry up.
PROSEGUIRE. To prosecute; to pursue; to continue; to persevere.
   far proseguire, to forward (Mail).
PROSPETTIVA, *f.* Perspective.
PROSPETTIVO, *adj.* Perspective.
PROSPETTO, *m.* Prospect; prospectus; statement; analysis.
PROSPETTO DELLA SPESA. Cost analysis.
PROTEGGERE. To protect; to cover; to defend; to shield.
PROTESTO, *m.* Protest (Law).
   protesto di fortuna, ship's protest; protest (Maritime law).
PROTETTIVO. Protective.
PROTEZIONE, *f.* Protective fire; protection; defense; shield.
   protezione antiaerea, antiaircraft protection.
   protezione collettiva, collective protection.
   protezione individuale, individual protection.
   protezione tattica, tactical protection.
PROTOCOLLO, *m.* Protocol.
PROVA, *f.* Proof; trial; test; experiment.
   a prova di bomba, bombproof.
   periodo di prova, probation period; probation.
PROVA DI COLLAUDO. Acceptance flying test.
PROVA D'URTO. Drop test.
PROVARE. To prove; to test; to try.
PROVETTA, *f.* Pipette; test tube.

PROVETTO. Expert; experienced; adept; skilled.
PROVOCARE. To provoke; to irritate.
PROVOCAZIONE, *f.* Provocation.
PROVVISORIO. Provisional; temporary.
PROVVISTA, *f.* Provisions; supply; stock.
  provvista di munizioni, ammunition supply.
  provvista disponibile, available supply; stock.
PROVVISTE, *fpl.* Stocks; stores.
  provviste adeguate, balanced stock.
  provviste della sussistenza militare, commissary supplies.
  provviste di guerra, war supplies.
  provviste di riserva, reserves.
  provviste di riserva campali, battle reserves.
  provviste personali di riserva, individual reserve.
  provviste per un giorno, day of supply.
PROVVISTE DI BORDO. Ship's stores.
PUBBLICA SICUREZZA. Police.
  guardia di pubblica sicurezza, policeman.
  registro degli uffici di pubblica sicurezza, police blotter.
PUBBLICARE. To publish; to make public.
PUBBLICAZIONE, *f.* Publication.
  pubblicazione dello stato, government publication.
PUBBLICO, *m.* Public, *n & adj.*
  esporre al pubblico, to show publicly; to exhibit.
PUBBLICO MINISTERO. Prosecuting officer; officer preferring charges; district attorney.
PUGNALE, *m.* Poniard; dirk; dagger.
PUGNO, *m.* Fist.
PULCE, *f.* Flea.
PULEDRO, *m.* Colt.
PULEGGIA, *f.* Pulley; tackle.
PULIRE. To clean; to polish.
PULITO. Clean; neat; clear.
PULITURA, *f.* Polishing; polish.
PUNIRE. To punish.
PUNIZIONE, *f.* Punishment.
  punizione collettiva, collective punishment.

PUNIZIONE—Continued.
  punizione del rimprovero semplice, punishment by admonition.
  punizione del rimprovero solenne, punishment by reprimand.
  punizione della rimozione dal grado, punishment by loss of rank.
  punizione della sospensione dall'impiego, dal comando, o dal servizio, punishment by suspension of rank, command, or duty.
  punizione disciplinare, disciplinary punishment.
"PUNTI" **"Aim!"**
PUNTA D'AVANGUARDIA. Point (Mil).
PUNTALE, *m.* Ferrule.
PUNTAMENTO, *m.* Laying (Ballistics); aiming; pointing (Gunnery).
  cerchio di puntamento, aiming circle.
  congegno di puntamento, aiming device.
  congegno di puntamento in elevazione, elevator (Ord).
  errore di puntamento, error in aiming.
  puntamento diretto, direct laying.
  puntamento esatto, proper laying.
  puntamento indiretto, indirect laying.
  puntamento in direzione, laying in direction.
  puntamento in elevazione laying for elevation.
  punteggio della prova di puntamento, scoring of test of laying.
  verificatore del puntamento, aiming device.
PUNTARE. To point; to aim; to lay (G).
  puntare al limite inferiore del bersaglio, to aim at forward edge of body.
  puntare in direzione, to point in direction; to train; to traverse.
  puntare nel mezzo del tronco, to aim at forward half of body.
PUNTATA, *f.* Point (Fencing).
  puntata offensiva, thrust (Mil).
PUNTATORE, *m.* Range setter (Arty); elevation setter (Arty); setter (Gun crew).
  puntatore di I classe, first-class gunner.
  puntatore di II classe, second-class gunner.

PUNTATORE—Continued.
puntatore in direzione, trainer (Nav).
puntatore in elevazione, pointer (Nav).
PUNTEGGIO, *m.* Scoring.
punteggio della prova di puntamento, scoring of test of laying.
PUNTELLARE. To shore; to prop.
PUNTELLO, *m.* Shore (Engr).
PUNTINA, *f.* Small point; headless wire nail; point.
PUNTO, *m.* Point; post; place; fix (Nav); dot; stitch; period (Punctuation).
PUNTO ATTUALE. Present position of target (AA).
PUNTO CARDINALE. Cardinal point.
PUNTO CRITICO. Critical point.
PUNTO CULMINANTE. Culminating point.
PUNTO D'ARRIVO. Point of impact; point of arrival.
PUNTO D'APPOGGIO. Maneuvering point; point d'appui; base point (Surv).
quota dei punti d'appoggio, altitude of points (Surv).
PUNTO DI CADUTA. Level point.
PUNTO DI INCOLONNAMENTO. Initial point.
PUNTO D'IMPATTO. Grazing point.
PUNTO DI OSSERVAZIONE. Observing point.
PUNTO DI RIFERIMENTO. Reference point; control point; landmark; level point (Surv); datum point (Surv); registration point; base point.
PUNTO DI VISTA. Point of view; viewpoint.
PUNTO FOCALE. Focal point.
PUNTO FUTURO. Future position (AA).
PUNTO IN BIANCO. Point blank.
PUNTO MORTO. Dead center.
punto morto inferiore, bottom dead center.
punto morto superiore, top dead center.
PUNTO-NAVE, *m.* Fix (Nav).
PUNTO STRATEGICO. Strategical point.
PUNTO TATTICO. Tactical point.

Q

QUADRANGOLO, *m.* Quadrangle.
QUADRANTE, *m.* Dial; quadrant.
quadrante a livello, quadrant (Instr); gunner's quadrant.
QUADRARE. To square.
QUADRATO, *m.* Square; hollow square (Mil).
quadro pieno, solid square.
QUADRETTATURA, *f.* Grid (Cartography).
QUADRILATERO, *m.* Quadrilateral.
sbarra del quadrilatero, tie rod (Automobile).
QUADRETTO, *m.* Grid square (Surv).
QUADRO, *m.* Cadre; board; prospectus; picture; list.
quadro d'avanzamento, promotion list.
quadro del personale di batteria, battery manning table.
quadro di distribuzione, switchboard (Elec).
QUADRUPLO. Quadruple.
QUALIFICA, *f.* Qualification; title.
QUALIFICATO. Qualified.
non qualificato, unqualified.
QUALITÀ, *f.* Quality.
di prima qualità, of highest quality; prime.
QUALITATIVO. Qualitative.
QUANTITÀ, *f.* Quantity.
QUANTITATIVO. Quantitative.
QUARANTENA, *f.* Quarantine.
bandiera di quarantena, quarantine flag; yellow flag.
QUARTA, *f.* Point (Mariner's compass); rhumb.
QUARTIERE, *m.* Quarter; quarters.
dar quartiere, to give quarter.
non dar quartiere, to give no quarter.
quartiere generale, headquarters.
quartiere temporaneo, temporary quarters.
QUARTIERE D'INVERNO. Winter quarters.
quartiere generale di divisione, division headquarters.
QUARTIERI, *mpl.* Quarters.
QUIETANZA, *f.* Receipt.
QUIETE, *f.* Quiet; calm; rest.
QUINDICINALE. Fortnightly; semimonthly.
QUINTA COLONNA. Fifth column.

QUINTI, *mpl.* Deadwoods (Nav); fifths.
QUOTA, *f.* Quota; share.
  alta quota, high altitude (Avn).
  bassa quota, low altitude (Avn).
QUOTA DI TANGENZA. Ceiling (Avn).
  quota di tangenza pratica, service ceiling.
QUOTIDIANO. Daily; quotidian.
QUOZIENTE, *m.* Quotient.

R

RACCHETTA, *f.* Racket.
  attacchi della racchetta da neve, fastenings of snowshoe; snowshoe harness.
  racchetta da neve, snowshoe.
RACCOLTA, *f.* Harvest; collection; rally; assembly.
RACCOMANDARE. To recommend; to register (Mail).
RACCOMANDAZIONE, *f.* Recommendation.
RACCOMODARE. To repair; to mend; to fix.
RACCORDARE. To joint (Mech).
RACCORDO, *m.* Siding (RR).
RADA, *f.* Roadstead.
RADANCIA, *f.* Thimble (for a rope).
RADAZZA, *f.* Mop; swab.
RADAZZARE. To clean with a swab; to swab.
RADDRIZZARE. To level off (Avn); to straighten; to right.
RADENTE. Grazing.
RADERE. To shave; to graze.
  radere al suolo, to raze.
RADIALE. Radial.
RADIANTE, *m.* Radian (Mathematics).
RADIANTE, *adj.* Radiant, radiating.
RADIARE. To strike from; to radiate; to scrap (Nav); to erase; to cancel.
  radiare dal ruolo, to remove from a roll; to drop.
RADIATORE, *m.* Radiator.
  radiatore a nido d'api, honeycomb radiator.
  tappo del radiatore, radiator cap.
  tubo di gomma del radiatore, radiator hose.
RADIAZIONE, *f.* Radiation; condemnation (Nav).

RADICE, *f.* Root; radish.
  radice cubica, cube root.
  radice quadrata, square root.
RADIO, *f.* Radio; wireless; radium.
  comunicare a mezzo di radio, to communicate by radio; to radio.
  trasmettere a mezzo di radio, to transmit by radio; to radio.
RADIOATTIVITÀ, *f.* Radioactivity.
RADIOAUDIZIONE *f.* Radio reception.
RADIOBUSSOLA, *f.* Radio compass.
RADIOCOMANDO, *m.* Radio control.
RADIOCOMUNICAZIONE, *f.* Radio communication.
RADIODIFFUSIONE, *f.* Radio broadcast.
RADIODIFFUSORE, *m.* Radio transmitter.
RADIOFARO, *m.* Radio-range beacon; equisignal beacon.
RADIOGONIOMETRO, *m.* Radiogoniometer; azimuth compass.
RADIOGRAFIA, *f.* Radiography.
RADIOGRAMMA, *m.* Radiogram; radiotelegram.
RADIOINTERCETTAZIONE, *f.* Interception.
RADIOONDA, *f.* Radio wave.
  frequenza delle radioonde, radio frequency.
RADIORICEVITORE, *m.* Radio receiver.
RADIOSONDA, *f.* Radiosonde.
RADIOTELECOMANDO, *m.* Radio control.
RADIOTELEFONIA, *f.* Radiotelephony.
RADIOTELEFONO, *m.* Radiotelephone.
RADIOTELEGRAFIA, *f.* Radiotelegraphy.
RADIOTELEGRAFISTA, *m.* Radio operator; radioman.
RADIOTELEGRAFO, *m.* Radiotelegraph.
RADIOTELEGRAMMA, *m.* Radiotelegram; radiogram.
RADIOTRASMISSIONE, *f.* Radio broadcast.
RADIOVISIONE, *f.* Radiovision; television.
RADUNARE. To assemble; to rally.

RADUNATA, *f.* Rally; assembly; strategic concentration.
  punto di radunata, rallying point.
RADURA, *f.* Clearing (Top).
RAFFERMA, *f.* Reenlistment (Mil).
  premio di rafferma, bounty; enlistment allowance.
RAFFERMARE. To reenlist (Mil).
RAFFORZAMENTO, *m.* Strengthening; reinforcement.
RAFFORZARE. To strengthen; to reinforce.
RAFFREDDAMENTO, *m.* Cooling.
  raffreddamento ad acqua, water cooling.
  raffreddamento ad aria, air cooling.
  raffreddamento adiabatico, adiabatic cooling.
  raffreddamento a glicoletilene, ethylene-glycol cooling.
  raffreddamento a liquido, liquid cooling.
  sistema di raffreddamento, cooling system (Mtr).
RAFFREDDARE. To make cool; to cool; to chill.
RAFFREDDATO. Cooled.
  raffreddato ad acqua, water-cooled.
  raffreddato ad aria, air-cooled.
RAGANELLA, *f.* Rattle (Instr); tree frog.
RAGGIARE. To radiate; to emit rays; to shine.
RAGGIO, *m.* Ray; beam; radius; spoke.
  a raggio, radial.
  raggio alfa, alpha ray.
  raggio attinico, actinic ray.
  raggio beta, beta ray.
  raggio catodico, X-ray.
  raggio gamma, gamma ray.
  raggio infrarosso, infrared light; infrared ray.
  raggio Röntgen, Röntgen ray; X-ray.
  raggio ultravioletto, ultraviolet light; ultraviolet ray.
  raggio X, X-ray.
RAGGIO DI AZIONE. Radius of action.
RAGGIO DI CROCIERA. Cruising radius.
RAGGIUNGERE. To reach; to gain; to attain; to overhaul (Nav).

RAGGRUPPAMENTO, *m.* Groupment; grouping.
  raggruppamento tattico, tactical grouping.
RAGGRUPPARE. To group.
RAGGRUPPARSI. To form a group; to group.
RAID, *m.* Raid.
  raid aereo, air raid.
RALLENTARE. To slow up; to slow; to slacken.
RAMATURA, *f.* Coppering.
RAMAZZA, *f.* Broom (Mil. slang).
RAME, *m.* Copper.
RAME-NICHEL, *m.* Cupro-nickel.
RAMIFICARSI. To branch off.
RAMO, *m.* Branch; arm (Top); antler.
RAMO DEL SERVIZIO. Branch of the service.
RAMOSCELLI, *mpl.* Brushwood.
RAMPA, *f.* Ramp.
RAMPA DI CARICAMENTO. Loading ramp.
RAMPONE, *m.* Gaff; calk (Horseshoe).
  provvedere di ramponi, to calk.
RANCIO, *m.* Messing; ration.
  servizio ai ranci, kitchen police.
RAPERELLA, *f.* Washer (Mech).
  raperella circolare, round washer.
  raperella concava, cupped washer.
  raperella elastica d'acciaio, lock washer.
  raperella quadrata, square washer.
RAPIDITÀ, *f.* Rapidity.
RAPIDO. Rapid; quick.
RAPINA, *f.* Robbery; rapine.
RAPPORTARE. To report; to protract (Surv); to plot (Surv).
RAPPORTATORE, *m.* Protractor.
RAPPORTO, *m.* Report; relation; connection; ratio.
  rapporto della guardia, guard report.
  rapporto della marcia, march report.
  rapporto settimanale, weekly report.
RAPPORTO DIASTIMOMETRICO. Stadia constant.
RAPPRESAGLIA, *f.* Reprisal; retaliation; revenge.
  far rappresaglia, to retaliate.
RAREFARE. To rarefy.
RAREFARSI. To become rarefied; to rarefy; to become rare.
RAREFAZIONE, *f.* Rarefaction.
RASOIO, *m.* Razor.

RASOIO—Continued.
lama di rasoio, razor blade.
rasoio di sicurezza, safety razor.
RASPARE. To rasp.
RASSODARE. To make hard; to make compact; to consolidate; to harden.
RASTRELLAMENTO, *m.* Mopping up (Mil); raking.
RASTRELLARE. To search (Arty); to mop up; to round up; to rake.
RASTRELLIERA, *f.* Armrack; feedbox rack; feed rack; hayrack; rack.
RASTREMARE. To boat-tail; to taper.
RASTREMATO. Boat-tailed.
RATIFICA, *f.* Ratification; sanction; approval (Law).
RATIFICARE. To ratify.
RATIFICAZIONE, *f.* Ratification; sanction; approval (Law).
RAVELLINO, *m.* Ravelin.
RAZIONALE. Rational.
RAZIONAMENTO, *m.* Rationing.
RAZIONARE. To ration.
RAZIONE, *f.* Ration.
conteggio razione, ration account.
fornire le razioni, to supply with rations; to ration.
giustificativo razioni, ration account.
razione bilanciata, balanced ration.
razione da guarnigione, garrison ration.
razione di biada, grain ration.
razione di campagna, field ration.
razione di fieno, hay ration.
razione di riserva, reserve ration; iron ration (Slang).
razione in natura, ration in kind.
razione ridotta, short ration.
razione viveri, food ration.
razione viveri di riserva, emergency ration; reserve ration.
viveri da razione, ration components.
RAZZO, *m.* Rocket; flare; shell.
razzo a paracadute, parachute rocket; parachute flare.
razzo a stelle, star shell.
razzo da segnali, signal rocket.
razzo incendiario, incendiary rocket.
RAZZO DI SALVATAGGIO. Life rocket.
apparecchio dei razzi di salvataggio, rocket apparatus.
RE, *m.* King.

REAGENTE, *m.* Reagent.
reagente rivelatore, developing chemical.
REAGIRE. To react.
REATO, *m.* Offense (Law).
corpo del reato, corpus delicti.
REATTIVO. Reactive.
REAZIONE, *f.* Reaction.
RECAPITO, *m.* Mail address; delivery.
foglio per ricevute di recapito, delivery list.
recapito dei messaggi, message delivery.
RECINTO, *m.* Enclosure; fence; ring.
RECIPIENTE, *m.* Container.
recipiente di latta, tin container; tin; can.
RECIPROCITÀ, *f.* Reciprocity.
RECIPROCO. Reciprocal.
RECLAMO, *m.* Complaint.
RECLUTAMENTO, *m.* Recruitment; enlistment.
servizio di reclutamento, recruiting service.
stazione di reclutamento, recruiting station.
RECLUTARE. To recruit; to draft; to enlist.
REDANCIA, *f.* Thimble (for a rope).
REDINE, *f.* Rein; line(Harness).
redine lunga da maneggio, allonge.
REDUCE, *m.* Veteran.
REFRATTARIO. Refractory.
REFRIGERANTE. *adj.* Refrigerant; refrigerative.
REFRIGERARE. To refrigerate.
REFRIGERATORE, *m.* Refrigerator.
REFRIGERAZIONE, *f.* Refrigeration.
REGGIMENTALE. Regimental.
REGGIMENTO, *m.* Regiment.
REGIA AERONAUTICA. Air corps.
REGIME, *m.* Rate (Mech); regimen; régime; government.
REGIME MILITARE. Military government.
REGIONALE. Regional; sectional.
REGIONE, *f.* Region; country.
regione fortificata, fortified region.
REGISTRARE. To register; to record; to read (Instr).

REGISTRAZIONE, *f.* Registration; enrollment; timing (Mtr); adjustment (Mech).
REGOLA, *f.* Rule; norm.
  regola arbitraria, rule of thumb.
  regola di sicurezza, safety rule.
REGOLAMENTARE. Regulation; regular; prescribed.
REGOLAMENTO, *m.* Regulation; rule.
  regolamenti militari, army regulations.
  regolamenti per l'addestramento della fanteria, infantry drill regulations.
  regolamento internazionale per prevenire gli abbordi in mare, international steering and sailing rules; rules of the road.
  regolamento per il servizio in guerra, field service regulations.
REGOLARE. To regulate; to adjust; to rectify; to settle; to set; to govern; to tune up (Mech).
REGOLARITÀ, *f.* Regularity; normality.
REGOLATO. Adjusted; balanced.
REGOLATORE, *m.* Regulator.
REGOLAZIONE, *f.* Adjustment (Mech); regulation.
REGOLO, *m.* Rule (Instr); ruler.
  regolo calcolatore, sliding rule.
  regolo della lunghezza di un piede, foot rule.
REGRESSO, *m.* Regress; slip (Nav).
RELAIS, *m.* Relay.
RELAZIONE, *f.* Report; account; relation; connection.
RELITTO, *m.* Derelict (Nav); flotsam; wreck.
REMARE. To oar; to row.
  remare con la pagaia, to paddle.
REMATORE, *m.* Oarsman.
REMO, *m.* Oar.
  pala di remo, blade of an oar; oar blade.
  spalare i remi, to feather (Rowing).
REMO ALLA BATTANA. Paddle.
RENDIMENTO, *m.* Yield; output; efficiency.
  rendimento dell'elica, propeller efficiency.
  rendimento volumetrico, volumetric efficiency.

RENITENTE ALLA LEVA. Draft delinquent.
REOSTATO, *m.* Rheostat.
REPARTO, *m.* Unit (Mil); party (Mil); detail (Mil); ward (Hosp).
  reparti organici di corpo d'armata, corps troops.
  reparti paracadutisti, parachute troops.
  reparto alloggiamenti, quartering party.
  reparto anticarro, antitank troops.
  reparto appiedato, dismounted unit.
  reparto carri armati, tank unit.
  reparto d'assalto, storming party; assault unit.
  reparto della guardia, guard detail.
  reparto di coda, rear party.
  reparto di sicurezza, security force.
  reparto fucilieri, rifle unit.
  reparto lavoratori, working party.
  reparto meccanizzato, mechanized unit.
  reparto motorizzato, motorized unit.
  reparto porta rifornimenti, carrying party.
  reparto rancio, bucket carriers (Slang).
  reparto rifornitori, ration party.
  reparto servizi, service unit.
  reparto tagliafili, wire-cutting party.
  reparto telefonisti, telephone detail.
REPARTI DI LAVORO. Labor troops.
REPENTAGLIO, *m.* Jeopardy.
  mettere a repentaglio, to jeopardize.
REPENTINO. Sudden.
REPORTER, *m.* Reporter.
REPRESSIONE, *f.* Repression; suppression.
REPRIMERE. To contain; to restrain; to repress; to suppress; to check; to curb.
REPUBBLICA, *f.* Republic.
REQUISIRE. To requisition; to commandeer; to impress.
REQUISITO, *m.* Requisite; qualification.
REQUISIZIONE, *f.* Requisition; impressment.
RESA, *f.* Surrender.
  resa a discrezione, unconditional surrender.
  resa in massa, mass surrender.
RESIDENZA, *f.* Residence; station (Mil).

RESIDENZA—Continued.
cambio di residenza, change of station (Mil).
cambio permanente di residenza, permanent change of station.
residenza di servizio permanente, permanent duty station.
RESIDUO CARBONIOSO. Carbon residue (Mtr).
RESISTENTE. Resistant; resisting; tough.
RESISTENZA, *f.* Resistance; stand; endurance; toughness; drag (Mech).
centro di resistenza, center of resistance.
forza di resistenza, power of resistance.
resistenza di profilo, profile drag (Avn).
resistenza indotta, induced drag (Avn).
resistenza laterale, lateral resistance.
resistenza longitudinale, longitudinal resistance.
resistenza parassita, parasite drag (Avn).
resistenza principale, principal resistance.
valida resistenza, effective resistance.
RESISTENZA ELETTRICA. Electric resistance.
RESISTENZA SPECIFICA. Ohm resistance.
RESISTERE. To resist; to stand; to hold; to withstand; to endure.
RESPINGERE. To repulse; to drive back; to repel.
RESPINGITORE, *m.* Buffer (Ord).
RESPINTA, *f.* Kick (Firearm).
RESPIRATORE, *m.* Respirator (Gas); breathing apparatus.
RESPIRAZIONE, *f.* Respiration.
respirazione artificiale, artificial respiration.
RESPONSABILE. Responsible; accountable.
RESPONSABILITÀ, *f.* Responsibility; liability.
responsabilità amministrativa, administrative responsibility; accountability.
responsabilità amministrativa e civile, accountability and responsibility.
RESTI MORTALI. Remains.
RESTRITTIVO. Restrictive.
RESTRIZIONE, *f.* Restriction; reservation.
restrizione di volo, flying restriction.
RETATA, *f.* Roundup (Police); raid (Police); netful.
fare una retata, to raid (Police).
RETE, *f.* Net.
rete di pallone libero, free-balloon net.
rete ferroviaria, railroad net.
rete per mascheramenti, fishnet (Cam); camouflage net.
rete per sbarramento aereo, aircraft interception net.
rete radio, radio net.
rete radio di battaglione, battalion radio net.
rete stradale, road net.
rete telefonica, telephone net.
schema della rete telefonica, line-route map.
RETE PARASILURI. Torpedo net.
RETICOLATO, *m.* Wire fence; wire entanglement.
reticolato a fisarmonica, brun spiral.
reticolato di filo spinato, barbed wire entanglement.
RETICOLATO GEOGRAFICO. Grid lines; grid (Surv).
RETICOLO, *m.* Reticle (Instr); reticule (Instr); grid (Cartography).
filo del reticolo, cross wire; cross hair.
RETINO, *m.* Reticule (Instr).
RETRATTILE. Retractile; retractable.
RETROCARICA, *f.* Breech-loading system.
a retrocarica, breech-loading.
RETROCEDERE. To reduce in rank; to degrade; to fall back.
RETROCESSIONE, *f.* Reduction in rank; retrocession.
retrocessione al grado di soldato semplice, reduction to the grade of private.
RETROGUARDIA, *f.* Rear guard.
RETROGUIDA, *m.* File closer.
RETROTERRA, *m.* Hinterland.
RETROTRENO, *m.* Trailer (Ord).
retrotreno blindato, armored trailer.
RETTANGOLARE. Rectangular.
RETTANGOLO, *m.* Rectangle.
RETTANGOLO DI DISPERSIONE. Rectangle of dispersion.

RETTIFICA, *f.* Rectification; correction.
RETTIFICARE. To rectify; to correct.
RETTIFICAZIONE, *f.* Rectification.
REVISIONAMENTO, *m.* Overhaul (Mech).
  revisionamento generale, complete overhaul (Mech).
REVISIONARE. To overhaul (Mech); to service (Mech).
  fare la revisione, to revise.
  procedimento in revisione, action by reviewing authority.
REVOCA, *f.* Revocation; revoke.
REVOCAZIONE, *f.* Revocation.
REVOLVER, *m.* Revolver.
RIBADIRE. To rivet.
RIBADITOIO, *m.* River gun.
RIBADITURA, *f.* Riveting.
  ribaditura a freddo, cold riveting.
RIBALTABILE. Retractable.
RIBELLARSI. To rebel.
RIBELLE, *m.* Rebel.
RIBELLIONE, *f.* Rebellion.
RICACCIARE. To drive out; to force out; to drive off.
RICAMBIO, *m.* Relief (Troops); replacement (as of parts).
  di ricambio, held in reserve; spare.
RICARICARE. To reload.
RICCIO, *m.* Hedgehog (Fort).
RICETTAZIONE, *f.* Receiving stolen goods.
RICEVITORE, *m.* Receiver.
  ricevitore a cuffia, earphone; headphone.
  ricevitore telefonico, telephone receiver.
RICEVUTA, *f.* Receipt.
  libro delle ricevute, receipt book.
RICOGNIZIONE, *f.* Reconnaissance; identification (Law); recognition.
  area di ricognizione aerea, air area.
  fare una ricognizione, to make a reconnaissance; to reconnoiter.
  gruppo di ricognizione, reconnaissance group.
  ricognizione aerea, air reconnaissance.
  ricognizione aereo-fotografica, photographic reconnaissance.
  ricognizione a vista, visual reconnaissance.
  ricognizione chimica, chemical reconnaissance.

RICOGNIZIONE—Continued.
  ricognizione chimica lontana, distant chemical reconnaissance.
  ricognizione del terreno, ground reconnaissance.
  ricognizione fotografica, photographic reconnaissance.
  ricognizione in forze, reconnaissance in force.
  ricognizione lontana, distant reconnaissance.
  ricognizione offensiva, reconnaissance in force.
  ricognizione particolareggiata, detailed reconnaissance.
  ricognizione preliminare, preliminary reconnaissance.
  ricognizione stradale, road reconnaissance.
  ricognizione strategica, strategical reconnaissance.
  ricognizione tattica, tactical reconnaissance.
  ricognizione topografica, topographical reconnaissance.
  ricognizione vicina, close reconnaissance.
RICOMPENSA, *f.* Recompense; compensation; reward; award.
RICOMPENSARE. To recompense; to reward.
RICONOSCIMENTO, *m.* Recognition; acknowledgement; avowal; identification.
  piastrina di riconoscimento, identification tag.
RICONQUISTARE. To recapture; to reconquer.
RICOTTURA, *f.* Annealing.
  ricottura totale, full annealing.
RICOVERARE. To shelter; to give shelter; to recover.
RICOVERO, *m.* Shelter.
  ricovero antigas ermetico, gasproof shelter.
  ricovero a prova di gas, gasproof shelter.
  ricovero a prova di schegge, splinterproof shelter.
  ricovero contro le intemperie, weatherproof shelter.
  ricovero filtrante, non-ventilated shelter.
  ricovero in caso d'allarme, alarm post.

RICOVERO—Continued.
ricovero in caverna, cave shelter.
ricovero individuale, fox hole.
ricovero permanente, permanent shelter.
ricovero senza ventilatori, non-ventilated shelter.
ricovero sotterraneo, dugout; cave shelter.
RICUOCERE. To anneal; to cook again.
RICUPERARE. To recover; to salvage.
RICUPERATORE, m. Recuperator; counter-recoil mechanism.
ricuperatore ad aria, compressed-gas counterrecoil mechanism.
ricuperatore ad aria compressa, pneumatic recuperator.
ricuperatore a molla, spring counterrecoil mechanism; spring recuperator.
RICUPERO, m. Salvage.
RIDISTRIBUZIONE, f. Redistribution.
RIDOTTA, f. Redout; redoubt.
RIDURRE. To reduce; to lessen; to turn into.
ridurre i quadri, to skeletonize (Mil).
RIDUZIONE, f. Reduction.
RIENTRABILE. Retractable.
RIENTRANTE. Re-entrant; re-entering.
RIFERIMENTO, m. Reference; relation.
punto di riferimento, reference point.
RIFIUTO, m. Refusal; discard.
rifiuto di cura medica, refusing medical treatment.
rifiuto di lavorare, refusal to work.
RIFLETTORE, m. Searchlight; reflector.
RIFLUSSO, m. Reflux; ebb; ebb tide.
RIFORNIMENTI, mpl. Supplies.
colonna rifornimenti, supply column.
magazzino rifornimenti, supply depot.
posto di trasbordo rifornimenti, relay point.
rifornimenti aeronautici, aircraft supplies.
rifornimenti di armi e munizioni, military supplies.
rifornimenti di guerra, war supplies.

RIFORNIMENTI—Continued.
rifornimenti di materiale sanitario, medical supplies.
rifornimenti di riserva, supply reserves.
rifornimenti di riserva di reparto, unit reserves.
rifornimenti di riserva mobili, mobile reserves.
rifornimenti militari, military supplies.
rifornimenti prestabiliti, automatic supply.
RIFORNIMENTO, m. Replenishment; supply.
posto di rifornimento, refilling point; supply point.
RIFORNIRE. To supply; to supply again; to replenish.
RIFORNITORE, m. Water tower (RR).
RIFRANGERE. To refract.
RIFRAZIONE, f. Refraction.
RIFUGIARSI. To take refuge; to take shelter.
RIFUGIATO, m. Refugee.
rifugiato di guerra, war refugee.
rifugiato politico, political refugee.
RIFUGIO, m. Refuge; shelter; harbor.
RIGA, f. Rank (Formation); groove (Firearm); line (Formation); row; straightedge; rule; stripe.
aprire le righe, to open ranks.
inclinazione della riga, twist (Rifling).
mettersi in riga, to form in ranks; to fall in.
prima riga, front rank.
riga a T, T square.
riga doppia, double rank; double line.
righe aperte, open ranks.
righe serrate, close ranks.
rompere le righe, to break ranks; to dismiss.
serrare le righe, to close ranks.
ultima riga, rear rank.
uscire dalle righe, to drop out.
RIGA DA DISEGNO. Drawing rule.
RIGARE. To rifle (Firearm); to draw rules.
RIGATURA, f. Rifling (Firearm).
inclinazione della rigatura, twist (Rifling).

RIGATURA—Continued.
rigatura elicoidale, uniform twist (Firearm).
rigatura progressiva, increasing twist (Firearm).
RIGHE, *fpl.* Grooves (Firearm).
RIGIDITÀ, *f.* Rigidity.
RIGIDO. Rigid.
RIGORE, *m.* Rigor; severity.
RIGOROSO. Exacting; rigorous; stern; hard-boiled (Slang).
RIGUADAGNARE. To regain.
RILASCIARE. To let go again; to free; to liberate.
RILASCIO, *m.* Release; discharge.
RILEVAMENTO, *m.* Jump (Ballistics); surveying; bearing (Surv).
indicatore di rilevamento, bearing indicator.
linea di rilevamento, line of bearing.
rilevamento alla bussola, compass bearing.
rilevamento magnetico, magnetic bearing.
rilevamento reciproco, reciprocal bearing.
rilevamento vero, true bearing.
RILEVAMENTO VAMPA. Flash ranging.
RILIEVO, *m.* Relief; plotting; survey; map.
camera dei rilievi, plotting room.
fare il rilievo topografico, to plot; to survey.
RIMANDARE. To send again; to send back; to defer (Mil).
RIMBALZARE, To ricochet.
RIMBALZO, *m.* Ricochet.
"RIMETTETE GLI AVANTRENI!" "Limber up!"
RIMONTA, *f.* Remount.
RIMORCHIARE. To tow.
rimorchiare di fianco, to tow alongside.
rimorchiare di prua, to tow astern.
RIMORCHIATORE, *m.* Tugboat; towboat; tug.
RIMORCHIO, *m.* Trailer; trail car; towing cable; tow chain; tow; towing.
cavo da rimorchio, towline.
gomenetta di rimorchio, towing hawser.
spese di rimorchio, towage.

RIMORCHIO-BERSAGLI, *m.* Towed target (Nav).
RIMOZIONE, *f.* Removal.
RIMPATRIARE. To repatriate.
RIMPATRIATO, *m.* Repatriate.
RIMPATRIO, *m.* Repatriation.
RIMPROVERARE. To reproach; to admonish; to reprimand.
RIMPROVERO, *m.* Reprimand.
rimprovero semplice, admonition.
rimprovero solenne, official rebuke; reprimand.
RIMUOVERE. To remove; to dismiss.
RINCALZO, *m.* Support (Mil).
RINCULARE. To recoil; to draw back.
RINCULO, *m.* Recoil.
ammortizzatore del rinculo, recoil buffer.
azionato dai gas di rinculo, recoil-operated.
cilindro del freno di rinculo, recoil cylinder.
freno del rinculo, recoil brake.
liquido dei freni idraulici di rinculo, recoil oil.
lunghezza del rinculo, length of recoil.
rinculo costante, constant recoil.
rinculo della canna, barrel recoil.
rinculo variabile, variable recoil.
sistema per limitare il rinculo, recoil system; recoil mechanism.
RINFORZARE. To reinforce; to strengthen.
RINFORZO, *m.* Reinforcement; support.
di rinforzo, reinforcing.
mandare rinforzi, to send reinforcements; to reinforce.
RINFUSA, Alla, *adv.* In bulk.
caricato alla rinfusa, laden in bulk.
RINGUAINARE. To return (of weapon).
RINTRACCIARE. To retrace; to trace.
RIOCCUPARE. To reoccupy.
RIOCCUPAZIONE, *f.* Reoccupation.
RIORDINARE. To reorder; to rearrange; to reorganize.
RIORGANIZZARE. To reorganize.
RIORGANIZZAZIONE, *f.* Reorganization.
RIPARARE. To repair; to remedy; to protect; to shield; to cover; to shelter; to take shelter.

RIPARAZIONE, *f.* Reparation: repair.
  riparazione di poca entità, minor repair.
  riparazione di ripiego, emergency repair.
  riparazione sulla strada, roadside repair.
RIPARO, *m.* Screen; shelter; cover.
  riparo antigas ermetico, gasproof cover.
  riparo a prova di granate di grosso calibro, heavy shellproof shelter.
  riparo a prova di granate di medio calibro, light shellproof shelter.
  riparo a prova di granate di piccolo calibro, light shelter.
  riparo a prova di schegge, splinterproof shelter.
  riparo a tenuta di gas, gasproof cover.
  riparo a tettoia, overhead cover.
  riparo contro le incursioni aeree, air raid shelter.
  riparo di filo spinato, barbed wire fence.
  riparo per cannoni, gun shelter.
  riparo per pezzo, gun pit.
RIPARTIRE. To allot; to depart again; to divide into parts; to part; to lot; to allocate; to apportion; to distribute; to deal.
RIPARTIZIONE, *f.* Apportionment; allocation; distribution.
RIPIDO. Steep.
RIPIEGAMENTO, *m.* Withdrawal.
RIPIEGARE. To fall back.
RIPIEGARSI. To withdraw (Mil).
RIPIEGO, *m.* Expedient; makeshift; resort.
RIPOSO, *m.* Rest.
  collocato a riposo, wholly retired.
"RIPOSO!" "At ease!"
RIPRENDERE. To retake; to recapture; to resume; to admonish; to reprimand.
"RIPRENDETE IL FUOCO!" "Resume firing!"
RIPRESA, *f.* Resumption; pickup (Mtr); pull out (Avn).
RISARCIMENTO, *m.* Reparation (Law); compensation (Law); indemnity.
  risarcimento di danni, indemnification.

RISARCIRE. To indemnify; to compensate.
RISCALDAMENTO, *m.* Heating.
RISCALDARE. To warm; to heat.
RISCALDATORE, *m.* Heater.
  riscaldatore dell'aria, air heater (Mtr).
RISCATTARE. To redeem; to ransom (Mil).
RISCATTO, *m.* Redemption; ransom (Mil).
RISCHIO, *m.* Risk; hazard.
RISCOSSA, *f.* Revenge (Mil).
RISEGA, *f.* Tread (Fort).
RISERVA, *f.* Reserve (Mil); reservation.
  occorrente di riserva, reserve requirements.
  riserva di approvvigionamenti, reservoir; food store.
  riserva d'avamposto, reserve of the outpost.
  riserva di olio, oil reserve.
  riserva di reggimento, regimental reserve.
  riserva strategica, strategical reserve.
  riserva tattica, tactical reserve.
RISERVA DELL'ESERCITO. Organized reserve.
RISERVA DI COPERTURA. Covering reserve.
RISERVA NAVALE. Naval reserve.
RISERVATO. For official use only.
RISERVE, *fpl.* Reserve (Mil).
RISERVETTA, *f.* Dump.
  trasporto di rifornimento alle riservette, dump distribution.
RISERVETTA BENZINA. Fuel dump.
RISERVETTA DEL GENIO. Engineer dump.
RISERVISTA, *m.* Reservist.
RISORSE, *fpl.* Resources; assets.
  risorse locali, local resources.
RISORSE DI UOMINI. Man power.
RISPETTO, *m.* Respect; regard.
  mancanza di rispetto, disrespect.
  mancanza di rispetto verso un superiore, disrespect toward superior officer.
RISSA, *f.* Affray; fray; brawl.
RISULTATO, *m.* Result; outcome.
RITARDARE. To retard; to delay; to slow; to slow up; to detain; to be late.

RITARDATO. Retarded; deferred.
RITARDO, *m.* Postponement (Mil); delay; retard.
  ritardo ingiustificato, unnecessary delay.
RITEGNO, *m.* Moderation; discretion; reserve; guy (Mech).
RITIRARSI. To retire; to retreat; to withdraw; to fall back; to recoil.
RITIRATA, *f.* Retreat; recoil; water closet.
  battere in ritirata, to retreat.
  cominciare la ritirata, to begin retreat.
  coprire la ritirata, to cover the retreat.
  in piena ritirata, in full retreat.
  piena ritirata, full retreat.
  ritirata strategica, strategical retreat.
  ritirata su tutta la linea, full retreat.
  tagliare la ritirata, to cut off the retreat.
RITIRATA TATTICA. Tactical retreat.
RITIRO, *m.* Retirement (from active duty).
RITMO DI SPARO. Cyclic rate.
RITTO, *m.* Leaf (Ord); obverse.
RITTO DELL'ALZO. Sight leaf.
RIVA, *f.* Shore.
  riva del fiume, riverbank.
RIVELARE. To reveal; to uncover; to disclose.
RIVELATORE, *m.* Coherer; detector (Rad); developer (Photo).
  rivelatore di circuito, circuit detector.
RIVELLINO, *m.* Ravelin.
RIVESTIMENTO, *m.* Patch (Bullet); sheathing; jacket; covering; casing; coating; revetment.
  rivestimento di fascine, fascine revetment.
  rivestimento di frasche, brush revetment.
  rivestimento di gabbioni, gabion revetment.
  rivestimento di graticci, hurdle revetment.
  rivestimento di paraffina, coating of paraffin.
  rivestimento di piote, sod revetment.
  rivestimento di sacchi a terra, sandbag revetment.
  rivestimento di stoffa, fabric covering.

RIVESTIMENTO—Continued.
  rivestimento interno, lining.
  rivestimento metallico, metal covering.
RIVESTIMENTO DELLA PALLOTTOLA. Bullet jacket.
RIVESTIRE. To patch (Bullet); to revet; to sheathe; to clothe; to cover; to line; to jacket.
RIVINCITA, *f.* Revenge; return match.
RIVISTA, *f.* Review.
  passare in rivista, to review (Mil).
RIVOLTA, *f.* Revolt; rebellion.
RIVOLTELLA, *f.* Revolver.
RIVOLUZIONE, *f.* Revolution.
ROCCHETTO, *m.* Spool; reel; bobbin; coil.
ROCCHETTO D'INDUZIONE. Induction coil.
ROCCIA, *f.* Rock.
RODI, *f.* Rhodes.
ROLINO, *m.* Roll; roster; list; table.
  rolino nominativo, muster roll.
ROLLARE. To roll (Nav. & Avn).
ROLLIO, *m.* Roll (Nav. & Avn).
ROMA, *f.* Rome.
ROMANO. Roman.
ROMBO, *m.* Rumble; rhumb; rhomb; rhombus.
ROMPERE. To break; to rupture.
ROMPERSI. To break; to burst; to rupture.
"ROMPETE LE RIGHE!" "Fall out!"
ROMPITRATTA, *m.* Compression rib (Ap).
RONCOLA, *f.* Billhook.
RONDA, *f.* Round (Mil).
RONDELLA, *f.* Washer (Mech).
  rondella d'acciaio, lock washer.
RONZIO, *m.* Buzz; whirring noise.
ROSA DEI VENTI. Wind rose.
ROSA DI TIRO. Dispersion pattern.
  centro della rosa di tiro, center of impact.
  rosa di tiro normale, normal dispersion pattern.
  rosa di tiro orizzontale, horizontal dispersion pattern.
  rosa di tiro verticale, vertical dispersion pattern.
ROSETTA, *f.* Washer (Mech).
ROTAIA, *f.* Track (RR); wheel rut.
  terza rotaia, third rail.

ROTATIVO. Rotative; rotary; rotatory.
ROTATORIO. Rotatory; rotary; rotative.
ROTAZIONE, *f.* Rotation.
ROTEARE. To rotate; to spin; to revolve.
ROTOLO, *m.* Roll.
ROTOLO DA CAMPO. Bedding roll.
ROTONAVE, *f.* Rotor ship.
ROTTA, *f.* Rout; debacle; route; course; track; lane (Nav).
   casotto di rotta, charthouse.
   rotta alla bussola, compass course (Nav); magnetic course.
   rotta di navigazione costiera, coastwise sea lane.
   rotta magnetica, magnetic course.
   rotta vera, true course (Nav).
ROTTAME, *m.* Wreckage.
ROTTO. Broken.
ROTTURA, *f.* Rupture; break; breakage; fracture.
ROUTINE, *f.* Routine.
ROVESCIARE. To reverse; to upset; to overthrow; to spill.
ROVESCIO, *m.* Reverse; misfortune; downpour.
RUBINETTO, *m.* Tap; faucet; spigot; cock.
RUGGINE, *f.* Rust.
RUGGINOSO. Rusty.
RULLARE. To taxi (Avn); to roll (Nav).
RULLIO, *m.* Roll (Nav. & Avn).
RULLO, *m.* Roller; skid; drum; reel.
RUOLO, *m.* Roll; list; roster; calendar (Law).
   radiare dal ruolo, to remove from the roll; to drop.
   ruolo degli ufficiali a riposo, inactive list; retired list.
   ruolo degli ufficiali in aspettativa, unemployed list.
   ruolo degli ufficiali in servizio attivo permanente, active list.
   ruolo di turno della guardia, guard roster.
   ruolo dei servizi, service roster.
   ruolo di servizio, duty roster.
RUOTA, *f.* Wheel.
   allineamento delle ruote, wheel alignment.

RUOTA—Continued.
   ruota a dischi, disk wheel.
   ruota a doppia gomma, dual-tired wheel.
   ruota anteriore, front wheel.
   ruota a raggi tangenziali, wire wheel.
   ruota di coda, tail wheel (Avn).
   ruota ingranante, cogwheel; gear.
   ruota pneumatica, pneumatic tire.
   ruota portante, truck wheel (RR).
   ruota posteriore, rear wheel.
   sistema a ruota libera, freewheeling.
RUOTA DI GOVERNO. Steering wheel (Nav).
RUOTA D'INGRANAGGIO. Sprocket wheel; chain gear; gear.
RUOTA LIBERA. Freewheel.
RUOTA MOTRICE. Driving wheel.
RUPE, *f.* Steep bank; cliff.
RUSCELLO, *m.* Brook.
RUTTORE, *m.* Breaker (Elec).
   puntina platinata del ruttore, breaker point (Mtr).

S

SABBIA, *f.* Sand.
   banco di sabbia, shoal; sand bank.
   sabbia mobile, shifting sand.
SABBIOSO. Sandy.
SABOTAGGIO, *m.* Sabotage.
SABOTARE. To sabotage.
SACCA, *f.* Pocket (Mil); sack; bag; satchel; bay; inlet.
SACCHEGGIARE. To sack; to depredate.
SACCHEGGIATORE, *m.* Sacker; depredator.
SACCHEGGIO, *m.* Sack; pillage; depredation.
SACCHETTA, *f.* Nose bag; feed bag.
SACCHETTO, *m.* Pouch; small sack; bag.
SACCO, *m.* Bag; sack; sac; plunder.
   sacco di tela di iuta, gunny bag.
SACCO DA MONTAGNA. Rucksack.
SACCO DI TERRA. Sandbag.
   sacco di terra collocato di lungo, stretcher (Ft).
   sacco di terra collocato verticalmente, header (Ft).
SAETTA, *f.* Strut (Engr).
SAETTONE, *m.* External strut (Monoplane).

SAGOLA, *f.* Halyard.
  scandagliare a sagola, to plumb (Nav).
SAGOMA, *f.* Silhouette; mold; molding; steelyard counterpoise.
SAGOMA RIMORCHIATA. Towed target; sleeve target (Avn).
SALA, *f.* Saloon; hall; axletree.
SALA NAUTICA. Charthouse.
SALDARE. To solder; to weld; to settle (Fin).
  lega per saldare, solder.
SALDATOIO, *m.* Soldering iron; soldering copper; welder.
  saldatoio a benzina, gas welder.
SALDATURA, *f.* Soldering; weld; solder.
  saldatura ad arco voltaico, electric arc welding.
  saldatura autogena, autogenous welding.
  saldatura dolce, soft solder.
  saldatura elettrica, electric soldering.
  saldatura forte, hard solder.
  saldatura ossiacetilenica, oxygen-acetylene welding.
  saldatura per fusione, fusion welding.
SALE INGLESE. Epsom salt.
SALIENTE, *m.* Salient.
SALIRE. To climb; to mount; to ascend.
SALITA, *f.* Ascent; climb (Avn).
  indicatore della velocità di salita, rate-of-climb indicator (Avn).
  indicatore di salita, climb indicator (Avn).
  in salita, uphill.
  salita verticale, vertical climb (Avn).
  tempo di salita, time of climb (Avn).
  velocità di salita, rate of climb.
SALMA, *f.* Pack; load of a pack animal.
SALMERIA, *f.* Pack train.
SALONICCO, *f.* Salonika.
SALSICCIOTTO, *m.* Kite balloon; sausage balloon; large sausage.
SALTARE. To jump; to leap; to hop; to skip; to bound; to spring.
  far saltare in aria, to blow up.
SALUTARE, *v.* To salute.
  salutare colla bandiera, to dip the colors.
  salutare alla voce, to hail (Nav).

SALUTO, *m.* Salute.
  saluto colle artiglierie, cannon salute.
  saluto alla voce, hail (Nav).
  saluto con la mano, hand salute.
SALVA, *f.* Salvo (Mil & Nav); salute (Nav).
  rendere una salva colpo per colpo, to return a salute gun for gun.
  salva di batteria, battery salvo.
  sparare una salva reale, to fire a 21-gun salute.
SALVACONDOTTO, *m.* Safe-conduct; pass.
  salvacondotto per merci, safe-conduct for goods.
  salvacondotto per persone, safe-conduct for persons.
SALVAGENTE, *m.* Life preserver.
  salvagente anulare, life buoy.
SALVAGUARDARE. To safeguard.
SALVAGUARDIA, *f.* Safeguard; protection.
SALVARE. To save.
SALVATAGGIO, *m.* Salvage (Nav); lifesaving.
  cintura di salvataggio, life jacket; life belt.
  diritti di salvataggio, salvage charges (Nav).
  imbarcazione di salvataggio, lifeboat.
  lancia di salvataggio, lifeboat.
SALVO. Safe; secure.
SANGUE, *m.* Blood.
  gruppo sanguigno, blood type.
  trasfusione del sangue, blood transfusion.
SANITÀ, *f.* Medical Department; health; sanity; sanitation.
  sanità militare, military sanitation.
SANITARIO. Sanitary.
SANTABARBARA, *f.* Shell room (Obsolete).
SANTA MARIA DI LEUCA, Capo. Cape Santa Maria di Leuca.
SAN VINCENZO, Capo. Cape Saint Vincent.
SANZIONE, *f.* Sanction; approval; ratification; countenance.
SARACCO, *m.* Ripsaw.
SARACINESCA, *f.* Portcullis; sluice gate; sluice valve.
SARDEGNA, *f.* Sardinia.
SARTIA, *f.* Shroud (Nav); stay.
SARTIAME, *m.* Rigging.

SASSARI, *f.* Sassari.
SASSO, *m.* Stone; pebble.
   murare con sassi, to wall with stones; to stone.
SASSOLA, *f.* Bailer (Nav).
SATURARE. To saturate; to drench; to impregnate.
SATURAZIONE, *f.* Saturation.
   punto di saturazione, saturation point.
   saturazione magnetica, magnetic saturation.
SBANDAMENTO, *m.* Bank (Avn); cant (G); cant of trunnion axis; slope of the trunnions; disbanding; heeling (Nav); list (Nav & Avn).
   indicatore di sbandamento, bank indicator (Avn).
SBANDARE. To list (of a ship or vehicle); to heel (Nav); to straggle; to disband; to bank (Avn).
SBANDARSI. To straggle.
SBANDATO, *m.* Straggler.
SBARAGLIARE. To disperse; to scatter; to rout.
SBARCARE. To disembark; to debark; to land.
SBARCATOIO, *m.* Landing (Nav); wharf.
SBARCO, *m.* Debarkation; landing.
   comandante di sbarco, beach master.
   plancia da sbarco, gangplank (Warship).
   porto di sbarco, port of debarkation.
   testa di sbarco, beachhead.
SBARRA, *f.* Bar; rail; barrier.
   sbarra da attacco, drawbar.
   sbarra orizzontale, horizontal bar.
SBARRAMENTO, *m.* Barrage.
   sbarramento di artiglieria, artillery barrage.
   sbarramento di circostanza, emergency barrage.
   sbarramento di gas, gas barrage.
   sbarramento di mitragliatrici, machine gun barrage.
   sbarramento di palloni, balloon barrage.
   sbarramento eventuale, contingent barrage.
   sbarramento fisso, standing barrage.
   sbarramento normale, normal barrage.

SBARRAMENTO—Continued.
   sbarramento progressivo, creeping barrage.
   sbarramento stradale, road block.
SBARRARE. To bar; to debar; to fence; to rail.
   sbarrare la via, to bar the way.
SBOCCARE. To debouch.
SBOCCO, *m.* Debouchment; debouch.
SBOCCO ANGUSTO. Bottleneck.
SCACCIARE. To dislodge; to ferret out; to expel; to eject.
SCACCO, *m.* Check; failure.
   tenere in scacco, to hold in check; to check; to contain.
SCAFANDRO, *m.* Diving dress; diving suit; scaphander.
   elmo dello scafandro, diver's helmet.
SCAFO, *m.* Hull.
   scafo d'idrovolante, seaplane hull.
SCAGLIONAMENTO, *m.* Echelonment.
   scaglionamento dei rifornimenti, echelonment of supplies.
   scaglionamento in profondità, distribution in depth.
SCAGLIONARE. To echelon; to stagger.
SCAGLIONATO. Echeloned; staggered.
SCAGLIONATO IN PROFONDITÀ. Echeloned in depth.
SCAGLIONE, *m.* Echelon.
   a scaglioni, in echelon.
   disporre a scaglioni, to dispose in echelon; to form in echelon; to echelon.
   primo scaglione, first echelon; attacking echelon.
   scaglione avanzato, forward echelon.
   scaglione d'appoggio, support echelon.
   scaglione d'assalto, assault echelon.
   scaglione di rincalzo, support echelon.
   scaglione di sicurezza, security echelon.
SCALA, *f.* Scale; ladder; staircase; gamut.
   effetto di scala, scale effect (Aerodynamics).
   rapporto di scala, representative scale (Top).
   scala azimutale, azimuth scale.

SCALA—Continued.
scala dei barcarizzi, accommodation ladder (Nav).
scala di banda, accommodation ladder (Nav).
scala di comando, accommodation ladder (Nav).
scala di fuori banda, accommodation ladder (Nav).
scala di proporzione, scale of a map.
scala di proporzione di fotografia aerea, scale line.
scala Fahrenheit, Fahrenheit scale; fahrenheit.
scala grafica, graphic scale; scale (Top).
scala lineare, linear scale (Top).
scala reale, accommodation ladder (Nav).
scala termometrica, thermometric scale.
SCALAMENTO, m. Stagger (Biplane).
SCALANDRONE, m. Gangplank.
SCALARE. To escalade.
SCALARE, adj. Scalar.
SCALATA, f. Escalade.
dare la scalata, to clamber up; to scale; to escalade.
SCALA TICONICA. Diagonal scale (Top).
SCALENO. Scalene.
SCALINO, m. Stair; step.
SCALINO DEL TIRATORE. Fire step; berm; tread (Fort).
SCALMIERA, f. Rowlock.
SCALMO, m. Tholepin; futtock.
SCALO, m. Wharf; landing (Nav); slip (Nav); call (Nav).
scalo da nave-traghetto, ferry slip.
scalo di costruzione, building slip.
SCAMBIO, m. Exchange; switch (RR); frog (RR).
SCAMBISTA, m. Switchman (RR).
SCANALARE. To groove; to furrow.
SCANALATURA, f. Groove.
scanalatura anulare, extracting groove (Cartridge).
SCANDAGLIARE. To fathom; to sound.
scandagliare a sagola, to plumb (Nav).
SCANDAGLIO, m. Sounding line; plummet; sounding; depth finder (Instr).

SCANDAGLIO—Continued.
scandaglio comune, lead and line.
scandaglio ultrasonoro, sonic depth finder.
SCANNELLARE. To flute; to groove.
SCAPPAMENTO, m. Exhaust (Engr); exhaust pipe; escapement.
analisi del gas di scappamento, exhaust gas analysis.
tubo dello smorzatore di scappamento, muffler pipe.
tubo di scappamento, exhaust pipe.
SCAPPAVIA, f. Gig (of a merchant ship); secret exit.
SCARAMUCCIA, f. Skirmish; brush (Mil).
SCARICA, f. Volley; round (Firearm); discharge (Elec).
scarica accidentale, accidental discharge.
scarica d'arma, discharge (Firearm); shot.
SCARICARE. To unshot; to discharge; to unload; to empty.
SCARICATORE, m. Discharger (Elec); stevedore; exhaust pipe; waste pipe.
SCARICO, m. Unloading; adj. discharged; empty (Firearm).
corsa di scarico, exhaust stroke.
SCARPA, f. Scarp; slope (Ft); drag (Vehicle); shoe.
scarpa esteriore, exterior slope.
scarpa interiore, interior slope.
SCARPATA, f. Slope; escarpment.
scarpata anteriore, forward slope; front slope.
scarpata concava, concave slope.
scarpata convessa, convex slope.
scarpata posteriore, rear slope.
SCARROCCIO, m. Leeway (Nav).
SCARTAMENTO, m. Gauge (RR); tread (Vehicle).
scartamento ridotto, narrow gauge.
SCARTARE. To discard; to reject (Mil); to shy (H).
SCARTATO, m. Reject (Mil).
SCARTO, m. Error (Observation of fire).
scarto in altezza di scoppio, deviation of a burst.
scarto in direzione, direction error.
scarto in gittata, range error.
SCATOLA A MITRAGLIA. Case shot.

SCATTARE. To go off; to leap up; to spring up; to spring.
SCATTO, *m.* Lock (Firearm); trigger squeeze.
meccanismo di scatto, firing mechanism.
scatto di arme da fuoco dovuto a negligenza, careless discharge of firearm.
SCATTO A VUOTO. Misfire (Firearm).
SCAVALCAMENTO, *m.* Leapfrog.
SCAVALCARE. To leapfrog; to dismount (G); to alight from a horse; to unhorse.
scavalcare un cannone, to dismount a gun.
"SCAVALCATE IL MORTAIO!" "Dismount mortar!"
SCAVAMENTO, *m.* Excavation; digging.
SCAVARE. To excavate; to dig.
SCAVO, *m.* Pit; excavation.
SCELTO. First class (Mil); select; selected; chosen.
SCHEGGIA, *f.* Splinter; shiver.
a prova di schegge, splinterproof.
proiezione di schegge, spray (Projectile).
scheggia di bomba, bomb splinter.
SCHEGGIARE. To splinter.
SCHEMA, *m.* Outline; scheme; diagram; draft.
schema della battaglia, battle chart.
SCHERMA, *f.* Fencing (Self-defense); fence.
SCHERMO, *m.* Screen; shelter.
SCHIACCIAMENTO, *m.* Crushing.
SCHIACCIARE. To crush; to squash.
SCHIENA DI CORAZZA. Backplate (Armor).
SCHIENALE, *m.* Backplate (Armor).
SCHIERAMENTO, *m.* Drawing up; arraying.
fronte di schieramento, frontage in deployment.
schieramento in profondità, distribution in depth; deployment in depth.
schieramento per l'azione, deployment for action.
schieramento strategico, strategical deployment.

SCHIERARE. To draw up (Mil); to array; to marshal.
schierare in formazione, to draw up in formation.
SCHIZZO, *m.* Sketch; squirt; spurt.
schizzo appena abbozzato, rough sketch.
schizzo della posizione, position sketch.
schizzo del terreno, ground sketch.
schizzo panoramico, panoramic sketch.
schizzo in prospettiva, landscape sketching.
SCI, *m.* Ski.
SCIA, *f.* Stern wave; wake; track (of a ship).
SCIABOLA, *f.* Saber; sword.
cintura della sciabola, sword belt.
con la sciabola in pugno, sword-in-hand.
fodero della sciabola, saber scabbard.
pomo della sciabola, pommel (Sword).
rimettere la sciabola, to return saber.
scherma di sciabola, saber exercise.
sciabola di cavalleria, cavalry saber.
sciabola di abbordaggio, cutlass.
sciabola di marina, cutlass.
sguainare la sciabola, to draw saber.
SCIABOLA-BAIONETTA. Sword bayonet.
SCIABOLARE. To strike with a saber; to saber; to slash.
SCIABOLATA, *f.* Saber cut.
SCIARE. To ski.
SCIATORI, *mpl.* Ski troops.
SCINTILLA, *f.* Spark.
SCIOPERO, *m.* Strike (Trade-unionism).
servizio di sciopero, strike duty.
SCIUPIO, *m.* Wastage; waste; squandering.
SCIVOLARE. To slip; to slide; to glide; to skid.
SCIVOLO, *m.* Ski; runway (for seaplanes).
SCOGLIERA, *f.* Reef (Top).
SCOGLIO, *m.* Reef (Top).
SCOLO, *m.* Drain; drainage; gonorrhea; blenorrhea.
SCONFIGGERE. To defeat.
SCONFITTA, *f.* Defeat.
SCONTRARSI. To encounter (Mil); to collide.

SCONTRO, m.   Engagement (Mil); encounter (Mil); collision.
scontro fortuito, meeting engagement.
SCOPERTO.   Uncovered; bare; open; unprotected; discovered.
SCOPO, m.   Aim; mark; purpose.
scopo di mira mobile, aiming disk.
SCOPOLA, f.   Bump (Avn).
SCOPPIANTE.   Bursting.
SCOPPIARE.   To burst; to explode; to break out.
far scoppiare, to cause to explode; to explode; to blast.
SCOPPIO, m.   Burst; blast; explosion.
altezza di scoppio, height of burst.
altezza media di scoppio, mean height of burst.
altezza normale di scoppio, normal height of burst.
altezza zero di scoppio, zero height of burst.
centro degli scoppi, center of burst; burst center.
cono di scoppio, cone of dispersion (Shrapnel); cone of fire (Shrapnel).
distanza di scoppio, burst range.
effetto dello scoppio, bursting effect; burst effect.
fumo dello scoppio, smoke ball (Ballistics).
intervallo di scoppio, burst interval.
pennacchio del fumo dello scoppio, smoke ball (Burst); ball of smoke (Burst).
punto di scoppio, point of burst.
scoppio a fior di terra, graze burst.
scoppio all'urto, burst on percussion.
scoppio a terra, graze burst; burst on graze.
scoppio a terra avanti al bersaglio, graze below.
scoppio a terra oltre il bersaglio, graze above.
scoppio in aria, air burst.
scoppio inosservato, unobserved burst.
scoppio invisibile, invisible burst.
scoppio prematuro, backfire (Mtr).
scoppio sul terreno, graze burst.
SCOPRIRSI.   To uncover oneself; to expose oneself.
SCORCIATOIA, f.   Short cut.
SCORIA, f.   Dross; slag; scoria (Metallurgy).

SCORTA, f.   Escort; convoy; supply; stock; reserves.
scorta fucilieri, rifle escort.
sotto scorta, under escort.
SCORTA D'ONORE.   Escort of honor.
SCORTARE.   To escort; to convoy.
SCOSCESO.   Abrupt (Top).
SCOTTA, f.   Sheet (Nav).
SCOVOLARE.   To sponge.
SCOVOLINO, m.   Cleaning rod.
SCOVOLO, m.   Swab (Firearm); sponge (Ord).
nettare con lo scovolo, to swab (Firearm).
pulire l'anima con lo scovolo, to swab out the bore.
SCRITTURALE, m.   Clerk.
SCUDERIA, f.   Stable. (Mil).
servizio di scuderia, stable police.
SCUDO, m.   Shield; escutcheon.
fare scudo, to shield.
scudo d'affusto, gun shield.
scudo del cannone, gun shield.
SCUOLA, f.   School.
scuola allievi ufficiali di complemento, officers' candidate school.
scuola allievi sottufficiali, noncommissioned officers' school.
scuola carri armati, tank school.
scuola del genio, engineer school.
scuola di aerostatica, balloon and airship school.
scuola di applicazione di cavalleria, cavalry school.
scuola di applicazione di fanteria, infantry school.
scuola di applicazione di sanità militare, medical field-service school.
scuola di artiglieria, artillery school.
scuola di fanteria, infantry school.
scuola di guerra, war college.
scuola di guerra aerea, Army Air Force Tactical School.
scuola di tiro di artiglieria, sighting and aiming school.
scuola di truppe celeri, mobile troops school.
scuola militare, military school.
scuola militare di alpinismo, school of military alpinism.
SCURE, f.   Ax; axe.
scure a doppio taglio, double-bitted ax.
scure militare, camp axe; battle-axe.
SCUTARI, f.   Scutari.

SECANTE, *f.* Secant.
SECCA, *f.* Cay; shoal; drought (Colloquial).
SECCHIA, *f.* Pail; bucket.
secchia a mantice da incendio, fire bucket.
SECCHIO, *m.* Bucket; pail.
secchio di tela, canvas bucket.
secchio di tela per abbeverare, watering bag.
secchio per l'acqua, water bucket.
SECCO. Dried; dry.
andare in secco, to run aground.
dare in secco, to run aground.
tirare a secco, to beach.
SEDE, *f.* Residence; main office; seat; see; session.
SEDE DEL COMANDO. Headquarters.
SEDE MILITARE. Army post.
SEDENTARIO. Sedentary.
SEDIZIONE, *f.* Sedition.
SEGA, *f.* Saw.
sega ad archetto, hack saw.
sega a mano, hand saw.
sega a nastro, band saw.
sega a nastro per metalli, metal-cutting band saw.
sega a telaio, bucksaw.
sega circolare, circular saw.
sega non dentata, marble saw.
SEGARE. To saw.
SEGATURA, *f.* Sawdust.
SEGMENTO, *m.* Segment; piston ring.
dividere in segmenti, to divide into segments; to segment.
dividersi in segmenti, to undergo segmentation; to segment.
segmento tagliato, split ring (Piston).
SEGNALARE. To signal.
segnalare col semaforo, to signal by semaphore; to semaphore.
segnalare con la bandiera, to signal to with a flag; to flag; to wigwag.
segnalare con l'eliografo, to heliograph.
SEGNALATORE, *m.* Signalman.
segnalatore con bandiera, flagman.
SEGNALATORI, *mpl.* Signal troops.
SEGNALAZIONE, *f.* Signaling; signal.
segnalazione a colpo, touch signal.
segnalazione a mezzo di telo, panel signal.

SEGNALAZIONE—Continued.
segnalazione a terra, ground signal.
segnalazione a tocco, touch signal.
segnalazione a voce, voice signal.
segnalazione col braccio, arm signal.
segnalazione con bandiera, flag signal; wigwag.
segnalazione con la radio, radio signal.
segnalazione ottica, visual signal.
segnalazione semaforica, semaphore signal.
segnalazione telefonica, telephone signal.
SEGNALE, *m.* Signal; sign; call.
codice internazionale dei segnali, international code of signals.
segnale a bengala, bengal light.
segnale a mezzo di telo, panel signal.
segnale a stella rossa, red star signal.
segnale a tempo, time signal.
segnale a voce, voice signal.
segnale col fischietto, whistle signal.
segnale con bandiera, flag signal.
segnale con la radio, radio signal.
segnale d'adunata in caso d'incendio, fire call.
segnale debole, weak signal.
segnale del silenzio, taps.
segnale di cessato allarme, all-clear signal (Air Raid).
segnale di nebbia, fog signal.
segnale di presagio di tempesta, storm signal.
segnale di radunata, adjutant's call.
segnale di ritirata, call to quarters.
segnale di tromba, bugle signal; bugle call.
segnale ottico, visual signal.
segnale personale, personal signal.
segnale pirotecnico, pyrotechnic signal.
segnale radiotelefonico, radio signal.
segnale semaforico, semaphore signal.
segnale telefonico, telephone signal.
segnale visivo, visual signal.
SEGNO, *m.* Mark; sign; target.
segno convenzionale, conventional sign (Top).
segno distintivo, distinctive mark.
SEGREGAZIONE CELLULARE. Solitary confinement.
SEGRETARIO, *m.* Secretary.

SEGRETARIO—Continued.
   segretario del comandante, flag secretary (Nav).
   segretario dell'ammiraglio, flag secretary.
SEGRETEZZA, *f.* Secrecy.
SEGRETO, *m, n* & *adj.* Secret.
   segreto militare, military secret.
   tener segreto, to keep secret; to secrete.
   violazione di segreto militare, violation of military secret.
SEGUGIO, *m.* Bloodhound.
SEGUIRE. To follow.
"SEGUITEMI!" "Follow me!".
SELETTIVO. Selective.
SELEZIONE, *f.* Selection.
SELLA, *f.* Saddle.
   banda della sella, saddle bar.
   fusto della sella, saddletree.
   in sella, in the saddle.
   pomo della sella, pommel of a saddle; pommel.
   sacca da sella, saddlebag.
   sella alla buttera, cowboy saddle.
   sella all'inglese, English saddle; flat saddle.
   sella da ufficiale, flat saddle.
   togliere la sella, to unsaddle.
SELLAIO, *m.* Saddler.
SELLARE. To saddle.
SELLERIA, *f.* Saddlery.
SEMAFORICO. Semaphoric.
SEMAFORO, *m.* Semaphore.
   braccio del semaforo, semaphore arm.
   segnalare col semaforo, to signal by semaphore; to semaphore.
SEMAFORO A LAMPI. Blinker.
SEMAFORO FERROVIARIO. Railroad semaphore.
SEMICILINDRICO. Semicyclindrical.
SEMICIRCOLARE. Semicircular.
SEMICIRCOLO, *m.* Semicircle.
SEMIDEFILATO. Semiconcealed.
SEMIDIAMETRO, *m.* Semidiameter.
SEMILUNARE. Semilunar.
SEMIPERMANENTE. Semipermanent.
SEMOVENTE. Self-propelled.
SENSO, *m.* Sense.
   nel senso delle lancette dell'orologio, clockwise.

SENSO—Continued.
   nel senso diretto, clockwise (of angels).
   nel senso inverso, counterclockwise (of angles).
   nel senso opposto a quello delle lancette dell'orologio, counterclockwise.
SENTENZA, *f.* Sentence; judgment.
   conferma della sentenza, confirmation of sentence.
   esecuzione della sentenza, execution of sentence.
   sentenza di morte, death sentence.
   sospensione della sentenza, suspension of sentence.
SENTIERO, *m.* Footpath; footway; path; lane.
SENTINA, *f.* Bilge (Nav); sewer; sink.
   acqua di sentina, bilge water.
   pompa di sentina, bilge pump.
SENTINELLA, *f.* Sentinel; sentry; watch; guard.
   casotto da sentinella, sentry box.
   collocare una sentinella, to post a sentinel.
   dare il cambio ad una sentinella, to relieve a sentry.
   doppia sentinella, double sentry.
   rilevare una sentinella, to relieve a sentry.
   sentinella addormentata sul posto, sentinel sleeping on post.
   sentinella ai mascheramenti, camouflage sentry.
   sentinella ai razzi, rocket sentinel.
   sentinella alla bandiera, color sentinel.
   sentinella alle racchette, rocket sentinel.
   sentinella al pezzo, piece sentinel.
   sentinella che non eseguisce la consegna, sentinel neglecting duty.
   sentinella contro i gas, gas sentry.
   sentinella di sicurezza, security sentinel.
   sentinella pigra, sentinel loitering on post.
SENTINELLA SOTTOMARINA. Submarine sentry.
SEPOLTURA, *f.* Burial; interment.
   spese di sepoltura, burial expenses.

SEPPELLIRE. To bury.
SERBATOIO, *m.* Receiver (Firearm); air flask (Torpedo); tank; cistern; reservoir.
capacità del serbatoio di benzina, fuel capacity.
chiavetta del serbatoio, tank spigot.
serbatoio a tamburo girevole, drum magazine.
serbatoio d'aria, air tank.
serbatoio del carburante, gasoline tank.
serbatoio dell'olio, oil tank.
serbatoio di aeroplano, airplane tank.
serbatoio di riserva, storage tank.
serbatoio sotterraneo di carburante, underground gasoline tank.
vuotare il serbatoio, to drain tank.
SERBIA, *f.* Serbia.
SERBO, *m.* Serbian.
SERGENTE, *m.* Sergeant.
sergente della guardia, sergeant of the guard.
SERGENTE MAGGIORE. Sergeant Major.
SERPEGGIARE. To zigzag.
SERRAFILE, *m.* File closer.
SERRARE. To press (Mil); to close (Mil); to shorten (of sails); to shut; to lock; to tighten.
"SERRATE LE FILE!" "Close files!"
SERRATO. Close (Mil); shut; locked; closed tight.
SERRATURA, *f.* Door lock; lock.
SERRETTA, *f.* Hatch.
serretta di boccaporto, hatch (Nav).
SERVENTE, *m.* Gunner; attendant.
SERVENTI, *mpl.* Gun crew; team (G).
serventi del pezzo, gun crew; gun squad.
SERVIZI PUBBLICI. Public utilities; utilities.
SERVIZIO, *m.* Service; duty; set.
abile al servizio militare, fit to bear arms.
di servizio, on duty.
durata del servizio militare, length of service.
esente dal servizio, exempt from service.
fuori servizio, off duty.
ramo del servizio, branch of the service.

SERVIZIO—Continued.
ruolo dei servizi, service roster.
ruolo di servizio, duty roster.
scaglionamento dei servizi, echelonment of services.
servizi di campagna, field services.
servizi territoriali, territorial services.
servizio allarmi controaerei, aircraft warning service.
servizio all'estero, foreign service.
servizio attivo, active duty.
servizio campale informazioni, combat intelligence.
servizio comunicazioni, signal corps; communication service.
servizio con le truppe, duty with troops.
servizio della sanità pubblica, public health tervice.
servizio di commissariato, supply service.
servizio di corvè, fatigue duty.
servizio di guardia, guard duty.
servizio di navigazione aerea, aircraft operation.
servizio di reclutamento, recruiting service.
servizio di sciopero, strike duty.
servizio distaccato, detached service.
servizio d'ordine pubblico, riot duty.
servizio fari, lighthouse service.
servizio idrico, water-supply service.
servizio informazioni dell'artiglieria controaerei, antiaircraft artillery intelligence service.
servizio informazioni del Ministero della Guerra, War Department Intelligence.
servizio informazioni di artiglieria, artillery information service.
servizio informazioni militari, military intelligence service.
servizio in guerra, field duty.
servizio militare, military service.
servizio mine subacquee, submarine mine service.
servizio obbligatorio, compulsory service.
servizio portuario, harbor service.
servizio postale, postal service.
servizio pubblico, public service.
servizio religioso, religious service.
servizio rifornimenti, service of supply.

SERVIZIO—Continued.
servizio sanitario, sanitary service.
servizio speciale, special duty.
servizio telefonico, telephone service.
servizio telegrafico, telegraph service.
servizio temporaneo, temporary service.
servizio territoriale, home service.
servizio torpedini da blocco, submarine mine service.
servizio veterinario, veterinary service; veterinary corps.
servizio volontario, voluntary service.
stato di servizio, service record.
turno di servizio, tour of duty.
SERVIZIO CASSA. Finance department.
SERVIZIO DEL PEZZO. Service of the piece.
SERVIZIO DIPLOMATICO. Diplomatic service.
SERVIZIO DI SANITÀ. Medical service.
SERVIZIO DI SCUDERIA. Stable duty.
SERVOMOTORE, *m.* Servomotor.
SESQUIPLANO, *m.* Sesquiplane.
SESSIONE, *f.* Session.
sessione a porte chiuse, closed session.
sessione del tribunale militare, session of court-martial.
sessione di corte marziale, session of court-martial.
SESTANTE, *m.* Sextant.
SETTENTRIONALE. Northern.
SETTENTRIONE, *m.* North.
SETTORE, *m.* Sector.
parte del settore, subsector.
settore d'azione, zone of action.
settore del reggimento, regimental sector.
settore di corpo d'armata, corps sector.
settore difensivo, defensive sector.
settore di fuoco, sector of fire.
settore di tiro, sector of fire.
settore locale, local sector.
suddivisione del·settore, subsector.
SETTORE CON FRENELLO. Yoke of a rudder.
SETTORE DI AZIONE. Strong point.
SETTORE GRADUATO. Graduated arc (Instr).

SEZIONE, *f.* Section; ward (as of a city).
a sezione, in section; sectional.
della sezione, of the section; sectional.
di sezione, sectional.
rappresentare in sezione, to represent in section; to section.
sezione aerostieri, balloon section.
sezione cannoni per fanteria, cannon company; howitzer company.
sezione centrale, center section.
sezione disinfezione, decontamination company.
sezione longitudinale, longitudinal section (Drawing).
sezione manutenzioni, maintenance section.
sezione munizioni, ammunition section.
sezione radio, radio section.
sezione segnalazioni ottiche, visual section (Sig).
sezione telefonisti e telegrafisti, telephone and telegraph section.
sezione topografica, topographic troops.
SEZIONE CONICA. Conic section.
SEZIONE DI SANITÀ. Collecting battalion.
SEZIONE ORIZZONTALE. Horizontal section (Drawing).
SEZIONE RETTA. Cross section.
SEZIONE VERTICALE. Vertical section (Drawing).
SFASCIAMENTO, *m.* Wreck; crash.
SFASCIARE. To wreck; to crash; to remove bandages.
SFERA, *f.* Sphere; globe; ball (Mech).
SFERA CELESTE. Celestial sphere.
SFERA D'AZIONE. Sphere of action; sphere of influence.
SFERICO. Spherical.
SFEROMETRO, *m.* Spherometer.
SFERRARE. To launch (as an attack); to deliver; to unshoe (H).
SFIDA, *f.* Challenge; defiance.
SFIDARE. To dare; to challenge; to brave; to defy.
SFILARE. To march past; to defile (Mil); to file off; to unthread; to unstring.
sfilare al galoppo, to gallop past.
sfilare al trotto, to trot past.

SFILARE—Continued.
  sfilare in parata, to march past.
  sfilare in rivista, to march in review.
SFILATA, *f.* March of files; defile.
SFODERARE. To unsheathe.
  sfoderare la sciabola, to draw one's sword.
SFONDAMENTO, *m.* Breakthrough.
SFONDARE. To break through; to pierce (Mil).
SFORZO, *m.* Effort; exertion; strain; stretch.
  sforzo principale, main effort.
  sforzo sussidiario, secondary effort.
  unità di sforzi, unity of effort.
SFRUTTAMENTO, *m.* Exploitation; drain.
  sfruttamento del successo, exploitation of a success.
SFRUTTARE. To exploit.
  sfruttare al massimo un successo iniziale, to follow up a success.
SFUGGIRE. To escape; to dodge; to evade.
SGOMBERARE. To evacuate.
SGOMBERO, *m.* Evacuation; moving; clearing.
  sgombero della popolazione civile, evacuation of civilians.
SGOMINARE. To rout.
SGOTTARE. To bail (Nav).
SGRASSARE. To degrease.
SGUAINARE. To unsheathe; to draw.
SGUARNIRE. To demilitarize; to dismantle.
SHRAPNEL, *m.* Shrapnel.
  cono di scoppio dello shrapnel, shrapnel cone.
  shrapnel a carica posteriore, base-burster shrapnel.
  shrapnel ad alto esplosivo, high explosive shrapnel.
  shrapnel a diaframma, diaphragm shell.
  shrapnel incendiario, incendiary shrapnel.
  tubo di carica dello shrapnel, central tube.
  tubo di trasmissione dello shrapnel, central tube.
  velocità di scoppio dello shrapnel, bursting velocity.
SICCITÀ, *f.* Drought.

SICILIA, *f.* Sicily.
SICUREZZA, *f.* Security; safety.
  elica della sicurezza, arming vane (Bomb).
  fattore di sicurezza, factor of safety; safety factor.
  limiti della distanza di sicurezza, safety limits.
  margine di sicurezza, safety margin; safety clearance.
  posizione di sicurezza, safety position (Firearm).
  punte di sicurezza, points of the advance guard.
  reparto di sicurezza, security force.
  sicurezza dei sistemi di crittografia, cryptographic security.
  sicurezza del segreto delle trasmissioni, signal security.
  sicurezza di marcia, march security.
  sicurezza locale, local security.
  sicurezza pubblica, public safety.
  spina della sicurezza, arming pin (Bomb).
  zona di sicurezza, outpost area; outpost zone.
SIEPE, *f.* Fence; hedge.
SIERO, *m.* Serum; whey.
  siero anticolerico, anticholera serum.
  siero antidifterico, antidiphtheric serum.
  siero antirabbico, antirabic serum.
  siero antitetanico, antitetanic serum.
SIFILIDE, *f.* Syphilis; lues.
SIFILITICO. Syphilitic.
SIFONARE. To siphon.
SIFONE, *m.* Siphon.
SILENZIATORE, *m.* Muffler (Mech); silencer (Firearm).
  tubo del silenziatore, muffler pipe.
SILENZIO, *m.* Silence; taps.
  ridurre al silenzio, to silence.
  segnale del silenzio, taps.
SILHOUETTE, *f.* Silhouette.
SILO, *m.* Silo.
SILURANTE, *f.* Torpedo boat.
SILURO, *m.* Submarine torpedo.
  armatura del siluro, tail of the torpedo.
  camera della macchina motrice del siluro, engine compartment of the torpedo.
  coda del siluro, tail of the torpedo.

SILURO—Continued.
  compartimento dei regolatori d'immersione del siluro, immersion chamber of the torpedo.
  compartimento stagno del siluro, buoyancy chamber of the torpedo.
  lanciare un siluro, to fire a torpedo.
  regolatore d'immersione del siluro, torpedo depth regulator.
  serbatoio del siluro, air flask of the torpedo.
  siluro aereo, aerial torpedo.
  testa carica del siluro, war head of the torpedo.
  testa da esercizio del siluro, practice head of the torpedo.
  testa di lamierino del siluro, practice head of the torpedo.
SIMMETRIA, *f.* Symmetry.
  simmetria bilaterale, bilateral symmetry.
  simmetria raggiata, radial symmetry.
SIMMETRICO. Symmetrical.
SIMULARE. To simulate.
SIMULAZIONE, *f.* Simulation.
SIMULTANEO. Simultaneous.
SINCRONISMO, *m.* Synchronism.
SINCRONIZZARE. To synchronize.
SINCRONIZZATORE, *m.* Synchronizer (Avn).
SINCRONIZZAZIONE, *f.* Synchronization.
  meccanismo di sincronizzazione, synchronizing mechanism (Mg).
  sistema di sincronizzazione, synchronizing system.
SINISTRA, *f.* Left; larboard; port; portside.
SINISTRO, *m.* Disaster; inauspicious accident.
SINISTRO, *adj.* Left; inauspicious; sinister; ominous.
"SINISTR RIGA!" "Dress left!"
SIRENA, *f.* Siren; horn.
  sirena ad aria compressa, compressed-air siren.
  sirena a vapore, steam siren.
  sirena da nebbia, foghorn.
  sirena elettrica, klaxon horn.
  tromba della sirena, siren horn.
SIRIA, *f.* Syria.
SIRIACO, *m.* Syrian.
SIRINGA, *f.* Syringe; gun (Tool).

SIRINGA—Continued.
  siringa per grasso, grease gun.
  siringa per grasso a compressione, pressure gun.
SISTEMA, *m.* System.
  sistema di impianto elettrico, electrical system.
  sistema di trasmissione singola, simplex (Elec).
SISTEMA DIFENSIVO. Defensive system.
SISTEMA METRICO DECIMALE. Metric system.
SISTEMA POLIGONALE. Polygonal system (Ft).
SISTEMA TELEFONICO. Telephone system.
SITO, *m.* Site; locality.
  sito a zero, site zero.
SITUAZIONE, *f.* Situation.
  situazione pericolosa, dangerous situation; state of danger; distress.
  situazione tattica, tactical situation.
  valutazione della situazione, estimate of the situation.
SLANCIO, *m.* Ardor; enthusiasm; dash; élan; rush.
SLITTA, *f.* Sled; sleigh; sledge.
  slitta a mano, hand sled (Vehicle).
SLITTAMENTO, *m.* Skidding; skid.
SLITTARE. To skid; to sideslip.
SLOGGIARE. To dislodge.
SMANTELLARE. To dismantle; to demolish.
  smantellare un ponte, to dismantle a bridge.
SMANTELLATO. Dismantled.
SMERIGLIARE. To polish with emery; to reface (as a valve); to grind (as a valve).
SMERIGLIATURA, *f.* Grinding.
SMERIGLIO, *m.* Emery.
SMISTAMENTO, *m.* Sorting; classifying.
SMOBILITARE. To demobilize.
SMOBILITAZIONE, *f.* Demobilization.
SMONTABILE. Demountable.
SMONTARE. To dismount; to alight; to disassemble; to take apart.
  far smontare dall'autocarro, to cause to leave a truck; to detruck.

SMONTARE—Continued.
smontare a destra, to dismount on the off side.
smontare dall'aeroplano, to deplane.
smontare dall'autocarro, to detruck.
smontare dal treno, to detrain.
SMORZARE. To damp (Elec).
SMORZATORE, m. Damper.
SMORZATORE DI SCAPPAMENTO. Muffler (Mech).
tubo dello smorzatore di scappamento, muffler pipe.
SNIDARE. To ferret out; to dislodge.
SNODO, m. Knuckle (Mech).
perno verticale dello snodo, kingpin; knuckle pin.
snodo dello sterzo, steering knuckle.
SOBBORGO, m. Borough; suburb.
SOCCORRERE. To succor; to assist; to relieve; to aid.
SOCCORRITORE, m. Relay (Elec).
SOCCORSO, m. Relief; help; aid; succor.
pronto soccorso, first aid.
soccorso d'urgenza, first aid.
SOFFIETTO, m. Blower.
soffietto a mano, hand-operated blower.
SOGGIOGARE. To subjugate; to subdue; to overpower.
SOGGOLO, m. Chin strap.
SOLARE, adj. Solar.
SOLCOMETRO, m. Log (Surv).
barchetta del solcometro, log chip; log ship.
molinello del solcometro, log reel.
sagola del solcometro, log line.
SOLDATO, m. Soldier.
casa del soldato, service club.
soldati di collegamento durante la marcia, march-coordinating troops.
soldato a cavallo, mounted soldier; cavalryman; horseman.
soldato congedato, discharged soldier.
soldato di cavalleria, cavalry soldier; cavalryman; trooper.
soldato di fanteria, infantry soldier; infantryman.
soldato scelto, first class private.
soldato semplice, private.
SOLE, m. Sun.
sole fittizio, mean sun.

SOLE—Continued.
sole medio, mean sun.
sole medio equatoriale, mean sun.
sole vero, true sun.
SOLLEVAMENTO, m. Lifting.
SOLLEVARE. To lift; to raise; to hoist; to rise; to alleviate; to relieve.
SOLLEVARSI. To rebel; to rise.
SOLUBILE. Soluble.
SOLUBILITÀ, f. Solubility.
SOLUZIONE, f. Solution.
soluzione anticongelante, antifreeze solution; antifreeze.
SOMA, f. Pack; pack saddle; bat.
SOMALIA, f. Somaliland.
SOMALO, m. Somal; Somali.
SOMMA, f. Sum; amount; addition (Mathematics); total.
somma stanziata, sum set apart; appropriation.
SOMMERGIBILE, m. Submersible; submarine.
forza navale di sommergibili, submarine force.
sommergibile di grande crociera, fleet submarine.
SOMMERGIBILE, adj. Submersible.
SOMMITÀ, f. Summit; top; apex.
SONDAGGIO, m. Sounding.
sondaggio atmosferico, air sounding.
SONERIA, f. Electric bell, telephone ringer.
soneria del telefono, telephone bell.
SOPPORTO, m. Support; prop; rest; mount (Mg).
sopporto fisso, fixed mount (Mg).
SOPRACCARICO, m. Supercargo.
SOPRAELEVARE. To bank (as a road).
SOPRAFFARE. To overpower; to overwhelm.
SOPRASPALLE, m. Gun sling (G).
SOPRASSOLDO, m. Extra-duty pay; additional pay.
soprassoldo di volo, flight pay; flying pay; aviation pay.
soprassoldo per servizio speciale, extra-duty pay.
SOPRASTALLIA, f. Demurrage.
SOPRASTRUTTURA, f. Superstructure.
SORPRENDERE. To surprise.

SORPRESA, *f.* Surprise.
importanza della sorpresa, importance of surprise.
ricerca della sorpresa, search for the surprise.
SORTE DELLE ARMI. Fortune of war.
SORTITA, *f.* Sally; sortie; sally port (Ft).
fare una sortita, to sally; to make sortie.
SORTITA IN FORZE. Sortie in force.
SORVEGLIANTE, *m.* Supervisor; superintendent; overseer.
SORVEGLIANZA, *f.* Surveillance.
SORVEGLIARE. To oversee; to supervise; to watch over.
SOSPENDERE. To suspend; to cease.
"SOSPENDETE IL FUOCO!" "Suspend firing!"
SOSPENSIONE, *f.* Suspension.
sospensione a bilico, gimbal.
sospensione cardanica, gimbal.
sospensione compensatrice, shock absorber.
SOSPENSIONE DAL COMANDO. Suspension from command.
SOSPENSIONE DAL GRADO. Suspension from rank.
SOSPENSIONE DALL'IMPIEGO. Suspension from duty.
SOSPENSIONE D'ARMI. Suspension of arms.
SOSPENSIONE DI OSTILITÀ. Suspension of arms; cessation of arms; truce.
SOSTA, *f.* Stop; halt.
SOSTANZA, *f.* Substance; material; matter; agent.
sostanza assorbente, absorbent agent.
sostanza chimica, chemical agent; chemical.
sostanza chimica neutralizzante, neutralizing chemical.
sostanza colorante, dye.
sostanza esplosiva, explosive substance.
sostanza fumogena, smoke agent.
sostanza incendiaria, incendiary agent.
sostanza letale, lethal agent.
sostanza per fumata, puff-producing material.

SOSTEGNO, *m.* Support; prop; rest; aid; mount.
sostegno della pattuglia di sicurezza, support of the advance guard.
sostegno della retroguardia, support of the rear guard.
sostegno fisso, fixed mount (Mg).
SOSTENTAMENTO, *m.* Sustenance; subsistence; support; lift (Avn).
SOSTITUIRE. To relieve (Mil); to replace (Mil); to substitute.
SOSTITUTO, *m.* Replacement (the individual); substitute; assistant.
sostituto a complemento, filler replacement.
sostituto di perdita, loss replacement.
SOSTITUZIONE, *f.* Passage of lines; replacement (the act); substitution.
SOTTAFFUSTO, *m.* Lower carriage.
SOTTOCALCIO, *m.* Butt end.
SOTTOCAPO DI STATO MAGGIORE. Deputy Chief of Staff.
SOTTOCORRENTE, *f.* Undertow; undercurrent.
SOTTOGOLA, *m.* Chin strap.
SOTTOMARINO, *m.* Submarine.
SOTTOMETTERE. To submit; to subject; to subjugate.
SOTTOMETTERSI. To submit oneself; to bow.
SOTTOPANCIA, *m* & *f.* Bellyband; saddle girth; cincha (H).
SOTTOPASSAGGIO, *m.* Underpass.
SOTTOSETTORE, *m.* Subsector.
SOTTOTENENTE, *m.* Second lieutenant.
SOTTOVENTO, *m.* Lee side; leeward; lee; alee.
SOTTUFFICIALE, *m.* Noncommissioned officer; petty officer; mate.
SOVRASTRUTTURA, *f.* Superstructure.
SPACCARE. To split; to cleave; to crack.
SPACCATO, *m.* Vertical section (Drawing).
SPACCATURA, *f.* Cleft; crack; split.
SPADA, *f.* Sword.
SPADACCINO, *m.* Swordsman.
SPADINO, *m.* Dirk.
SPAGNA, *f.* Spain.
SPAGNUOLO, *m.* Spaniard.
SPAGNUOLO, *adj.* Spanish.

SPAGO, m. Twine; string.
spago per legature, lacing twine.
SPALARE. To shovel; to feather (Rowing).
SPALATURA, f. Feather (Rowing).
SPALLA, f. Shoulder; abutment (Engr).
"SPALL'ARM!" "Shoulder arms!"
SPALLEGGIAMENTO, m. Epaulement; shoulder; support.
SPALLINA, f. Epaulet.
SPALTO, m. Glacis.
SPANDIMENTO, m. Spread.
spandimento laterale, lateral spread (Gas).
SPANNA, f. Span (Measure).
misurare con la spanna, to measure by the span; to span.
SPARARE. To fire a weapon; to discharge (Firearm).
SPARGERE. To spread; to diffuse.
SPARO, m. Firing; fire; report (Firearm).
leva di sparo, trigger bar (Mg).
ritmo di sparo, cyclic rate (Firearm).
SPARPAGLIARE. To scatter; to disperse.
SPARSO. Sparse; scattered; spread; diffused; thin.
SPARTIVENTO, Capo. Cape Spartivento.
SPAZIO, m. Space; room.
spazio defilato al tiro, defiladed space.
SPAZIO BATTUTO. Beaten zone.
spazio effettivamente battuto, effective beaten zone.
SPAZIO IN ANGOLO MORTO. Dead space.
SPAZZAVIA, m. Cowcatcher.
SPAZZOLA, f. Brush (Mech).
spazzola metallica, wire brush.
SPECCHIO, m. Mirror; looking glass; silvered glass.
SPECCHIO D'ACQUA. Sheet of water.
SPECIALE. Special.
SPECIALISTA, m. Specialist.
SPECIALITÀ, f. Specialty; peculiarity
SPECIALITÀ, fpl. Special troops (Mil).
SPECIALIZZATO. Specialist (Mil); specialized.
SPEDALITÀ, f. Hospitalization.
SPEDIRE. To ship; to forward; to expedite; to fill (a prescription).

SPEDIZIONE, f. Expedition; shipment; consignment.
di spedizione, expeditionary.
spedizione notturna, night expedition.
SPEDIZIONE PUNITIVA. Punitive expedition.
SPEDIZIONI, fpl. Shipping; shipments.
SPEDIZIONIERE, m. Forwarder; freighter.
SPEGNERE. To extinguish; to put out.
SPEGNIFIAMME, m. Flash hider (Firearm).
SPEGNITOIO, m. Extinguisher.
SPERGIURO, m. Perjury; perjurer.
SPERIMENTALE. Experimental.
SPERIMENTARE. To experiment.
SPERONARE. To ram (Nav); to spur.
SPERONE, m. Ram (Nav); spur.
SPERPERO, m. Squander; waste; dissipation.
SPESA, f. Expense; expenditure; cost.
prospetto della spesa, cost analysis.
spesa effettiva, actual expense.
spesa imprevista, incidental expense.
SPETTRO, m. Spectrum (Physics); ghost.
SPETTROSCOPICO. Spectroscopic.
SPETTROSCOPIO, m. Spectroscope.
SPEZZONE, m. Bangalore torpedo (Mil).
SPIA, f. Spy.
SPIAGGIA, f. Beach; shore.
spiaggia marina, seashore.
SPIANAMENTO, m. Artillery preparation; preparation fire (Arty); demolishing; dismantling; leveling; ironing out.
SPIANARE. To level; to plane; to demolish.
SPIANATA, f. Esplanade (Ft).
SPIARE. To spy.
SPICCHIO, m. Panel (Parachute); gore; clove.
SPIDOCCHIARE. To delouse.
SPIEGAMENTO, m. Deployment.
spiegamento in profondità, deployment in depth.
spiegamento per l'azione, deployment for action.
spiegamento strategico, strategical deployment.

SPIEGARE. To deploy; to spread; to expand; to explain; to unfold.
SPIEGARSI. To deploy; to make oneself understood.
spiegarsi dalla formazione di colonna, to branch off.
SPILLO, *m.* Pin.
buco di spillo, pinhole.
SPINA, *f.* Plug (Tp); thorn; spine.
innestare una spina, to plug (Tp).
SPINA DELLA SICUREZZA. Arming pin (Bomb).
SPINA TELEGRAFICA. Telegraph plug.
SPINATO. Barbed.
SPINGERE. To push; to shove; to stimulate; to urge.
spingere avanti, to push ahead; to propel.
SPINTA, *f.* Thrust; push; shove.
spinta assiale, thrust (Engr & Avn).
SPINTEROGENO, *m.* Distributor (Mtr).
puntina platinata dello spinterogeno, distributor point.
SPIONAGGIO, *m.* Espionage; spying.
legge sullo spionaggio, espionage act.
violazione della legge sullo spionaggio, espionage act violation.
SPIRAGLIO, *m.* Air hole; venthole; vent; opening; skylight.
SPIRALE, *f.* Spiral (Aerobatics); helix.
cadere a spirale, to spiral down (Avn).
discendere a spirale per l'atterramento, to spiral for a landing; to spiral (Avn).
SPIRALE STRETTISSIMA. Tight spiral (Avn).
SPIRITO, *m.* Spirit; alcohol; wit; ghost.
spirito aggressivo, aggressive spirit.
spirito di legno, wood alcohol; methyl alcohol; methanol.
SPIRITO DI CORPO. Esprit de corps.
SPOGLIATOIO, *m.* Dressing room.
SPOLETTA, *f.* Fuze; shuttle of sewing machine.
anello inferiore della spoletta, lower time-train ring.
anello superiore della spoletta, upper time-train ring.
capsula della spoletta, fuze cap.
focone della spoletta, time train.

SPOLETTA—Continued.
funzionamento a percussione della spoletta, percussion action.
funzionamento a tempo della spoletta, time action.
graduatore di spoletta, fuze setter.
graduatore di spoletta a mano, hand fuze setter.
graduatore di spoletta su forcella, bracket fuze setter.
graduazione della spoletta, fuze setting.
sfogatoio della spoletta, fuze vent.
spoletta a concussione, concussion fuze.
spoletta ad armamento per forza centrifuga, centrifugal fuze.
spoletta ad azione differita, delay-action fuze; delayed-action fuze.
spoletta a doppio effetto, double-action fuze; combination fuze.
spoletta a funzionamento istantaneo, instantaneous fuze.
spoletta a funzionamento per inerzia, inertia fuze.
spoletta anteriore, point fuze.
spoletta a percussione, percussion fuze; concussion fuze.
spoletta a sicurezza ad elica, arming-vane fuze (Bomb).
spoletta a sicurezza a traversino, arming-pin fuze (Bomb).
spoletta a tempo, time fuze.
spoletta a tempo meccanica, mechanical time fuze.
spoletta a urto diretto, impact fuze.
spoletta con organi di sicurezza, bore-safe fuze.
spoletta di sicurezza, safety fuze.
spoletta esplosiva, explosive fuze.
spoletta interna, base fuze.
spoletta posteriore, base fuze.
spoletta ultrasensibile, instantaneous fuze.
SPONDA, *f.* Edge; border; bank (Top).
sponda del fiume, riverbank.
trasportare all'altra sponda, to ferry across.
SPORGENZA, *f.* Projection; jut; jutting; lug.
SPORTELLINO, *m.* Shutter (Telephone switchboard).
SPORTELLO, *m.* Cover (Mg).

SPOSTAMENTO, *m.* Traverse (Arty); displacement (Nav); shifting; deflection.
massimo spostamento a destra, maximum traverse to the right.
massimo spostamento a sinistra, maximum traverse to the left.
spostamento a perno sulla culla, pintle traverse.
spostamento a perno sulla sala, axle traverse.
spostamento illimitato, all-around traverse.
spostamento verticale, vertical deflection.
SPOSTARE. To displace; to traverse (G); to shift; to move.
SPRECARE. To waste; to squander.
SPRECO, *m.* Waste; wasting; squander; squandering; dissipation.
SPRONARE. To spur; to incite; to egg.
SPRONE, *m.* Abutment; spur.
SPRONELLA, *f.* Rowel.
SPRUZZARE. To spray; to sprinkle; to shower.
SQUADRA, *f.* Squad; squadron (Nav); square (Instr).
mezza squadra, half squad.
squadra addetta al mortaio, mortar squad.
squadra bombe a mano, bombing squad.
squadra del pezzo, gun squad.
squadra di fianco per due, section column.
squadra di rincalzo, support squad.
squadra fucilieri, rifle squad.
squadra in fila, squad in column.
squadra in riga, squad in line.
squadra navale da guerra, battle squadron.
squadra per la manovra a terra, landing crew (Avn).
squadra portamunizioni, ammunition squad.
squadra risanamento, decontamination squad.
"SQUADRA A DESTRA!" "Squad right!"
"SQUADRA A SINISTRA!" "Squad left!"

SQUADRA DI LAVORATORI. Gang.
doppia squadra di lavoratori, double gang.
SQUADRIGLIA, *f.* Squadron (Avn & Nav).
squadriglia dell'arma aeronautica, air corps squadron.
SQUADRONE, *m.* Troop; cavalry sabre.
gruppo di squadroni, squadron (Cav).
gruppo di squadroni di contatto, contact squadron.
squadrone comando, headquarters troop.
squadrone rifornimenti e trasporti, service troop.
STABILIMENTO, *m.* Plant; factory; mill; establishment.
stabilimenti militari di pena, disciplinary barracks.
stabilimento balneare, bathhouse.
stabilimento governativo, government plant.
stabilimento industriale, industrial plant.
stabilimento militare, military establishment.
STABILITÀ, *f.* Stability; steadiness.
saggio di stabilità, stability test (Explosives).
stabilità dinamica, dynamic stability.
stabilità direzionale, directional stability.
stabilità longitudinale, longitudinal stability.
stabilità statica, static stability.
stabilità trasversale, lateral stability (Ap).
STABILIZZARE. To stabilize.
STABILIZZATO. Stabilized.
STABILIZZATORE, *m.* Stabilizer; tail plane (Ap).
stabilizzatore giroscopico, gyroscopic stabilizer (Nav).
STABILIZZAZIONE, *f.* Stabilization.
STACCARE. To unhitch; to detach.
staccare l'avantreno, to unlimber.
STADIA, *f.* Stadia rod.
STAFFETTA, *f.* Messenger; dispatch rider; estafette; pilot engine.
staffetta a cavallo, mounted messenger.

STAFFETTA—Continued.
   staffetta a piedi, dismounted messenger.
   staffetta in bicicletta, bicycle messenger.
   staffetta in motociclo, motorcycle messenger.
STAGNO, m. Tin; pool; puddle.
STAGNO, adj. Watertight.
STALLA, f. Stable; stall.
   posta di stalla, stable compartment; stall.
STAMPA, f. Press; printing.
   macchina da stampa, printing press.
STAMPARE. To print; to stamp; to publish.
STAMPATO, m. Printed form; blank form; printed document.
STANARE. To ferret out.
STANDARDIZZARE. To standardize.
STANGHETTA, f. Latch.
   alloggiamento della stanghetta, latch housing.
STANTUFFO, m. Piston.
   corsa dello stantuffo, piston stroke.
   fascia elastica dello stantuffo, piston ring.
   stantuffo mobile, floating piston.
   testa a croce dello stantuffo, piston crosshead.
STANZA, f. Home station (Mil); room.
STANZIAMENTO, m. Appropriation (Fin).
   stanziamenti di fondi, appropriations.
STANZIARE. To set apart for; to appropriate; to be stationed (Mil).
STASI, f. Stasis.
STATICA, f. Statics.
STATICO. Static.
STATISTICA, f. Statistics.
   statistiche meteorologiche, weather statistics.
STATO, m. State; nation; country; status; condition.
STATO AERIFORME. Gaseous form.
STATO CUSCINETTO. Buffer State.
STATO DI GUERRA. State of war; warfare.
STATO DI SERVIZIO. Service record.
STATO LIQUIDO. Liquid form.
STATO MAGGIORE. Staff (Mil).
   Capo di Stato Maggiore Generale, Chief of Staff.

STATO MAGGIORE—Continued.
   Stato Maggiore di Divisione, Division Staff.
   Stato Maggiore Generale, General Staff.
STATOSCOPIO, m. Statoscope.
STATO SOLIDO. Solid form.
STATU QUO. Status quo.
STAZIOGRAFO, m. Station pointer (Surv & Nav).
STAZIONARIO. Stationary.
STAZIONE, f. Station; post.
   assegnare ad una stazione, to station; to assign to a station.
   stazione a basso potenziale, low-power station (Rad).
   stazione d'allacciamento, linking station (Elec).
   stazione intermedia, way station.
   stazione intermedia per il proseguimento dei messaggi, relay post.
STAZIONE DI ASCOLTO. Listening-in station (Sig).
STAZIONE DI BLOCCO. Block station.
STAZIONE DI PROVA. Test station.
STAZIONE DIRIGIBILI. Airship station.
STAZIONE DI SERVIZIO. Service station.
STAZIONE DI SMISTAMENTO. Classification yard.
STAZIONE FERROVIARIA. Railroad station.
   stazione ferroviaria capolinea, railhead.
   stazione ferroviaria di sbarco, detraining station.
   stazione ferroviaria di smistamento, railhead.
STAZIONE GONIOMETRICA. Goniometric station.
STAZIONE INTERCETTATRICE. Intercept station.
STAZIONE MILITARE. Army post.
STAZIONE NAVALE. Naval station.
STAZIONE OSSERVAZIONE E RILEVAMENTO VAMPA. Flash ranging station.
STAZIONE RADIO. Radio station.
   stazione radio a frequenza fissa, fixed-frequency radio.
   stazione radio campale individuale, walkie-talkie (Slang).

STAZIONE RADIOCAMPALE. Radio set.
  stazione radiocampale carreggiata, vehicular radio set.
STAZIONE RADIOLOGICA. X-ray unit.
STAZIONE RADIOTRASMITTENTE. Radio station.
STAZIONE-TERMINE, *f.* Terminal (RR).
STAZZA, *f.* Tonnage (Capacity).
STELLA, *f.* Star.
  a stella, radial; stellate; radiated.
  stella rossa, red star (Sig).
STELLA NAUTICA. Navigation star.
STELLA POLARE. North Star; pole star; Polaris.
STENDARDO, *m.* Flag; banner; standard.
STENOGRAFIA, *f.* Shorthand; stenography.
STENOGRAFO, *m.* Stenographer.
STEREOCOMPARATORE, *m.* Stereocomparagraph.
STEREOFOTOGRAFIA, *f.* Stereophotography; stereoscopic photography.
STEREOFOTOGRAFICO. Stereophotographic.
STEREOFOTOGRAMMETRIA, *f.* Stereophotogrammetry.
STEREOGRAMMA, *m.* Stereogram; stereo-pair.
STEREOPLANIGRAFO, *m.* Stereoplanigraph.
STEREOSCOPIA, *f.* Stereoscopy.
STEREOSCOPIO, *m.* Stereoscope.
  stereoscopio a riflessione, reflecting stereoscope.
  stereoscopio a rifrazione, lenticular stereoscope.
STERMINARE. To exterminate.
STERMINIO, *m.* Extermination.
STERO, *m.* Cord (Measure).
STERRAMENTO, *m.* Excavation (Engr); grubbing.
STERRARE. To dig; to excavate.
STERZO, *m.* Steering gear (Automobile).
  snodo dello sterzo, steering knuckle.
STILETTO, *m.* Stiletto; dagger.
STIMA, *f.* Appraisement; estimate; valuation; esteem; consideration; appreciation.
STIMARE. To estimate; to reckon; to deem; to esteem; to prize; to value.
STIPENDIO, *m.* Stipend; officer's pay.
STIPETTO, *m.* Locker.
  stipetto dei cavi, cable locker.
STIVA, *f.* Hold (Nav); plow handle.
STIVALE, *m.* Boot.
  stivale di gomma, rubber boot.
  stivale di pelle, leather boot.
  stivali alla scudiera, riding boots.
STIVALETTO, *m.* Boot; blucher.
STIVALONE, *m.* Hip boot.
  stivalone di gomma, rubber hip boot.
STIVARE. To stow (Nav).
STIVATORE, *m.* Stevedore; longshoreman.
STOCCATA, *f.* Thrust (Fencing).
STOFFA, *f.* Stuff; fabric.
  stoffa da pallone, balloon fabric.
  stoffa per aeroplani, airplane fabric.
STOPPA, *f.* Oakum.
  stoppa da calafato, calking oakum; oakum.
STORIA MILITARE. Military history.
STORMO, *m.* Wing (Avn); swarm.
STRADA, *f.* Street; road; way.
  angolo della strada, street corner.
  capacità logistica della strada, road capacity.
  condizione della strada, road condition.
  costruzione di strada maestra, highway construction.
  macchinario da strada, road machinery.
  sponda di strada, road shoulder; shoulder.
  strada agghiaiata, gravel road.
  strada carreggiabile, dirt road.
  strada carovaniera, camel road.
  strada cieca, dead-end street.
  strada congestionata, congested road.
  strada coperta, covered way (Ft).
  strada di brecciame, metaled road.
  strada di montagna, mountain road.
  strada di palancole, corduroy road.
  strada di tavolato, plank road.
  strada ferrata, railroad; railway.
  strada incassata, sunken road.
  strada lastricata, paved road.
  strada laterale, side road; byroad.
  strada libera, clear road.

STRADA—Continued.
  strada macadamizzata, macadamized road.
  strada maestra, main road.
  strada militare, military road.
  strada mulattiera, mule road; pack road.
  strada principale, main road.
  strada principale di rifornimento, axial road.
  strada sbarrata, barred road.
  strada secondaria, secondary road; byroad.
  strada trasversale, crossroad.
  tagliare una strada, to cut a road.
  uscire dalla strada, to leave the road.
STRADALE, *adj.* Of the road.
STRAGE, *f.* Slaughter.
STRAGLIO, *m.* Jackstay; stay (Nav).
STRANIERO, *m.* Foreigner; stranger; alien.
  straniero nemico, enemy alien.
STRATAGEMMA, *m.* Strategem; artifice; expedient.
STRATEGA, *m.* Strategist.
STRATEGIA, *f.* Strategy.
  strategia di posizione, strategy of position.
  strategia lineare, linear strategy.
  strategia navale, naval strategy.
STRATEGICO. Strategical.
STRATO, *m.* Layer; stratus; stratus cloud; stratum.
STRATOCUMULO, *m.* Strato-cumulus cloud.
STRATO D'ARIA. Air layer.
STRATO D'INVERSIONE. Inversion layer (Met).
STRATOSFERA, *f.* Stratosphere.
STRETTA, *f.* Defile; narrow passage; gorge; grip; hold.
STRETTO, *m.* Strait.
STRIGLIA, *f.* Currycomb.
STRIGLIARE. To currycomb; to curry.
STRISCIA, *f.* Fork (Ballistics); zone (Dispersion) strip; stripe; band; streak.
  striscia laterale del 50% dei colpi, 50 per cent zone.
STRISCIARE. To creep; to crawl.
STROBOSCOPIO, *m.* Stroboscope.
STRONZIO, *m.* Strontium.

STRUMENTO, *m.* Instrument; writ; deed; charter.
  strumento a declinatore, declinated instrument.
  strumento ad orientatore magnetico, declinated instrument.
  strumento misuratore, measuring instrument; gauge.
STUFA DA CAMPO. Camp stove.
SUBALTERNO, *m.* Subaltern.
SUBAPPALTATORE, *m.* Subcontractor.
SUBORDINATO, *m, n* & *adj.* Subordinate.
SUBORNAZIONE, *f.* Subornation; bribery.
SUBORNARE. To subornate; to bribe; to corrupt.
SUCCESSO, *m.* Success.
  successo tattico, tactical success.
SUD, *m.* South.
  del sud, southern; southerly.
SUDDITANZA, *f.* Allegiance.
SUD-EST, *m.* Southeast.
SUD-OVEST, *m.* Southwest; sou'wester; southwester.
SUEZ, Canale di. Suez Canal.
SUGHERO, *m.* Cork.
SUOLA FRENANTE. Brake band.
SUOLO, *m.* Soil; land; ground; earth.
SUONERIA, *f.* Telephone ringer.
SUONO, *m.* Sound.
SUPERARE. To surpass; to exceed; to surmount; to win; to overpower; to top.
SUPERCANNONE, *m.* Bertha; Big Bertha.
SUPERETERODINA, *f.* Superheterodyne.
SUPERFICIE, *f.* Surface; area.
SUPERFICIE DI COMANDO. Central surface (Avn).
SUPERIORE, *m.* Superior.
  percuotere un superiore, striking a superior officer.
SUPERIORITÀ, *f.* Superiority.
  raggiungere la superiorità, to attain superiority.
  superiorità numerica, numerical superiority; superiority of numbers.
SUPERSTITE, *m.* Survivor.
SUPPLEMENTARE. Supplementary; additional.

SUPPLEMENTO, m. Supplement: appendix.
SUPPLENTE. Acting; substitute.
SUPPORTO, m. Bearing (Mech).
supporto con cuscinetto a rulli, roller bearing.
supporto con cuscinetto a sfere, ball bearing.
supporto di spinta, thrust bearing.
SUPREMAZIA, f. Supremacy.
supremazia aerea, air superiority.
SUPREMO. Supreme.
SUSSIDIARIO. Subsidiary; auxiliary.
SUSSIDIO, m. Subsidy.
SUSSISTENZA, f. Commissariat; subsistence.
sussistenza in natura, subsistence in kind.
SUSSULTO, m. Flinch; starting; twitching; subsultus.
sussulto all'atto dello sparo, flinching (SA).
SVEGLIA, f. Réveille; alarm clock.
suonare la sveglia, to sound reveille.
SVENTARE. To frustrate; to foil; to prevent.
SVENTOLARE. To wave; to flutter.
SVILUPPARE. To develop.
SVILUPPATORE, m. Developer (Photo).
SVILUPPO, m. Development.
SVIZZERA, f. Switzerland.
SVIZZERO, m. Swiss.
SVOLTA, f. Turn; turning; detour.
SVOLTARE. To turn; to detour.

T

TABELLA, f. Tabulated statement; table.
disposto a tabella, tabular.
tabella degli anticipi di puntamento, lead chart.
tabella dei fattori di probabilità, probability table.
tabella di scostamento, lead chart.
TACCA, f. Notch.
tacca di mira fissa, rear sight.
TACCA DI CONTRASSEGNO. Notch; score.
TACCA DI MIRA. Rear sight notch (R & Mg); open sight (R & Mg); breech bore sight (G).
TACHEOMETRO, m. Tachymeter.

TACHIMETRO, m. Tachometer.
tachimetro centrifugo, centrifugal tachometer.
tachimetro elettrico, electric tachometer.
tachimetro magnetico, magnetic tachometer.
TAGLIA, f. Ransom; fine.
TAGLIARETE, m. Netcutter (Nav).
TAGLIAVENTO, m. Ballistic cap; windshield (Projectile & Vehicle).
TAGLIENTE. Sharp; keen.
TAGLIO, m. Cut; split; edge.
a doppio taglio, double-edged.
TAMBUREGGIARE. To drum; to roll.
TAMBURINO, m. Drummer.
TAMBURO, m. Drum.
suonare il tamburo, to beat a drum.
TAMBURO MAGGIORE. Drum major.
TAMPONARE. To tampon.
TAMPONE, m. Tampon.
TANAGLIA, f. Pincers; tenaille (Ft).
TANAGLIE, fpl. Pincers.
tanaglie da maniscalco, farrier's pincers.
TANDEM. Tandem.
a tandem, in tandem.
TANGENTE, f. Tangent.
TANK, m. Tank.
TAPPA, f. Halt site; halt.
luogo di tappa, Halting place.
TARANTO, f. Taranto.
TASCAPANE, m. Haversack.
TASTO, m. Transmitter (Tp); telegraph key; key (of keyboard); touch; tact.
TASTO TELEGRAFICO. Telegraph key.
TATTICA, f. Tactics.
grande tattica, grand tactics; combined operations; joint operations.
tattica della fanteria, infantry tactics.
tattica dell'artiglieria, artillery tactics.
tattica di barriere, barrier tactics.
tattica di guerra, battle tactics.
tattica di manovra, maneuver tactics.
tattica lineare, linear tactics.
tattica navale, naval tactics.
tattica semplice, elementary tactics; minor tactics.
TATTICO, m. Tactician.

TATTICO, *adj.* Tactical.
TAVOLA, *f.* Table; plate; board; plank.
  tavola di commutazione, switchboard; telephone switchboard.
  tavola di commutazione a filo semplice, monocord switchboard.
  tavola di riduzione, conversion table.
  tavole balistiche, ballistic tables.
TAVOLA DI TIRO. Firing table.
  tavola di tiro grafica, graphical firing table.
  tavola di tiro numerica, fire-control table; firing table; range table.
TAVOLETTA PRETORIANA. Plotting board.
TEATRO DELLA GUERRA. Theater of war.
TEATRO DI OPERAZIONI. Theater of operations; field of operations.
TECNICA, *f.* Technique.
TECNICO, *m.* Technician; technicist.
TEDESCO, *m, n* & *adj.* German.
TELA, *f.* Linen fabric; cloth.
  tela abrasiva, abrasive cloth.
  tela di iuta, burlap.
  tela greggia, canvas; duck cloth.
  tela incatramata, tarred canvas; tarpaulin.
  tela incerata, waterproof canvas; tarpaulin.
  tela per aeroplani, airplane fabric.
TELAIO, *m.* Frame; framework; loom.
  telaio d'automobile, automobile chassis.
TELAUTOGRAFO, *m.* Telautograph.
TELECOMANDO, *m.* Distant control.
TELEFERICA, *f.* Aerial railway.
TELEFONARE. To telephone.
TELEFONICO. Telephonic.
TELEFONISTA, *m* & *f.* Telephone operator.
TELEFONO, *m.* Telephone; phone (Colloquial).
  gancio interrutore, telephone-receiver hook.
  telefono a batteria centrale, common-battery telephone.
  telefono automatico, dial telephone; automatic telephone.
  telefono da campo, field telephone.
  telefono da tavolo, hand telephone.
  telefono interno, interphone.

TELEFONO SENZA FILI. Wireless telephone; radiotelephone.
TELEGRAFARE. To telegraph; to wire (Colloquial).
TELEGRAFIA OTTICA. Visual signaling.
TELEGRAFICO. Telegraphic.
TELEGRAFISTA, *m* & *f.* Telegraph operator.
TELEGRAFO, *m.* Telegraph.
  telegrafo da campo, field telegraph.
  telegrafo scrivente, printing telegraph.
TELEGRAFO SENZA FILI. Wireless telegraph; wireless (Colloquial); radiotelegraph.
TELEGRAMMA, *m.* Telegram; wire (Coll).
TELEMETRO, *m.* Telemeter; range finder.
  telemetro a base orizzontale, horizontal-base range finder.
  telemetro a base verticale, vertical-base range finder.
TELEMOTORE, *m.* Telemotor.
TELEOBBIETTIVO, *m.* Teleobjective; telephoto lens.
TELESCOPICO. Telescopic.
TELESCOPIO, *m.* Telescope.
TELESCRITTORE, *m.* Telegram printer.
TELESTEREOSCOPIO, *m.* Telebinocular.
TELEVISIONE, *f.* Television.
TELO-CIFRA, *m.* Panel (Sig).
  telo-cifra di riconoscimento, identification panel.
TELO DA TENDA. Shelter half.
TELONE-CIFRA, *m.* Panel numeral (Sig).
TEMPERATURA, *f.* Temperature.
  abbassamento di temperatura, fall of temperature.
  temperatura assoluta, absolute temperature.
  temperatura critica, critical temperature.
  temperatura negativa, negative temperature.
  temperatura positiva, positive temperature.
TEMPERATURA DI CONDENSAZIONE. Dew point.

TEMPESTA, *f.* Storm (Met).
avviso di tempesta, storm warning.
segnale di tempesta, storm signal.
tempesta di grandine, hailstorm.
tempesta di neve, snowstorm; blizzard.
tempesta di polvere, dust storm.
tempesta di sabbia, sandstorm.
TEMPO, *m.* Time; weather; tense.
"al tempo!" "as you were!"
elemento di tempo, time element.
equazione del tempo, equation of time.
fattore di tempo, time element.
previsione del tempo, weather forecast.
tempo cattivo, bad weather.
tempo del sole medio, mean solar time.
tempo medio, mean time.
tempo sidereo, sidereal time.
trasformazione del tempo, conversion of time.
tempo nebbioso, thick weather.
TEMPO DI FUOCO. Predicting interval (Firing).
TEMPO E SORPRESA. Time and surprise.
TEMPORALE, *m.* Thunderstorm; storm; gale (at sea).
TEMPORANEO. Temporary.
TEMPOREGGIAMENTO, *m.* Delay; delaying; retarding.
TEMPOREGGIARE. To delay; to slow up; to retard; to temporize.
TENAGLIE, *fpl.* Pincers.
TENDA, *f.* Tent; curtain; awning.
piantar le tende, to pitch the tents.
picchetto da tenda, tent peg; tent pin.
telo da tenda arrotolato, roll (Equipment).
tenda a due teli, shelter tent.
tenda a forma di A, common tent.
tenda a piramide, pyramidal tent.
tenda conica, conical tent; bell tent.
tenda per due, pup tent (Slang); dog tent (Slang).
tenda rotonda, bell tent.
togliere le tende, to strike the tents.
TENDA OSPEDALE. Hospital tent.
TENDER, *m.* Tender (RR).

TENDERE. To stretch; to tighten; to string (as cables).
TENDITORE, *m.* Turnbuckle; drawbar (RR).
TENENTE, *m.* Lieutenant; first lieutenant.
TENENTE COLONNELLO. Lieutenant colonel.
TENENTE DI VASCELLO. Lieutenant (Nav).
TENENTE GENERALE. Lieutenant general; division commander (Italian army).
TENSIONE, *f.* Tension; strain; stretch; stress.
alta tensione, high tension.
bassa tensione, low tension.
tensione assiale, longitudinal stress.
tensione iniziale, initial stress.
tensione longitudinale, longitudinal stress.
tensione radiale, radial stress.
tensione tangenziale, tangential stress.
TENTATIVO, *m.* Attempt; trial.
TENUTA, *f.* Uniform; dress; capacity (of containers); landed property.
alta tenuta, dress uniform.
tenuta di fatica, fatigue clothes.
TEODOLITE, *m.* Theodolite; transit (Instr).
TERGICRISTALLO, *m.* Windshield wiper.
TERGO, *m.* Rear.
TERMICO. Thermal; thermic.
TERMINE, *m.* Term; condition; end; limit; boundary.
TERMINE TECNICO. Technical term.
TERMOBAROMETRO, *m.* Thermobarometer.
TERMODINAMICA, *m.* Thermodynamics.
TERMOELETTRICITÀ, *f.* Thermoelectricity.
TERMOELETTRICO. Thermoelectric.
TERMOGRAFIA, *f.* Thermography.
TERMOGRAFO, *m.* Thermograph.
TERMOMETRICO. Thermometric.
TERMOMETRO, *m.* Thermometer.
termometro a gas, gas thermometer.
termometro a liquido, spirit thermometer.

TERMOMETRO—Continued.
termometro a massima, maximum thermometer.
termometro a mercurio, mercurial thermometer; mercury thermometer.
termometro a minima, minimum thermometer.
termometro centigrado, centigrade thermometer.
termometro clinico, clinical thermometer.
termometro differenziale, differential thermometer.
termometro Fahrenheit, Fahrenheit thermometer.
termometro metallico, metallic thermometer.
termometro Réaumur, Réaumur thermometer.
TERMOS, *m.* Thermos bottle.
TERMOSCOPIO, *m.* Thermoscope.
TERMOSIFONE, *m.* Thermosiphon.
TERMOSTATO, *m.* Thermostat.
TERRA, *f.* Earth; land; ground.
a terra, ashore; on the ground; down; (Command) "Evacuate tanks!"
per terra, by land.
rialzo di terra, mound (Top).
terre soggette alla marea, tidelands.
TERRAPIENO, *m.* Embankment; terreplein.
TERRAZZA, *f.* Terrace (Top).
TERRE DEMANIALI. Public lands.
TERREMOTO, *m.* Earthquake.
TERRENO, *m.* Terrain; ground; soil; earth.
caratteristiche del terreno, features of the ground.
caratteristiche naturali del terreno, natural features of the terrain.
conoscenza del terreno, knowledge of the ground.
contendere il terreno, to dispute the ground.
guadagnare terreno, to gain ground.
particolari del terreno, details of the terrain.
perdere terreno, to lose ground.
piega del terreno, fold of the ground.
sgombrare il terreno, to clear the ground.
sistemazione del terreno, organization of the ground.

TERRENO—Continued.
terreno accessibile, accessible ground.
terreno acquitrinoso, marsh ground.
terreno aperto, open ground.
terreno argillaceo, clay soil.
terreno boschivo, wooded ground.
terreno che sale, positive slope.
terreno che scende, negative slope.
terreno collinoso, hilly ground.
terreno difficile, difficult ground; rough ground.
terreno dominante, commanding ground.
terreno elevato, high ground.
terreno facile, favorable ground.
terreno inclinato, sloping ground.
terreno in pendio, sloping ground.
terreno montagnoso, mountainous terrain.
terreno nudo, bare ground.
terreno ondulato, rolling ground.
terreno paludoso, marsh ground.
terreno piano, level ground.
terreno sconvolto, broken ground.
terreno scoperto, coverless terrain.
terreno uniforme, even ground.
terreno vario, varied ground.
TERRENO ANTISTANTE. Foreground.
TERRENO CIRCOSTANTE. Surrounding ground.
TERRENO DEMANIALE. Government land.
TERRENO MINATO. Mined ground.
TERRENO RETROSTANTE. Background.
TERRENO SOTTOSTANTE. Lower ground.
TERRICCIO, *m.* Dirt; gravel.
TERRITORIALE. Territorial.
TERRITORIO, *m.* Territory.
territorio del nemico, territory of the enemy.
territorio occupato, occupied territory.
TERRITORIO NAZIONALE. National territory; home.
TERZAROLARE. To reef (of a sail).
TERZAROLO, *m.* Reef (of a sail).
TESSUTO, *m.* Tissue; fabric.
TESTA A FUNGO. Mushroom head (Ord).
TESTA DI APPROCCIO. Saphead.

TESTA DI COLONNA. Head of column.
TESTA DI PONTE. Bridgehead.
TESTA DI SBARCO. Beachhead.
TESTATA, *f.* Nose (Fuselage).
TESTIMONIANZA, *f.* Testimony; deposition.
  falsa testimonianza, false testimony; perjury.
TESTIMONIO, *m.* Witness.
TESTO, *m.* Text.
  testo cifrato, cipher text.
  testo in lingua ordinaria, clear text; plain text.
  testo segreto, secret text.
TETRODO, *m.* Tetrode.
TEVERE, *m.* Tiber.
TIMONE, *m.* Rudder; helm; control surface (Avn); pole (Vehicle)
  barra del timone, tiller (Nav).
  pala del timone, rudder blade.
  timone compensato, balance rudder; equipoise rudder.
  timone di direzione, rudder (Avn).
  timone di fortuna, jury rudder.
  timone di profondità, elevator (Ap).
  timone di traino, towing bar.
  timone orizzontale, horizontal rudder.
TIMONIERA, *f.* Wheelhouse; pilothouse.
TIMONIERE, *m.* Helmsman; steersman.
TIRAGGIO, *m.* Draft; draught.
TIRANA, *f.* Tirana.
TIRANTE, *m.* Fall (Mech); stay (Nav); draft; draught; boot strap.
  tirante trafilato, streamline wire (Ap).
TIRARE. To shoot; to fire (Firearm); to pull; to draw; to lug.
  tirare a secco, to beach.
TIRATORE, *m.* Shooter; rifleman.
  buca da tiratore, rifle pit; shelter pit.
  scalino del tiratore, fire step.
  tiratore in agguato, sniper.
  tiratore scelto, expert rifleman; sharpshooter; marksman; shot.
TIRO, *m.* Fire (Ballistics); firing.
  aggiustare il tiro, to adjust the fire.
  altezza del tiro, maximum ordinate.
  angolo di tiro, quadrant angle of elevation.
  aprire il tiro, to open fire.
  a tiro rapido, rapid-fire.
  calcolatore di tiro, gun chart.

TIRO—Continued.
  campo di tiro, field of fire.
  celerità di tiro, rapidity of fire; rate of fire.
  dati di tiro, firing data.
  da tiro, draft.
  direttore del tiro, fire conductor.
  direzione del tiro, direction of fire.
  efficacia di tiro, fire power (Ballistics).
  efficienza di tiro, effectiveness of fire.
  fattore di sicurezza del tiro, range safety factor.
  gara di tiro al fucile, rifle match.
  grande celerità di tiro, high rate of fire.
  irregolarità del tiro, dispersion errors.
  limitato campo di tiro, narrow field of fire.
  linea di tiro, line of elevation.
  ordine di tiro, order of fire.
  osservazione del tiro, observation of fire; spotting.
  piano di tiro, plane of fire.
  poligono di tiro, target range.
  possibilità di tiro, possibility of fire.
  precisione di tiro, accuracy of fire.
  preparazione del tiro, preparation of fire.
  preparazione immediata del tiro, rapid preparation of fire.
  problema di tiro, fire problem.
  ritmo di tiro, rate of fire.
  settore di tiro, sector of fire.
  specie di tiro, class of fire; kind of fire.
  tecnica del tiro, technique of fire.
  tiro a caso, fire at random.
  tiro accelerato, quick fire.
  tiro aggiustato in base alle osservazioni, observed fire.
  tiro a gittata intera, fire of greatest range.
  tiro a massima elevazione, fire of greatest range.
  tiro anticarro, antitank fire.
  tiro a percussione, percussion fire.
  tiro a puntamento diretto, fire by direct laying.
  tiro a puntamento indiretto, fire by indirect laying.
  tiro a raffiche, volley fire.
  tiro a salve, salvo fire.
  tiro a scariche di batterie, battery fire.
  tiro a tempo, time fire.

TIRO—Continued.
- **tiro ausiliario,** fire for adjustment on auxiliary target.
- **tiro automatico,** automatic fire.
- **tiro a zone,** zone fire.
- **tiro bloccato,** fixed fire.
- **tiro cieco,** blind fire; unobserved fire.
- **tiro concentrato,** fixed fire.
- **tiro controaerei,** antiaircraft fire.
- **tiro convergente,** converging fire.
- **tiro curvo,** curved fire; high-angle fire.
- **tiro d'aggiustamento,** fire for adjustment; adjustment fire; adjusting fire; ranging fire.
- **tiro d'artiglieria,** gunnery; gunfire.
- **tiro dei mortai da trincea,** trench mortar fire.
- **tiro delle armi aeree,** aerial gunnery; aerial fire.
- **tiro delle mitragliatrici,** machine gun fire.
- **tiro di affermazione,** affirming gun; coup d'assurance.
- **tiro di appoggio,** supporting fire.
- **tiro di combattimento,** combat practice firing; field fire.
- **tiro di concentramento,** concentration fire.
- **tiro di controbatteria,** counter-battery fire.
- **tiro di contropreparazione,** counter-preparation fire.
- **tiro di copertura,** covering fire.
- **tiro di distruzione,** destruction fire.
- **tiro di efficacia,** fire for effect.
- **tiro di fiancheggiamento,** flanking fire.
- **tiro di logoramento,** harassing fire.
- **tiro di neutralizzazione,** neutralization fire; neutralizing fire.
- **tiro d'infilata,** enfilade fire; enfilading fire; raking fire.
- **tiro d'inquadramento del terreno,** registration of fire.
- **tiro d'interdizione,** interdiction fire; barrage fire.
- **tiro di precisione,** precision fire.
- **tiro di preparazione,** artillery preparation; preparation fire; preparatory fire.
- **tiro di protezione,** covering fire.
- **tiro di prova,** trial fire.
- **tiro di punto in bianco,** point-blank fire.
- **tiro di rastrellamento,** searching fire.

TIRO—Continued.
- **tiro di rastrellamento incrociato,** cross-sweeping fire.
- **tiro diretto al di sopra delle proprie truppe,** direct overhead fire.
- **tiro di rimbalzo,** ricochet fire.
- **tiro di rovescio,** reverse fire.
- **tiro di sbarramento,** barrage fire.
- **tiro di sfondo,** plunging fire.
- **tiro disperso,** fire at random.
- **tiro distribuito,** distributed fire.
- **tiro di taratura,** calibration fire.
- **tiro efficace,** effective fire.
- **tiro esatto,** precision fire.
- **tiro falciante,** sweeping fire; traversing fire.
- **tiro falciante a raffiche,** sweeping volley fire.
- **tiro fiancheggiante,** flanking fire.
- **tiro ficcante,** plunging fire.
- **tiro fisso,** fixed fire.
- **tiro frontale,** frontal fire.
- **tiro incrociato,** cross fire.
- **tiro indiretto,** indirect fire.
- **tiro individuale,** individual fire; individual practice.
- **tiro lento,** slow fire.
- **tiro obliquo,** oblique fire.
- **tiro obliquo di rovescio,** oblique reverse fire.
- **tiro per aggiustare la forcella,** bracketing.
- **tiro predisposto,** prearranged fire.
- **tiro preparatorio,** preparatory fire; preparation fire; artillery preparation.
- **tiro radente,** grazing fire.
- **tiro rapido,** rapid fire.
- **tiro semiautomatico,** semiautomatic fire.
- **tiro su bersaglio transitorio,** fire on target of opportunity.
- **tiro tattico,** tactical fire.
- **tiro teso,** flat trajectory fire; horizontal fire.
- **tiro verticale,** vertical fire.
- **trasporto di tiro,** transfer of fire.

TIRO A SEGNO. Rifle range.
Associazione Nazionale del Tiro a Segno, National Rifle Association.

TOBRUCK, *f.* Tobruk.
TOLUENE, *m.* Toluene.
TONNELLAGGIO, *m.* Tonnage.

TONNELLAGGIO—Continued.
tonnellaggio di dislocamento, displacement tonnage.
tonnellaggio globale, tonnage; shipping.
tonnellaggio lordo, gross tonnage.
tonnellaggio lordo di registro, gross registered tonnage.
tonnellaggio netto, net tonnage.
tonnellaggio netto di registro, net registered tonnage.
TONNELLATA, *f.* Ton.
tonnellata di ingombro, ship ton.
tonnellata di registro, register ton.
tonnellata di stazza, register ton.
tonnellata inglese di 907.18. chilogrammi, short ton.
tonnellata inglese di 1.016.05. chilogrammi, long ton.
tonnellata metrica, metric ton.
TOPOGRAFIA, *f.* Topography.
TOPOGRAFICO. Topographical.
TORMENTA, *f.* Snowstorm; blizzard.
TORNIO, *m.* Lathe.
TORPEDINE, *f.* Torpedo; mine (Nav).
torpedine ad ancoramento, buoyant mine.
torpedine bangalore, bangalore torpedo.
torpedine da blocco, blockade mine.
torpedine da getto, depth charge; depth bomb.
torpedine derivante, drifting mine.
torpedine terrestre, land mine.
TORPEDINIERA, *f.* Torpedo boat.
torpediniera sommergibile, submarine torpedo boat.
TORRE, *f.* Turret; tower.
torre alta, high turret.
torre bassa, low tower.
torre corazzata, gun turret; armored turret.
torre di comando, conning tower (Ship).
torre di poppa, after turret.
torre di prora, forward turret.
torre d'ormeggio, mooring tower.
TORRENTE, *m.* Torrent.
TORRETTA, *f.* Conning tower (Sub); turret; tower (Tk & Nav).
torretta ad eclissi, disappearing turret.
torretta a scomparsa, disappearing turret.

TORRETTA—Continued.
torretta d'alta velocità, high-speed turret (Ap).
torretta del cannone, gun turret.
torretta del sommergibile, conning tower (Sub).
TRABOCCHETTO, *m.* Pitfall; mantrap; trap.
trabocchetto anticarro, tank trap.
trabocchetto contro i carri armati, tank trap.
TRACCIA, *f.* Trace; track; mark; outline; sketch; shadow.
TRACCIATO, *m.* Trace; tracing; outline; graph; sketch.
tracciato di trincea, trench trace.
TRACCIATORE, *m.* Tracer (Am).
TRACOLLA, *f.* Cross belt; shoulder belt; bandoleer.
TRADIMENTO, *m.* Treason; betrayal.
alto tradimento, high treason.
TRADITORE, *m.* Traitor.
traditore in tempo di guerra, war traitor.
TRADOTTA, *f.* Troop train.
TRAFFICO, *m.* Traffic; trade.
condizioni del traffico, traffic conditions.
controllo del traffico, traffic control.
dirigere il traffico, to direct traffic.
divergere il traffico, to divert traffic.
flusso del traffico, flow of traffic.
movimento del traffico, traffic circulation.
traffico in senso unico, one-way traffic.
traffico in doppio senso, two-way traffic.
traffico trasversale, cross traffic.
TRAFFICO COL NEMICO. Trading with the enemy.
TRAFORO, *m.* Tunnel.
TRAGHETTARE. To ferry.
TRAGHETTO, *m.* Ferry boat; ferry.
traghetto trasporto treni, ferry bridge (Boat).
TRAIETTORIA, *f.* Trajectory.
altezza della traiettoria, drop (Ballistics); maximum ordinate.
durata della traiettoria, time of flight (Ballistics).
elementi della traiettoria, elements of the trajectory.

TRAIETTORIA—Continued.
 fascio di traiettorie, cone of fire; cone of spread; cone of dispersion; sheaf of fire.
 inclinazione di traiettoria, angle of incidence (Ballistics).
 origine della traiettoria, origin of the trajectory.
 parametri della traiettoria, elements of the trajectory.
 ramo ascendente della traiettoria, ascending branch of the trajectory.
 ramo discendente della traiettoria, descending branch of the trajectory.
 rigidità della traiettoria, rigidity of the trajectory.
 tangente alla traiettoria nel punto di caduta, line of fall; slope of fall.
 traiettoria di sicurezza, minimum clearance.
 traiettoria media, mean trajectory.
 traiettoria minima, grazing trajectory.
 traiettoria nell'aria, trajectory in air.
 traiettoria nel vuoto, trajectory in vacuo.
 traiettoria più alta, elevated trajectory.
 traiettoria più bassa, depressed trajectory.
 traiettoria tesa, flat trajectory.
 vertice della traiettoria, summit of the trajectory; culminating point (Ballistics).
TRAINARE. To draw; to haul; to drag.
TRAINATO. Drawn; dragged; hauled.
 trainato da autocarro, truck-drawn.
TRAM, *m.* Streetcar.
TRAMPOLINO, *m.* Springboard.
TRANSATLANTICO, *m.* Ocean liner; liner.
TRANSITO, *m.* Transit; passage.
 danneggiato in transito, damaged in transit.
 in transito, in transit.
 perduto in transito, lost in transit.
TRANVIA, *f.* Street railway.
TRAPANO, *m.* Drill; trepan; broach.
 punta da trapano a centro, center bit.
 punta da trapano elicoidale, twist bit.
 punta da trapano a spirale, spiral bit.
 trapano a punta elicoidale, twist drill.
TRAPEZIO, *m.* Trapetium.

TRAPPOLA, *f.* Trap; ambush; snare; gin; decoy; net.
 trappola esplosiva, booby trap.
 trappola per bombe, bomb trap.
TRASBORDO, *m.* Transhipment.
TRASFERIMENTO, *m.* Transfer.
TRASFERIRE. To transfer.
TRASFERTA, *f.* Travel pay.
TRASFORMARE. To transform.
TRASFORMATORE, *m.* Transformer (Elec).
TRASFORMAZIONE, *f.* Transformation.
TRASGRESSIONE, *f.* Transgression; neglect of duty; offense.
TRASGRESSORE, *m.* Transgressor; offender; delinquent; trespasser; infringer.
TRASMETTERE. To transmit; to forward; to convey.
 trasmettere a mezzo di stazione intermedia, to relay.
TRASMETTITORE, *m.* Transmitter; telegraph key.
 trasmettitore a bassa frequenza, low-frequency transmitter.
 trasmettitore ad alta frequenza, high-frequency transmitter.
 trasmettitore telefonico, telephone transmitter.
 trasmettitore telegrafico, telegraph key.
TRASMISSIONE, *f.* Transmission.
 albero di trasmissione, propeller shaft.
 mezzo di trasmissione, means of signal communication.
 organo di trasmissione, agency of signal communication.
TRASPORTABILE. Transportable (Wounded).
TRASPORTARE. To transport.
TRASPORTO, *m.* Transport; transportation; conveyance; tracing; counterdrawing.
 a trasporto aereo, by air.
 mezzo di trasporto, means of transportation.
 modulo di richiesta di trasporto, transportation request.
 trasporto a dorso di mulo, pack transport.
 trasporto a traino animale, animal-drawn transportation.

TRASPORTO—Continued.
trasporto automobilistico, motor transport.
trasporto someggiato, pack transportation.
TRASPORTO MILITARE. Army transport; troopship.
TRASVERSALE, *f.* Transversal; traverse.
TRATTARE. To handle; to treat; to deal with; to have to do; to negotiate.
TRATTATIVA, *f.* Negotiation.
TRATTATO, *m.* Treaty; treatise; cartel (Prisoners).
   clausola di riserva in un trattato, reservation to treaty.
TRATTATO COMMERCIALE. Treaty of commerce.
TRATTATO DI ALLEANZA. Treaty of alliance.
TRATTATO DI PACE. Treaty of peace.
TRATTEGGIO, *m.* Hachure.
TRATTORE, *m.* Tractor.
TRATTRICE, *f.* Tractor.
   trattrice a cingoli, caterpillar tractor; track laying tractor.
TRAVE, *f.* Beam (Engr).
   trave ad I, I-beam.
   trave rotonda, spar.
TRAVERSA, *f.* Traverse; crosspiece.
   traversa di rinforzo, hound (Vehicle).
   traversa paraschegge, splinterproof traverse.
TRAVERSALE. Transversal; transverse.
TRAVERSARE. To traverse; to cross.
TRAVERSATA, *f.* Crossing (Travel); sailing; passage; voyage.
   traversata del fiume, river crossing.
TRAVERSINA, *f.* Crosstie (RR).
TRAVERSONE, *m.* Traverse (Ft).
TRAZIONE, *f.* Traverse (Ft).
   a trazione animale, animal-drawn.
   congegno di trazione, traction device.
   trazione a vapore, steam traction.
   trazione elettrica, electric traction.
   trazione meccanica, mechanical traction.
TRECCIA, *f.* Braid; tress.
TREGUA, *f.* Truce; suspension of arms; respite; rest.

TRENO, *m.* Train.
   scendere dal treno, to detrain.
   treno blindato, armored train.
   treno corazzato, armored train.
   treno d'assedio, battering train.
   treno delle munizioni, ammunition train.
   treno di combattimento, combat train.
   treno di compagnia, company train.
   treno ferroviario, railroad train.
   treno giornaliero di rifornimenti, daily train.
   treno merci, freight train.
   treno misto, mixed train.
   treno ospedale, hospital train.
   treno regolamentare, standard train.
   treno viaggiatori, passenger train.
TRENO D'ARTIGLIERIA. Artillery train.
TRENO D'ASSEDIO. Siege train; battering train.
TREPPIEDI, *m.* Tripod.
TRIANGOLAZIONE, *f.* Triangulation.
   fare la triangolazione, to survey by triangulation; to triangulate.
TRIANGOLINO, *m.* Triangle of error (Surv).
TRIANGOLO, *m.* Triangle.
   triangolo acutangolo, acute-angled triangle.
   triangolo equilatero, equilateral triangle.
   triangolo isoscele, isosceles triangle.
   triangolo ottusangolo, obtuse-angled triangle.
   triangolo rettangolo, right-angled triangle.
   triangolo scaleno, scalene triangle.
TRIANGOLO DI POSIZIONE. Astronomical triangle; navigational triangle.
TRIBORDO, *m.* Starboard.
TRIBUNALE, *m.* Tribunal; court.
   Presidente del Tribunale Militare, President of Court-martial.
   Tribunale delle Prede, Prize Court.
   Tribunale di Guerra, Court-Martial.
   Tribunale Militare, Military Tribunal.
TRICICLO, *m.* Tricycle.
TRIESTE, *f.* Trieste.
TRIFASICO. Three-phase; triphase.
TRIGONOMETRIA, *f.* Trigonometry.
TRIMOTORE, *m.* Trimotor.

TRINCEA, *f.* Trench.
pozzetto da trincea, sump pit.
profilo della trincea, trench profile.
sistema di trincee, trench system.
trincea a zigzag, zigzag trench.
trincea alternata, alternate trench.
trincea contro i carri armati, antitank trench.
trincea d'approccio, approach trench; approach.
trincea da squadra, squad trench.
trincea di collegamento, connecting trench.
trincea di combattimento, fire trench.
trincea di comunicazione, connecting trench.
trincea di riserva, reserve trench.
trincea di seconda linea, support trench.
trincea improvvisata per tiratori a terra, shelter trench.
trincea individuale, individual trench.
trincea per tiratori a terra, prone trench; lying-down trench.
trincea per tiratori in ginocchio, kneeling trench.
trincea per tiratori in piedi, standing trench.
trincea per tiro in tutte le direzioni, all around fire trench.
trincea per truppe di rincalzo, support trench.
trincea simulata, dummy trench.
TRINCERAMENTO, *m.* Entrenchment.
trinceramenti improvvisati, hasty entrenchments.
trinceramento speditivo, hasty entrenchment.
TRINCERARSI. To dig in.
TRINITROTOLUENE, *m.* Trinitrotoluene.
TRIODO, *m.* Triode.
TRIPLANO, *m.* Triplane.
TRIPOLI, *f.* Tripoli.
TRIPOLITANIA, *f.* Tripolitania.
TRITOLO, *m.* Trinitrotoluene.
TROMBA, *f.* Bugle; trumpet; horn.
TROMBETTIERE, *m.* Bugler; trumpeter.
TROMBONCINO, *m.* Rifle grenade discharger; grenade launcher (Firearm).

TRONCO, *m.* Trunk; branch; log.
tronco ferroviario, branch railway; branch line (RR).
TROUSSE, *f.* Roll (Tools); kit (Tools).
trousse degli attrezzi, tool roll.
TRUOGOLO, *m.* Trough (Receptacle).
TRUPPA, *f.* Troops; armed force; body of troops; gang.
concentramento di truppe, concentration of troops.
richiesta di truppa, application for troops.
truppe alpine, alpine troops.
truppe amiche, friendly troops.
truppe ausiliarie, auxiliary troops; auxiliary arm; auxiliaries.
truppe belligeranti, belligerent troops.
truppe chimiche, chemical troops.
truppe d'assalto, shock troops; storm troops.
truppe dell'esercito permanente, regular troops.
truppe di copertura, covering force.
truppe di linea, line troops.
truppe di rincalzo, supporting troops.
truppe di riserva, reserve troops; reserve.
truppe di testa, van (Mil).
truppe nemiche, enemy troops.
truppe paracadutiste, parachute troops.
truppe scelte, shock troops.
truppe speciali, special troops.
truppe trasportate per via aerea, airborne troops; air-landed troops.
TUBATURA, *f.* Tubing; piping; pipes; plumbing; pipe line.
fornire di tubatura, to furnish with pipes; to pipe.
tubatura capillare, capillary tubing.
TUBIERA, *f.* Tubing (of a boiler).
TUBO, *m.* Tube; pipe; gun barrel.
tubo di carica, central tube (Shrapnel).
tubo di ghisa, cast iron pipe.
tubo di gomma, hose.
tubo di gomma corrugato, corrugated hose.
tubo di scarico del vapore, steam escape tube (Mg).
tubo di trasmissione, central tube (Shrapnel).
tubo flessibile, hose.

TUBO D'ANIMA. Liner (Ord); tube (G).
tubo d'anima ricambiabile, removable liner.
TUBO DI LANCIO. Torpedo tube.
TUBO DI SCAPPAMENTO. Exhaust pipe.
TUBO ELETTRONICO. Electron tube; radio tube.
TUBO FODERA. Liner (Ord).
tubo fodera ricambiabile, removable liner.
TUBOLARE. Tubular.
TUMULTO, *m.* Riot.
TUMULTUANTI, *mpl.* Rioters.
TUMULTUARE. To riot.
TUNGSTENO, *m.* Tungsten.
TUNISI, *f.* Tunis.
TUNISIA, *f.* Tunisia.
TUNISINO, *m.* Tunisian.
TUNNEL, *m.* Tunnel.
TURBINA, *f.* Turbine.
turbina a sistema misto, mixed-flow turbine.
turbina assiale, axial-flow turbine.
turbina a vapore, steam turbine.
turbina idraulica, hydraulic turbine.
turbina radiale, radial-flow turbine.
TURBINE, *m.* Whirlwind.
TURBOCOMPRESSORE, *m.* Turbocompressor.
TURBOMOTORE, *m.* Turbomotor.
TURBOMOTRICE, *f.* Turbomotor.
TURCHIA, *f.* Turkey.
TURNO, *m.* Turn; roster.
turno di servizio, duty roster; service roster; tour of duty.
TUTA, *f.* Overalls.

U

UBBIDIENZA, *f.* Obedience.
mancanza di ubbidienza, failure to obey.
UBBIDIRE. To obey; to mind.
UBRIACHEZZA, *f.* Drunkenness; intoxication.
ubriachezza in quartiere, drunkenness in quarters.
ubriachezza in servizio, drunkenness on duty.
UCCISIONE, *f.* Killing.
UFFICIALE, *m.* Commissioned officer; officer; official.
circolo degli ufficiali, officers' club.

UFFICIALE—Continued.
classificazione degli ufficiali, classification of officers.
primo ufficiale, first mate.
secondo ufficiale, second mate.
terzo ufficiale, third mate.
ufficiale ai rifornimenti, supply officer.
ufficiale ai viveri, mess officer.
ufficiale anziano, senior officer.
ufficiale a riposo, retired commissioned officer; retired officer.
ufficiale aviatore, flying officer.
ufficiale chimico di unità tattica, unit gas officer.
ufficiale consegnatario rifornimenti, responsible officer.
ufficiale d'amministrazione, administrative officer.
ufficiale della riserva, reserve officer.
ufficiale di collegamento, liaison officer; agent officer (Liaison).
ufficiale di complemento, temporary officer.
ufficiale di coperta, deck officer; mate.
ufficiale di giornata, officer of the day.
ufficiale di guardia, officer of the guard.
ufficiale di picchetto, officer of the guard.
ufficiale di Stato Maggiore, Staff Officer.
ufficiale d'ordinanza, adjutant.
ufficiale generale, general officer.
ufficiale giudiziario, marshal (Law).
ufficiale in disponibilità, unattached officer.
ufficiale in distaccamento, detached officer.
ufficiale istruttore, investigating officer.
ufficiale manutenzione materiali, maintenance officer.
ufficiale medico, medical officer; surgeon.
ufficiale pagatore, paymaster.
ufficiale provvisoriamente in comando, officer commanding for the time being.
ufficiale revisore, reviewing officer.
ufficiale subalterno, subaltern officer.
UFFICIALE, *adj.* Official.
non ufficiale, unofficial.
UFFICIALE SANITARIO. Health officer.

UFFICIO, *m.* Office; department; bureau.
ufficio meteorologico, weather bureau.
ufficio Pesi e Misure, Bureau of Standards.
ufficio presagi, weather bureau.
UFFICIO ADDESTRAMENTO. Organization and training (General Staff).
UFFICIO OPERAZIONI. Operations (General Staff).
UFFICIO POSTALE. Post office.
UFFICIOSO. Unofficial; officious.
ULTIMATUM, *m.* Ultimatum.
ULTRASONORO. Supersonic.
ULTRAVIOLETTO. Ultraviolet.
UMIDITÀ, *f.* Humidity; moisture; dampness.
umidità assoluta, absolute humidity.
umidità relativa, relative humidity.
UMIDO. Humid; damp; moist.
UNCINO, *m.* Hook.
UNGHERESE, *m & f.* Hungarian.
UNGHERIA, *f.* Hungary.
UNIFORME, *f.* Uniform.
grande uniforme, dress uniform.
UNITÀ, *f.* Unit; unity.
unità autonoma, independent unit.
unità di marcia, march unit.
unità di misura, unit of measure.
unità direzione del movimento, base unit.
unità organica dell'armata aerea, flying unit.
unità strategica, strategical unit.
unità tattica, tactical unit.
unità tattica di artiglieria da campagna, field artillery unit.
unità tattica di carri armati, tank unit.
unità tattica di fuoco, fire unit.
unità tattica fucilieri, rifle unit.
UNITÀ CARRISTE. Tank troops.
UNIVERSALE. Universal.
UOMINI DI TRUPPA. Enlisted men.
UOMO, *m.* Man.
fornire di uomini, to man.
UOMO IN MARE. Man overboard.
URAGANO, *m.* Hurricane.
URTO, *m.* Brunt; impact; hit; shock.
USCIRE. To go out; to come out.
uscire dalle righe, to drop out.

USO, *m.* Use; usage; custom.
fuori uso, out of commission.
per uso ufficiale solamente, for official use only.
usi di guerra, usages of war; customs of war.
uso pubblico, public use.
UTENSILE, *m.* Utensil; implement.
macchina utensile, machine tool.
UTENSILI, *mpl.* Set of implements; kit.

V

VAGONE, *m.* Railroad car; freight car.
vagone merci chiuso, boxcar.
VAGONE-CISTERNA, *m.* Tank car.
VALANGA, *f.* Avalanche.
VALENZA, *f.* Valence.
VALLE, *f.* Valley; vale; dale.
a valle, downstream.
verso valle, downstream.
VALORE, *m.* Valor; bravery; value.
VALOROSO. Brave; valorous; valiant.
VALVOLA, *f.* Valve; fuse (Elec); tube (Rad).
alza valvola, valve lifter.
alzata della valvola, valve lift.
azionare la valvola, to valve.
manetta di comando per la valvola d'ammissione, throttle lever.
manicotto della valvola, valve sleeve.
munire di valvola, to furnish with a valve; to valve.
registrazione delle valvole, valve timing.
sede della valvola, valve seat.
smerigliare una valvola, to reface a valve.
stelo della valvola, valve stem.
valvola a farfalla, butterfly valve; throttle; throttle valve.
valvola amplificatrice, amplifier tube (Rad).
valvola a piatto, flat valve.
valvola automatica, automatic valve.
valvola d'allagamento, flood cock.
valvola d'ammissione, throttle valve.
valvola del motore, engine valve.
valvola di aspirazione, intake valve.
valvola di espirazione della maschera antigas, gas mask outlet valve.

VALVOLA—Continued.
valvola di manovra, maneuvering valve.
valvola di scarico, exhaust valve.
valvola di scolo, drain valve.
valvola di sicurezza, safety valve.
valvola in testa, overhead valve.
valvola modulatrice, modulator tube (Rad).
valvola oscillatrice, oscillator tube (Rad).
valvola pulsante della maschera antigas, gas mask flutter valve.
valvola tronco-conica, beveled valve.
VALVOLA FUSIBILE. Electric fuse.
VALVOLA TERMOIONICA. Electron tube; vacuum tube; radio tube.
VAMPA, *f.* Flame; flash.
rilevamento vampa, flash ranging.
stazione osservazione e rilevamento vampa, flash ranging station.
VAMPATA, *f.* Flare-back (G).
VANTAGGIO, *m.* Advantage; benefit; profit; gain.
vantaggio strategico, strategical advantage.
vantaggio tattico, tactical advantage.
VAPORE, *m.* Vapor; steam.
a vapore, steam.
densità del vapore, vapor density.
vapore acqueo, water vapor.
VAPORETTO, *m.* Steamboat.
VARARE. To launch (Nav.)
VARCO, *m.* Passage; opening.
varco angusto, narrow passage; defile.
VARIABILE. Variable.
VARIARE. To vary.
VARIAZIONE, *f.* Variation.
variazione della bussola, compass variation.
variazione dell'ago magnetico, magnetic variation.
VARO, *m.* Launch (Shipbuilding); launching.
VASCA, *f.* Tank; tub; basin; swimming pool.
vasca da bagno, bath tub.
vasca di sviluppo, developing tank (Photo).
VEDETTA, *f.* Scout (Mil & Nav); lookout; watch; vedette.
nave vedetta, patrol vessel.
vedetta aerea, air scout.
vedetta contraerei, air scout.

VEICOLO, *m.* Vehicle; conveyance.
veicoli a tandem, vehicles in tandem.
veicolo a cingoli e a route, half-track vehicle.
veicolo avariato, disabled vehicle.
veicolo con catena a cingolo, tracklaying vehicle.
veicolo da combattimento, combat vehicle.
veicolo per passeggeri, passenger vehicle.
veicolo portante e rimorchiatore, half-track vehicle.
veicolo ribaltato, overturned vehicle.
veicolo tattico, tactical vehicle.
VEICOLO ANTICARRO. Tank destroyer vehicle.
VELA, *f.* Sail.
bassa vela, course (Sailage).
vela di trinchetto, foresail.
VELIERO, *m.* Sailing vessel.
piccolo veliero, cutter.
VELIVOLO, *m.* Glider; aircraft; airplane.
VELO, *m.* Veil; screen.
velo di truppe, screen of troops.
VELOCE. Quick; swift; fleet; speedy.
VELOCITÀ, *f.* Velocity; speed.
alta velocità, high speed.
andare con velocità, to speed.
grande velocità, high speed.
guadagnare velocità, to gain speed.
incremento di velocità, increment of velocity.
indicatore della velocità di salita, rate-of-climb indicator.
indicatore di velocità propria, airspeed indicator.
limite di velocità, speed limit.
regime di velocità, speed rate.
regolatore di velocità, governor (Mech).
velocità angolare, angular velocity.
velocità apparente, apparent speed.
velocità assoluta, ground speed (Ap).
velocità critica, critical speed.
velocità di arrivo, striking velocity (Ballistics).
velocità di caduta, terminal velocity (Ballistics).
velocità di crociera, cruising speed.
velocità di sicurezza, safe speed.
velocità di urto, striking velocity.
velocità eccessiva, excess speed (Automobile).

VELOCITÀ—Continued.
velocità economica, economic speed.
velocità effettiva, ground speed (Ap).
velocità iniziale, initial velocity; muzzle velocity.
velocità iniziale fissa, fixed muzzle velocity.
velocità limite, terminal speed (Avn).
velocità massima, maximum speed; terminal speed (Avn); full speed.
velocità massima orizzontale, level-flight speed.
velocità minima, minimum speed.
velocità normale, standard speed (Nav).
velocità propria, air speed (Avn).
velocità propria effettiva di un aeroplano, real speed of an aircraft.
velocità residua, remaining velocity (Projectile).
velocità variabile, variable velocity.
VENDITA, *f.* Sale.
vendita di materiale ricuperato, salvage sale.
VENDITORE, *m.* Vender; vendor; seller.
venditori ambulanti al seguito delle truppe, camp followers.
VENEZIA, *f.* Venice.
VENTAGLIO, *m.* Fan (Instr).
aprirsi a ventaglio, to spread like a fan; to fan out.
VENTILATORE, *m.* Ventilator; fan (Mech).
cinghia di ventilatore, fan belt.
VENTILAZIONE, *f.* Ventilation.
VENTO, *m.* Wind.
componente del vento, wind component.
deviazione del vento, deviation of the wind.
direzione del vento, wind direction.
forza del vento, wind force.
raffica di vento, blast of wind; gust.
rosa dei venti, wind rose.
spazzato dal vento, wind-swept.
velocità del vento, wind velocity.
vento aliseo, trade wind.
vento aliseo superiore, antitrade wind.
vento al traverso, beam wind.
vento balistico, ballistic wind.

VENTO—Continued.
vento continentale, continental wind.
vento contrario, foul wind.
vento controaliseo, antitrade wind.
vento di prora, head wind; dead wind.
vento di quartiere, quartering wind.
vento dominante, prevailing wind.
vento in poppa, tail wind.
vento in prua, head wind; dead wind.
vento laterale, flank wind.
vento prevalente, prevailing wind.
vento relativo, relative wind.
vortice di vento, eddy (Met).
VERNICE, *f.* Varnish.
vernice per le stoffe di aeroplano, dope (Avn).
VERRICELLO, *m.* Winch.
verricello da pallone, balloon winch.
VERTICALE, *f, n* & *adj.* Vertical.
VERTICE, *m.* Vertex.
VERTICE DI PIRAMIDE. Three-point resection (Surv).
VESCOVO CASTRENSE. Chief of Chaplains.
VESTIARIO, *m.* Clothing; clothes.
alienazione di effetti di vestiario, disposing of clothing.
effetti di vestiario, clothing.
vestiario protettivo antipritico, protective clothing.
VESTIARIO ED EQUIPPAGGIAMENTO. Class II supplies.
VETERANO, *m.* Veteran.
VETERINARIO, *m.* Veterinarian; veterinary; veterinary surgeon.
VETRO, *m.* Glass.
vetro infrangibile, shatterproof glass.
VETTORE, *m.* Vector.
VETTOVAGLIAMENTO, *m.* Victualing.
distribuzione del vettovagliamento per unità, unit distribution.
VETTOVAGLIE, *fpl.* Victuals; provisions.
VIA, *f.* Way; road.
via d'acqua, leak (Nav).
per via acquea, by water.
per via aerea, by air.
via gerarchica militare, military channel.
VIABILITÀ, *f.* Road condition.
VIADOTTO, *m.* Viaduct.

VIAGGIO, *m.* Journey; voyage; trip.
spese di viaggio, travel expenses.
viaggio per via aerea, travel by air.
VIA MARITTIMA. Sea lane.
VIBRARE. To vibrate; to hurl; to flutter (Avn).
VIBRAZIONE, *f.* Vibration; flutter (Avn).
VICECONSOLE, *m.* Vice-consul.
VICEGOVERNATORE, *m.* Lieutenant governor.
VICOLO CIECO. Dead-end street.
VIENNA, *f.* Vienna.
VIGILANZA, *f.* Vigilance; watch; surveillance; lookout.
VIGILARE. To watch over; to supervise.
VIGORE, *m.* Vigor; force; validity.
in vigore, in force; valid.
mettere in vigore, to enforce.
VINCERE. To win; to gain.
VIOLAZIONE, *f.* Violation; breach; infringement.
VIOLENZA, *f.* Violence.
opporre violenza, offering violence.
repressione di violenza, suppression of violence.
usare violenza contro un superiore, offering violence to superior officer.
VIOTTOLO, *m.* Footpath; bypath; path.
VIRARE. To turn (Avn & Nav).
virare per l'atterramento, to turn for a landing.
VIRATA, *f.* Turn (Avn & Nav).
indicatore di virata, turn indicator (Avn).
virata ad ampio raggio, gentle turn.
virata al S, S-turn.
virata d'Immelman, Immelman turn.
VISCOSITÀ, *f.* Viscosity.
VISCOSO. Viscous.
VISIBILITÀ, *f.* Visibility.
scarsa visibilità, poor visibility.
visibilità orizzontale, horizontal visibility.
visibilità verticale, vertical visibility.
VISIERA, *f.* Visor.
VISITA, *f.* Visit; examination (Med).
visita medica, physical examination; medical examination.
visita militare, medical examination.
VISITARE. To examine (Med); to visit; to inspect.

VISTA, *f.* Sight; view; eyesight; vision.
a prima vista, at first view; prima facie.
campo di vista, field of view.
vista lunga, far-sight.
VISUALE. Visual.
VITE *f.* Screw; grapevine.
passo di vite, screw thread.
vite da legno, wood screw.
vite d'Archimede, Archimedean screw.
vite di livello, levelling screw.
vite femmina, female screw; internal screw.
vite maschia, male screw; external screw.
vite mordente, wood screw.
vite piatta, flat spin (Aerobatics).
vite senza fine, endless screw; tangent screw.
vite tangente, tangent screw; endless screw.
VITTORIA, *f.* Victory; success.
vittoria strategica, strategical victory.
vittoria tattica, tactical victory.
VIVANDIERE, *m.* Sutler.
VIVERI, *mpl.* Food.
tagliare i viveri, to cut off food supplies.
viveri freschi, fresh food.
viveri in scatola, canned food.
VIVERI E FORAGGI. Class I supplies.
VOLANO, *m.* Flywheel.
coperchio del volano, flywheel cover.
VOLANTE *m.* Flywheel; steering wheel.
coperchio del volante, flywheel cover.
scatola del volante, flywheel housing.
VOLANTE DI COMANDO. Wheel control (Ap); control column (Ap).
VOLANTE DI GUIDA. Steering wheel (Automobile).
VOLANTINO, *m.* Handwheel.
volantino del congegno di elevazione, elevating handwheel.
volantino di direzione, traversing handwheel (Ord).
VOLARE. To fly; flying.
VOLATA, *f.* Chase (G).
anello di volata, muzzle hoop.
cappuccio di volata, muzzle cap.
VOLATILE. Volatile.
VOLATILITÀ, *f.* Volatility.
VOLATILIZZARE. To volatize.

VOLO, m. Flight; flying.
  altezza di volo, flight altitude.
  pendenza del volo librato, gliding angle.
  quota di volo, flight altitude.
  tempo non propizio al volo, bad flying weather.
  velocità di volo planato, gliding speed.
  volo a fior di terra, hedge hopping (Slang).
  volo alla cieca, blind flying.
  volo d'altitudine, altitude flight.
  volo da solo, solo flight; solo.
  volo di breve durata, hop (Slang).
  volo di collaudo, acceptance flying.
  volo di crociera, cruise (Avn).
  volo di propaganda, propaganda flight.
  volo di ricognizione, reconnaissance flight.
  volo guidato in direzione di una stazione trasmittente, homing flight.
  volo librato in curva serrata, tight spiral.
  volo normale, normal flight.
  volo normale orizzontale, normal horizontal flight.
  volo notturno, night flying.
  volo orizzontale, level flight.
  volo osservato, terrain flying.
  volo radente, hedge hopping (Slang).
  volo rovesciato, inverted flying.
  volo silenzioso, noiseless flight.
  volo sperimentale, experimental flight.
  volo strumentale, instrument flying; blind flying.
VOLONTARIO, m. Volunteer.
VOLT, m. Volt.
VOLTAGGIO, m. Voltage.
VOLTAMETRO, m. Voltmeter.
VOLTARE. To turn.
VOLTATA, f. Turn.
VOLUME, m. Volume; bulk.
  volume aerodinamico, aerodynamic volume.
  volume d'aria, air volume.
  volume di fuoco, volume of fire.
  volume di gas, gas volume.
VOLUMETRICO. Volumetric.
VOLUMINOSO. Voluminous; bulky.
VOMERE, m. Spade (Ord); vomer; plowshare; colter.
VOMERO, m. Trail spade; plowshare; ploughshare; colter; vomer.

VU, f. Vee.
  a vu, V-shaped; vee.
VULCANO, m. Volcano.
VULNERABILE. Vulnerable.
VULNERABILITÀ, f. Vulnerability.
VUOTARE. To empty; to drain.
  vuotare il carter, to drain the crankcase.
VUOTO, m. Vacuum; emptiness; hole.
VUOTO D'ARIA. Air pocket (Avn); hole in the air (Slang).

W

WATT, m. Watt.
WATTOMETRO, m. Wattmeter.

Y

YACHT, m. Yacht.
YARD, m. Yard (Measure).
YPRITE, f. Mustard gas.

Z

ZAGABRIA, f. Zagreb.
ZAINO, m. Knapsack; pack board; pack (Mil).
  zaino affardellato, full pack.
ZANZARA, f. Mosquito.
ZANZARIERA, f. Mosquito net.
ZAPPA, f. Sap (Ft); hoe.
  costruire zappe, to execute saps (Ft); to sap.
  zappa blindata, blind sap.
  zappa doppia, double sap (Ft).
ZAPPATORE, m. Pioneer (Mil); sapper.
  attrezzi da zappatore, pioneer tools; entrenching tools.
ZAPPATORI, mpl. Labor troops; pioneers; sappers.
ZATTERA, f. Raft.
  zattera di carenaggio, catamaran.
ZAVORRA, f. Ballast.
ZAVORRARE. To ballast.
ZENIT, m. Zenith.
ZEPPA, f. Wedge; chock.
ZERO, m. Zero.
  zero assoluto, absolute zero.
ZIGZAG, m. Zigzag.
  andare a zigzag, to zigzag.
ZODIACALE. Zodiacal.
ZODIACO, m. Zodiac.

ZONA, f. Zone; belt.
base della zona delle comunicazioni, base section.
sezione intermedia della zona delle comunicazioni, intermediate section.
zona battuta, beaten zone.
zona costiera, coastal zone.
zona d'armata, army area.
zona defilata, defiladed area.
zona degli obiettivi, target area.
zona della navigazione costiera, coastal zone.
zona dell'azione di fuoco, zone of fire.
zona delle operazioni, zone of operations.
zona delle retrovie, communications zone.
zona dell'interno, zone of interior.
zona di adunata, assembly area.
zona di alloggiamento, quartering area.
zona di atterraggio, landing area.
zona di avamposti, outpost zone; outpost area.
zona di azione, zone of action.
zona di barriera, barrier zone.
zona di battaglia, battle area.
zona di combattimento, combat zone.
zona di concentramento, concentration area.
zona di difesa defilata, defensive defiladed space.

ZONA—Continued.
zona di fuoco, belt of fire.
zona di fuoco eventuale, contingent zone.
zona di guerra, combat zone; battle zone; war zone.
zona di investimento, zone of investment.
zona d'occupazione, zone of occupation; occupied area.
zona di operazioni, zone of operations.
zona di osservazione, observing sector.
zona di raccolta, rallying point.
zona di radunata, assembly area.
zona di sicurezza, outpost zone; outpost area.
zona effettivamente battuta, effectively beaten zone.
zona fortificata, fortified zone.
zona non battuta, dead space.
zona pericolosa, danger zone.
ZONA AEREA. Air zone.
zona aerea territoriale, air district.
ZONA D'AZIONE. Zone of action.
ZONA DEGLI AVAMPOSTI. Outpost area.
ZONA DELLE COMUNICAZIONI. Communications zone.
ZONA DI DIFESA. Defense area.
ZONA NEUTRA. No man's land.
ZONA TERRITORIALE. Zone of the interior.

APPENDIX I

CARDINAL NUMBERS—NUMERI CARDINALI

One	1	Uno.
Two	2	Due.
Three	3	Tre.
Four	4	Quattro.
Five	5	Cinque.
Six	6	Sei.
Seven	7	Sette.
Eight	8	Otto.
Nine	9	Nove.
Ten	10	Dieci.
Eleven	11	Undici.
Twelve	12	Dodici.
Thirteen	13	Tredici.
Fourteen	14	Quattordici.
Fifteen	15	Quindici.
Sixteen	16	Sedici.
Seventeen	17	Diciassette.
Eighteen	18	Diciotto.
Nineteen	19	Diciannove.
Twenty	20	Venti.
Twenty-one	21	Ventuno.
Thirty	30	Trenta.
Thirty-one	31	Trentuno.
Forty	40	Quaranta.
Forty-one	41	Quarantuno.
Fifty	50	Cinquanta.
Fifty-one	51	Cinquantuno.
Sixty	60	Sessanta.
Sixty-one	61	Sessantuno.
Seventy	70	Settanta.
Seventy-one	71	Settantuno.
Eighty	80	Ottanta.
Eighty-one	81	Ottantuno.
Ninety	90	Novanta.
Ninety-one	91	Novantuno.
One hundred	100	Cento.
Two hundred	200	Duecento.
One thousand	1,000	Mille.
One hundred thousand	100,000	Centomila.
One million	1,000,000	Un milione.
One billion	1,000,000,000	Un bilione; un **miliardo**.
One trillion	1,000,000,000,000	Un trilione.

APPENDIX II

ORDINAL NUMBERS—NUMERI ORDINALI

First	1	Primo.
Second	2	Secondo.
Third	3	Terzo.
Fourth	4	Quarto.
Fifth	5	Quinto.
Sixth	6	Sesto.
Seventh	7	Settimo.
Eighth	8	Ottavo.
Ninth	9	Nono.
Tenth	10	Decimo.
Eleventh	11	Undicesimo; undecimo: decimoprimo.
Twelfth	12	Dodicesimo; duodecimo; decimosecondo.
Thirteenth	13	Tredicesimo; decimoterzo.
Fourteenth	14	Quattordicesimo; decimoquarto.
Fifteenth	15	Quindicesimo; decimoquinto.
Sixteenth	16	Sedicesimo; decimosesto.
Seventeenth	17	Diciassettesimo; decimosettimo.
Eighteenth	18	Diciottesimo; decimottavo.
Nineteenth	19	Diciannovesimo; decimonono.
Twentieth	20	Ventesimo; vigesimo.
Twenty-first	21	Ventunesimo; ventesimoprimo.
Thirtieth	30	Trentesimo.
Thirty-first	31	Trentunesimo.
Fortieth	40	Quarantesimo.
Forty-first	41	Quarantunesimo.
Fiftieth	50	Cinquantesimo.
Fifty-first	51	Cinquantunesimo.
Sixtieth	60	Sessantesimo.
Sixty-first	61	Sessantunesimo.
Seventieth	70	Settantesimo.
Seventy-first	71	Settantunesimo.
Eightieth	80	Ottantesimo.
Eighty-first	81	Ottantunesimo.
Ninetieth	90	Novantesimo.
Ninety-first	91	Novantunesimo.
One hundredth	100	Centesimo.
Two hundredth	200	Ducentesimo; duecentesimo.
Thousandth	1,000	Millesimo.
One hundred thousandth	100,000	Un centomillesimo.
One millionth	1,000,000	Un milionesimo.
One billionth	1,000,000,000	Un bilionesimo.
One trillionth	1,000,000,000,000	Un trilionesimo.

APPENDIX III

WEIGHTS AND MEASURES—PESI E MISURE

U. S. WEIGHTS AND MEASURES
PESI E MISURE DEGLI STATI UNITI D'AMERICA

WEIGHTS		PESI	
1 long ton	2,240 pounds avoirdupois.	1 tonnellata inglese	Kg 1.016,05.
1 short ton	2,000 pounds avoirdupois.	1 tonnellata inglese	Kg 907,18.
1 pound avoirdupois	7,000 grains.	1 libbra inglese gr	Gr. 453,59.
1 ounce avoirdupois	437½ grains.	1 oncia inglese gr	Gr. 28,35.

LINEAR MEASURES		MISURE LINEARI	
1 mile	1,760 yards.	1 miglio	M. 1609,347.
1 nautical mile	6,080.20 feet.	1 miglio nautico	M. 1853,248.
1 yard	3 feet.	1 yarda	M. 0,914402.
1 foot	12 inches.	1 piede	M. 0,304801.
1 inch	1/12 foot.	1 pollice	M. 0,025400.

SQUARE MEASURES		MISURE DI SUPERFICIE	
1 square mile	3,097,600 sq. yards.	1 miglio quadrato	Km² 2,5900.
1 acre	4,840 sq. yards.	1 acro	Are 40,4687.
1 sq. yard	1,296 sq. inches.	1 yarda quadrata	M² 0,8361.
1 sq. foot	144 sq. inches.	1 piede quadrato	Cm² 929,0.
1 sq. inch	1/144 sq. foot.	1 pollice quadrato	Cm² 6,452.

CUBIC MEASURES		MISURE DI VOLUME	
1 cubic yard	27 cubic feet.	Yarda cubica	M³ 0,7646.
1 cubic foot	1,728 cubic inches.	Piede cubo	Dm³ 28,317.
1 cubic inch	1/1728 cubic foot.	Pollice cubo	Cm³ 16,387.

DRY MEASURES		MISURE DI CAPACITÀ PER ARIDI	
1 bushel	2,150.42 cubic inches.	Staio americano	c³ 3,523,83.
1 quart	67.20 cubic inches.	Quarto americano	Litri 1,1012.
1 pint	33.60 cubic inches.	Pinta americana	Litri 0,5506.

LIQUID MEASURES		MISURE DI CAPACITÀ PER LIQUIDI	
1 liquid gallon	231.00 cubic inches.	1 gallone americano	Litri 3,7853.
1 liquid quart	57.75 cubic inches.	1 quarto di gallone	Litri 0,9463.
1 liquid pint	28.875 cubic inches.	1 pinta di gallone	Litri 0,4732.

METRIC SYSTEM OF WEIGHTS AND MEASURES
SISTEMA METRICO DI PESI E MISURE

Linear Measures

1 kilometer .... 0.62137 mile.
1 hectometer .... 328 feet 1 inch.
1 meter .... 39.37 inches.
1 decimeter .... 3.937 inches.
1 centimeter .... 0.3937 inch.
1 millimeter .... 0.03937 inch.

Misure Lineari

1 chilometro .... M 1.000.
1 ettometro .... M 100.
1 metro .... M 1.
1 decimetro .... M 0,1.
1 centimetro .... M 0,01.
1 millimetro .... M 0,001.

Square Measures

1 hectare .... 2.471 acres.
1 are .... 119.6 square yards.
1 centiare .... 1,550 square inches.

Misure di Superfici

1 ettaro .... M^2 10.000.
1 ara .... M^2 100.
1 centiara .... M^2 1.

Dry Measures

1 hectoliter .... 2.838 bu.
1 decaliter .... 1.135 pk.
1 liter .... 0.9081 qt.

Misure di Capacità per Cereali

1 ettolitro .... Litri 100.
1 decalitro .... Litri 10.
1 litro .... Litri 1.

Liquid Measures

1 hectoliter .... 26,418 gals.
1 decaliter .... 2,6418 gals.
1 liter .... 1.0567 liq. qt.

Misure di Capacità per Liquidi

1 ettolitro .... Litri 100.
1 decalitro .... Litri 10.
1 litro .... Litri 1.

APPENDIX IV

THERMOMETRIC SCALES AND FORMULAS—SCALE TERMOMETRICHE E FORMULE

THERMOMETRIC SCALES AND FORMULAS

Fahrenheit (F.)	Centigrade (C.)	Réaumur (R.)	Centigrade (C.)	Fahrenheit (F.)	Réaumur (R.)
5	−15	−12	5	41	4
10	−12.22	−9.77	15	59	12
20	−6.66	−5.33	20	68	16
30	−1.11	−0.88	25	77	20
32	0	0	30	86	24
40	4.4	3.55	35	95	28
50	10	8	40	104	32
60	15.55	12.44	45	113	36
70	21.11	16.88	50	122	40
80	26.67	21.33	55	131	44
90	32.22	25.77	60	140	48
100	37.78	30.22	65	149	52
115	46.11	36.88	70	158	56
130	54.44	43.55	75	167	60
145	62.77	50.22	80	176	64
160	71.11	56.88	85	185	68
175	79.44	63.55	90	194	72
190	87.77	70.22	95	203	76
205	96.1	76.88	100	212	80
212	.100	80			

SCALE TERMOMETRICHE E FORMULE

Réaumur (R.)	Fahrenheit (F.)	Centigrade (C.)
3	38.75	3.75
5	43.25	6.25
10	54.5	12.5
15	65.75	18.75
22	81.5	27.5
25	88.25	31.25
30	99.5	37.5
35	110.75	43.75
42	126.5	52.5
45	133.25	56.25
50	144.5	62.5
55	155.75	68.75
62	171.5	77.5
65	178.25	81.25
70	189.5	87.5
75	200.75	93.75
80	212	100

FORMULAS

FORMULE

$$(F-32)\frac{5}{9} = C \qquad (F-32)\frac{4}{9} = R$$

$$\frac{9}{5}C + 32 = F \qquad \frac{4}{5}C = R$$

$$\frac{9}{4}R + 32 = F \qquad \frac{5}{4}R = C$$

www.ingramcontent.com/pod-product-compliance
Lightning Source LLC
Chambersburg PA
CBHW030733250426
43671CB00034B/99